F.H. Fu ■ J.B. Ticker ■ A.B. Imhoff ■ (Hrsg.)

SCHULTERCHIRURGIE – Ein Operationsatlas

F. H. Fu J. B. Ticker A. B. Imhoff (Hrsg.)

Schulterchirurgie

Ein Operationsatlas

Deutsche Herausgabe und Bearbeitung:
A. B. Imhoff und E. Hohmann
Übersetzung: E. Hohmann und M. Brosche
Zeichnungen: W. R. Filer

Mit 319 überwiegend farbigen Abbildungen
in 392 Teilabbildungen

STEINKOPFF
DARMSTADT

Freddie H. Fu, M.D.
Center for Sports Medicine and Rehabilitation
Department of Orthopaedic Surgery
University of Pittsburgh School of Medicine
Pittsburgh, Pennsylvania, USA

Jonathan B. Ticker, M.D.
Island Orthopaedics and Sports Medicine, PC
Massapequa, New York, USA

Prof. Dr. med. Andreas B. Imhoff
Professor für Orthopädie und orthopädische Chirurgie
Vorstand der Abteilung und Poliklinik für Sportorthopädie
Technische Universität München
Connollystraße 32, 80809 München

Übersetzung

Marianne Brosche, Diplom-Übersetzerin
Gutleuthofweg 12, 69118 Heidelberg

Dr. med. Erik Hohmann
Abteilung und Poliklinik für Sportorthopädie
Technische Universität München
Connollystraße 32, 80809 München

ISBN 3-7985-1228-0 Steinkopff Verlag Darmstadt

Die Deutsche Bibliothek – CIP-Einheitsaufnahme
Ein Titeldatensatz für diese Publikation ist bei Der Deutschen Bibliothek erhältlich

Steinkopff Verlag Darmstadt (2001)
ein Unternehmen der BertelsmannSpringer Science+Business Media GmbH

http://www.steinkopff.springer.de

First published in the United Kingdom in 1998 by Martin Dunitz Ltd, The Livery House, 7–9 Pratt Street, London NW1 0AE

Herstellung: Klemens Schwind
Umschlaggestaltung: Erich Kirchner, Heidelberg
Satz: K+V Fotosatz GmbH, Beerfelden

SPIN 10760026 105/7231-5 4 3 2 1 0 – Gedruckt auf säurefreiem Papier

Meinen Eltern Mr. und Mrs. Ying Foo, meiner Frau Hilda,
meinem Sohn Gordon und meiner Tochter Joyce.

F H F

Meinen Eltern Frances und Marvin Ticker, die meine Laufbahn erheblich beeinflusst haben.
Meiner Frau Alyse und unseren Kindern Sam und Anna für ihre Unterstützung und ihr Verständnis.
Meinen Mentoren für ihre fortwährende Ermutigung.

J B T

Meinen Eltern Urs und Marianne, meiner Frau Susan
und unseren Söhnen Florian, Pascal und Dominik
für ihre Unterstützung und ihr Verständnis.

A B I

Dank

Einen solchen Atlas herauszugeben ist nur im Team möglich und verdient die Erwähnung zahlreicher Personen, die Zeit und Mühe investiert haben. Wir möchten allen an dieser Stelle danken:

Unseren 66 Autoren, international anerkannten Schulterchirurgen: wir sind dankbar für ihre Beiträge, mit denen sie dem Leser das notwendige Werkzeug für eine erfolgreiche Schulterchirurgie an die Hand geben.

Unserem Zeichner Ron Filer: seine Fähigkeit, Beobachtungen, Photographien, Skizzen und manchmal nur Konzepte mit geschultem Blick in über 330 Zeichnungen umzusetzen. Es ist schon schwierig, „normale" Anatomie zu zeichnen, aber pathologische Sachverhalte zu verstehen und Zeichnungen in der schrittweisen Korrektur anzufertigen, zeigt das wahre Talent.

Robert Peden, unserem Herausgeber beim Martin Dunitz Verlag: für sein Bemühen, dieses Projekt zu beenden.

Und unseren Sekretärinnen, speziell Mary Yochum, für die wertvolle Assistenz.

Wir danken allen.

Freddie H. Fu, MD
Jonathan B. Ticker, MD
Andreas B. Imhoff, MD

Inhaltsverzeichnis

IV Rotatorenmanschettenrisse: Arthroskopische Verfahren

V Endoprothetik und Arthrodese

VI Frakturen des proximalen Humerus und der Skapula

VII Akromioklavikular-Gelenk, Sternoklavikular-Gelenk, Klavikula

Autorenverzeichnis

Answorth A. Allen, MD
Sports Medicine and Shoulder Service
Department of Orthopaedic Surgery
The Hospital for Special Surgery
Cornell Medical College
New York, New York, USA

David W. Altchek, MD
Sports Medicine and Shoulder Service
Department of Orthopaedic Surgery
The Hospital for Special Surgery
Cornell Medical College
New York, New York, USA

Michael P. Banas, MD
Lehigh Valley Sports Medicine
Bethlehem, Pennsylvania, USA

Yves Bellumore, MD
Shoulder Unit
Department of Orthopaedic and Trauma Surgery
Hôpital Purpan
Toulouse Cedex, France

Louis U. Bigliani, MD
Shoulder Service
New York Orthopaedic Hospital
Columbia-Presbyterian Medical Center
New York, New York, USA

John J. Brems, MD
Section of Upper Extremity
Department of Orthopaedic Surgery
The Cleveland Clinic Foundation
Cleveland, Ohio, USA

Wayne Z. Burkhead, Jr, MD
University of Texas Southwestern Medical School
W B Carrell Memorial Clinic
Dallas, Texas, USA

Brian D. Busconi, MD
Department of Orthopaedics and Physical Rehabilitation
University of Massachusetts Medical Center
Worcester, Massachusetts, USA

David N.M. Caborn, MD
Section of Sports Medicine
Devision of Orthopaedics
University of Kentucky School of Medicine
Lexington, Kentucky, USA

Timothy P. Codd, MD
The Children's Hospital
Bennett Institute for Sport Medicine
Greater Baltimore Medical Center
Baltimore, Maryland, USA

Michael Coen, MD
Section of Sports Medicine
Division of Orthopaedics
University of Kentucky School of Medicine
Lexington, Kentucky, USA

Frank A. Cordasco, MD
Department of Orthopaedic Surgery
Columbia College of Physicians and Surgeons
New York, New York, USA

Frances Cuomo, MD
Shoulder Service
Department of Orthopaedic Surgery
Hospital for Joint Diseases
New York, New York, USA

Peter G. Dalldorf, MD
Guilford Orthopaedic and Sports Medicine Center
Greensboro, North Carolina, USA

Kenneth E. DeHaven, MD
Department of Orthopaedics
University of Rochester School of Medicine
Rochester, New York, USA

Neal S. ElAttrache, MD
Kerlan-Jobe Orthopaedic Clinic
Inglewood, California, USA

Roger J.H. Emery, MSc, FRCS(Ed)
Department of Orthopaedic Surgery
St Mary's Hospital
London, UK

Stephen Fealy, MD
Sports Medicine and Shoulder Service
Department of Orthopaedic Surgery
The Hospital for Special Surgery
Cornell Medical College
New York, New York, USA

Evan L. Flatow, MD
Shoulder Service
New York Orthopaedic Hospital
Columbia-Presbyterian Medical Center
New York, New York, USA

Freddie H. Fu, MD
Center for Sports Medicine and Rehabilitation
Department of Orthopaedic Surgery
University of Pittsburgh School of Medicine
Pittsburgh, Pennsylvania, USA

Hiroaki Fukuda, MD
Department of Orthopaedic Surgery
Tokai University School of Medicine
Isehara, Japan

Karl Golser, MD
Universitätsklinik für Unfallchirurgie
University of Innsbruck School of Medicine
Innsbruck, Austria

Thomas P. Goss, MD
Department of Orthopaedics and Physical Rehabilitation
University of Massachusetts Medical Center
Worcester, Massachusetts, USA

Kazutoshi Hamada, MD
Department of Orthopaedic Surgery
Tokai University School of Medicine
Isehara, Japan

Andreas Hamberger, MD
Universitätsklinik für Unfallchirurgie
University of Innsbruck School of Medicine
Innsbruck, Austria

Christopher D. Harner, MD
Center for Sports Medicine and Rehabilitation
Department of Orthopaedic Surgery
University of Pittsburgh School of Medicine
Pittsburgh, Pennsylvania, USA

James M. Hill, MD
Orthopaedic Associates, SC
Arlington Heights, Illinois, USA

Andreas B. Imhoff, MD
Department of Orthopaedic Sports Medicine
Klinikum Rechts der Isar
Zentralinstitut für Sportwissenschaften
Technische Universität München
Munich, Germany

John M. Itamura, MD
University of Southern California
Orthopaedic Surgery Associates
Los Angeles, California, USA

Scott R. Jacobson, MD
Bend Orthopaedic and Fracture Clinic
Bend, Oregon, USA

Kirk L. Jensen, MD
Department of Orthopaedics
University of California at San Francisco
San Francisco, California, USA

Darren L. Johnson, MD
Section of Sports Medicine
Division of Orthopaedics
University of Kentucky School of Medicine
Lexington, Kentucky, USA

Christophe Levigne, MD
Clinique de Chirurgie Orthopédique du Parc
Lyon, France

Michel Mansat, MD
Shoulder Unit
Department of Orthopaedic and Trauma Surgery
Hôpital Purpan
Toulouse Cedex, France

Pierre Mansat, MD
Shoulder Unit
Department of Orthopaedics and Trauma
Hôpital Purpan
Toulouse Cedex, France

George M. McCluskey III, MD
The Hughston Clinic, PC
Columbus, Georgia, USA

Patrick J. McMahon, MD
Department of Orthopaedics
College of Medicine
University of California at Irvine
Irvine, California, USA

Craig D. Morgan, MD
Division of Sports Medicine
Thomas Jefferson University
Philadelphia, Pennsylvania
and the Delaware Orthopaedic Center
Wilmington, Delaware, USA

David S. Morrison, MD
Southern California Center for Sports Medicine
Long Beach, California, USA

Jeffrey B. Mulholland, MD
Kerlan-Jobe Orthopaedic Clinic
Inglewood, California, USA

Tom R. Norris, MD
California Pacific Medical Center
San Francisco, California, USA

Steven J. O'Brien, MD
Sports Medicine and Shoulder Service
Department of Orthopaedic Surgery
The Hospital for Special Surgery
Cornell Medical College
New York, New York, USA

Michael Palmeri, MD
DOCS Physicians Affiliated with
Beth Israel Medical Center
Valhalla, New York, USA

Ira Manning Parsons IV, MD
Columbia University College of Physicians and Surgeons
Columbia-Presbyterian Medical Center
New York, New York, USA

Loel Z. Payne, MD
Tidewater Orthopaedic Associates
Hampton, Virginia, USA

Roger G. Pollock, MD
Shoulder Service
New York Orthopaedic Hospital
Columbia-Presbyterian Medical Center
New York, New York, USA

Scott E. Rahhal, MD
Eastern Oklahoma Orthopedic Center, Inc.
Tulsa, Oklahoma, USA

Matthew L. Ramsey, MD
Shoulder and Elbow Service
Department of Orthopaedic Surgery
Hospital of the University of Pennsylvania
Philadelphia, Pennsylvania, USA

Herbert Resch, MD
Klinik für Unfallchirurgie
St Joseph's Hospital
Salzburg, Austria

Robin R. Richards, MD, FRCS(C)
Division of Orthopaedic Surgery
Department of Surgery
University of Toronto Faculty of Medicine
and Division of Orthopaedic Surgery
St Michael's Hospital
Toronto, Ontario, Canada

Charles A. Rockwood, Jr
Department of Orthopaedic Surgery
University of Texas Health Science Center
at San Antonio
San Antionio, Texas, USA

Andrew S. Rokito, MD
Shoulder Service
Department of Orthopaedic Surgery
Hospital for Joint Diseases
New York, New York, USA

Kary R. Schulte, MD
Des Moines Orthopaedic Surgeons, PC
West Des Moines, Iowa, USA

Stephen J. Snyder, MD
Southern California Orthopedic Institute
Van Nuys, California, USA

Gernot Sperner, MD
Universitätsklinik für Unfallchirurgie
University of Innsbruck School of Medicine
Innsbruck, Austria

Todd M. Swenson, MD
Department of Orthopaedic Surgery
Riverview Clinic
Dean Medical Center
Janesville, Wisconsin, USA

Jonathan B. Ticker, MD
Island Orthopaedics and Sports Medicine, PC
Massapequa, New York, USA

William P. Urban, MD
Sports Medicine Service
Department of Orthopaedic Surgery
SUNY Health Science Center of Brooklyn
Brooklyn, New York, USA

Gilles Walch, MD
Centre Hospitalier Lyon-Sud
Pierre-Bénite, Lyon, France

Markus Wambacher, MD
Universitätsklinik für Unfallchirurgie
University of Innsbruck School of Medicine
Innsbruck, Austria

Jon J.P. Warner, MD
Shoulder Service
Department of Orthopaedic Surgery
University of Pittsburgh School of Medicine
Pittsburgh, Pennsylvania, USA

Gerald R. Williams, Jr, MD
Shoulder and Elbow Service
Department of Orthopaedic Surgery
Hospital of the University of Pennsylvania
Philadelphia, Pennsylvania, USA

Robert H. Wilson, MD
Division of Orthopaedic Surgery
Howard University College of Medicine
Howard University Hospital
Washington, DC, USA

Carl J. Wirth, MD
Orthopaedic Department
Hannover Medical School
Hannover, Germany

Michael A. Wirth, MD
Department of Orthopaedic Surgery
University of Texas Health Science Center
at San Antonio
San Antonio, Texas, USA

Eugene M. Wolf, MD
California Pacific Medical Center
San Francisco, California, USA

Nikolaus Wülker, MD
Orthopaedic Department
Hannover Medical School
Hannover, Germany

Nari Yamada, MD
Department of Orthopaedic Surgery
Tokai University School of Medicine
Isehara, Japan

Joseph D. Zuckerman, MD
Shoulder Service
Department of Orthopaedic Surgery
Hospital for Joint Diseases
New York, New York, USA

Vorwort

Die Chirurgie der Schulter hat in den letzten 25 Jahren bedeutende Fortschritte gemacht. Unser besseres Verständnis der klinischen Problematik der Schulter hat die bisher eher begrenzte Anzahl erfolgreicher Schultereingriffe inzwischen erheblich erweitert. Zahlreiche Innovationen haben die offene Schulterchirurgie weiterentwickelt und technische Fortschritte die jetzt oftmals bevorzugte arthroskopische Chirurgie ermöglicht.

Mit diesem Atlas wollen wir dieser Entwicklung gerecht werden und den Leser mit den Techniken der modernen Schulterchirurgie vertraut machen. In insgesamt 33 Kapiteln werden Ersteingriffe sowie Revisionen und „salvage"-Eingriffe beschrieben. Unser Ziel war, die gebräuchlichsten Techniken klar und detailliert zu beschreiben aber auch auf die weniger gebräuchlichen Techniken einzugehen. Die Autoren haben dies durch eine detaillierte aber dennoch fokussierte Darstellung und Konzentration auf die chirurgischen Techniken erreicht.

Dieser Atlas ist in einzelne Abschnitte – Instabilität, Rotatorenmanschettenpathologie, Endoprothetik, Arthrodese, Frakturen des proximalen Humerus, der Skapula und der Klavikula, sowie der intraartikulären Anteile der Schulter – unterteilt.

Offene und arthroskopische Techniken werden in ihrer modernen etablierten Methode präsentiert. In jedem Abschnitt werden verschiedene Techniken vorgestellt, damit der Leser selbst entscheiden kann, welche Methode oder Kombination er anwenden möchte.

Sowohl die Zeichnungen als auch die Photographien ergänzen die „step-by-step"-Beschreibungen. Jedes Kapitel enthält zusätzlich eine Einführung, eine Beschreibung der operativen Grundlagen sowie der Nachbehandlung und Literaturangaben.

Wir hoffen, dass dieser Atlas eine wertvolle Hilfe sowohl für den Berufsanfänger als auch für den erfahreneren Schulterchirurgen ist. Man lernt immer neue Techniken oder Tricks von anderen dazu. Voraussetzung für eine erfolgreiche Operation ist neben dem Verständnis von Anatomie und Biomechanik die richtig gestellte Indikation, Präparation und spätere Rehabilitation.

Wir möchten den Leser ermutigen, sein Wissen über Schulterchirurgie ständig auszubauen.

Freddie H. Fu, MD
Jonathan B. Ticker, MD
Andreas B. Imhoff, MD

Vorwort zur deutschen Ausgabe

Die Entwicklung der offenen und vor allem der arthroskopischen Schulterchirurgie hat in den letzten Jahren ein sehr hohes Niveau erreicht. Es sind die technologischen Möglichkeiten der Diagnostik und der chirurgischen minimalinvasiven Techniken, die zu neuen Behandlungskonzepten geführt haben, welche wir heute zum Wohle aller Patienten einsetzen können. Insbesondere die Kenntnis der berufs- und sportspezifischen Erfordernisse sind für die optimalen Ergebnisse operativer Behandlungen von entscheidender Bedeutung.

Es war deshalb von Beginn an unser Ziel, den Operationsatlas möglichst vielen Chirurgen und Orthopäden auch in anderen Sprachen zugänglich zu machen. Nach dem sehr großen Erfolg der englischen Auflage und der spanischen Übersetzung dürfen wir nun die deutsche Auflage vorstellen.

Wesentlicher Dank gebührt Frau Marianne Brosche für die deutsche Übersetzung und Herrn Dr. Erik Hohmann für Übersetzung und Bearbeitung.

Ein besonderes Dankeschön Herrn Robert Peden, Martin Dunitz Publishers und Frau Dr. Gertrud Volkert, die die deutsche Ausgabe im Steinkopff Verlag ermöglicht haben.

A. B. Imhoff

1 Jonathan B. Ticker, Jon J. P. Warner

Selektiver Kapselshift bei vorderer glenohumeraler Instabilität

Der selektive Kapselshift ist eine Operationstechnik, mit der man vordere glenohumerale Instabilitäten behandeln kann. Es spielt dabei keine Rolle, ob diese traumatisch oder atraumatisch bedingt sind (Warner et al. 1995). Diese Operation ist indiziert, wenn eine konservative Therapie bisher erfolglos war und ein arthroskopischer Eingriff nicht möglich ist. Klassische operative Stabilisierungen der Schulter wie Verkürzung des M. subscapularis, Einsetzen von Knochenspänen an der Glenoidkante und Rotationsosteotomien am Humerus waren bewährte Verfahren in der Vergangenheit und haben nach wie vor Berechtigung bei fehlgeschlagenen oder ungewöhnlichen Fällen. Jedoch lassen sich die Vorteile einer direkten Wiederherstellung des Kapsel-Ligament-Komplexes der Schulter zur Behandlung einer anterioren glenohumeralen Instabilität nicht von der Hand weisen (Rowe et al. 1978, Neer und Forster 1980, Neer et al. 1985, Thomas und Matsen 1989, Altchek et al. 1991, Jobe et al. 1991, Bigliani et al. 1991, Warner et al. 1995). Deshalb ist es für den Chirurgen wichtig, eine Technik zur Verfügung zu haben, die es ihm erlaubt, das gesamte Spektrum der vorderen Schulterinstabilität, die abnorme Kapsellaxität und das pathologisch veränderte Labrum anzugehen und gleichzeitig die normale Funktion der Schulter wiederherzustellen. Diese Möglichkeit bietet der selektive Kapselshift, der auf einem humerusseitigen Eingriff an der Kapsel basiert (Warner et al. 1995). Diese Technik ist eine Modifizierung der von Neer (Neer und Foster 1980, Neer et al. 1985, Bigliani et al. 1994) beschriebenen Operation. Die Vorteile des selektiven Kapselshift zeigen sich allerdings schon im Verlauf der Operation, wenn man die Kapsel strafft, vernäht und die normale Anatomie wiederherstellt.

Experimentelle Studien haben die Bedeutung des inferioren glenohumeralen Ligamentes (IGHL) als dem wichtigsten statischen Stabilisierer gegen eine antero-inferiore Translation des Humeruskopfes bei abduziertem und außenrotiertem Arm gezeigt. Das Ligament spannt sich in dieser Position stark an (Turkel et al. 1981, Mow et al. 1993, Warner 1993, Ticker et al. 1996). Im Gegensatz dazu schränken das superiore (SGHL) und mediale (MGHL) glenohumerale Ligament eine antero-inferiore Translation bei adduziertem und außenrotiertem Arm ein und spannen sich in dieser Position maximal an (Warner 1993). Diese Tatsachen erklären, dass eine Rekonstruktion der Kapsel inferior und superior in einer Position erfolgen soll, bei der der Arm in einer Position nahe der Dehnungsgrenze der Bänder gehalten wird. Auf diese Weise erhält man statische Stabilität, verhindert aber eine zu straffe oder zu laxe Gelenkkapsel. So kann man eine normale glenohumerale Rotation erreichen, ohne die Außenrotation zu verlieren. Ein kosmetisch günstiger Zugang in der Axillargegend wird gewählt, man verwendet Nichtmetallanker für die Rekonstruktion der Kapsel und falls indiziert auch des Labrums.

Der geeignete Patient wird nach sorgfältiger Anamnese und körperlicher Untersuchung ausgewählt. Dies erlaubt die Instabilität zu klassifizieren (Ticker et al. 1995). Standardröntgenaufnahmen der Schulter sind notwendig. Andere bildgebende Verfahren können ebenfalls indiziert sein. Normalerweise präsentiert sich der Patient entweder als Subluxierer oder Luxierer mit rezidivierender unwillkürlicher vorderer Instabilität. Der anteriore Zugang ist sowohl bei Patienten mit unidirektionaler anteriorer als auch bei multidirektionaler Instabilität anwendbar, solange die Hauptkomponente nach anterior gerichtet ist. Obwohl auch eine primär posteriore Instabilität durch den anterioren Zugang behandelt werden kann, wenn man die Kapsel am Humerushals nach posterior löst, glauben wir, dass dies keine optimale Lösung darstellt. Ein hinterer Zugang, der es ermöglicht die Pathologie der hinteren, dünnen Kapsel und des Labrums zu erfassen, sollte gewählt werden, wenn die Instabilität vorwiegend nach posterior gerichtet ist. Multidirektionale Instabilität, die klinisch nach anterior und posterior in gleichen Anteilen besteht, sollte zuerst durch eine Untersuchung unter Narkose bestätigt werden. In diesem Fall ist ein anteriorer Zugang, wo dann von lateral entlang dem Humerushals präpariert wird, günstiger.

Frakturen des antero-inferioren Glenoidrandes, die instabil sind und zu wiederkehrender glenohumeraler Instabilität nach anterior führen, werden auch über einen anterioren Zugang angegangen. Obwohl eine Straffung der Kapsel im Allgemeinen nicht notwendig ist, kann man das Knochenfragment leicht freilegen und fixieren. Patienten, die in bestimmten Positionen des Armes willkürlich luxieren und diese dadurch automatisch vermeiden (z.B. Abduktion und Außenrotation), können für ein operatives Vorgehen in Betracht gezogen werden. Wenn der Patient allerdings durch willkürliche Muskelkontraktion meist mit dem Arm an der Seite des Körpers luxiert, ist jedes operative Vorgehen höchstwahrscheinlich zum Scheitern verurteilt.

Die verhakte vordere Luxation ist ein Spezialfall und wird hier nicht näher diskutiert.

Operative Grundlagen

Der selektive Kapselshift legt die Kapsel lateral am Humerus frei, gewährt Zugang zum Glenohumeralgelenk und erlaubt dem Chirurgen die „anatomische" Wiederherstellung der Kapsel und auch des Labrums. Ein Interskalenusblock ist die Anästhesie der Wahl, da man ihn schon präoperativ anlegen und fixieren kann. Obwohl dies theoretisch den Vergleich mit dem kontralateralen Arm bei der Untersuchung unter Narkose erschwert, hat sich dies als nicht limitierend herausgestellt. Die Vorteile einer Regionalanästhesie für die Patientenbetreuung intraoperativ und die Schmerzbehandlung postoperativ wiegen bei weitem die einen oder anderen Nachteile der Methode auf. Die „beach-chair"-Position hat sich bewährt und ermöglicht einen arthroskopischen Eingriff (Warner 1991). Drei Hilfsmittel erleichtern dem Chirurgen das Lagern des Armes, den Zugang und die Rekonstruktion. Erstens ein steriler, beweglicher Armhalter (McConnell Orthopedic Manufacturing Co., Greenville, Texas, USA), der am Operationstisch festgemacht und über einen Adapter an eine sterile Unterarmmanschette mit dem Patienten verbunden wird. Dies ermöglicht eine sichere Positionierung des Armes während der gesamten Operation, speziell während der Rekonstruktion der inferioren und später der superioren Kapselanteile. Zweitens ein selbsthaltender Retraktor mit austauschbaren Schaufeln unterschiedlicher Größe, der das delto-pektorale Intervall offenhält. Es sind einige dieser Modelle auf dem Markt. Wir benutzen hauptsächlich den der Firma Biomet (Biomet Inc., Warsaw, Indiana, USA). Dieser Retraktor darf nicht medial des Korakoids platziert werden, da der kontinuierliche Zug des Hakens den Nervus musculocutaneus verletzen kann. Das dritte Hilfsmittel ist ein Nahtanker, der es ermöglicht, die Bankart-Läsion am Glenoidrand zu fixieren (Richmond et al. 1991). Der Anker ermöglicht ebenfalls die Fixierung der Kapsel an den unteren Humerushals, wo die Kapsel oft dünn und brüchig ist. Ein Nahtanker-System, wo das Nahtmaterial selbst gewählt werden kann und man, falls notwendig, sogar zwei Fäden pro Anker einziehen kann, ist vorteilhaft. Besonders wichtig ist die Position des Armes während der Rekonstruktion der Kapsel. Der Arm wird in Abduktion und Außenrotation gehalten, der inferiore Lappen nach oben und leicht nach lateral gezogen und am Humeruskopf befestigt. Das Ausmaß der Abduktion und Außenrotation hängt dabei von der Laxität der Kapsel ab; der Armhalter fixiert die Schulter in der gewünschten Endposition.

Für den dominanten Arm des Überkopfsportlers ist darauf zu achten, ihn in ausreichender Abduktion und Außenrotation zu lagern und zu fixieren, um normale Beweglichkeit postoperativ zu erlangen und ihm volle Rückkehr in den Sport zu ermöglichen. Zusätzlich, nachdem das Rotatorenintervall dargestellt ist, wird der superiore Kapselanteil mit dem Arm in Adduktion und Außenrotation an den Humerus fixiert. Ist die Kapsel rekonstruiert, wird die Sehne des M. subscapularis mit einer modifizierten Mason-Allen-Naht vernäht. Diese Technik verleiht der Rekonstruktion vermehrte Stabilität (Gerber et al. 1994, Warner et al. 1994).

Wenn die Diagnose einer vorderen oder primär vorderen Instabilität korrekt gestellt wurde, müssen einige Punkte beachtet werden, um Komplikationen zu vermeiden (Cooper et al. 1993, Norris 1993, Warner 1993). Sorgfältige Präparation und ausreichende Darstellung der Anatomie sind essentiell. Während des Präparierens sind neurovaskuläre Strukturen leicht zu verletzen, wenn nicht Vorsichtsmaßnahmen getroffen werden. Präparieren entlang des inferioren Randes des M. subscapularis und des Humerushalses

sollte in Adduktion und Außenrotation vorgenommen werden, um den N. axillaris nicht zu verletzen. Der McConnell-Armhalter kann diese Position problemlos gewährleisten. Der N. axillaris ist leicht medial und anterior zum M. subscapularis zu palpieren. Wenn der inferiore Anteil der Kapsel am Humerushals abgelöst wird, sollte ein stumpfer Haken oder der Finger des Chirurgen den N. axillaris weiter schützen und die freie Sicht auf den Operationssitus ermöglichen. Der N. musculocutaneus und der laterale Ast des Plexus brachialis können besonders in Revisionsfällen durch exzessiven Zug an den Sehnen des M. coracobrachialis und M. bizeps humeri caput breve verletzt werden. Gefäßverletzungen sind eher selten, da die A. axillaris mehr medial des Operationssitus verläuft. Gelegentlich können Blutungen aus den Ästen der A. circumflexa humeri anterior schwierig zu stillen sein. In Revisionsfällen sollte man daher besonders sorgfältig präparieren. Eingebrachte Nahtanker zur Fixierung der Weichteile erhöhen die Gefahr der Infektion oder Verletzung des Gelenkknorpels, wenn sie vorstehen oder sich lockern (Zuckerman und Matsen 1984, Ticker et al. 1996).
Inadäquate Wiederherstellung kann zu erneuter Instabilität führen. Eine Bankart-Läsion zu erkennen und zu behandeln, exzessive Kapsellaxität des Recessus axillaris zu reduzieren und das Rotatorenintervall zu verschließen, vermeiden diese Komplikation. Im Gegensatz kann eine Rekonstruktion, die zu straff ist, zu eingeschränkter Beweglichkeit, hinterer Instabilität und Arthrose führen. Zu aggressive postoperative Rehabilitation kann zu wiederkehrender Instabilität, ein inadäquates Programm zu eingeschränkter Funktion führen.

Operationstechnik

In Narkose wird der Patient in die „beach-chair"-Position gebracht. Wenn komplette Muskelrelaxation erreicht ist, wird eine Untersuchung unter Narkose durchgeführt, um Grad und Richtung der Instabilität zu bestätigen. Man fängt mit Untersuchung der Beweglichkeit an und vergleicht mit der kontralateralen Schulter. Danach wird der Schubladentest nach einer Technik, ähnlich wie von Altchek et al. (1991) beschrieben, durchgeführt. Wir führen diesen Test nach anterior, inferior und posterior in 0–45–90 Grad Abduktion sowie in Mittelstellung, maximaler Außen- und Innenrotation durch. Dies gibt uns ein genaues Bild über die Laxheit der inferioren und superioren Kapsel sowie der anterioren und posterioren Anteile der Kapsel. Die vordere und hintere Schublade ist von 0–3+ skaliert.

- 0 keine vermehrte Translation im Vergleich mit der kontralateralen Seite
- 1+ vermehrte Translation, Humeruskopf an der Glenoidkante
- 2+ Subluxation des Humeruskopfes auf den Rand des Glenoids. Bei Nachlassen des Druckes Reduktion in die Pfanne
- 3+ Luxation des Humeruskopfes.

Die untere Schublade (Sulkuszeichen) wird ebenfalls von 1+ bis 3+ skaliert, wobei die inferiore Translation als Hauteinziehung zwischen Humeruskopf und dem lateralen Rand des Akromiums verstanden wird.

- 1+ 0–1 cm Translation
- 2+ 1–2 cm Translation
- 3+ >2 cm Translation

Die Größe der Translation gibt Aufschluss über Grad und Lokalisation der Laxität der Kapsel. So bedeutet zum Beispiel eine untere Schublade Grad 3+ mit dem Arm in Adduktion und neutraler Rotation, der zu einem Grad 0–1+ in 90 Grad Abduktion und neutraler Rotation zurückgeht, eine exzessiv laxe superiore Kapsel verglichen mit dem inferioren Anteil. Dagegen bedeutet Grad 2+ mit dem Arm in Abduktion und Außenrotation eine signifikante inferiore Kapsellaxheit. Ein deutliches Sulkuszeichen bei adduziertem und außenrotiertem Arm mag aber auch auf ein vergrößertes Rotatorenintervall hinweisen.

Für die Lagerung zur Arthroskopie oder Operation bietet sich ein kommerziell erhältliches Lagerungsgerät an, wie zum Beispiel von Linvatec angeboten (Linvatec, Largo, Florida, USA). Sollte es notwendig sein, den arthroskopischen Eingriff abzubrechen und eine offene Operation durchzuführen, kann man durch einfaches Ändern der Sitzposition von 70° zu 30° den Patienten in die entsprechende Position bringen. Ist von Beginn an ein offener Eingriff geplant, platziert man den Patienten halb sitzend auf der Vakuummatratze. Diese ist so konstruiert, dass die zu operierende Schulter frei über den Rand des Operationstisches hängt. Die Schulter ist dabei hinten vom medialen Rand und vorne bis zum Sternum frei zugänglich. Korakoid, laterale Klavikula und anteriores Akromium werden markiert. Durch Innen- und Außenrotieren des Armes findet man die Axillarfalte. Die Inzision beginnt 2–3 cm unterhalb des Korakoids und wird entlang der Axillarfalte nach inferior verlängert. Die Inzision soll aus kosmetischen Gründen in der vorderen Axillarfalte verlaufen (Abb. 1).

Die Haut wird mit 1% Lidocain mit Epinephrine (Adrenalin) injiziert und dann scharf bis ins Subkutangewebe inzidiert. Großzügiges Präparieren von

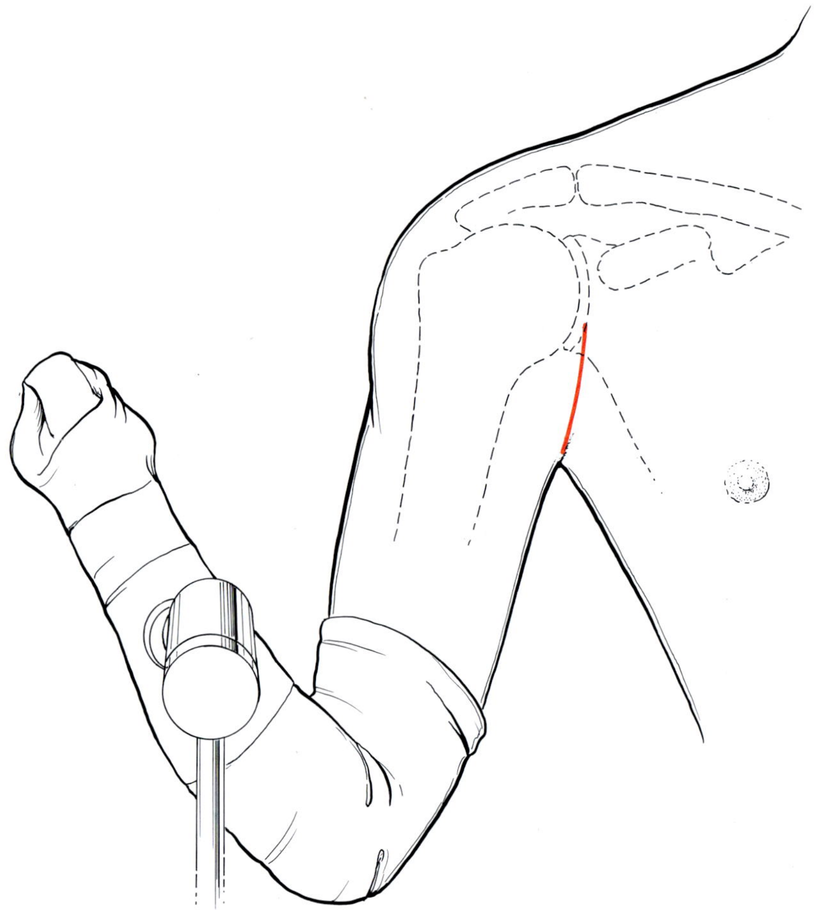

Abb. 1. Die Hautinzision beginnt 2–3 cm unterhalb des Korakoids und wird in die Axillarfalte verlängert

Hautlappen erlauben die Identifizierung der V. cephalica nach superior. Nachdem sie vollständig vom Korakoid bis zum distalen Ende der Inzision freigelegt wurde, wird sie vorsichtig nach lateral geschoben. Äste, die in die Vene einmünden, können ligiert werden. Die Vena cephalica selbst sollte aber erhalten werden. Der selbsthaltende Retraktor wird in das delto-pektorale Intervall eingebracht und sollte die darunterliegende Fascia clavipectoralis freilegen. Sobald diese Faszie inzidiert und weggehalten wird, sollten die Sehnen, das Korakoid, das Ligamentum coracoacromiale, das Tuberculum minus und die Bizepsfurche gut zu erkennen sein. Nach Identifizieren der Bizepssehne kann man den ersten Zentimeter der Pektoralissehne am Humerus einkerben (Abb. 2). Ein Teil des Lig. coracoacromiale wird normalerweise eingeschnitten, um die obere Kapsel besser einzusehen. Eine kleine transversale Inzision in die Sehnen des Caput breve M. biceps humeri und M. coracobrachialis kurz unterhalb des Korakoids wird angelegt, um eine bessere Darstellung medial zu erreichen. Die beiden Sehnen werden vorsichtig nach medial retrahiert. Vorsicht ist geboten, um Verletzungen des N. musculocutaneus zu vermeiden. Durch Palpation wird die Position des N. axillaris tief zu den Sehnen des Caput breve M. biceps humerie und M. coracobrachialis und oberflächlich zum M. subscapularis festgestellt (Abb. 3). Wenn man die Position nicht sicher findet, kann der „Zugtest" nach Flatow und Bigliani (1992) angewendet werden. Dabei platziert man einen Finger anterior zur verdächtigen Struktur und einen zweiten Finger unter dem M. deltoideus nach posterior um den Humerus herum, bis man auf den N. axillaris stößt. Vorsichtiger Zug am zweiten Finger kann mit dem ersten Finger anterior gefühlt werden oder umgekehrt.

Unter Benutzung des Armhalters wird der Arm außenrotiert, um den M. subscapularis darzustellen. An seiner unteren Begrenzung werden nun die Äste der A. circumflex humeri identifiziert und einzeln ligiert oder koaguliert. Superiore und inferiore Begrenzung des M. subscapularis werden identifiziert. Zugang zur oberen Begrenzung kann durch einen Haken, der oberhalb des Lig. coracoacromiale platziert wird, vereinfacht werden. Die untere Begrenzung, die normalerweise muskulär in die Kapsel einstrahlt, wird mit einem Elevatorium, der zwischen Kapsel und M. subscapularis eingebracht wird, stumpf präpariert. Ist

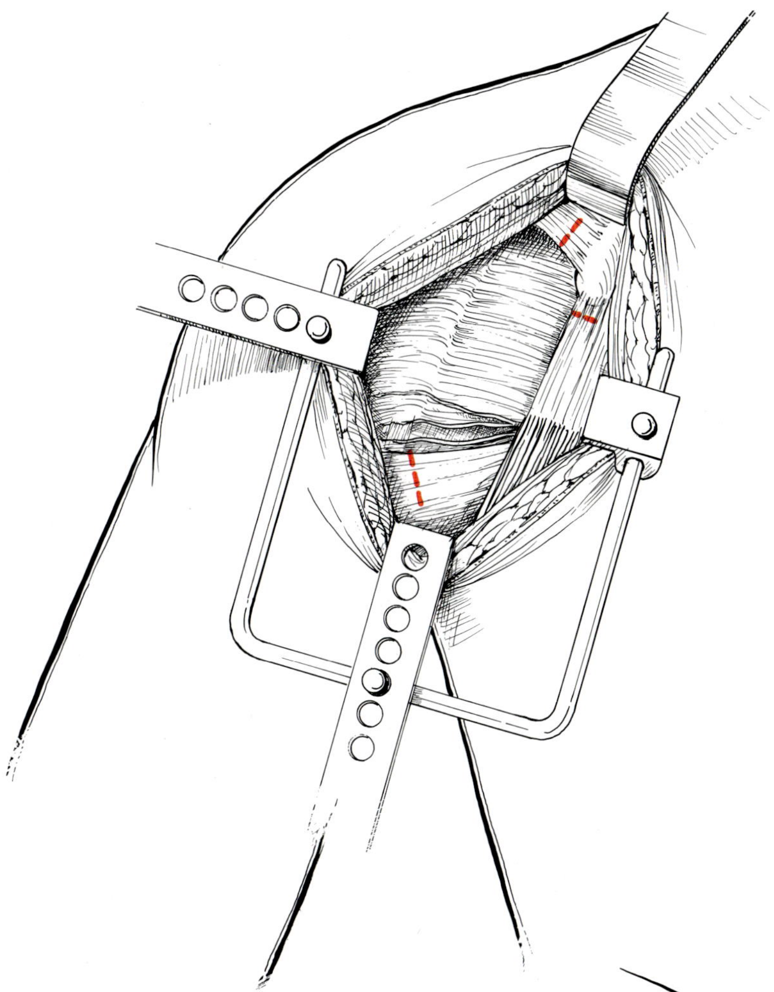

Abb. 2. Ein selbsthaltender Retraktor wird im deltopektoralen Intervall eingesetzt, nachdem die V. cephalica nach lateral gehalten wurde. Beim Präparieren in die Tiefe kann das obere Ende der Sehne des M. pectoralis major und das laterale Ende der Sehnen des M. biceps humeri caput breve und M. coracobrachialis, falls notwendig, für einen besseren Überblick eingekerbt werden. Zusätzlich kann das laterale Ende des korakoakromialen Ligamentes reseziert werden

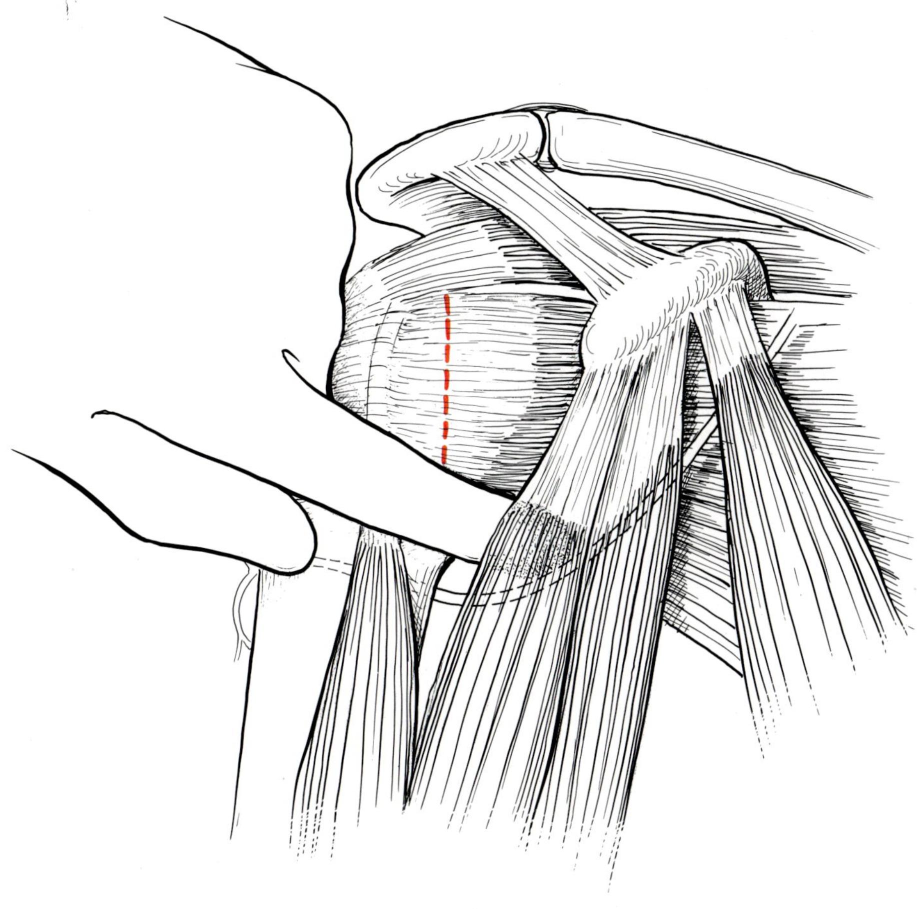

Abb. 3. Die Lokalisation des N. axillaris wird durch direkte Palpation gesucht. Die Subskapularissehne wird ungefähr 1 cm medial des Tuberculum minus vertikal inzidiert

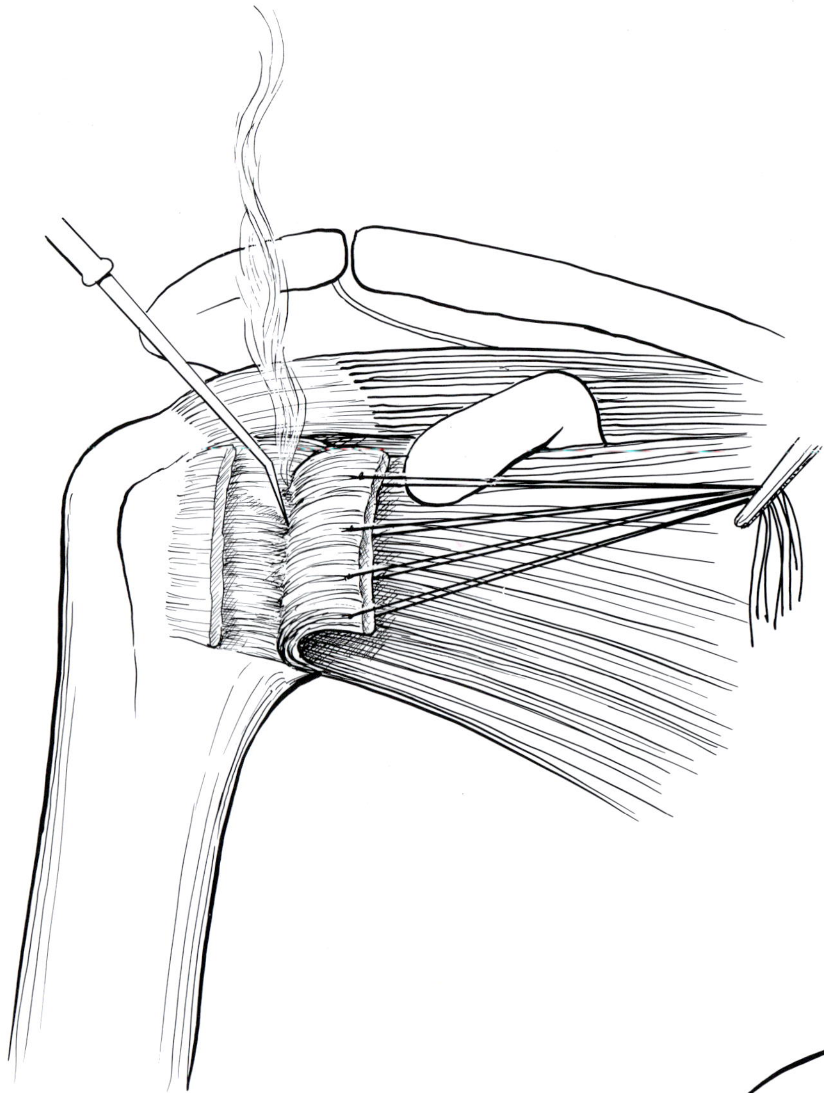

Abb. 4. Die Subskapularissehne wird mit Hilfe von Elektrokoagulation und einem Elevatorium in der Koronarebene freipräpariert. Haltefäden werden am Rand der Sehne eingebracht

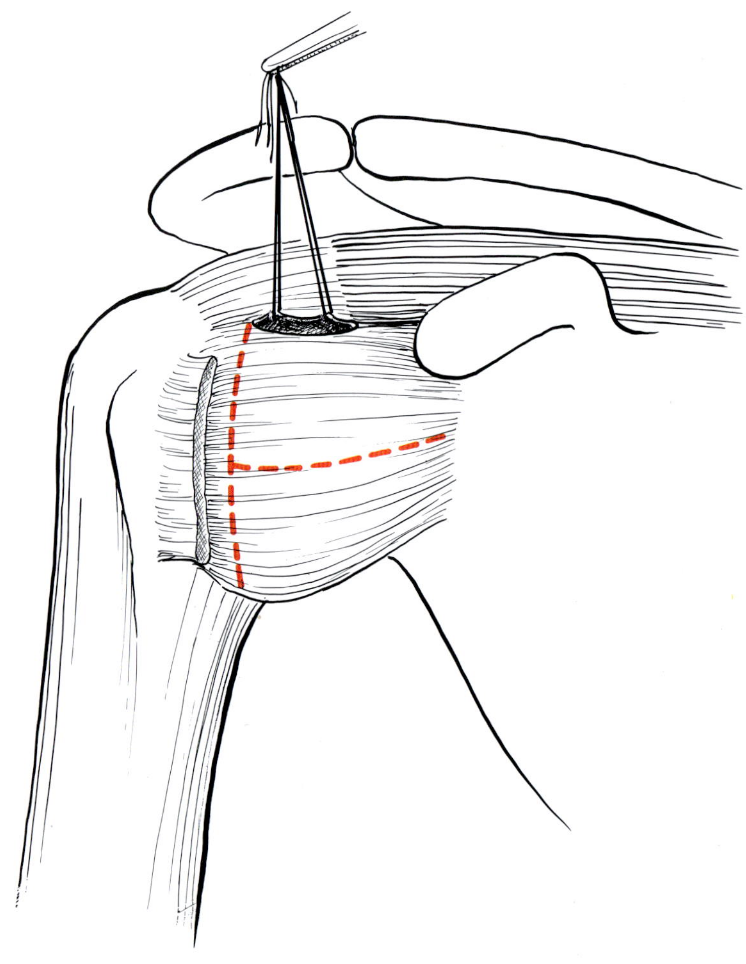

Abb. 5. Der vertikale Teil der Kapselinzision wird 0,5 cm medial der Subskapularisinzision gemacht. Obwohl auch der horizontale Teil der Kapselinzision eingezeichnet ist, wird sie erst zu einem späteren Zeitpunkt angelegt. Fäden werden im oberen Teil des Rotatorenintervalls platziert. Sie werden später zur Rekonstruktion der Kapsel verwendet

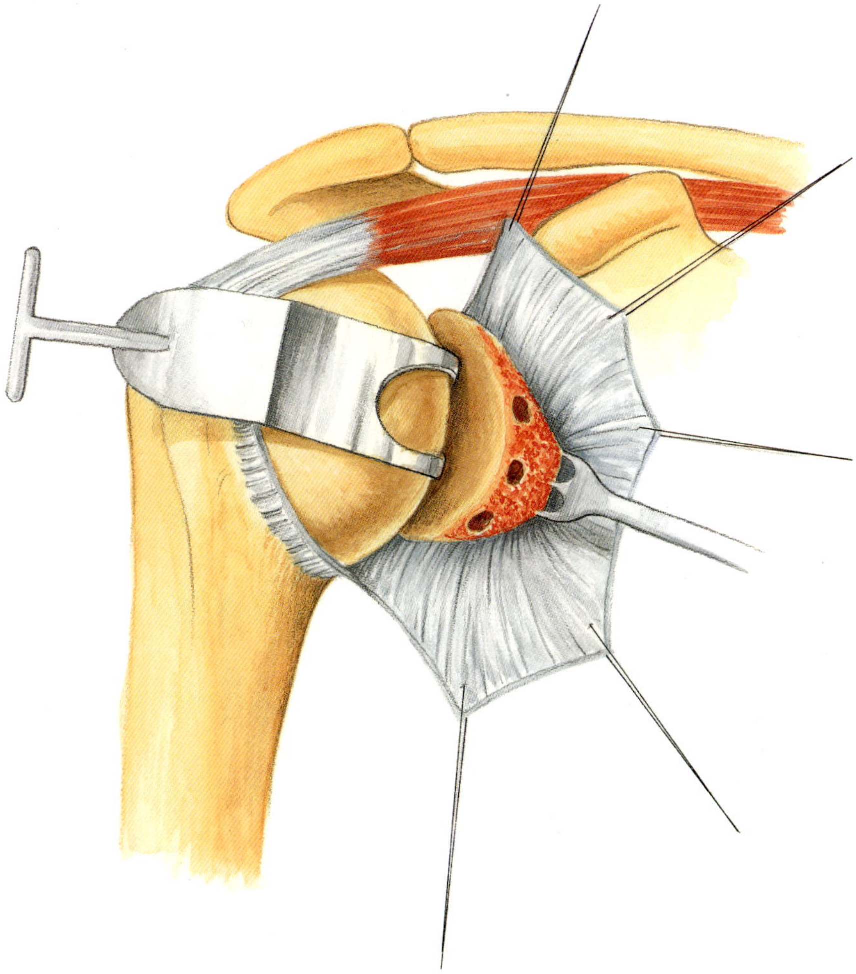

Abb. 6. Wenn der Fukudahaken platziert ist und eine Bankart-Läsion entdeckt wird, wird ein Glenoidhaken medial am Skapulahals eingesetzt, um Labrum und vordere Kapsel zu retrahieren. Die Vorderkante des Glenoids und des medialen Skapulahalses wird dekortikiert und Bohrlöcher zur Platzierung der Nahtanker angelegt

dies vollständig durchgeführt, wird der Muskel ungefähr 1 cm medial seiner Insertion am Tuberculum minus vertikal eingeschnitten und in der Koronarebene mit Hilfe eines elektrischen Messers vorsichtig von lateral nach medial von der vorderen Kapsel abgetrennt. Es ist nicht unbedingt notwendig, einen großen Teil der Sehne an der Kapsel zu belassen. Vier oder fünf nicht resorbierbare Polyesterfäden werden in der abgetrennten Sehne als Haltefäden gesetzt. Manchmal machen Rupturen der Kapsel am Humerus das Präparieren des M. subscapularis schwierig. Läsionen der Kapsel während des Präparierens sollten unverzüglich genäht werden. Dies macht weiteres Präparieren einfacher. Scharfes und stumpfes Präparieren werden gemeinsam eingesetzt bis zur kompletten Lösung des Muskels. Der mediale Retraktor wird nun etwas tiefer zum M. subscapularis replatziert.

Die Kapsel ist jetzt von ihrer lateralen Insertion am Humerus bis nach medial zum vorderen Glenoidrand offengelegt (Abb. 5). Das Rotatorenintervall wird identifiziert und Nähte am oberen Ende für spätere Rekonstruktion vorgelegt. Die Kapsel wird genau medial des Subskapularisstumpfes und anterior zur intraartikulär verlaufenden Bizepssehne vertikal eingeschnitten. Die Inzisionsränder werden dabei mit Haltenähten versehen. Je weiter die Inzision nach inferior geführt wird, um so mehr wird der Arm außenrotiert, erstens, um bessere Sicht zu gewährleisten, und zweitens, um den N. axillaris zu schützen. Ein stumpfer Haken oder der Finger kann als zusätzlicher Schutz benutzt werden. Am inferioren Ende des Humeruskopfes wird die Kapsel mit einer Schere mit stumpfer Spitze inzidiert. Die Schnittführung nach inferior hängt von der Größe der inferioren Kapsellaxität ab, wie durch die Untersuchung unter Narkose und auch Palpation während der Operation festgestellt wird. Sie variiert von der 6.00 Uhr- bis zur 4.00 oder 3.00 Uhr-Position am Humerushals an der rechten Schulter. Bei einer traumatisch bedingten Instabilität wird der Schnitt gewöhnlich nicht über die 6.00 Uhr-Position hinaus weitergeführt. Wird eine exzessive Kapsellaxität festgestellt, wie in Patienten mit multidirektionaler Instabilität, und ein enorm großer Recessus axillaris gefunden, muss der Schnitt mehr nach posterior fortgesetzt werden. Die Kapsulotomie ist vollständig, wenn Zug an den Haltefäden den Recessus vollständig schließt.

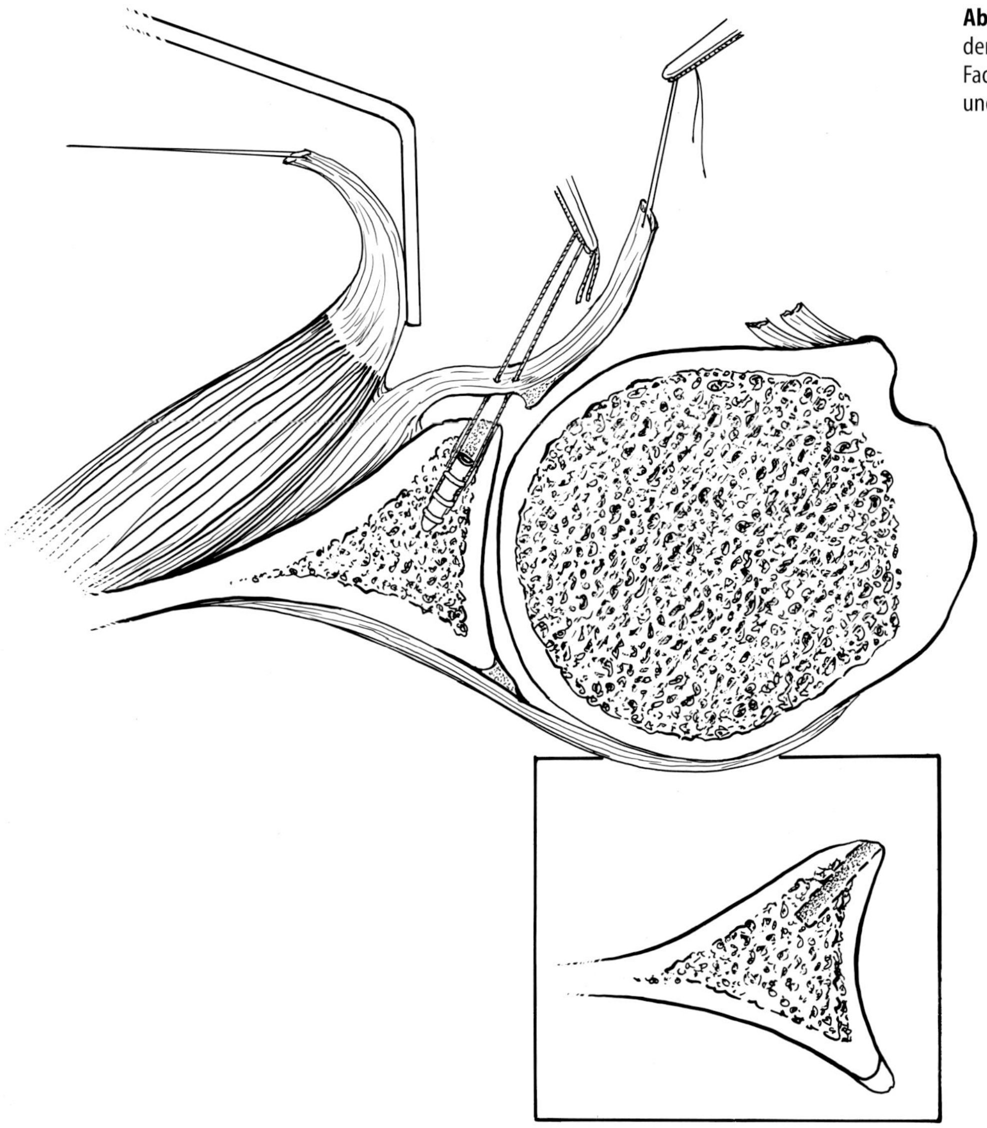

Abb. 7. Der Nahtanker wird am Rand des vorderen Glenoids subchondral platziert. Beide Fadenenden werden durch die Kapsel gezogen und in horizontaler Matratzentechnik geknüpft

Ein Humeruskopfretraktor, wie der Fukuda-Haken (George Tiemann & Co., Hauppauge, New York, USA), wird hinter dem posterioren Labrum eingesetzt, um das Glenoid und den antero-inferioren Ansatz des Labrums an der Kapsel freizulegen (Abb. 6). Wenn eine Bankart Läsion gesehen wird, schält man die Labrum- und Kapselansätze vom Skapulahals, um einen besseren medialen Zugang zu haben. Ein Glenoidhaken wird medial am Skapulahals in den Knochen eingesetzt, um Kapsel und Labrum zu retrahieren. Mit einem kleinen Osteotom wird der antero-inferiore Teil des Skapulahalses dekortikiert. Nahtanker mit geflochtenen, nicht resorbierbaren Nr. 1-Polyester-Fäden bestückt, werden an den vorbereiteten Stellen am Glenoidrand in den Knochen getrieben und zwar knapp über und unter dem Äquator und nahe der 6.00 Uhr-Position. Beide Fadenenden werden „inside-out“ mit einer gebogenen Mayo-Nadel durch die Kapsel gebracht und unter Sicht außen an der Kapsel geknotet (Abb. 7). Vorsichtige Retraktion des M. subscapularis nach medial ist hilfreich während diesem schwierigen Teil der Operation. Der Haken entlang des Skapulahalses erleichtert dies. Man muss aufpassen, die Bankart-Läsion anatomisch zu rekonstruieren, ohne Verkürzung der Kapsel nach medial. Daher sollte man in dieser Phase der Rekonstruktion keinen Versuch unternehmen, die Kapsel zu verschieben. Sobald das Labrum am Glenoidrand sicher fixiert ist oder wenn man es intakt vorfindet, kann der Fukudahaken entfernt werden.

Jetzt und auch in Fällen, wo kein Defekt im Rotatorenintervall besteht, kann mit der horizontalen Inzision der T-förmigen Kapsulotomie begonnen werden. Sie wird in Richtung Glenoid geführt, normalerweise zwischen inferiorem und mittlerem glenohumeralen Ligament (Abb. 8). Vor der Rekonstruktion wird die

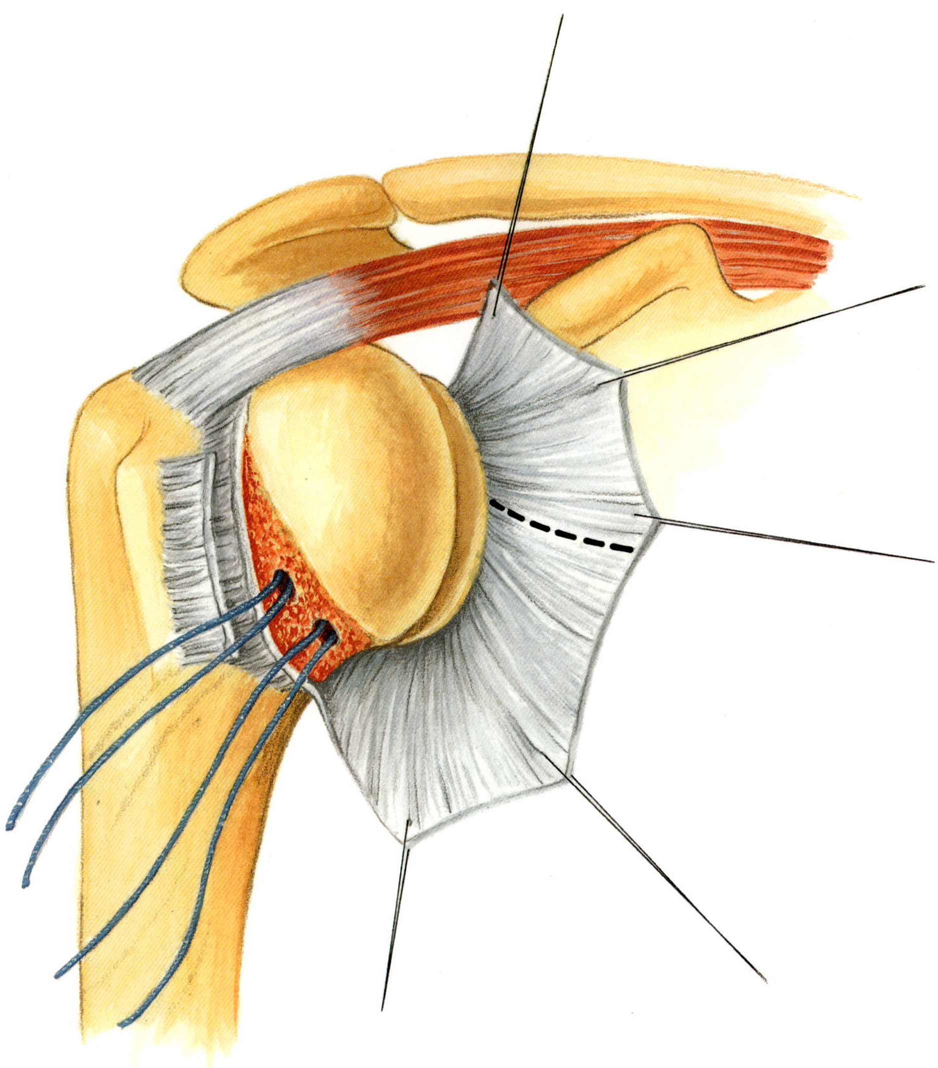

Abb. 8. Der horizontale Schnitt wird kurz oberhalb des palpierbaren inferioren glenohumeralen Ligamentes (IGHL) durchgeführt. Vor der Rekonstruktion der Kapsel wird die knorpelfreie Zone des anterioren Humerushalses dekortikiert und Nahtanker zur späteren Kapselfixation gesetzt

knorpelfreie Zone des vorderen Humerushalses dekortikiert mit Hilfe eines Osteotoms, Rongeurs oder einer Kürette. Der Rand der Kapsel inferior im Bereich des antero-inferioren Humerushalses reicht für eine Rekonstruktion manchmal nicht aus. Nahtanker können hier benutzt werden, um eine sichere Rekonstruktion zu gewährleisten (Abb. 8). Die Schulter wird in eine Position von 50–80 Grad Abduktion, 45–60 Grad Außenrotation und 10 Grad Vorwärts-Flexion gebracht. Mit der Schulter in dieser Position kann die Kapsel fixiert werden. Das Ausmaß wird individuell auf jeden Patienten abgestimmt. Außenrotation und Abduktion wird durch die funktionellen Anforderungen und Armdominanz des Patienten bestimmt. Zum Beispiel wird ein Überkopfsportler mit einer Instabilität an der dominanten Schulter eher mit mehr Außenrotation und Abduktion fixiert, während ein Sportler mit nichtdominanter Schulter, der vorwiegend die Muskulatur der unteren Extremität benötigt, eher in weniger Außenrotation und Abduktion rekonstruiert wird. Die Haltefäden der inferioren Kapsel werden nach superior und lateral gebracht, um den Grad des Kapselshift und die Größe des restlichen Recessus axillaris abzuschätzen. Die Kapsel wird nun unter Spannung von inferior nach superior rekonstruiert, indem an den Haltefäden gezogen wird und zusätzliche Nähte zwischen den Haltefäden geknüpft werden (Abb. 9A).

Sobald dies geschehen ist, wird der Arm in 0 Grad Abduktion, 45 Grad Außenrotation und 10 Grad Flexion positioniert, damit der superiore Kapselanteil rekonstruiert werden kann. Zuerst wird das Rotatorenintervall mit den zuvor angebrachten Haltefäden verschlossen. Die obere Kapsel wird dann nach inferior und lateral über den inferioren Kapsellappen gezogen und am Rand des restlichen Kapselgewebes am Hu-

A

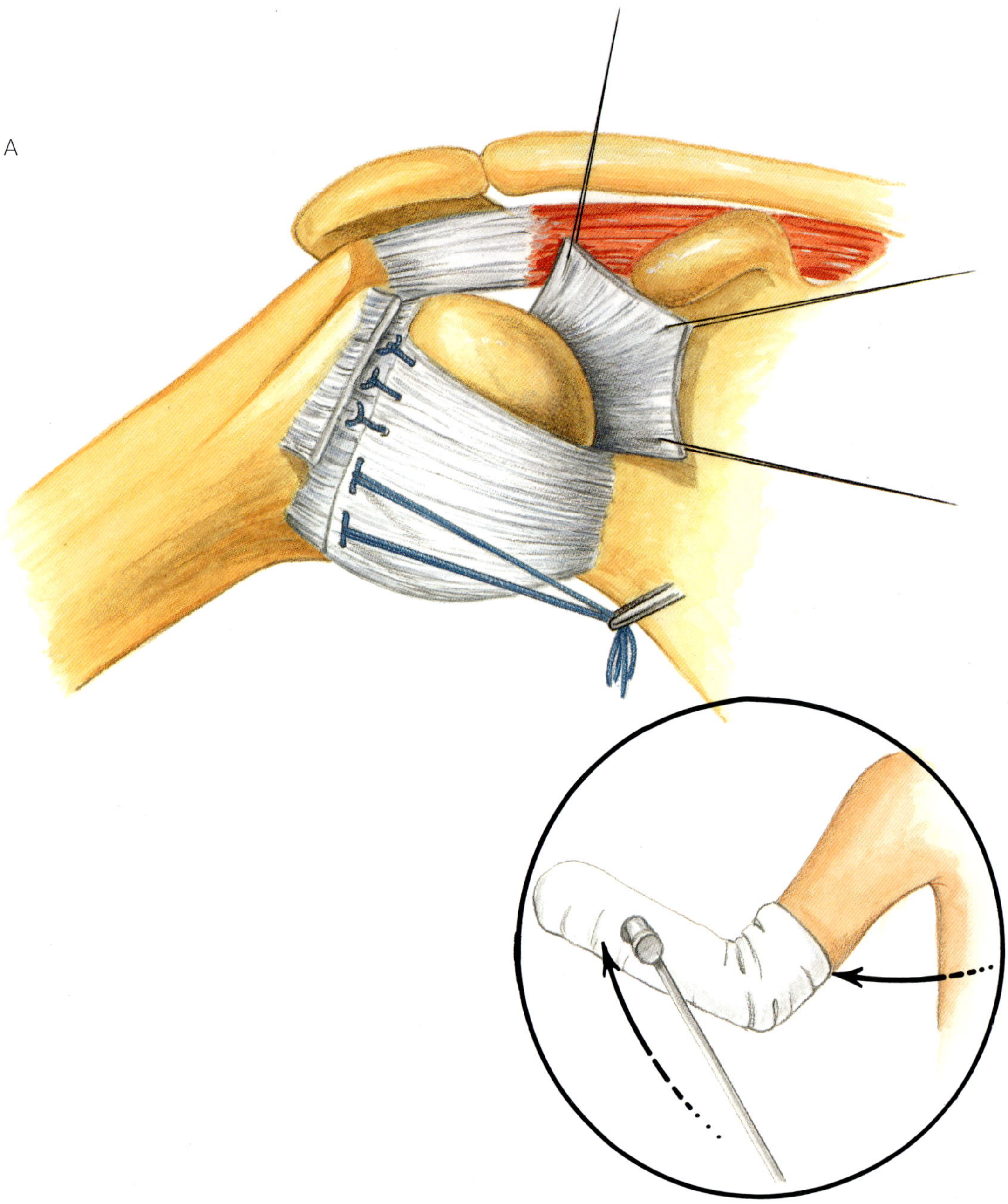

Abb. 9. (**A**) Der untere Kapselanteil wird mit dem Arm in 50–80 Grad Abduktion, 45–60 Grad Außenrotation und 10 Grad Flexion rekonstruiert. Wieviel Kapsel verschoben werden kann, hängt von der Kapselweite ab.

meruskopf angenäht. Nähte werden entlang des horizontalen Anteiles des superioren Kapsellappens platziert, um diesen Spalt in Matratzentechnik zu schließen, und die Kapsel zu verstärken. Damit ist die Rekonstruktion vollständig (Abb. 9B).

Zeigt sich ein großer Defekt im Rotatorenintervall, kann dies das primäre Problem sein und bei der Untersuchung in Narkose bereits auffallen. Wenn sich ein positives Sulkuszeichen in 0 Grad Abduktion und in neutraler Rotation zeigt und auch nicht abnimmt, wenn der Arm in 0 Grad Abduktion und Außenrotation gebracht wird, kann ein großes Rotatorenintervall vermutet werden. In diesem Fall ist nicht eine weite Kapsel antero-inferior, sondern ein Defekt antero-superior die Ursache der Instabilität. Dieser Defekt wird

B

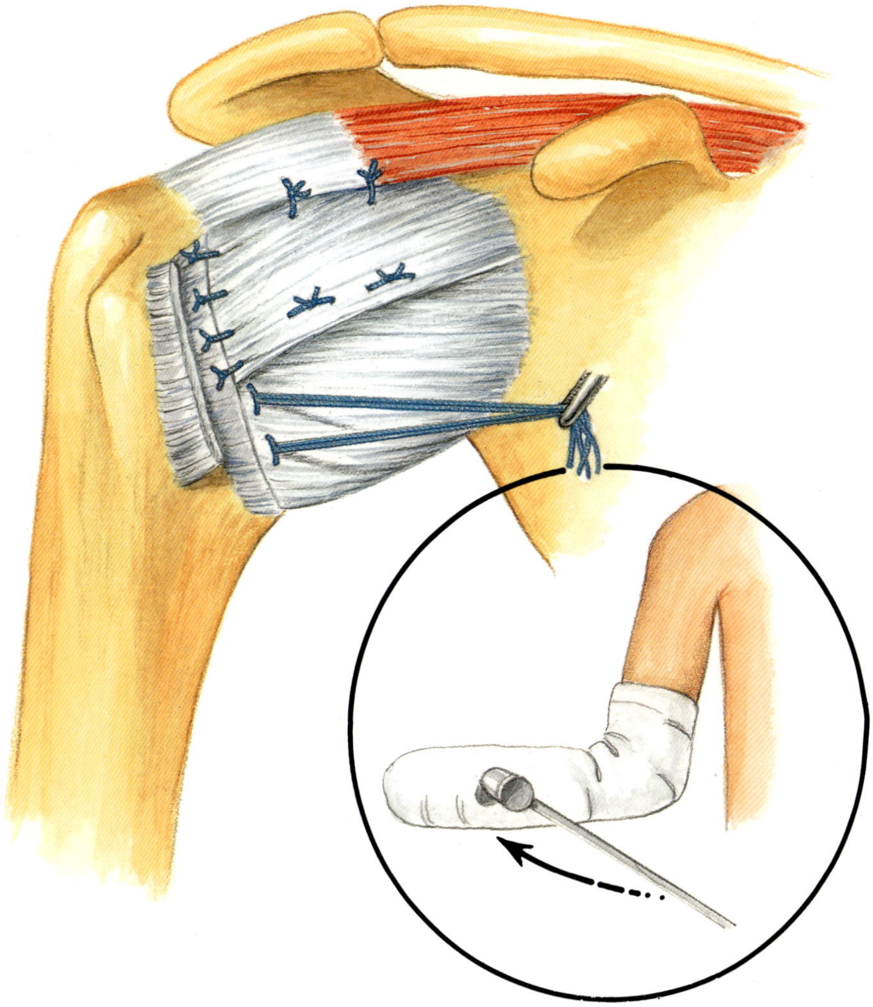

Abb. 9 (Fortsetzung) (**B**) Das Rotatorenintervall wird mit dem Arm in 0 Grad Abduktion, 45 Grad Außenrotation und 10 Grad Flexion genäht. Die horizontale Inzision wird mit Matratzennähten genäht. Dabei wird der obere Kapselanteil über den unteren gelegt

als horizontaler Teil der Kapsulotomie genommen und nur noch ein vertikaler Schnitt ausgeführt (Abb. 10 A). Dies resultiert in einem umgekehrten L. Die Rekonstruktion wird dann wie oben beschrieben durchgeführt. Die nach oben gezogene Kapsel reicht aus, um den Defekt im Rotatorenintervall zu schließen. Unter diesen Umständen wird die Kapsel in 0 Grad Abduktion, 45 Grad Außenrotation und 10 Grad Flexion rekonstruiert. Der horizontale Rand der Kapsel wird an die verbleibende Kapsel des Rotatorenintervalls vernäht (Abb. 10 B). Wenn genügend Gewebe vorhanden ist, kann der obere Kapsellappen über den oberen Kapselrest vernäht werden, um eine Verstärkung des defekten Rotatorenintervalls zu erreichen.

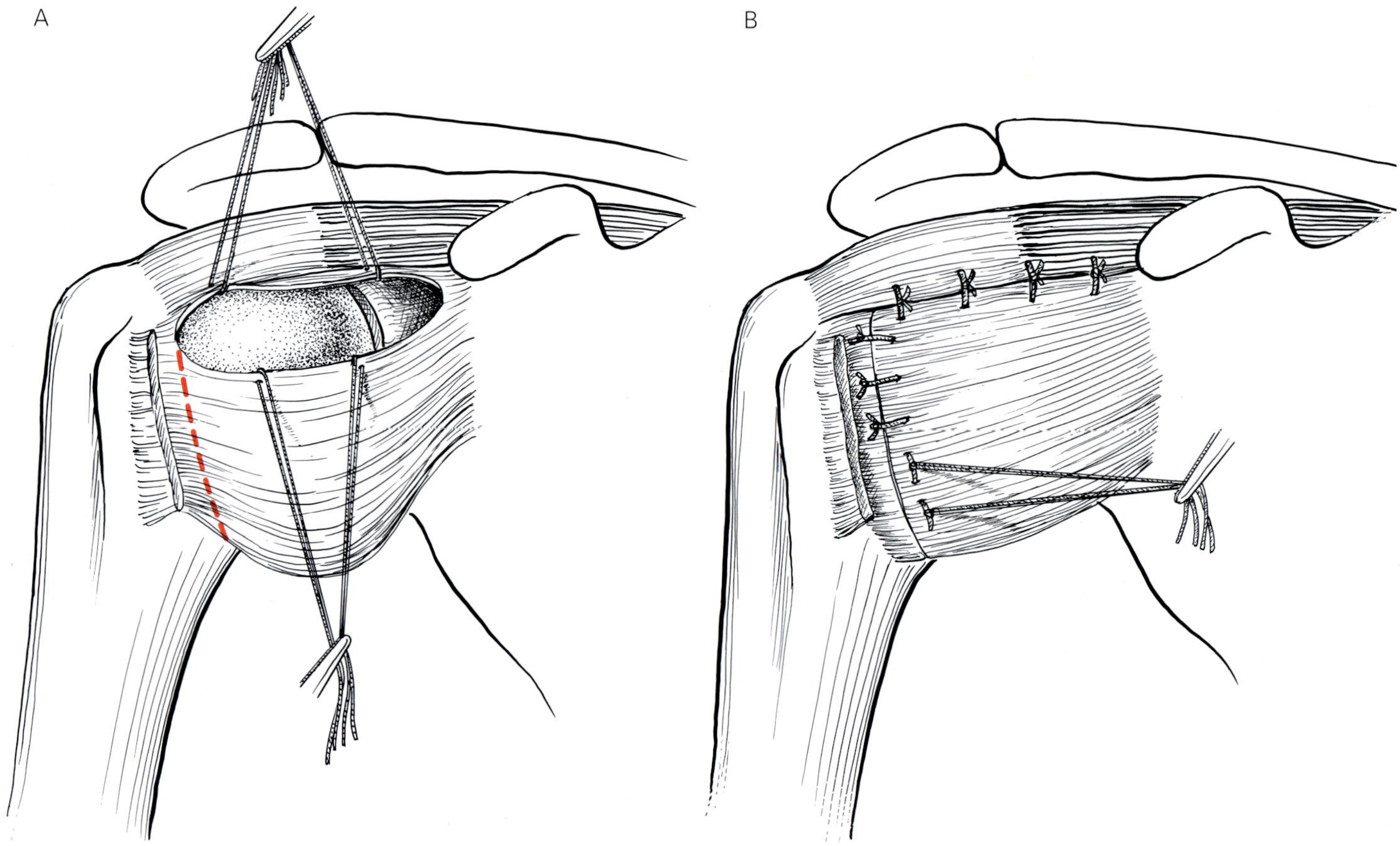

Abb. 10. (**A**) Wenn das Rotatorenintervall die primäre Pathologie darstellt, wird die vertikale Inzision als einziger Schnitt ausgeführt. (**B**) Die gesamte Kapsel wird nach oben gezogen, um den Defekt zu schließen. Der Arm wird in 0 Grad Abduktion, 45 Grad Außenrotation und 10 Grad Flexion gehalten

Nach Abschluss der Rekonstruktion wird der Bewegungsumfang und die Laxität der Schulter vorsichtig getestet. Es sollte möglich sein, den Arm ohne Schwierigkeiten 70–90 Grad Abduktion in der Skapulaebene und 50–60 Grad Außenrotation zu bewegen, ohne dass Spannung auf der Naht ist. Mit dem Arm an der Seite des Körpers sollte eine Außenrotation bis 45 Grad möglich sein. Vordere und hintere Schublade sollten nicht mehr als 1+ mit dem Arm in 45 Grad Abduktion und in neutraler Rotation und sollten wieder auf 0 abnehmen, wenn der Arm mehr außenrotiert und abduziert wird. Die untere Schublade sollte 0–1+ mit dem Arm in Adduktion sein. Nun kann der M. subscapularis anatomisch an den Stumpf am Tuberculum minus angenäht werden. Man benutzt die modifizierte Mason-Allen-Technik mit Nr. 1 oder Nr. 2 geflochtenen, nichtresorbierbaren Polyesterfäden (Gerber et al. 1994, Warner et al. 1994). Die Fadenenden der Anker, die zur Rekonstruktion des unteren Teils der Kapsel verwendet wurden, sollten nicht gekürzt werden. Sie können gut dazu benutzt werden, den unteren Teil des M. subscapularis zu vernähen, dessen unterer Teil nur einen kurzen Sehnenstumpf aufweist. Weitere Nähte können zusätzlich angebracht werden. Die bei der Präparation eingekerbten Sehnen des M. pectoralis major und der Sehnen des Caput breve M. biceps humeri und M. coracobrachialis können rekonstruiert werden. Mit ein oder zwei Nähten nähert man den M. pectoralis und den M. deltoideus an und vernäht anschließend die Haut intrakutan. Der Arm wird in einer Schlinge immobilisiert und ein Kompressionsverband wird angelegt. Eine

Vorrichtung für Kryotherapie wie der Cryocuff (Aircast, Inc, Summit, New Yersey, USA) kann mit in den Verband aufgenommen werden.

Nachbehandlung

Der Patient wird normalerweise am Tag nach der Operation entlassen. Patienten, die nur einen Interskalenusblock hatten, können oftmals sogar am Tag der Operation nach Hause geschickt werden. Der Arm wird für drei Wochen in einer Schlinge entlastet. Sie darf zum Duschen, An- und Ausziehen abgelegt werden. Nach 8–10 Tagen werden die Fäden gezogen und Standard-Röntgenaufnahmen angefertigt. Bewegungsübungen für das Ellbogengelenk, das Handgelenk und die Fingergelenke sollten sofort gestartet werden. Je nach Art der Rekonstruktion sollten Pendelübungen nach der ersten Woche gestartet werden. Nach der zweiten Woche darf der Patient den Arm zum Essen und Anziehen benutzen. In der vierten Woche wird die Schlinge nicht mehr getragen und mit aktiv assistierten Bewegungen ohne Einschränkungen des Bewegungsumfanges begonnen. Aber dies hängt auch vom Patienten individuell ab. Es soll ebenfalls mit isometrischen Übungen für Außenrotation, Extension und Abduktion begonnen werden. Übungen, die die Innenrotatoren kräftigen, sollten allerdings noch nicht erlaubt werden, um die Rekonstruktion nicht zu gefährden. Nach sechs Wochen kann mit isokinetischen Kraftübungen mit elastischen Bändern begonnen werden und die Beweglichkeit sollte bis zum Maximum auftrainiert werden. Vier Monate postoperativ darf der Patient anfangen zu schwimmen, Bälle zu werfen und Grundschläge im Tennis durchzuführen. Nach 6 Monaten kann er mehr Kraft bei der Wurfbewegung aufwenden und auch anfangen, Überkopfbewegungen zu trainieren. Sport-spezifische Rehabilitation wird zum Aufbauprogramm hinzugefügt. Kontaktsportarten sollten bis zum achten Monat postoperativ vermieden werden.

Literatur

Altchek DW, Warren RF, Skyhar MJ, Ortiz G (1991) T-plasty modification of the Bankart procedure for multidirectional instability of the anterior and inferior types. J Bone Joint Surg [Am] 73:105–112

Bigliani LU, Kurzweil PR, Schwartzbach CC, Flatow EL, Wolfe I (1994) Inferior capsular shift procedure for anterior-inferior shoulder instability in athletes. Am J Sports Med 2:585–589

Cooper DE, Warner JJP, Warren RF (1993) Complications of shoulder instability in the competitive athlete. In: Bigliani LU (ed) Complications of Shoulder Surgery. Williams & Wilkins, Baltimore, pp 240–257

Flatow EL, Bigliani LU (1992) Locating and protecting the axillarynerve in shoulder surgery: the tug test. Orthop Rev 21:503–505

Gerber C, Schneeberger AG, Beck M, Schlegel U (1994) Mechanical strength of repairs of the rotator cuff. J Bone Joint Surg (Br) 76:371–380

Jobe FW, Giangarra CE, Kvitne RS, Glousman RE (1991) Anterior capsulolabral reconstruction of the shoulder in athletes in overhead sports. Am J Sports Med 19:428–434

Mow VC, Bigliani LU, Flatow EL, Ticker JB, Ratcliffe A, Soslowsky LJ (1993) Mechanical properties of the inferior glenohumeral ligament and the glenohumeral articular cartilage. In: Matsen FA, Fu FH, Hawkins RJ (eds) The Shoulder: A Balance of Mobility and Stability. AAOS Press, Park Ridge, II, pp 29–67

Neer CS, Fithian TE, Hansen PE, Ogawa K, Brems JJ (1985) Reinforced cruciate repair for anterior dislocation of the shoulder. Orthop Trans 9:44–45

Neer CS, Foster CR (1980) Inferior capsular shift for involuntary inferior and multidirectional instability of the shoulder. J Bone Joint Surg [Am] 62:897–907

Norris TR (1993) Complications following anterior instability repairs. In: Bigliani LU (ed) Complications of Shoulder Surgery. Williams & Wilkins, Baltimore, pp 98–116

Richmond JC, Donaldson WR, Fu F, Harner CD (1991) Modification of the Bankart reconstruction with a suture anchor. Am J Sports Med 19:343–346

Rowe CR, Patel D, Southmayd WW (1978) The Bankart procedure: a long-term end result study. J Bone Joint Surg [Am] 60:1–16

Thomas SC, Matsen FA (1989) An approach to the repair of the glenohumeral ligaments in the management of traumatic anterior glenohumeral instability. J Bone Joint Surg [Am] 71:506–513

Ticker JB, Fealy SF, Fu FH (1995) Instability and impingement in the athlete's shoulder. Sports Med 19:418–426

Ticker JB, Bigliani LU, Soslowsky LJ, Pawluk RJ, Flatlow EL, Mow VC (1996a) The inferior glenohumeral ligament: geometry and strain-rate dependent properties. J Shoulder Elbow Surg 5:269–279

Ticker JB, Lippe RL, Barkin DE, Carroll MP (1996b) Infected suture anchors in the shoulder: case report. Arthroscopy 12:613–615

Turkel SJ, Panio MW, Marshall JL, Girgis FG (1981) Stabilizing mechanisms preventing anterior dislocation of the glenohumeral joint. J Bone Joint Surg [Am] 63:1208–1217

Warner JJP (1991) Shoulder arthroscopy in the beachchair position: basic set-up. Oper Tech Orthop 1:147–154

Warner JJP, Caborn DNM, Berger R, Fu FH, Seel M (1993a) Dynamic capsuloligamentous anatomy of the glenohumeral joint. J Shoulder Elbow Surg 2:115–133

Warner JJP, Marks PH (1993b) Management of complications of surgery for anterior shoulder instability. Sports Med Arthroscopy Rev 1:272–292

Warner JJP, Allen AA, Gerber C (1994) Diagnosis and management of subscapularis tendon tears. Tech Orthop 9:116–125

Warner JJP, Johnson D, Miller M, Caborn DNM (1995) A technique for selecting capsular tightness in repair of anterior-inferior shoulder instability. J Shoulder Elbow Surg 5:352–364

Zuckerman JD, Matsen FA (1984) Complications about the glenohumeral joint related to the use of screws and staples. J Bone Joint Surg [Am] 66:175–180

2 Neal S. ElAttrache, Jeffrey B. Mulholland, Patrick J. McMahon

Kapsulolabrale Rekonstruktion bei vorderer glenohumeraler Instabilität

Ein koordiniertes Zusammenspiel der vier Gelenke (Akromioklavikulargelenk, Sternoklavikulargelenk, Glenohumeralgelenk und Skapulothorakalgelenk) ist für die Funktion der Schulter im täglichen Leben wichtig. Instabilität mag als primäres Problem des glenohumeralen Gelenkes oder sekundär durch Störungen in anderen Bereichen des Schultergürtels auftreten. In jedem Fall ist Instabilität von einem Verlust an koordinierter Schulterfunktion begleitet und kann nicht dadurch behoben werden, indem man nur das Glenohumeralgelenk behandelt. In diesem Kapitel diskutieren wir die chirurgische Behandlung des verletzten Glenohumeralgelenkes. Rehabilitation der Schultergürtelmuskulatur ist aber auch wichtig, um eine normale schmerzfreie Schulterfunktion wiederherzustellen.

Instabilität bezieht sich speziell auf eine veränderte Ausrichtung des Humerus in Bezug auf das Glenoid und kann nach vier Kriterien unterteilt werden: Richtung, Ausmaß, Häufigkeit und Ursache. Die Richtung ist entweder unidirektional, bidirektional (inferiore Instabilität wird hierbei ausgeschlossen) oder multidirektional (anterior, posterior oder inferior). Im Fall der multidirektionalen Instabilität ist es wichtig, die Hauptrichtung zu bestimmen. Der Grad der Instabilität bezieht sich auf das Ausmaß der Überlappung der Gelenkflächen gegenüber dem Normalzustand. Sind sie nicht in Kontakt, spricht man von einer Luxation. Sind die Gelenkflächen in Kontakt, aber überlappen sich nicht vollständig, spricht man von Subluxation. Die Ursache der Instabilität ist entweder traumatisch oder atraumatisch und wird weiter unterteilt in willkürlich oder unwillkürlich. Und schließlich gibt auch die Häufigkeit der Episoden hilfreiche Aufschlüsse.

Die zwei Extreme der Instabilität werden am besten mit den Akronymen TUBS und AMBRI beschrieben. Die traumatische, **u**nidirektionale geht gewöhnlich mit einer **B**ankart Läsion einher und bedarf meist der operativen (**s**urgical) Stabilisierung. Das andere Extrem ist **a**traumatisch, **m**ultidirektional, meistens **bi**lateral und bedarf intensiver **R**ehabilitation der Schultermuskulatur. Ist eine Operation notwendig, ist eine Straffung der **i**nferioren Kapsel zusätzlich nötig.

Anteriore Instabilität schließt die folgenden Krankheitsbilder ein: Instabilität nach einer vorderen Luxation und die leicht zu übersehende Subluxation beim Überkopfsportler, dessen Instabilität eher von chronisch rezidivierenden Mikrotraumen während der Wurfbewegung rührt. Bei diesen Athleten kann man oft eine traumatische Luxation in der Anamnese finden (die durch geschlossene Manipulation reponiert werden musste); sie präsentieren sich aber häufiger mit vorderen oder hinteren Schulterschmerzen, die während einer bestimmten Wurfphase auftreten. Die klinische Untersuchung mag einen positiven „apprehension test" aufzeigen, der in Rückenlage ausgeführt werden soll. Dieser wird oft von einem positiven „relocation test" begleitet (Jobe et al. 1990, Kvitne und Jobe 1993). Die Reduzierung des Schmerzes mit dem „relocation test" weist auf eine anteriore Instabilität mit „internal impingement" (Einklemmung des Synoviums der Rotatorenmanschette an der postero-superioren Glenoidkante) hin. Exzessive glenohumerale Translation kann mit dem „load und shift test" gefunden werden.

Initial sollte konservativ behandelt werden mit Ruhigstellung, nichtsteroidalen Antiphlogistika und Krankengymnastik, die die Muskulatur der Rotatorenmanschette und der skapulo-thorakalen Muskeln stärken sollen. Sollten die Symptome trotz konservativer Behandlung persistieren und der Athlet kann nicht zu seinem Sport zurückkehren, ist die chirurgische Intervention indiziert.

Operative Grundlagen

Mit einer gründlichen Untersuchung unter Narkose und Durchführen einer diagnostischen Arthroskopie sollte die Diagnose bestätigt werden. Die Arthroskopie erlaubt, den Knorpel des Humerus und des Glenoids, das Labrum und die glenohumeralen Ligamente zu inspizieren. Man kann die typisch ausgebildete Bankart-Läsion erkennen und/oder eine dünne nicht ausgebildete Kapsel mit einem kaum oder nicht vorhandenen inferioren glenohumeralen Ligament (IGHL). Wir halten es für wichtig, eine Bankart-Läsion zu erkennen, da der Zugang dann modifiziert wird. Zusätzlich erlaubt die Arthroskopie, Verletzungen der Rotatorenmanschette und des Labrums speziell posterior im Bereich des „internal impingements" zu erkennen und zu behandeln. In letzter Zeit ist eine Verletzung des superioren Labrums als Teil des Spektrums von pathologischen Veränderungen beim Überkopfsportler beschrieben worden. Auch kann dies oft arthroskopisch behandelt werden (Reinhart et al. 1996).

Die Rekonstruktion der vorderen Kapsel und des Labrums basiert auf folgenden Grundsätzen: anatomische Wiederherstellung des Weichteilmantels, Erhaltung der Muskel- und Sehnenansätze und propriozeptiven Fasern, die Vermeidung von exzessiver Verkürzung der Kapsel und Ligamente und volle Wiederherstellung des Bewegungsradius. Dies wird durch muskelspaltende Inzisionen (Jobe et al. 1991) und die sichere Fixierung der Gewebe (z.B. durch die Verwendung von Nahtankern) möglich. Beides erlaubt schnellere Rehabilitation dieser speziellen Gruppe von Patienten, bei denen sowohl Rückkehr zum präoperativen Level, als auch die Wiederherstellung glenohumeraler Stabilität wichtig ist.

Für eine effektive Durchführung der Operation sind eine Reihe von speziellen Instrumenten wichtig. Ein modifizierter Retraktor mit verlängerten Schaufeln kann den M. deltoideus und M. pectoralis auseinanderhalten. Die Zacken des „Gelpi" Retraktors wurden zwischen Griff und Spitze in der Hälfte gebogen. Man kann damit die superioren und inferioren

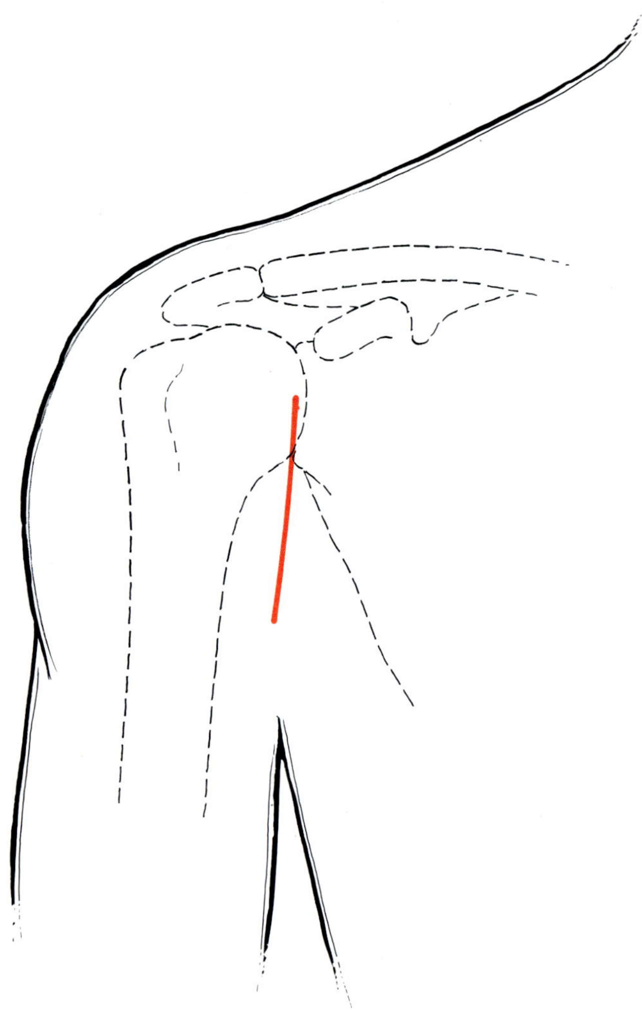

Abb. 1. Eine Inzision in der vorderen Axillarfalte lateral des Korakoids wird angelegt

Ränder des M. subscapularis in der Tiefe aufspreizen. Zusätzlich verwendet man einen schmalen Humeruskopf-Retraktor statt einem breiten Instrument, welches bei der Kapselrekonstruktion stören würde. Und schließlich benötigt man noch einen zweiten schmalen Retraktor, um die Sicht auf das Glenoid zu verbessern.

Operationstechnik

Der Patient wird in Rückenlage auf eine Vakuummatratze gelegt. Beide Schultern werden in Narkose klinisch untersucht. Dann wird der Patient auf die Seite in die „laterale Dekubitusposition" gedreht. Die Luft wird aus der Vakuummatratze gesogen. Die Seitenlage wird mit Stützen abgesichert und alle Druckpunkte

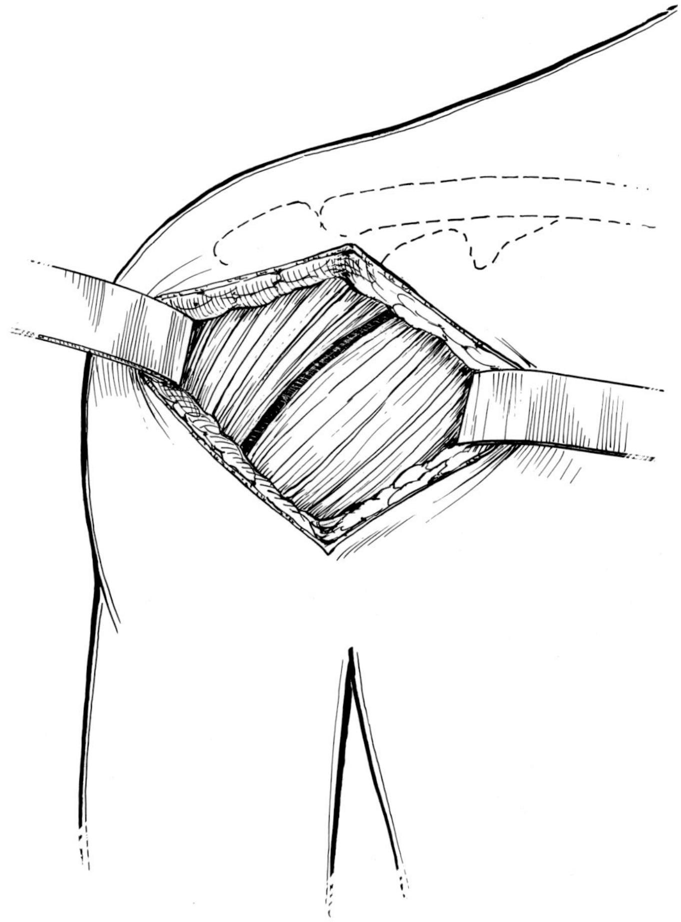

Abb. 2. Die Hautränder werden unterminiert. Das darunterliegende delto-pektorale Intervall wird identifiziert und stumpf präpariert. Die V. cephalica wird nach lateral weggehalten

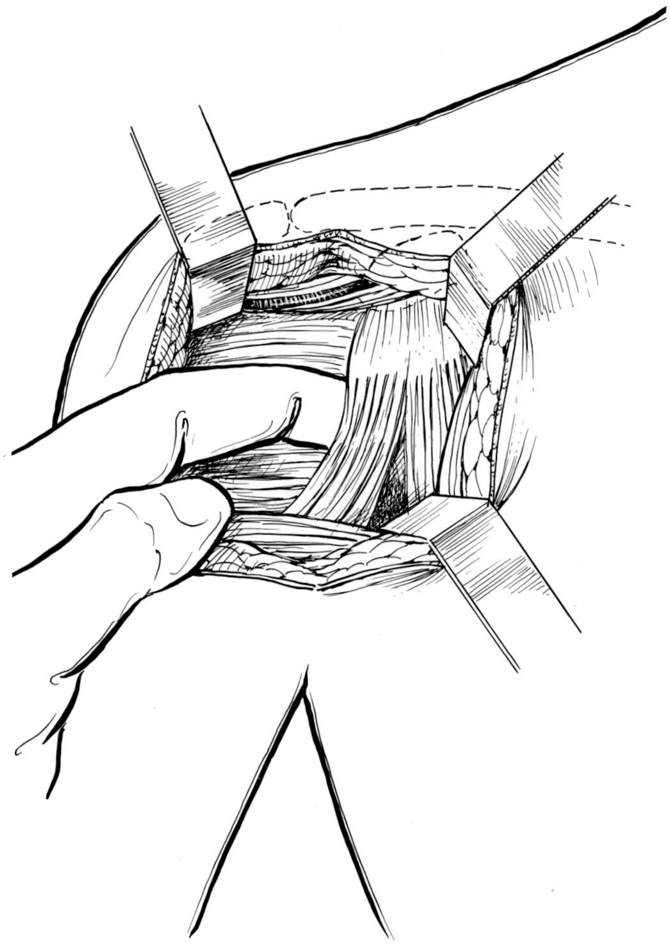

Abb. 3. Der M. pectoralis wird nach medial und der M. deltoideus nach lateral retrahiert. Die laterale Begrenzung der Korakoidsehnen wird aufgesucht und stumpf vom Korakoid bis zum M. pectoralis major inferior freipräpariert

gut gepolstert. Besonders auf den N. peroneus kurz unterhalb des Fibulaköpfchens muss geachtet werden. Der Arm wird in Überkopfposition gebracht. Eine diagnostische Arthroskopie wird durchgeführt. Eine subakromiale Arthroskopie schließt sich an, wenn pathologische Veränderungen an der Rotatorenmanschette oder im Subakromialraum vermutet werden.

Nach der Arthroskopie wird die Vakuummatratze entfernt und der Patient wird wieder in die Rückenlage gebracht. Der Arm wird auf eine Armstütze gelegt. Zwei gefaltete Tücher werden zur Stabilisierung und Erhöhung unter die Skapula gebracht. Damit kann der Humerus nach posterior luxieren. Dies verbessert den Zugriff auf das anteriore Glenoid. Der Patient wird an den Rand des Operationstisches gebracht, so dass der Chirurg zwischen Arm und Körper stehen kann. Dies ermöglicht Kontrolle des Armes und erlaubt ihm vollen Zugang zum Operationsfeld.

Der Schnitt beginnt ungefähr 2 cm distal und lateral vom Korakoid und wird in der Axillarfalte etwa 6–8 cm nach inferior entlang den Langerschen Hautlinien geführt (Abb. 1). Der Arm wird abduziert und leicht außenrotiert, wenn die Inzision nach inferior fortgesetzt wird. Die Haut wird in alle Richtungen unterminiert und mit dem Retraktor auseinander gehalten. Das delto-pektorale Intervall wird dabei freigelegt (Abb. 2). Die delto-pektorale Faszie wird mit einer Schere inzidiert, die V. cephalica dabei erhalten.

Der modifizierte Retraktor wird nun in das delto-pektorale Intervall eingesetzt und hält die V. cephalica und den M. deltoideus lateral und den M. pectoralis medial auseinander und legt somit die Sehnen des

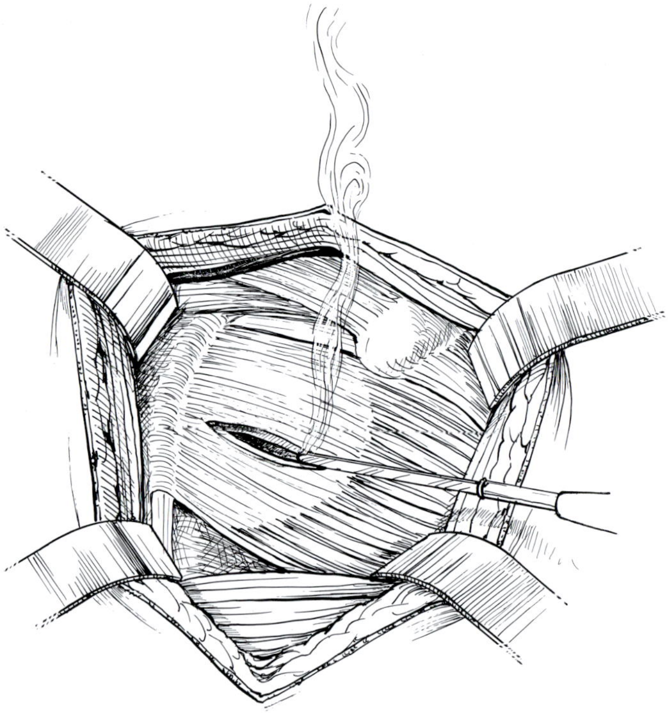

Abb. 4. Der Arm wird abduziert und außenrotiert. Die Bizepssehne wird nach lateral, die Korakoidsehnen nach medial retrahiert. Der M. subscapularis wird im unteren Drittel eingeschnitten

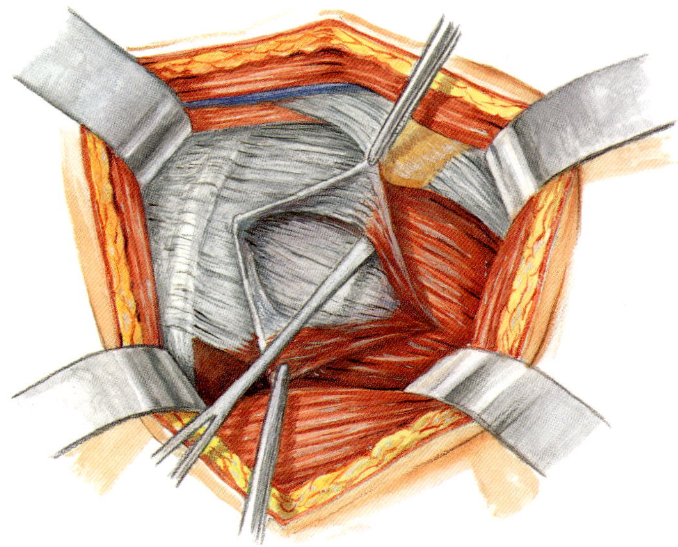

Abb. 5. Kocher-Klemmen werden am Rand der Inzision eingesetzt und der Muskel wird im Schnittintervall von der darunterliegenden Kapsel gelöst. Stumpfes Präparieren über die mediale Glenoidkante hinaus ist wichtig, da es den Einsatz des dreizackigen Glenoidhakens erleichtert und damit auch die Sicht wesentlich verbessert

Caput breve M. biceps brachii und M. coracobrachialis (im folgenden Korakoidsehnen genannt) frei. Der laterale Rand der Korakoidsehnen wird identifiziert und vom umliegenden Gewebe durch scharfes und stumpfes Präparieren befreit (Abb. 3). Dieses Intervall muss superior bis zum Processus coracoideus und inferior bis zur Sehne des M. pectoralis major freigelegt werden.

Mit dem Arm in Abduktion und Außenrotation, um die lange Bizepssehne zu schützen, werden mit einem Retraktor die Korakoidsehnen nach medial weggehalten. Dies erlaubt direkte Sicht auf den M. subscapularis. Zu diesem Zeitpunkt wird das Rotatorenintervall untersucht und, wenn insuffizient, mit nicht resorbierbaren Fäden repariert. Mit einem Elektromesser wird der M. subscapularis an der Grenze zwischen dem mittleren und unteren Drittel eingeschnitten. Die Inzision wird bis in den Muskel kurz nach Ende des Sehnenüberganges geführt (Abb. 4).

Kocher-Klemmen werden am Rand der Inzision angesetzt. Durch Zug an den Klemmen und scharfes Präparieren mit einem Nr. 15 Skalpell wird das Intervall zwischen M. subscapularis und darunterliegender Kapsel dargestellt. Mit einem kleinen Elevatorium kann man oft das Intervall medial darstellen, wo Muskel und Kapsel nicht so stark verwachsen sind (Abb. 5). Durch weiterhin stumpfes Präparieren gelangt man bis über den medialen tastbaren Rand des Glenoids. Damit kann ein stumpfer dreizackiger Glenoidhaken später plaziert werden.

Der modifizierte „Gelpi"-Retraktor wird nun in die Inzision eingebracht und hält den superioren und inferioren Anteil auseinander. Der stumpfe dreizackige Glenoidhaken kann jetzt medial am Glenoid gesetzt werden (Abb. 6).

Damit ist die anteriore Kapsel freigelegt. Sie wird mit einer langen Pinzette gefasst und nahe des Zentrums des Humeruskopfes inzidiert. Die Kapsulotomie wird nach medial in Richtung auf den Glenoidrand verlängert, und Haltefäden am oberen und unteren Kapselanteil eingesetzt (Abb. 7). Das Synovium wird eingeschnitten und die bindegewebige Struktur vom Skapulahals scharf abgehoben. Wenn das Labrum intakt ist, wird es nicht abpräpariert (Abb. 8).

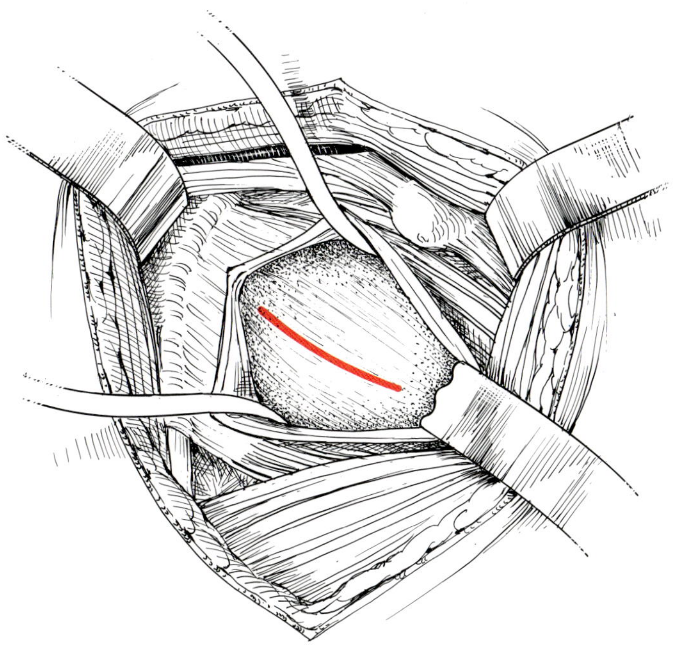

Abb. 6. Der modifizierte „Gelpi"-Retraktor wird in die Inzision im M. subscapularis eingesetzt und ein Glenoidhaken wird am vorderen Skapulahals positioniert. Die Schnittführung der Kapsulotomie ist eingezeichnet

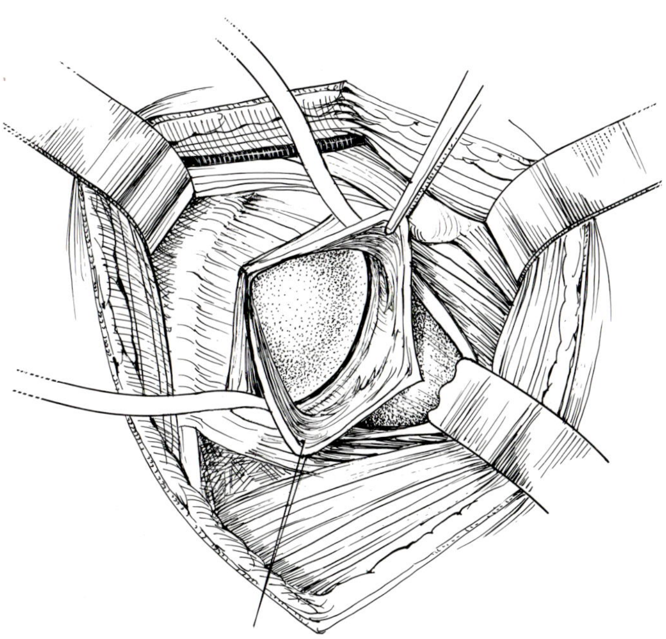

Abb. 7. Die Kapsulotomie wird begonnen und Haltefäden an den Wundrändern eingesetzt, sobald die Kapsel vom vorderen Skapulahals freipräpariert wurde

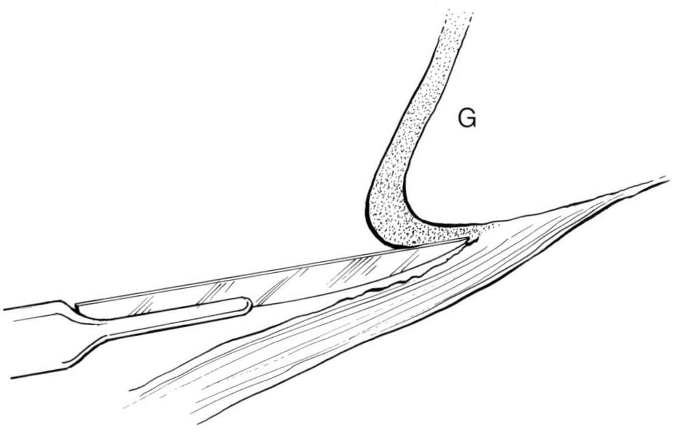

Abb. 8. Ein Querschnitt durch das Glenoid (G) bei 4.00 Uhr zeigt die Insertion von Labrum und Kapsel am vorderen Skapulahals. Das Synovium ist inzidiert und die bindegewebige Schicht der Kapsel wird scharf vom Skapulahals präpariert. Wenn das Labrum intakt ist, wird es nicht abpräpariert

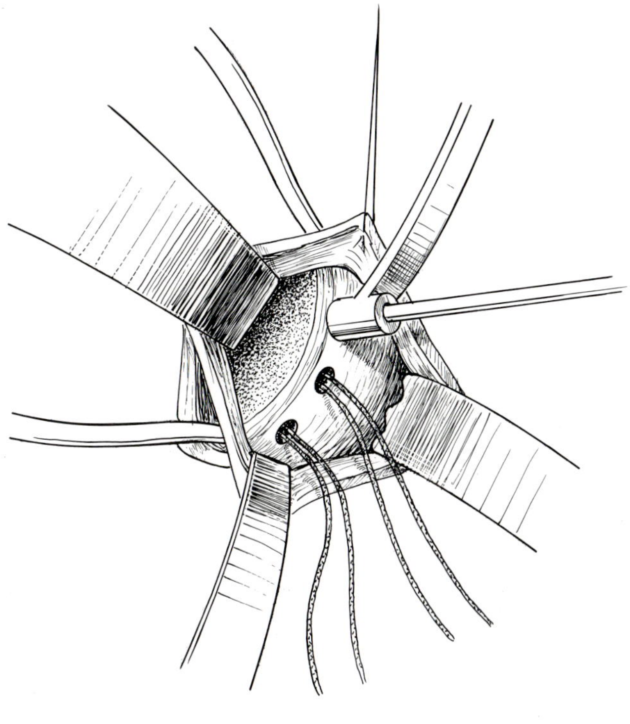

Abb. 9. Ein Humeruskopfretraktor wird vorsichtig an der hinteren Glenoidkante platziert. Ein gebogener einzackiger Haken wird dann inferior eingesetzt und drei Bohrlöcher 2 mm medial der Glenoidkante angelegt. Die mit Fäden bestückten Anker werden dann eingesetzt

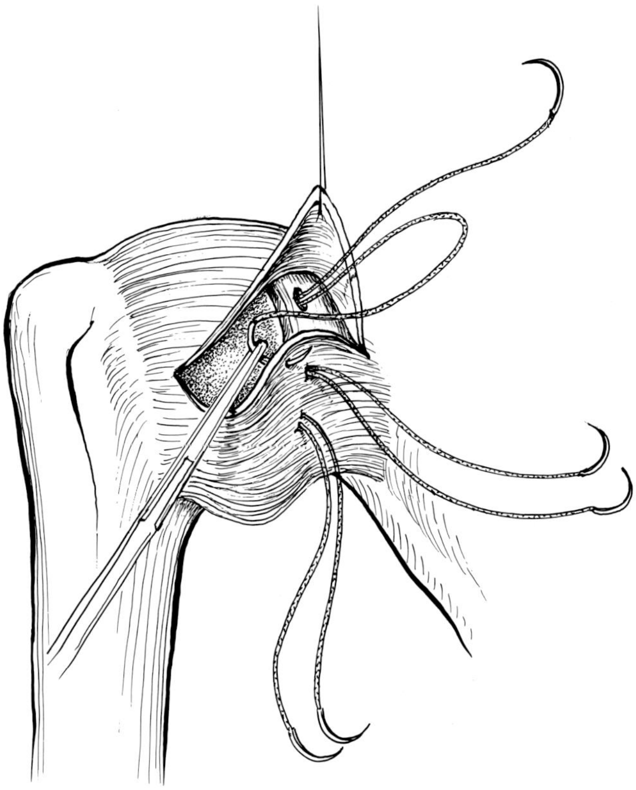

Abb. 10. Die Fäden werden durch die untere Kapsel gezogen und verknotet. Man knotet von inferior nach superior mit dem Arm in leichter Außenrotation. Der Bewegungsumfang wird dann geprüft

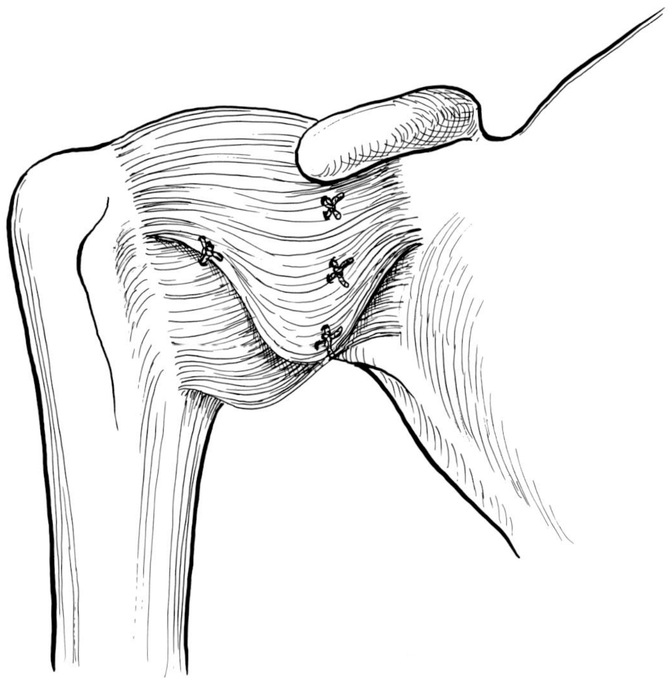

Abb. 11. Der obere Kapselanteil wird in ähnlicher Weise wie der untere verknotet und der Bewegungsumfang wird erneut geprüft. Der Rest der Kapsulotomie wird danach verschlossen

Wenn eine Bankart-Läsion vorliegt, wird das Labrum inzidiert, zusammen mit der Kapsel abgelöst und später in die Rekonstruktion der Kapsel mit einbezogen. Die Kapsel muss bis zur 6.00 Uhr-Position freipräpariert werden, damit die antero-inferiore Kapselweite durch Verschieben nach oben ausreichend vermindert werden kann. Um unter besserer Sicht Bohrlöcher am Skapulahals anbringen zu können, und natürlich eine Einheilung der wiederhergestellten Kapsel zu ermöglichen, wird der Skapulahals von sämtlichem Weichteilgewebe befreit.

Ein einfacher oder doppelt gegabelter schmaler Humeruskopfretraktor wird vorsichtig, ohne den Knorpel zu verletzen, eingesetzt. Ein stumpfer mit einer Schaufel versehener Glenoidretraktor wird inferior zum dreizackigen Glenoidhaken positioniert. Das antero-inferiore Glenoid kann jetzt voll eingesehen werden (Abb. 9).

Drei Bohrlöcher werden platziert bei 2.30 Uhr, 4.00 Uhr und 5.30 Uhr für die rechte Schulter oder bei 9.30 Uhr, 8.00 Uhr und 6.30 Uhr für die linke Schulter. Sie werden 2 mm medial von der Glenoidkante gebohrt, um eine anatomische Wiederherstellung des Kapsel-Labrum-Komplexes zu ermöglichen (Abb. 9). Der untere Haltefaden wird unter Spannung gesetzt, während die beiden Stränge (Nr. 1 Ethibond) durch die Kapsel gezogen werden. Der untere Faden wird zuerst durchgezogen. Durch Hochziehen des unteren Kapselanteiles kann man das Ausmaß der Straffung an die individuelle Laxität des Patienten anpassen. Die Fäden sollten nicht zu lateral platziert werden, weil dann durch die Straffung der Kapsel die Außenrotation eingeschränkt werden kann. Die mittleren und oberen Fäden können in ähnlicher Weise durch den inferioren Kapselanteil gezogen werden (Abb. 10).

Sind alle Fäden durchgezogen, werden, mit dem Arm in leichter Außenrotation, die Nähte verknotet. Patienten, die ihren Arm nicht als Wurfarm benutzen, sollten mindestens 45 Grad Außenrotation bei 90 Grad Abduktion, Überkopfsportler allerdings mindestens die 90/90 Grad-Position erreichen, ohne dass zu starke Spannung auf der Naht lastet. Die Fäden

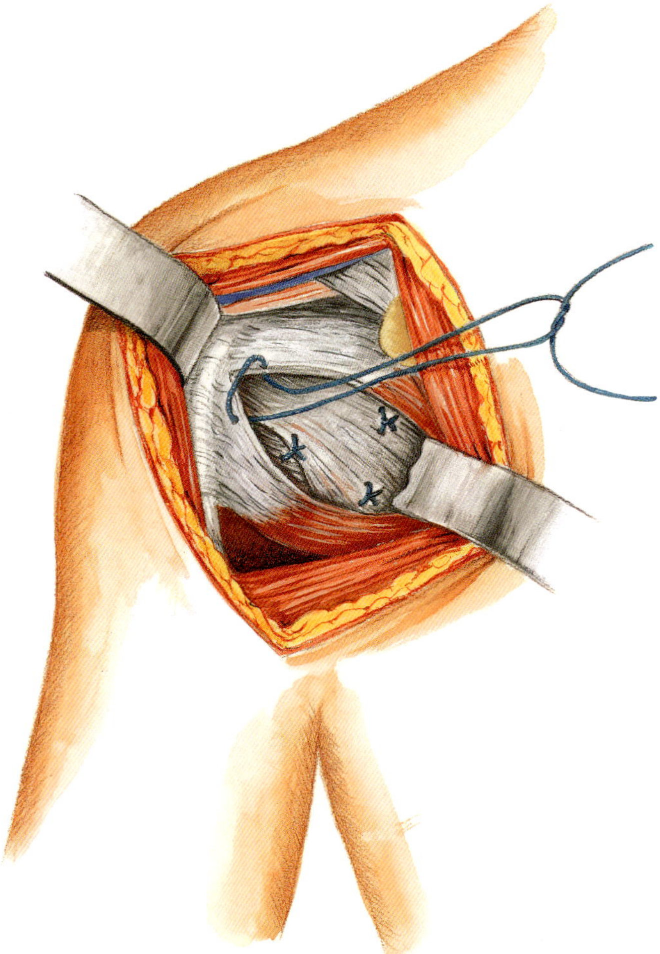

Abb. 12. Die Ränder des M. subscapularis werden mit einfachen invertierten absorbierbaren Fäden angenähert

können jetzt durch den superioren Kapselanteil gezogen und nach Entfernen des Humeruskopfretraktors in „Hose über Jacke"-Position verknotet werden. Wiederum wird die Rekonstruktion an die individuelle Laxität und den Beruf bzw. an die Ansprüche des Patienten angepasst (Abb. 11). Erneut wird der Bewegungsradius überprüft. Mit dem Arm in 20 Grad Außenrotation wird der Rest der Kapsel mit nicht resorbierbaren Fäden vernäht.

Die Wunde wird mit Antibiotika-haltiger Lösung gespült und der M. subscapularis wird mit einfachen invertierten Nähten verschlossen. Das delto-pektorale Intervall wird in situ belassen und nach adäquater Blutstillung wird die Haut geschlossen. Der Arm wird auf eine Abduktionsschiene gelegt.

Nachbehandlung

Die postoperative Rehabilitation nach vorderer Stabilisierung legt Wert auf ein Auftrainieren der dynamischen glenohumeralen und skapulo-thorakalen Stabilisierer und natürlich auf die Wiederherstellung der vollen Beweglichkeit. Man startet mit vorsichtigen Bewegungsübungen, dem Ausdauer- und Kraftübungen folgen. Der Plan soll dabei individuell auf den Patienten abgestimmt sein (Montgomery und Jobe 1994). Die nachfolgenden vorgeschlagenen Phasen dienen als eine grobe Richtlinie und Teile des Programmes können überlappen. Der Krankengymnast soll mit dem Konzept vertraut sein und mit dem behandelten Arzt in Verbindung stehen.

Die erste Phase startet unmittelbar am Tag nach der Operation und dauert ungefähr zwei Wochen. Sie besteht aus Übungen, die aktive Abduktion, Flexion und Außenrotation bis zur Neutralstellung beüben. Isometrische Abduktionsübungen werden auch gestartet. Das Abduktionskissen soll ungefähr für zwei Wochen getragen werden.

Phase 2 beginnt nach zwei Wochen und fügt aktive Innenrotation mit dem Arm an der Seite des Körpers hinzu. Auch die Außenrotation bis 20 Grad gegen leichten Widerstand wird begonnen. Aktive Abduktion bis zu 90 Grad, soweit toleriert, wird hinzugefügt. Extension in Bauchlage (allerdings nicht hinter die Rumpfebene) und Außenrotation in der „lateralen Dekubituslage" wird gestartet.

Phase 3 geht von 6 Wochen bis zu 3 Monaten und legt Wert darauf, den Bewegungsumfang weiter auszubauen, die Muskeln der Rotatorenmanschette und die skapulo-thorakale Muskulatur zu stärken. Exzentrisches Muskeltraining wird in den Trainingsplan aufgenommen und auch Gewichtstraining ist erlaubt.

Phase 4, die nach 3 Monaten beginnt, besteht aus graduellem Erhöhen des Widerstandes und Krafttraining speziell für die Außen- und Innenrotation. Klimmzüge und Ganzkörpertraining können begonnen werden. Eine Rückkehr zum Sport unter Aufsicht kann unter Berücksichtigung der isokinetischen Kraftausdauer und der Ausdauertests initiiert werden.

Literatur

Jobe FW, Giangarra CE, Kvitne RS, Glousman RE (1991) Anterior capsulolabral reconstruction of the shoulder in overhand sports. Am J Sports Med 19:428–434

Jobe FW, Tibone JE, Jobe CM, Kvitne RS (1990) The shoulder in sports. In: Rockwood CA, Matsen FW (eds) The Shoulder, 1st edn. WB Saunders, Philadelphia, pp 961–990

Kvitne RS, Jobe FW (1993) The diagnosis and treatment of anterior instability in the throwing athlete. Clin Orthop 291:107–123

Matsen FA, Thomas SC, Rockwood CA (1990) Anterior glenohumeral instability. In: Rockwood CA, Matsen FA (eds) The Shoulder, 1st edn. WB Saunders, Philadelphia, pp 526–622

Montgomery WH, Jobe FW (1994) Functional outcomes in athletes following modified anterior capsulolabral reconstruction. Am J Sports Med 22:352–357

Reinhart G, ElAttrache SN, Kvitne RS, Gambardella RA, Jobe FW (1996) The presentation and management of superior glenoid labral lesions. J Shoulder Elbow Surg 5:S7

3

Answorth A. Allen, Steven J. O'Brien, Stephen Fealy

Glenoidseitiger Kapselshift bei vorderer und hinterer glenohumeraler Instabilität

Glenohumerale Instabilität repräsentiert ein Spektrum von exzessiver Schulterlaxizität. Es reicht von Subluxation, wo eine Translation des Humeruskopfes relativ zum Glenoid besteht und klinische Symptome auslöst, bis zur Luxation, welches eine komplette Separation der Gelenkfläche darstellt. Die traditionelle Klassifikation der Schulterinstabilität basiert auf der Richtung, dem Ausmaß, der Frequenz und der Ätiologie der glenohumeralen Instabilität (Warner und Caborn 1992). Rezidivierende unidirektionale Schulterinstabilität kann durch ein Makrotrauma verursacht sein und ist oft mit einem Ablösen des Labrums am Glenoid und der vorderen Kapsel von der vorderen Glenoidkante, z.B. eine Bankart-Läsion (Bankart 1923, 1938), assoziiert. Rezidivierende Mikrotraumen beim Überkopfsportler können zu exzessiver Laxizität der Kapsel und zu mehr subtilen Instabilitäten wie Subluxationen und multidirektionaler Instabilität führen.

Allgemein kann kein Standardeingriff bei der operativen Behandlung der Schulterinstabilität verwendet werden. Die Operation muss auf die funktionellen Ansprüche des Patienten und die vorhandene Pathologie zugeschnitten werden. Die Indikationen für einen glenoidseitigen vorderen Kapselshift schließen folgendes ein: Posttraumatische rezidivierende Instabilität der Schulter, eine Bankart-Läsion, Patienten, die keine guten Kandidaten für eine arthroskopische Stabilisation darstellen, und eine symptomatische vordere Subluxation des glenohumeralen Gelenkes. Die Indikationen für einen glenoidseitigen hinteren Kapselshift schließen folgendes ein: Symptomatische posteriore Subluxation, rezidivierende hintere Luxationen und multidirektionale Instabilität mit einem vorwiegenden hinteren Instabilitätsmuster. Bei beiden Eingriffen muss der Patient über die postoperative Nachbehandlung aufgeklärt werden und muss motiviert an einem unter Aufsicht durchgeführten Rehabilitationsprogramm teilnehmen. Kommt dies nicht deutlich zum Vorschein, sollte der Patient nicht operativ behandelt werden.

Vorderer Kapselshift

Operative Grundlagen

Die Hautinzision sollte in der vorderen Axillarfalte verlaufen, um hässlicher Narbenbildung vorzubeugen. Die Vena cephalica ist der Gefahr einer Perforation während der Präparation ausgesetzt. Wird sie verletzt, sollte sie mit Prolene 6/0 genäht werden. Die Vene zu ligieren, sollte nur als letzte Möglichkeit in Betracht gezogen werden. Während der Exposition der Sehne des M. subscapularis kann exzessive mediale Retraktion am M. pectoralis minor und M. coracobrachialis zur Neuropraxie des N. musculocutaneus führen. Man sollte nicht medial des Processus coracoideus präparieren, um Verletzungen des Plexus brachialis und der Axillargefäße zu vermeiden.

Wenn die Gelenkkapsel von der darüberliegenden Sehne des M. subscapularis befreit wird, kann man leicht die Kapsel perforieren. Vorsichtige Präparation der Kapsel und Geduld sind notwendig, die Kapsel intakt zu lassen. Wenn die Präparation nach inferior fortgesetzt wird, besteht die potentielle Gefahr, den N.

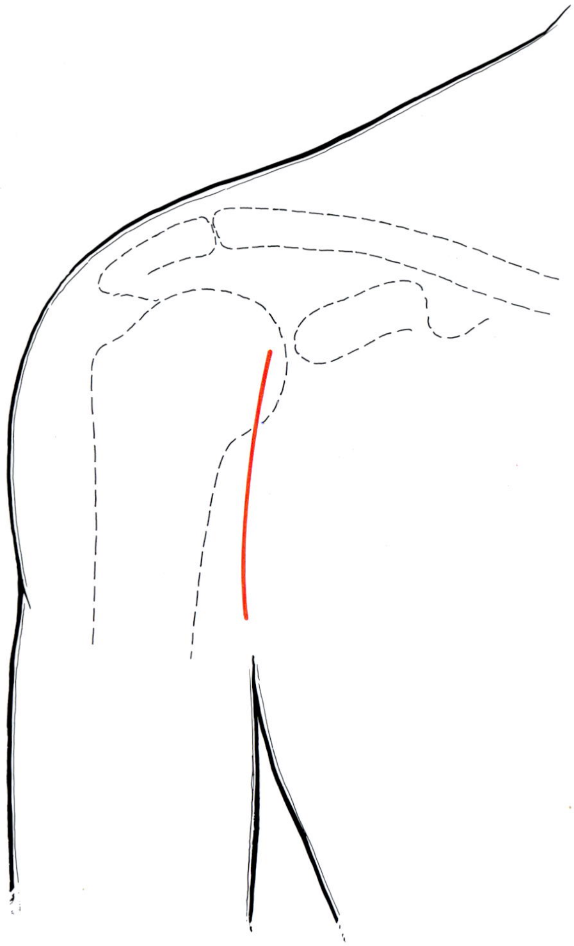

Abb. 1. Die Inzision wird in die Axillarfalte gelegt und zum Processus coracoideus verlängert

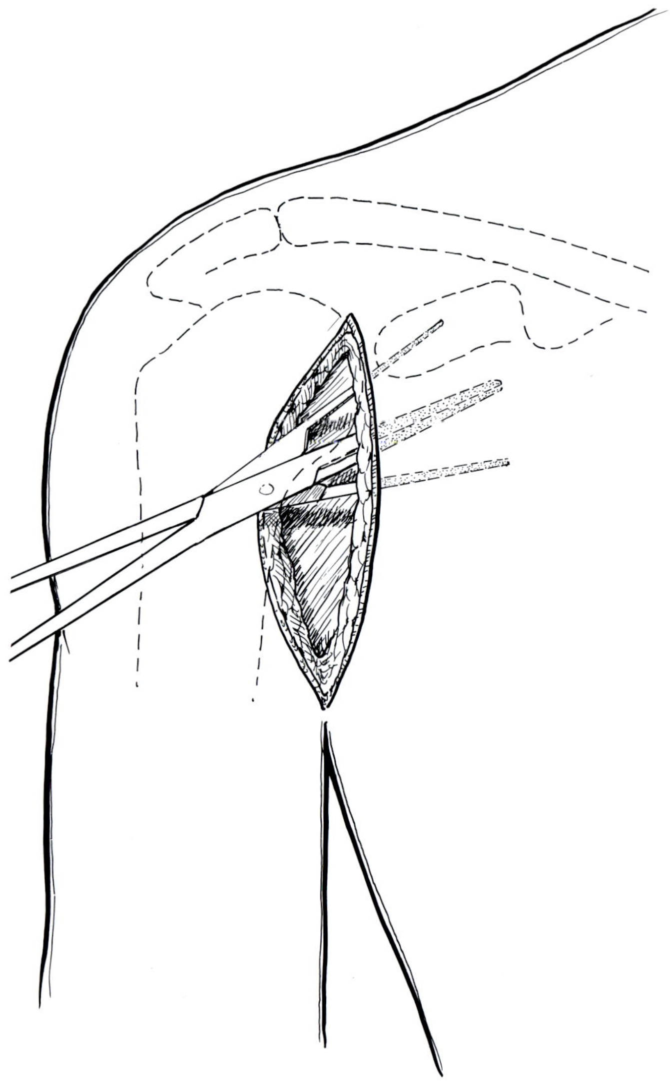

Abb. 2. Haut und Unterhaut werden nach allen Seiten mobilisiert. Die Faszie des M. deltoideus sollte erhalten werden

axillaris zu verletzen. Der Nerv muss daher geschützt werden, wenn die Kapsulotomie nach inferior fortgesetzt wird.

Während der Platzierung der Nahtanker sollten die Löcher bis zur passenden Tiefe vorgebohrt und die Nahtanker anschließend platziert werden. Die Anker werden auf ihre sichere Fixierung im Knochen getestet. Eine Lockerung der Rekonstruktion kann auftreten, wenn die Anker nicht sicher fixiert sind. Eine zu große Spannung der vorderen Kapsel kann zu einer hinteren Translation und dadurch einer Inkongruität der Gelenkflächen führen. Dies mag eventuell zu einer steifen unbeweglichen Schulter führen. Die Sehne des M. subscapularis muss sorgfältig genäht werden. Ist die Naht nicht adäquat, wird die Sehne nach medial retrahieren und kann nicht in einer anatomischen Position heilen. Dies führt zu einem insuffizienten M. subscapularis und möglicherweise zu einer rezidivierenden vorderen Schulterinstabilität.

Operationstechnik

Eine Untersuchung unter Anästhesie wird durchgeführt, um Ausmaß und Richtung der Instabilität und eventuelle Zeichen allgemeiner ligamentärer Laxizität zu bestimmen. Die Schubladentests werden durchgeführt, wie schon früher beschrieben (Altchek et al. 1991) und das Ausmaß der Translation bestimmt und dokumentiert. Obwohl eine Allgemeinnarkose benutzt werden kann, ziehen wir einen Interskalenusblock vor. Es ist oftmals notwendig, den infe-

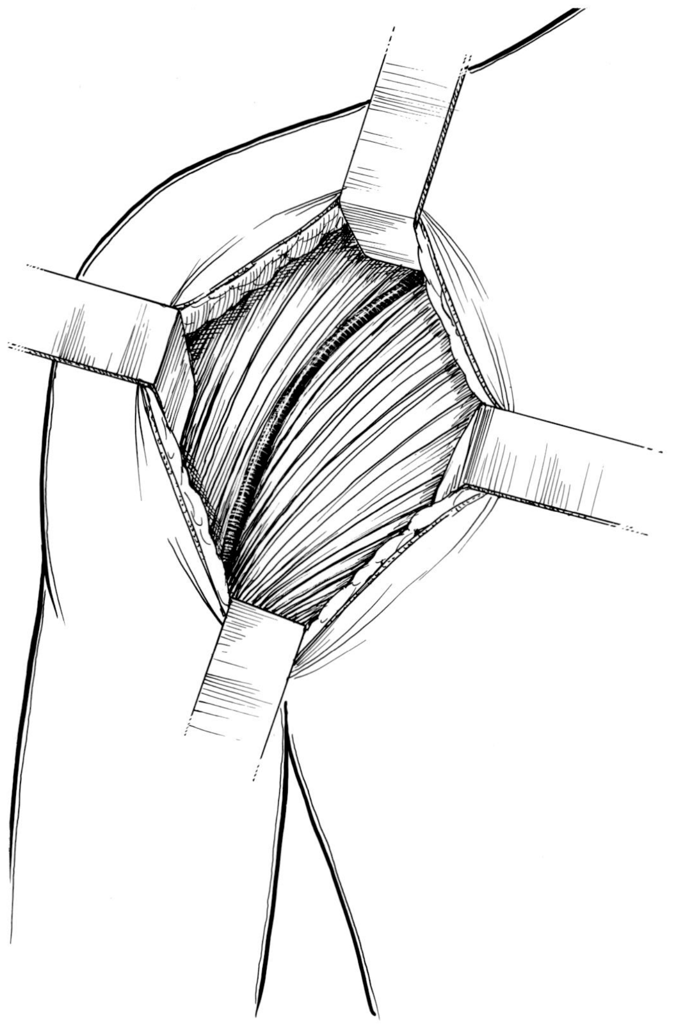

Abb. 3. Die V. cephalica im delto-pektoralen Intervall. Die Vene wird normalerweise mit dem M. deltoideus nach lateral retrahiert

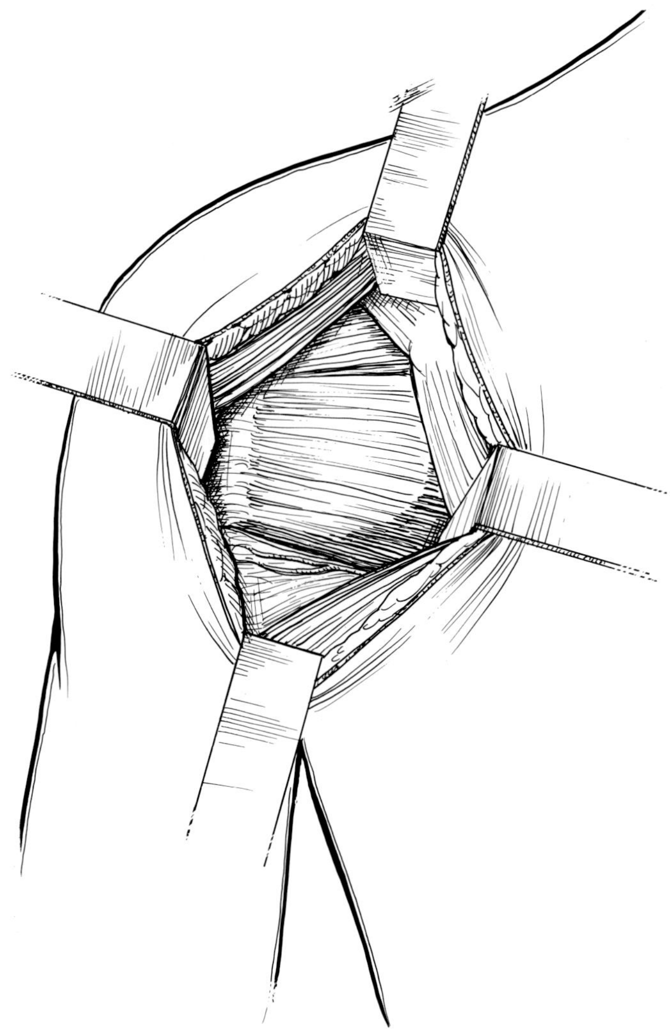

Abb. 4. Die Sehnen des M. biceps brachii caput breve und M. coracobrachialis (später als Korakoidsehnen bezeichnet) und der darunterliegende M. subscapularis werden exponiert

rioren Teil der Inzision mit Lokalanästhetikum zu infiltrieren. Bei muskulösen Patienten empfehlen wir die Verabreichung einer Allgemeinnarkose mit einem Muskelrelaxans, um eine adäquate Exposition zu erreichen. Der Patient wird in der modifizierten „beachchair"-Position gelagert. Das Kopfende des Operationstisches wird um etwa 30 Grad angehoben. Zwei gefaltete Tücher werden entlang der medialen Kante der Skapula platziert. Die Schulter und die obere Extremität werden frei abgedeckt. Ein Armhalter oder ein McConnell-Schulterhalter (McConnell Orthopaedic Manufacturing Co., Greenville, Texas, USA) wird benutzt, um den Arm zu unterstützen.

Die knöchernen markanten Punkte werden markiert. Der Processus coracoideus wird palpiert und die längste Hautfalte in der vorderen Axilla identifiziert. Die Haut wird in der Falte etwa 3–4 cm inzidiert. Man startet vom inferioren Recessus axillaris und verlängert in Richtung des Korakoids (Abb. 1). Haut und Unterhaut wird unterminiert, damit die Länge der Inzision minimal gehalten werden kann. Die Hautlappen sollten superior bis zur Höhe der Klavikula und inferior bis unterhalb des M. pectoralis major mobilisiert werden. Man sollte aufpassen, während der Mobilisation die Haut nicht zu penetrieren (Abb. 2). Die V. cephalica verläuft in Richtung Korakoid und wird normalerweise in der Fettsträhne zwischen M. deltoideus und M. pectoralis major gefunden (Abb. 3). Wird weiter nach superior präpariert, wird die Inzision von medial von einem Ast der V. cephalica, der häufig ligiert werden muss, gekreuzt. Erst dann kann die Vene nach lateral retrahiert werden.

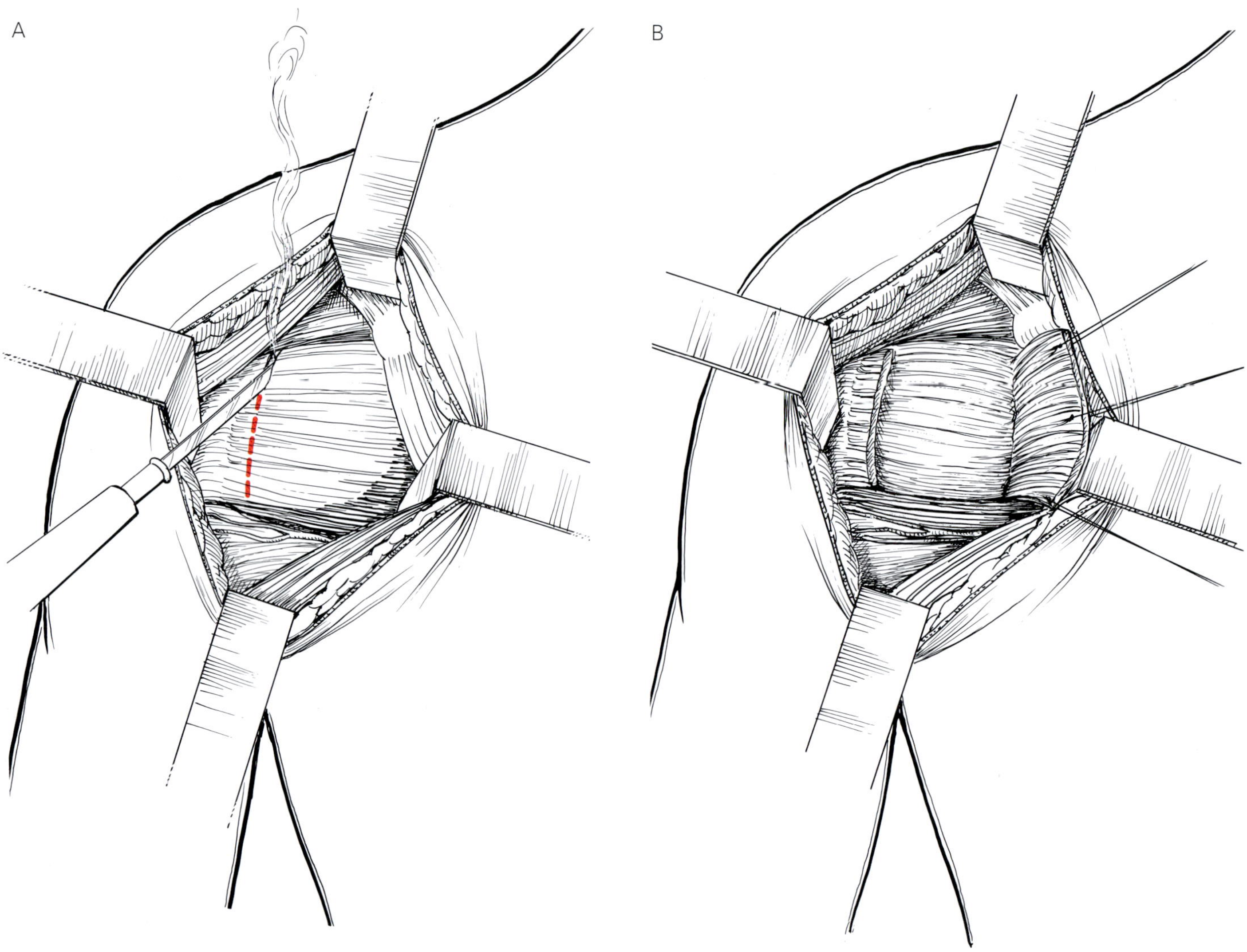

Abb. 5. (**A**) Die Korakoidsehnen werden retrahiert, um den M. subscapularis zu exponieren. Die Circumflex-Gefäße werden am inferioren Aspekt der Sehne lokalisiert. Mit dem Arm in Adduktion und Außenrotation wird der M. subscapularis von der darunterliegenden Kapsel gelöst. Man versucht die Circumflex-Gefäße zu erhalten. (**B**) Haltefäden werden in der Sehne des M. subscapularis platziert, die nach medial weggehalten wird, um die Gelenkkapsel zu exponieren

Das delto-pektorale Intervall wird entwickelt. M. deltoideus und M. pectoralis major werden auseinandergehalten.

Die klavikulo-pektorale Faszie wird inzidiert und das korakoakromiale Ligament sowie die Circumflex-Gefäße werden identifiziert. Das laterale Ende des Ligaments kann zur besseren Sicht auf den superioren Aspekt des glenohumeralen Gelenkes exzidiert werden. Obwohl die Circumflex-Gefäße ligiert werden können, versuchen wir sie zu erhalten. Der proximale Ansatz des M. pectoralis major (ungefähr 1 cm) kann zur besseren Exposition abgelöst und später wieder rekonstruiert werden. Wir halten dies als Routinemaßnahme jedoch nicht für notwendig. Die mediale Grenze des M. coracobrachialis und M. biceps brachii caput breve können in Kontinuität mit der klavikulopektoralen Faszie verlaufen. Inzision der Faszie lateral erlaubt mediale Retraktion dieser Muskeln. Ist der Arm in Außenrotation, sollte die anteriore Fläche der

Sehne des M. subscapularis klar sichtbar sein (Abb. 4). Die Muskeln können allerdings auch partiell am Korakoid abgelöst werden, um sie leichter nach medial weghalten zu können. Die Ablösung sollte nicht mehr als 0,5–1 cm der Sehnensubstanz betragen und sollte auf Höhe des Korakoids stattfinden. Es besteht die Gefahr, dass bei einer Ablösung nach medial oder inferior der N. musculocutaneus verletzt werden kann (O'Brien et al. 1988). Das Korakoid sollte palpiert werden. Während des restlichen Eingriffes sollte die gesamte Präparation lateral des Korakoids vorgenommen werden, um das Risiko einer Verletzung des Plexus brachialis zu minimieren. Die Herausforderung dieser Operation stellt die Präparation der Sehne des M. subscapularis von der Gelenkkapsel dar. Man muss sehr vorsichtig sein, die Kapsel nicht zu penetrieren und nicht zuviel Muskel bzw. Sehne an der Kapsel zurückzulassen. Durch Innenrotation des Humerus können Bizepssulkus und Bizepssehne getastet werden. Die Präparation beginnt ungefähr 1,5–2 cm lateral des Bizepssulkus. Dies hängt aber auch von der Größe des Patienten und der Lokalisation des muskulo-tendinösen Überganges ab (Abb. 5A). Während der Präparation sollte der Arm in maximaler Außenrotation und Adduktion gehalten werden, um an der Sehne des M. subscapularis zu ziehen und die Gelenkkapsel zu entspannen. Dies erlaubt dem N. axillaris gleichzeitig nach hinten weg von der Kapsel zu treten. Dies minimiert das Risiko einer N. axillaris-Verletzung bei weiterer nach inferior gerichteter Präparation. Nur die oberen 75% des Ansatzes der Sehne des M. subscapularis sind tendinös und werden von der darunterliegenden Kapsel abgelöst. Einer der Autoren (AAA) zieht es vor, mit der Präparation am unteren Viertel des Ansatzes zu beginnen, da es einfacher ist, Muskel wie Sehne von der Kapsel zu lösen. Der laterale Ansatz der Sehne des M. subscapularis muss für eine anatomische Rekonstruktion am Ende des Eingriffes intakt belassen werden (Abb. 5B).

Die Gelenkkapsel wird inspiziert und auf die Gegenwart einer Rotatorenintervall-Läsion im superioren Aspekt der Gelenkkapsel, welche mit der subskapularen bursalen Öffnung korrespondiert, untersucht und Größe und Konfiguration der Läsion dokumentiert (Abb. 6A). Mit einer transversalen Inzision kann man das Intervall nach medial verlängern. Ein Haken kann dann in diese Öffnung gebracht und das glenoidale Labrum inspiziert werden. Außerdem kann die Präsenz einer Bankart-Läsion festgestellt werden (Abb. 6B). Die Gegenwart einer Bankart-Läsion entscheidet, ob eine Operation glenoidseitig, ein lateraler Kapselshift oder nur ein Verschluss des Rotatorenintervalls gewählt wird. Mit Zug am Humeruskopf-

A

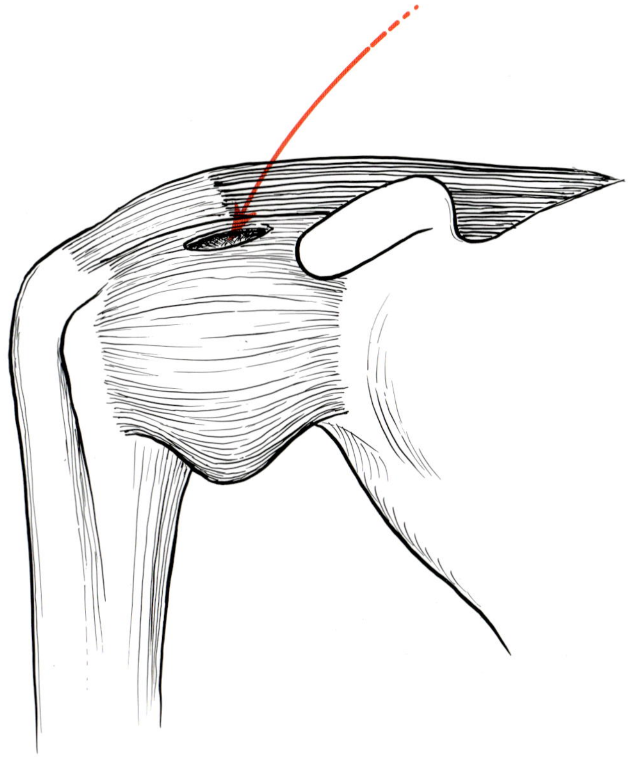

B

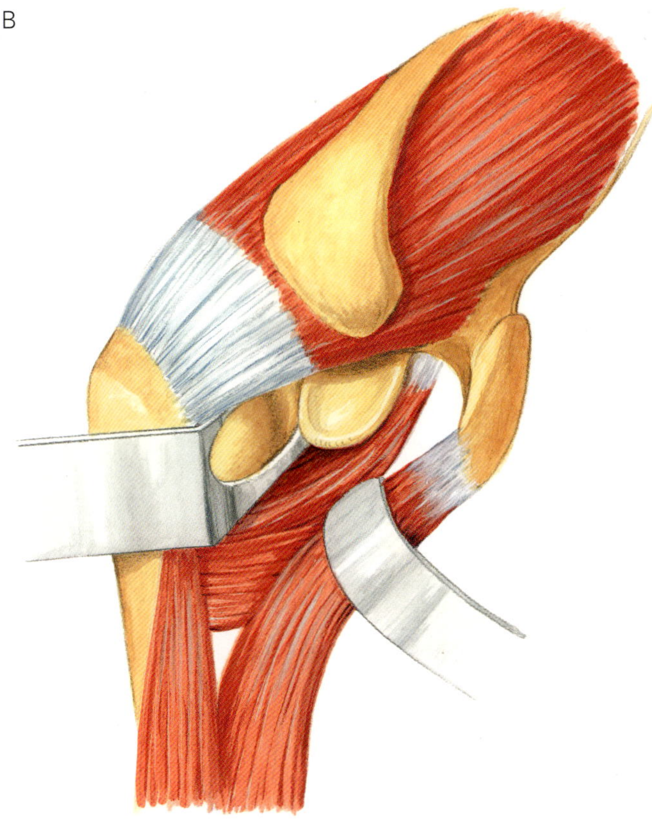

Abb. 6. (**A**) Das Rotatorenintervall ist eine Öffnung in der oberen Kapsel und variiert in Größe und Konfiguration. (**B**) Ein Humeruskopfretraktor kann im Rotatorenintervall platziert werden. Die Präsenz einer Bankart-Läsion kann bestätigt werden

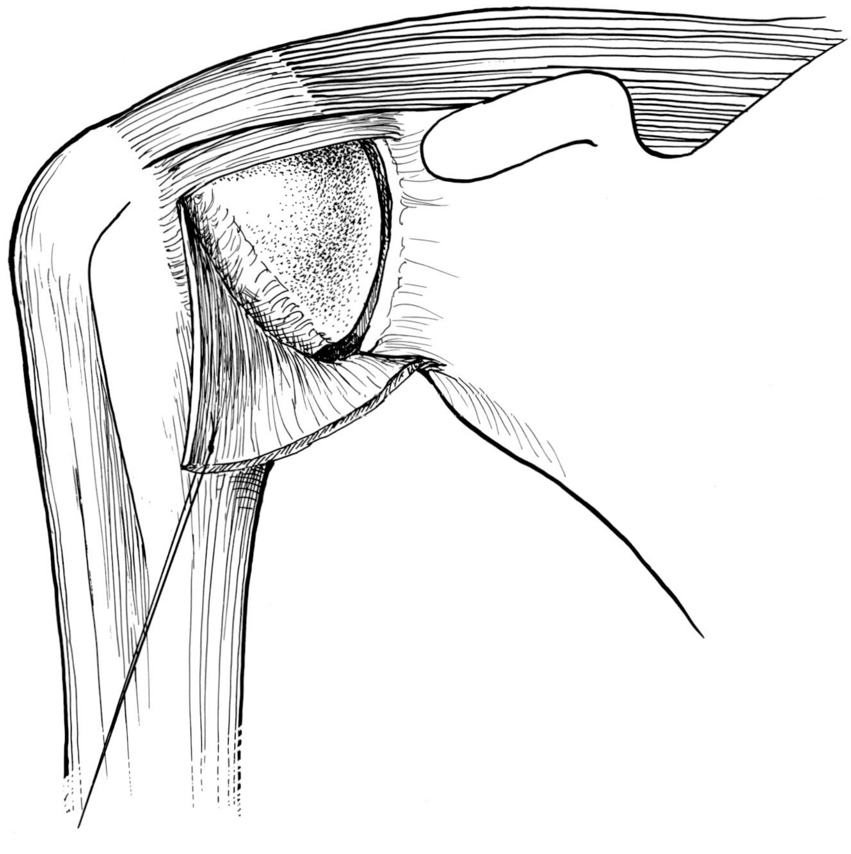

Abb. 7. Ist eine Bankart-Läsion präsent, wird der Kapsel-Labrum-Periost-Komplex als eine Einheit vom Glenoidrand gelöst

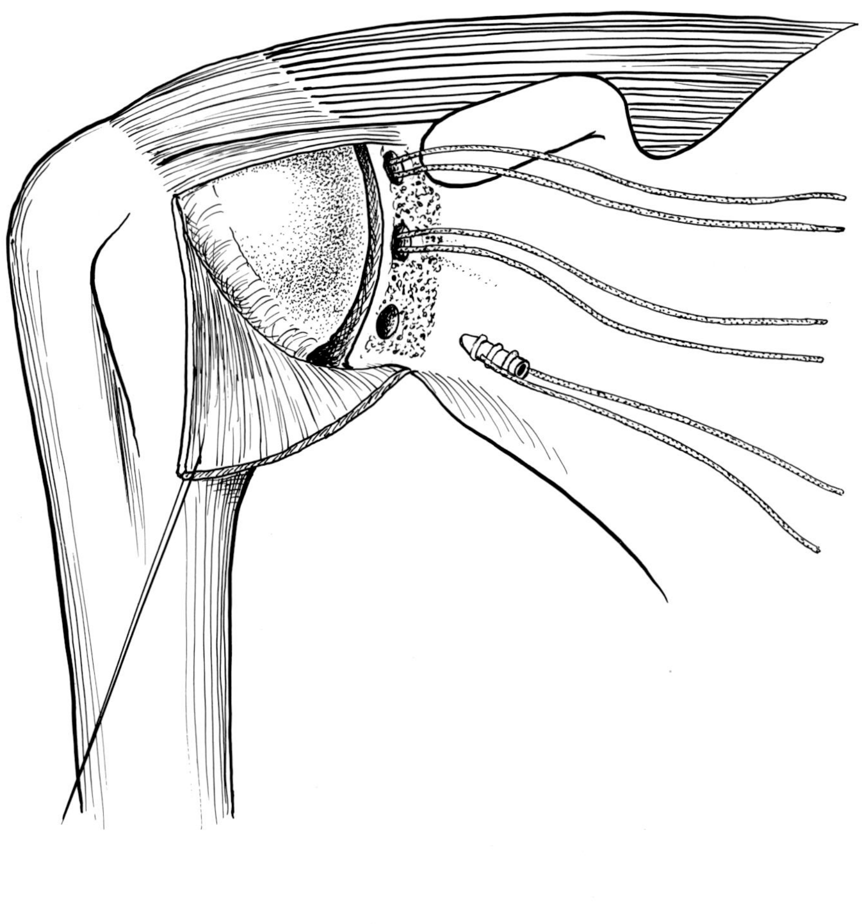

Abb. 8. Der vordere Glenoidrand wird dekortikiert und die Nahtanker platziert

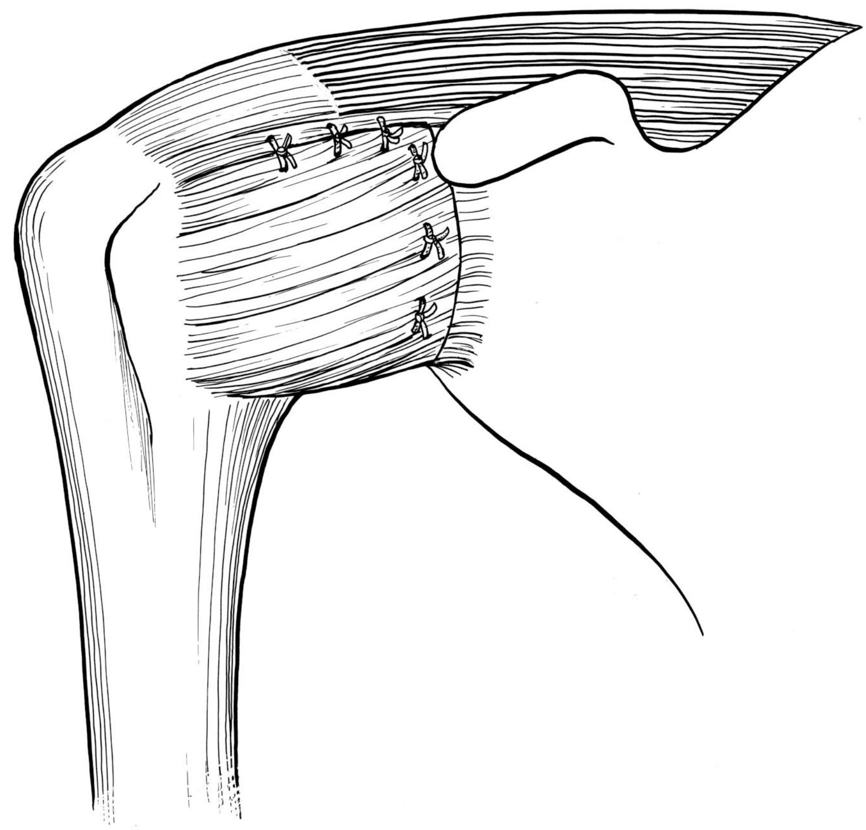

Abb. 9. Die mediale Kapsulotomie wird rekonstruiert

Retraktor wird der Kapsel-Labrum-Periost-Komplex vom vorderen Glenoid als eine Einheit bis ungefähr zur 6.00 Uhr-Position abgelöst. Diese Position repräsentiert die Mitte des Recessus axillaris und des inferioren glenohumeralen Ligamentkomplexes. Diese Technik wurde von einem der Autoren (SJB) entwickelt und verhindert, dass die Außenrotation durch einen vertikalen Schnitt zu weit lateral in der Kapsel, limitiert wird (O'Brien et al. 1994). Man muss darauf achten, die Präparation nach inferior bei außenrotiertem und adduziertem Arm fortzusetzen und das Weichteilgewebe am inferioren Aspekt der Kapsel wegzuhalten, um eine Schädigung des N. axillaris zu vermeiden (Abb. 7).

Die vordere Glenoidkante wird dekortikiert und drei Nahtanker werden in einem Abstand von 1 cm platziert (Abb. 8). Der Arm wird irgendwo zwischen 25–60 Grad Abduktion und 25–45 Grad Außenrotation gelagert. Der Kapsel-Labrum-Periost-Komplex wird nach superior gezogen und mit den Nahtankern gesichert. Das Rotatorenintervall wird in „Jacke über Hose"-Art verschlossen (Abb. 9). In Fällen von extrem laxer Kapsel bei nicht hergestellter Spannung nach dem glenoidseitigen Kapselshift wird eine vertikale Inzision am Kapselansatz am Humerus platziert. Damit wird eine „H" artige Kapsulotomie erzeugt. Die Kapsel kann jetzt nach superior und lateral gezogen werden. Das Rotatorenintervall wird verschlossen (Abb. 10A und 10B).

Eine andere Option ist die T-Plastik-Modifikation der Bankart Operation von Altchek et al. 1991 (Abb. 11A). Findet man eine Rotatorenintervall Läsion wird sie zuerst verschlossen. Dann wird eine transversale Inzision in die Mitte der Kapsel und eine vertikale am Glenoidrand angelegt. Das Gelenk wird auf eine Bankart-Läsion untersucht, die durch Bohrlöcher entlang der Glenoidkante oder mit Nahtankern rekonstruiert werden kann. Der inferiore Lappen wird nach superior, der superiore Lappen nach inferior gerückt (Abb. 11B).

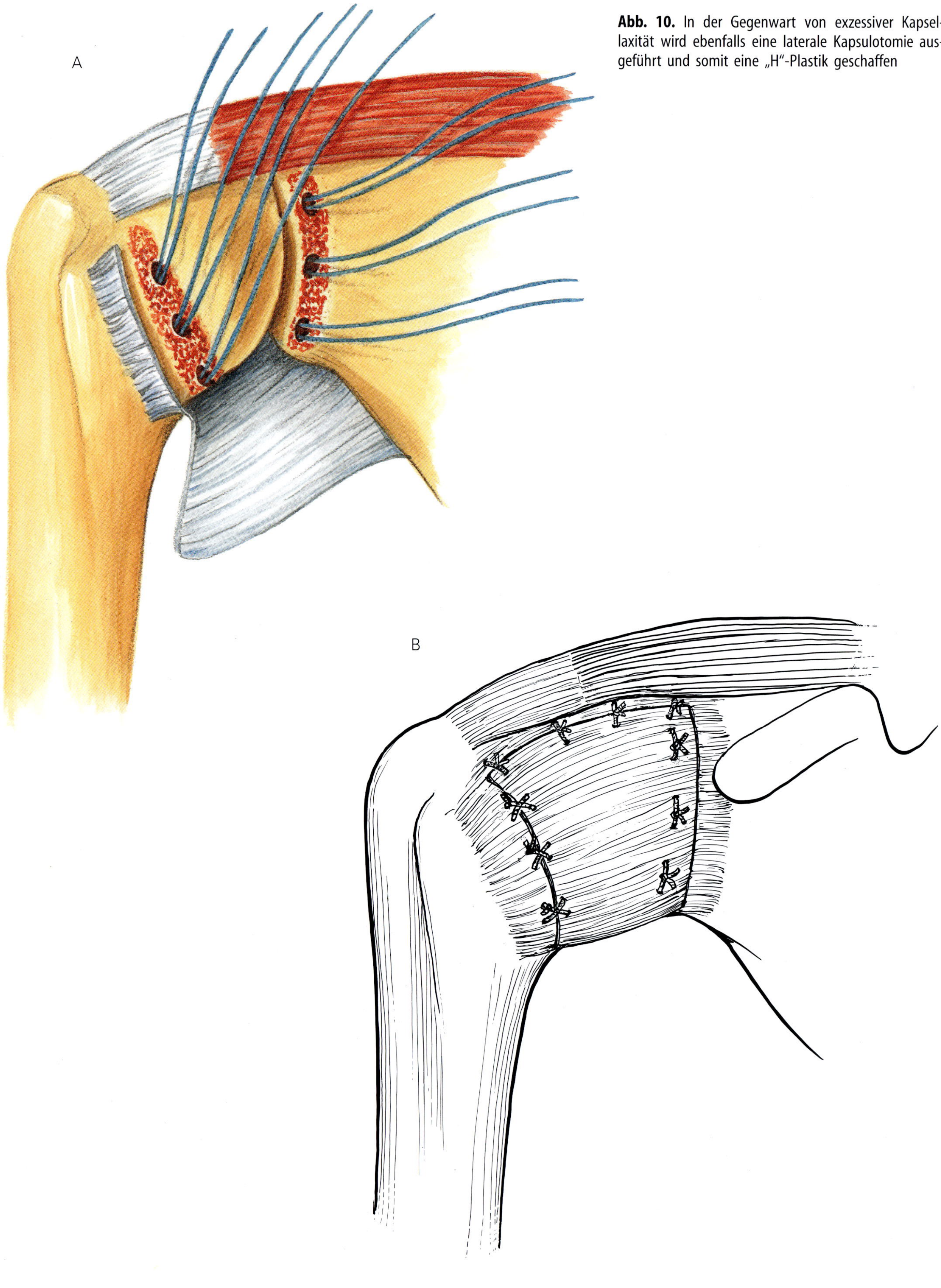

Abb. 10. In der Gegenwart von exzessiver Kapsellaxität wird ebenfalls eine laterale Kapsulotomie ausgeführt und somit eine „H"-Plastik geschaffen

A

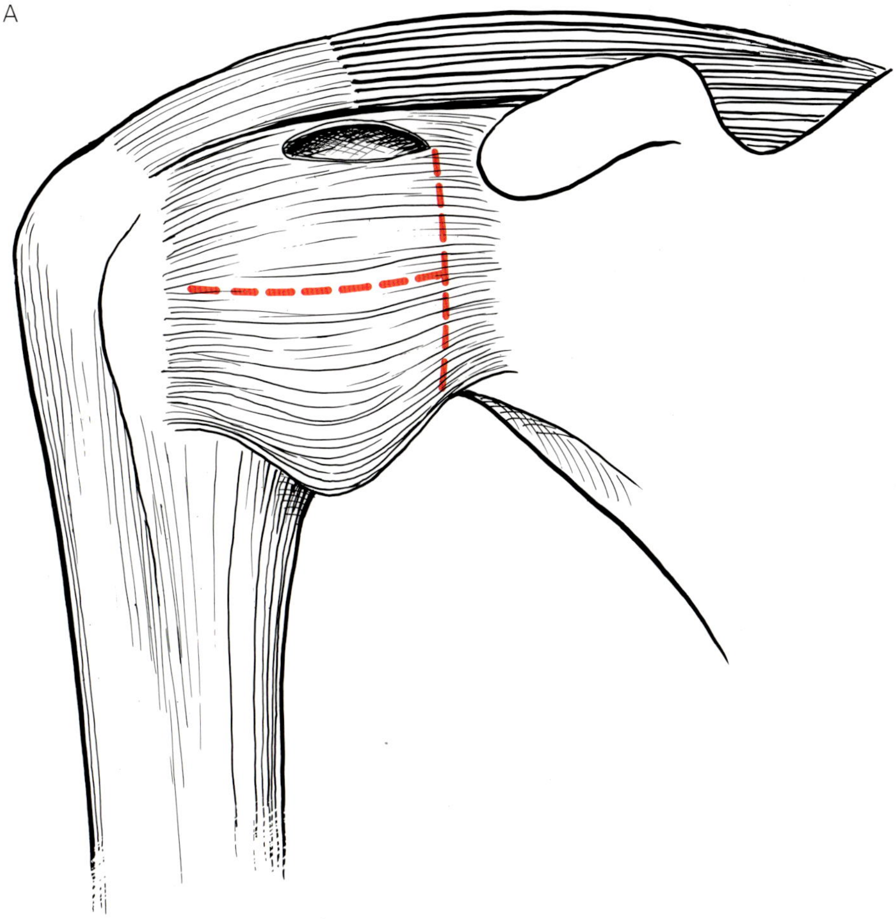

B

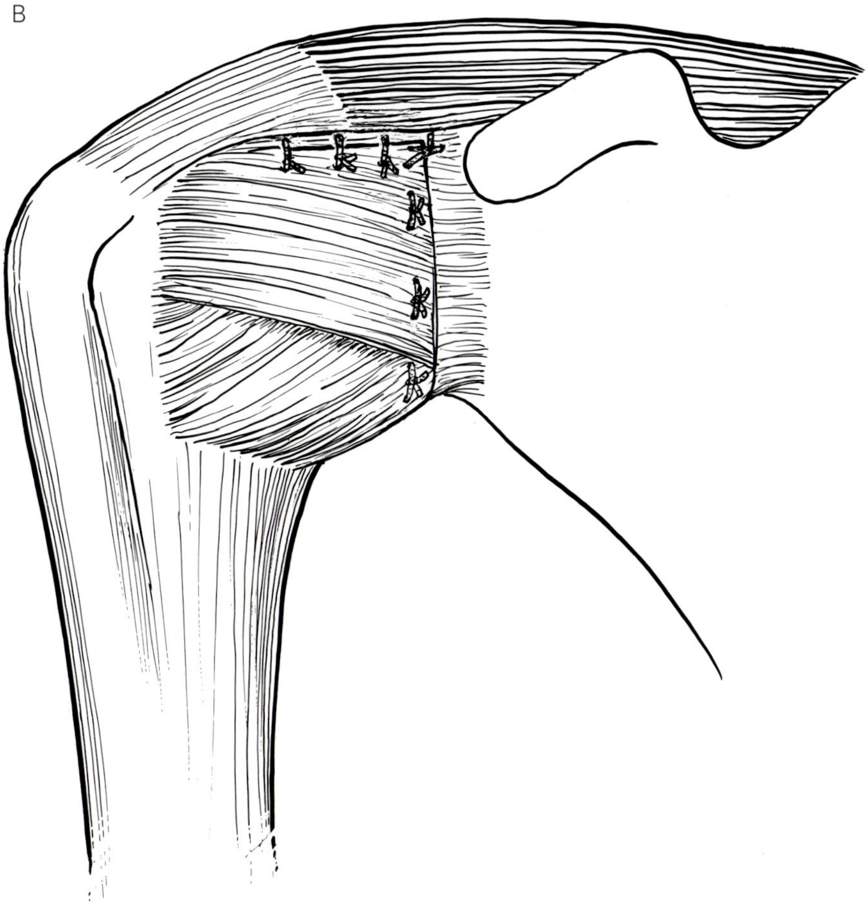

Abb. 11. In der Abwesenheit einer Bankart-Läsion wird eine glenoidseitige „T"-Plastik und ein Kapselshift durchgeführt

Die Sehne des M. subscapularis wird anatomisch rekonstruiert, der Bewegungsumfang kontrolliert und die Schubladentests vorsichtig durchgeführt, um die Rekonstruktion auf Stabilität zu untersuchen. Das delto-pektorale Intervall wird approximiert, das Subkutangewebe mit resorbierbaren Fäden verschlossen. Die Haut wird intrakutan genäht. Steri-Strips werden über die Naht geklebt. Der Patient wird in einer Armschlinge immobilisiert.

Nachbehandlung

Die Schulter wird für zirka 4 Wochen immobilisiert. Dies hängt von der Qualität des Gewebes und der Rekonstruktion ab. Die postoperative Rehabilitation wird in 4 Phasen unterteilt und dauert ungefähr 24 Wochen. In der ersten Phase (0–6 Wochen) muss die Rekonstruktion der vorderen Kapsel von exzessivem Stress beschützt werden. Submaximale isometrische Übungen mit dem Arm in Neutralposition und der Schulter immobilisiert werden durchgeführt. Pendelübungen können von Tag 1 begonnen werden. Passive Bewegungsübungen können nach 4–6 Wochen gestartet werden. Außenrotation wird auf 30 Grad limitiert, damit der M. subscapularis heilen kann. In der zweiten Phase (6–10 Wochen) wird die Rehabilitation fortgesetzt. Die Betonung liegt auf dem Erreichen der vollen Beweglichkeit. Progressive Übungen gegen Widerstand mit dem Theraband können vorsichtig in das Übungsprogramm genommen werden. In Phase 3 (10–16 Wochen) soll volle Außenrotation erreicht und das skapulo-thorakale Bewegungsmuster wiederhergestellt sein. Es wird vermehrt Wert auf Übungen gegen Widerstand mit leichten Gewichten und hohen Wiederholungen gelegt. Phase 4 (16–24 Wochen) schließt fortgeschrittene isokinetische Übungen und ein fortgeschrittenes Übungsprogramm gegen Widerstand ein. Funktionelle Rehabilitation mit Sport-spezifischen Aktivitäten und graduelle Rückkehr zu voller Aktivität wird ungefähr nach 24 Wochen erreicht.

Hinterer Kapselshift

Operative Grundlagen

Die posteriore Hautinzision weitet sich oft aus und führt bei einigen Patienten zur Keloidformation. Wenn der M. deltoideus exzessiv von der Spina scapula angehoben wird, kann es potentiell zu einer Ablösung des

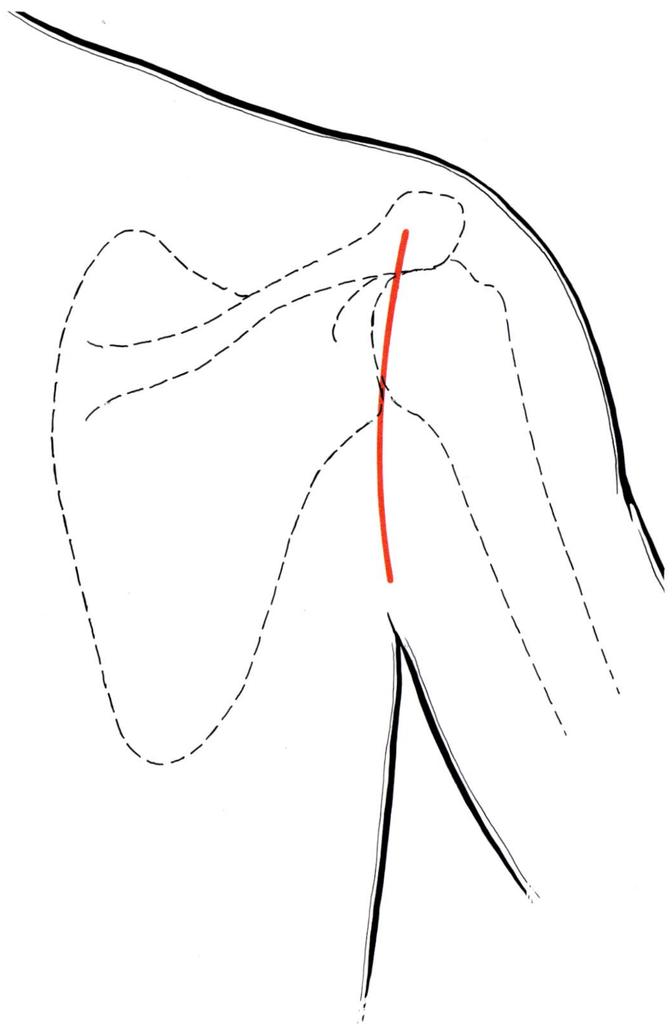

Abb. 12. Eine vertikale Inzision wird über dem hinteren Gelenkspalt gemacht

Muskels führen. Die Präparation der Gelenkkapsel von den darüberliegenden Muskeln sollte medial begonnen und nach lateral extendiert werden. Die Kapsel kann bei der Mobilisation nach lateral leicht perforiert werden. Man sollte mit der Präparation oberhalb des M. teres minor bleiben, um einer Verletzung des N. axillaris vorzubeugen. Übermäßige Retraktion des M. infraspinatus muss vermieden werden, um den N. suprascapularis nicht zu verletzen.

Die Kapsulotomie sollte entlang des Glenoidrandes verlaufen. Wird die Kapsulotomie nach medial und superior geführt, besteht die Gefahr den N. suprascapularis zu verletzen. Die Bohrlöcher für die Anker sollten im korrekten Winkel verlaufen, um eine Verletzung des Gelenkknorpels zu vermeiden. Die Nahtanker müssen solide im Knochen fixiert werden, um

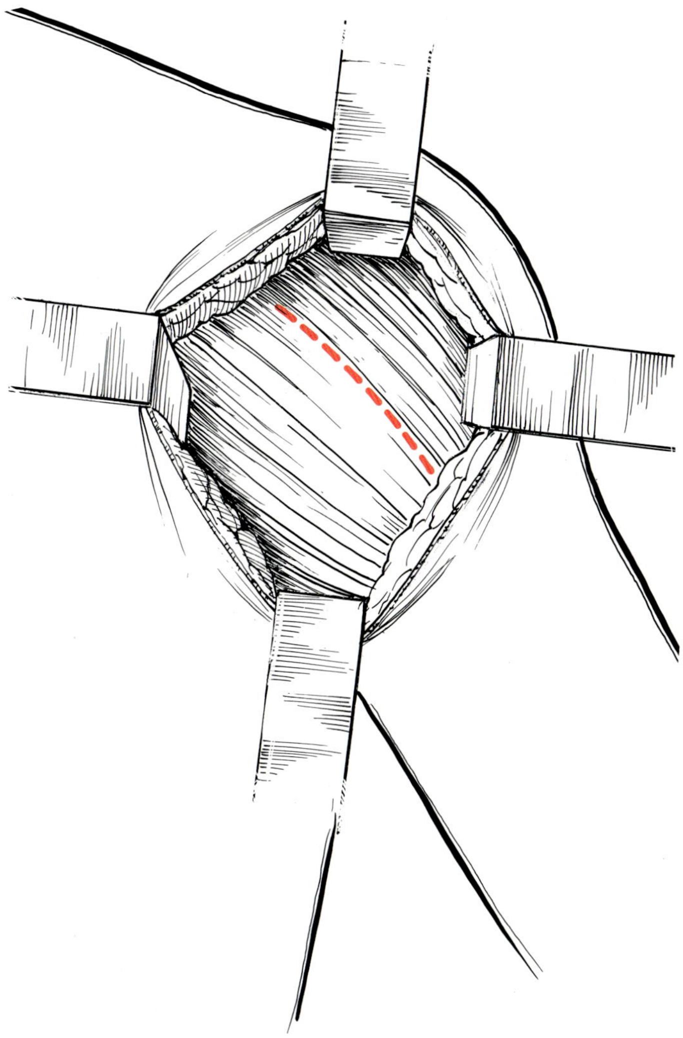

Abb. 13. Der M. deltoideus wird in Linie seiner Fasern gespalten

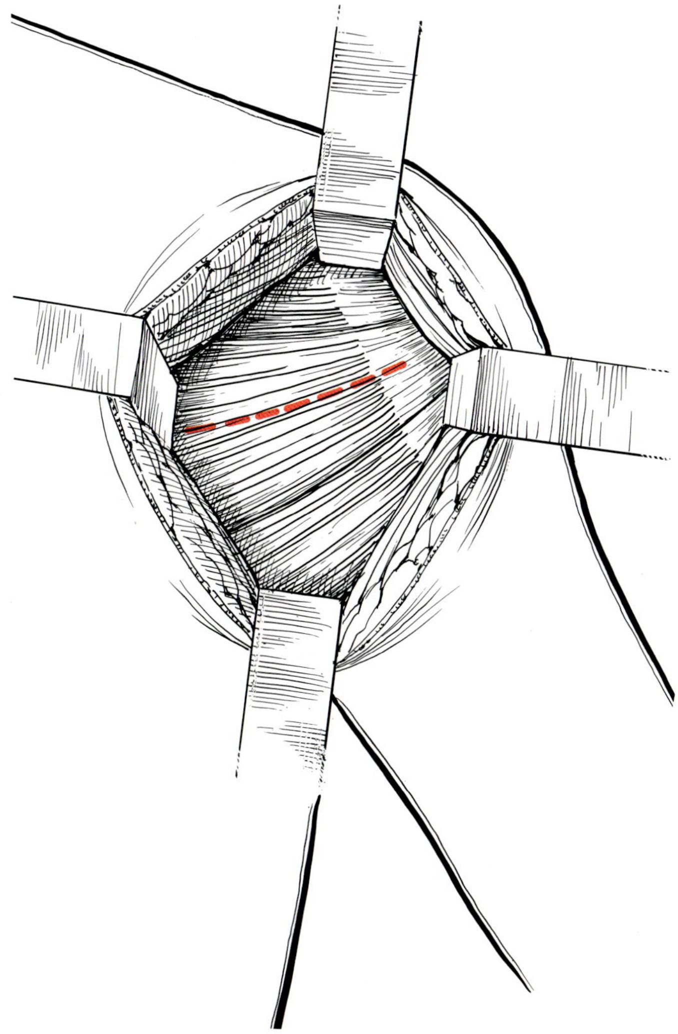

Abb. 14. Die Präparation soll zwischen den beiden Muskelbäuchen des M. infraspinatus auf Höhe des Gelenkspaltes verlaufen

eine Lockerung der Rekonstruktion zu vermeiden. Der N. axillaris muss nach inferior retrahiert werden, wenn die Kapsel nach superior verschoben wird, um einer Verletzung des Nerven vorzubeugen. Die obere Kapsel muss nach inferior verschoben und in „Jacke über Hose“ Art rekonstruiert werden. Der M. deltoideus muss sorgsam rekonstruiert und an die Skapula angenäht werden, um ein Ablösen des M. deltoideus am Ansatz zu vermeiden.

Operationstechnik

Nach der Untersuchung unter Anästhesie kann der Patient je nach Vorzug des Chirurgen entweder auf der Seite oder dem Bauch gelagert werden. Wir ziehen die laterale Dekubitusposition mit Hilfe einer Vakuummatratze und dem Kopfende des Operationstisches, um ungefähr 20–25 Grad gebeugt, vor. Ein McConnell-Schulterhalter kann auf der kontralateralen Seite des Op-Tisches platziert werden, um den Arm zusätzlich zu unterstützen. Der Gelenkspalt wird getastet und während der gesamten Operation im Auge behalten. Dies vereinfacht die Präparation. Eine vertikale Inzision wird von der Spina scapula entlang der Gelenklinie nach inferior angelegt (Abb. 12). Haut und Unterhaut werden in alle Richtungen unterminiert, um die Länge der Inzision minimieren zu können.

Der M. deltoideus wird von der Spina scapula über dem Gelenkspalt in Richtung seiner Fasern gespalten (Abb. 13). Sollte es notwendig sein, kann der M. deltoideus teilweise von der Skapula subperiostal ab-

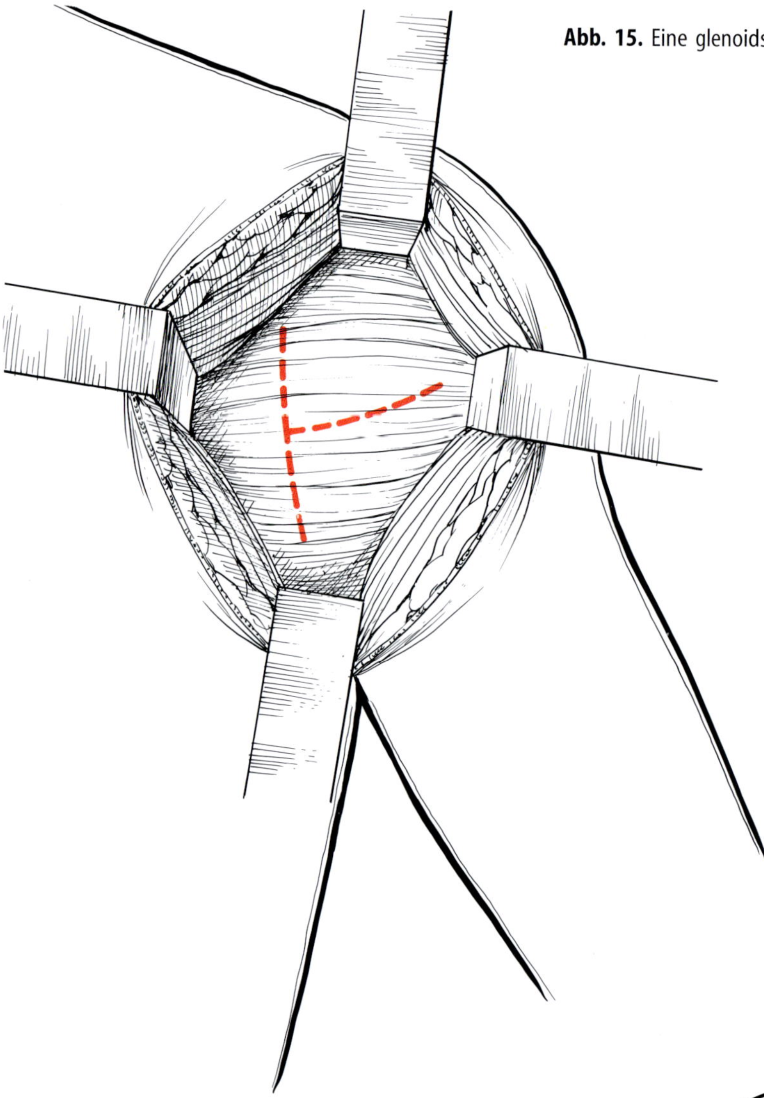

Abb. 15. Eine glenoidseitige „T"-förmige Kapsulotomie wird durchgeführt

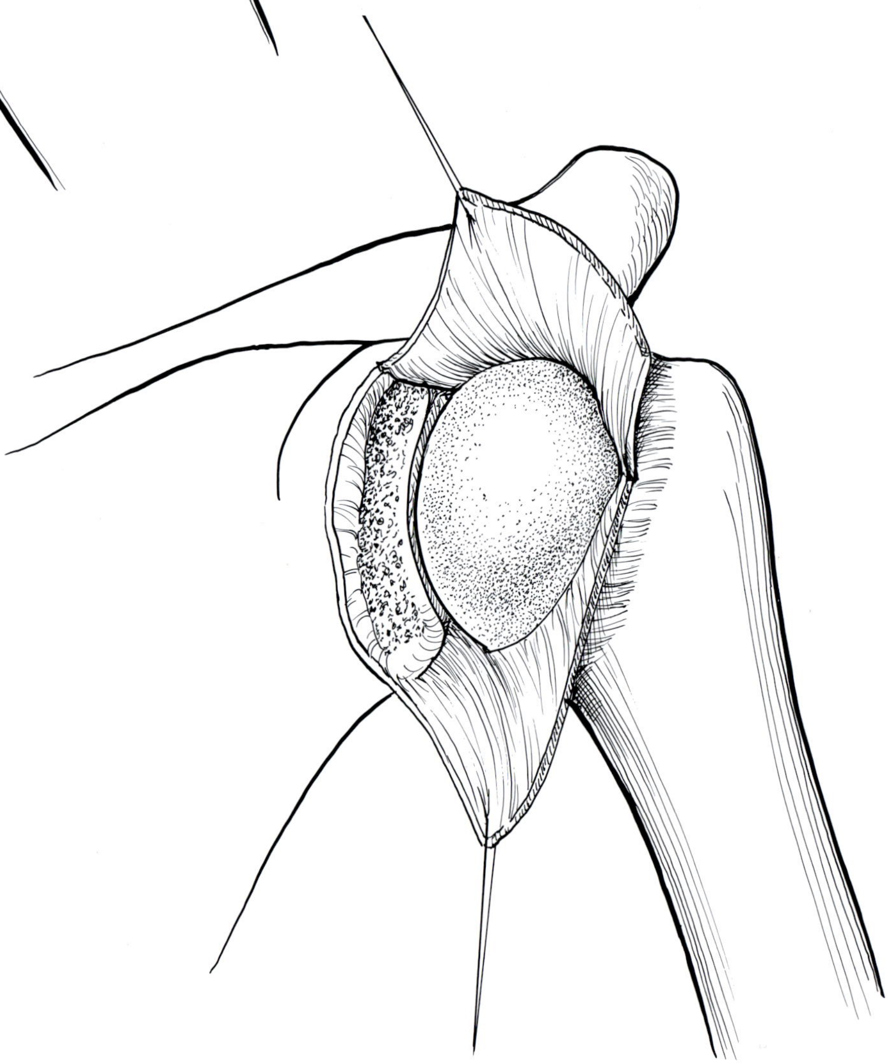

Abb. 16. Haltefäden werden am superioren und inferioren Lappen eingebracht. Der Glenoidrand wird dekortikiert

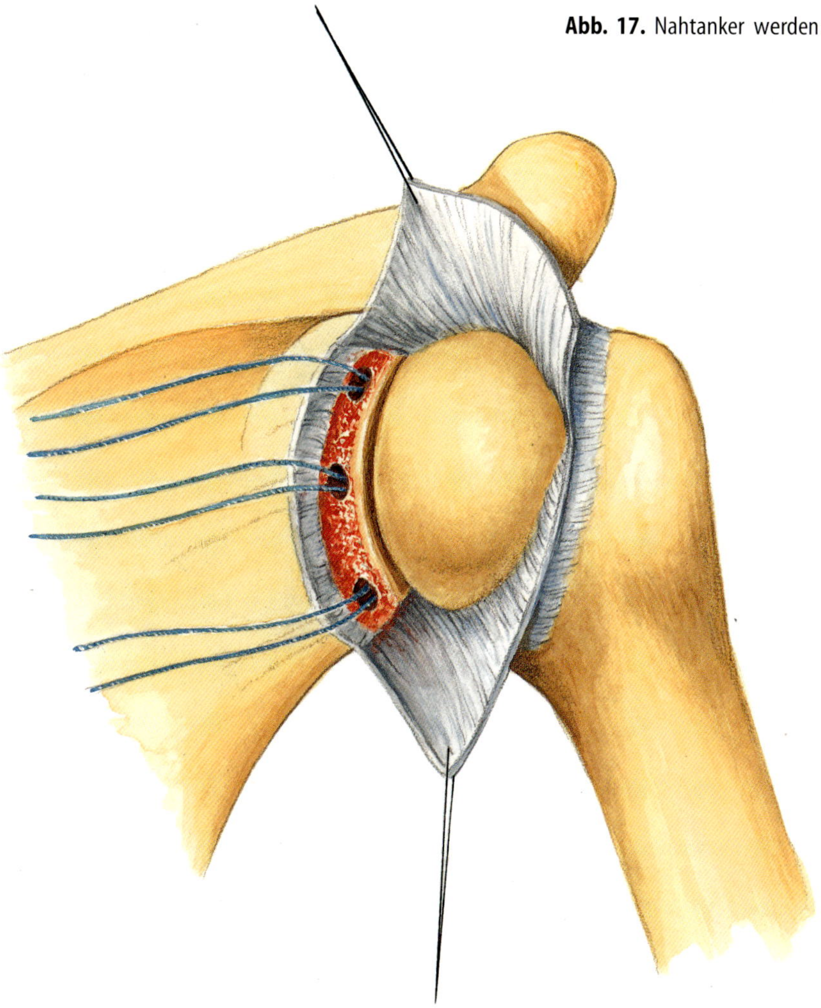

Abb. 17. Nahtanker werden entlang des Glenoidrandes platziert

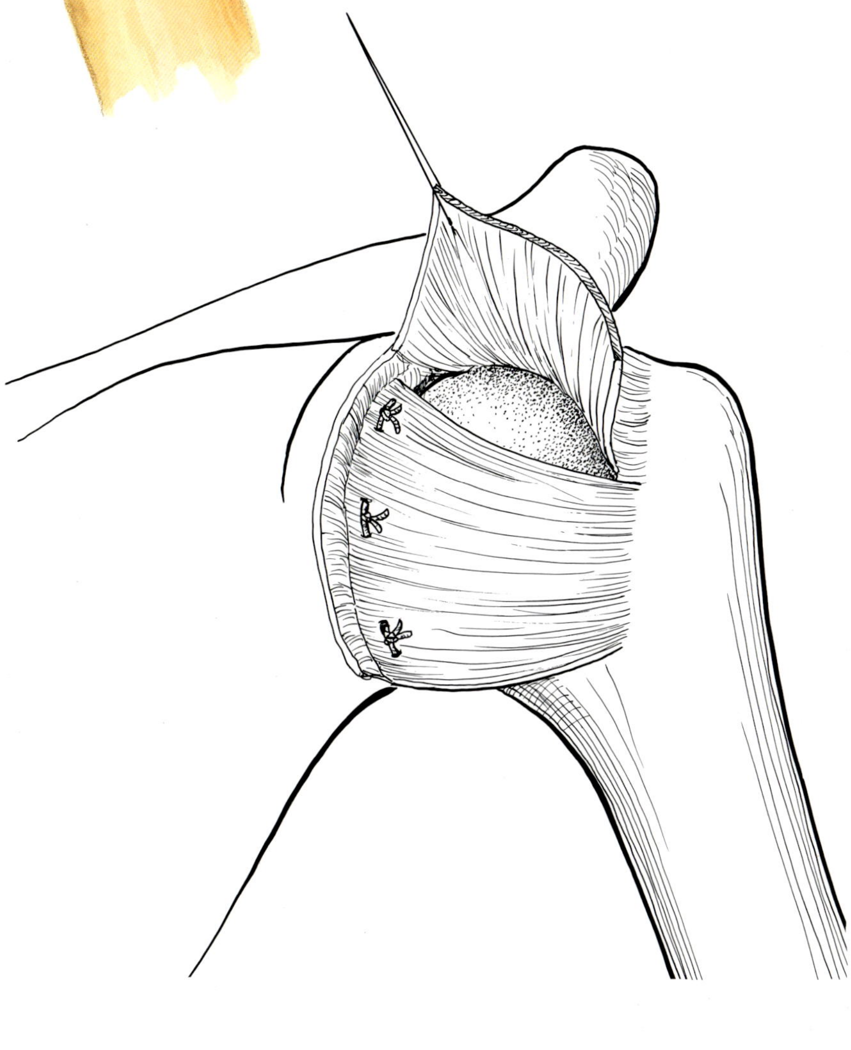

Abb. 18. Der inferiore Kapsellappen wird nach medial und superior gezogen

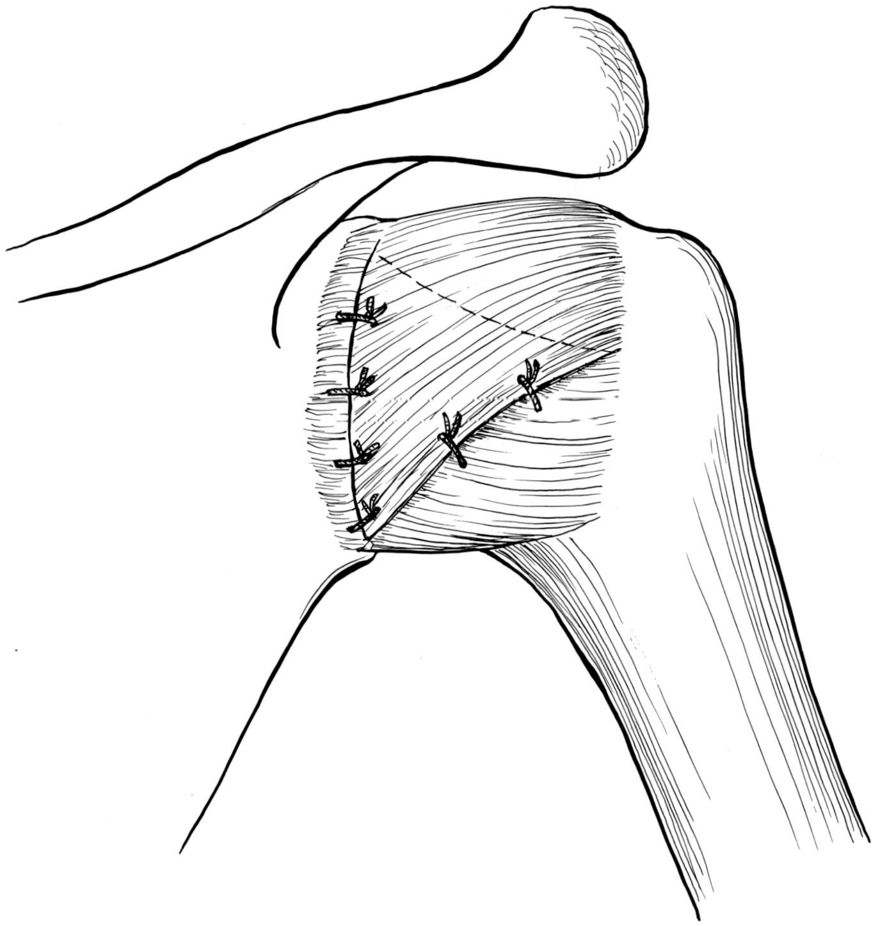

Abb. 19. Der superiore Lappen wird dann nach inferior verschoben und in „Jacke über Hose"-Art vernäht

gelöst werden, um eine bessere Exposition zu ermöglichen. Der Gelenkspalt kann normalerweise zwischen den beiden Muskelbäuchen des M. infraspinatus lokalisiert werden (Abb. 14). Man beginnt medial, den Muskel mit einer Kombination von stumpfer und scharfer Präparation von der darunterliegenden Kapsel zu lösen. Der Arm wird in Innenrotation genommen, um die Kapsel unter Spannung zu setzen und damit die Präparation zu vereinfachen. Man muss darauf achten, mit der Präparation oberhalb des M. teres minor zu bleiben, um den N. axillaris nicht zu verletzen. Falls notwendig, kann der obere Muskelbauch des M. infraspinatus lateral abgelöst werden, um wiederum die Exposition zu vereinfachen. Die Sehne sollte für die spätere Rekonstruktion gekennzeichnet werden. Bei der weiteren Präparation nach lateral wird die Kapsel zunehmend dünner und kann leicht penetriert werden.

Eine am Glenoid basierte T-förmige Kapsulotomie wird entlang der hinteren Glenoidkante gemacht (Abb. 15). Der Kapsel-Labrum-Periost-Komplex wird hierbei als eine Einheit vom Glenoidrand abgesetzt. Die Kapsel wird entlang des Äquators des glenohumeralen Gelenkes eingeschnitten. Halte- und Zugfäden werden entlang der Inzision platziert (Abb. 16). Ein Humeruskopf-Retraktor wird zur Retraktion des Humeruskopfes benutzt. Das Gelenk wird auf Knorpelverletzungen, posteriore Labrumläsionen und freie Gelenkkörper untersucht. Unter Zug an den Haltefäden werden die Muskeln stumpf von der Kapsel abgelöst. Das Gewebe wird nach inferior retrahiert, um den N. axillaris zu schützen und später eine Mobilisation des inferioren Lappens nach superior zu erlauben. Der posteriore Glenoidrand wird dekortikiert. Drei Nahtanker werden ungefähr 1 cm voneinander entfernt entlang des Glenoidrandes eingesetzt (Abb. 17).

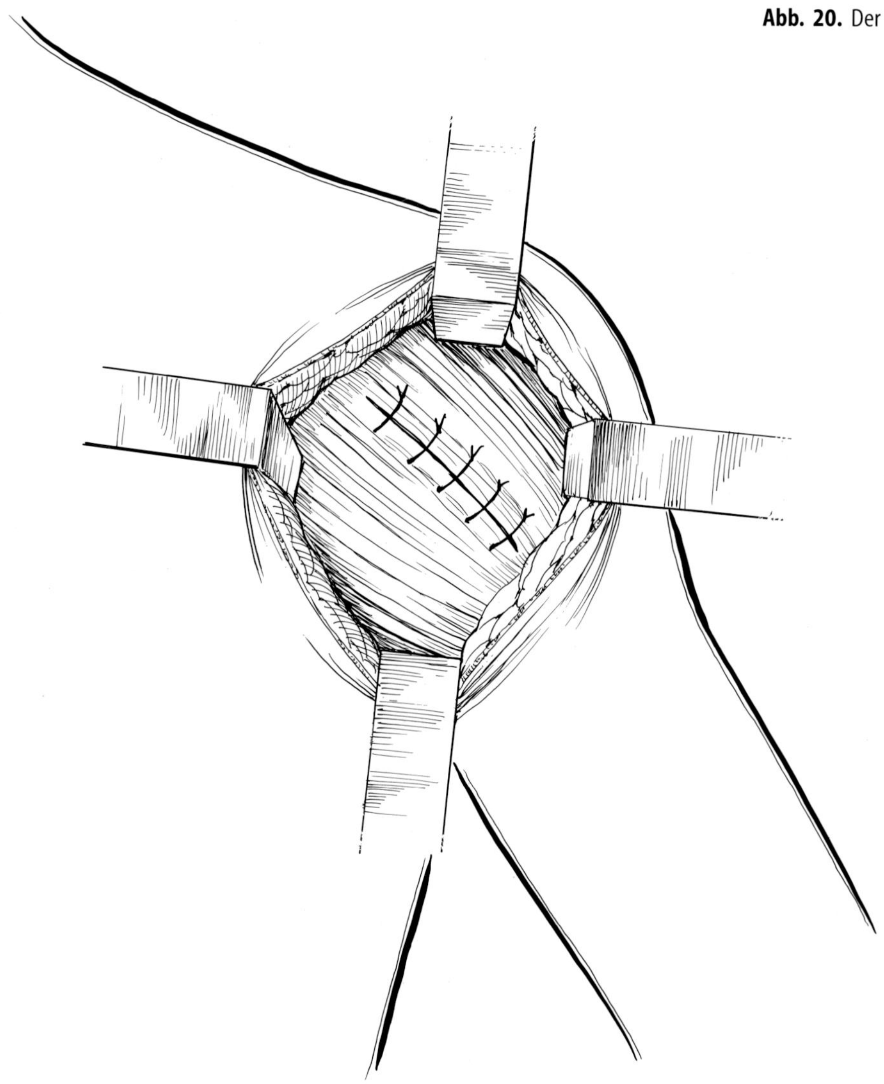

Abb. 20. Der M. deltoideus wird sorgfältig rekonstruiert

Der Arm wird in etwa 25–30 Grad Abduktion und neutraler Rotation positioniert. Der McConnell-Schulterhalter kann benutzt werden, diese Position zu sichern. Der untere Kapsellappen wird nun nach superior verschoben und mit den Fäden des Nahtankers in dieser Position gesichert (Abb. 18). Der obere Kapsellappen wird nach inferior verschoben und an den Glenoidrand vernäht. Der horizontale Anteil der Kapsulotomie wird in „Jacke über Hose"- Art verschlossen (Abb. 19). Wenn der superiore Muskelbauch des M. infraspinatus abgelöst wurde, wird er anatomisch rekonstruiert. Der Spalt im M. deltoideus wird verschlossen (Abb. 20). Falls es notwendig ist, können Löcher in die Spina scapula gebohrt werden, um den Muskel an den Knochen anzunähen. Subkutangewebe wird approximiert und die Haut wird mit Intrakutannähten verschlossen.

Nachbehandlung

Nach dem Eingriff wird der Patient in einer Schlinge oder Schiene mit dem Arm auf Höhe der mittleren Axillarlinie oder posterior davon in neutraler oder minimaler Außenrotation gelagert. Der Arm wird für etwa 4–6 Wochen immobilisiert. Nach 6 Wochen werden passive und aktiv-assistierte Bewegungsübungen begonnen. Die Betonung liegt auf der Wiedererlangung von Innenrotation. Nach 12 Wochen wird mit Muskelkräftigungsübungen für die Rotatorenmanschette mit Hilfe des Therabandes zu Beginn und später auch mit Gewichten begonnen, um Muskelstärke und Ausdauer zu verbessern. Mit Kräftigungsübungen für die Schultergürtelmuskulatur wird zu diesem Zeitpunkt ebenfalls begonnen. Wurfübungen und Kontaktsportarten werden üblicherweise nach

6–8 Monaten erlaubt. Dies hängt natürlich aber auch vom Fortschritt der Rehabilitation und dem individuellen Aktivitätslevel des Patienten ab.

Literatur

Altchek DW, Warren RF, Skyhar MJ, Ortiz G (1991) T-plasty modification of the Bankart procedure for multidirectional instability of the anterior and inferior types. J Bone Joint Surg [Am] 73:105–112

Bankart ASB (1923) Recurrent or habitual dislocation of the shoulder joint. Br Med J 2:1132–1133

Bankart ASB (1938) The pathology and treatment of recurrent dislocation of the shoulder joint. Br Surg 26:23–29

Nobuhara K, Ikeda H (1987) Rotator interval lesion. Clin Orthop 223:44–50

O'Brien SJ, Bach BR, Warren RF, Leighton M (1988) Unusual neurological complications of the Bristow procedure. J Bone Joint Surg [Am] 70:461–462

O'Brien SJ, Pagnani MJ, Panariello RA, O'Flynn HM, Fealy S (1994) Anterior instability of the shoulder. In: Andrews JR, Wilk KE (eds) The Athlete's Shoulder. Churchill Livingstone, New York, pp 177–203

Tibone JE (1991) Posterior capsulorrhaphy for posterior shoulder subluxation. In: Paulos LE, Tibone JE (eds) Operative Techniques in Shoulder Surgery. Aspen, Gathersburg, Maryland, pp 143–147

Tibone JE, Bradley JP (1993) The treatment of posterior subluxation in athletes. Clin Orthop 291:124–137

Warner JJP, Caborn DN (1992) Overview of shoulder instability. Crit Rev Phys Rehab Med 4:145–198

4

Timothy P. Codd, Ira Manning Parsons IV

Humerusseitiger Kapselshift bei hinterer glenohumeraler Instabilität

Hintere Schulterinstabilität ist selten. Mit zunehmender Kenntnis der Schulterinstabilität und -laxizität (Ovesca und Dickens 1986, Weber und Caspari 1989) werden vermehrt hintere oder multidirektionale Schulterinstabilitäten, mit der Hauptkomponente nach hinten, diagnostiziert (Collins und Wilde 1973, Hawkins et al. 1984, McGlynn und Caspari 1984). Bevor der Versuch einer operativen Korrektur unternommen wird, müssen Umstände und Richtung der Instabilität sorgfältig untersucht werden (Collins und Wilde 1973, McGlynn und Caspari 1984, Neer 1990). Vor allem müssen Begleiterkrankungen, wie neuromuskuläre Pathologien, willkürliche Komponenten der Instabilität oder eine veränderte Geometrie des Glenoids ausgeschlossen werden (Stamm und Crabe 1972, Ovesca und Dickens 1986, Hawkins und Belle 1989).

Vor einem operativen Eingriff sollte ein Physiotherapieprogramm zur glenohumeralen Rehabilitation versucht werden (Gould und Davis 1985, Jobe et al. 1987). Patienten, die auf eine konservative Therapie nicht ansprechen, sind für eine Operation in Betracht zu ziehen. In der Vergangenheit wurden viele Operationsverfahren entwickelt und schlossen eine oder mehrere der folgenden Methoden ein: Osteotomien (Stamm und Crabe 1972), posteriore Knochenblockoperation oder Weichteileingriffe (Neer und Forster 1980, Hawkins et al. 1984, Bigliani 1989, Hawkins und Belle 1989). Von Versagensraten zwischen 30–50% wurde berichtet (Schwartz et al. 1987, Hawkins und Bell 1989). Bei Abwesenheit von knöchernen Abnormalitäten, ist die hintere Kapselrekonstruktion eine der wenigen Methoden, die gute Langzeitergebnisse vorweisen kann (Bankart 1923). Die hintere, humerusseitige Rekonstruktion erlaubt zusätzlich die Komponenten von inferiorer multidirektionaler Instabilität zu behandeln, wenn sie mit hinterer Instabilität vergesellschaftet sind. Schließlich sollte der Chirurg noch mit den knöchernen Eingriffen, die im Kapitel 5 näher erläutert werden, vertraut sein, falls er knöcherne Abnormalitäten korrigieren muss.

Operative Grundlagen

Der humerusseitige posteriore Kapselshift vermindert die Kapselweite, verstärkt die hintere Kapsel und stellt die ursprüngliche Länge der posterioren Anteile der glenohumeralen Ligamente wieder her. Damit dieser Eingriff effektiv ist, muss die Indikation genau gestellt werden. Der Patient sollte außerdem in Bezug auf die postoperative Immobilisationsphase und Rehabilitation aufgeklärt werden. Komplikationen treten entweder durch dürftige Selektion der Patienten oder bei inkorrekter Diagnose auf. Beides bezieht sich auf Grad und Richtung der Instabilität (Hawkins et al. 1984, Schwartz et al. 1987, Bigliani 1989, Hawkins und Belle 1989). Die Untersuchung unter Anästhesie ist ein wichtiger Bestandteil für einen erfolgreichen Ausgang der Operation (Neer und Foster 1980).

Bei der operativen Rekonstruktion im „Hose über Jacke“-Prinzip wird versucht das normale Volumen der Kapsel wiederherzustellen. Einige wichtige Aspekte müssen herausgestellt werden. Als erstes liegt der Schlüssel zum Erfolg in der Lagerung des Patienten und in ausreichender Exposition. Der Arm soll frei gelagert und doch in der gewünschten Position stabilisiert werden können (Adduktion, leichte Flexion und 20–30 Grad Außenrotation), während die Kapsel mit der korrekten Spannung vernäht wird. Ein anderer Punkt ist die Verwechslung der beiden Muskelbäuche des M. infraspinatus mit dem Intervall zwischen M. infraspinatus und M. teres minor. Die Identifizierung eines „Fettstreifens", und die Identifizierung der Richtung der Muskelfasern, vermeidet diesen Fehler. Es ist wichtig zu wissen, dass der N. axillaris in unmittelbarer Nähe des M. teres minor verläuft und der N. suprascapularis aus der Incisura scapulae austritt. Dies beugt der Verletzung dieser Nerven während der Operation vor. Palpieren des N. axillaris unterhalb der Kapsel hilft bei der Identifikation des Nerven. Die Verwendung einer Penrose-Drainage, um das Intervall zwischen M. infraspinatus und M. teres minor zu retrahieren, ist ebenfalls hilfreich, um den N. suprascapularis zu beschützen. Adäquates Gewebe zur Rekonstruktion des M. infraspinatus und das Wiederanbringen der Kapsel ist bei diesem Eingriff ein potentielles Problem. Es sollte besonders die anatomische Kurve des inferioren Humeruskopfes durch Innen- und Außenrotieren des Humerus berücksichtigt werden, bevor die inferiore Kapsel inzidiert wird. Dies hilft, ausreichend inferiore Kapsel für die spätere Rekonstruktion stehen zu lassen. Und schließlich sollte der M. deltoideus sorgfältig an die Spina scapulae angenäht werden, um Probleme mit einer späteren Insuffizienz des Muskels zu vermeiden.

Die postoperative Nachsorge und Rehabilitation konzentriert sich auf zwei Faktoren. In der unmittelbaren postoperativen Phase ist die Immobilisation durch eine Schiene oder einen Gips unbedingt erforderlich. Kann die Compliance beim Patienten mit einer Schienenversorgung nicht garantiert werden, muss ein Gips angelegt werden. Nach der unmittelbaren postoperativen Phase muss der Chirurg die Rehabilitation des Patienten festlegen und überwachen. Frühzeitige aggressive Versuche, die Schulter zu dehnen, kann zu einer Zerstörung der Rekonstruktion führen. Als erstes müssen die Außenrotatoren und dann die gesamte glenohumerale Muskulatur auftrainiert werden, um zufriedenstellende Ergebnisse zu erzielen. Es muss ebenfalls darauf geachtet werden, die periskapuläre Muskulatur nicht zu vernachlässigen.

Operationstechnik

Der Patient wird narkotisiert und in der lateralen Dekubitusposition gelagert. Die betroffene Schulter wird mit Hilfe eines zusammengerollten Tuches in der Axilla aufgerichtet. Eine Vakuummatratze in Verbindung mit Nierenstützen stabilisiert den Patienten. Nach Desinfizieren und Waschen wird die Schulter mit selbstklebenden Plastikfolien abgedeckt. Damit ausreichender Zugang zur Schulter möglich ist, sollten die Plastikfolien vom medialen Rand der Skapula posterior bis zu den Brustwarzen anterior reichen. Ein Positionieren wird durch die Verwendung von kommerziell erhältlichen Hilfen wie dem McConnell-Armhalter (McConnell Manufacturing Co., Greenville, Texas) erleichtert. Jedoch kann ein steril abgedeckter Infusionsständer, der kontralateral platziert wird, den gleichen Zweck erfüllen. Eine leicht erhöhte umgekehrte Trendelenburg-Lagerung kann zur besseren Exposition hilfreich sein.

Wie bei allen Instabilitäten, wird eine Untersuchung unter Anästhesie durchgeführt, um die Diagnose zu bestätigen und Ausmaß und Richtung oder Richtungen der Instabilität zu bestimmen. Die Haut wird ungefähr 8–10 cm inzidiert. Ein horizontaler Schnitt erlaubt gute Sicht, hat aber den Nachteil, eine unschöne Narbe zu produzieren. Wenn man sich zu dieser Inzision entschließt, sollte 1 cm unterhalb und entlang der Spina scapula geschnitten werden. Eine vertikale Inzision beginnt an der hinteren Prominenz des AC-Gelenkes und wird entlang der hinteren Axillarfalte nach inferior fortgesetzt. Dieser Schnitt hinterläßt eine schönere Narbe, hat aber den Nachteil einer schlechteren Exposition. Ein guter Kompromiss stellt die schräge Inzision dar. Diese Inzision wird an der hinteren Kante des Akromiums begonnen und nach inferior und medial in einem 60 Grad-Winkel fortgeführt (Abb. 1). Somit ist die Exposition zufriedenstellend und eine kosmetisch ansprechende Narbe wird erzielt. Die Haut wird unterminiert und selbsthaltende Haken, wie z. B. der „Gelpi", werden eingesetzt, um den M. deltoideus am hinteren Akromium und die lateralen zwei Drittel der Spina scapulae darzustellen.

Die Faszienraphe des posterioren M. deltoideus wird identifiziert. Oftmals kann man eine deutliche Raphe zwischen den mittleren und hinteren Muskelbäuchen des M. deltoideus erkennen. Dieses Intervall wird über eine Länge von etwa 5 cm entlang seiner Fasern gespalten. Ein Haltefaden wird am distalen Ende des gespreizten Muskels eingesetzt, um weiteres Fortschreiten des Spaltes und eine Schädigung des N. axillaris zu verhindern. Der Ursprung des M. deltoideus wird nun von der Spina scapula bis etwa 3 cm lateral des medialen Randes der Skapula scharf abgelöst (Abb. 2). Mit einem Elektromesser können eventuelle Blutungen koaguliert werden. Bei der Ablösung des M. deltoideus muss man auf den N. suprascapularis achten, der an der Basis der Spina scapulae verläuft. Um die richtige Ebene bei der Präparation zu finden, ist es hilfreich, die Schicht zwischen M. deltoideus und M. infraspinatus aufzusuchen, da sie weniger adhärent ist und lateral einfacher zu präparieren ist.

Zur weiteren Präparation und um den M. deltoideus wegzuhalten werden längere Haken eingesetzt und M. infraspinatus und M. teres minor werden identifiziert. Der M. infraspinatus ist ein doppelseitig

Abb. 1. Die vorgezogene schräge Inzision ist mit der ununterbrochenen Linie markiert, die Alternative der horizontalen Inzision mit einer gepunkteten Linie

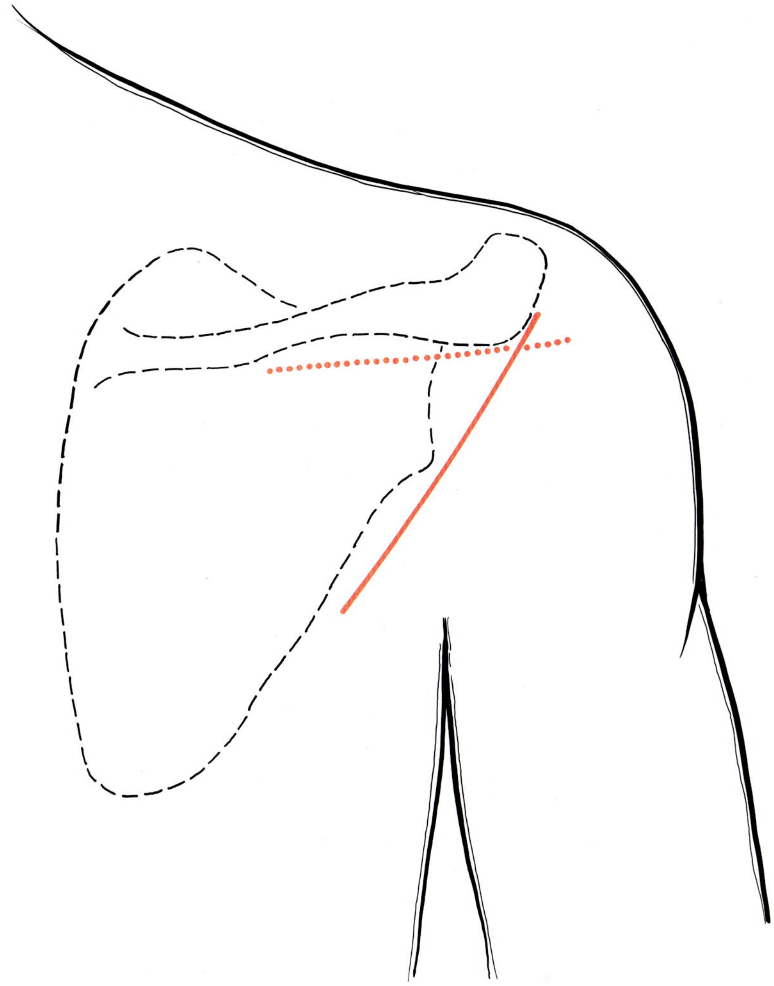

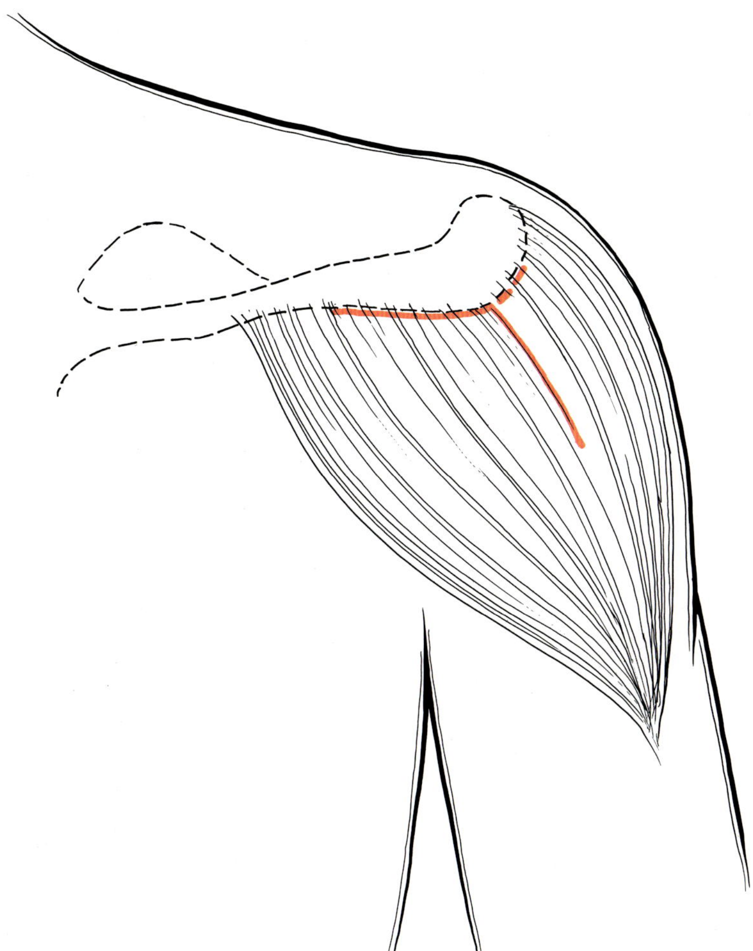

Abb. 2. Der M. deltoideus wird von der postero-lateralen Ecke des Akromiums entlang der Spina scapula abgelöst. Dies kann zur besseren Exposition nach anterior verlängert werden. Ein Haltefaden wird im gespreizten M. deltoideus ungefähr 5 cm distal zur Vermeidung der Verletzung des N. axillaris eingebracht

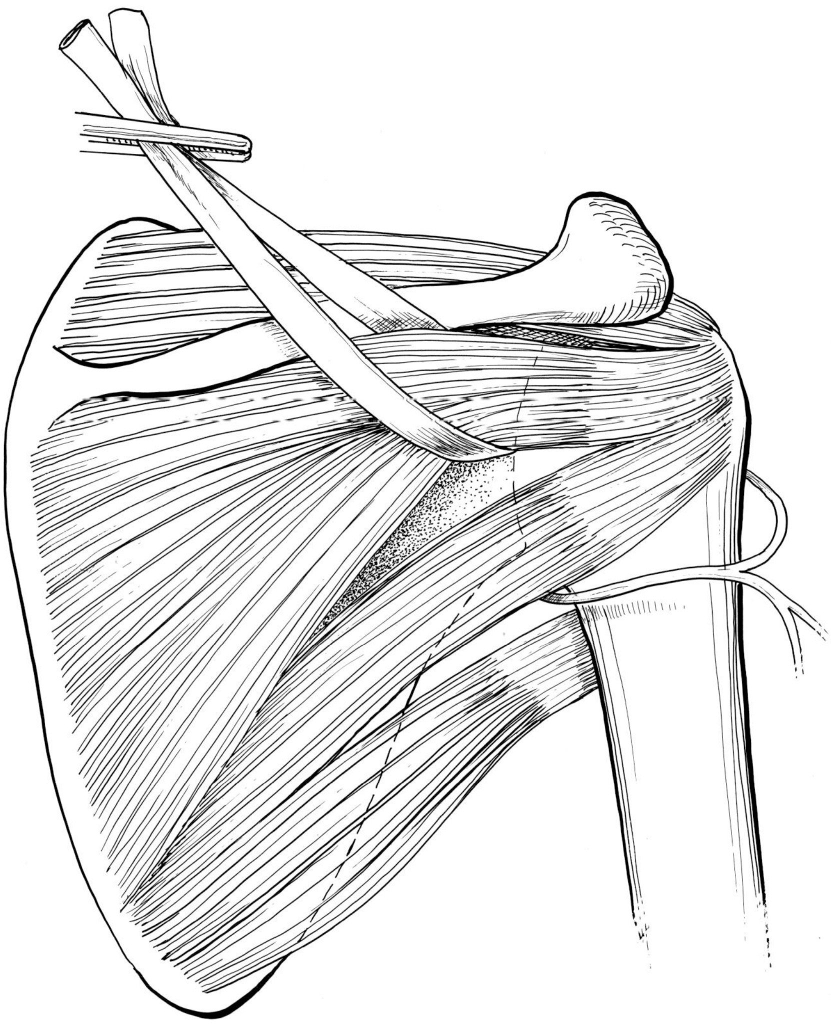

Abb. 3. Eine Penrose-Drainage wird um den M. infraspinatus gelegt, um die Präparation zu vereinfachen. Beachte die Nähe des N. axillaris zum M. teres minor

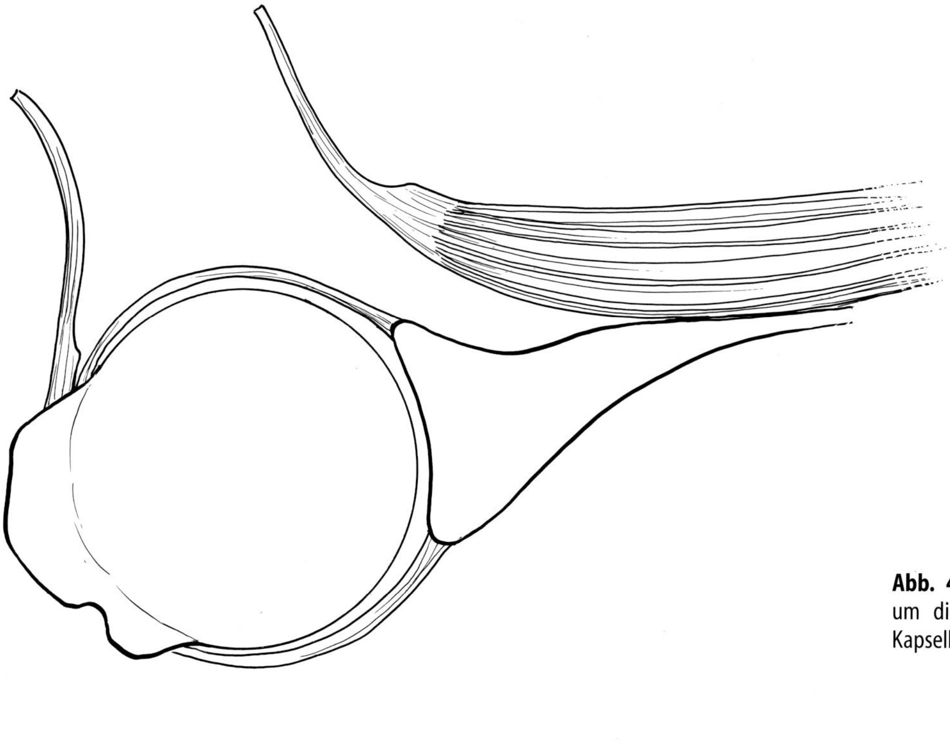

Abb. 4. Der Stufenschnitt kann ausgeführt werden, um die hintere Kapsel zu verstärken. Der mediale Kapsellappen wird dabei über den lateralen gelegt

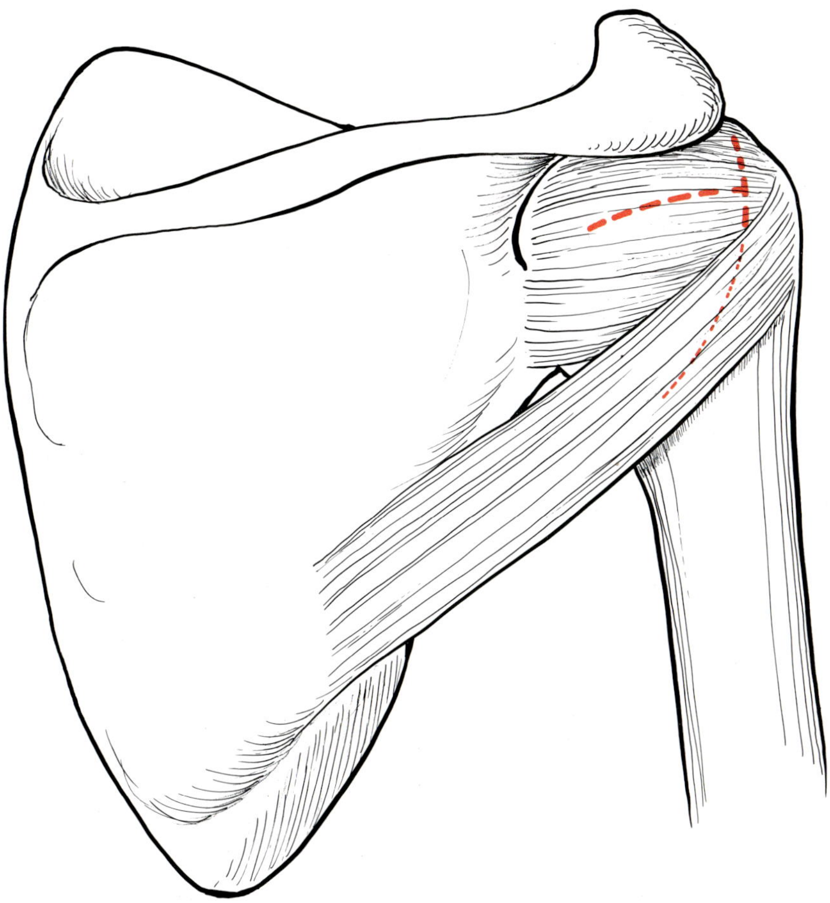

Abb. 5. Markierung der T-förmigen Inzision der Schulterkapsel. Der vertikale Ast der Inzision wird medial des Ansatzes des M. infraspinatus angelegt, um die spätere Rekonstruktion zu vereinfachen

gefiederter Muskel und hat eine zentrale Raphe, welche leicht mit dem M. teres minor-M. infraspinatus-Intervall verwechselt werden kann. Hier einige Tips, die bei der Präparation helfen können. Erstens ist die Zweiteilung der beiden Muskelbäuche meist durch einen Fettstreifen bedeckt. Zweitens ändert sich verglichen mit dem M. infraspinatus die Richtung der Fasern beim M. teres minor. Und schließlich ist die Insertion des M. teres minor auf dem Humerus leicht prominent und von der Insertion des M. infraspinatus getrennt. Nachdem das Intervall identifiziert wurde, kann ohne Angst den N. axillaris oder suprascapularis zu verletzen, präpariert werden. Bei Beginn der Präparation wird eine 6 mm Penrose-Drainage um den M. infraspinatus geführt. Dies macht Retrahieren und Präparieren einfacher (Abb. 3).

Die hintere Kapsel wird vom M. infraspinatus getrennt. Die Kapsel wird hierbei mit Hilfe eines Elevatoriums stumpf präpariert. Bei anderen Eingriffen am hinteren Glenoid wird an diesem Punkt die Kapsel normalerweise geöffnet. Bei der hinteren Kapselshift jedoch sollte die Kapsel jetzt untersucht und beurteilt werden. Ist es offensichtlich, dass die Kapsel verstärkt werden muss, wird die sogenannte „Stufenschnitt-Verstärkungs-Technik" durchgeführt (Abb. 4). Die Verstärkung mag allerdings auch nach dem Kapselshift durchgeführt werden, falls dies dann noch notwendig erscheint. Es ist jedoch besser, diese Technik gleich zu Beginn des Eingriffes zu benutzen. Ansonsten wird der M. infraspinatus scharf von seinem Ansatz abgelöst, wobei ein 5–8 mm Stumpf zum Wiederannähen der Sehne am Ende der Operation zurückbleiben muss.

Die Kapsel wird jetzt T-förmig geöffnet (Abb. 5). Wird der vertikale Teil zuerst geöffnet, sollte er bis 6.00 Uhr verlaufen. Der horizontale Schnitt kann jetzt direkt unter Sicht vorgenommen werden. Der vertikale Schenkel wird 5 mm medial des Ansatzes des M. infraspinatus durchgeführt, um einen Gewebestumpf zum Annähen der Sehne zurückzulassen. Haltefäden werden in die Kapsel zur Mobilisation und Kontrolle eingebracht. Der horizontale Schenkel wird auf Höhe des Zentrums des Humeruskopfes begonnen und nach medial nahe der Glenoidkante fortgesetzt. Ein Humeruskopfretraktor wird in das Gelenk eingesetzt. Die Schulter wird auf freie Gelenkkörper und Labrumläsionen inspiziert. Jegliche Labrumläsion sollte durch eine Methode ähnlich der Bankart-Operation nach Wahl des Operateurs rekonstruiert werden. Findet man einen knöchernen Defekt, sollte er ebenfalls

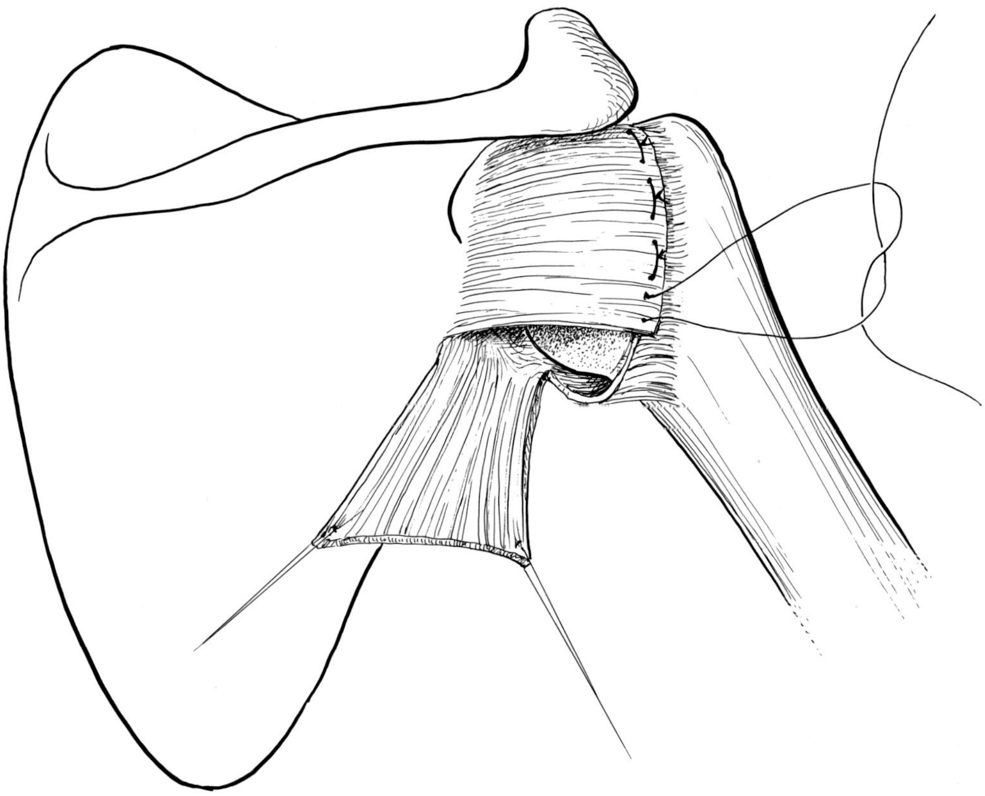

Abb. 6. Der superiore Kapsellappen wird zuerst an den verbleibenden Stumpf mit nicht resorbierbaren Fäden vernäht

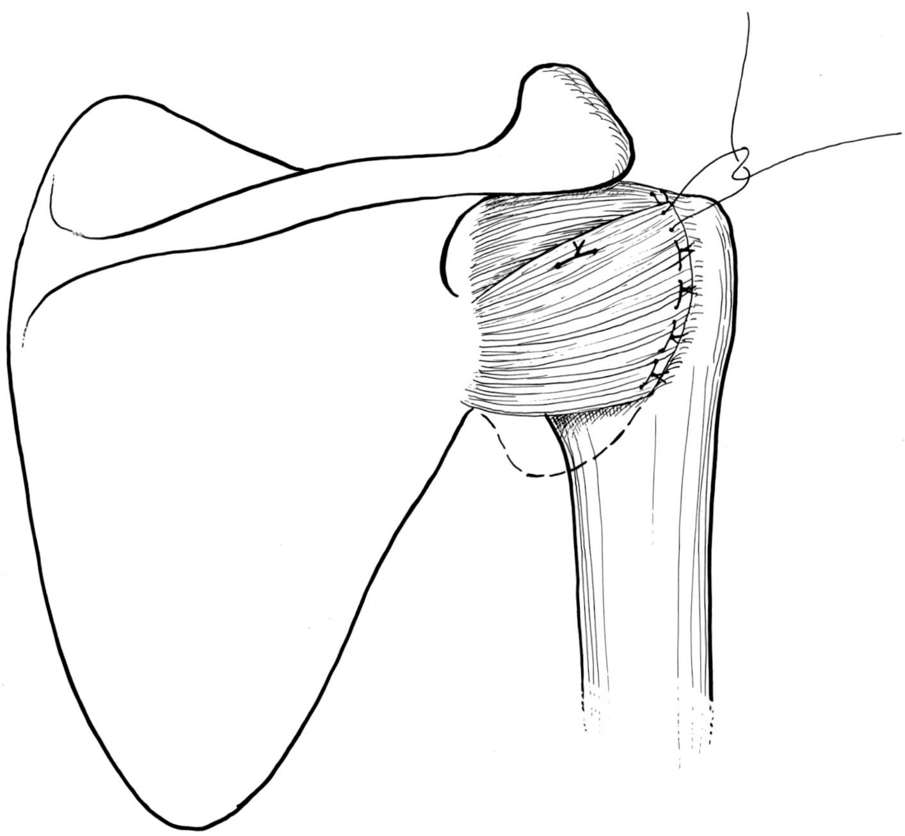

Abb. 7. Der inferiore Kapsellappen wird überlappt und vernäht. Die weite Kapsel (gestrichelte Linie) muss hierbei verschwinden

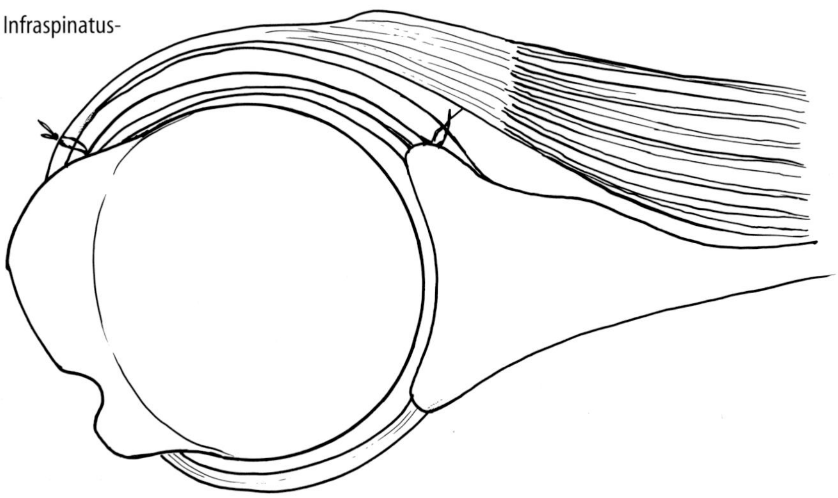

Abb. 8. Die dünne hintere Kapsel wird mit der gespaltenen Infraspinatussehne verstärkt

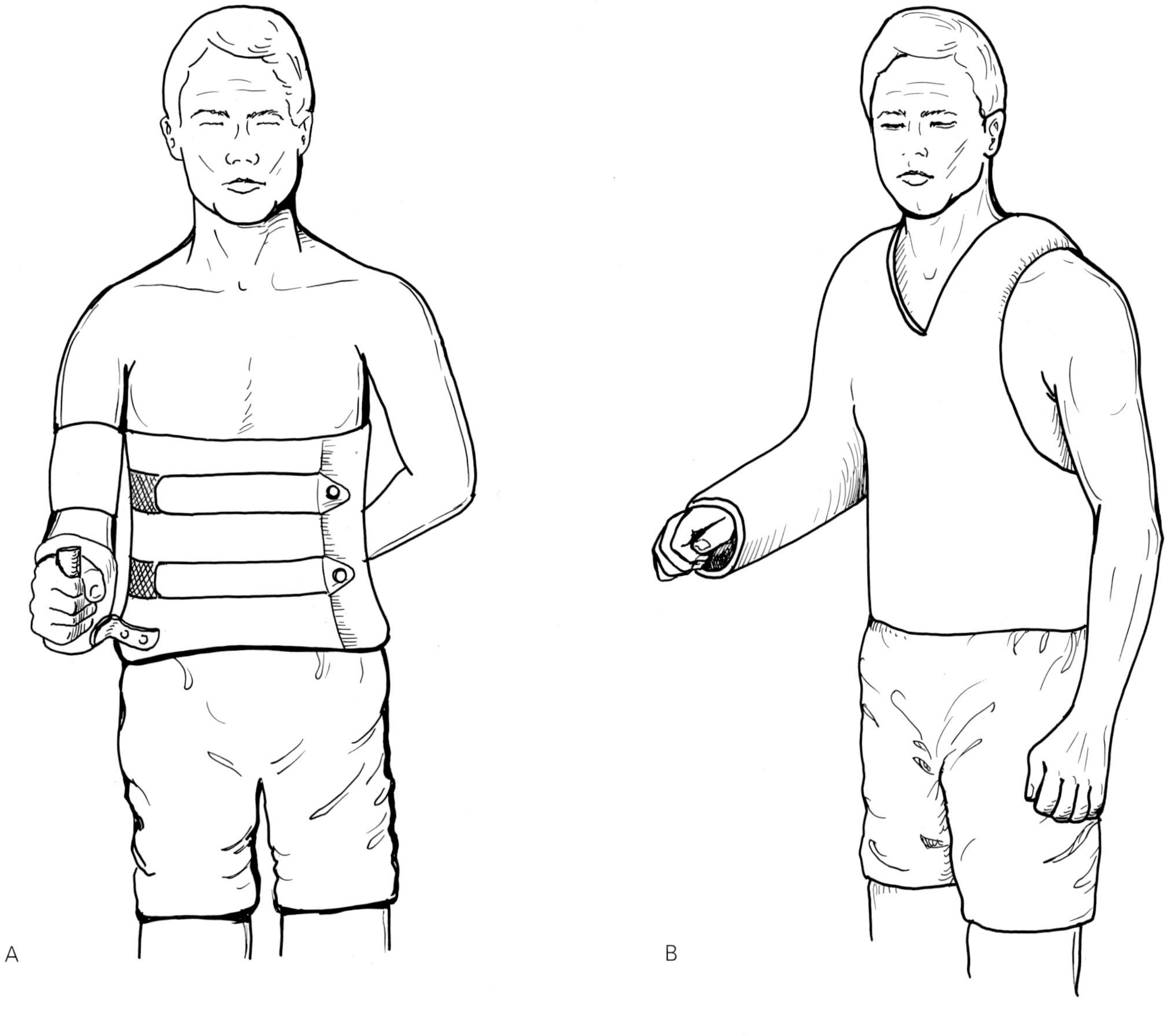

Abb. 9. (**A**) Der Patient in der vorgefertigten Schiene. (**B**) Ein Thorax-Arm-Kunststoffgips mag in bestimmten Fällen postoperativ notwendig werden

repariert werden. Die Autoren bevorzugen die Verwendung eines Knochenspanes, der normalerweise von der Spina scapula entnommen und mit Schrauben befestigt wird.

Wenn die posteriore Rekonstruktion für multidirektionale Instabilität mit hauptsächlich posteriorer Komponente ausgeführt wird, muss die inferiore Kapsel jetzt präpariert werden. Zuerst wird ein Finger inferior platziert, um den N. axillaris zu palpieren und zu schützen. Der Arm wird innenrotiert und die Präparation der Kapsel am inferioren Aspekt des „collum chirurgicum" des Humerus geschieht in „inside-out"-Technik. Die Präparation ist ausreichend, wenn durch Zug an den Haltefäden der weite inferiore Rezessus verschmälert wird, mit dem Effekt, dass die inferiore Instabilität verschwunden ist. Der Humerushals sollte mit einer Kürette oder einem schmalen Rongeur aufgerauht werden.

Nun kann die Rekonstruktion vorgenommen werden. Bevor diese allerdings vorgenommen wird, muss die Spannung der Rekonstruktion kontrolliert werden. Dies wird dadurch erreicht, daß der Arm auf einen gepolsterten Armhalter in 20–30 Grad-Außenrotation und 5–10 Grad-Flexion und Adduktion platziert wird. Die zwei Kapsellappen können nun verschlossen werden. Als erstes wird der superiore Lappen an den Rest des Kapselstumpfes angenäht (Abb. 6). Zweitens wird der inferiore Kapsellappen nach superior gezogen und dabei der weite Rezessus inferior reduziert (Abb. 7). Eine zentrale Naht kann zum Anlegen der überlappenden Kapsellappen benutzt werden. Die Kapselrekonstruktion wird am besten mit nicht resorbierbaren Fäden und einer gebogenen scharfen Nadel erreicht, um ein Ausreißen der manchmal sehr dünnen Kapsel zu verhindern.

Ist die Kapsel besonders schwach, kann sie zusätzlich verstärkt werden. Dies wird durch Spaltung der Sehne des M. infraspinatus erreicht (Abb. 8). Mit dieser Technik können auch kleinere Defekte der Kapsel verschlossen werden. Mit dem Arm in Außenrotation und Flexion wird die verbliebene Infraspinatussehne an die restliche Rotatorenmanschette mit nicht resorbierbaren Fäden vernäht. Der M. deltoideus wird in gleicher Weise an seinen verbliebenen Stumpf an der Spina scapula angenäht. Ist der verbliebene Stumpf nicht ausreichend oder die Rekonstruktion schwach, muss der M. deltoideus durch Bohrlöcher in der Spina scapula rekonstruiert werden. Die Haut wird mit Intrakutannähten, die Wunde mit einem sterilen Verband verschlossen.

Bevor der Patient aufwacht, wird der Arm in einer Schiene immobilisiert. Ist der Patient nicht kooperativ, muss ein Gips angelegt werden.

Nachbehandlung

Postoperativ wird der Patient für mindestens 3–4 Wochen immobilisiert. Bei Patienten mit laxen Ligamenten oder inferiorer Instabilität wird die Immobilisation auf 6–8 Wochen verlängert. Nach dieser Periode wird mit Pendelübungen, aktiv-assistierten und aktiven Bewegungsübungen begonnen. Volle Beweglichkeit soll nach 3–4 Wochen erreicht werden. Dann wird ein Kräftigungsprogramm gestartet. Dies wird mit Hilfe vom Theraband und leichten Gewichten (0,5–1 kg) durchgeführt. Der M. infraspinatus, M. teres minor und hintere M. deltoideus wird besonders beübt. Wenn die hinteren Rotatorenmanschettenmuskeln normale Stärke wiedergewonnen haben, kann mit einem allgemeinen Rehabilitationsprogramm begonnen werden, um den gesamten Schultergürtel einschließlich der periskapulären Muskulatur zu stärken. Mit Kontaktsportarten darf erst 6 Monate nach dem Eingriff begonnen werden (Collins und Wilde 1973, Jobe et al. 1987). Bei Aktivitäten mit extremer Schulterbelastung sollte bis 12 Monate nach der Operation gewartet werden (Neer und Foster 1980, Schwartz et al. 1987, Neer 1990).

Literatur

Bankart ASB (1923) Recurrent or habitual dislocation of the shoulder joint. Br Med J 2:1132–1133

Bigliani CU (1989) Anterior and posterior capsular shift for multidirectional instability. Tech Orthop 3:36–45

Collins HR, Wilde AH (1973) Shoulder instability in athletics. Orthop Clin 4:759–774

Gould JA, Davis GH (eds) (1985) The Shoulder in Orthopaedic and Sports Physical Therapy. Mosby, St Louis

Hawkins RJ, Belle RM (1989) Posterior instability of the shoulder. In: Barr JS Jr (ed) Instructional Course Lectures XXX VIII. AAOS, Park Ridge IL, USA, pp 211–215

Hawkins RJ, Koppert G, Johnston G (1984) Recurrent posterior instability (subluxation) of the shoulder. J Bone Joint Surg [Am] 66:169–174

Jobe FW, Moynes DR, Brewster CF (1987) Rehabilitation of shoulder joint instability. Orthop Clin 17:473–482

McGlynn FJ, Caspari RB (1984) Arthroscopic findings in the subluxating shoulder. Clin Orthop 183:173–178

Neer CS II (1990) Dislocations. In: Shoulder Reconstruction. WB Saunders, Philadelphia, pp 273–362

Neer CS, Foster CR (1980) Inferior capsular shift for involuntary and multidirectional instability of the shoulder. A preliminary report. J Bone Joint Surg [Am] 62:897–908

Ovesca J, Dickens R (1986) Posterior instability of the shoulder: a cadaver study. Acta Orthop Scand 57:436–439

Schwartz E, Warren RF, O'Brien SJ (1987) Posterior shoulder instability. Orthop Clin N Am 18:409–419

Stamm TT, Crabe WA (1972) Paraglenoid osteotomy of the scapula. Clin Orthop 88:39–45

Weber SC, Caspari RB (1989) A biomechanical evaluation of the restraints to posterior shoulder dislocation. Arthroscopy 5:115–121

5 Christophe Levigne, Gilles Walch

Osteotomien und Knochenblock-Techniken bei hinterer glenohumeraler Instabilität

Die hintere Instabilität kommt bei weitem weniger häufig als die vordere Instabilität vor und präsentiert sich klinisch in unterschiedlichen Formen. Mehrere Versuche wurden daher unternommen, die hintere Instabilität zu klassifizieren. Bevor wir die technischen Aspekte der unterschiedlichen Operationsverfahren beschreiben, möchten wir unsere Klassifikation und unsere Indikationen für eine Operation vorstellen (Walch und Mole 1991).

Zwei Hauptgruppen müssen unterschieden werden. Die erste Gruppe schließt traumatische Luxationen ein, die man weiter in primär, rezidivierend und verhakt unterteilen kann. Die primäre Luxation wird immer durch massives Trauma oder einen epileptischen Anfall ausgelöst. Knöcherne Verletzungen (Fraktur der hinteren Glenoidkante, Abrißfraktur des vorderen Humeruskopfes) sind regelmäßig zu sehen. Die Luxation muss reponiert und für drei Wochen in neutraler Stellung immobilisiert werden. Die rezidivierende hintere Luxation wird extrem selten beobachtet. Es sind weniger als 10 Fälle weltweit beschrieben. Sie müssen immer operativ behandelt werden. Der verhakte Typ ist eine meist übersehene hintere traumatische Luxation. Diese Kategorie schließt ebenfalls Luxationen, die erst 3 Wochen nach dem traumatischen Ereignis diagnostiziert werden, ein.

Die zweite Gruppe der rezidivierenden hinteren Subluxationen ist im Gegensatz zur ersten Gruppe sehr unterschiedlich. Die Genese ist im Allgemeinen atraumatisch. Initiales Trauma mag in der Anamnese zu finden sein, allerdings ohne eine begleitende Luxation. Diese Gruppe schließt drei Typen ein: willkürlich, willkürlich/unwillkürlich und unwillkürlich. Die willkürliche Gruppe findet man meist bei Jugendlichen und Kindern mit Hyperlaxizität. Subluxationen sind im wahrsten Sinne absichtlich herbeigeführt. Die Behandlung ist immer konservativ. Sind diese Patienten erwachsen, können sie in der Regel mit einem kompletten Rückgang der Symptomatik rechnen. Die willkürlich/unwillkürliche Gruppe ist oftmals eine Komplikation der ersten willkürlichen Gruppe. In diesen Fällen sind Subluxationen nicht willkürlich auslösbar, geschehen aber meistens während sportlicher oder beruflicher Aktivitäten. Die unwillkürliche Gruppe ist in der Kindheit unauffällig. Die Genese ist traumatisch allerdings ohne Luxation. Knöcherne Läsionen der hinteren Glenoidkante werden oft beobachtet.

Die Behandlung aller hinteren Instabilitäten ist zunächst immer konservativ. Sie sollte aus entsprechender Krankengymnastik und speziellen Außenrotationsübungen bestehen. Bei erfolgloser konservativer Therapie kann ein operativer Eingriff bei den folgenden Fällen indiziert sein: rezidivierende traumatische Luxationen, rein unwillkürliche Formen der rezidivierenden Subluxationen und bestimmte Formen der willkürlich/unwillkürlichen Gruppe.

Unser Vorgehen besteht aus der Verwendung eines hinteren Knochenblockes und einer Kapselraffung. Der Knochenblock ist der wichtigere Teil der Operation bei bestehenden knöchernen Läsionen der hinteren Glenoidkante; die Kapselstraffung bei kongenitaler Kapsellaxizität. Alternativ führen wir eine Rotationsosteotomie am Glenoid durch, wenn im CT eine Retroversion des Glenoids von mehr als 15 Grad (Abb. 1) zu sehen ist (Das et al. 1966). Wir haben keine Erfahrung mit Rotationsosteotomien am Humerus.

Unserer Erfahrung nach sind diese Operationstechniken ausreichend, um alle Formen der hinteren Instabilität, ausgenommen der verhakten hinteren Luxation, zu behandeln. Die Techniken können sowohl einzeln als auch kombiniert angewandt werden. Das Ergebnis ist sowohl von guter Operationstechnik, der richtig gestellten Indikation als auch von der klinischen Präsentation mit seinen drei Faktoren (kongenitale Hyperlaxizität, knöcherne Läsionen der hinteren Glenoidkante und der Glenoidretroversion) abhängig. Dies bestätigt, dass eine klinische Evaluation und genaue präoperative Diagnostik absolut notwendig sind.

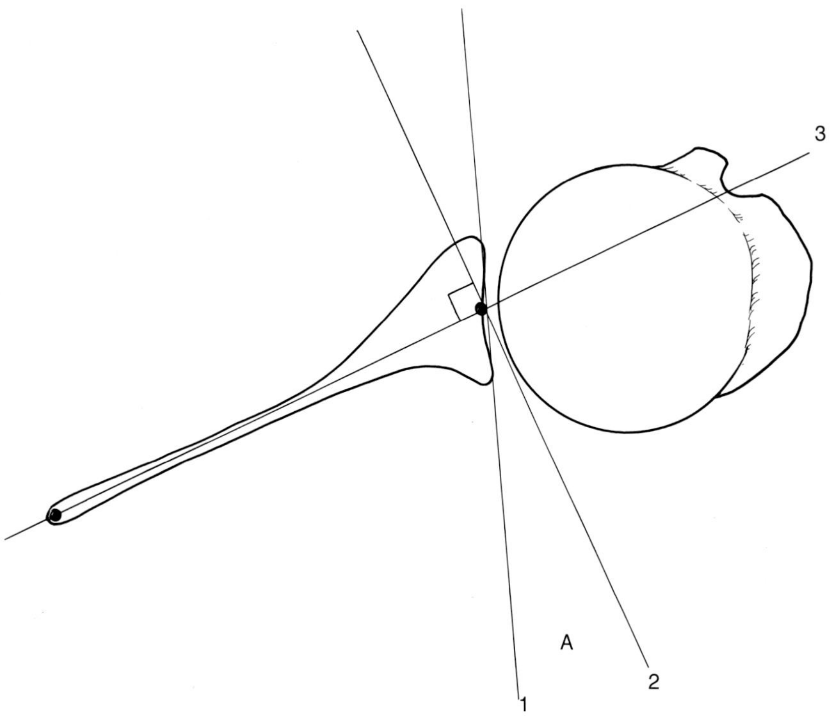

Abb. 1. Die Inklination des Glenoids wird am CT gemessen. Die optimale Schicht zur Vermessung kreuzt das Zentrum des Glenoids. Die Inklination des Glenoids (A) ist der resultierende Winkel zwischen einer Geraden entlang der Gelenkfläche (1) und einer Geraden (2), die senkrecht zur Geraden (3) steht, die durch die Mitte des Glenoids und der Margo medialis der Skapula geht

Operative Grundlagen

Jedes Verfahren, ob Knochenblock, Osteotomie oder Kapselraffung, wird durch denselben Zugang durchgeführt. Es ist wichtig, drei Aspekte der Anatomie zu bedenken: den Verlauf des N. suprascapularis und N. axillaris und die Orientierung des Glenoids. Der N. suprascapularis verläuft durch die Incisura scapulae von anterior nach posterior und tritt in die Fossa supraspinata ein. Er innerviert den M. supraspinatus mit zwei Ästen (Abb. 2). Er zieht nach inferior unterhalb der Spina scapula und verzweigt sich in der tiefen Schicht des M. infraspinatus. Er kann besonders leicht verletzt werden, wenn er sehr nahe an der Basis der Spina scapulae verläuft.

Der N. axillaris zieht nahe am Kapselansatz durch die laterale Achsellücke (begrenzt lateral durch den Humerus, medial durch das Caput longum des M. triceps und inferior durch die M. teres major und M. latissimus dorsi) um das „collum chirurgicum" von anterior nach posterior (Abb. 2). Er kann durch einen Haken, der unterhalb des Glenoids eingesetzt wird, leicht verletzt werden. Der Winkel der hinteren Glenoidfläche mit der Gelenkfläche beträgt ca. 30–40 Grad während der Winkel der vorderen Glenoidkante etwa 60–70 Grad beträgt (Abb. 3). Bei der Positionierung von Osteosyntheseschrauben muss daher besonders sorgfältig gearbeitet werden, um eine intraartikuläre Lage der Schrauben zu verhindern.

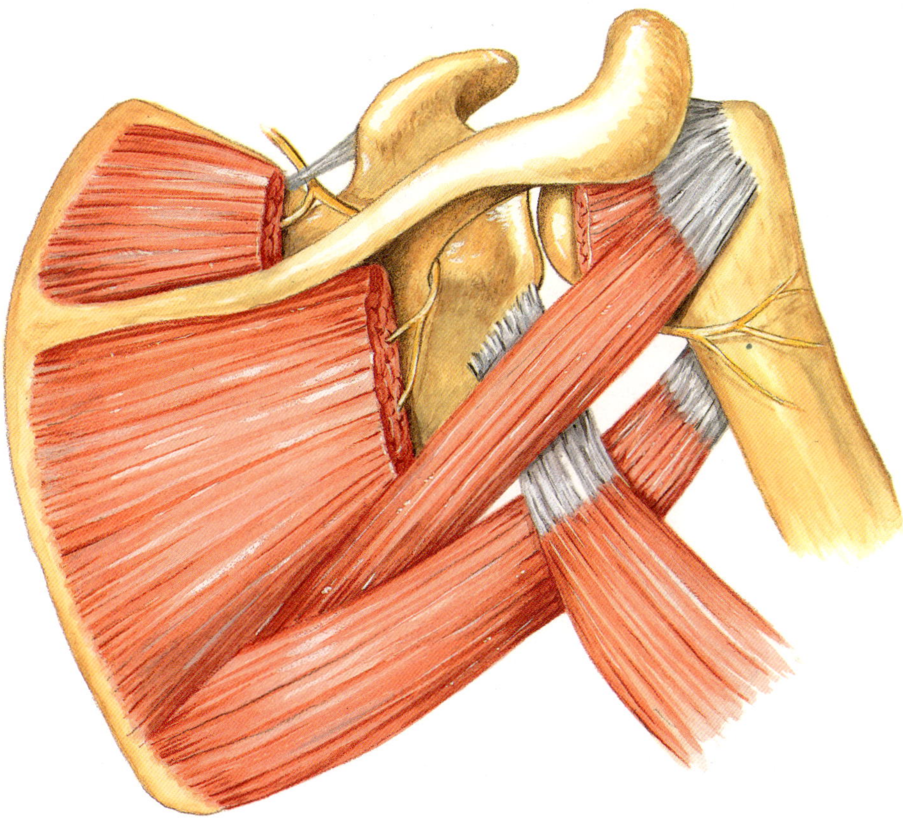

Abb. 2. Eine anatomische Zeichnung, die den Verlauf des N. suprascapularis an der Basis der Spina scapula und des N. axillaris inferior der Gelenkkapsel, von der lateralen Achsellücke (begrenzt vom M. teres minor, Humerus, M. teres major und Caput longum des M. triceps) kommend, demonstriert

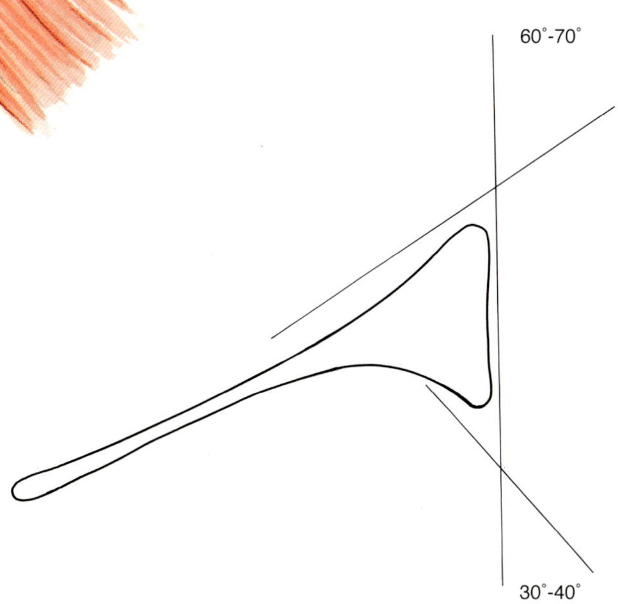

Abb. 3. Der Winkel zwischen der Gelenkfläche und dem hinteren Kortex ist steiler als der Winkel zwischen anteriorem Kortex und Gelenkfläche

Operationstechnik

Hinterer Knochenblock und Kapselraffung. Die hintere Knochenblock-Technik ist unsere bevorzugte Methode. Im Gegensatz zur Platzierung des vorderen Knochenblocks muss der hintere Block extraartikulär eingebracht werden. Der Knochenblock darf nicht in Kontakt mit dem Humeruskopf kommen und wenn eine Kapselraffung benötigt wird, sollte sie vor der Fixierung des Transplantates durchgeführt werden. Das Transplantat sollte außerdem ungefähr 10 mm über die hintere Glenoidkante hervorstehen (Mowery et al. 1985). Somit wird die hintere Gelenkfläche wegen der Orientierung des Glenoids und der Glenoidkante vergrößert (siehe Abb. 10). Zusätzlich sollte der Span inferior am Glenoid angebracht werden, da eine Translation des Humeruskopfes bei bestehender posteriorer Instabilität hauptsächlich nach unten und hinten zu beobachten ist.

In Allgemeinnarkose wird der Patient in die „laterale Dekubitusposition“ gebracht. Die Schulter und das Becken werden gewaschen und steril abgedeckt. Ein Armhalter wird vor dem Patienten positioniert, um den Arm in Flexion oder in neutrale Stellung bringen zu können (Abb. 4). Wir haben aufgehört, den horizontalen Zugang zu benutzen. Er bringt die unweigerliche Ablösung des M. deltoideus von der Spina scapula (Codman 1927) mit sich, was unserer Meinung nicht notwendig ist und zu einem Verlust an Muskelkraft führt. Wir ziehen eine vertikale Inzision vor, die 2 cm medial der postero-lateralen Akromionspitze 8 cm entlang der Axillarfalte nach inferior verlängert wird (Jobe et al. 1990). Diese Inzision verläuft absichtlich mehr vertikal wie die Fasern des M. deltoideus, um eine maximale Exposition des posterioren Aspektes des Glenoids zu erreichen (Abb. 5).

Dieser Zugang kommt ohne eine Ablösung oder Resektion von Muskel und Sehnen aus. Der M. deltoideus wird in Längsrichtung seiner Fasern an der „scheinbaren“ Grenze zwischen mittlerem und hinterem Drittel gespalten. Man beginnt auf Höhe der Spina scapula und führt die Spaltung etwa 5 cm nach distal fort. Wird zu sehr nach inferior gespalten, kann der N. axillaris verletzt werden. Ein selbsthaltender Retraktor wird in den Spalt eingesetzt. Die Faszie des M. infraspinatus kann leicht durch Innenrotieren des Armes entdeckt werden. Sie spannt sich während dieses Manövers an. Der M. infraspinatus wird im unteren Drittel entlang seiner Fasern gespalten. Diese Zone wird normalerweise von einer Fettschicht überlagert. Die hintere Kapsel und der hintere Aspekt der Glenoidkante wird dadurch sichtbar. Zwei Haken werden vorsichtig an der oberen und der unteren Grenze

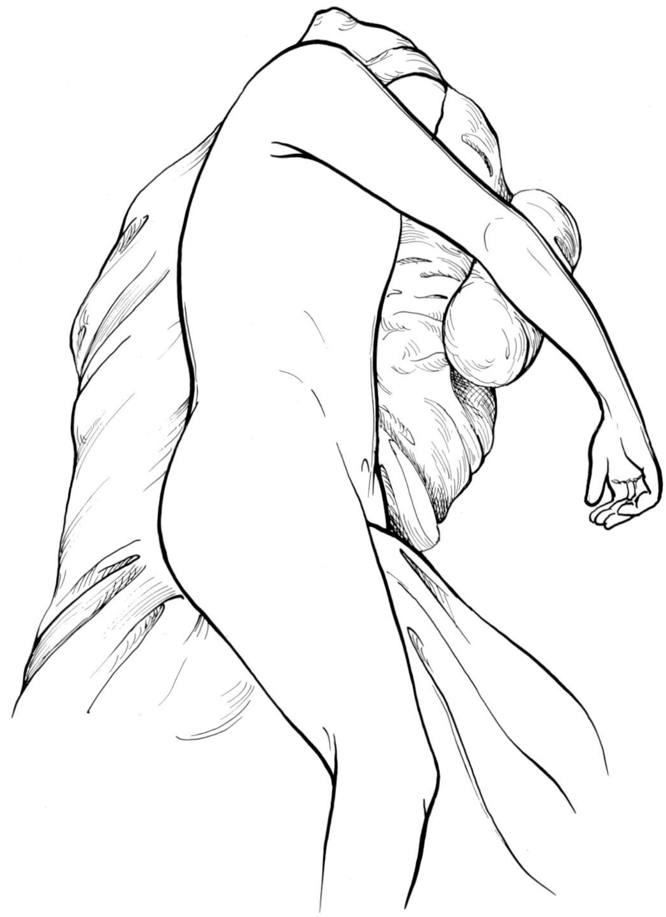

Abb. 4. Die Schulter wird in der „lateralen Dekubitusposition“ gelagert. Dies erlaubt Zugriff auf Schulter und Spina iliaca

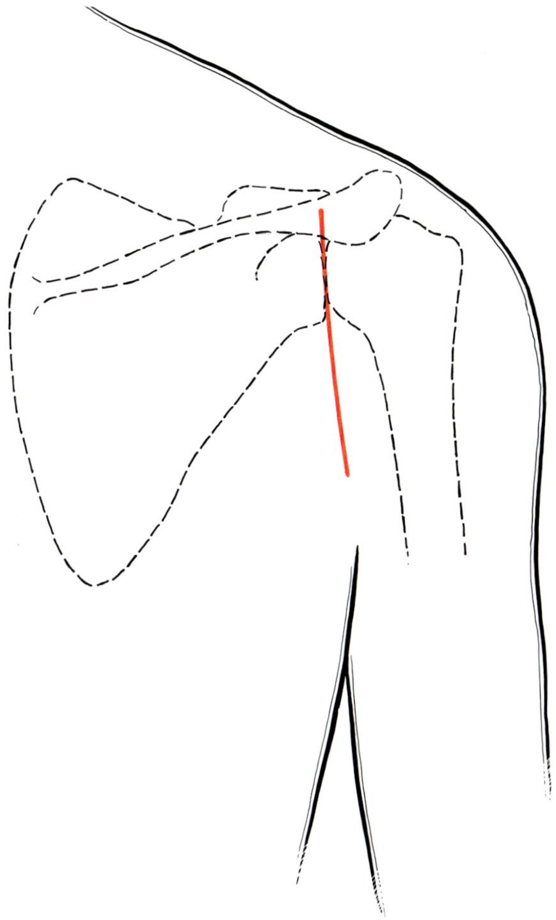

Abb. 5. Die Inzision beginnt 2 cm medial der postero-lateralen Kante des Akromiums und wird entlang der hinteren Axillarfalte fortgesetzt

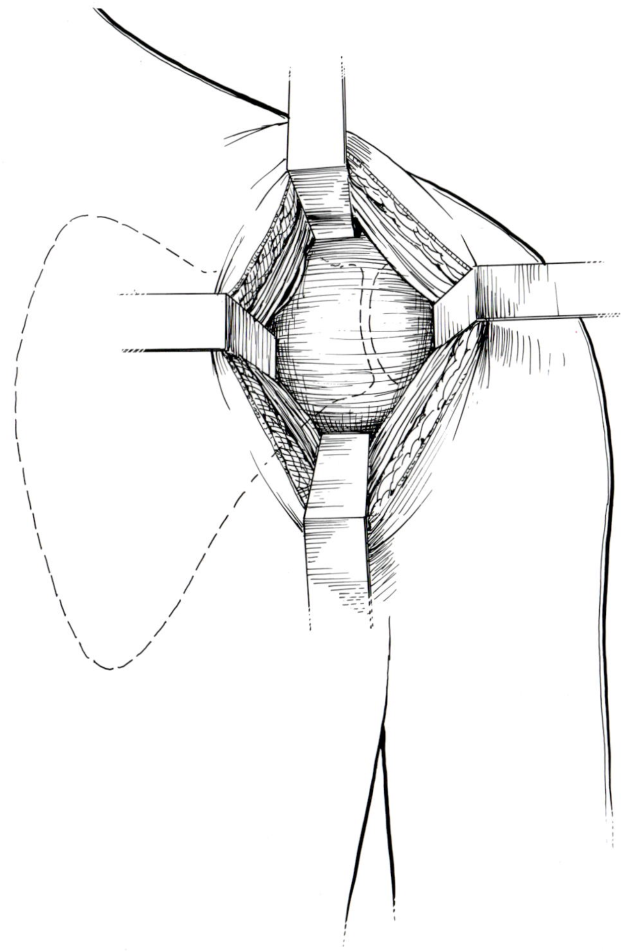

Abb. 6. Nachdem der M. deltoideus gespalten wurde, wird der M. infraspinatus horizontal gespalten und die hintere Kapsel damit exponiert. Man muss während der Präparation vorsichtig sein, den N. suprascapularis nicht zu verletzen

des Gelenkspaltes auf Höhe der subakromialen Bursa eingesetzt. Der N. suprascapularis wird medial identifiziert. Er verläuft dort lateral der Basis der Spina scapula (Abb. 6).

Die Arthrotomie wird mit dem Gedanken, eine spätere Kapselraffung ausführen zu wollen, durchgeführt. Eine ganze Anzahl von Techniken wird beschrieben. Wir ziehen die „T-Plastik" vor (Fronek et al. 1989). Eine T-förmige Inzision der Kapsel wird durch einen horizontalen Schnitt auf Höhe des Glenoidäquators nach lateral und eine vertikale Inzision an der Kante des hinteren Labrums ausgeführt (Abb. 7). An den Ecken der Kapsellappen wird jeweils ein Haltefaden eingesetzt.

Ein Haken wird intraartikulär auf die vordere Glenoidkante eingesetzt, um den Humeruskopf nach lateral zu retrahieren und das Glenohumeralgelenk inspizieren zu können. Läsionen am hinteren Labrum werden exzidiert. Ist das Labrum ganz oder teilweise abgelöst, muss es nach Auffrischen der Glenoidkante durch transossäre Nähte rekonstruiert werden. Ist die Läsion des Labrums mit einer Fraktur und einer Pseudarthrose am hinteren Glenoid assoziiert, muss das knöcherne Fragment exzidiert und das Labrum durch transossäre Nähte oder Nahtanker refixiert werden.

Das Anfrischen kann man mit einer Fräse durchführen. Beim Abradieren soll das Labrum lateral erhalten bleiben. Inferior wird durch das Fräsen der obere Anteil des Skapulahalses angeglichen. Superior wird das Anfrischen durch die Gegenwart des N. suprascapularis limitiert. Am Ende soll eine glatte und blutende Oberfläche vorhanden sein (Abb. 7).

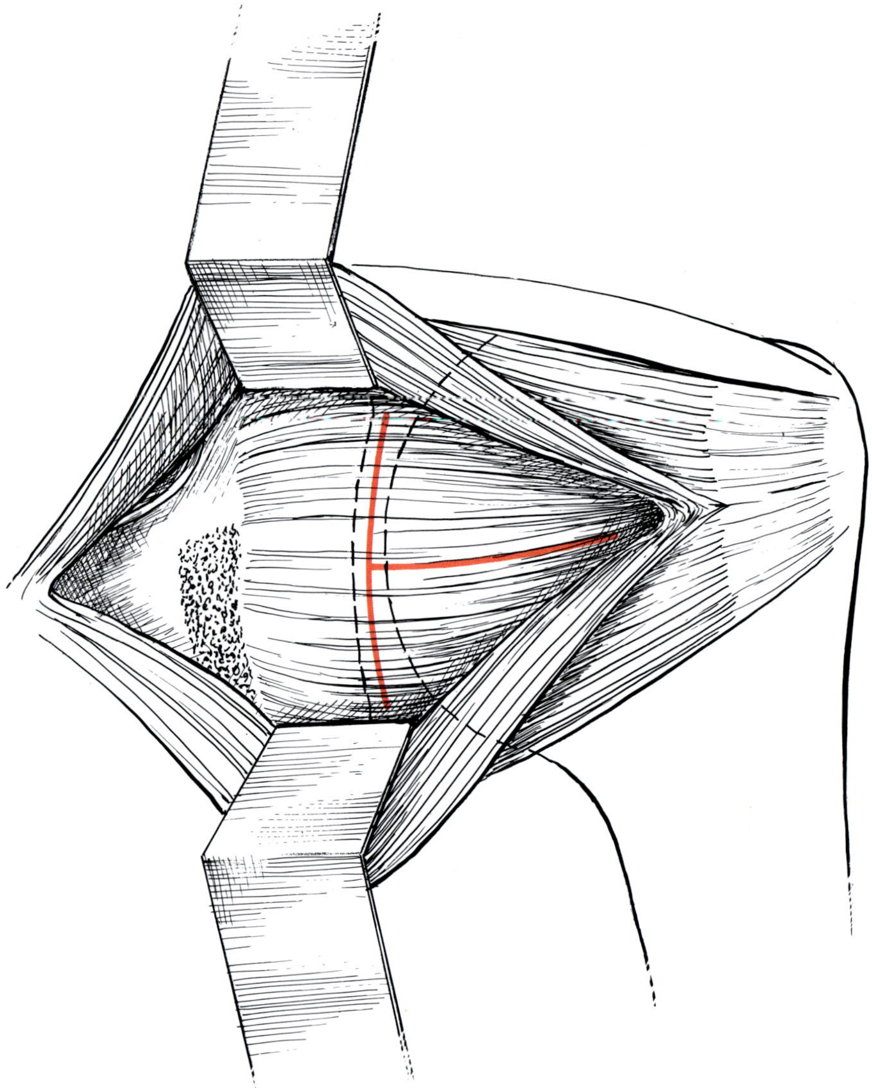

Abb. 7. Eine T-förmige Inzision wird in die Kapsel gemacht. Der vertikale Anteil geht entlang des Labrums und der horizontale Anteil direkt nach lateral. Die Entfernung von Kortex am hinteren Glenoid wird durch Insertionen des Labrums, welche erhalten werden müssen, limitiert

Das Präparieren des Knochenblockes kann entweder am Beginn des Eingriffes oder jetzt durchgeführt werden. Es ist wichtig, dass der Knochenblock mindestens eine Länge von 3 cm hat. Dies schließt unserer Meinung nach die Entnahme eines solchen Blockes von der Spina scapula aus. Der Knochenblock wird von der homolateralen Spina iliaca posterior superior entnommen. Dieser Block soll eine Länge von 3–4 cm, eine Breite von 2–3 cm haben und muss bikortikal sein. Der spongiöse Knochen zwischen den beiden Cortici soll so dick wie möglich sein. Der Knochenblock wird an die hintere Glenoidkante angelegt und angepasst. Er soll etwa 10 mm über die hintere Gelenkfläche herausragen, ohne mit dem Humeruskopf in Kontakt zu kommen. Die vorläufige Fixierung mit einem Kirschnerdraht an der Stelle der späteren inferioren Schraube erleichtert Platzierung und Trimmung des Blockes. Der K-Draht soll parallel zur Gelenkfläche eingeführt werden. Der Knochenblock wird jetzt entfernt und ein 3,2 mm-Loch wird in das Glenoid parallel zur Gelenkfläche gebohrt. Der K-Draht wird aus dem Knochenblock genommen und ein 3,2 mm-Loch in den Block gebohrt.

Die Kapselraffung wird nun ausgeführt. Der inferiore Kapsellappen wird nach superior verschoben und an das hintere Labrum mit Nr. 5 nicht resorbier-

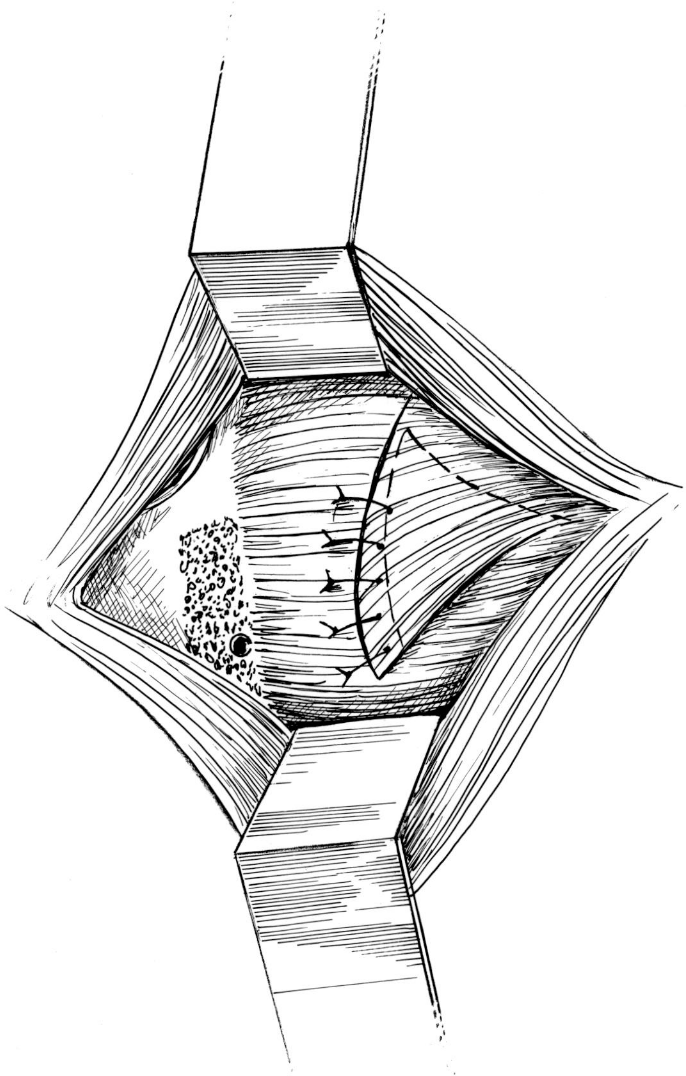

Abb. 8. Ein 3,2 mm-Bohrloch (zur Einbringung der unteren Schraube) wird vor der Kapselraffung im Glenoidhals angelegt. Eine Kapselraffung wird durch Verschieben des inferioren Kapsellappens nach superior und medial und Fixierung am Labrum erreicht. Der superiore Kapsellappen wird über den inferioren nach medial und inferior verschoben

baren Fäden fixiert. Der superiore Lappen wird nach inferior und medial verschoben und in der gleichen Weise an das hintere Labrum fixiert (Abb. 8). Die Fixierung des Knochenblockes wird mit zwei 4,5 mm-Malleolarschrauben ausgeführt. Sie ermöglichen adäquate Kompression. Die erste Schraube wird in das vorgebohrte Loch eingesetzt, die zweite etwa 1 cm superior platziert. Die Schrauben werden im Wechsel angezogen, um ein Brechen des Knochenblockes zu vermeiden (Abb. 9 und 10).

Wundverschluss ist einfach, da kein Muskel und keine Sehne durchtrennt worden sind. Eine Drainage wird in Kontakt mit dem Knochenblock platziert. Der Arm wird in neutraler Stellung je nach Grad der Hyperlaxizität in einer Schiene für 3–4 Wochen gelagert.

Osteotomie des Glenoids. Eine hintere öffnende Osteotomie nach Scott (1967) mit einer postero-inferioren Basis wird benötigt, wenn eine Dysplasie des Glenoids sowohl posterior und inferior existiert (Abb. 11). Positionierung, Hautinzision, Zugang und Arthrotomie sind identisch. Der N. suprascapularis muss eindeutig identifiziert und während der gesamten Operation kontrolliert werden, da er sehr nahe der Osteotomie verläuft.

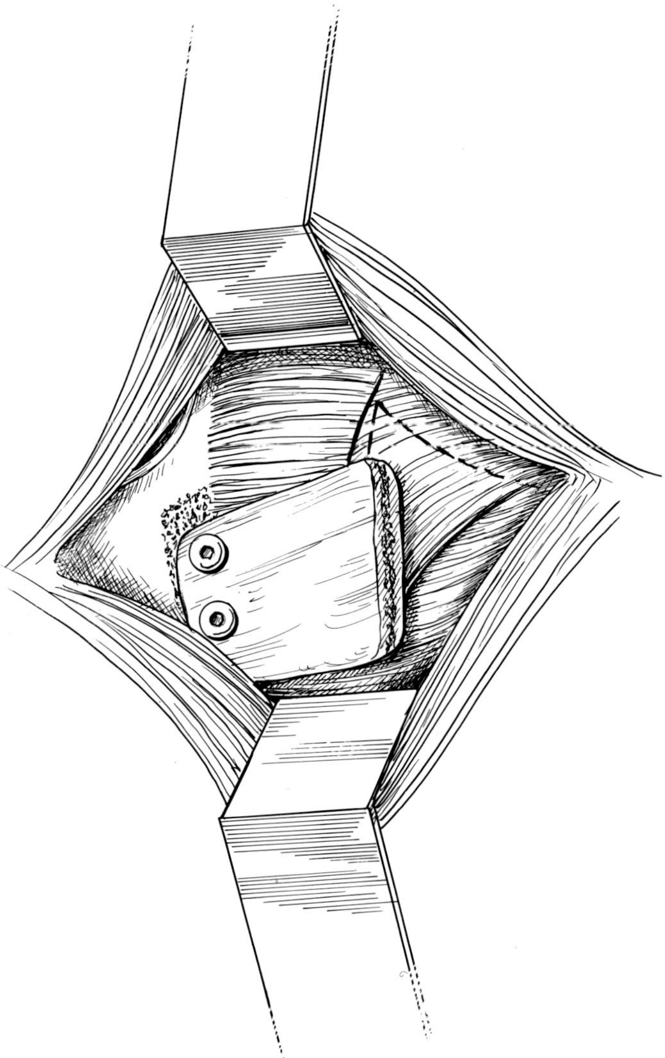

Abb. 9. Der Knochenblock wird mit zwei Malleolarschrauben an den postero-inferioren Quadranten des Glenoids fixiert. Der Knochenblock ragt etwa 5 mm lateral über das posteriore Labrum und ungefähr 10 mm über die knöcherne Glenoidkante hinaus

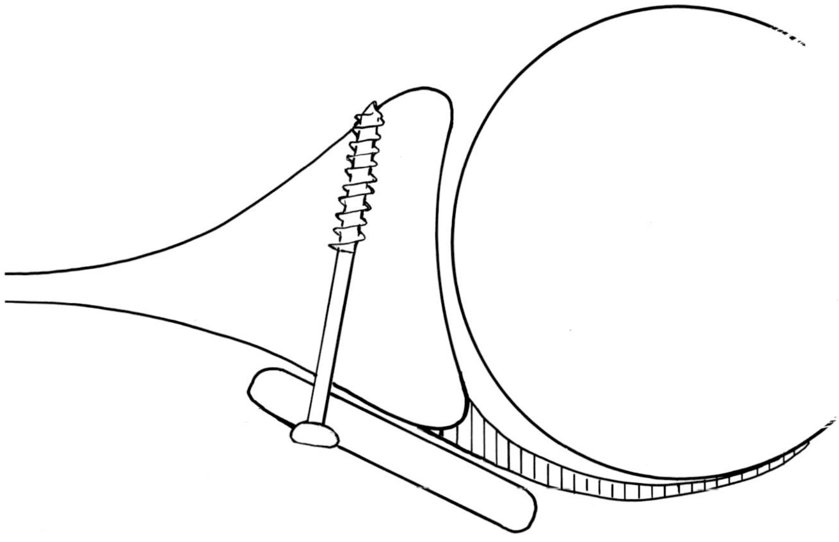

Abb. 10. Die Vorderfläche der lateralen Begrenzung des Knochenblockes wird so geformt, dass er über die posteriore Kante des Glenoids und Labrums passt, ohne mit dem Humerus in Kontakt zu kommen. Die Kapselplastik liegt nun zwischen Knochenblock und Humeruskopf

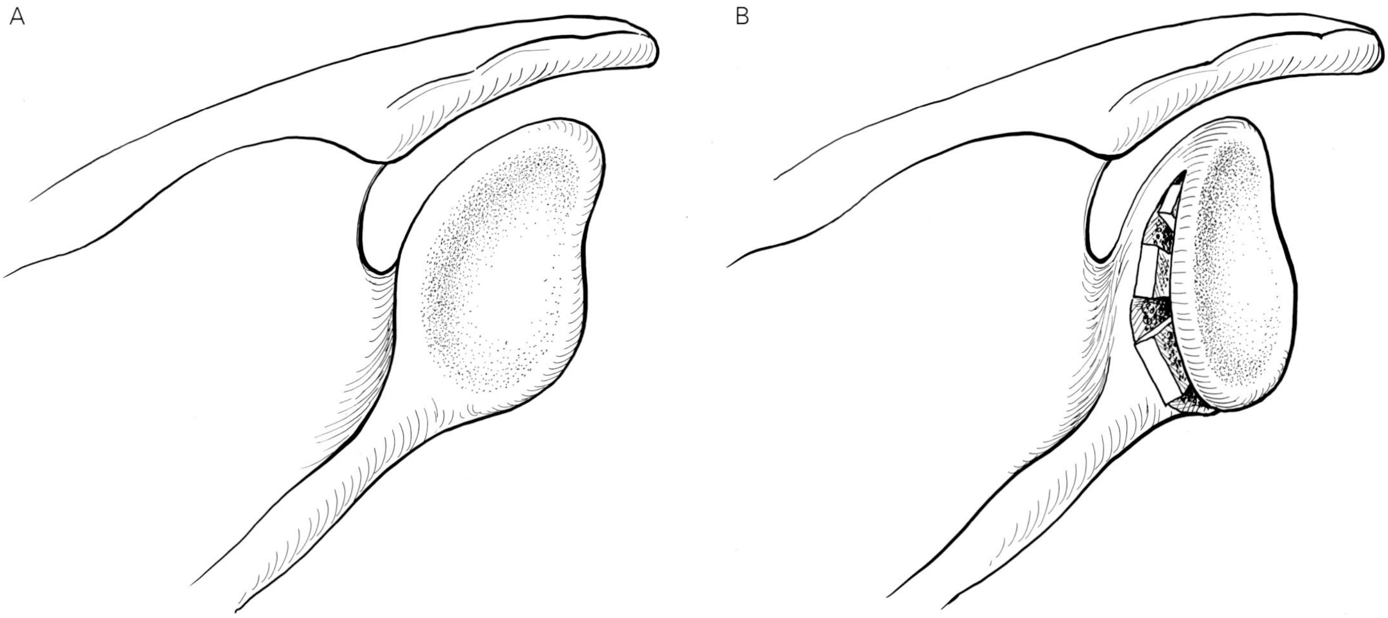

Abb. 11. **(A)** Die Osteotomie muss nach anterior und superior gehen, da das Glenoid sowohl posterior als auch inferior dysplastisch ist. **(B)** Der antero-superiore Kortex ist das Scharnier und muss erhalten bleiben

Die Osteotomie wird vertikal etwa 8 mm medial der Glenoidkante ausgeführt. Ist die Inzision lateraler, läuft man Gefahr nach intraartikulär zu penetrieren und riskiert eine Knochennekrose. Ist die Inzision zu medial, kann der N. suprascapularis verletzt werden. Zwei Drittel der Osteotomie können mit einer oszillierenden Säge durchgeführt werden. Die Säge muss unbedingt parallel zur Gelenkfläche gehalten werden. Dies kann man einfach durch einen intraartikulären Haken kontrollieren. Die Orientierung der Osteotomie ist schräg von posterior nach anterior und von inferior nach superior. Die anteriore Kortikalis soll nicht osteotomiert werden. Man erreicht damit eine Art antero-superiores „Scharniergelenk" unterhalb der Basis des Processus coracoideus. Die Osteotomie wird durch Einbringen von zwei Osteotomen in den Spalt und Hebeln um das antero-superiore „Scharniergelenk" nach lateral, ohne das Scharnier zu brechen, vollendet. Die gesamte Gelenkoberfläche wird so nach lateral angehoben.

Die Größe des Spaltes hängt von der Retroversion des Glenoids im CT ab. Die Retroversion soll bis auf 5 Grad reduziert werden. Der Spalt wird dann mit dreieckigen kortikospongiösen Knochenspänen, welche von der homolateralen Spina iliaca posterior superior entnommen worden sind, gefüllt. Mit diesen Knochenspänen erzielt man eine exzellente primäre Stabilität. In einem Fall mussten wir bei einem sehr großen Spalt bei extremer Glenoiddysplasie die Späne mit einer kleinen Platte sichern. Wenn notwendig, kann nun eine Kapselraffung, wie schon früher beschrieben, durchgeführt werden. Wundverschluss und postoperative Immobilisation sind identisch zur vorher beschriebenen Operation.

Einige Autoren (Gerber 1991) fürchten das Auftreten eines sekundären Korakoidimpingements nach der Osteotomie. Wir glauben, dass eine Resektion des horizontalen Anteiles des Korakoids in Betracht gezogen werden soll, wenn der Processus coracoideus besonders lang ist. Dies trifft man oft in Fällen von aus-

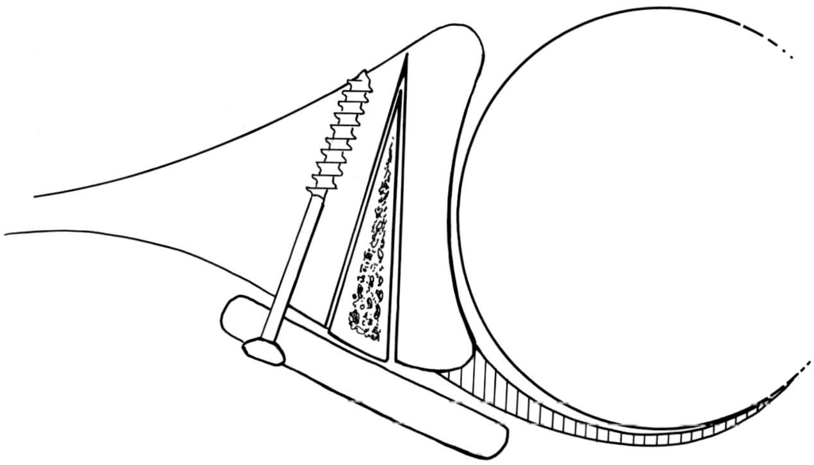

Abb. 12. Eine Osteotomie mit einem Knochenblock kombiniert. Der Knochenblock muss 1 cm länger sein und über die Osteotomie gehen, die mit dreieckigen Knochenspänen vom Becken offengehalten wird

geprägter Dysplasie des Glenoids. Eine Resektion wird vor Beginn des Eingriffs durch einen schmalen delto-pektoralen Zugang in der gleichen Position des Patienten durchgeführt.

Ein hinterer Knochenblock kann zusammen mit der Glenoidosteotomie benutzt werden. Drei Dinge sind hierbei wichtig. Erstens muss das Anfrischen der Glenoidkante vor der Osteotomie erfolgen. Zweitens muss der Knochenblock länger sein, da er die Osteotomie überbrücken muss. Und drittens müssen die Schrauben medial der Osteotomie platziert werden (Abb. 12).

Nachbehandlung

Eine Schiene in neutraler Position wird für einen Monat getragen. Jedoch kann am Tag nach der Operation mit Krankengymnastik begonnen werden. Dies schließt passives Elevieren in der Skapulaebene in neutraler Stellung zweimal täglich ein. Sobald die Schiene entfernt wurde, kann ein passives Rehabilitationsprogramm verfolgt werden. Innenrotation sollte hierbei nicht speziell beübt werden. Eine aktive Rehabilitation wird dann gestartet, wenn symmetrische Elevation erreicht ist. Es schließt statische und dann auch dynamische Übungen mit Innen- und Außenrotation ein. Sportliche Aktivitäten werden im Allgemeinen fünf Monate postoperativ erlaubt.

Literatur

Codman EA (1927) Obscure lesions of the shoulder: rupture of the supraspinatus tendon. Boston Med Surg J 196:391

Das SP, Ray GS, Saha AK (1966) Observations on the tilt of the glenoid cavity of the scapula. J Anatol Soc Ind 15:114

Fronek J, Russell F, Warren RF, Bowen M (1989) Posterior subluxation of the glenohumeral joint. J Bone Joint Surg [Am] 71:205–216

Gerber C (1991) L'instabilité postérieure de l'épaule. Cahiers d'Enseignement de la SOFCOT. Conférences d'Enseignement, pp 223–245

Jobe FW, Tibone JE, Jobe CM, Kvitne RS (1990) The shoulder in sports. In: Rockwood CA, Matsen FA (eds) The Shoulder, 1st edn. Saunders, Philadelphia, pp 961–990

Mowery CA, Garfin SR, Booth RE, Rothman RH (1985) Recurrent posterior dislocation of the shoulder: treatment using a bone block. J Bone Joint Surg [Am] 67:777–781

Scott DJ Jr (1967) Treatment of recurrent posterior dislocation of the shoulder by glenoplasty. J Bone Joint Surg [Am] 49:471–476

6

Kenneth E. DeHaven, Michael P. Banas, Peter G. Dalldorf

Korakoid-Transfer (Bristow-Technik)

1954 beschrieb Latarjet den Korakoid-Transfer zum vorderen Skapulahals zur Behandlung von vorderer glenohumeraler Instabilität (Latarjet 1954). Helfet beschrieb 1958 das erste Mal eine ähnliche Technik in der englischsprachigen Literatur (Helfet 1958). Er würdigte seinen Mentor W. Rowley Bristow, der ihm diese Methode 19 Jahre zuvor beigebracht hatte. In seiner Publikation beschrieb er den Transfer des Processus coracoideus mit den inserierenden Sehnen durch eine vertikale Spreizung des M. subscapularis. Er fixierte den Processus coracoideus durch Nähte auf die Glenoidkante, die gleichzeitig den gespaltenen M. subscapularis verschlossen. Diese klassische Bristow-Operation wurde von May 1970 modifiziert (May 1970). Statt einer vertikalen Spaltung hat May den M. subscapularis horizontal entlang den Fasern gespalten, den inferioren Anteil in seiner Längsrichtung halbiert und zur Verdoppelung des inferioren Anteils (Plikation) unterhalb der Sehnen des M. coracobrachialis und M. biceps brachii caput breve benutzt. Er hat außerdem das Korakoid mit einer Schraube am Skapulahals befestigt. Als letzter hat F. A. Allman den Eingriff modifiziert. Er hat den M. subscapularis nur gespalten, ohne eine vertikale Inzision oder eine Plikation vorzunehmen, um damit den postoperativen Bewegungsumfang zu verbessern (persönliche Mitteilung 1970).

Seitdem wurde der Korakoid-Transfer mit vielen Namen belegt wie die modifizierte Bristow, die Bristow-Helfet, die Bristow-Latarjet und die Bristow-Helfet-May-Methode. Noch 1987 konnten Publikationen gefunden werden, die Modifikationen zu Helfets Methode anboten (Torg et al. 1987). Bei allen Methoden wird allerdings das Prinzip, dass der transferierte Knochenblock und die inserierende Muskeleinheit als eine mechanische Barriere und eine Muskel-Sehnenschlinge zur Verstärkung der dünnen glenohumeralen vorderen Kapsel wirkt, nicht verletzt.

Viele Zentren berichten von guten Ergebnissen der Bristow-Methode. Die Universität von Rochester hat 79 Fälle durchschnittlich 8,6 Jahre nachverfolgt (Banas et al. 1993). Diese Langzeitstudie wies eine Reluxationsrate von 4% mit einem durchschnittlichen Bewegungsverlust von 5 Grad Innenrotation und 9 Grad Außenrotation auf. Es wurden keine größeren Komplikationen gesehen.

Die Zufriedenheit der Patienten lag bei 97% (gute und exzellente Ergebnisse). Die derzeitigen Indikationen für die modifizierte Bristow-Operation sind:

- primäre Rekonstruktion von unidirektionaler anteriorer glenohumeraler Instabilität
- Rekonstruktion von glenohumeralen Verletzungen bei vorderen knöchernen Defekten
- Sekundäre Rekonstruktion bei erfolgloser primärer Kapsel-Labrum-Ligament-Komplex Rekonstruktion bei vorderer glenohumeraler Instabilität.

Operative Grundlagen

Der Sinn der modifizierten Bristow-Methode ist folgender: Erstens wird durch den Korakoid-Transfer ein Knochenblock produziert, der mechanisch eine Reluxation verhindert. Zweitens wird durch die Sehnen des M. coracobrachialis und M. biceps brachii caput breve eine muskulotendinöse Schlinge gebildet, die den Humeruskopf in Abduktion und Außenrotation nach hinten drückt. Und letztlich verhindert das im unteren Drittel des M. subscapularis fixierte Korakoid, dass sich der untere Teil des M. subscapularis bei Außenrotation und Abduktion nach oben verschiebt (Lombardo et al. 1976).

Damit der Eingriff erfolgreich ist, müssen einige Punkte beachtet werden. Der N. musculocutaneus hat einen äußerst variablen Verlauf. Kadaverstudien haben die Nähe des Nerven zum Processus coracoideus gezeigt. Die Äste, die den M. coracobrachialis innervieren, können schon in einem Abstand von 17 mm (Durchschnitt 31 mm) vom Korakoid entfernt in den M. coracobrachialis eintreten (Flatow et al. 1989). Daher kann man sich auf den bisher üblichen propagierten Abstand des Nerven inferior des Korakoids von 5–8 cm nicht verlassen und muss dies bei der Präparation berücksichtigen.

Eine akkurate Platzierung des Korakoids am Glenoidhals ist der zweite wichtige Punkt. Hovelius et al. (1983) haben in einer retrospektiven Studie die modifizierte Bristow-Methode evaluiert und drei Kriterien herausgearbeitet, die für einen Erfolg wichtig sind: Erstens muss der Korakoid-Knochen-Block 1–5 mm medial der Glenoidkante angebracht werden. Zweitens sollte der Knochenblock unterhalb des Äquators des Skapulahalses zum Liegen kommen. Und schließlich muss die Fixationsschraube durch den hinteren Kortex des Skapulahalses reichen. Diese Studie fand einen erhöhten Prozentsatz an Reluxationen oder Subluxationen, wenn die oben genannten Kriterien nicht erfüllt wurden.

Um eine adäquate Positionierung des Knochenblockes zu gewährleisten, muss eine intraoperative Axillaraufnahme angefertigt werden. Damit kann die Orientierung der Schraube, die Distanz des Knochenblockes von der Glenoidgelenkfläche und die bikortikale Schraubenlage bestätigt werden. All diese Variablen sind ohne Röntgen nicht zu beurteilen.

Operationstechnik

Der Patient wird in Allgemeinnarkose operiert. Nach Einleitung wird er in der „beachchair"-Position mit der oberen Hälfte des Tisches um 40 Grad angehoben, gelagert. Die zu operierende Schulter wird an die äußerste Kante des Tisches gebracht. Ein zusammengerolltes Tuch wird unter die mediale Grenze der Skapula gelegt. Damit kann der Arm nach hinten fallen und vereinfacht den Zugang zum vorderen Glenohumeralgelenk. Gesicht und Augen müssen während des Eingriffes geschützt werden. Die Schulter und Axilla werden rasiert und mit einer selbstklebenden Plastikfolie wird das Operationsfeld definiert. Arm und Schulter werden desinfiziert, steril abgedeckt und intravenöse Antibiotika verabreicht.

Ein delto-pektoraler Standardzugang wird benutzt. Die Inzision beginnt unmittelbar oberhalb des Processus coracoideus. Die V. cephalica sollte identifiziert und erhalten werden. Sie wird mit dem M. deltoideus nach lateral weggehalten. Der Processus coracoideus wird am oberen Ende der Inzision aufgesucht. Das korakoakromiale Ligament wird abgelöst. Das Korakoid wird mit einem 3,2 mm Bohrer vorgebohrt. Das Korakoid wird ungefähr 1,5 cm proximal der Spitze osteotomiert. Der Ansatz des M. pectoralis minor muss an der Basis des Korakoids verbleiben. Die Osteotomie kann entweder mit einem gebogenen Osteotom oder einer oszillierenden Säge durchgeführt werden. Die Korakoidspitze mit dem Ansatz des M. biceps brachii caput breve und M. coracobrachialis wird vorsichtig mobilisiert und nach medial retrahiert. Der N. musculocutaneus muss durch Palpation oder Präparation identifiziert werden.

Der M. subscapularis wird entlang seiner Fasern zwischen oberem und unterem Muskelbauch im unteren Drittel stumpf gespalten (Abb. 1). Diese Spaltung wird vom Sulcus bicipitalis bis zu einem Punkt medial der vorderen Glenoidkante durchgeführt. Die Kapsel wird in Linie mit der Subskapularisinzision inzidiert. Das Gelenk wird auf pathologische Veränderungen untersucht. Ein Humeruskopf-Retraktor wird zwischen Humeruskopf und Glenoid und ein stumpfer Hohmann-Haken wird über der supero-medialen Kante des Glenoids eingesetzt. Das Periost am vorderen Skapulahals muss inzidiert und der Skapulahals von sämtlichem Weichteilgewebe befreit werden. Das knöcherne Bett für das Korakoid wird unterhalb des Äquators des Glenoids etwa 5 mm medial der Glenoidkante gewählt. Der Skapulahals wird mit einem Osteotom und einer Kürette vorbereitet, wobei der kortikale Knochen entfernt wird, um ein blutendes spongiöses Bett für den Transfer zu erreichen (Abb. 2).

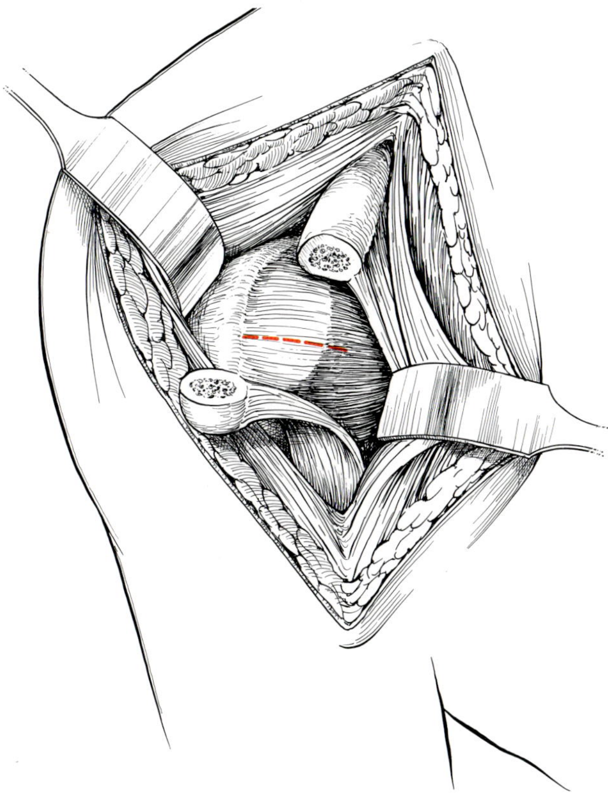

Abb. 1. Nachdem der Processus coracoideus osteotomiert wurde, wird der M. subscapularis zwischen den beiden Muskelbäuchen inzidiert

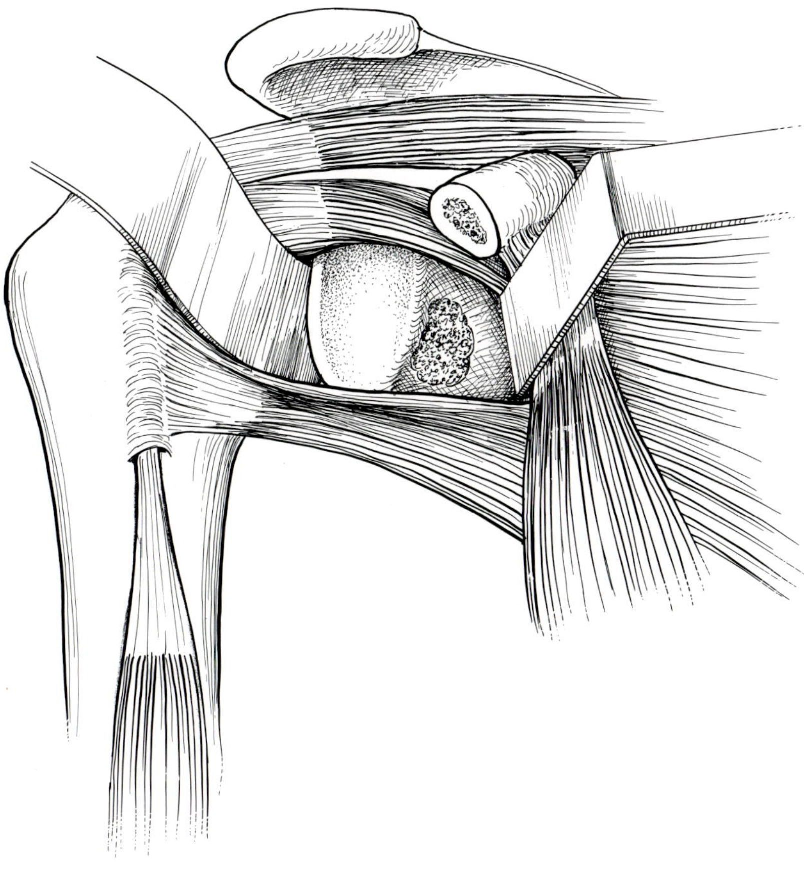

Abb. 2. Das Knochenbett für das Korakoid wird vorbereitet, indem der Skapulahals unmittelbar medial der Gelenkfläche und unterhalb des Äquators dekortikiert wird

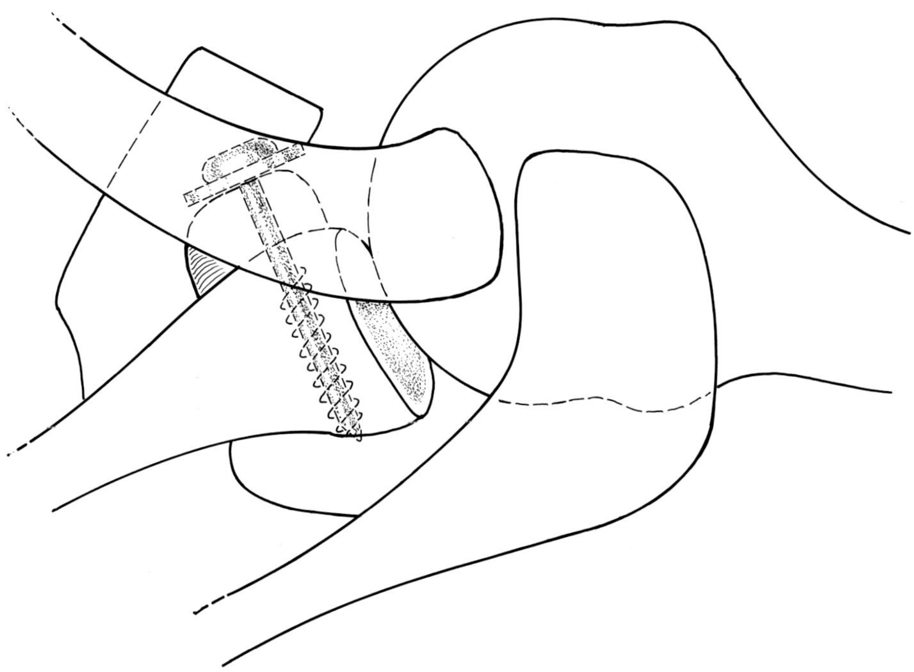

Abb. 3. Eine Axillaraufnahme, die eine korrekte Lage der Schraube in Beziehung zum glenohumeralen Gelenk und den Sitz der Schraube im hinteren Kortex zeigt

Mit einem 3,2 mm Bohrer wird ein Loch in den Glenoidhals und durch den posterioren Kortex gebohrt. Mit dem Bohrer in situ wird eine Axillaraufnahme angefertigt, um die Position des Bohrers relativ zum Glenoid zu beurteilen. Der Röntgenstrahl muss von anterior schräg nach posterior gerichtet werden, um eine wahre Axillaraufnahme, mit dem Patienten in der „beachchair" Position gelagert, zu bekommen. Sobald eine gute Position des Bohrloches bestätigt wurde, wird der Korakoid-Knochen-Block mit einer 4,5 mm-Malleolarschraube bestückt mit einer Unterlegscheibe am Glenoid fixiert. Bikortikale Fixation soll erreicht werden. Die Länge der Schraube kann durch einen AO-Messstab bestimmt werden. Das Korakoid wird während des Einschraubens mit einer Kocherklemme an das Glenoid gebracht und dort gehalten. Man muss vorsichtig sein, den Knochenblock nicht zu zerquetschen. Eine zweite Röntgenaufnahme mit der Schraube in situ wird angefertigt (Abb. 3). Die Kapselinzision und der M. subscapularis lateral des Korakoidtransfers wird mit dem Arm in Innenrotation verschlossen.

Nachbehandlung

Der Arm wird als Teil des postoperativen Managements mit einer Schlinge in Innenrotation an das Abdomen gelegt. Passive Neer'sche Übungen werden 48 Stunden nach dem Eingriff begonnen. Der passive Bewegungsumfang wird dabei nur durch Schmerz und Unbehagen des Patienten limitiert. Volle Flexion und Außenrotation mit der Schulter in Adduktion ist erlaubt. Das Ziel ist volle Flexion und Außenrotation nach 6 Wochen. Aktive Bewegungsübungen und ausgedehntere passive Übungen als auch Übungen gegen Widerstand werden ebenfalls 6 Wochen nach dem Eingriff begonnen. Übungen mit leichten Gewichten konzentrieren sich auf die Muskeln der Rotatorenmanschette, des Schultergürtels, der Bizeps- und Trizepsmuskulatur. Biofeedback kann als Hilfe zum koordinierten Zusammenspiel der Rotatorenmanschette und des Caput longum des M. biceps benutzt werden.

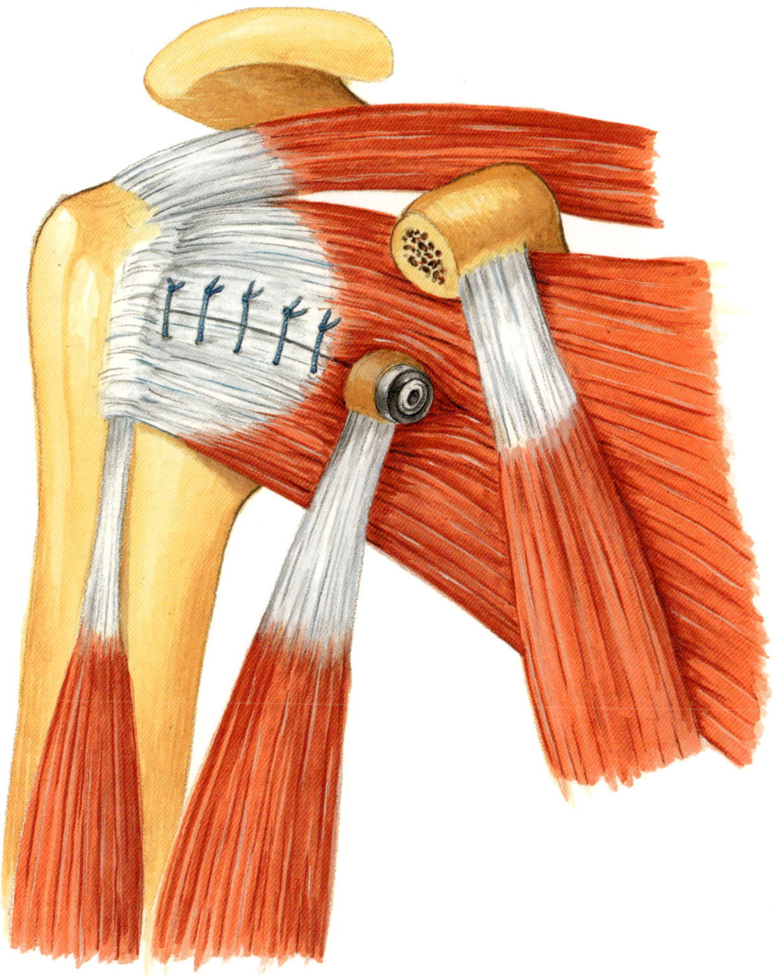

Abb. 4. Nach der Fixation des Knochenblockes durch eine Schraube wird der M. subscapularis mit dem Arm in Innenrotation lateral verschlossen, ohne die Kapsel vorher zu raffen

Regelmäßige Röntgenkontrollen zeigen den knöchernen Heilungsverlauf. Die knöcherne Heilung in unserer Serie beträgt 82%, der Rest bildet eine bindegewebige Pseudarthrose ohne Korrelation zum Operationserfolg. Der Patient kann nach durchschnittlich 3,6 Monaten zu seinen sportlichen Aktivitäten zurückkehren. Dies zeigt sich durch die Kombination von voller Beweglichkeit und Muskelkraft gemeinsam mit einem knöchern durchgeheilten Knochenblock an (DeHaven und Morwesel 1983). Eine routinemäßige Entfernung der Schraube wird nicht durchgeführt.

Literatur

Banas MP, Dalldorf PG, Sebastianelli WJ et al (1993) Long term follow up of the modified Bristow procedure. Am J Sports Med 21:666–671

DeHaven KE, Morwessel RM (1983) The Allman modification of the Bristow procedure in treatment of recurrent anterior dislocation and subluxation of the shoulder. Presented at the Annual Meeting of the American Orthopaedic Society for Sports Medicine. Williamsburg, VA

Flatow EL, Bigliani LU, April EW (1989) An anatomic study of the musculocutaneous nerve and its relationship to the coracoid process. Clin Orthop 244:166–171

Helfet AJ (1958) Coracoid transplantation for recurring dislocation of the shoulder. J Bone Joint Surg [Br] 40:198–202
Hovelius L, Korner L, Lundberg B et al. (1983) The coracoid transfer for recurrent dislocation of the shoulder: technical aspects of the Bristow-Latarjet procedure. J Bone Joint Surg [Am] 65:926–934
Latarjet M (1954) A propos du traitement des luxations recidivantes de l'épaule. Lyon Chir 49:994–997
Lombardo SJ, Kerlan RK, Jobe FW et al. (1976) The modified Bristow procedure for recurrent dislocation of the shoulder. J Bone Joint Surg [Am] 58:256–261
May JV Jr (1970) A modified Bristow operation for anterior recurrent dislocation of the shoulder. J Bone Joint Surg [Am] 52:1010–1016
Torg JS, Balduini FC, Bonci C et al. (1987) A modified Bristow-Helfet-May procedure for recurrent dislocation and subluxation of the shoulder. Report of two hundred and twelve cases. J Bone Joint Surg [Am] 69:904–913

7

David N.M. Caborn, Michael Coen, William P. Urban, Darren L. Johnson

Arthroskopische Therapie bei posttraumatischer unidirektionaler glenohumeraler Instabilität

Das Glenohumeralgelenk ist aufgrund der knöchernen Anatomie und des umgebenden Weichteilmantels das Gelenk, welches am häufigsten luxiert. Durch den extremen Bewegungsumfang ist es für 50% aller Luxationen verantwortlich. Die flache Pfanne, die vom Glenoid gebildet wird und der kongruente aber wesentlich größere Humeruskopf bietet dem Gelenk wenig Stabilität. Das Gelenk wird durch den Weichteilmantel statisch und dynamisch stabilisiert. Die statischen Stabilisierer schließen das Labrum, die Gelenkkapsel, die glenohumeralen Gelenke und den korakoakromialen Bogen ein. Die dynamischen Stabilisierer bestehen aus der Rotatorenmanschette, der langen Bizepssehne und der Schultergürtelmuskulatur. Das Zusammenspiel von statischen und dynamischen Faktoren der Schulter in verschiedenen funktionellen Positionen ist der Schlüssel zum Verständnis und legt die Therapie von Patienten mit Schulterinstabilität fest. Wenn der Arm mehr als 90 Grad abduziert wird, gleitet die Sehne des M. subscapularis nach superior und bedeckt nur den oberen Teil des Gelenkes. Damit bleiben das Labrum und das inferiore glenohumerale Ligament (IGHL) die einzigen vorderen Stabilisierer des Glenohumeralgelenkes. Der inferiore Glenohumeral-Ligament-Komplex (IGHL) besteht aus einem vorderen (AB) und einem hinteren (PB) Ligament und dem dazwischenliegenden Recessus axillaris. Wenn der Arm 90 Grad abduziert und außenrotiert wird, verhindert das anteriore Band eine Translation nach vorne (Warner et al. 1993).

Perthes hat 1906 eine Ablösung des vorderen Labrums als die Läsion beschrieben, die zu einer posttraumatischen vorderen glenohumeralen Instabilität führt. Bankart betonte 1926 die Bedeutung der Ablösung des Labrums in seinem klassischen Artikel (Bankart 1923). Eine Ablösung des Labrums wird in 85–100% aller traumatischen anterioren Luxationen gesehen (Norlin 1993). Die derzeitige operative Therapie der posttraumatischen anterioren Instabilität zielt auf eine nahezu anatomische Wiederherstellung des anterioren Labrums und des inferioren glenohumeralen Ligamentes hin (Hovelius 1987, Arciero et al. 1994). Die offene Bankart Operation eliminiert in einem hohen Prozentsatz die vordere Instabilität. Es gibt allerdings Berichte, die von einem Bewegungsverlust durch eine abnormale Kinematik und von einer erhöhten Rate an glenohumeraler Arthrose sprechen (MacDonald et al. 1992, Lusardi et al. 1993, Rosenberg et al. 1995). Im Gegensatz dazu hat die arthroskopische Stabilisierung einen potenziellen Vorteil bei der Behandlung der Weichteile, der Funktion, der Rehabilitation und der postoperativen Morbidität. In einer vergleichenden Studie hat Green und Christensen (1993) die offene und arthroskopische Bankart Operation verglichen. Die Operationszeit, der Blutverlust, die Einnahme von Opiaten/Schmerzmitteln, der Krankenhausaufenthalt und die Frühkomplikationen waren bei der arthroskopischen Methode signifikant geringer. Fortschritte bei der arthroskopischen Technik und den Instrumenten erlauben diesen Eingriff mit reproduzierbaren Ergebnissen durchzuführen.

Dieses Kapitel präsentiert zwei unterschiedliche Methoden für eine arthroskopische Bankart Rekonstruktion, die bei der Behandlung von unidirektionaler posttraumatischer vorderer glenohumeraler Instabilität angewandt werden können. Dies sind zum einem die arthroskopische bioresorbierbare Dübel-Fixation und die Rekonstruktion mit Hilfe von Nahtankern (Caborn und Ethier 1994). Bioresorbierbare Implantate wie z.B. der Suretac^{TM} Dübel der Firma Smith & Nephews wurden entwickelt, um frühere Probleme bei der Verwendung von Metallklammern zu vermeiden (Warren 1991). Diese Implantate werden durch Hydrolyse und Absorption nach vier Wochen erheblich geschwächt und erlauben die Plazierung an der Glenoidkante, ohne dass man sich Gedanken über eine glenohumerale Bewegungseinschränkung machen muss. Weiterer technischer Fortschritt auf dem Gebiet der Nahtanker erlaubt sogar die Rekonstruktion von dislozierten Labrum Läsionen an das Glenoid (Wolf 1993). Auch diese Implantate können direkt an das Glenoid fixiert werden. Zusätzlich kann der Chirurg eine laxe Kapsel behandeln. Der Autor zieht diese Art von kombiniertem Vorgehen vor. Man kann ebenfalls kleine knöcherne Bankart Läsionen behandeln.

Patienten mit posttraumatischen Labrumablösungen, welche zu anteriorer Instabilität führen, präsentieren sich mit einer typischen Anamnese und klinischen Symptomen. Die diagnostische Arthroskopie zeigt oftmals eine Perthes-Bankart-Läsion mit einem intakten aber verlagerten inferioren glenohumeralen Ligamentkomplex. Die anatomische Wiederherstellung des Ligamentkomplexes ist der Schlüssel zu normaler Stabilität der Schulter. Eine erfolgreiche Rekonstruktion scheint von folgenden Faktoren abhängig zu sein: die Identifizierung der Bankart Läsion, die Verwendung einer adäquaten Anzahl von Dübeln oder Nähten, die Fixation des Kapsel-Labrum-Komplexes an der richtigen Stelle und eine sorgfältig geplante und durchgeführte Rehabilitation (Landsiedl 1992). Obwohl arthroskopische Eingriffe für Patienten mit Hyperlaxität und multidirektionaler Instabilität vorgeschlagen wurden (Duncan und Savoy 1993), ist dies kontrovers und muss weiter untersucht werden. Man kann nur hoffen, dass durch weiteres Verständnis der Pathomechanik der Kapsel, die Therapie individuell an den Patienten angepasst werden kann.

Operative Grundlagen

Die Schulterarthroskopie wird in standardisierter Weise durchgeführt. Die pathologische Labrumablösung wird identifiziert. Ein anteriores Portal wird angelegt und das Labrum wird vom vorderen Glenoid präpariert. Die vordere Glenoidecke wird dekortikiert und ein Haltefaden in den Kapsel-Labrum-Komplex eingezogen, um ihn anatomisch zu reponieren. Dieses Reponieren muss vorsichtig und sorgsam geschehen, damit der Komplex nicht zerstört wird und somit eine Verankerung nicht mehr möglich ist. Der Chirurg muss das Labrum auf die laterale Kante des Glenoids setzen, eine Medialisierung vermeiden, und eine korrekte Spannung des Komplexes erreichen.

Ein anteriores inferiores Portal wird als Instrumentenkanal angelegt. Das Wiederanbringen des Labrums ist nicht schwierig und kann entweder durch die bioresorbierbaren Dübel (z.B. Suretac) wenn das Labrum noch robust ist oder durch Nahtanker, wenn das Labrum geschädigt ist, geschehen. Sorgfältige Platzierung der Anker, Prüfung der Ausreißfestigkeit und ein Anlegen der Weichteile an den Knochen sind wichtig.

Operationstechnik

Die Arthroskopie kann entweder in Allgemein- oder Regionalanästhesie mit intravenöser Sedierung durchgeführt werden. Der endotracheale Tubus soll gegenüber der zu operierenden Schulter fixiert werden. Ein Skalenusblock, durch Injektion oder Katheder hilft sehr bei der Kontrolle des postoperativen Schmerzes. Die Kombination von Allgemeinnarkose und Regionalblock führt oftmals zu einem geringeren intraoperativen Blutverlust und einer besseren Blutdruckkontrolle. Ein Skalenuskatheder kann postoperativ belassen werden und ermöglicht den Patienten schmerzfrei zu halten und die Durchführung von Krankengymnastik postoperativ zu vereinfachen.

Der Patient wird in der „beachchair"-Position gelagert, entweder mit einem speziell ausgerüsteten Operationstisch oder durch eine Vakuummatratze. Wir glauben, dass die „beachchair"-Position Vorteile gegenüber der lateralen Dekubituslagerung hat (Henrikus et al. 1995). Es verhindert die Verzerrung von normaler Anatomie und potenzieller Traktionsneuropraxie. Ist der Arm frei gelagert, kann das glenohumerale Gelenk und die Kapsel unter dynamischen Bedingungen in verschiedenen funktionellen Positionen betrachtet werden. Dies ist vorteilhaft, denn schließlich sollen die Strukturen vor und nach der arthroskopischen Rekonstruktion beurteilt werden. Und nicht zuletzt erlaubt die „beachchair"-Position die einfache Konvertierung der arthroskopischen in eine offene Operation. Der Patient sollte langsam, um orthostatische Probleme zu vermeiden, zur sitzenden Position aufgerichtet werden. Es muss darauf geachtet werden, dass man bei der Abdeckung des Operationsfeldes vermeidet, ein zu kleines Areal abzudecken. Die Margo medialis der Skapula sollte frei sein, um eine transglenoidale Naht durchführen zu können.

Die Untersuchung beider Schultern zum Vergleich ist extrem wichtig. Der Bewegungsumfang, Art und Richtung der Laxizität und Instabilität muss dokumentiert werden. Das Ausmaß der Laxizität muss in alle Richtungen (inferior, anterior und posterior) getestet werden. Die Untersuchung des Armes in verschiedenen Abduktions- und Rotationsstellungen erlaubt ein Abschätzen der Kompetenz der verschiedenen glenohumeralen Ligamente.

Die korrekte Identifizierung der knöchernen anatomischen Merkmale ist der Schlüssel bei der Plazierung der Portale. Das Akromium, das AC-Gelenk, die Klavikula und das Korakoid werden mit einem Hautmarker angezeichnet. Ein posteriores Standardportal wird 2 cm inferior und medial der postero-lateralen Kante des Akromiums angelegt. Dieses Portal liegt im soft spot und geht durch das Intervall zwischen der Sehne des M. infraspinatus und M. teres minor. Das anteriore superiore Portal wird 1 cm lateral und 1 cm superior des Processus coracoideus angelegt. Das anteriore inferiore Portal wird 1 cm lateral und 1 cm inferior unmittelbar oberhalb der Subskapularissehne angelegt (Hester et al. 1993). Das antero-inferiore Portal kann zunächst in das Gelenk geschoben werden und dann durch ein Einbringen direkt durch die Subskapularissehne modifiziert werden, falls ein mehr kaudaler Zugang zum Glenoid benötigt wird. Die zwei vorderen Portale werden etwas versetzt (das superiore mehr lateral und das inferiore mehr medial) angebracht, damit sich die eingeführten Instrumente nicht gegenseitig behindern (Abb. 1).

Die Portale werden eingezeichnet und oberflächlich mit einem Lokalanästhetikum mit Adrenalin infiltriert, um intraoperative Blutungen zu vermindern. Eine Spinalnadel wird vom hinteren Portal in Richtung Processus coracoideus bis ins glenohumerale Gelenk geschoben. Sobald das Gelenk penetriert wurde, wird es mit 40–50 ml Kochsalzlösung infiltriert. Nach Entfernen der Spritze sollte man einen Rückfluss der Kochsalzlösung durch die Nadel beobachten. Die Haut wird mit einem Skalpell inzidiert, das Weichteilgewebe mit einer Klemme stumpf präpariert. Die arthroskopische Kanüle mit einem stumpfen Trokar wird bis ins Gelenk geschoben. Ist die Kanüle an der richtigen Stelle, sollte wiederum ein Rückfluss von Flüssigkeit zu sehen sein. Die Schulter wird jetzt mit einer Standardflüssigkeit z. B. Kochsalzlösung mit 1 ml Adrenalin pro 3 l Kochsalz gespült. Der mittlere Blutdruck sollte auf unter 80mmHg gesenkt werden. Dies vereinfacht die Sicht erheblich, da intraartikuläre Blutungen verringert werden.

Eine systematische Untersuchung erlaubt die Identifikation und Behandlung von allen pathologischen Veränderungen der Schulter. Normale arthroskopische Varianten müssen allerdings von pathologischen Läsionen unterschieden werden (DePalma et al. 1949). Die Untersuchung beginnt mit der Inspektion des vorderen Kapsel-Ligament-Bizepssehnen-Komplexe gefolgt von einer Evaluation der Bizepssehne. Das

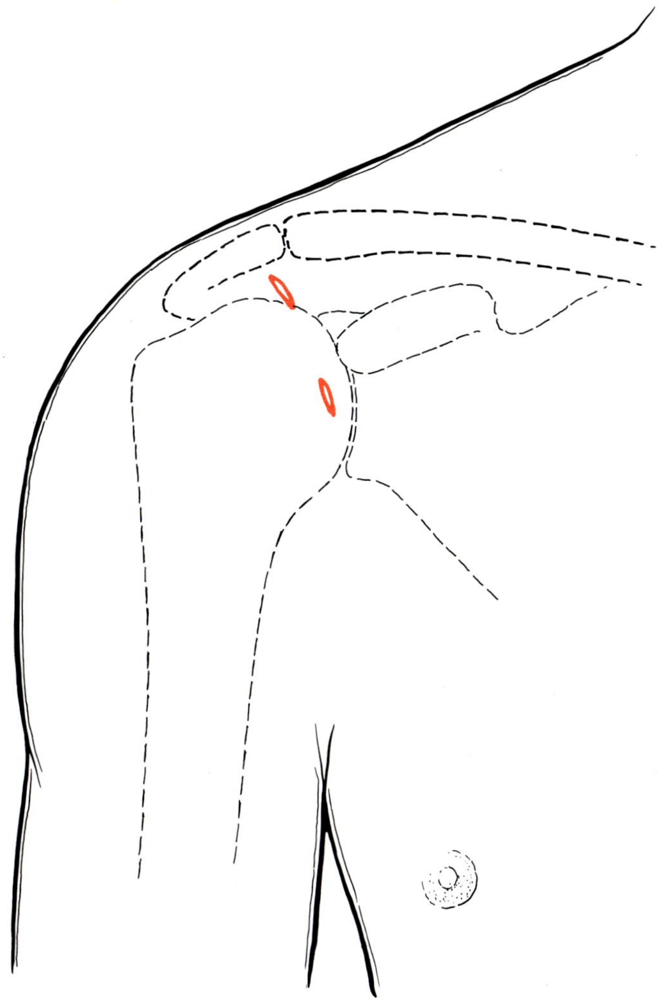

Abb. 1. Das antero-superiore und antero-inferiore Portal in Beziehung zur knöchernen Anatomie wird gezeigt. Beachte die Versetzung der Portale in Beziehung zueinander

vordere Labrum wird auf seine Integrität überprüft. Kann das Arthroskop sehr leicht nach anterior geführt werden, ist dieses „drive through“-Zeichen ein Hinweis auf eine Laxheit der vorderen Stabilisierer. Alle drei glenohumeralen Ligamente müssen nun mit dem Arm in verschiedenen Positionen überprüft werden. Das superiore glenohumerale Band wird in Außenrotation getestet. Durch langsames Abduzieren spannen sich die medialen und inferioren glenohumeralen Bänder an. Tun sie dies nicht, spricht dies für ein Versagen der vorderen Stabilisierer. Eine Bankart Läsion muss genau untersucht werden, da von zahlreichen Autoren beschrieben anatomische Varianten, wie z. B. der Buford Komplex, eine Bankart Läsion simulieren können. Solch normale Varianten findet man etwa in 1,5% aller Schultern (Williams et al. 1995). Die HAGL Läsion, ein Abreißen der glenohumeralen Ligamente am Humerus, hat in letzter Zeit

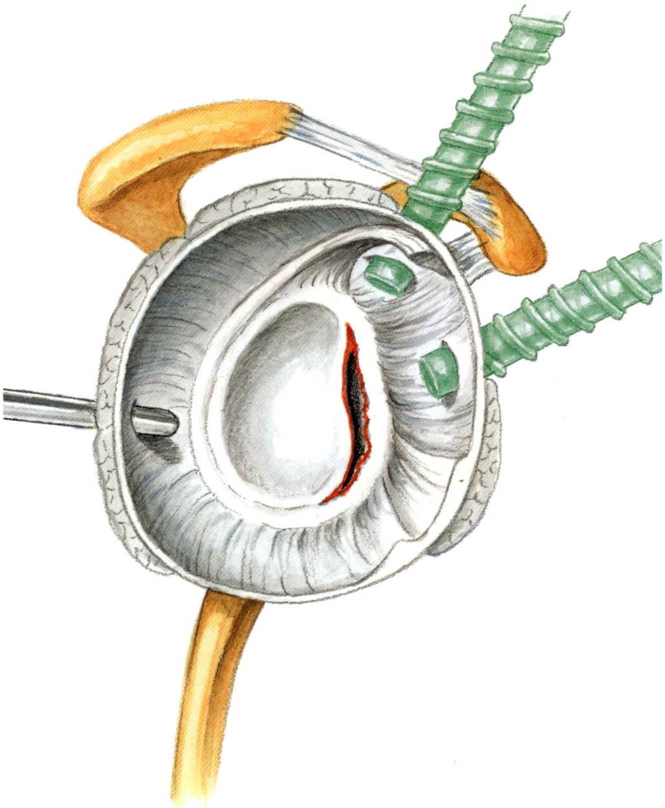

Abb. 2. Die intraartikulären Portale für die Platzierung des Arthroskopes und der Kanülen für die Rekonstruktion einer Bankart Läsion wird gezeigt

erhöhte Aufmerksamkeit auf sich gezogen (Nevasier et al. 1993, Wolf et al. 1995).

Als nächstes wird das vordere obere Portal unter arthroskopischer Sicht in der üblichen Weise angelegt. Es geht durch das Intervall zwischen Bizepssehne und der Subskapularissehne. Dieses Portal soll so superior wie möglich angelegt werden. Eine arthroskopische Arbeitskanüle wird eingesetzt (Abb. 2). Das Ausmaß der Bankart Läsion wird mit dem Tasthaken geprüft und die Integrität und Laxität der Kapsel bzw. des Labrums wird evaluiert. Es kann notwendig werden, die Kapsel bis zur 6:00 Uhr Position zu mobilisieren (Abb. 3). Bei der Ablösung muss man besonders vorsichtig sein, die Gelenkfläche und den Labrum-Komplex nicht zu verletzen. Die vordere Kante des Glenoids wird mit einem „full radius shaver“ oder einem Raspatorium aufgerauht, um ein direktes Einheilen zu erleichtern (Abb. 4). Der Shaver wird zur Entfernung von avitalem Gewebe am Labrum benutzt. Ein überaggressives Debridement muss aller-

A

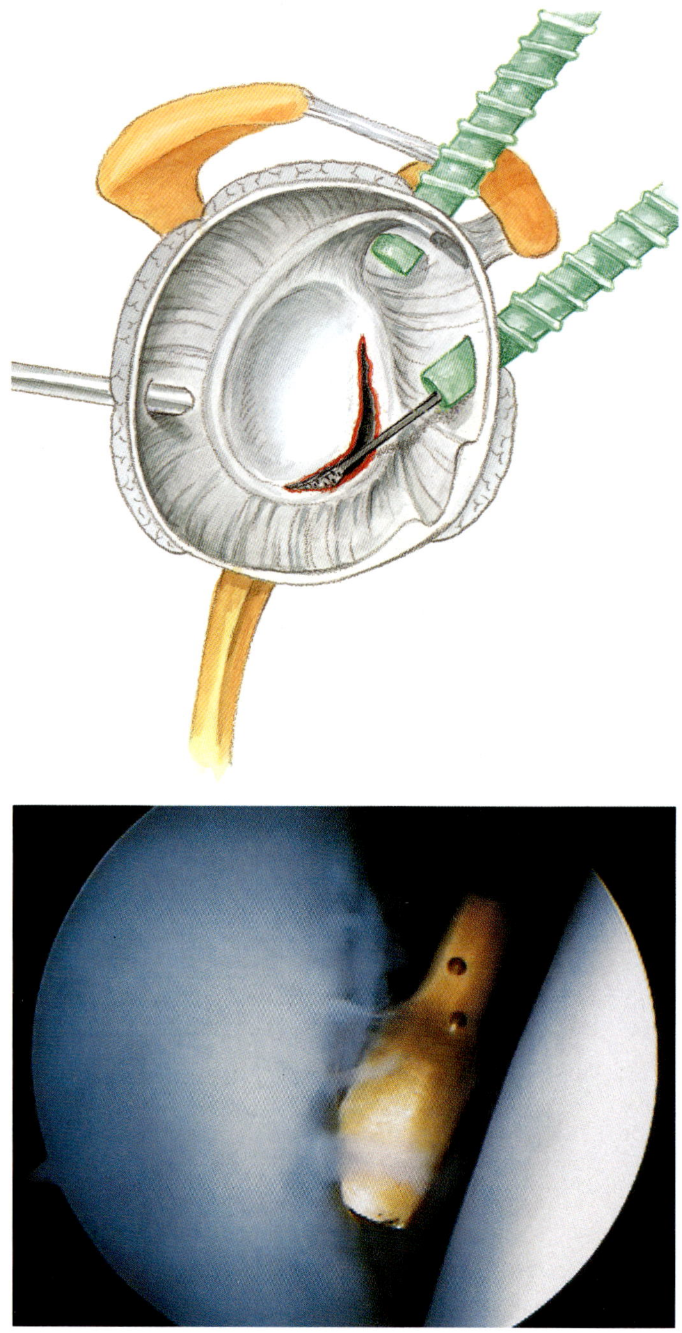

B

Abb. 3. (**A**) Die Präparation des Glenoids beginnt mit einem Messer, um die vernarbten Verklebungen des Labrums an der anterioren oder auch inferioren Glenoidkante zu lösen. (**B**) Eine arthroskopische Sicht des Messers bei der Mobilisierung des Weichteilgewebes

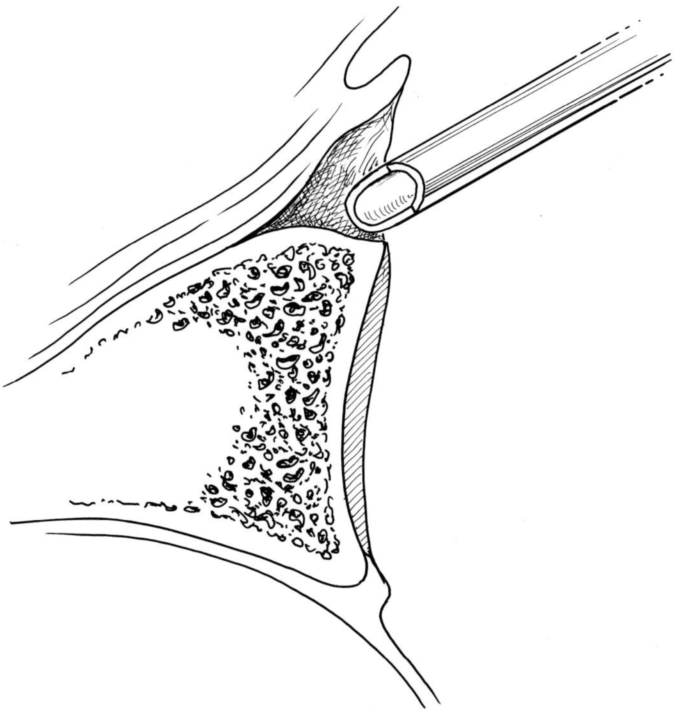

Abb. 4. Das vordere Glenoid wird durch die Benutzung eines „full radius shavers" debridiert und von sämtlichem avaskulären Gewebe bis 10 mm medial der Glenoidkante befreit. Der Shaver kann auch dazu benutzt werden, um Narbengewebe am Labrumrand zu entfernen und das Einwachsen von Gefäßen und damit die Einheilung zu fördern

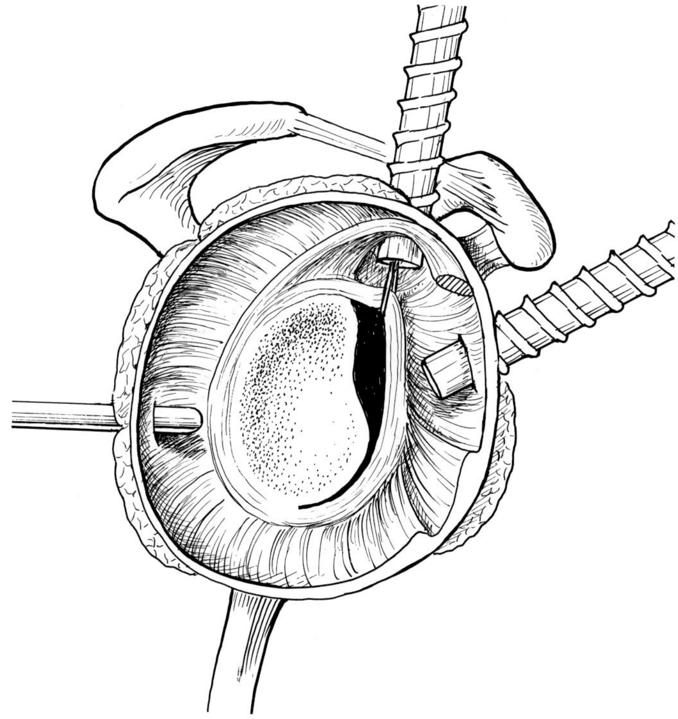

Abb. 5. Ein nicht resorbierbarer Nr. 2 Zugfaden wird durch die obere Ecke des verlagerten Kapsulo-Labralen-Komplexes gezogen und dazu benutzt, die Reponierfähigkeit der Bankart Läsion an seine anatomische Position zu testen. Während das Labrum reponiert gehalten wird, soll das anteriore inferiore glenohumerale Ligament auf adäquate Spannung geprüft werden

dings vermieden werden, um die Stabilität und Integrität der Rekonstruktion nicht zu kompromitieren.

Wir glauben, dass die Benutzung einer Zange zur Gewebsnekrose führen kann und ziehen ein Instrument zur Platzierung von nicht resorbierbaren Nr. 2 Fäden durch die obere Ecke des verlagerten kapsulolabralen Komplexes vor. Beide Nahtenden werden dann durch den vorderen oberen Zugang aus dem Gelenk geführt. Durch Zug an den Fäden wird die Bankart-Läsion an ihre anatomische Stelle reponiert und gleichzeitig die Spannung im inferioren glenohumeralen Ligament-Komplex wiederhergestellt (Abb. 5). Damit kann der Chirurg bestimmen, wieviel Mobilisation nötig ist, die Bankart Läsion zu reparieren. Der Arm wird in leichter Abduktion und Außenrotation gehalten, wenn das Labrum reponiert wird. Diese Position wird während der gesamten Operation beibehalten. Chronische Läsionen müssen oftmals aggressiver mobilisiert werden. Während das Labrum reponiert gehalten wird, soll das anteriore glenohumerale Ligament auf seine Spannung überprüft werden. Wenn die Spannung im Ligament nach Reposition nicht wiederhergestellt ist, muss man an eine offene Operation denken. An diesem Punkt wird das anteriore inferiore Portal etabliert, damit die Instrumente zur Fixation eingeführt werden können. Das Portal kann aber auch früher angelegt werden, damit die Präparation des Glenoids einfacher durchgeführt werden kann.

Fixation durch bioresorbierbare Dübel. Glenoid und Labrum werden wie beschrieben präpariert. Ein Minimum von zwei Dübeln wird benötigt (ungefähr in der 4.00 und 5.00 Uhr Position am rechten Glenoid), wobei der untere zuerst platziert wird. Mit einem Führungsdraht wird das Labrum „aufgespießt", reponiert und in der reponierten Position gehalten. Mit einem Bohrer wird über den Führungsdraht ein Loch in das Glenoid gebohrt. Der Führungsdraht wird dann vor Entfernung des Bohrers etwas tiefer in das

A

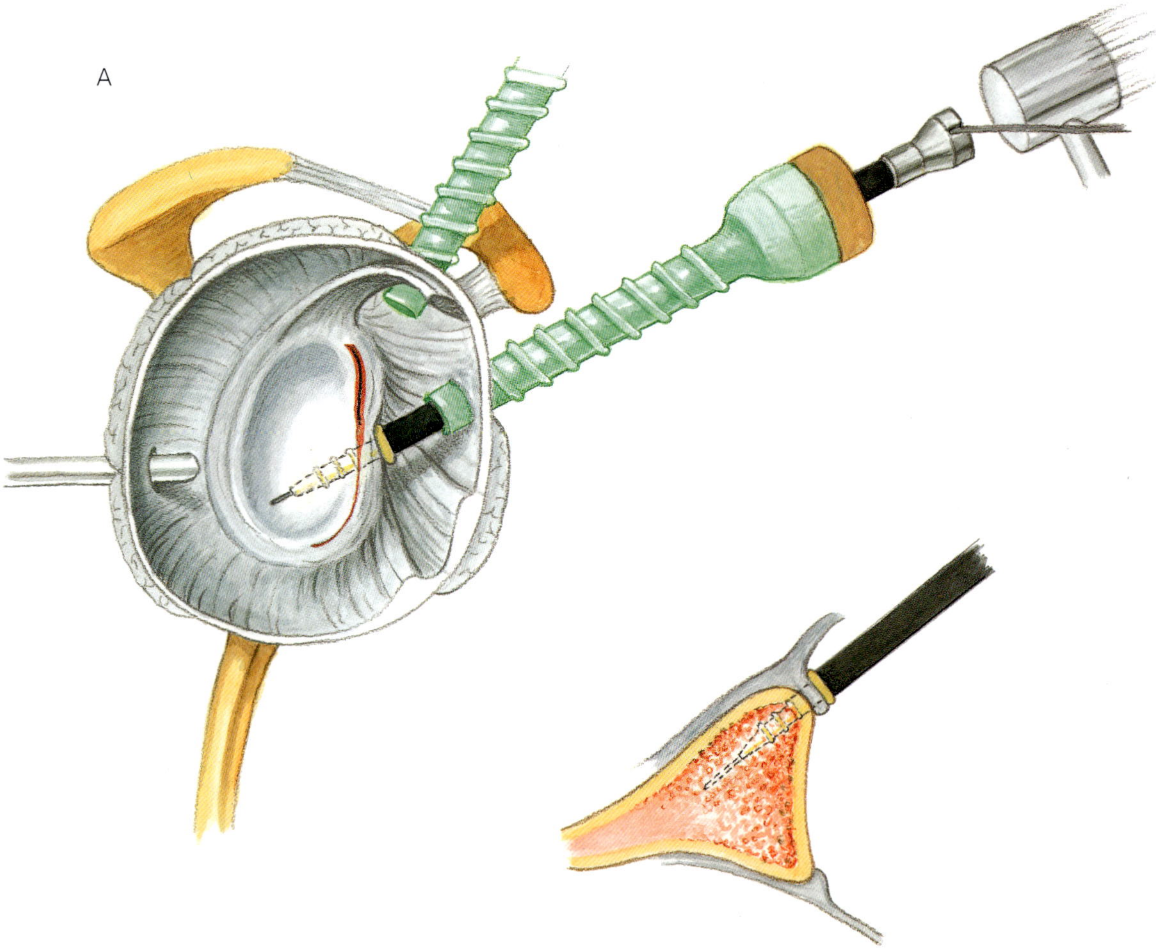

B

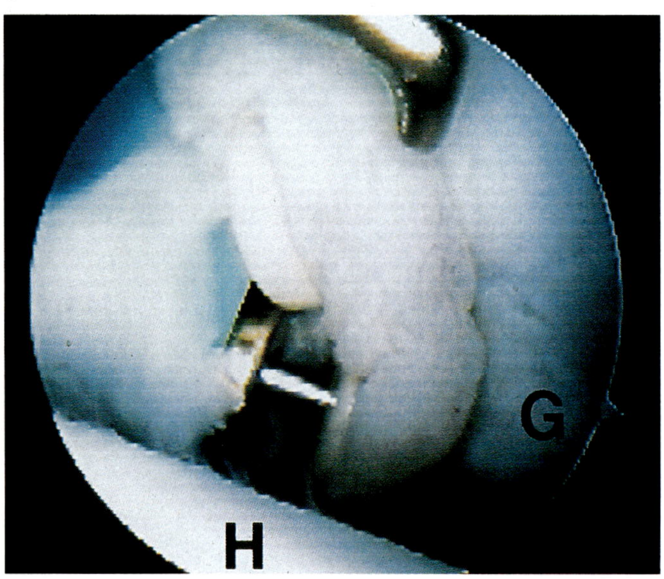

Abb. 6. (**A**) Der inferiore Dübel wird zuerst gesetzt. Beachte die Platzierung an der Glenoidkante. (**B**) Ein arthroskopisches Bild, dass die Platzierung des Suretacs, das Glenoid (G) und den Humerus (H) zeigt

Glenoid eingeschlagen. Der Bohrer wird danach vorsichtig entfernt. Mit Hilfe eines Suretac Einführungsgerätes wird der Dübel eingeführt und das reponierte Labrum fixiert (Abb. 6). Ein Minimum von zwei Dübeln sollte zur Fixierung des Labrums benutzt werden, um frühes postoperatives Versagen zu vermeiden.

Fixation durch Nahtanker. Nach Präparation wie beschrieben wird ein Bohrführungsinstrument mit fischmaulförmigem Ende durch das vordere inferiore Portal an das Glenoid gesetzt. Wir finden, dass die Verwendung eines solchen Führungsinstrumentes eine stabile und reproduzierbare Positionierung des Ankers am Glenoid erlaubt. Das untere Bohrloch kann jetzt angelegt werden (Abb. 7). Wir platzieren normalerweise ein Minimum von zwei Ankern, den ersten ungefähr bei 5.00 Uhr, den zweiten bei 4.00 Uhr an der rechten Schulter oder bei 7:00 bzw. 8.00 Uhr an der linken Schulter. Ein Nr. 2 nichtresorbierbarer Faden wird bzw. ist bereits im Anker aufgezogen. Der Bohrer wird aus dem Führungsinstrument entfernt und der Anker über das noch liegende

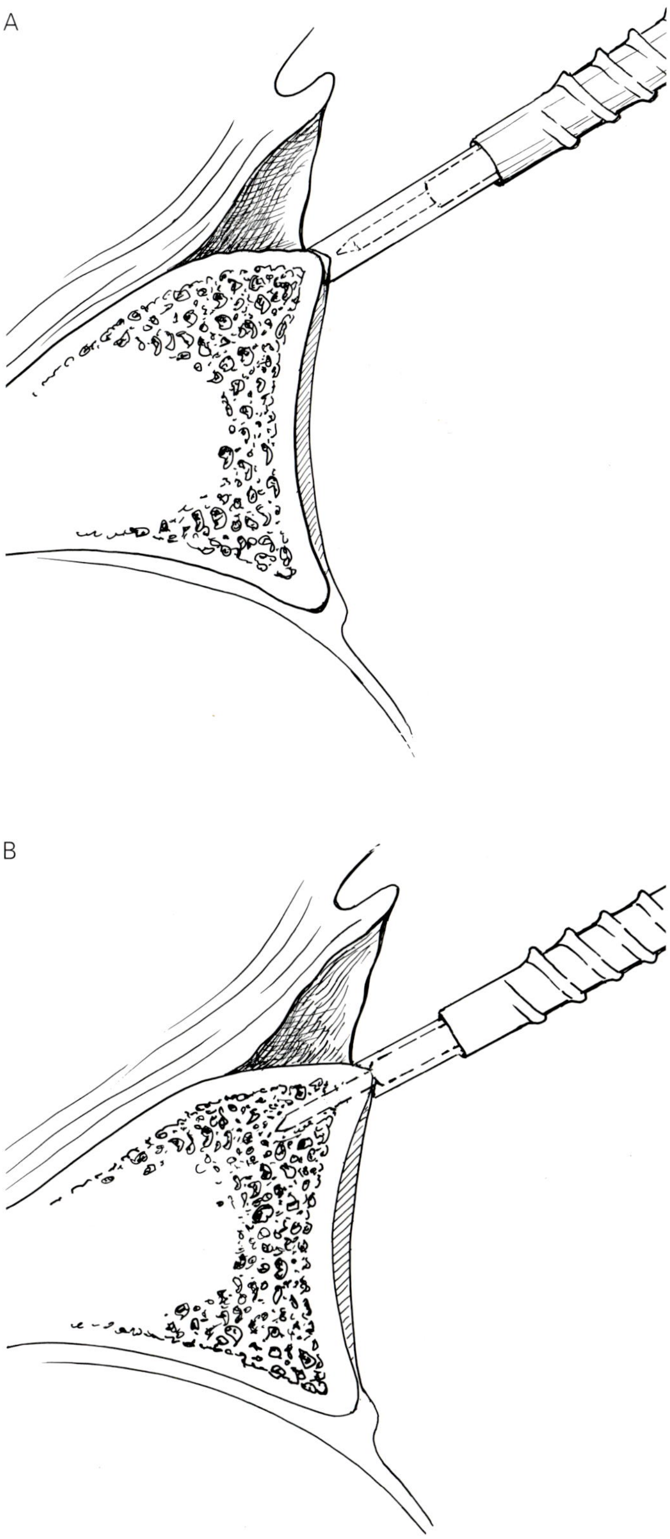

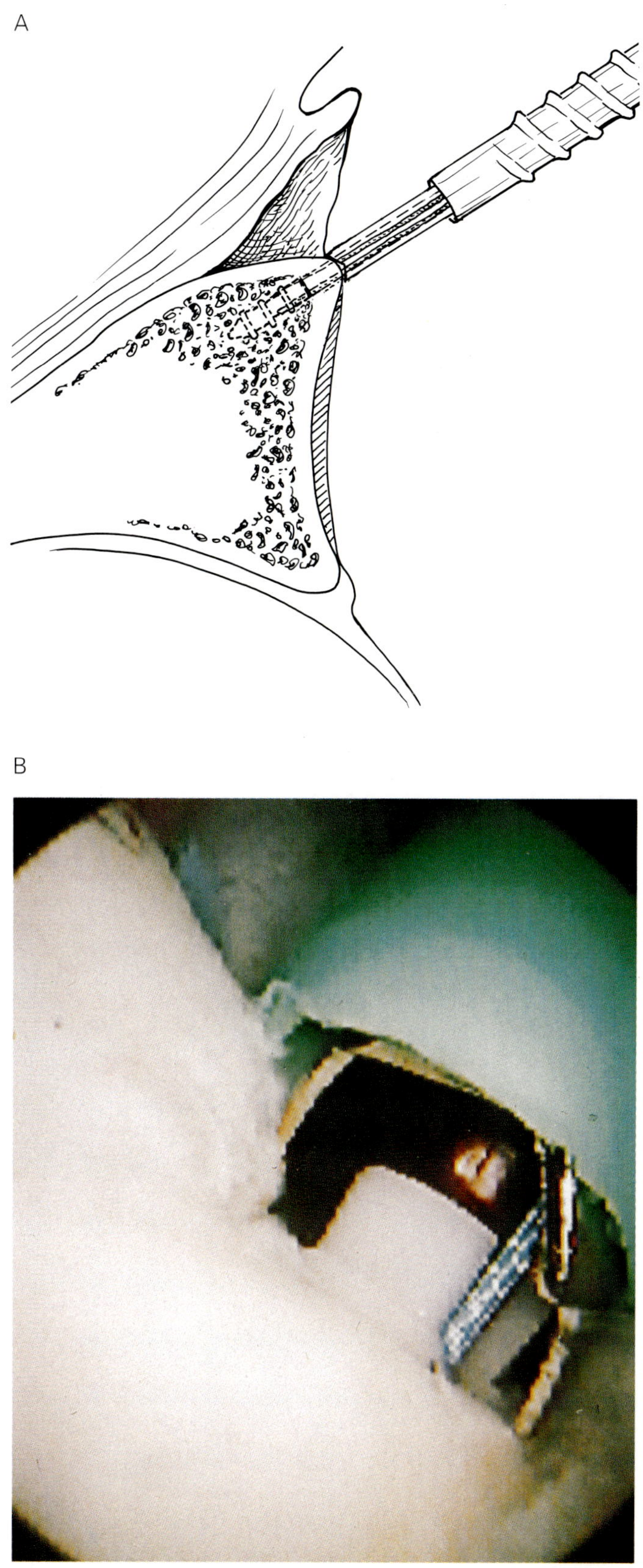

Abb. 7. (**A**) Das Bohrführungsinstrument mit dem fischmaul-ähnlichen Ende zur Platzierung des Nahtankers an der Spitze der Glenoidkante. (**B**) Der abgestufte Bohrer hilft, bis in die richtige Tiefe zu bohren

Abb. 8. (**A**) Mit dem Bohrführungsinstrument gegen das Glenoid gedrückt, wird der Nahtanker eingeführt und in das vorgebohrte Loch gehämmert. (**B**) Ein arthroskopisches Bild der Nahtanker Platzierung

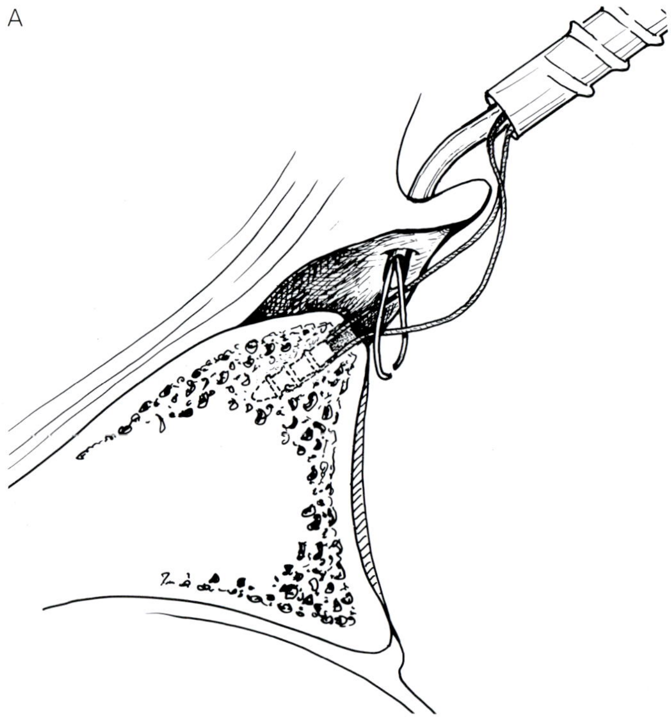

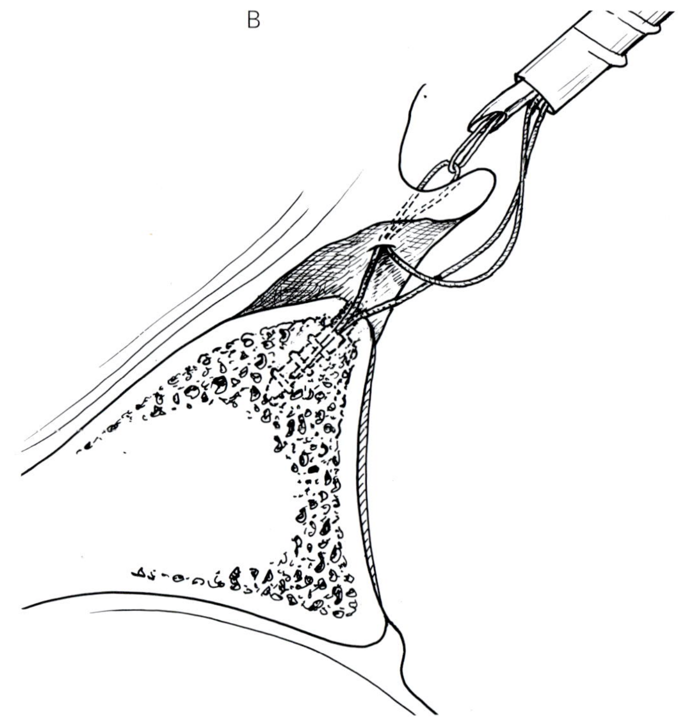

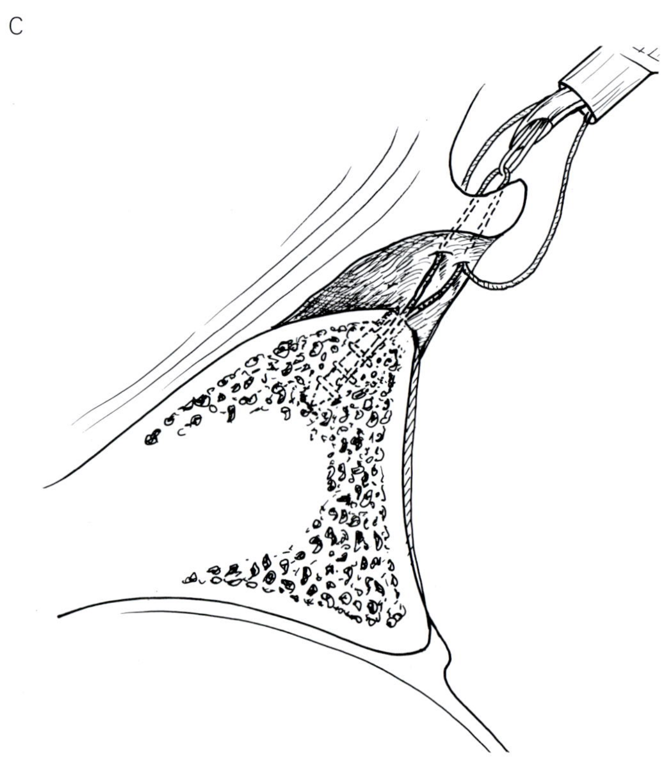

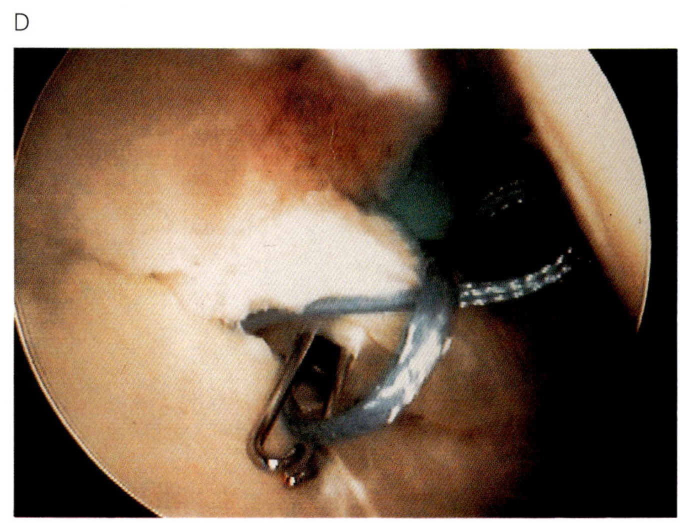

Abb. 9. (**A**) Das Fadentransportinstrument wird durch den Kapsel-Labrum-Komplex durchgezogen und ein Fadenende wird gegriffen. Dies ist einfacher, wenn der Faden locker im Gelenk liegt. (**B**) Das Fadenende wird dann durch den Labrum-Komplex und zur Kanüle hinaus gezogen. (**C**) Dieser Schritt wird wiederholt, um eine Fixierung in Matratzennaht-Technik zu erreichen. (**D**) Ein arthroskopisches Bild zeigt das Instrument mit einem schon gegriffenen Faden

Führungsinstrument in das vorgebohrte Loch mit Hilfe eines Einführungsinstrumentes eingeführt (Abb. 8). Der Anker wird zur weiteren Fixierung stabilisiert, die Führungsinstrumente werden entfernt. Die Stabilität des Ankers wird durch Zug an den Fäden getestet.

Der Zug an den Fäden wird beibehalten. Ein Fadentransportinstrument wird durch das anteriore inferiore Portal eingeführt. Das Labrum wird durchstoßen und das eine Fadenende mit dem Instrument gefasst (Abb. 9). Das Fassen kann durch einen Tasthaken, der das Fadenende an einen einfach zu errei-

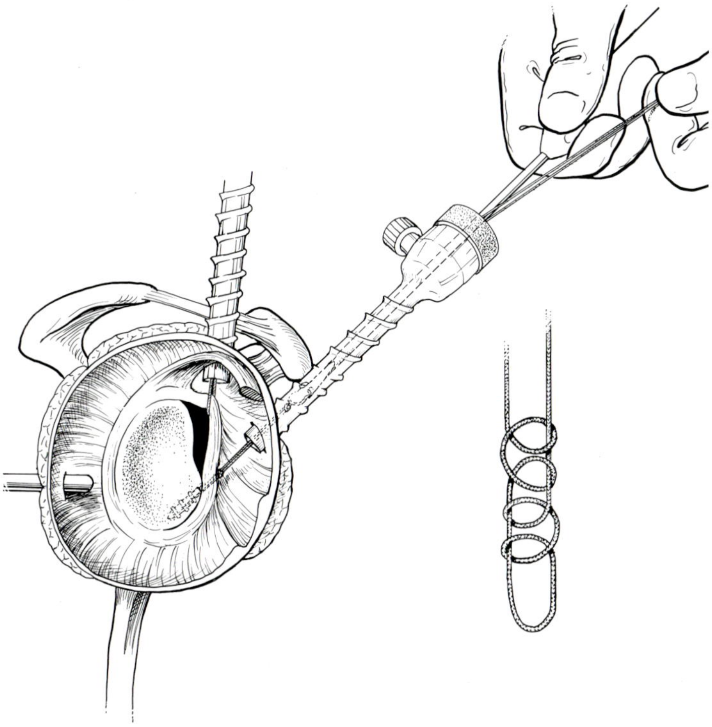

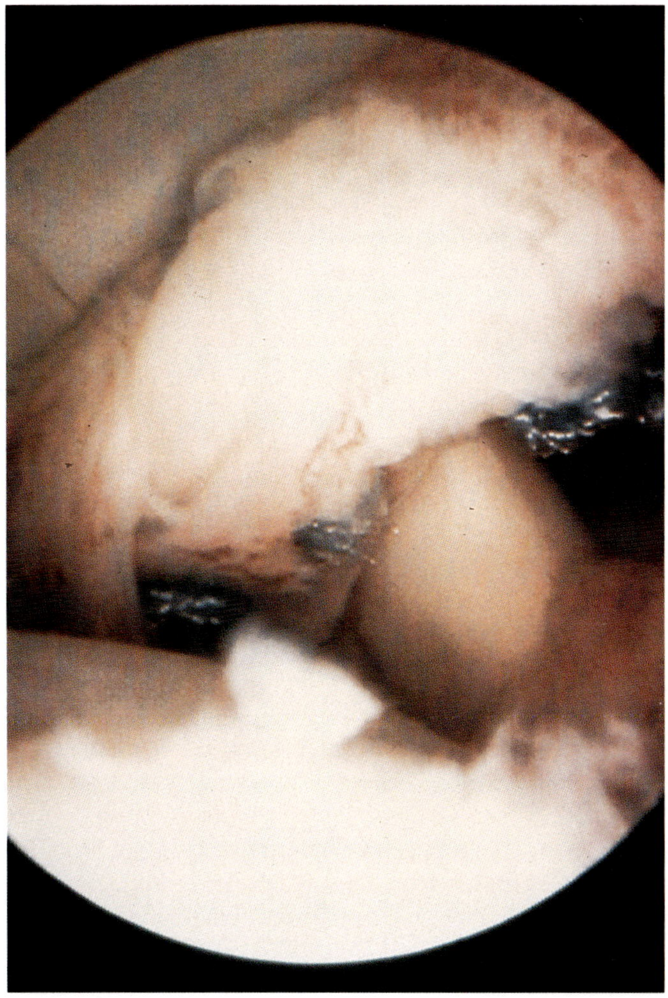

Abb. 10. (**A**) Ein einfacher Knoten wird mit dem Knotenschieber durch die Kanüle vorgeschoben. Beide Fadenenden werden unter Spannung gehalten, während der Knoten festgezogen wird. Danach kann durch Zug an jeweils nur einem Fadenende das Labrum an das Glenoid fixiert werden. (**B**) Ein arthroskopisches Bild, welches die anatomische Rekonstruktion des Kapsel-Labrum-Komplexes mit Nahtankern zeigt

chenden Ort schiebt, erleichtert werden. Man muss darauf achten, dass das Fadentransportinstrument zuerst komplett durch die gesamte Kapsel gebracht wird, bevor es durch das Labrum zurückgezogen wird. Natürlich muss das andere Fadenende weiterhin unter Spannung gehalten werden, damit dieses nicht in die Arbeitskanüle rutscht (Abb. 9 B). Jeder weitere Faden wird in gleicher Weise durch das Labrum und das anteriore inferiore Portal gezogen (Abb. 9 C und 9 D). Wir ziehen hierbei eine Matratzentechnik vor. Die Fäden werden wieder unter Spannung gehalten, um die Position des Labrums am Glenoid zu überprüfen. Ist dies zufriedenstellend, kann man mit Hilfe des sogenannten Knotenschiebers die Fäden unter Zug verknoten (Abb. 10 A). Ein Verdrehen und Abknicken der Fäden muss während des Knotens verhindert werden. Sind die Knoten geknüpft, wird die Position des Labrums und seine sichere Fixierung geprüft und erst danach können die Fäden gekürzt werden. Der zweite Anker wird jetzt in ähnlicher Weise plaziert (Abb. 10 B). Ein Minimum von zwei Ankern sollte zur sicheren Fixierung und adäquaten Rekonstruktion verwendet werden.

Ist die Rekonstruktion unabhängig von der verwendeten Technik komplett, müssen die glenohumeralen Bänder auf adäquate Spannung überprüft werden. Der Arm wird vorsichtig innen- und außenrotiert, um die Rekonstruktion auf Stabilität und die Schulter auf Ihren Bewegungsumfang zu prüfen. Mit dem Arm an der Seite des Körpers sollte Spannung auf der Kapsel und dem superioren glenohumeralen Ligament liegen. Zunehmende Abduktion des Armes sollte ein langsames Anspannen des mittleren und des unteren glenohumeralen Ligamentes und der unteren Kapsel demonstrieren. Das Arthroskop wird nun in das anterosuperiore Portal eingeführt und die Rekonstruktion von anterior geprüft und das hintere Band des inferioren glenohumeralen Ligamentkomplexes untersucht.

Die Schulter wird gespült, das Arthroskop entfernt, die Portale mit 3/0 resorbierbaren Fäden und Steri-Strips verschlossen. Das Gelenk wird mit einem Gemisch von 5 mg Morphin und 10 ml Bupivacain mit Adrenalin injiziert. Auch der Subakromialraum kann mit diesem Gemisch zur besseren Schmerzkontrolle bei sekundärer Entzündung der Rotatorenmanschette infiltriert werden. Hat der Patient keinen Interskalenuskatheder oder Skalenusblock präoperativ erhalten, soll er vor Verlassen des Operationssaales einen Interskalenusblock zur besseren postoperativen Schmerzkontrolle und Rehabilitation erhalten. Die betroffene Schulter wird im Cryocuff gekühlt und in einer Schlinge immobilisiert.

Nachbehandlung

Krankengymnastik wird am nächsten Morgen begonnen. Finger-, Hand- und Ellenbogengelenke werden mobilisiert. Übungen für die Hand- und Fingergelenke können mit einem Schwamm oder Tennisball als Hilfsmittel vereinfacht werden. Pendelübungen und aktiv-assistierte Bewegungen werden begonnen, wobei der Patient die nicht operierte Seite benutzt, um die operierte Schulter zum Gesicht zu bringen. Damit die Naht nicht unnötig belastet wird, wird Außenrotation bis zur Neutralstellung, die Abduktion bis zu 30 Grad während der ersten drei Wochen zugelassen. Der Zeitrahmen und das Ausmaß, in dem die Schulter des Patienten bewegt werden darf, wird individuell während des Eingriffes festgelegt und hängt von der Stabilität der Rekonstruktion ab. Der Zeitpunkt, an dem die Ligamente unter Spannung geraten, wird arthroskopisch getestet und die dadurch vorgegebenen Einschränkungen an den Krankengymnast weitergegeben. Die Benutzung des Cryocuffs hat sich als extrem hilfreich erwiesen, um den postoperativen Schmerz zu kontrollieren und die Rehabilitation früher zu beginnen. Diese Übungen müssen auch zu Hause täglich fortgesetzt werden.

Die Immobilisation der Schulter in einer Schlinge wird für insgesamt 4 Wochen nach der Operation fortgesetzt. Sie sollte außer zu den Übungszeiten kontinuierlich getragen werden. Nach dieser Zeit kann die Schlinge weggelassen und mit aktiven und aktiv-assistierten Übungen gestartet werden. Während der Krankengymnastik werden Biofeedback Übungen für das skapulo-thorakale Gelenk eingebaut. Der Patient wird außerdem einem ambulanten Schulterprogramm zugeführt. Übungen zur skapulo-thorakalen Stabilisation und Übungen gegen Widerstand werden nach 6 Wochen hinzugefügt. Mit den normalen täglichen Belastungen und Sportaktivitäten kann im allgemeinen nach 4 Monaten begonnen werden. Dies hängt aber vom individuellen Fortschritt beim einzelnen Patienten ab. Eine Rückkehr zu den üblichen sportlichen Aktivitäten hängt von der Sportart selbst ab. Man unterscheidet zwischen Kontakt-, Kollisions- und Überkopfsportarten. Die Vermeidung von traumatischen Ereignissen auf die Schulter für die ersten 4 Monate geschützt gegen eine Zerreißung des rekonstruierten vorderen Ligamentkomplexes.

Literatur

Arciero RA, Wheeler JH, Ryan JB et al. (1994) Arthroscopic Bankart repair versus nonoperative treatment for acute, initial anterior shoulder dislocations. Am J Sports Med 22:589–594

Bankart ASB (1923) Recurrent or habitual dislocation of the shoulder joint. Br Med J 2:1132–1133

Caborn D, Ethier D (1994) Arthroscopic Repair of a Bankart Lesion using TAG Suture Anchors. Acufex Microsurgical Inc, Mansfield, MA

DePalma AF, Callery G, Bennett GA (1949) Variational anatomy and degenerative lesions of the shoulder joint. Instr Course Lect 6:255–281

Duncan R, Savoie FH (1993) Arthroscopic inferior capsular shift for multidirectional instability of the shoulder: a preliminary report. Arthroscopy 9:24–27

Green MR, Christensen KP (1993) Arthroscopic versus open Bankart procedures: a comparison of early morbidity and complications. Arthroscopy 9:371–374

Hennrikus WL, Maped RC, Bratton MW, Lapoint MW (1995) Lateral traction during shoulder arthroscopy: its effect on tissue perfusion measured by pulse oximetry. Am J Sports Med 23:444–446

Hester P, Boyd DW, Caborn DNM et al. (1993) The axillary, musculocutaneous and suprascapular nerves and their relationship to arthroscopic Bankart and SLAP lesion repair using a bioabsorbable fixation device in the beach chair position. Arthroscopy 9:343–344

Hovelius L (1987) Anterior dislocation of the shoulder in teenagers and young adults; five-year prognosis. J Bone Joint Surg [Am] 69:393–399

Landsiedl F (1992) Arthroscopic therapy of recurrent anterior luxation of the shoulder by capsular repair. Arthroscopy 8:296–304

Lusardi DA, Wirth MA, Wurtz D (1993) Loss of external rotation following anterior capsulorrhaphy of the shoulder. J Bone Joint Surg [Am] 75:1185–1192

MacDonald PB, Hawkins RJ, Fowler PJ, Miniaci A (1992) Release of the subscapularis for internal rotation contracture and pain after anterior repair for recurrent anterior dislocation of the shoulder. J Bone Joint Surg [Am] 74:734–737

Neviaser TJ (1993) The anterior labro ligamentous periosteal sleeve avulsion lesion: a case of anterior instability of the shoulder. Arthroscopy 9:17–21

Norlin R (1993) Intraarticular pathology in acute, first-time anterior shoulder dislocation: an arthroscopic study. Arthroscopy 9:546–949

Rosenberg BN, Richmond JC, Levine WN (1995) Long-term follow-up of Bankart reconstruction. Incidence of late degenerative glenohumeral arthrosis. Am J Sports Med 23:538–544

Warner JJP, Caborn DNM, Berger R et al. (1993) Dynamic capsuloligamentous anatomy of the glenohumeral joint. J Shoulder Elbow Surg 2:115–132

Warren RF (1991) Surgical Technique for Suretac. Acufex Microsurgical Inc, Mansfield, MA

Williams MM, Snyder SJ, Buford SD Jr (1995) The Buford complex – the "cord-like" middle glenohumeral ligament and absent anterosuperior labrum complex. A normal anatomic capsulolabral variant. Arthroscopy 10:267–273

Wolf EM (1993) Arthroscopic capsulolabral repair using suture anchors. Orthop Clin North Am 24:59–69

Wolf EM, Cheng JC, Dickson K (1995) Humeral avulsion of glenohumeral ligaments as a cause of anterior shoulder instability. Arthroscopy 11:600–607

8 Michael Palmeri, Craig D. Morgan

Transglenoidale arthroskopische Techniken und Knochenanker bei vorderer glenohumeraler Instabilität

Die Erkenntnis, dass das inferiore glenohumerale Ligament der primäre statische Stabilisierer ist, der die anteriore glenohumerale Translation bei abduzierter Schulter limitiert, ist hauptsächlich der Arbeit von Turkel et al. (1981) zu verdanken. Zusätzlich haben Howell und Galinat (1989) berichtet, dass das antero-inferiore Labrum als eine anatomische und histologisch bindegewebige Verlängerung des inferioren glenohumeralen Ligamentes dient und ungefähr 50% zur Konkavität der relativ flachen Fossa glenoidalis beiträgt. Habermeyer und Schuller veröffentlichten 1989 Ergebnisse Ihrer Transducerstudien, die zeigen, dass das Labrum ähnlich wie der Rand eines Saugnapfes funktioniert, einen Vakuumeffekt an der belasteten Schulter auslöst und damit der Rotatorenmanschette hilft, den Humeruskopf bei Belastungen im aktiven Bewegungsumfang im Glenoid zu zentrieren. In der Gegenwart von Bankart- oder Perthes-Läsionen (Ablösung des antero-inferioren Labrums von der Glenoidkante – Bankart –, oder eine periostale Ablösung des inferioren glenohumeralen Ligamentes vom antero-medialen inferioren Skapulahals – Perthes –) ist die Funktion des inferioren glenohumeralen Ligamentes und des antero-inferioren Labrums verloren gegangen. Zusätzlich sind 50% der vorderen Konkavität der Fossa glenoidalis, die vom vorderen Labrum beigetragen werden, verloren gegangen. Diese Gründe sprechen für eine Rekonstruktion bei der traumatischen antero-inferioren glenohumeralen Instabilität, die mit einer Bankart-Läsion einhergehen. Das antero-inferiore Labrum soll an der antero-inferioren Glenoidkante und der inferiore glenohumerale Ligament-Komplex an seinen anatomischen Ursprung am infero-medialen Skapulahals angebracht werden. Offene Bankart-Operationen haben weitreichende Akzeptanz gefunden, da sie beide Ziele erreichen und mit einer hohen Erfolgsquote und sehr guten Langzeitergebnissen einhergehen (Bankart 1923, Rowe et al. 1978). Jedoch haben technische Schwierigkeiten bezogen auf den Zugang und die Platzierung von Bohrlöchern an der vorderen Glenoidkante die Popularität dieser Operation begrenzt. Als Folge haben verschiedene Autoren (Luckey 1949, Viek und Bell 1959, Reider und Inglis 1982), die offene Bankart-Operation modifiziert, um die Fixation der Kapsel durch transglenoidale Nähte durch Verwendung von Bohrdrähten, die durch den Skapulahals antero-posterior durchgebohrt werden, zu erleichtern. Die Techniken, die in diesem Kapitel beschrieben werden, sind Modifikationen der offenen Bankart-Operation nach Luckey-Viek-Reider, ausgeführt unter arthroskopischer Kontrolle (Morgan und Bodenstab 1982). Zusätzlich beschreiben wir unsere neueste Methode unter Verwendung des FASTak Ankersystems der Firma Arthrex.

Operative Grundlagen

Eine systematische diagnostische Schulterarthroskopie wird in der lateralen Dekubitusposition mit einem Standard 30 Grad 4 mm Arthroskop durchgeführt. Wird eine Bankart-Läsion gesehen, wird das anteriore Portal gesetzt. Dieses Portal liegt auf dem halbem Wege zwischen dem Korakoid und der vorderen Spitze des Akromions. Das Einbringen des Portals kann arthroskopisch überprüft werden und soll zwischen Bizepssehne und der superioren Begrenzung der Subskapularissehne in das Gelenk eintreten. Eine 8 mm Ar-

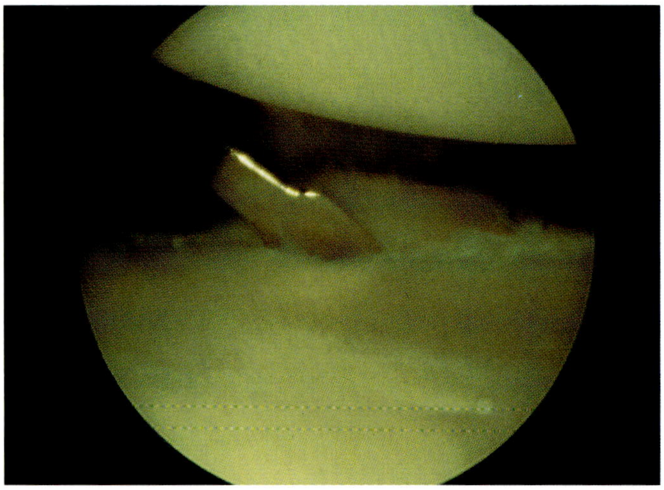

A

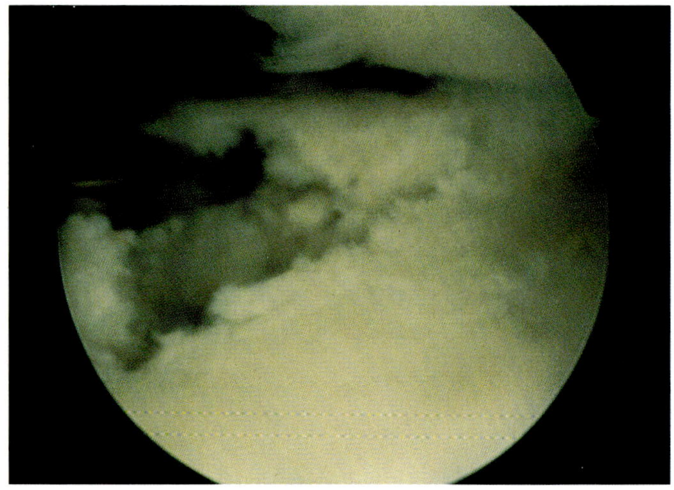

B

Abb. 1. (**A**) Eine nur geringe Ablösung des Labrums an der Glenoidkante der rechten Schulter wird mit einem Elevatorium vergrößert. (**B**) Die Ablösung des Labrums an der Glenoidkante wird vergrößert, um die größere periostale Ablösung (Perthes-Läsion) vom infero-medialen Skapulahals zu demonstrieren

beitskanüle wird eingesetzt, um das sichere Einbringen von Instrumenten zu gewährleisten und den Austritt von Flüssigkeit in das Gewebe zu minimieren.

Der Kapsel-Labrum-Komplex wird durch das vordere Portal abgetastet, um das Ausmaß des Risses zu überprüfen. Die vordere Glenoidkante und der inferomediale Skapulahals wird mit Hilfe einer motorisierten Fräse oder einer Handfräse bis zum Auftreten von Punktblutungen angefräst. Besondere Sorgfalt sollte diesem Schritt gewidmet werden, da der erfolgreiche Ausgang der Operation in hohem Maße von der Schaffung eine die Heilung förderliche Umgebung für das spätere fibroblastische Einwachsen zwischen dem Kapsel-Labrum-Komplex, der Glenoidkante und dem Skapulahals abhängt.

Nach adäquatem Präparieren des Glenoids, ist die Platzierung des Bohrdrahtes oder der Nahtanker der nächste Schritt. Es ist wichtig, den Kapsel-Labrum-Komplex nach superior auf die Glenoidkante zu shiften. Die Drähte bzw. Nahtanker sollen nicht mehr als 1 mm medial der Glenoidkante platziert werden, da eine größere Entfernung mit einer höheren Reluxationsrate assoziiert ist (Johnson 1986). Benutzt man die transglenoidale Technik, ist es wichtig, den Eintrittswinkel des Drahtes 40 Grad nach inferior zu wählen, um eine Verletzung des N. suprascapularis beim Austritt des Drahtes posterior zu vermeiden. Sind die Drähte erfolgreich gesetzt, kann der Kapsel-Labrum-Komplex mit verschiedenen Methoden an die Glenoidkante oder den antero-inferioren Skapulahals fixiert werden (Morgan 1991).

Wir beobachteten eine Komplikation bei den ersten 55 Eingriffen. Dies bestand in einem transienten Ausfall des N. antebrachii cutaneus medialis, der sich nach 6 Wochen normalisierte. Wir führten diesen Ausfall auf die Verwendung einer Klemme, die zur Fixierung der Abdeckung verwendet wurde zurück. In den weiteren 120 Eingriffen konnten wir keine Komplikationen mehr beobachten. Im speziellen konnten wir bis heute keine Verletzung des N. suprascapularis oder muskuläre Probleme bedingt durch das Verknoten der Faszie in der Fossa infraspinata feststellen. Auch Infektionen, ein Versagen der Instrumente oder spezifische Komplikationen bezogen auf den Nahtanker, wie Migration der Implantate, Schmerzen oder Versteifung der Schulter haben wir nicht gesehen.

Operationstechnik

In Allgemeinnarkose werden beide Schultern des Patienten untersucht. Der Patient wird dann in der lateralen Dekubitusposition gelagert. Die erkrankte Schulter wird mit dem Arm abduziert und innenro-

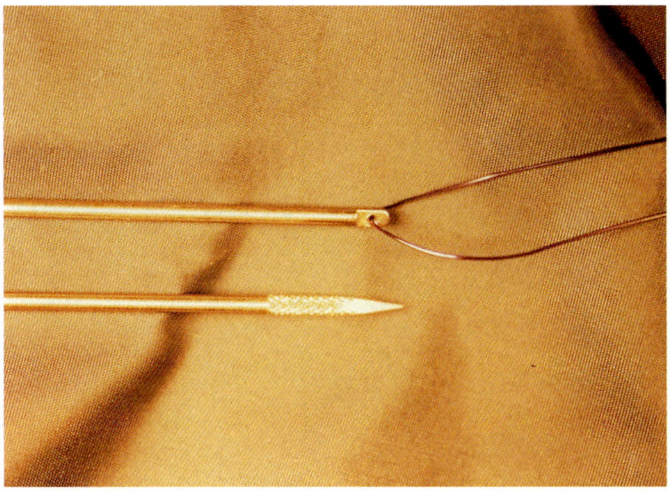

Abb. 2. Die beiden Enden des Bohrdrahtes auf der einen Seite mit Nr. 1 PDS beladen

tiert aufgehängt, um die vordere Kapsel zu entspannen. Das Glenohumeralgelenk wird durch eine proximale Armschlinge, die an der Aufhängung angebracht wird, lateral distrahiert, wie von Gross und Fitzgibbons beschrieben (1985). Diese Methode der lateralen Distrahierung erleichtert die arthroskopischen Eingriffe an der antero-inferioren Kapsel wesentlich. Andere Positionen, speziell Abduktion des Armes um mehr als 45 Grad mit longitudinaler Traktion können nicht empfohlen werden, da sie den Humeruskopf nach unten bringen und dazu neigen die antero-inferioren Kapselstrukturen zu verbergen. Und gerade diese Strukturen sind bei der traumatischen anterioren glenohumeralen Instabilität betroffen. Als nächstes wird eine diagnostische Arthroskopie vom hinteren Standardportal mit einem 30 Grad 4 mm Arthroskop durchgeführt. Der inflow wird durch die Einführungskanüle mit Hilfe eines automatischen Pumpsystems gewährleistet. Damit wird ein zusätzliches Portal überflüssig. Unserer Erfahrung nach ist die Benutzung einer mechanischen Pumpe sicher, gewährleistet bessere Sicht und erlaubt dem Chirurgen durch Spielen mit dem Pumpendruck Kontrolle über Blutungen (Morgan 1987).

Nach arthroskopischer Bestätigung der Bankart-Läsion als die einzige signifikante pathologische Veränderung, wird entschieden, ob die arthroskopische Rekonstruktion durchführbar ist. Ist keine Bankart-Läsion vorhanden, empfehlen wir die Arthroskopie abzubrechen und einen offenen inferioren Kapselshift durchzuführen.

Ein anteriores Portal auf dem halbem Weg zwischen dem Processus coracoideus und der vorderen Spitze des Akromions wird angelegt. Eine 8 mm Kanüle wird platziert. Die Kanüle soll arthroskopisch zwischen der Sehne des M. biceps und des Oberrandes der Subskapularissehne in das Gelenk treten. Der größere Durchmesser dieser Arbeitskanüle erlaubt das Einführen von Instrumenten während des gesamten Eingriffes.

Die Bankart-Läsion wird mit dem Tasthaken auf Mobilität, Ausmaß und Tiefe der Ablösung vom Glenoid untersucht. Außerdem werden das inferiore und mittlere glenohumerale Ligament mit dem Tasthaken auf den intakten Ansatz am abgelösten Labrum geprüft. Manchmal ist das Labrum nur ein kleiner Teil der Bankart-Läsion und verbirgt eine größere periostale Ablösung des inferioren glenohumeralen Ligament-Komplexes vom antero-medialen Skapulahals (Perthes-Läsion). Ist die Ablösung des Labrums nur gering, wird die Läsion mit Hilfe eines gebogenen Elevatoriums an der Glenoidkante vergrößert (Abb. 1), um den Skapulahals zur notwendigen Präparation und Abrasion zu exponieren. Als nächstes wird mit Instrumenten und motorisierten Fräsen die vordere Glenoidkante und der infero-mediale Skapulahals im Verlauf der gesamten Bankart-Läsion abradiert, bis Punktblutungen auftreten. Zur besseren Sicht wird ein 70 Grad Arthroskop durch das hintere Portal eingeführt. Dieser Schritt ist einer der wichtigsten, da er die Voraussetzung für ein Einwandern von Fibroblasten zwischen dem kapsulolabralen Gewebe und der präparierten Knochenoberfläche schafft. Es sollte mehr Zeit mit der Vorbereitung des Knochens und dem Debridement des Gewebes verbracht werden als mit dem eigentlichen Vernähen. Während dieser Abrasion sollte der Chirurg sich besonders bemühen, den infero-medialen Skapulahals vorzubereiten. Bei der Benutzung von motorisierten Fräsen muss man ebenfalls sehr vorsichtig sein, nicht in das Gelenk abzurutschen und Knorpelschäden zu verursachen. Der Chirurg sollte die Glenoidkante nicht zu sehr abschleifen und dadurch verhindern, dass die natürliche Konkavität der Fossa glenoidalis verändert wird. Sobald die Abrasion komplett ist, wird die Labrumläsion mit resorbierbaren Fäden z.B. PDS Nr. 1 rekonstruiert.

Transglenoidale Nahttechnik. Diese Methode verwendet eine Einzelrückstichnaht, die horizontal orientiert durch das abgelöste Gewebe der Bankart-Läsi-

A

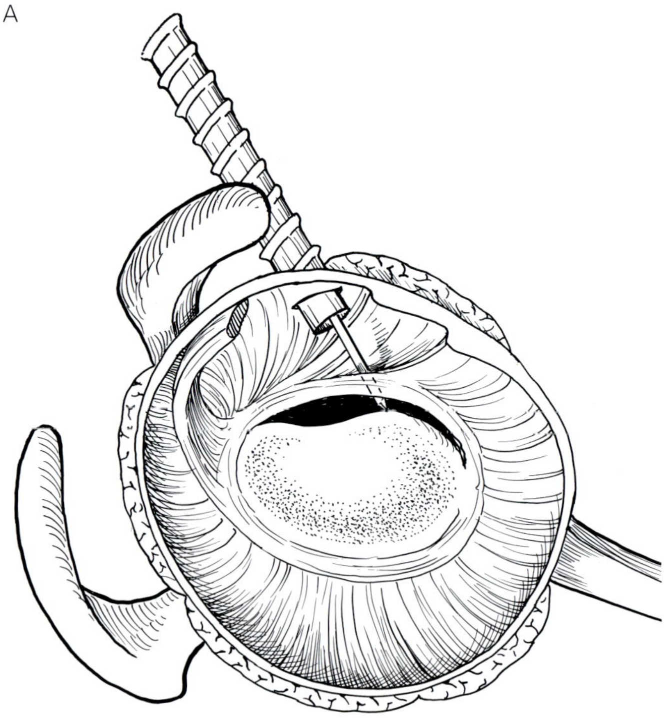

B

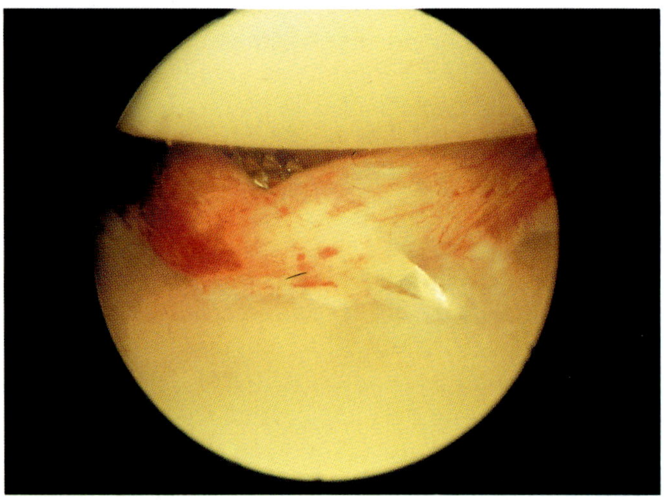

Abb. 3. (**A**) Die Drähte penetrieren das inferiore glenohumerale Ligament medial der Insertion des abgelösten Labrums. Dieses ist bereits nach superior und lateral zum vorbereiteten abradierten antero-inferioren Skapulahals und der Glenoidkante durch Manipulation des Drahtes und der Kanüle verschoben worden. (**B**) Eine intraartikuläre Sicht des spitzen Endes des Drahtes, wie er gerade das untere Drittel der Bankart-Läsion durchdringt und nach kranial verschiebt

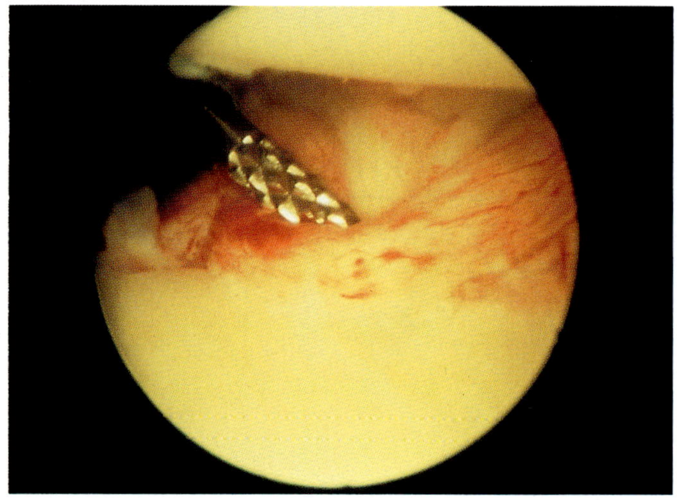

A

B

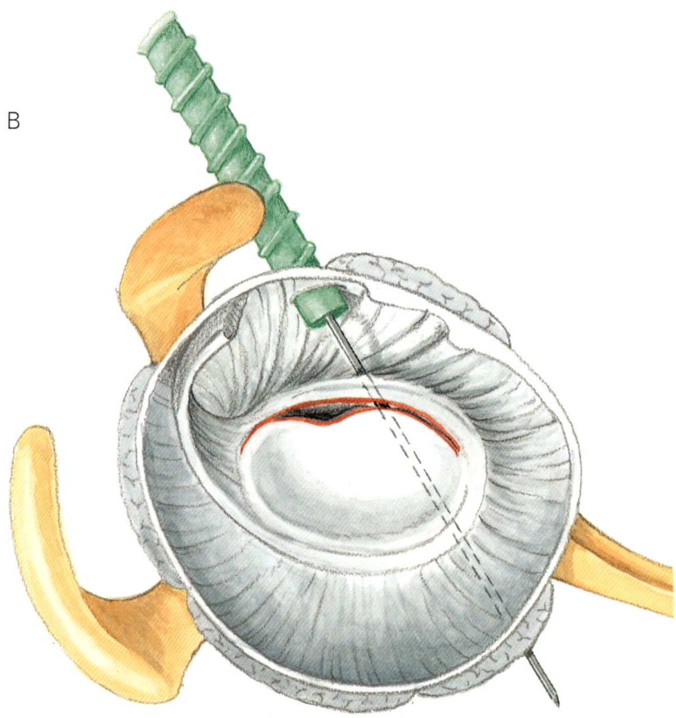

Abb. 4. (**A**) Ein intraartikuläres Bild der rechten Schulter illustriert einen adäquaten Winkel des unteren Drahtes vor Passage. (**B**) Die adäquate Orientierung des unteren Drahtes für die Passage durch den Knochen des Skapulahalses. Der Draht und die Kanüle werden etwa 30–40° inferior gerichtet (Referenz zu einer senkrechten Linie zur langen Achse der Glenoidgelenkfläche)

on und durch den Skapulahals geht. Dies wird arthroskopisch unter Verwendung von zwei getrennten modifizierten Bohrdrähten nachfolgend als Drähte bezeichnet durchgeführt. Diese Stahldrähte sind 30 cm lang und haben einen Durchmesser von 2,2 mm. Sie haben eine scharfe Spitze, welche eine akkurate Penetration des Weichteilgewebes und Platzierung am Knochen gewährleistet und eine 1 mm Fadenöse am anderen Ende (Abb. 2). Die meisten gewöhnlichen kommerziell erhältlichen Bohrdrähte haben einen für diesen Eingriff zu großen Durchmesser und sind zu kurz. Außerdem ist das Ende meist nicht scharf ge-

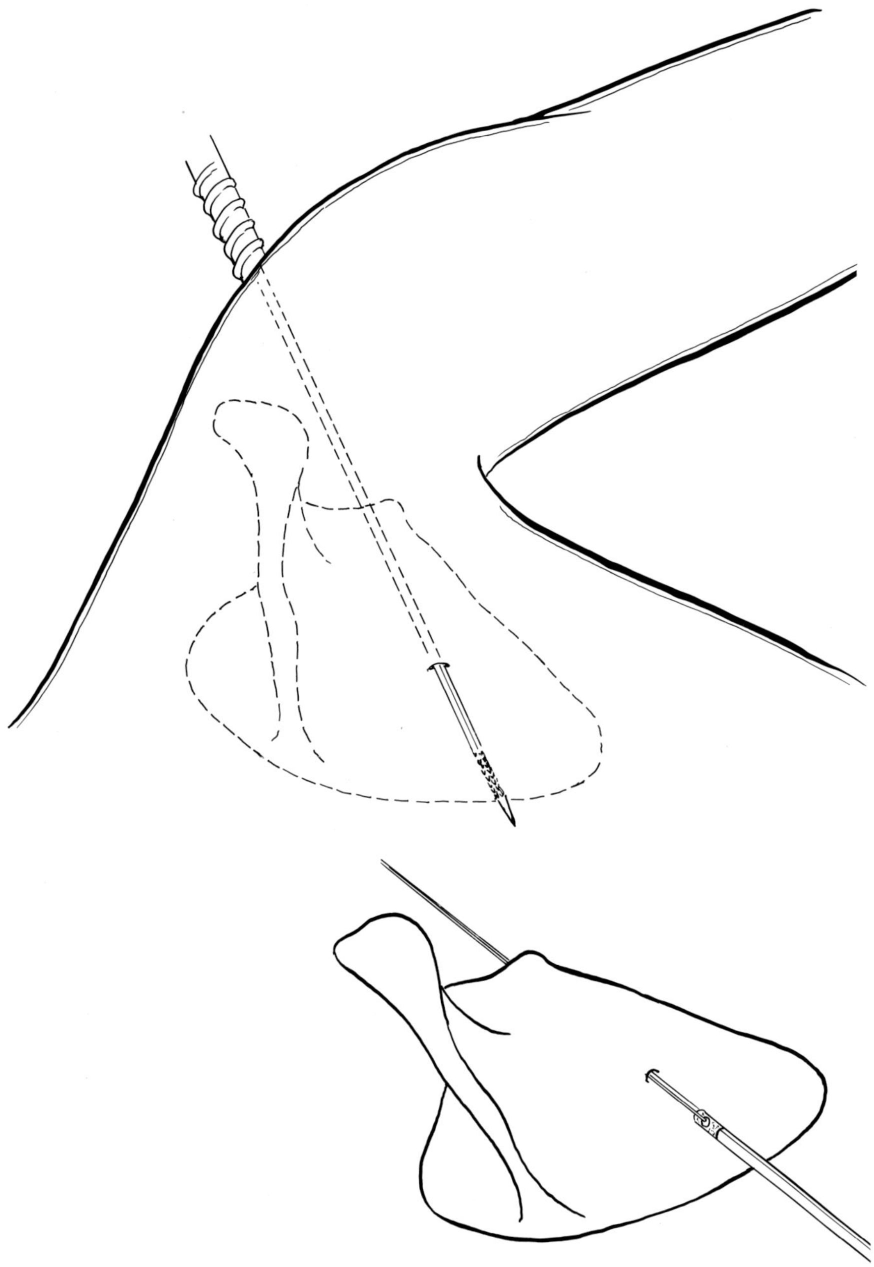

Abb. 5. Das Heraustreten des Drahtes mit zwei Nr. 1 PDS Fäden durch das Kapsel-Labrum-Gewebe, den Skapulahals und das hintere postero-inferiore Portal

nug, um den Kapsel-Labrum-Defekt akkurat zu penetrieren. Man sollte sie daher vermeiden.

Zwei Drähte werden jeweils von anterior nach posterior durch den Kapsel-Labrum-Komplex und dann durch den Skapulahals (ein Draht inferior, ein Draht superior) gebracht. Damit kann der Defekt mit einer Rückstichnaht in Matratzentechnik transglenoidal fixiert werden. Die Fadenpaare treten posterior am Skapulahals und dann durch die Haut durch zwei kleine Hautinzisionen aus. Der untere Draht wird immer zuerst gebohrt, da der inferiore glenohumerale Ligament-Komplex nach oben und lateral an die ursprüngliche anatomische Position an der Glenoidkante verschoben werden muss. Man bringt das spitze Ende des Drahtes durch das vordere Portal in das Gelenk ein, bis man es mit dem Arthroskop sehen kann. Durch Manipulation spießt man den inferioren glenohumeralen Ligament-Komplex medial des Labrums ungefähr an der 5:00 Uhr Position auf (Abb. 3 A und 3 B). Sobald das spitze Ende durch das Weichteilgewebe gedrungen ist, wird der Draht nach kranial verschoben, um die Bankart-Läsion etwa 5–10 mm nach kranial und das antero-inferiore Labrum zurück an seine anatomische Position an der antero-inferioren Glenoidkante zu bringen. In dieser Position wird der Draht provisorisch in den vorbereiteten Knochen am Skapulahals ungefähr

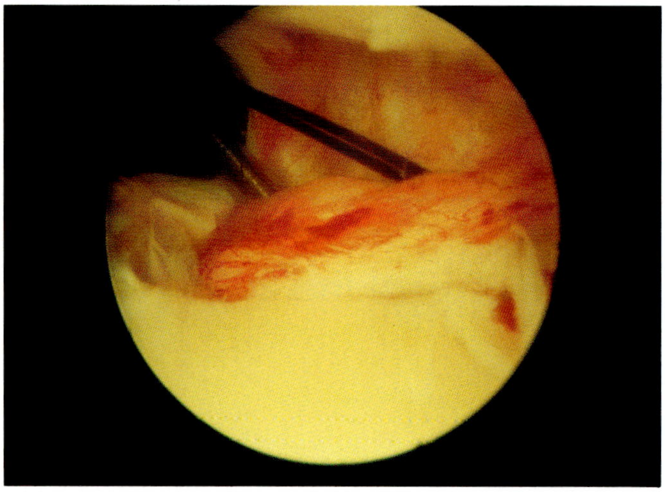

Abb. 6. Ein intraartikuläres Bild, das die Platzierung des zweiten Drahtes 1,5 cm oberhalb des ersten Pins zeigt

1 mm medial der antero-inferioren Glenoidkante gehämmert. An diesem Punkt muss auch darauf geachtet werden, dass der Draht den Skapulahals in einem Winkel von 40 Grad nach inferior (Referenz ist eine Linie senkrecht zur longitudinalen Achse der Gelenkfläche des Glenoids) zeigt (Abb. 4). Dieser Winkel ist wichtig, um den N. suprascapularis während des Austritts des Drahtes am hinteren Skapulahals nicht zu verletzen. Ist der richtige Eintrittspunkt bestätigt, wird der Draht mit Hilfe einer Bohrmaschine eingebracht, bis der Draht die Haut posterior penetriert. Der Draht sollte ungefähr 7–10 cm inferior der Mittellinie der Spina scapula durch die Haut treten. Durch eine schmale Hautinzision wird der Draht zusammen mit zwei Nr. 1 resorbierbaren Fäden z.B. PDS durch das anteriore Portal, den Kapsel-Labrum-Komplex und den Knochen des Skapulahalses gezogen (Abb. 5). Der Faden wird durchgeschnitten und anterior und posterior mit einer Klemme gesichert.

Dies wird für den oberen Draht wiederholt, der zirka 1,5 cm kranial des unteren Pins eingebracht werden soll (Abb. 6). Der obere Draht geht normalerweise durch einen Teil des mittleren glenohumeralen Ligamentes unmittelbar medial des oberen Drittels des vorderen Labrums. Ein nach unten gerichtetes Einbringen des oberen Drahtes ist besonders wichtig, damit der N. suprascapularis nicht verletzt wird. In einer Kadaverstudie wurden die Drähte horizontal eingebracht und es zeigte sich, dass der N. suprascapularis in unmittelbarer Nähe der Drähte verläuft, besonders an der Basis der Spina scapulae.

Nachdem beide Fäden durchgezogen wurden, wird das obere Paar mit dem unteren anterior verknotet, die Fäden gekürzt (Abb. 7A) und danach durch Zug von posterior der Knoten durch die vordere Kanüle und somit der Kapsel-Labrum-Komplex an den Knochen gezogen (Abb. 7B). Als nächster Schritt wird das obere Fadenpaar subkutan an das untere Fadenpaar gebracht, damit alle Fäden an einer Stelle postero-inferior zum Liegen kommen. Die Fäden werden dann über der Faszie der Fossa infraspinata jeweils mit sich selbst verknotet. Der inferiore glenohumerale Komplex sollte danach als eine gespannte Struktur erscheinen und das Labrum sollte an der antero-inferioren Glenoidkante und nicht medial am Skapulahals positioniert sein (Abb. 8).

Interferenz-Knoten-Technik. Die Interferenz-Knoten-Technik ist die zweite Generation der transglenoidalen Bohrdrahttechnik. Diese Technik verwendet Instrumente, die von der Firma Arthrex entwickelt wurden und hat den Vorteil, den Knoten sowohl anterior und posterior direkt an den Knochen legen zu können und damit zu vermeiden, dass der Knoten über der Muskulatur in der Fossa infraspinata liegt. Zusätzlich führt diese Methode neue Instrumente ein, die ein intraartikuläres Knoten unter arthroskopischer Kontrolle erlauben.

Die operativen Vorbereitungen unterscheiden sich nicht von der vorher beschriebenen Methode. Fäden werden mit Hilfe eines kanülierten Fassinstrumentes (Arthrex), durch den gleichzeitig ein 1,7 mm Bohrdraht geschoben werden kann, platziert. Unserer Erfahrung nach erleichtert das Fassinstrument das Fassen des inferioren glenohumeralen Ligament-Komplexes erheblich und erlaubt ein besseres Verlagern der Weichteile. Weiterhin hat das System eine entfernbare Zielvorrichtung, die es erlaubt, den Bohrdraht vom N. suprascapularis fernzuhalten.

Zwei Fadenpaare (Nr. 1 PDS) werden mit dem Fassinstrument jeweils durch zwei getrennte transössare Tunnel durch den Skapulahals in ähnlicher Weise wie für die transglenoidale Nahttechnik beschrieben, gebracht (Abb. 9). 5 mm-Interferenz-Knoten werden dann posterior geknotet und durch Zug anterior an den hinteren Skapulahals gezogen (Abb. 10). An diesem Punkt wird ein Fadenende des oberen mit einem

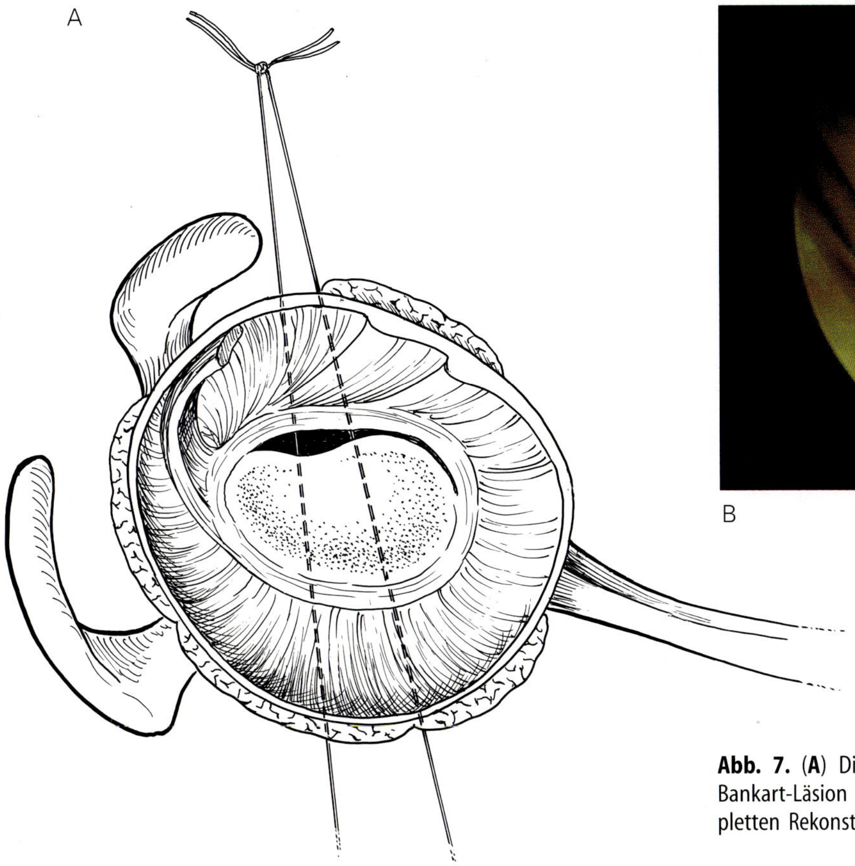

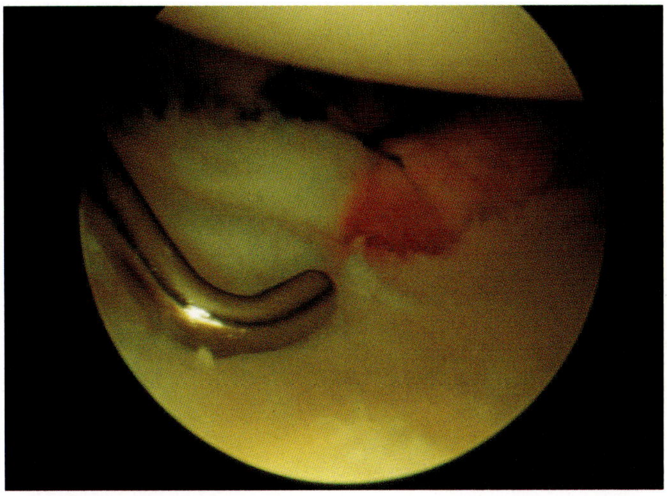

Abb. 7. (**A**) Die Platzierung einer horizontalen Rückstichnaht durch die Bankart-Läsion und den Skapulahals. (**B**) Intraartikuläres Bild einer kompletten Rekonstruktion

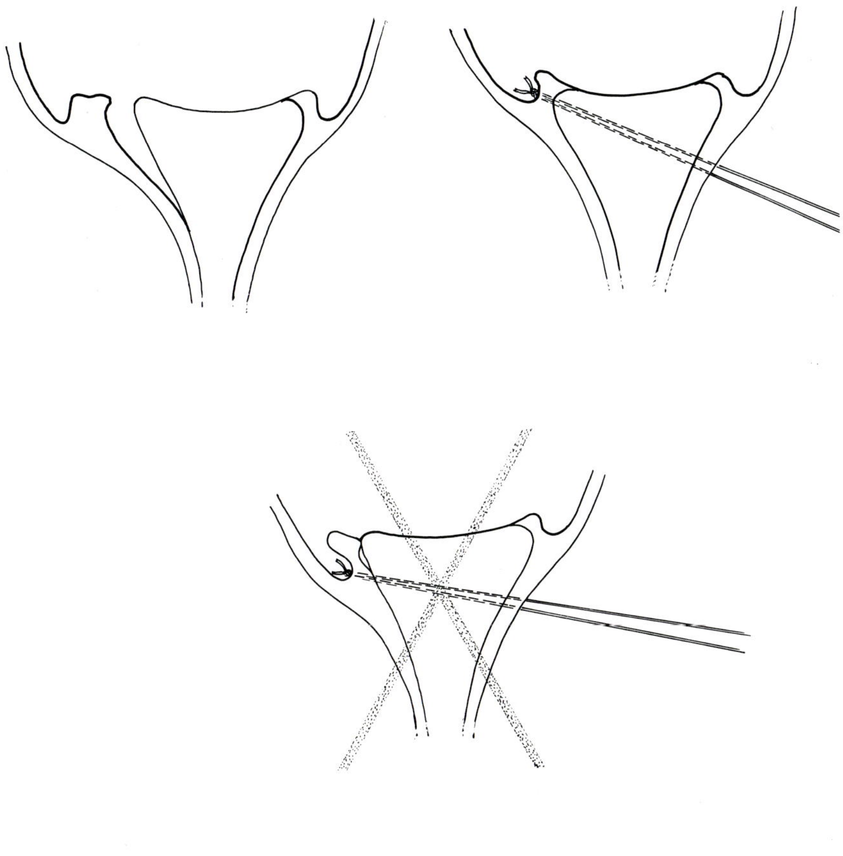

Abb. 8. Eine adäquate Rekonstruktion bringt das infero-mediale Ligament zum infero-medialen Skapulahals und fixiert das Labrum an der Glenoidkante. Der Chirurg muss eine Medialisierung des Labrums an den Skapulahals vermeiden.

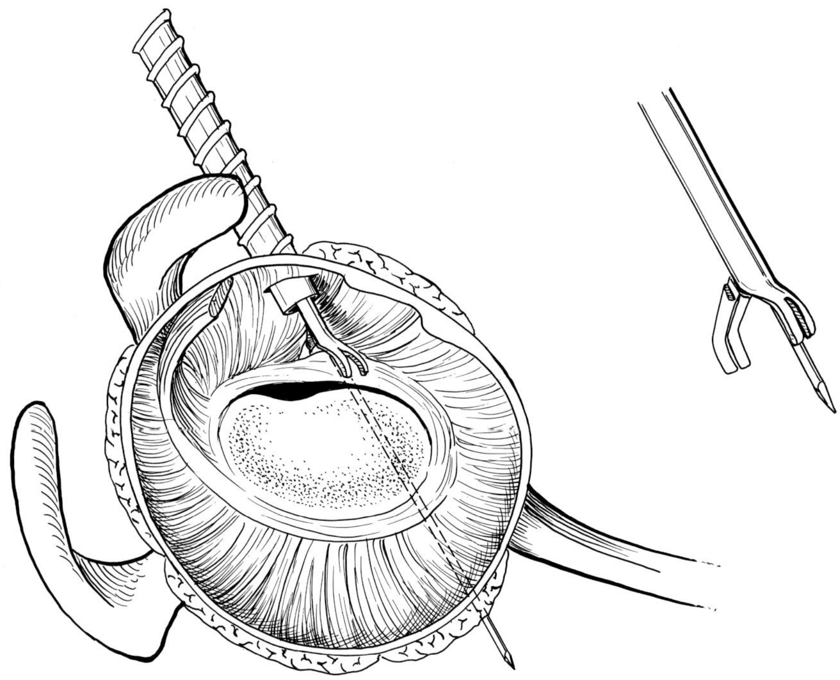

Abb. 9. Das Fassinstrument wird für die Platzierung der Nähte während der Bankart Rekonstruktion verwendet. Das Instrument mit einem eingeführten Draht wird gezeigt

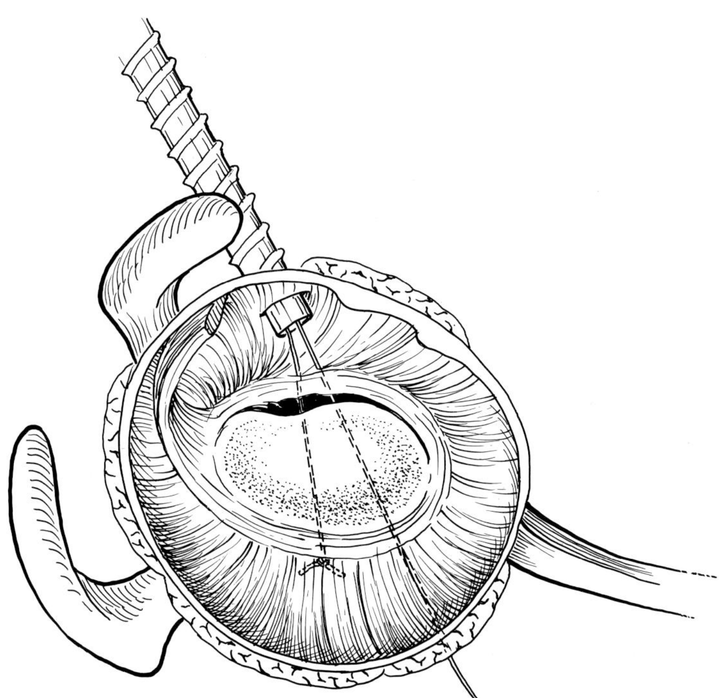

Abb. 10. Interferenzknoten-Fixation der Naht an den hinteren Skapulahals

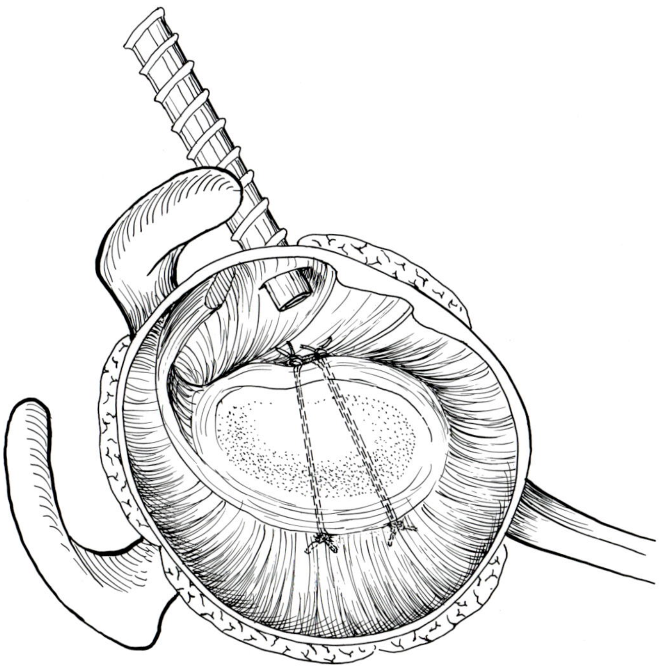

Abb. 11. Die fertige Rekonstruktion durch die Interferenzknoten Technik

Fadenende des unteren Paares mit Hilfe eines arthroskopischen Knotenschiebers (Arthrex) verknotet. Dies wird mit den verbleibenden Fadenenden wiederholt. Daraus resultiert eine doppelte Matratzennaht und eine stabile Position des Kapsel-Labrum-Komplexes an die Glenoidkante (Abb. 11).

FASTak-Nahtanker-Rekonstruktion. Das FASTak-Nahtanker-System ist die dritte Generation der Nahttechniken. Es bietet eine Lösung für die technischen Schwierigkeiten, die bei der Verwendung von anderen arthroskopischen Nahtankersystemen zur Rekonstruktion der Bankart-Läsion auftreten, an. Es ist ebenfalls zur Rekonstruktion von SLAP-Läsionen hilfreich.

Die meisten Nahtankersysteme benötigen mehrere Schritte zur Rekonstruktion, einschließlich Vorbohren für die Platzierung des Ankers und das Einbringen von Fäden durch das Weichteilgewebe. Eine exakte anatomische Rekonstruktion ist damit schwierig. Der FASTak-Anker löst dieses Problem durch Verlagern des Weichteilgewebes und Platzierung des Ankers durch das Weichteilgewebe im Knochen in einem einzigen Schritt. Dies erleichtert eine anatomische Rekonstruktion erheblich.

Die operativen Vorbereitungen, die Präparation der Bankart-Läsion und des antero-inferioren Skapulahalses entsprechen der vorher beschriebenen Methode.

Der Anker hat einen Durchmesser von 2,4 mm und wird mit einem Nr. 1 PDS Faden bestückt. Er wird in eine Bohrmaschine geladen. Die zweite Markierung

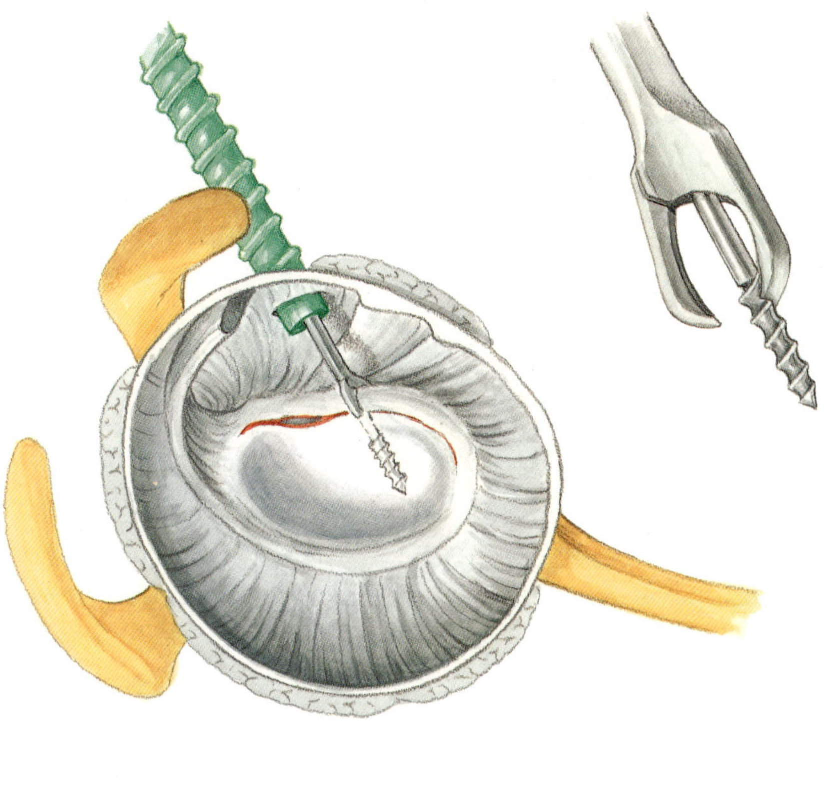

Abb. 12. Durch die vordere Kanüle eingeführt, greift das FASTak-Fassinstrument das abgelöste kapsulo-labrale Gewebe und verschiebt es sowohl nach lateral als auch superior. Der FASTak wird direkt durch das Fassinstrument eingeführt (wie hier gezeigt) und gewährleistet eine ordentliche Passage des Nahtankers durch das kapsulo-labrale Gewebe in den Knochen

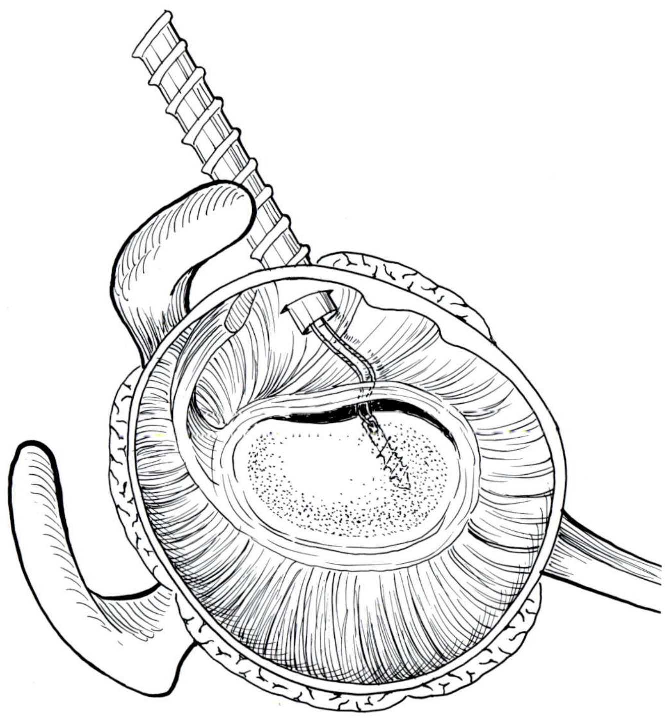

Abb. 13. Das Labrum und die vordere Kapsel wird inspiziert, um die korrekte Lage der Fäden und eine komplette Penetration des FASTak im Knochen des Skapulahalses zu bestätigen

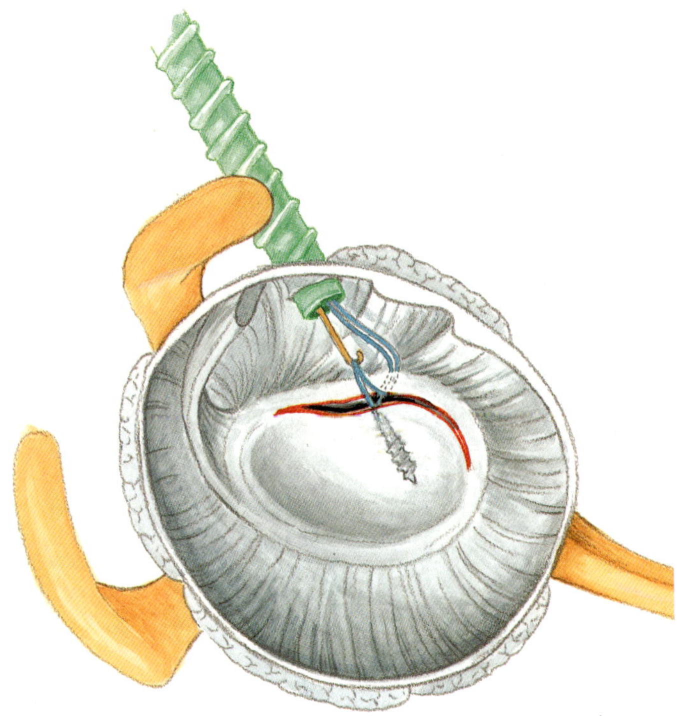

Abb. 14. Um eine vertikal orientierte Nahtfixation zu erreichen, wird ein Fadenende zwischen abgelöstem Weichteilgewebe und der vorderen Glenoidkante mit einem gebogenen Haken durch das vordere Portal gezogen

muss dabei mit dem Bohrfutter der Maschine abschließen. Damit kann das Einführungsinstrument als mechanisches Messinstrument benutzt werden. Stößt das Bohrfutter an das Fassinstrument an, befindet sich der Anker gerade 2 mm distal der Fasszange.

Nun muss man das Ausmaß der Bankart-Läsion evaluieren, damit man die Anzahl der Anker und die Platzierung der Anker planen kann. Mit dem Fassinstrument, durch das anteriore Portal eingebracht, wird das abgelöste Labrum gefasst und an die Glenoidkante lateral und superior reponiert (Abb. 12). Das Ausmaß der Penetration des Weichteilgewebes hängt von der Orientierung des Fassinstrumentes während des Bohrvorganges ab. Eine maximale Penetration wird dadurch erreicht, dass das Fassinstrument mit dem unbeweglichen Zangenteil nach unten oder medial orientiert wird.

Es sollte vermieden werden, den Kapsel-Labrum-Komplex zu sehr medial am Skapulahals anzubringen. Die Positionierung des Weichteilgewebes medial der Glenoidkante resultiert in einer nicht anatomischen Rekonstruktion und weist eine erhöhte Rate von rezidivierender Instabilität nach der Rekonstruktion auf (Johnson 1986).

Während des Fassens der Bankart-Läsion und Positionierung gegen die Glenoidkante, wird die Position mit dem Fassinstrument beibehalten. Das Einführungsinstrument wird dann durch das Fassinstrument durch das Weichteilgewebe direkt in den Knochen in einem Arbeitsgang vorgeschoben.

Eine Alternative zum Fassinstrument oder bei wenig Platz, kann der kanülierte FASTak-Führungsspeer benutzt werden. Das spitze Ende des Speers spießt das Weichteilgewebe auf und wird an die Glenoidkante zur akkuraten Platzierung des Ankers gebracht. Ein Fenster am Speer vereinfacht die arthroskopische Platzierung bei direkter Sicht auf den Eintritt des Speers in das Weichteilgewebe. Die distale Markierung am Einführungsinstrument stimmt mit der Markierung am Speer überein und erlaubt einen mechanischen Stopp während der Insertion. Nachdem wir mit beiden Methoden Erfahrung gesammelt haben, ziehen wir die Speer-Methode für die Rekonstruktion bei der Bankart- und der SLAP-Läsion vor.

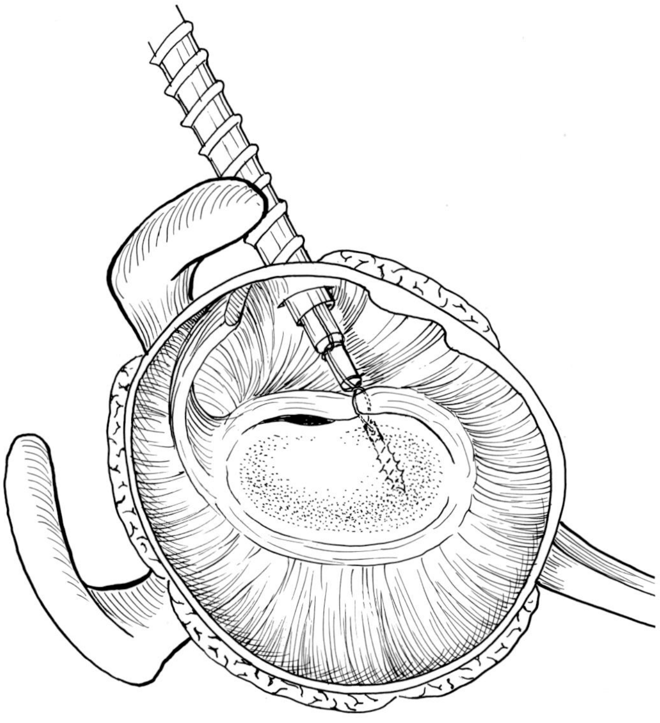

Abb. 15. Der erste Knoten wird geknüpft und sichert das verlagerte kapsulo-labrale Gewebe an die Glenoidkante und den Skapulahals

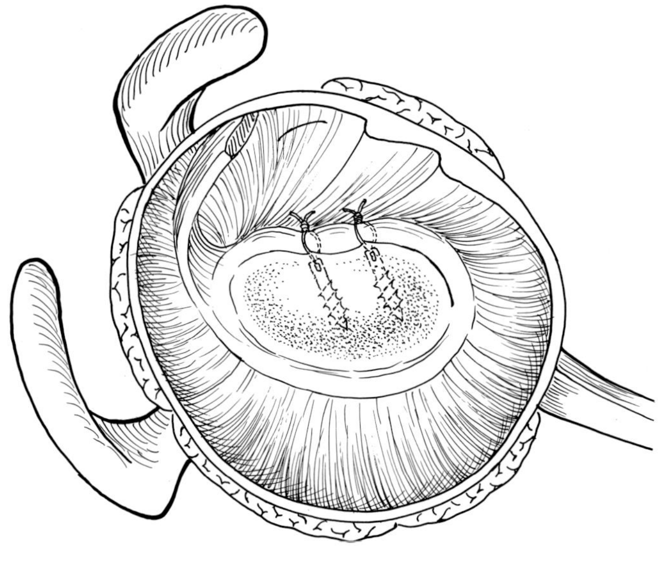

Abb. 16. Die komplette Rekonstruktion mit FASTak-Ankern

Nach Entfernung des Fass- und des Einführungsinstrumentes wird das Labrum und die vordere Kapsel inspiziert, um eine adäquate Position der Fäden und ein komplettes Penetrieren des Ankers im Knochen des Skapulahalses an der Glenoidkante zu bestätigen (Abb. 13). Die Position des Ankers und der Fäden im Weichteilgewebe demonstrieren das Ausmaß der späteren Verlagerung des medialen und superioren Kapsel-Ligament-Komplexes, wie es nach Verknoten der Fäden später erwartet werden kann.

Damit man die Rekonstruktion nach superior verlagern kann, wird ein Fadenende mit einem gebogenen Haken gefasst und durch das anteriore Portal nach außen gebracht (Abb. 14). Nun kann der erste Knoten als „Duncan Loop" außerhalb der Schulter geknüpft und mit Hilfe des „sechsten Fingers" (Arthrex) durch das Portal geschoben werden. Ein zweiter gegenläufiger Knoten wird ebenfalls mit Hilfe des „sechsten Fingers" platziert, um den Knoten am Glenoid zu sperren (Abb. 15). Zwei weitere Knoten können geknüpft werden. Der perkutane Knotenschneider wird entlang der Fäden in das Gelenk geschoben. Die Fäden werden 4 mm vom Knoten entfernt durchgeschnitten.

Der gesamte Prozess wird für den zweiten und den dritten Anker (falls notwendig) wiederholt. Nun wird mit einem Tasthaken die Rekonstruktion auf Stabilität und Anliegen des Weichteilgewebes entlang der gesamten Länge der Rekonstruktion getestet (Abb. 16). Es muss betont werden, dass die Platzierung der Anker vor der Platzierung dieser geplant werden muss, um eine adäquate Fixation des gesamten Kapsel-Labrum-Komplex zu erhalten.

Nachbehandlung

Die Schulter wird in Innenrotation in einer Armschlinge für 4 Wochen immobilisiert. Am zehnten postoperativen Tag werden die Fäden gezogen und die Patienten können mit Pendelbewegungen der Schulter und Bewegungsübungen für Ellenbogen und Handgelenk beginnen. Abduktion und Außenrotation müssen vermieden werden. Nach vier Wochen wird die Schlinge weggelassen und ein Rehabilitationsprogramm unter Aufsicht eines Physiotherapeuten wird begonnen. Bewegungsübungen und Kräftigungsprogramme für die Rotatorenmanschette stehen im Vordergrund. Das Programm geht insgesamt über 3–6 Monate. Überkopf- und Kontaktsportarten werden in den ersten 6 Monaten nicht erlaubt. Nach 6 Monaten kann mit der freien Benutzung der Schulter begonnen werden.

Literatur

Bankart ASB (1923) Recurrent or habitual dislocation of the shoulder joint. Br Med J 2:1132–1133

Gross RM, Fitzgibbons TC (1985) Shoulder arthroscopy: a modified approach. Arthroscopy 1:156–159

Habermayer P, Schuller U (1989) Die Bedeutung des Labrum glenoidale für die Stabilität des Glenohumeralgelenkes, Unfallchirurgie 92:56–62

Howell SM, Gralinat BJ (1989) The glenoid labral socket: a contained articular surface. Clin Orthop 243:122–125

Johnson LL (1986) Shoulder arthroscopy. In: Arthroscopic Surgery. Principles and Practice, 3rd edn. CV Mosby Company, St. Louis, pp 1405–1419

Luckey CA (1949) Recurrent dislocation of the shoulder, modified Bankart capsulorrhaphy. Am J Surg 77:220–222

Morgan CD (1987) Fluid inflow for arthroscopy. Arthroscopy 3:289–291

Morgan CD (1991) Arthroscopic transglenoid Bankart suture repair. Op Tech Orthop 1:171–179

Morgan CD, Bodenstab AB (1982) Arthroscopic Bankart suture repair; techniques and early results. Arthroscopy 3:111–112

Reider B, Inglis AE (1982) The Bankart procedure modified by the use of Prolene pull-out-sutures. J Bone Joint Surg [Am] 64:628–629

Rowe CR, Patel D, Southmayd WW (1978) The Bankart procedure. A long-term end result study. J Bone Joint Sug [Am] 60:1–16

Turkel SJ, Panie MW, Marshall JL, Girgis RJ (1981) Stabilizing mechanisms preventing anterior dislocation of the glenohumeral joint. J Bone Joint Surg [Am] 63:1208–1217

Viek P, Bell BT (1959) The Bankart shoulder reconstruction. The use of pull-out wires and other details. J Bone Joint Surg [Am] 41:236–242

9

Gernot Sperner, Andreas Hamberger, Herbert Resch

Extraartikuläre arthroskopische Techniken bei der vorderen glonohumeralen Instabilität

Der Patient muss einer gründlichen klinischen Untersuchung unterzogen werden, um den Typ und die Art seiner anterioren glenohumeralen Instabilitität präoperativ zu klassifizieren. Zwei Arten der Instabilität werden unterschieden: TUBS und AMBRI. Die TUBS-Gruppe schließt Patienten mit traumatisch bedingter **u**nidirektionaler Schulterinstabilität mit einer **B**ankart-Läsion ein. Diese Patienten sollten operiert (**s**urgery) werden. AMBRI-Patienten haben **a**traumatisch bedingte **m**ultidirektionale Luxationen, oft **b**ilateral. Hier wird **R**ehabilitation als erster Schritt und ein **in**feriorer Kapselshift bei gegebener Operationsindikation empfohlen (Matsen et al. 1990).

Nur TUBS-Patienten eignen sich für eine arthroskopische Rekonstruktion. Die Indikation ist bei Patienten mit traumatischen Subluxationen, rezidivierenden unidirektionalen traumatischen Luxationen, traumatischen Luxationen, die mit einer Andrews oder SLAP-Läsion assoziiert sind (Andrews et al. 1985, Snyder et al. 1990) und bei traumatischen Erstluxationen, gegeben. Eine arthroskopische extraartikuläre Technik sollte nicht bei alten pseudarthrotischen großen knöchernen Bankart-Defekten, die mehr als 25% des vorderen Glenoids betreffen, benutzt werden. Diese Fälle müssen offen angegangen und der Glenoidsockel mit Hilfe eines Knochenblockes vergrößert werden.

Operative Grundlagen

Das Ziel dieser Technik ist eine arthroskopische Imitation der offenen Technik, wie sie von Bankart 1923 beschrieben wurde. Dies bedeutet, dass das abgelöste Labrum wieder angenäht und die Kapsel gestrafft werden muss. Das postoperative Ergebnis sollte nicht nur in einer stabilen Schulter, sondern auch in einem symmetrischen freien Bewegungsumfang der Schulter liegen.

Daher erscheint eine extraartikuläre Rekonstruktion der Kapsel die beste Lösung. Diese Art der Rekonstruktion erzeugt einen gleichmäßigen Übergang zwischen dem Glenoid und dem wiederhergestellten Kapsel-Ligament-Komplex (Abb. 1), ohne dass die

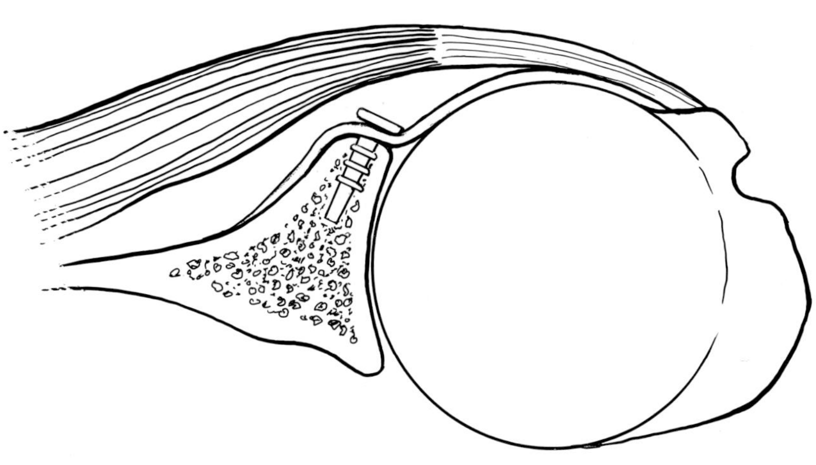

Abb. 1. Ein homogener Übergang zwischen dem Glenoid und der refixierten Kapsel bei einer extraartikulären Rekonstruktion

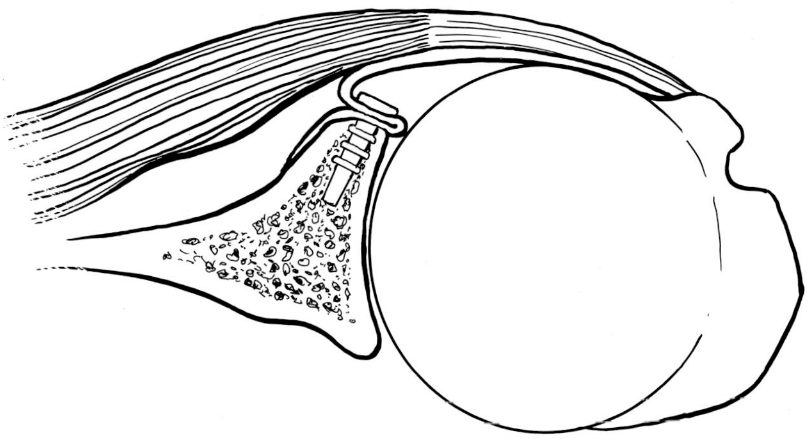

Abb. 2. Die Umschlagsfalte im Bereich des Suretac-Kopfes bei einem intraartikulär verwendeten Implantat

Kapsel eine lockere Umschlagsfalte über dem Ligament-Komplex bildet und der Arm ohne Spannung außenrotiert werden kann (Abb. 2). Daher kann eine extraartikuläre Fixation nur in der unteren Hälfte des Glenoids am medialen und inferioren glenohumeralen Ligament erfolgen. Labrumablösungen, die sich nach antero-superior (Andrews-Läsion – Andrews et al. 1985) oder nach postero-superior (SLAP-Läsion – Snyder et al. 1990) ausweiten, benötigen zusätzlich eine intraartikuläre Rekonstruktion (Resch et al. 1993). Eine extraartikuläre Rekonstruktion würde zu viel Spannung auf die Kapsel bringen und damit die Außenrotation behindern.

In Übereinstimmung mit der offenen Bankart-Operation, wird der Kapsel-Ligament-Komplex und nicht das Labrum an die Glenoidkante gebracht. Wird nur das Labrum wiederhergestellt, bleibt die über die normalen Maße gedehnte Kapsel zurück und die Gefahr einer Reluxation ist groß. Daher muss bei der arthroskopischen extraartikulären Technik zuerst der Kapsel-Ligament-Komplex und dann das Labrum, wenn möglich, fixiert werden. Bei einer totalen Ablösung des Labrums, wie es oft bei mehrfachen Luxationen gesehen wird, oder bei einer ALPSA-Läsion (anterior **l**abrum **p**eriostal **s**leeve **a**vulsion) ist eine Refixation des Labrums alleine technisch nicht möglich. In diesen Fällen wird nur die Kapsel fixiert.

Ein wesentlicher Vorteil der extraartikulären Fixation ist, dass ein Implantat (Schraube, Staple, o.ä.) nicht oberhalb des M. subscapularis wie bei einer intraartikulären Technik, sondern durch den Muskel gebracht wird. Dies gewährleistet ein Einbringen des Implantates nahezu senkrecht zur Glenoidkante. Daraus resultiert, dass nur direkte Kräfte den Labrum-Kapsel-Komplex gegen den Knochen pressen. Scherkräfte wie in anderen Techniken treten hierbei nicht auf und können die Einheilung so nicht verzögern.

Durch die Verwendung eines distalen Portales kann eine Refixation der Kapsel, ein Verschieben der Kapsel nach kranial und eine Straffung des Recessus axillaris erreicht werden. Die technische Ausführung dieses Eingriffes ist technisch schwierig und sollte nur von erfahrenen Schulterchirurgen durchgeführt werden. Während der Operateur die Kapsel strafft und refixiert, wird das Arthroskop vom Assistenten bedient, der gleichzeitig mit einem Tasthaken, Gewebe, das die Sicht auf die Glenoidkante behindert, weghält.

Spezielle Instrumente und eine Vorrichtung zur Fixation werden zur Durchführung der Operation benötigt. In den meisten Fällen ist ein 30 Grad-Arthroskop ausreichend. Mit einer 70 Grad-Linse kann man allerdings das vordere Glenoid besser einsehen. Die 5 mm Kanüle wird immer mit einem stumpfen Trokar eingeführt. Ein Tasthaken zur Palpation intraartikulärer Strukturen wird bei der diagnostischen Arthroskopie immer benötigt. Diese muss unbedingt als erster Schritt des Eingriffes durchgeführt werden. Während der extraartikulären Wiederherstellung wird der Tasthaken benutzt, um die bereits wiederangenähten Kapselanteile nach oben zu halten, damit einerseits die Sicht verbessert und andererseits das Bohrloch an der Glenoidkante angelegt werden kann. Ein Rongeur ist ein extrem nützliches Instrument, um freie Gelenkkörper zu entfernen, den Knorpel zu glätten und Weichteilgewebe von der Glenoidkante zu lösen.

Nachdem die Bankart-Läsion identifiziert wurde, kann mit einem Elevatorium der Labrum-Kapsel-Komplex weiter abgelöst werden, sodass es für die Rekonstruktion ausreichend mobilisiert ist. Mit einer Bankart-Feile wird die Oberfläche der Glenoidkante von Weichteilgewebe befreit und angerauht. Dies kann mit Hilfe eines 4,5 mm oder 5,5 mm „full radius shavers" vervollständigt werden. Zum Debridement von Weichteilgewebe genügen 500–800 rpm, zur

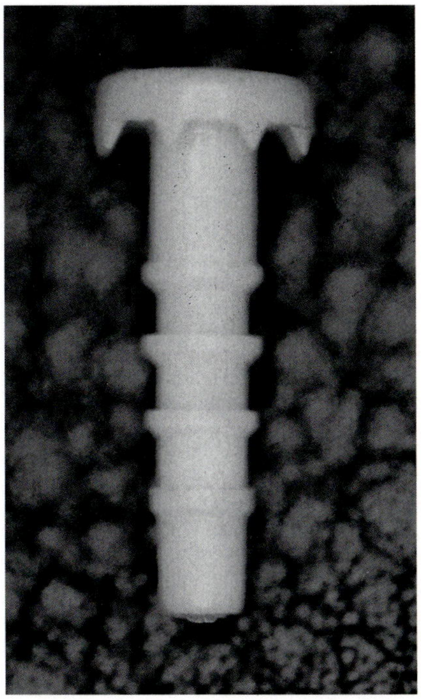

Abb. 3. Ein bioresorbierbarer Dübel (Suretac) mit einer Länge von 18 mm, einem Schaft Durchmesser von 3,2 mm und Zacken an der Unterseite für eine stabile Fixation der Kapsel

Schaffung einer kleinen Knochenrinne 2000–3000 rpm. Sobald das Weichteilgewebe oder die Knochenrinne zu bluten beginnt, kann ein isolierter Elektrokauter zur Blutstillung eingesetzt werden. Ein bioresorbierbarer Dübel z.B. Suretac von Smith und Nephews wird zur extraartikulären Fixation verwendet (Abb. 3). Der Suretac hat einen Kopfdurchmesser von 8 mm. An der Unterseite des Kopfes sind kleine Zacken angebracht, die ein Gleiten der Kapsel nach der Fixation verhindern. Der Schaft hat einen Durchmesser von 3,2 mm und eine Länge von 18 mm. Ist auch eine intraartikuläre Fixierung notwendig, werden dazu Dübel mit einem Kopfdurchmesser von 6 mm ohne Zacken an der Unterseite verwendet (Altchek et al. 1990, Warner und Warren 1991).

Operationstechnik

Die Arthroskopie wird in der „beach-chair"-Position durchgeführt (Skyhar et al. 1988). Der Patient wird durch ein spezielles Schaumkissen halbsitzend aufgerichtet. Der Körper wird dabei mit der zu operierenden Seite so nahe wie möglich an den Rand des Operationstisches gebracht. Der Oberkörper sollte um 60 Grad gegenüber der Horizontalen aufgerichtet sein. Die Schulter sollte dabei so gelagert sein, dass sie lateral des Operationstisches liegt und somit von allen Richtungen zugänglich ist. Der Kopf wird in einer

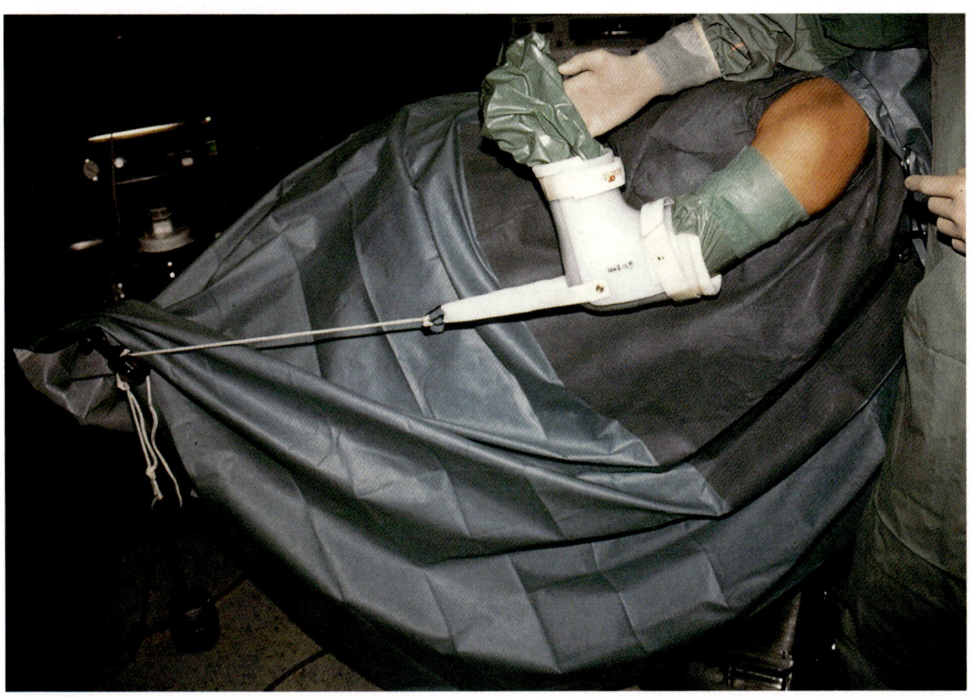

Abb. 4. Die „beach-chair"-Position mit dem Ellenbogen in einer 90 Grad gewinkelten Schiene und Traktion mit 2–3 kg

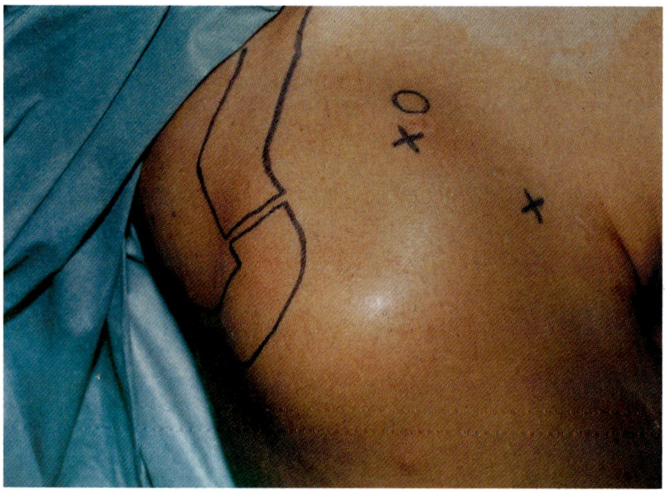

Abb. 5. Die Landmarken zur Orientierung und die drei Inzisionen zur extraartikulären Technik

Kopfstütze gelagert, der Kopf wird auf die gegenüberliegende Seite gedreht. Der Arm wird gewaschen. Man startet distal und arbeitet sich nach proximal vor, bis Schulter und die gesamte Thoraxseite gewaschen ist. Es wird steril abgedeckt, die unteren zwei Drittel der oberen Extremität werden ebenfalls so abgedeckt, dass der Arm frei beweglich bleibt. Der Ellenbogen wird anschließend in einer Plastikschiene 90 Grad abgewinkelt gelagert (Abb. 4). Diese Schiene kann sterilisiert werden. Mit einem Gewicht von 2–3 kg wird Traktion an der Schiene ausgeübt. Diese Positionierung erlaubt eine passive Innen- und Außenrotation der Schulter. Die Schulter ist so in einer optimalen Position, um unter arthroskopischer Kontrolle eine Refixation des Labrums in 30–40 Grad Außenrotation durchzuführen. Dies verhindert eine Limitierung der Außenrotation postoperativ. Schultern, die eine ausgeprägte Muskulatur besitzen, werden mit Hilfe eines zusammengerollten Tuches unter der Axilla gelagert. Damit wird der Humeruskopf etwas nach lateral verlagert, der Gelenkspalt verbreitert und die Sicht auf den antero-inferioren Teil der Kapsel vereinfacht.

Die knöchern markanten Punkte werden zur leichteren Orientierung angezeichnet. Dies ist das Akromium mit seinem Übergang in die Spina scapula, das AC-Gelenk, die laterale Klavikula und die Spitze des Processus coracoideus. Drei Inzisionen werden für ein extraartikuläres Vorgehen benötigt: das posteriore Portal für das Arthroskop, das antero-superiore Portal für die Instrumente und ein antero-inferiores Portal für das Implantat (Abb. 5). Das Arthroskop wird durch das hintere Portal durch eine Standardinzision ungefähr 1 cm distal und medial der Akromiumkante eingeführt. Die Instrumente werden durch das antero-superiore Portal, welches 1 cm lateral und unmittelbar kranial des Processus coracoideus liegt, gebracht. Dieses Portal darf niemals medial des Processus coracoideus angelegt werden, da der N. musculocutaneus ansonsten verletzt werden kann. Die dritte Inzision dient zur Einbringung der Implantate und liegt 2–3 cm unterhalb des Processus coracoideus in Richtung auf die vordere Axillarlinie.

Die Anästhesie sollte immer in einer Allgemeinnarkose bestehen, da dies eine intraoperative Kontrolle des Blutdruckes erlaubt, der 110 mmHG nicht überschreiten sollte, da die Sicht durch Einblutungen vom umgebenden Gewebe gestört sein könnte. Wir raten zur Benutzung einer Pumpe. Diese kann für kurze Zeit Fluktuationen des Blutdruckes kompensieren. Dieser Eingriff kann allerdings auch mit einer Regionalanästhesie (Interskalenusblock) durchgeführt werden. Fluktuationen des Blutdruckes können hierbei aber nicht durch Medikamentengabe beeinflusst werden. Eine gewisse Kontrolle ist hierbei nur durch Regulierung des Pumpendruckes möglich. Eine Erhöhung des Pumpendruckes kann aber zu einem relativ schnellen Anschwellen des Weichteilmantels der Schulter führen und die Orientierung während des Eingriffes erschweren. Eine elektrolytfreie Glukoselösung sollte zur Spülung benutzt werden.

Das Arthroskop wird durch das hintere Portal eingeführt, bis das Rotatorenintervall ins Blickfeld kommt. Ein flexibler 1 mm Führungsdraht wird durch eine Stichinzision am antero-superioren Portal direkt oberhalb des M. subscapularis eingeführt. Eine Arbeitskanüle wird über diesen Draht in das Gelenk geschraubt. Der Draht wird entfernt. Eine diagnostische Arthroskopie wird mit Hilfe eines Tasthakens durchgeführt. Die Bankart-Läsion wird identifiziert. Mit einem Bankart-Elevatorium wird die vordere Glenoidkante präpariert, das noch anhaftende Labrum wird nach kranial und kaudal mobilisiert. Die Glenoidkante wird mit einer Feile getrimmt. Mit dem Shaver werden Knorpelläsionen geglättet und eine longitudinale Rinne in den Knochen 4–5 mm medial des Knorpels gefräst. Durch leichtes Rotieren des Arthroskopes kann die Sicht beim Präparieren erleichtert werden. Wenn das Glenoid nach anterior seinen Winkel rapide ändert, kann ein 70 Grad-Arthroskop die Identifikation der Rinne erleichtern.

Der Chirurg steht nun vor der Schulter des Patienten ähnlich wie bei einem offenen Eingriff. Der Assistent kontrolliert Kamera und Tasthaken für den Rest der Operation. Die dritte Hautinzision für das antero-

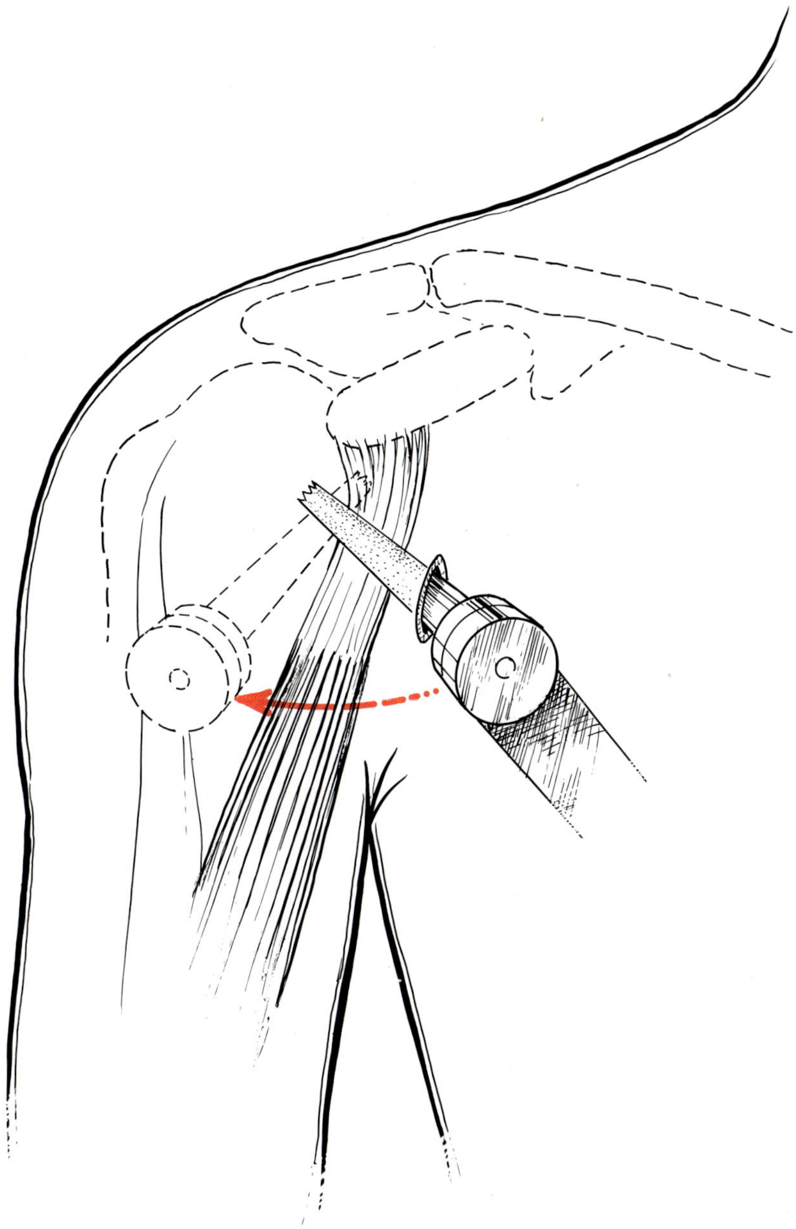

Abb. 6. Das Zickzack-Manöver mit dem kanülierten stumpfen Trokar, um iatrogene Schäden am N. musculocutaneus zu vermeiden

inferiore Portal wird angelegt. Die Schulter des Patienten wird 30–40 Grad außenrotiert und zwischen dem Thorax und dem äußeren Arm des Chirurgen positioniert (Resch et al. 1992). Die Kanüle mit einem Innendurchmesser von 8 mm wird mit einem stumpfen Trokar eingeführt. Nachdem das subkutane Gewebe penetriert wurde, wird der M. deltoideus in einer transversalen dorso-lateralen Richtung durchstoßen und rutscht unter den Sehnen des M. coracobrachialis und M. musculocutaneus durch den M. subscapularis in das Gelenk. Dies Zickzack-Manöver verhindert eine Verletzung des N. musculocutaneus (Abb. 6).

Nach Durchdringen des M. subscapularis stößt der Trokar an der Gelenkkapsel an, ohne sie zu perforieren. Dies kann man arthroskopisch beobachten. Die Kapsel wird mit Hilfe eines dünnen Führungsdrahtes, der durch den kanülierten stumpfen Trokar geschoben wird, perforiert. Diese Perforation sollte im antero-inferioren Anteil der Kapsel zu sehen sein und markiert auch die Stelle der späteren Refixation. Der vorbereitete kanülierte Bohrer mit einem Durchmesser von 3,2 mm und einem mechanischem Stopp bei 18 mm wird geladen. Diese mechanische Stoppvorrichtung verhindert ein Durchbohren des Glenoids. Ein 1,2 mm flexibler Führungsdraht wird durch die Kanüle geschoben, bis er etwa 3–4 mm aus dem Bohrer hervorsteht. Eine Sperre außerhalb des Bohrer blockiert den Draht in dieser Position (Abb. 7). Der

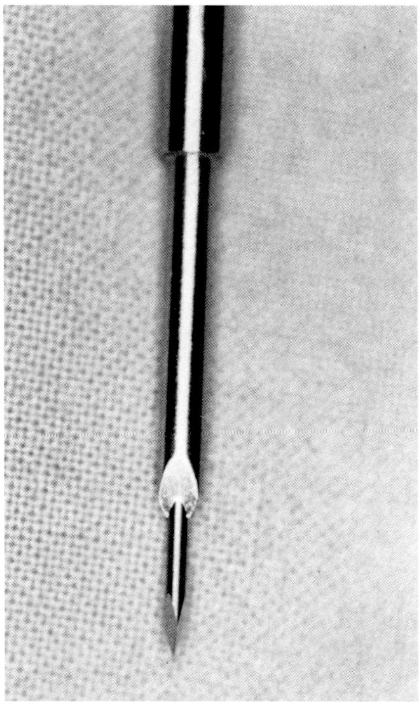

Abb. 7. Der kanülierte Bohrer mit einem mechanischen Stopp bei 18 mm; der flexible Führungsdraht steht 3–4 mm aus dem Bohrer heraus

stumpfe Trokar wird entfernt, der Bohrer eingeführt, um an der vorher bereits markierten Stelle die Kapsel zu penetrieren. Dieser Führungsdraht muss intraartikulär mit dem Arthroskop zu sehen sein. Das Labrum wird unter Sicht mit Hilfe dieses Drahtes nach kranial verschoben und in die vorgefräste Knochenrinne gepresst. Der Assistent bedient das Arthroskop und schiebt mit dem Tasthaken die Kapsel nach anterior, um gute Sicht zu gewährleisten. Der Bohrer mit dem blockierten Führungsdraht wird in dorso-medialer Richtung eingebracht. Ein Bohrloch wird angelegt. Der blockierte Draht verhindert ein Durchbohren durch die hintere Kortikalis der Skapula (Abb. 8).

Der Draht wird gelöst und weitere 3–4 mm in den hinteren Kortex eingehämmert. Der Bohrer wird manuell entfernt. Der Draht im hinteren Kortex verbleibt in situ als eine Art Führungsdraht. Auch dieses Manöver wird unter arthroskopischer Sicht ausgeführt. Sollte sich der Draht auslockern und Gefahr laufen, herauszufallen, muss ein zweiter Draht desselben Durchmessers durch die Kanüle geschoben werden, um damit den ersten Pin vom Herausfallen zu beschützen. Der 8 mm Suretac wird über den Draht mit Hilfe eines Einführungsinstrumentes vorgeschoben. Das refixierte Labrum wird leicht angehoben, um den Vorgang arthroskopisch verfolgen zu können. Der Suretac wird in seinen letzten zwei Dritteln eingehämmert und presst das Labrum gegen das Glenoid (Abb. 9). Der Suretac hält somit das refixierte Labrum am Glenoid fest. Da der gesamte Komplex ex-

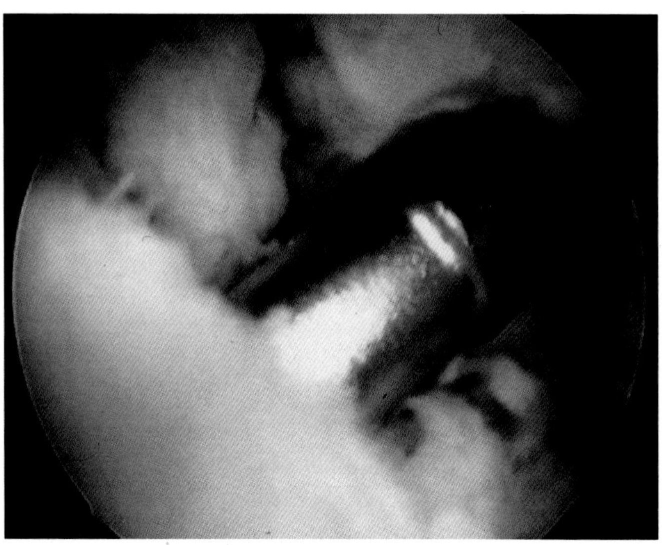

Abb. 8. Der Bohrer wird in die Knochenrinne vorgeschoben. Der Stopp verhindert ein Durchbohren der hinteren Kortikalis

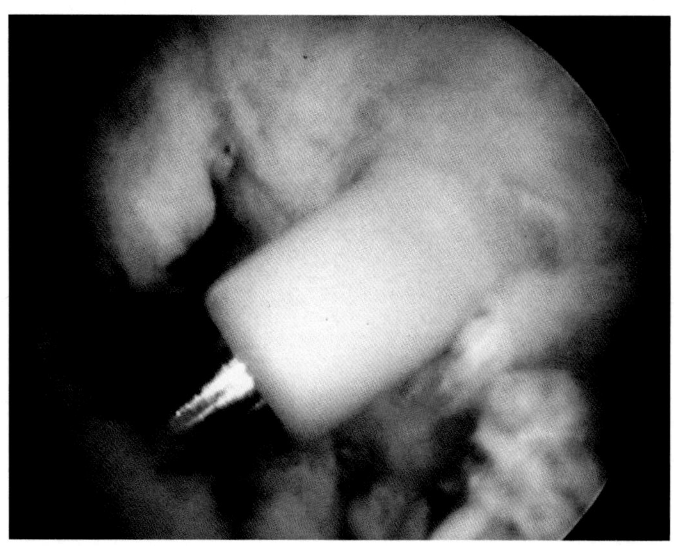

Abb. 9. Der Suretac wird über den Führungsdraht in das vorgebohrte Loch geschoben. Der Kopf des Dübels ist außerhalb des Gelenks und presst das refixierte Labrum gegen die Knochenrinne

traartikulär lokalisiert ist, ist das Implantat nicht mehr intraartikulär zu sehen. Das Einführungsinstrument wird entfernt, die Kanüle leicht zurückgezogen. Der Kopf des Suretac wird mit dem Tasthaken kontrolliert und die Tiefe des Dübels im Knochen geprüft.

Außerdem wird die Qualität der Wiederherstellung des Kapsel-Labrum-Komplex durch leichtes Anheben der refixierten Kapsel getestet. Der 1,2 mm Pin wird entfernt. Ein zweiter Suretac wird 1,5–2 cm superior zum ersten in ähnlicher Weise eingebracht, um eine breitbasige Rekonstruktion zu gewährleisten. Durch vorsichtige Außenrotation bis zu 40 Grad wird die Kapsel zusammen mit dem mittleren und inferioren glenohumeralen Ligament auf die korrekte Spannung überprüft. Das Arthroskop wird auf das anteriore Portal transferiert und die Rekonstruktion auf einen homogenen Übergang zwischen Glenoid und der refixierten Kapsel überprüft. Eine intraartikuläre Saugdrainage wird für 24 Stunden eingeführt, um eventuelle Restbestände der Spülflüssigkeit und auch Blut zu entfernen, welches sich zwischen der Glenoidkante und der refixierten Kapsel ansammeln kann. Diese Ansammlung kann den Heilungsprozess beeinflussen.

Nachbehandlung

Unmittelbar nach der Operation wird der Patient für drei Wochen in einer speziellen Schulterbandage immobilisiert. Nach Entfernung der Bandage wird Flexion bis 90 Grad und Abduktion bis 60 Grad erlaubt. Außenrotation wird für weitere drei Wochen verboten. Nach sechs Wochen kann mit Physiotherapie zur Steigerung des Bewegungsumfanges und mit Koordinationstraining begonnen werden. Voller Bewegungsumfang kann erst nach der sechsten postoperativen Woche erlaubt werden. Überkopfsportarten sind für die ersten drei bis fünf Monate nach dem Eingriff verboten.

Literatur

Altchek DW, Warren RF, Skyhar MJ (1990) Shoulder arthroscopy. In: Rockwood CA, Matsen FA (eds) The Shoulder, 1st edn. Saunders, Philadelphia, pp 258–277

Andrews RJ, Carson WG, McLeod WD (1985) Glenoid labrum tears related to the long head of the biceps. Am J Sports Med 13:337–341

Bankart ASB (1923) Recurrent or habitual dislocation of the shoulder joint. Br Med J 2:1123–1133

Matsen FA, Thomas SC, Rockwood CA (1990) Anterior glenohumeral instability. In: Rockwood CA, Matsen FA (eds) The Shoulder, 1st edn. Saunders, Philadelphia, pp 526–622

Resch H, Sperner G, Golser K (1992) Arthroscopic Bankart refixation with absorbable staples. In: Resch H, Beck E (eds) Arthroscopy of the Shoulder, 1st edn. Springer, Vienna New York, pp 113–120

Resch H, Golser K, Thoeni H et al (1993) Arthroscopic repair of superior glenoid labral detachment (the SLAP lesion). J Shoulder Elbow Surg 2:147–155

Skyhar MJ, Altchek DW, Warren RF et al (1988) Shoulder arthroscopy with the patient in the beach-chair position. Arthroscopy 4:256–259

Snyder SJ, Karzel RP, Del Pizzo W et al (1990) SLAP lesions of the shoulder. Arthroscopy 6:274–279

Warner JP, Warren RF (1991) Arthroscopic Bankart repair using a cannulated, absorbable fixation device. Oper Tech Orthop 1:192–197

10

Scott E. Rahhal, Stephen J. Snyder

SLAP-Läsionen

Die Diagnose von Läsionen des oberen Labrums und des Bizepssehnenankers war bis vor kurzem nicht möglich. Erst die Einführung der Schulterarthroskopie hat zu einem besseren Verständnis der Anatomie geführt und die Diagnose dieser Läsionen vereinfacht. Andrews et al. haben 1985 erstmals Läsionen des oberen Labrums bei Überkopfathleten beschrieben. Sie demonstrierten in biomechanischen Studien, dass wiederholte Belastungen der Bizepssehne das antero-superiore Labrum vom Glenoid ablösen können. Snyder und Mitarbeiter haben schließlich den Ausdruck SLAP-Läsion (**S**uperior **L**abrum **A**nterior and **Pos**terior) geprägt, um eine ähnliche Läsion, die durch ein eher akutes traumatisches Ereignis ausgelöst wurde, zu beschreiben (Snyder et al. 1990). Die SLAP-Läsion schließt das postero-superiore Labrum und die Ausweitung nach anterior ein. Seit der ersten Beschreibung der SLAP-Läsion haben zahlreiche Autoren ihre Erfahrung mit Diagnose und Therapie dieser Erkrankung beschrieben (Burkhart und Fox 1992).

Das obere Labrum hat bestimmte anatomische Charakteristika, die es für eine Verletzung anfällig machen. Detrisac und Johnson beobachteten, dass die vorderen, hinteren und unteren Aspekte des Labrums sowohl zentral als auch peripher stabil am Glenoid verankert sind, das obere Labrum oftmals aber nur peripher verankert ist (Detrisac und Johnson 1986). Snyder et al. berichten ebenfalls, dass das obere Labrum regelrecht peripher verankert ist, das Zentrum aber oft in verschiedenem Ausmaß unverankert ist. Die Gefäßversorgung mag zusätzlich eine Rolle bei der Entstehung der oberen Labrumverletzung spielen. Cooper et al. haben 1992 gezeigt, dass das gesamte Labrum mit Ausnahme des oberen Anteils eine mehr als ausreichende Blutversorgung aufweist. Diese Zone war nur an der Peripherie ausreichend versorgt mit einer relativen avaskulären Zone zentral, ähnlich wie beim Meniskus im Knie. Diese anatomischen Aspekte zusammen mit den persistierenden Belastungen durch die Bizepssehne, scheinen das superiore Labrum und den Bizepssehnenanker anfällig für eine Verletzung zu machen.

SLAP-Läsionen können die Ursache für eine signifikante Schmerzsymptomatik und Behinderung sein. Da sowohl Anamnese und die klinische Untersuchung nur unspezifische Hinweise geben und die bildgebende Diagnostik unzureichend ist, können diese Läsionen nur schwer diagnostiziert und behandelt werden. Die Kernspintomografie hat die Identifizierung der Läsion vereinfacht, aber wegen einer hohen Rate an falsch negativen und positiven Ergebnissen ist auch dieses Verfahren unzuverlässig. Die diagnostische Schulterarthroskopie scheint die einzig zuverlässige Methode zur Diagnostik zu sein.

Operative Grundlagen

Die Behandlung der SLAP-Läsion beginnt mit einer diagnostischen Arthroskopie, bei der 15 Punkte (Tabelle 1) beachtet werden müssen. Diese dient nicht nur zur Identifikation und Klassifizierung der SLAP-Läsion, sondern auch dazu, Begleiterkrankungen im Gelenk zu diagnostizieren und gleichzeitig zu behandeln (Snyder 1989). Etwa 40% der Patienten haben eine Partial- oder komplette Ruptur der Rotatorenmanschette, 15% glenohumerale Instabilität, 15% Knorpelschäden und 11% degenerative Veränderungen (Snyder et al. 1995). Diese Läsionen müssen identifiziert werden, da sie Prognose und Behandlung beeinflussen. Nachdem die Begleiterkrankungen diagnosti-

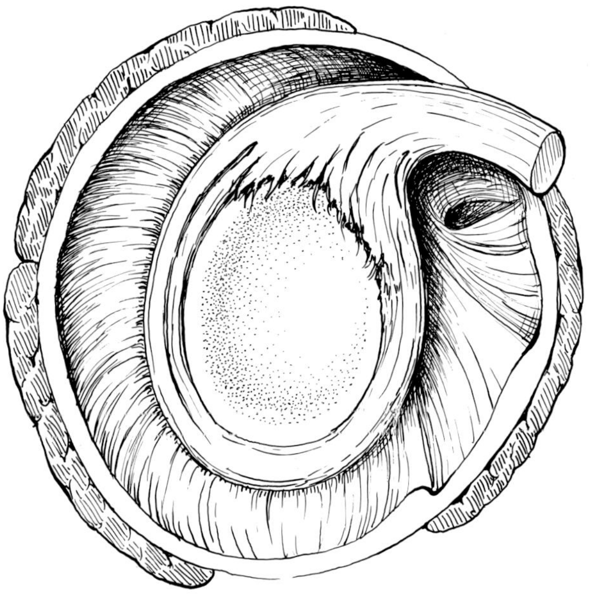

Abb. 1. SLAP-Typ-I-Läsion

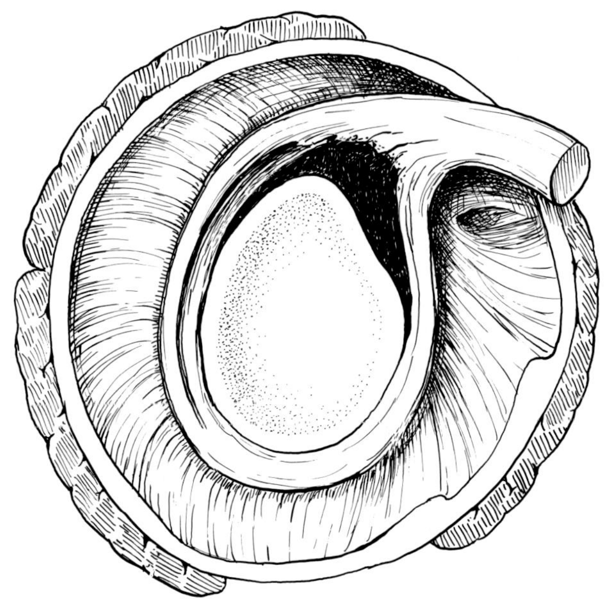

Abb. 2. SLAP-Typ-II-Läsion

Tabelle 1. Beachtung der 15 Punkte

Sicht durch das hintere Portal	
1	Bizepssehne
2	Hinteres Labrum und Ansatz der Kapsel
3	Recessus axillaris und inferiorer Ansatz der Kapsel am Humeruskopf
4	Inferiores Labrum und Gelenkfläche des Glenoids
5	Supraspinatussehne und Rotatorenmanschette
6	Posteriorer Ansatz der Supraspinatussehne und knorpelfreie Zone des Humeruskopfes
7	Gelenkfläche des Humeruskopfes
8	Anteriores superiores Labrum, superiores und mediales glenohumerales Ligament, Subskapularissehne
9	Anteriores inferiores Labrum
10	Anteriores inferiores glenohumerales Ligament
Sicht durch das vordere Portal	
11	Posteriores Glenoid und Labrum
12	Posteriorer Aspekt der Rotatorenmanschette einschließlich Infra- und Supraspinatussehne
13	Anteriores Glenoid und Labrum, Ansatz des inferioren glenohumeralen Ligamentes
14	Subskapularissehne und Recessus subcoracoideus, mediales glenohumerales Ligament
15	Vorderfläche des Humeruskopfes mit Ansatz des M. subscapularis und Passage der langen Bizepssehne im Sulkus

ziert wurden, wird die SLAP-Läsion in eine der vier Basistypen eingeteilt:

- **Typ 1:** Das superiore Labrum ist ausgefranst und degeneriert. Labrum und Bizepsanker sind stabil am Glenoid verankert (Abb. 1).
- **Typ 2:** Das superiore Labrum kann wie Typ 1 ein degeneratives Bild bieten. Labrum und Bizepsanker sind vom Ansatz am oberen Glenoid abgelöst. Der Komplex wölbt sich vom Glenoidhals weg (Abb. 2).
- **Typ 3:** Im superioren Labrum zeigt sich ein zentraler Korbhenkelriss. Das restliche Labrum und der Bizepsanker ist am Ursprung weiterhin fest verankert (Abb. 3).
- **Typ 4:** Im superioren Labrum zeigt sich ein Korbhenkelriß, der allerdings in verschiedenem Ausmaß in die Bizepssehne übergeht. Die abgerissene Bizepssehne verlagert sich zusammen mit einem Labrumlappen in das Gelenk (Abb. 4).

Die Behandlung der SLAP-I-Läsion ist abhängig vom Typ. Typ-1-SLAP-Läsionen sind höchst gutartig, zeigen nur Ausfransungen und degenerative Veränderungen im freien zentralen Teil. Bei älteren Patienten kann dies frühe degenerative Veränderungen darstellen; in jüngeren Patienten kann dies aber eine primä-

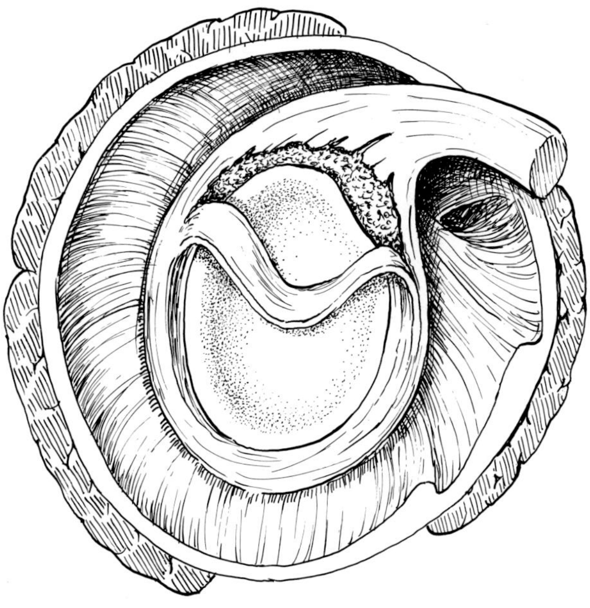

Abb. 3. SLAP-Typ-III-Läsion

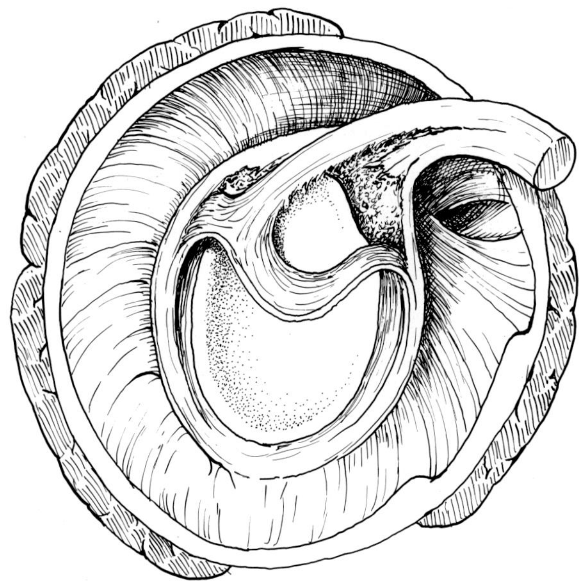

Abb. 4. SLAP-Typ-IV-Läsion

re pathologische Veränderung darstellen. Unabhängig davon besteht die Behandlung in einem einfachen Debridement des degenerierten Gewebes. Dies kann mit Hilfe eines arthroskopischen Shavers durch die antero-superioren und postero-superioren Standardzugänge erreicht werden. Man muss aufpassen, nicht intaktes Labrumgewebe oder die Bizepssehne zu verletzen.

Typ-II-Läsionen sind etwas schwieriger zu diagnostizieren und behandeln. Das normale superiore Labrum hat oft eine zentral freiliegende Ecke und sieht manchmal wie ein Meniskus aus. Dies kann leicht mit einem abgelösten Labrum verwechselt werden. In der akuten Situation kann das entzündete und hämorrhagische Gewebe leicht identifiziert werden und bestätigt eine traumatische Ablösung. Dies wird schwieriger bei chronischen Läsionen, in denen Narbengewebe das obere Glenoid bedecken und eine normale Verankerung vortäuschen kann. Es ist wichtig, den peripheren Ursprung des Labrums zu identifizieren. Normalerweise geht der Gelenkknorpel des Glenoids in das Labrum über. Eine Lücke zwischen Knorpel und Labrumansatz ist ein Hinweis auf eine Ablösung des Labrums vom Ansatz am Glenoid. Wird Traktion über die Bizepssehne ausgeübt, wölbt sich das abgelöste Labrum 3–4 mm vom Glenoid weg.

Die arthroskopische Therapie der SLAP-II-Läsion entwickelte sich in Phasen. Frühere Berichte sprachen von einem simplen Debridement des Labrums und einer Dekortikation des Skapulahalses. Mehrere Autoren erreichten mit diesem Vorgehen 70–85% gute und exzellente Resultate und bemerkten, dass sich superiore Labrumläsionen nach Debridement gutmütiger als vordere oder hintere Einrisse verhalten, speziell bei einem stabilen Gelenk (Glasgow et al. 1992, Payne und Jakl 1993). Jedoch wurde bemerkt, dass die Einheilung nur inkomplett war und länger immobilisiert werden musste (Karzel und Snyder 1995). Der Trend geht nun dahin, den Bizepsanker am oberen Glenoid zu rekonstruieren, um bessere Stabilität und frühere Mobilität zu erreichen.

Es wurden verschiedene Techniken zur Fixation der SLAP-II-Läsionen beschrieben. Field und Savoie haben 20 Typ-II- und -IV-Läsionen mit einer transglenoidalen Naht behandelt. Bei allen Patienten wurden gute und exzellente Resultate erzielt (Field und Savoie 1993). Yoneda et al. rekonstruierte SLAP-II-Läsionen mit einem „Staple“ und berichtete von 80% guten und exzellenten Resultaten, musste aber bei allen Patienten eine zweite Arthroskopie zur Metallentfernung durchführen (Yoneda et al. 1991). Resch et al. haben

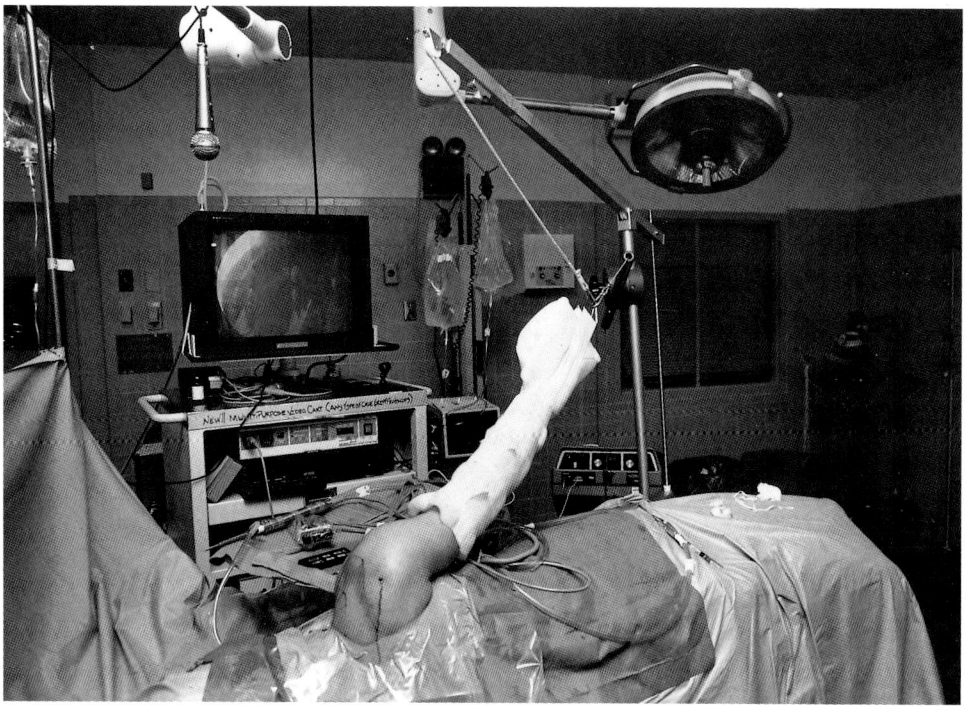

Abb. 5. Die Extremität wird gelagert und longitudinale Traktion wird in 70 Grad Abduktion und 10 Grad Flexion ausgeübt

mit der Verwendung einer Titanschraube und einem resorbierbaren Dübel ähnliche Ergebnisse erreicht, mussten aber auch in einem zweiten Eingriff das Metall entfernen (Resch et al. 1993).

Wir rekonstruieren die SLAP-II-Läsion zur Zeit mit einem Nahtanker mit einem starken nicht resorbierbaren geflochtenen Faden. Damit kann man die SLAP-II-Läsionen in Matratzennahttechnik rekonstruieren. Zahlreiche Systeme stehen zur Verfügung unter anderem der Mitek GII™, der resorbierbare BioTak™-Nahtanker und der 4 mm MiniRevo™-Anker. Wir ziehen den MiniRevo Nahtanker vor, der aus Titan besteht und in den Knochen geschraubt und entfernt werden kann, sollte die Rekonstruktion nicht funktionieren. Der Anker ist mit einem Nr. 2 Ethibond ausgestattet, der zur Rekonstruktion des Labrums benutzt wird.

Die Behandlung der Typ-I-Labrum-Läsion, wo der Korbhenkel in die Bizepssehne hineinreicht, muss je nach gefundenem Ausmaß variiert werden. Ist die Bizepssehne nur zur einem geringen Teil betroffen, kann das abgelöste Fragment am Labrum und der Bizepssehne reseziert werden. Damit bleibt der Hauptanteil der Sehne und des Labrums verankert. Betrifft der Riss mehr als 30% der Sehnensubstanz, wird es komplexer. In älteren Patienten, speziell solchen mit Bizepssehnensymptomatik, wird eine Tenodese der Bizepssehne zusammen mit einem Debridement des abgelösten Labrums ausgeführt. In jüngeren Patienten mit einem ausgeprägtem Riss führen wir eine arthroskopische Rekonstruktion der Bizepssehne und des abgelösten Labrums durch.

Die Rekonstruktion der SLAP-IV-Läsion besteht in der Platzierung mehrerer Nähte durch das Labrum und den Bizepsstumpf in Matratzennahttechnik mit dem Knoten von der Gelenkfläche wegzeigend (Burkhart und Fox 1993, Snyder 1993).

Operationstechnik

Diagnostische Arthroskopie. Wir benutzen die laterale Dekubitusposition in Allgemeinnarkose für alle arthroskopischen Eingriffe. Sobald der Patient gelagert ist, wird eine sorgfältige klinische Untersuchung durchgeführt. Die Extremität wird dann präpariert und abgedeckt. Der Arm wird in einer Rotations- und Abduktionsschiene gelagert (Abb. 5).

Die diagnostische Arthroskopie wird mit dem Arm in 70 Grad Abduktion und etwa 10 Grad Flexion mit einem Traktionsgewicht von 4,5–5,5 kg in longitudinaler Richtung durchgeführt. Standard postero-supe-

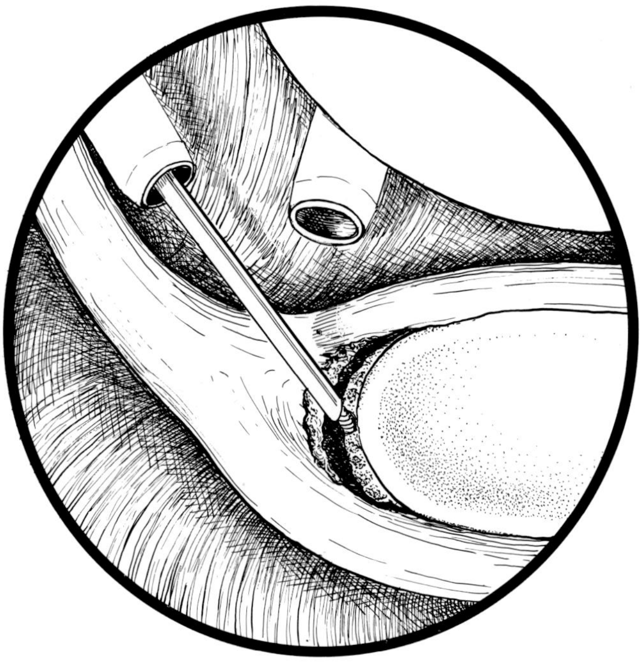

Abb. 6. Der Knochen unterhalb des superioren Labrums und des Bizepsankers wird mit einer 4 mm Fräse leicht dekortikiert

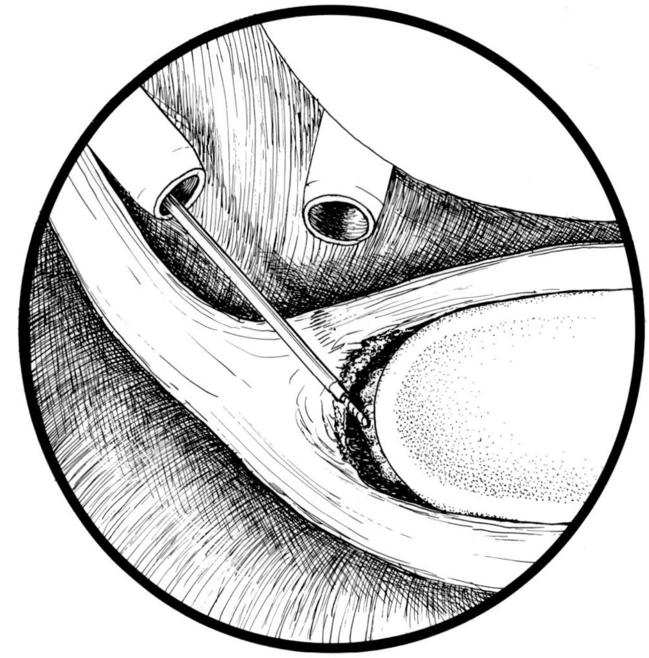

Abb. 7. Mit einem 1 mm MiniRevo-Bohrer oder Dorn wird ein Loch zur Plazierung der Nahtanker gebohrt. Dieses Loch soll 45 Grad nach posterior und 45 Grad nach medial weisen

riore und antero-superiore Portale werden benutzt. Das postero-superiore Portal wird durch eine Hautinzision 2–3 cm inferior und 1–2 cm medial der postero-lateralen Kante des Akromiums angelegt. Mit einem stumpfen Trokar wird die hintere Rotatorenmanschette und die Kapsel durchstoßen und das Arthroskop durch dieses Portal in das Gelenk eingeführt. Das antero-superiore Portal wird durch „inside-out"-Technik angelegt.

Das Arthroskop wird unmittelbar anterior der Bizepssehne an die Kapsel gebracht und wölbt diese nach außen. Das Arthroskop wird entfernt, ein Führungsdraht wird durch das hintere Portal eingeführt und die vordere Kapsel und Rotatorenmanschette etwa 2 cm inferior der vorderen Akromiumkante damit durchstoßen. Eine Hautinzision wird über dem Führungsdraht gemacht. Dann wird eine Kanüle über diesen Draht in das Gelenk geschoben.

Eine diagnostische Arthroskopie wird unter Beachtung der 15 Punkte in Tabelle 1 durchgeführt.

Rekonstruktion der TYP-II-SLAP-Läsion. Die arthroskopische Rekonstruktion des TYP-II-SLAP benötigt einen dritten Zugang, das antero-mittglenoidale (AMG) Portal. Dieses Portal wird ebenfalls in „inside-out"-Technik entwickelt. Die Haut wird ungefähr 3 cm inferior und 1–2 cm lateral zum antero-superioren Portal inzidiert. Mit der Kamera im hinteren Portal, wird eine Plastikkanüle mit einem stumpfen Trokar an der superioren Begrenzung der Subskapularissehne in das Gelenk gebracht.

Ein Shaver wird durch das antero-superiore Portal eingebracht und die bindegewebige Membran über dem oberen Skapulahals wird debridiert. Das abgelöste Labrum und die Bizepssehnen werden ebenfalls vorsichtig debridiert. Mit einer 4 mm Fräse wird der Knochen unterhalb des oberen Labrums und des Bizepsankers dekortikiert (Abb. 6). Der Gelenkknorpel darf hierbei nicht verletzt werden. Eine Absaugung darf über die Fräse nicht benutzt werden, da dies dazu führen kann, dass sich Weichteilgewebe in der Fräse verfängt und beschädigt werden kann. Das mittglenoidale Portal kann als outflow verwendet werden.

Ist die Glenoidkante ausreichend präpariert, kann man mit der Fräse ein kleines Loch an der Stelle fräsen, an der später der Nahtanker implantiert wird. Dieses Loch sollte genau unterhalb des normalen Ansatzes der Bizepssehne sein. Ein 1 mm MiniRevo arthroskopisches Bohrgerät oder ein Dorn wird durch das antero-superiore Portal in das Loch gebracht (Abb. 7). Der Bohrer wird um 45 Grad von der Gelenkfläche und

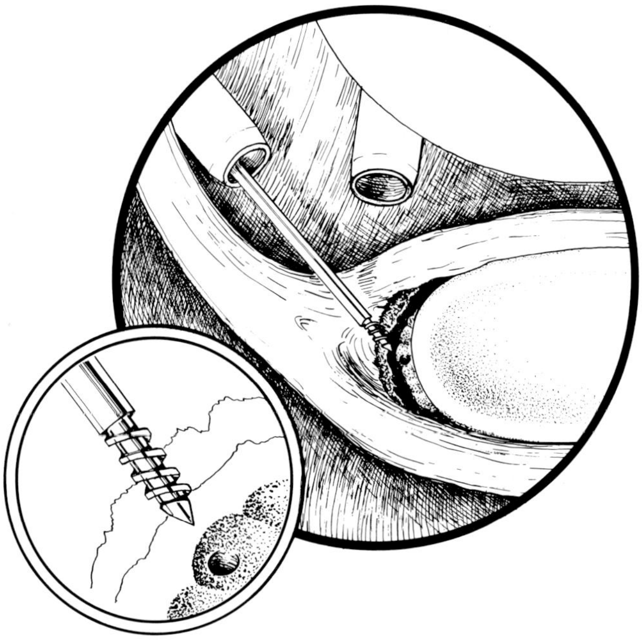

Abb. 8. Ein MiniRevo-Nahtanker geladen mit Nr. 2 Ethibond wird im vorgebohrten Loch plaziert

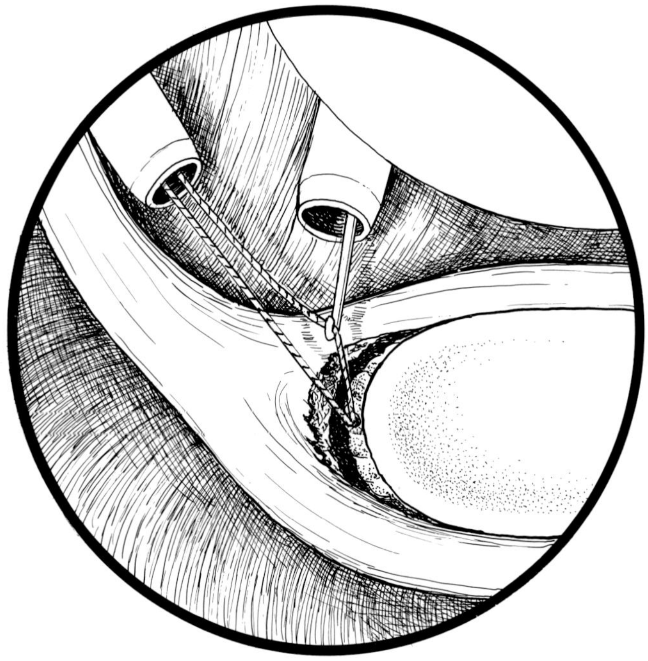

Abb. 9. Ein gebogener Haken wird benutzt, um ein Fadenende durch das anteriore Portal zu ziehen

45 Grad nach posterior abgewinkelt und ein Loch für die Insertion des Nahtankers gebohrt.

Ein 2,7 mm MiniRevo Nahtanker wird mit Nr. 2 Ethibond geladen und durch das antero-superiore Portal in das vorgebohrte Loch eingebracht (Abb. 8). Der Anker sollte bis zur Stoppmarkierung eingeführt werden. Eine adäquate Stabilität des Ankers wird damit erreicht, kann aber im Notfall noch entfernt werden. Sobald der Anker platziert ist, wird die Stabilität durch Zug an den Fäden getestet. Ein gebogener Haken wird benutzt, um ein Ende des Fadens durch das AMG Portal zu bringen (Abb. 9).

Wir benutzen zur Zeit ein „shuttle relay" der Firma Linvatec, um die Fäden vom glenoidseitigen Labrum zum peripheren Labrum zu verlagern. Das shuttle relay besteht aus einem geflochtenen Drahtkern, der ungefähr 76 cm lang ist und mit einer Nylonschicht überzogen ist. Es hat ungefähr die Größe eines Nr. 1 Monofilament Fadens. Im Zentrum des „shuttle relays" befindet sich eine 1 mm Öse, die durch Entfernen eines Nylonsegmentes und Aufflechten des Drahtkernes entsteht. Das „shuttle relay" ermöglicht dem Chirurgen jedes Nahtmaterial für die Rekonstruktion zu verwenden und jeden erhältlichen arthroskopischen Fadenrückholer zu benutzen.

Eine 17 g Spinalnadel wird durch das antero-superiore Portal und durch das Labrum und den Bizepsanker nahe der vorderen Begrenzung der Sehne gebracht. Der Trokar wird entfernt und das „shuttle relay" wird durch die Nadel und das Gewebe geführt, bis er tief im Gelenk sitzt. Er wird dann mit einer Greifzange durch das AMG Portal ausgeführt. Die Spinalnadel wird entfernt (Abb. 10). Ein Fadenende wird durch die Öse des „shuttle relays" gezogen und zusammen mit dem „shuttle relay" zurück ins Gewebe und durch das antero-superiore Portal gezogen (Abb. 11). Um die Matratzentechnik zu vervollständigen wird dieser Schritt mit dem anderen Fadenende ungefähr 8 mm posterior zum ersten Durchgang wiederholt. Damit sind beide Fäden nun an der peripheren Seite des superioren Labrums und treten aus dem antero-superioren Labrum aus.

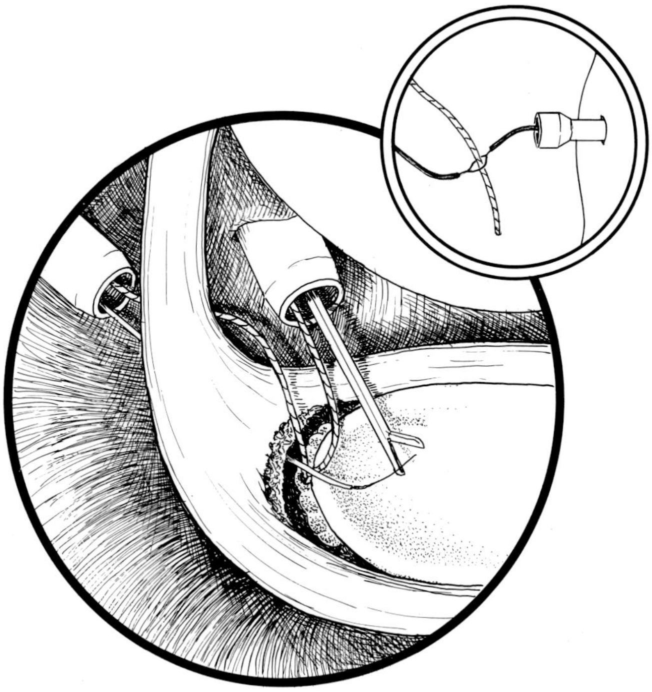

Abb. 10. Eine Spinalnadel wird durch das obere Labrum geschoben. Ein „shuttle relay" wird durch die Nadel gebracht und durch das anteriore Portal nach außen gebracht

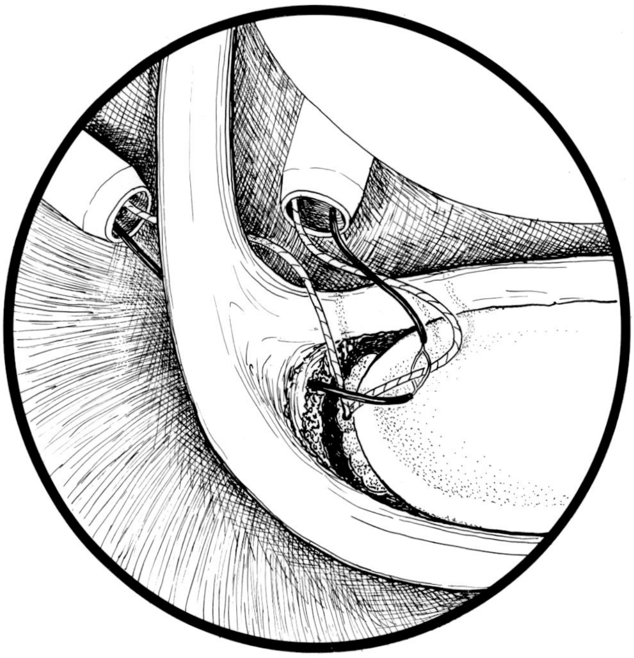

Abb. 11. Ein Fadenende wird durch die Öse des „shuttle relay" und mit dem shuttle durch das Labrum gezogen und durch das antero-superiore Portal wiedergewonnen

Das superiore Labrum wird reponiert, die beiden Fadenenden mit einem arthroskopischen Knoteninstrument verknotet (Abb. 12). Die Knoten müssen sicher versiegelt werden, damit das Labrum und der Bizepsanker stabil an der oberen Glenoidkante gehalten werden. Ein Minimum von fünf Knoten sollte zur Sicherheit geknüpft werden. Die Enden werden kurz abgeschnitten (Abb. 13). Mit einem Tasthaken wird die Rekonstruktion überprüft. Ist die Ablösung des superioren Labrums ausgedehnt, können zusätzliche Nahtanker entweder anterior oder posterior des Bizepsankers verwendet werden.

Rekonstruktion der SLAP-III-Läsion. Die Typ-III-Läsion oder der Korbhenkelriss des oberen Labrums ist viel einfacher zu behandeln. Da die peripheren Anteile des Labrums und der Bizepsanker intakt sind, ist es ausreichend, lediglich die gelockerten Fragmente des Labrums zu entfernen und ein Blockieren oder Schnappen zu verhindern. Dies kann mit Hilfe von arthroskopischen Instrumenten bewerkstelligt werden. Nach dem Debridement muss der Bizepsanker sorgfältig auf seine Stabilität geprüft werden.

Rekonstruktion der Typ-IV-SLAP-Läsion. Eine Spinalnadel wird perkutan unmittelbar unterhalb der antero-lateralen Kante des Akromiums durch die Bizepssehne und quer durch den gespaltenen Anteil gebracht. Ein „shuttle relay" wird durch die Nadel gezogen und durch das antero-superiore Portal herausgebracht. Die Nadel wird entfernt. Die Öse des „shuttle relay wird mit einem Nr. 2 Ethibond Faden geladen und mit einem Fadenende durch die Bizepssehne und den gespaltenen Anteil gezogen und aus dem antero-superioren Portal herausgebracht. Die Spinalnadel wird etwa 3–4 mm von der ersten Einstichstelle erneut durch Bizepssehne in den gespaltenen Anteil gebracht. Der „shuttle relay" wird wie beschrieben in derselben Weise benutzt. Das Fadenende, welches durch das antero-superior Portal aus dem Gelenk gebracht wurde, wird nun wieder in die Öse geladen und retrograd durch das Gewebe gezogen.

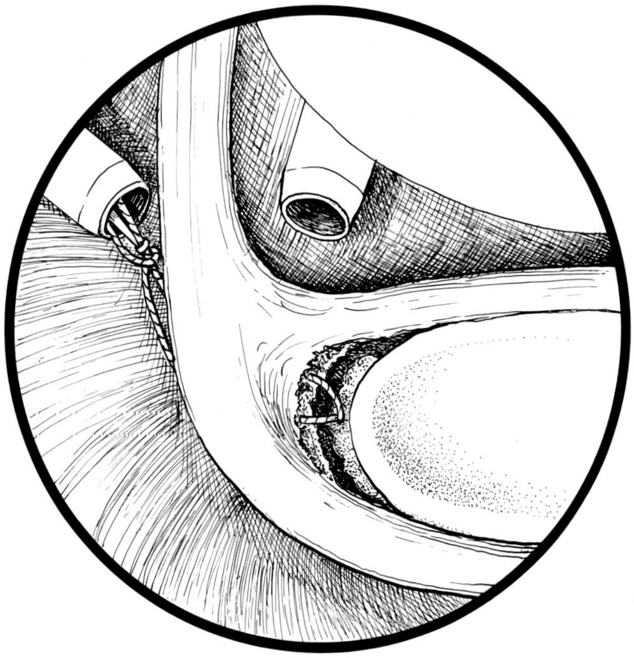

Abb. 12. Die beiden Fadenenden werden mit Hilfe eines Knotenschiebers geknüpft

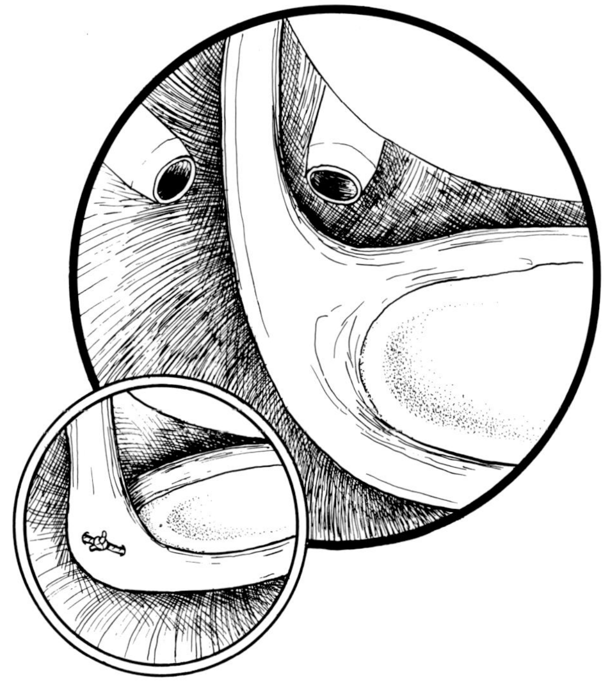

Abb. 13. Eine komplette Rekonstruktion mit einem gut reponierten Labrum und stabilen Knoten

Beide Fadenenden kommen nun perkutan aus dem Gelenk. Ein gebogener Haken wird durch das antero-superiore Portale gebracht und die Fäden damit wiedergewonnen. Der Knoten wird mit Hilfe eines Knoteninstrumentes geknüpft. Dieser Schritt wird wiederholt, bis das gesamte Labrum anterior und posterior und die Bizepssehne rekonstruiert sind. In einigen Fällen ist der Riss weit posterior, so dass das Arthroskop durch das antero-superiore Portal eingeführt werden muss und die Rekonstruktion über das hintere Portal erfolgt.

Manchmal trifft man einen komplexen Riss an, normalerweise eine Kombination zwischen Typ II und Typ IV. In dieser Situation werden die abgelösten Fragmente des Labrums und der Bizepssehne debridiert. Bleibt genügend Bizepssehne zurück, wird die Rekonstruktion an das Glenoid mit Hilfe von Nahtankern ausgeführt. Ist die Bizepssehne allerdings fragmentiert und degeneriert, sollte über eine Tenodese nachgedacht werden.

Nachbehandlung

Postoperativ wird der Patient in einer Armschlinge für drei Wochen immobilisiert. Ellenbogen, Handgelenk und Hand werden während dieser Zeit mobilisiert. Nach der ersten Woche kann die Schlinge für hygienische Zwecke entfernt werden, der Arm darf allerdings nicht außenrotiert oder über die Neutralposition extendiert werden, um Spannung am Bizeps zu vermeiden. Nach vier bis fünf Wochen werden Muskelkräftigungsübungen für den Bizeps begonnen und langsam gesteigert. Progressives Krafttraining wird für einen Zeitraum von 3 Monaten verboten.

Literatur

Andrews JR, Carson WG, McLeod WD (1985) Glenoid labrum tears related to the long head of the biceps. Am J Sports Med 13:337–340

Burkhart SS, Fox DL (1992) SLAP lesions in association with complete tears of the long head of the biceps tendon: a report of two cases. Arthroscopy 8:31–35

Burkhart SS, Fox DL (1993) Case report: arthroscopic repair of a Type IV SLAP lesion – the red-on-white lesion as a component of anterior instability. Arthroscopy 9:488–492

Cooper DE, Arnoczky SP, O'Brien SJ et al (1992) Anatomy, histology, and vascularity of the glenoid labrum. J Bone Joint Surg [Am] 74:46–52

Detrisac DA, Johnson LL (1986) Arthroscopic Shoulder Anatomy: Pathologic and Surgical Implications. SLACK Inc.: Thorofare, New Jersey

Field LD, Savoie FA (1993) Arthroscopic suture repair of superior labral detachment lesions of the shoulder. Am J Sports Med 21:783–790

Glasgow SG, Bruce RA, Yacobucci GN et al (1992) Arthroscopic resection of glenoid labral tears in the athlete: a report of 29 cases. Arthroscopy 8:48–54

Karzel RP, Snyder SJ (1995) Labral lesions. In: McGinty JB (ed) Operative Arthroscopy, 2nd edn. Raven Press, New York, pp 663–675

Payne LZ, Jakl P (1993) The results of arthroscopic debridement of glenoid labral tears based on tear location. Arthroscopy 9:560–565

Resch H, Golsen K, Thoeni H et al (1993) Arthroscopic repair of superior glenoid labrum detachment (the SLAP lesion). J Shoulder Elbow Surg 2:147–155

Snyder SJ (1989) A complete system for arthroscopy and bursoscopy of the shoulder. Surg Rounds Orthop July:57–65

Snyder SJ (1993) Review of "Case report Arthroscopic repair of a Type IV SLAP lesion – the red-on-white lesion as a component of anterior instability." Arthroscopy 9:494–496

Snyder SJ, Karzel RP, Del Pizzo W et al (1990) SLAP lesions of the shoulder. Arthroscopy 6:274–279

Snyder SJ, Rames RD, Wolbert E (1991) Labral lesions. In: McGinty JB (ed) Operative Arthroscopy. Raven Press, New York, pp. 491–499

Snyder SJ, Banas MP, Karzel RP (1995) An analysis of one hundred and forty consecutive injuries to the superior glenoid labrum. J Shoulder Elbow Surg 4:243–248

Yoneda M, Hirouka A, Saito S et al (1991) Arthroscopic stapling for detached superior glenoid labrum. J Bone Joint Surg [Br] 73:746–750

11

Karl Golser, Markus Wambacher, Herbert Resch

SLAP-Läsionen: Transakromialer Zugang

Die sogenannte SLAP-Läsion wurde 1990 von Snyder et al. als eine Ablösung des Labrums im oberen Anteil der Schulterpfanne einschließlich einer kompletten oder partiellen Ablösung der langen Bizepssehne beschrieben. Diese Läsion verläuft vom postero-superioren Anteil über den Ursprung der langen Bizepssehne bis zum antero-superioren Anteil der Pfanne. Die Besonderheit dieser Verletzung besteht darin, dass der Ursprung der langen Bizepssehne an seinem oberen Pol mehr oder weniger stark mit dem glenoidalen Labrum verbunden ist. Da die Bizepssehne ein wichtiger Stabilisierer des Schultergelenkes ist, und zusätzlich den Humeruskopf in die Pfanne senkt, sorgt eine Ablösung des oberen Labrumkomplexes und der langen Bizepssehne für eine Instabilität des Humeruskopfes nach kranial.

Klinisch produziert dies im allgemeinen einen bewegungsabhängigen Schmerz und kann ein sekundäres Impingement imitieren. Eine Kontraktion des M. biceps kann zu einer Interposition und in der Folge zu einer Inkarzeration des Labrumkomplexes im Glenohumeralgelenk führen. Klinisch kann dies zu einem schmerzhaften „Knallphänomen“ während Überkopfaktivitäten oder in Extremfällen zu einem Einklemmen und dem „dead arm syndrome“ führen (Andrews et al. 1985). Die große Mehrheit der SLAP-Läsionen tritt bei jungen Patienten, die in Überkopfaktivitäten besonders engagiert sind, auf. Eine instabile SLAP-Läsion vom Typ II und IV nach Snyder ist daher eine Indikation für eine operative Refixation.

Operative Grundlagen

Die Refixation einer SLAP-Läsion ist eine technisch schwierige arthroskopische Operation. Die anatomischen Eigenheiten der Schulter schließen die schwer zu erreichende Lokalisation des oberen Glenoidanteils genau unterhalb des knöchernen Akromiums ein. Die lange Bizepssehne ist zum einen direkt an das Tuberculum supraglenoidale und zum anderen am Labrum befestigt. Die Mehrheit der Sehnenfasern strahlen in das postero-superiore Labrum ein (Abb. 1). Bei einer instabilen SLAP-Läsion mit einer kompletten Ablösung der Bizepssehne sollte daher das Labrum am postero-superioren Teil der Schulterpfanne refixiert werden. Die arthroskopischen Techniken, die in der Literatur beschrieben werden, schließen eine Rekonstruktion des Labrums mit Hilfe von Nahtankern, transglenoidalen Nähten oder „Staples“ ein (Habermeyer und Wiedemann 1991, Yoneda et al. 1991, Field und Savoie 1992, Snyder 1993).

Die Standardportale für eine Schulterarthroskopie lassen einen direkten Zugang zum postero-superioren Aspekt der Glenoidkante nicht zu. Das Neviaser-Portal zwischen der lateralen Klavikula und dem Akromium, welches transmuskulär durch den M. supraspinatus verläuft, könnte benutzt werden. Die Instrumente setzen allerdings mit einem zu flachen Winkel am Glenoid an und verursachen mit hoher Wahrscheinlichkeit eine Perforation des Knorpels. Die einzige Möglichkeit, Instrumente parallel zum Glenoid einzuführen, und die postero-superiore Glenoidkante zu erreichen, besteht nur im transakromialen Zugang direkt durch das knöcherne Akromium. Dieser Zugang wurde von Resch et al. 1993 entwickelt und erlaubt, die Instrumente über ein 7 mm Bohrloch durch das Akromium hindurch einzuführen. Diese Technik ermöglicht eine anatomische Refixation des Ursprunges der langen Bizepssehne und des postero-superioren Labrums.

Die Platzierung des Bohrloches genau im Zentrum des Akromiums ist zur Vermeidung einer Fraktur ent-

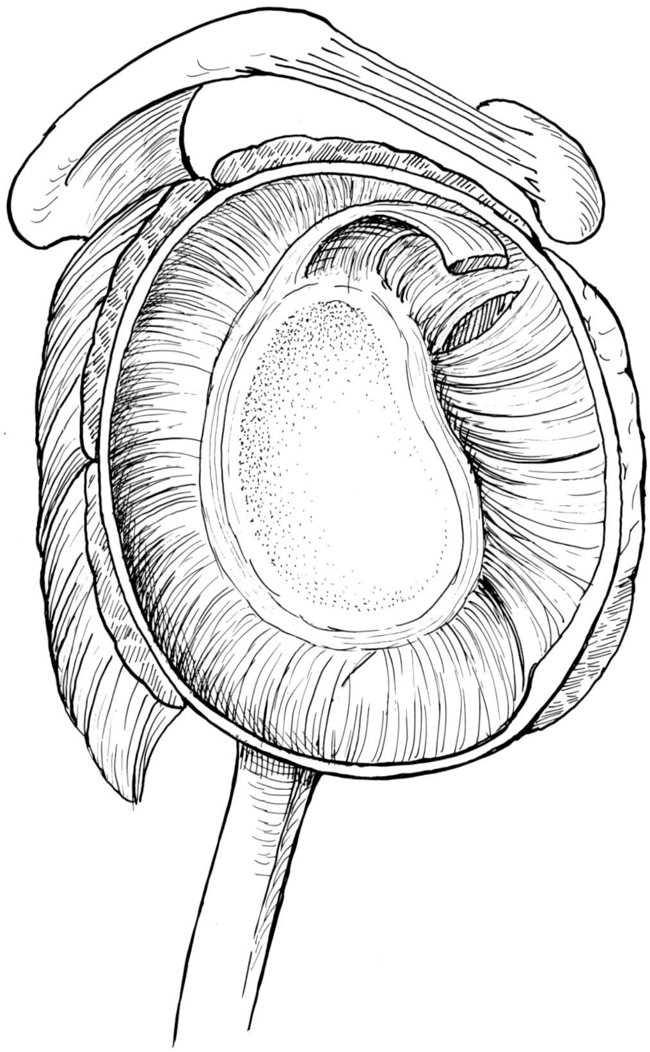

Abb. 1. Ein anatomisches Bild des Glenoids nach Entfernen des Humeruskopfes. Die Beziehung der Bizepssehne zum oberen Labrum wird gezeigt

scheidend. Diese Platzierung kann einfach ausgeführt werden, indem man die knöchernen Kanten des Akromiums mit Nadeln markiert. Auf den Verlauf des N. suprascapularis muss dabei besonders geachtet werden, der den Skapulahals etwa 1,5–2 cm medial des oberen Glenoidpoles kreuzt. Um eine Verletzung des Nerven zu vermeiden, muss die Position und Richtung des Bohrers durch direkte Sicht kontrolliert werden.

Manchmal ist es vorteilhaft, das Arthroskop durch das antero-superiore Portal einzuführen, um eine bessere Sicht auf die Position des Bohrers zu haben. Diese Form der arthroskopischen Refixation ist technisch sehr anspruchsvoll und sollte gemeinsam durch zwei erfahrene Arthroskopeure durchgeführt werden, da einige Manöver simultanes Arbeiten erfordert. Im besonderen dann, wenn das Labrum zurück an das Glenoid reponiert wird, ist es oft notwendig, dass der „Assistent" mit einem Tasthaken oder einer Zange den Labrum-Bizepskomplex an die obere Glenoidkante reponiert. Während des Bohrens ist es ebenfalls entscheidend, dass der „Assistent" das Arthroskop in der idealen Position hält, um dem Chirurgen eine optimale Sicht zu ermöglichen. Dies kann in einigen Fällen besonders schwierig sein, da manchmal der Platz eingeschränkt ist, vor allem im postero-superioren Bereich des Gelenkes. Die bei Patienten mit einer SLAP-Läsion oft vorkommende Instabilität ruft eine sekundäre Synovitis hervor, die zu weiteren Sichtbehinderungen führen kann. Die schwerwiegendste Komplikation kann beim Positionieren des Bohrers an der oberen Glenoidkante entstehen. Der Eintrittswinkel muss von der Gelenkebene abweichen, da der Gelenkknorpel sonst verletzt werden kann. Es muss auch darauf geachtet werden, dass das Bohrloch in sicherem Abstand zum Knorpel verläuft, da beim Einhämmern des Suretac-Dübels ansonsten Knorpel vom subchondralen Knochen getrennt werden kann.

Operationstechnik

Der Eingriff wird in der sogenannten „beachchair"-Position durchgeführt. Die Schulter wird mit wasserdichten selbstklebenden Tüchern in der Weise abgedeckt, dass der Arm noch frei beweglich bleibt. Der Ellenbogen wird in einer Schiene 90 Grad gebeugt und mit Traktion so gelagert, dass kontrollierte Innen- und Außenrotation während des Eingriffes möglich ist.

Die Landmarken für die Platzierung der Portale sind das Akromium, das AC-Gelenk und die laterale Klavikula. Ein posteriores Standardportal wird 1 cm medial und 1 cm inferior der Akromiumkante angelegt. Ein antero-superiores Arbeitsportal wird unmittelbar anterior der vorderen Kante des Akromiums platziert. Von intraartikulär gesehen, soll dieses Portal genau vor der langen Bizepssehne eintreten. Die Position des transakromialen Portals wird intraoperativ bestimmt. Die exakte antero-posteriore Lokalisation der Bizepssehne wird mit einem 1 mm Kirschnerdraht etabliert. Der Kirschnerdraht wird am besten von der Seite unter arthroskopischer Kontrolle in das Gelenk gebracht und die Position des Drahtes von außen mit einem Hautmarker markiert. Ein zweiter Kirschnerdraht wird ebenfalls unter Sicht im Dreieck,

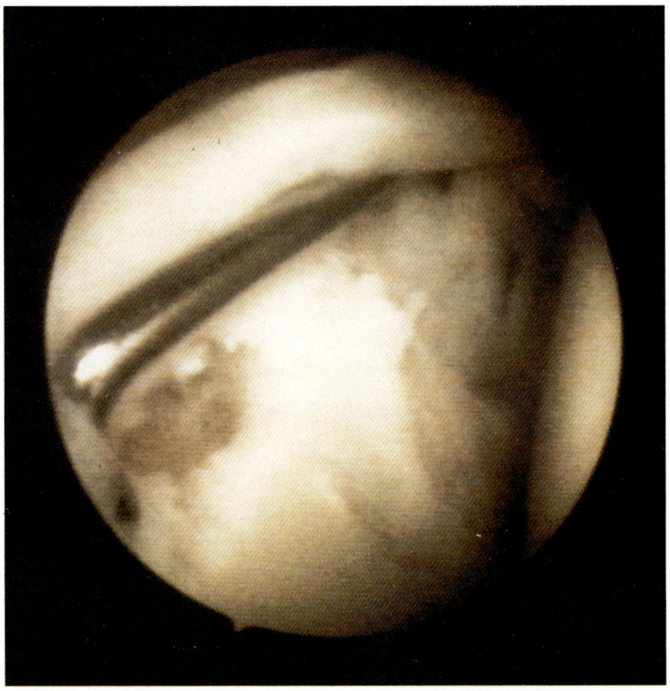

Abb. 2. Eine Nute wird am oberen Pol des Glenoids gefräst, um eine blutende Oberfläche für die Refixation des Labrums zu erreichen

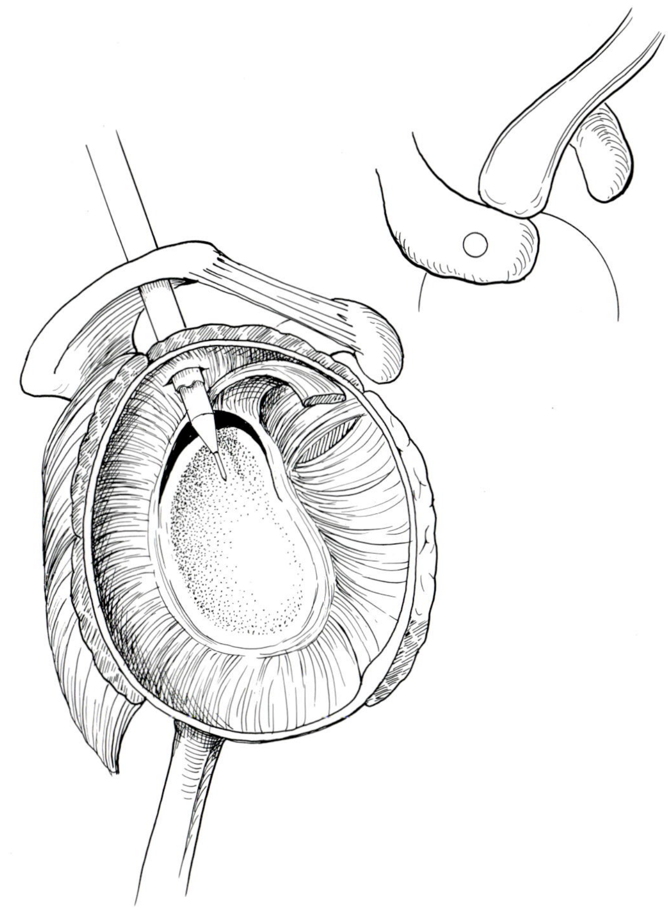

Abb. 3. Der stumpfe Trokar wird durch das Bohrloch gemeinsam mit dem 1 mm Führungsdraht eingeführt. Die Position des Bohrloches liegt im Zentrum des Akromiums

welches von der lateralen Klavikula, dem Akromium und der Spina scapulae geformt wird, inseriert. Das zu bohrende Loch liegt abhängig von der Breite des Akromiums an den Schnittpunkten der beiden Drähte. Das Bohrloch soll genau zentral im Akromium sitzen, um eine Fraktur durch das Bohren zu vermeiden.

Wir empfehlen die Durchführung dieser arthroskopischen Operation in Allgemeinnarkose. Eine Regionalanästhesie kann eine erhöhte Blutungstendenz zur Folge haben, die die Sicht einschränken kann. Ein zusätzlicher Vorteil der Allgemeinnarkose ist die Relaxation der Muskeln, speziell des M. biceps. Ein reflektorisches Anspannen des Bizepsmuskels kann den Eingriff erheblich erschweren.

Der Eingriff muss in einem gut ausgerüsteten Operationssaal durchgeführt werden. Zusätzlich zu den Standardinstrumenten, muss ein 30 Grad Arthroskop, Tasthaken, verschiedene Arten von arthroskopischen Schneideinstrumenten und ein Rongeur vorhanden sein. Das absolut notwendige Shaver Instrumentarium beinhaltet einen kleinen 3,5 mm (oder maximal 4,5 mm) Fullradius Shaver und arthroskopische Fräsen. Wir verwenden zur Fixation zur Zeit den Suretac^{TM} Dübel der Firma Smith & Nephews.

Vor der Refixation der SLAP-Läsion muss das Ausmaß des Schadens akkurat bestimmt werden. Den Grad der Instabilität kann man durch Palpation oder Dehnen der Bizepssehne mit dem Tasthaken bestimmen. Ist es indiziert, den postero-superioren Anteil zu refixieren, wird der Vollradius-Shaver durch das antero-superiore Portal eingeführt, das oftmals ausgefranste Labrum debridiert und Weichteilgewebe und Periost vom oberen Pol abradiert bis Knochen sichtbar wird. Die arthroskopische Fräse wird nachfolgend eingeführt und eine Vertiefung in den Knochen an der Grenze zum Gelenkknorpel gefräst (Abb. 2). Es ist wichtig, sämtliche knöchernen Rückstände wegzuspülen.

Wie weiter oben beschrieben, werden die Kirschnerdrähte medial und lateral in das Gelenk ein-

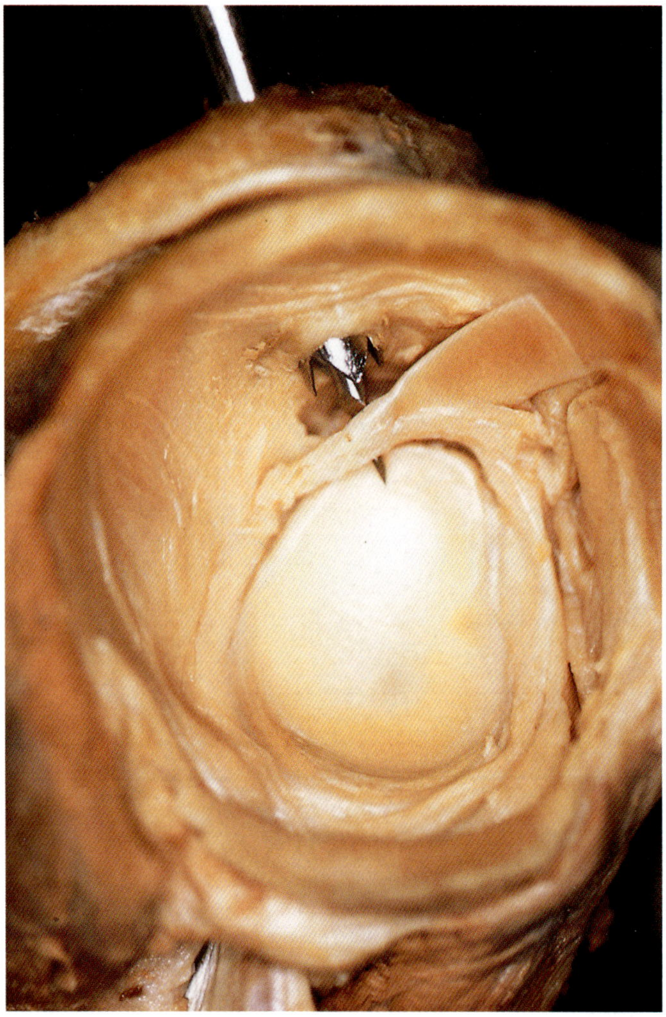

A

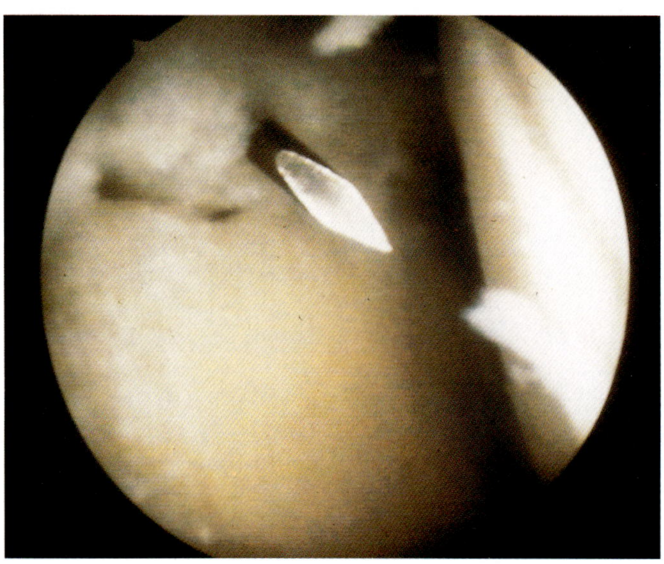

B

Abb. 4. (**A**) Das postero-superiore Labrum ist durch den 1 mm Führungsdraht perforiert worden, der bereits im kanülierten Bohrer liegt. (**B**) Ein intraoperatives Bild der Platzierung des Führungsdrahtes

geführt. Ist die optimale Position gefunden, wird die Haut auf einer Länge von 1 cm über dem Akromium inzidiert. Mit einem 7 mm Bohrer wird das Loch ins Akromium gebohrt. Der Bohrer darf hierbei nicht über das Weichteilgewebe hinaus in das Gelenk eintreten. Mit dem kanülierten Trokarsystem zur Einführung des 6 mm Suretacs wird der M. supraspinatus perforiert (Abb. 3). Der stumpfe Trokar wird entfernt und mit der Refixation begonnen. Der Bohrer wird über einen 1 mm Führungsdraht durch die Einführungskanüle eingeführt. Der Führungsdraht soll etwa 3 mm über den Bohrer hervorstehen. Mit dem Führungsdraht wird das Labrum zentral durchstoßen und an die obere Glenoidkante reponiert (Abb. 4). Die korrekte Position und vor allem die Richtung des Bohrers sind hier von entscheidender Bedeutung. Der Chirurg muss unbedingt auf den richtigen Abstand von der Gelenkfläche achten. Die Richtung des Bohrers sollte leicht nach medial von der Gelenkfläche abweichen, damit der Bohrer den Knorpel nicht penetriert (Abb. 5 A). Ist die exakte Position und Richtung festgelegt, wird gebohrt, bis die am Bohrer angebrachte Markierung dem Knochen anliegt (Abb. 5 B und 5 C). Der Bohrer wird entfernt, der Führungsdraht im Knochen belassen. Der Suretac wird über den Führungsdraht mit einem Suretac-Stössel in den Knochen gehämmert (Abb. 6). Die Refixation ist komplett (Abb. 7 A).

Das refixierte Labrum wird durch Zug an der Bizepssehne mit dem Tasthaken und durch Rotation der Schulter überprüft. Während dieser Manöver sollte der Führungsdraht in situ belassen werden. Dies erleichtert die erneute Refixation, sollte sich der Dübel während der Zugbelastung an der Bizepssehne lockern oder herausfallen (Abb. 7 B). Eine große SLAP-Läsion besonders antero-superior verlangt manchmal einen zweiten Suretac anterior der langen Bizepssehne. Dies kann man einfach durch das antero-superiore Portal erreichen. Ist die Refixation komplett, wird das Gelenk gründlich gespült. Eine Drainage wird für 48 Stunden im Gelenk belassen. Die Hautinzisionen werden genäht. Die Schulter wird in neutraler Position immobilisiert.

Nachbehandlung

Wie erwähnt, wird der Verband mit dem Patienten noch in Narkose angelegt. Die Schulter wird insgesamt für 4 Wochen immobilisiert. Während dieser Zeit kann der Verband zum Waschen und Duschen entfernt und Pendelübungen zur Schulterlockerung begonnen werden. Mit der Krankengymnastik wird 5

A

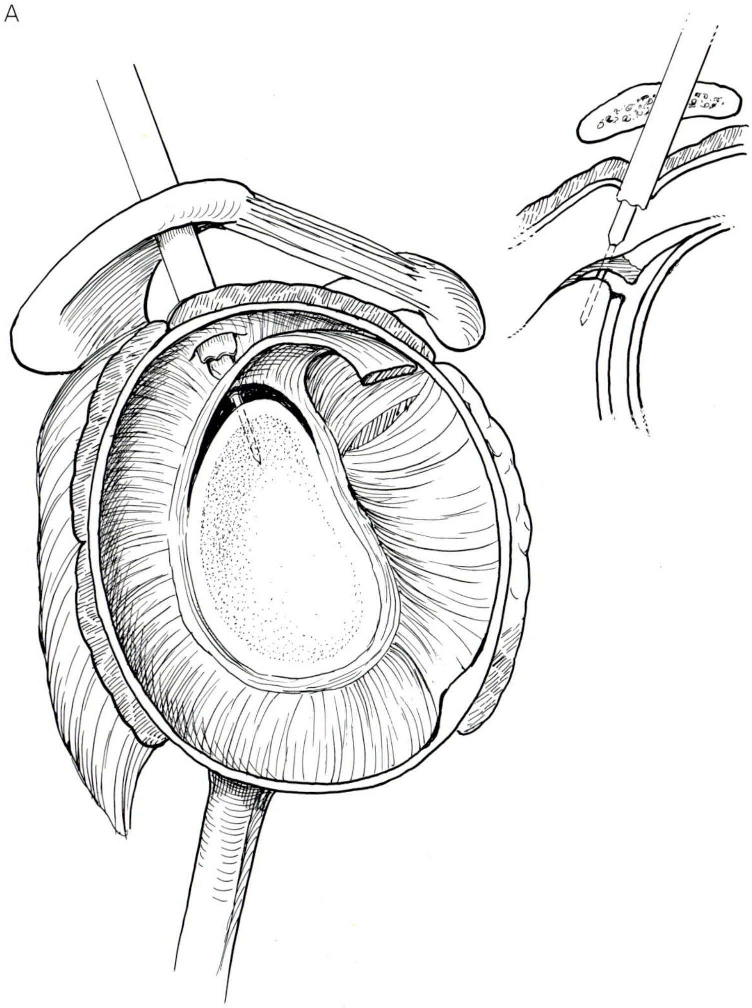

C

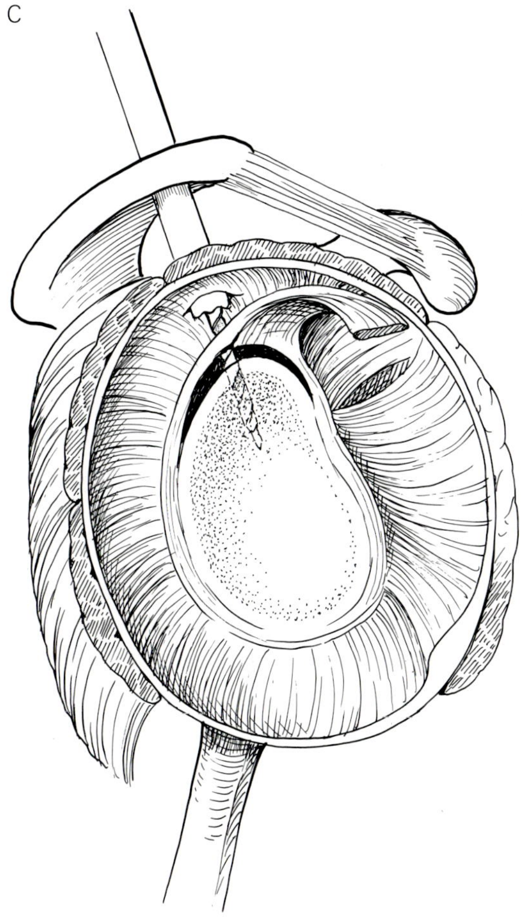

B

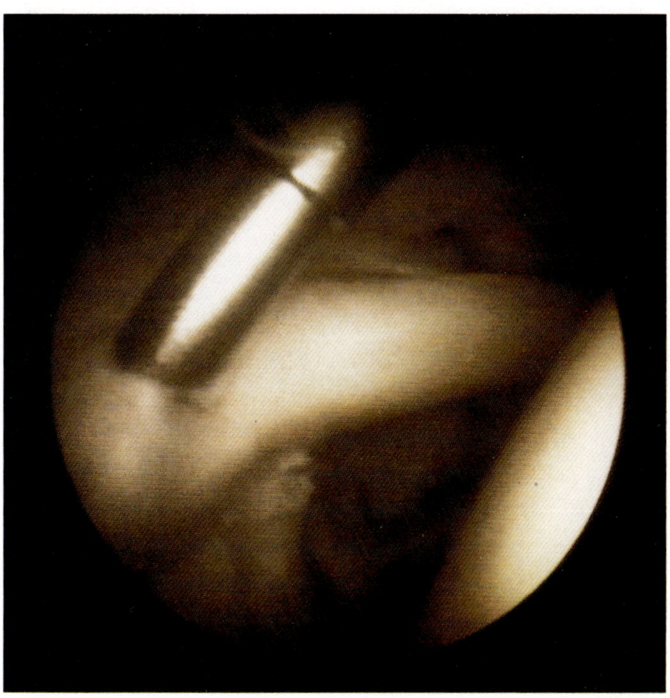

Abb. 5. (**A**) Nach Perforation wird das Labrum an seinen anatomischen Ursprung reponiert. Der Bohrer muss im richtigen Winkel divergent zum Verlauf der Glenoidoberfläche verlaufen. (**B**) Ein intraoperatives Bild während des Bohrens. Mit der Markierung am Bohrer wird die Eindringtiefe kontrolliert. (**C**) Die Zeichnung demonstriert das Bohrmanöver

A

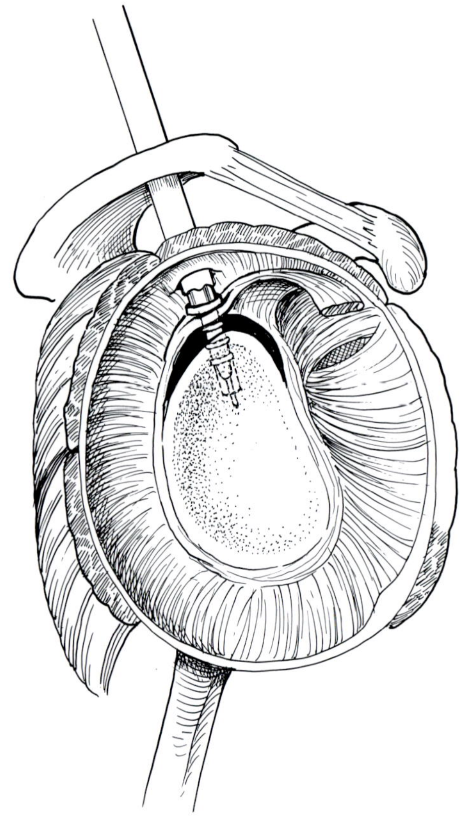

B

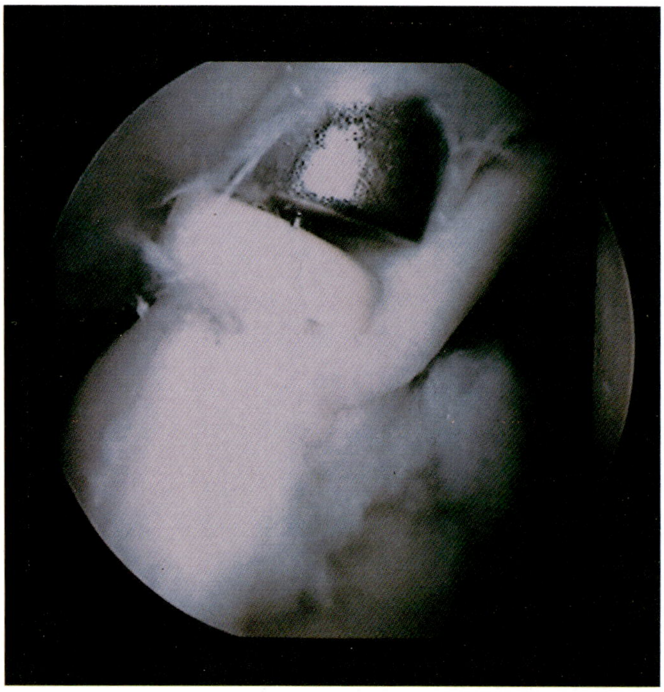

Abb. 6. (**A**) Nach Entfernung des Bohrers wird ein 6 mm Suretac über den Führungsdraht geschoben (**B**) Ein intraoperatives Bild, wie mit Hilfe des Stößels gerade der Dübel eingehämmert wird

A

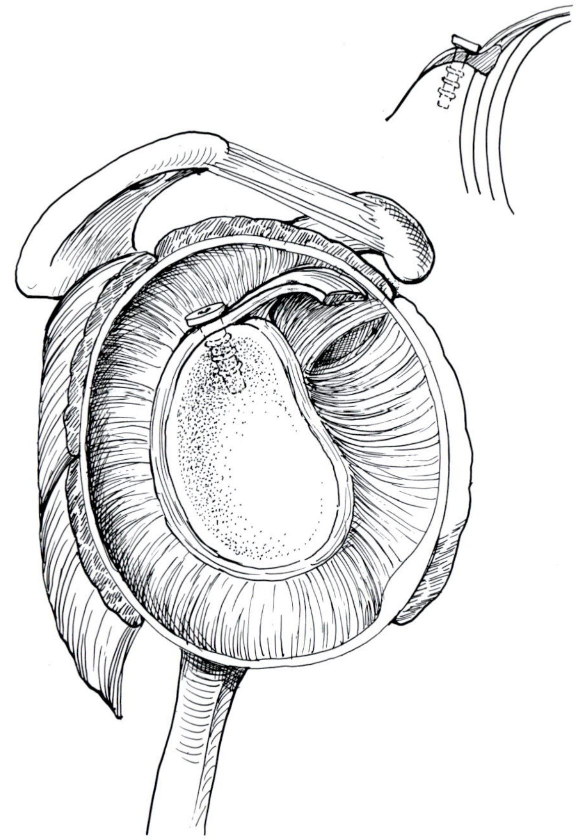

B

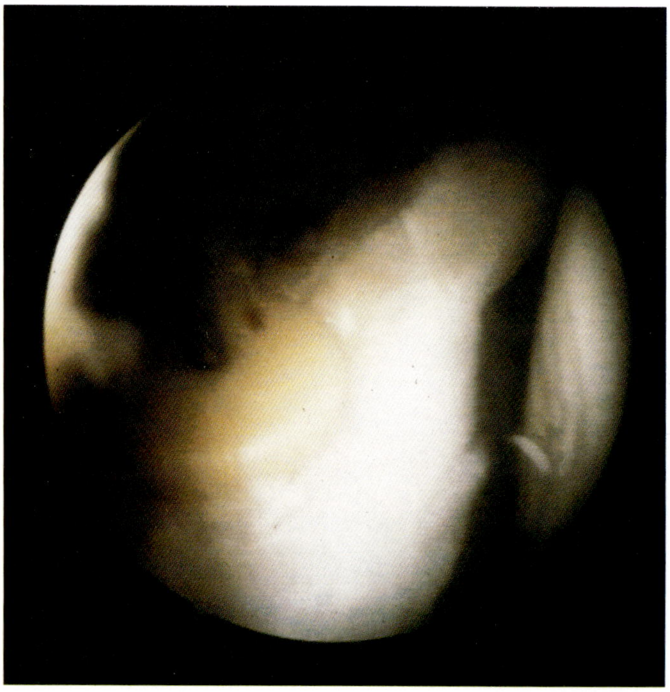

Abb. 7. (**A**) Die Position des Suretac nach kompletter Refixation im postero-superioren Glenoid mit divergierendem Winkel des Bohrloches im Vergleich zur Gelenkoberfläche. (**B**) Ein intraoperatives Bild mit dem Suretac posterior des Ursprunges der Bizepssehne positioniert. Während man die Qualität der Fixation testet, empfehlen wir den Führungsdraht in situ zu belassen

Wochen postoperativ begonnen. Passive und aktive Flexion und Abduktion bis 90 Grad kann gestartet werden. Innen- und Außenrotation sind bis zur 6. Woche nicht erlaubt, da während Rotation der Schulter Zugspannung auf die Bizepssehne kommt. Von der 6. postoperativen Woche werden Flexion und Abduktion ohne Limitierung erlaubt, Rotationsübungen werden begonnen. Voller Bewegungsumfang sollte 10 Wochen nach dem Eingriff erreicht werden. Überkopfaktivitäten, vor allem Wurfbewegungen, sollten für insgesamt 6 Monate vermieden werden.

Literatur

Andrews JR, Carson WG, McLeod WD (1985) Glenoid labrum tears related to the long head of the biceps. Am J Sports Med 13:337–341

Field LD, Savoie FN III (1992) Arthroscopic suture repair of superior labral detachment lesions of the shoulder. Presented at the AAOS Specialty day. 59th Annual Meeting. American Academy of Orthopedic Surgeons, Washington DC

Habermeyer P, Wiedemann E (1991) Arthroscopic suture repair for SLAP-lesions of the shoulder. Paper presented at the 5th Congress of the European Society for Surgery of the Shoulder and the Elbow. Würzburg, Germany, June 6–8

Resch H, Golser K, Thöni H, Sperner G (1993) Arthroscopic repair of superior glenoid labral detachment. J Shoulder Elbow Surg 3:1147–1155

Snyder SJ (1993) Labral lesions and SLAP lesions. In: Snyder SJ (ed) Shoulder Arthroscopy. McGraw-Hill, New York, pp 115–131

Snyder SJ, Karzel RP, Del Pizzo W, Ferkel RD, Friedman MJ (1990) SLAP lesions of the shoulder. Arthroscopy 6:274–279

Yoneda M, Hirooka A, Saito S, Yamamoto T, Ochi T, Shino K (1991) Arthroscopic stapling for detached superior glenoid labrum. J Bone Joint Surg [Br] 73:746–750

12 Hiroaki Fukuda, Kazutoshi Hamada, Nari Yamada

Offene Akromioplastik und subakromiale Dekompression

Das subakromiale Impingement ist seit langem bekannt und eine wichtige Ursache von chronischen Schulterschmerzen. Es handelt sich hierbei um eine Vielzahl von verschiedenen Syndromen, die von subakromialer Bursitis, Tendinitis der Rotatorenmanschettensehnen, Tendinitis der Bizepssehne, Sehnenscheidenentzündungen bis hin zu partiellen oder kompletten Rupturen der Rotatorenmanschettensehnen reichen. In der Vergangenheit wurden Akromiumresektionen zur Behandlung empfohlen, die einen unterschiedlich großen Anteil des Akromiums resezierten. Obwohl die meisten dieser Operationen gute Frühergebnisse zeigten, denken wir, wie auch von Neer und Marberry (1981) bestätigt, dass diese Operationen den M. deltoideus schwächen, zu vermehrten Wundkomplikationen führen und letztendlich die Schulterfunktion nachteilig beeinflussen.

Neer beschreibt erstmals 1972 die vordere Akromioplastik beim chronischen Impingement. Das Ziel seiner Plastik war mehr Platz unter dem vorderen Akromium und Akromioklavikulargelenk für die Rotatorenmanschettensehnen zu schaffen. Impingement entsteht gegen die Vorderkante und Unterseite des vorderen Drittels des Akromiums, des Lig. coracoacromiale und manchmal auch gegen das Akromioklavikulargelenk. Impingement entsteht daher am kritischen Teil der Rotatorenmanschette und der anliegenden Bizepssehne. Seit 1985 wird diese Art von Impingement als „outlet impingement" bezeichnet, weil der Raum (supraspinatus outlet) unter den obengenannten Strukturen verengt ist und daher das Gleiten der Supraspinatussehne behindert, „impinged". Diese Verengung kann verschiedene Gründe haben: Form oder Neigung des Akromiums, ein Vorstehen der Unterseite des Akromioklavikulargelenkes oder ein vorderer Akromiumsporn. Neer (Neer und Welsh 1977, Neer 1983) hatte drei Stadien des subakromialen Impingements beschrieben. Grad **I** präsentiert mit reversiblem Ödem und Einblutungen bei Patienten unter 25 Jahren. Beim Grad **II** beeinträchtigt vermehrte Fibrosebildung und Tendinitis die Rotatorenmanschette und tritt häufig bei Patienten zwischen 25–40 Jahren auf. Beim Grad **III** bilden sich Knochensporne und die Sehnenrisse ereignen sich bei Patienten über 40 Jahre. Da man oft nicht zwischen Grad I und II unterscheiden konnte, haben Fukuda et al. (1982) Neer's Klassifikation modifiziert und bei ihrer eigenen Klassifikation die Unversehrtheit der Supraspinatussehne berücksichtigt.

Tabelle 1. Indikationen für eine vordere Akromioplastik (Neer 1990)

1. Bei Sehnennaht der Rotatorenmanschette.
2. Negatives Arthrogramm mit negativem Impingement-Test nach Gabe von Lokalanästhetikum subakromial.
3. Manchmal Grad II wenn ein ausgeprägtes knöchernes Vorstehen an der Unterseite des Akromiums oder des Akromioklavikulargelenkes nachgewiesen werden kann.
4. Begleitend mit anderen Eingriffen an der Schulter in bestimmten „nonoutlet impingement" Läsionen wie z. B. fehlverheiltes Tuberculum majus, Ruptur der langen Bizepssehne, Rotatorenmanschettenruptur, alte aber stabile Luxationen des Akromioklavikulargelenkes.

- Grad **1** – subakromiale Bursitis und/oder Rotatorenmanschetten Tendinitis
- Grad **2** – partielle Ruptur der Rotatorenmanschette
- Grad **3** – komplette Ruptur

Laut Neer (1990) ist eine vordere Akromioplastik bei allen in Tabelle 1 angegebenen Krankheitsbildern indiziert. Unsere Indikationen sind in Tabelle 2 aufgelistet.

Im Allgemeinen wird die Operation bei folgender Konstellation empfohlen: Spornbildung am vorderen

Tabelle 2. Indikationen für vordere Akromioplastik (Fukuda et al. 1982)

1. Bei Rekonstruktion kompletter Rotatorenmanschettenrupturen (Grad 3).
2. Bei Rekonstruktion von partiellen Rupturen der Rotatorenmanschette (Grad 2) nach 6 Monaten erfolgloser konservativer Therapie.
3. Subakromiale Bursitis und/oder Rotatorenmanschetten Tendinitis (Grad 1) nach 6–12 monatiger erfolgloser konservativer Therapie.

Akromium und/oder an der Unterseite des Akromioklavikulargelenkes und eine deutliche Impingement Symptomatik, Besserung der Symptome bei Injektion von Lokalanästhetikum. Zurückhaltend sollte man bei einem Alter unter 40 Jahren, speziell aber unter 25 Jahren sein, wenn die Wachstumsfugen des vorderen Akromiums noch offen sind. Für diese Patienten ist es eher angebracht, die Bursa zu entfernen (Weichteil-Dekompression). Kontraindikationen schließen alle Formen der Instabilität der Skapula und des Glenohumeralgelenkes ein: unwillkürliche inferiore und multidirektionale Instabilitäten, Neuropraxie des N. accessorius, chronische Luxationen des Akromioklavikulargelenkes, Os acromiale, etc.

Eine Resektionsplastik des AC-Gelenkes, durch Resektion der lateralen 2 cm der Klavikula, ist indiziert zur (Neer 1990) Schmerzlinderung bei Arthrose im AC-Gelenk, um eine prominente knöcherne Unterseite des AC-Gelenkes zu resezieren und um bessere Exposition bei weit retrahierter Supraspinatussehne zu erreichen.

Operative Grundlagen

Die vordere Akromioplastik verfolgt drei Ziele:

1. Schmerzlinderung durch subakromiale Dekompression.
2. Adäquate Exposition zur Rekonstruktion der Rotatorenmanschette.
3. Den Ansatz des M. deltoideus zu erhalten.

Im Gegensatz zur großflächigen oder kompletten Akromiumresektion beseitigt die vordere Akromioplastik Impingement durch Ausdünnen des antero-inferioren Aspektes des Akromiums und durch Resektion des Lig. coracoacromiale und wenn indiziert Resektion des Akromioklavikulargelenkes. Das Akromium muss dabei von anterior adäquat ausgedünnt werden. Wenn zu wenig Knochen weggenommen wird, kann es zu residuellem Impingement kommen. Wenn zu viel abgetragen wurde, kann dies zu einer Insuffizienz des vorderen M. deltoideus führen. Und Erhaltung des vorderen M. deltoideus ist der Schlüssel zum Erfolg und Erhalt der Funktion postoperativ. Daher muss der M. deltoideus stabil an das Akromium refixiert werden, sollte er überhaupt abgelöst worden sein. Andere postoperative Komplikationen schließen ektopische Knochenbildung, Osteophytenbildung mit wiederkehrenden Symptomen und Frakturen des Akromiums ein.

Operationstechnik

In Vollnarkose oder Interskalenusblock wird der Patient in die „beachchair"-Position gebracht, entweder durch eine Kopfstütze auf dem Operationstisch oder durch eine speziell konstruierte Schulterstütze. Hyperextension des Kopfes muss dabei vermieden werden. Der Kopf des Patienten wird ungefähr um 30 Grad angehoben. Damit liegt der Kopf in Höhe des Akromiums parallel zum Boden. Ein Kissen wird unter die gebeugten Knie gelegt und der Körper somit auf dem Tisch stabilisiert. Die betroffene Schulter wird ein wenig vom Tisch abgehoben, um den Zugang notfalls nach posterior ausdehnen zu können. Auch kann der Arm in dieser Position einfach mobilisiert werden. Die Autoren ziehen eine individuell gefertigte Schulterstütze vor (Abb. 1), da der Patient dann in der Mitte des Tisches gelagert und operiert werden kann. In dieser Position ist der Patient stabil gelagert, die Schulter ist frei beweglich und die Assistenten können auf der anderen Seite stehen und haben dadurch leichteren Zugang zum Operationsfeld.

Bevor die Haut präpariert wird, wird die Schulter manipuliert, um sicherzustellen, dass eine volle Elevation und Außenrotation wiederhergestellt wird. Der Arm wird in der Skapulaebene mit zwei Fingern am collum chirurgicum angehoben. Als nächstes wird der Arm an die Seite des Patienten gelegt und mit dem Ellenbogen in 90 Grad gebeugt. Der Arm wird wieder mit der zwei Finger-Technik außen- und innenrotiert. Dies wiederholt sich, bis volle Beweglichkeit in der Ebene erreicht ist. Um gute postoperative Beweglichkeit nach der vorderen Akromioplastik zu erzielen, ist volle präoperative Beweglichkeit wichtig. Bei der Manipulation ist Vorsicht geboten, da man leicht den Humerus brechen kann.

Die Schulter kann jetzt desinfiziert, abgedeckt und mit einem aufgespannten Tuch von der Anästhesie abgetrennt werden. Referenzpunkte werden über dem Korakoid, dem Akromium und dem lateralen Ende des Akromiums mit einem Hautmarker angezeichnet. Eine 6–8 cm lange (abhängig von der Größe des Patienten) Inzision wird entlang der Langerschen Hautlinien supero-anterior angelegt. Die Inzision beginnt

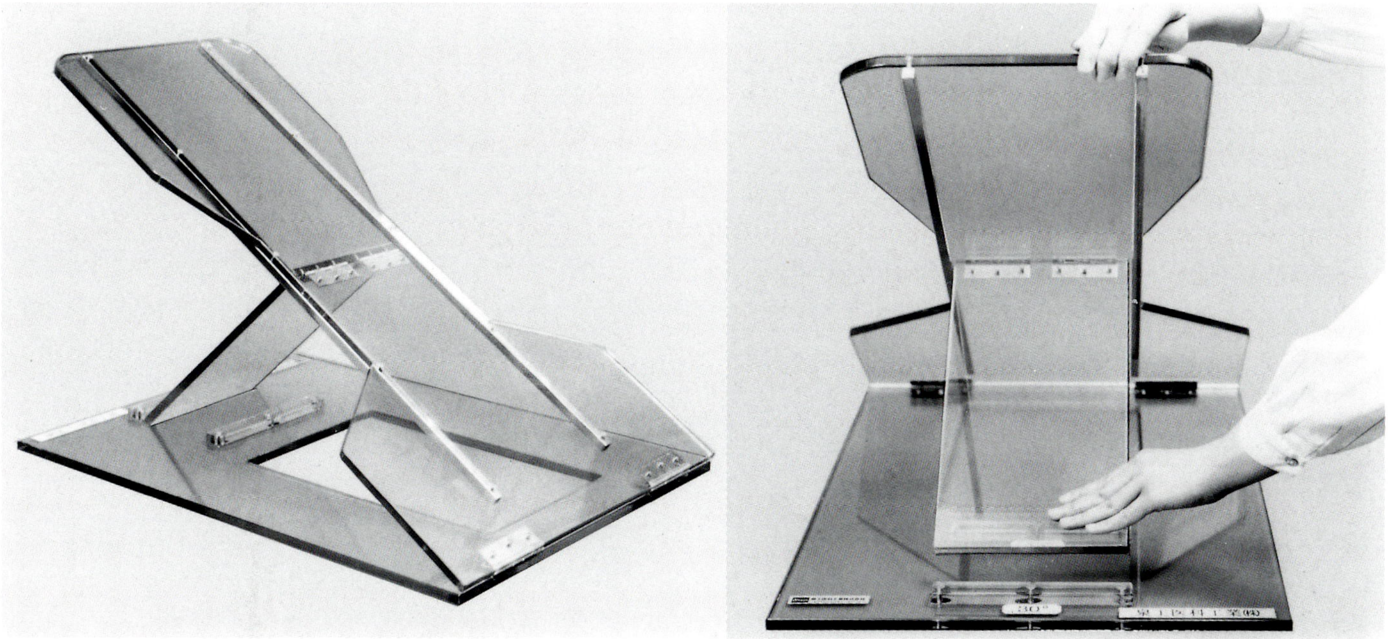

Abb. 1. Eine individuell angefertigte Schulterstütze, wie sie vom Autor verwendet wird

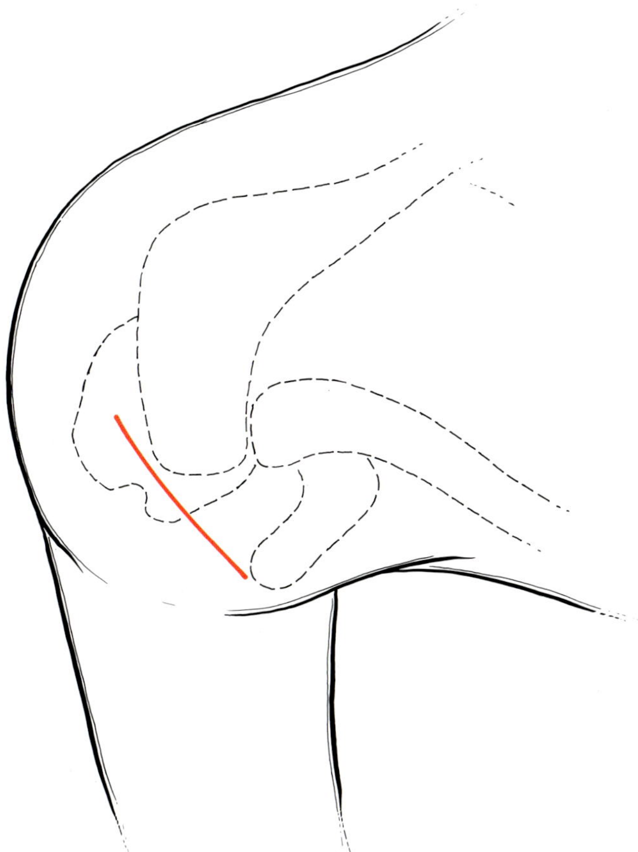

Abb. 2. Die Inzision an der rechten Schulter wird unmittelbar lateral des vorderen Akromiumrandes begonnen und endet lateral des Korakoid

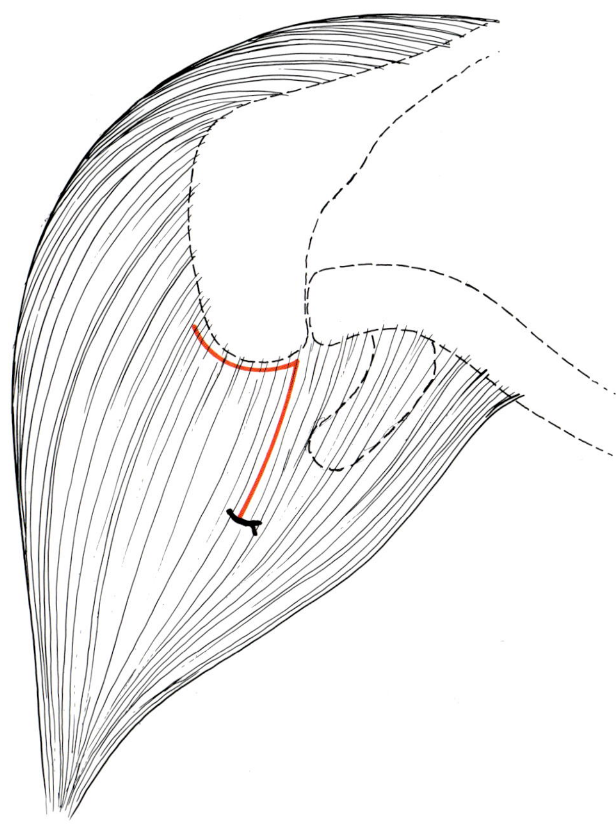

Abb. 3. Der M. deltoideus wird von der AC-Gelenkkapsel 5 cm nach inferior entlang seiner Fasern gespalten. Der M. deltoideus wird über eine Länge von 2 cm vom Akromium abgelöst

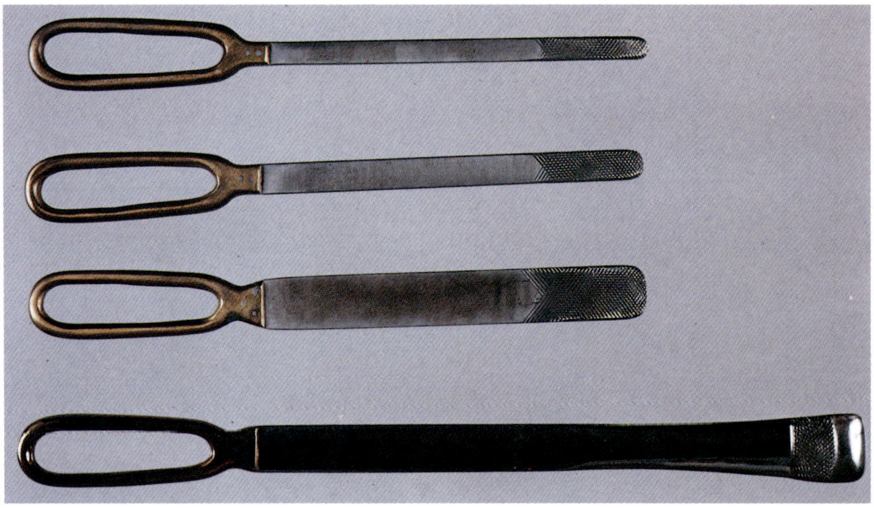

Abb. 4. Vier Größen von flachen „Darrach"-Haken

wenig lateral des anterioren Akromiums und endet eine Fingerbreite lateral des Korakoids (Abb. 2). Das subkutane Gewebe wird mobilisiert.

Das AC-Gelenk kann mit einer Nadel durch Einstechen gefunden werden. Der M. deltoideus wird von der Kapsel des AC-Gelenkes etwa 5 cm nach inferior gespalten (Abb. 3). Eine Haltenaht wird am inferioren Ende plaziert, da der N. axillaris durch Einsetzen von Haken an dieser Stelle verletzt werden kann. Durch stumpfe Präparation des M. deltoideus wird das Dach der subakromialen Bursa freigelegt und wird dann longitudinal eingeschnitten. Der M. deltoideus wird am vorderen Rand des Akromiums über eine Strecke von 2 cm durch scharfes Präparieren abgelöst, die Sehneninsertion intakt belassen. Dieser abgelöste Teil sieht zusammen mit dem gespaltenen Teil wie ein umgedrehtes L aus. Der posteriore Rand der Ablösung wird zusammen mit dem darunterliegenden Dach der Bursa mit einem Haltefaden zusammengehalten, mit dessen Hilfe man später den Muskel an das verbleibende Akromium anbringen kann. Da Muskelnähte schlecht halten, wird durch diese Technik der Muskellappen verstärkt.

Das restliche Weichteilgewebe im subakromialen Raum zwischen der Unterseite des Akromiums, des M. deltoideus und der Rotatorenmanschette wird mobilisiert. Dies wird am besten mit dem Finger oder mit dem Haken erreicht, die in vier verschiedenen Größen erhältlich sind (Abb. 4). Oberflächliche Lagen, das Periost eingeschlossen werden angehoben und nach posterior gebracht, um den vorderen Zentimeter des antero-superioren Akromiums einsehen zu können. Es ist wichtig, die abgelösten Weichteile später wieder zu refixieren. Das Lig. coracoacromiale wird an der antero-medialen Seite des Akromiums, an dessen Unterseite es inseriert, dargestellt. Dies kann man einfach erreichen, wenn die Weichteile am Ligament abgelöst werden, während der Assistent den M. deltoideus in Richtung Korakoid zieht. Das Akromium kann jetzt osteotomiert werden.

Ein extra-großer Haken wird in den Subakromialraum eingeführt und als Hebel benutzt, um den Humerus nach distal zu drücken (Abb. 5). Die Unterseite des Akromiums wird begutachtet und palpiert, um zu prüfen, ob scharfe Kanten oder Osteophyten vorhanden sind. Die Dicke des Akromiums wird abgeschätzt. Ein 25 mm breites Osteotom mit der Spitze nach oben zeigend wird vertikal an das Akromiums platziert. Der Teil des Akromiums, der nach anterior über die Klavikula heraussteht, wird entfernt. Nun hält der Chirurg das Osteotom mit der einen Hand und palpiert die Dicke des Akromions mit der anderen Hand. Der Assistent bedient den Hammer. Ein horizontaler Knochenkeil wird herausgenommen, um eine flache Unterseite zu erreichen. Blutungen, gewöhnlich von einem Ast der A. thoracoacromialis, werden gestoppt. Die Unterseite des Akromiums wird abgetastet und Unregelmäßigkeiten durch Rongeur und Feile geglättet. Es muss darauf geachtet werden, keine Knochenkante seitlich am M. deltoideus zu belassen. Die Wunde wird gespült und sämtlicher Knochenstaub und kleinere Fragmente herausgewaschen, um heterotope Ossifikationen oder rezidivierende Osteophytenbildungen zu vermeiden. Die durchschnittliche Größe des entfernten Knochen-

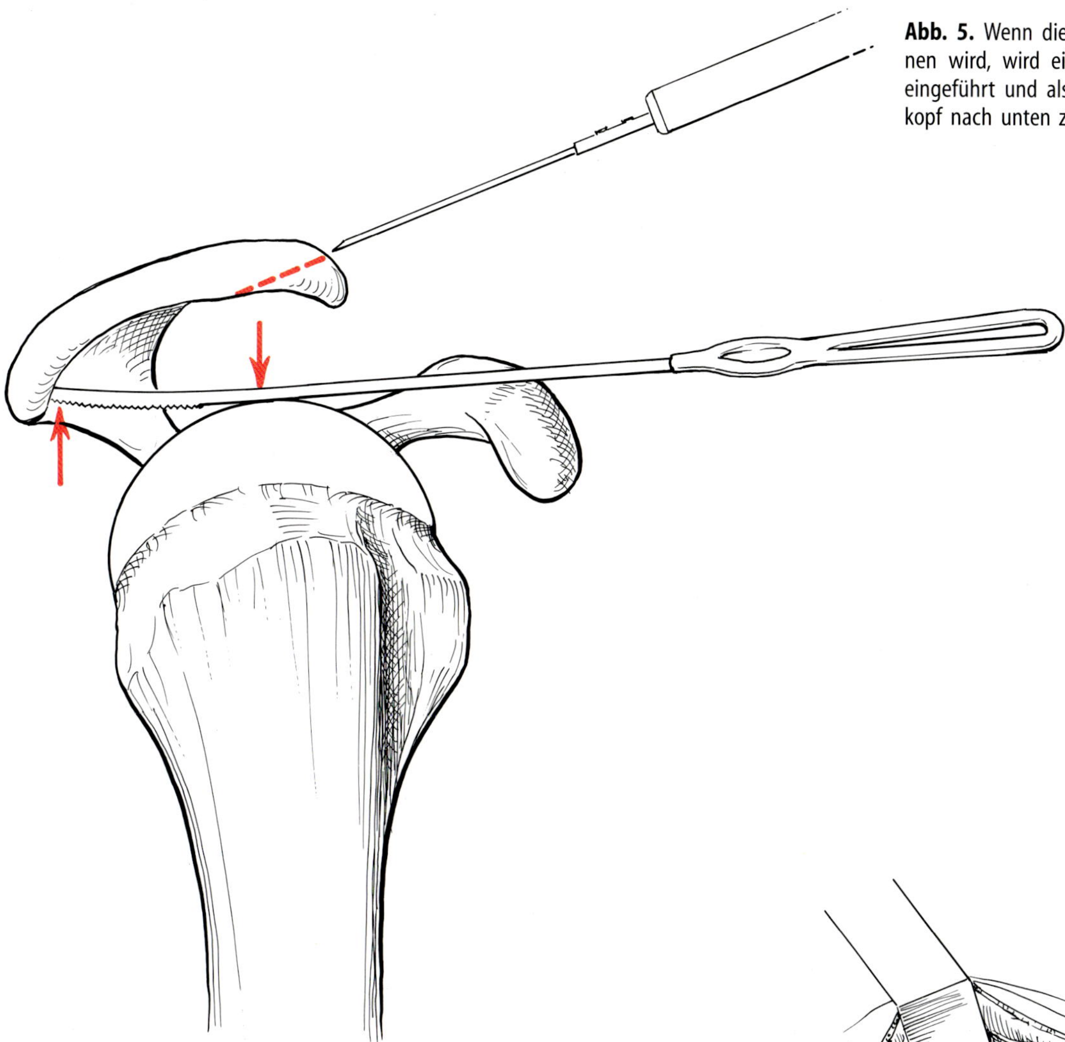

Abb. 5. Wenn die Osteotomie am Akromium begonnen wird, wird ein extra großer Haken subakromial eingeführt und als Hebel benutzt, um den Humeruskopf nach unten zu drücken

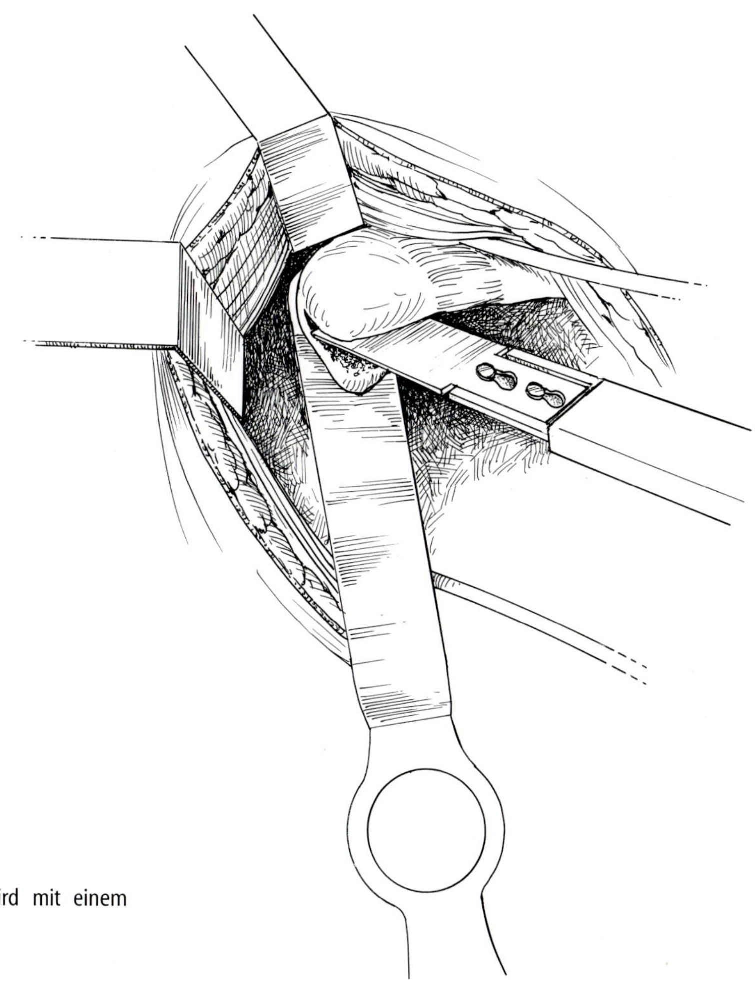

Abb. 6. Das vordere Akromium wird mit einem 25 mm AO Osteotom abgeflacht

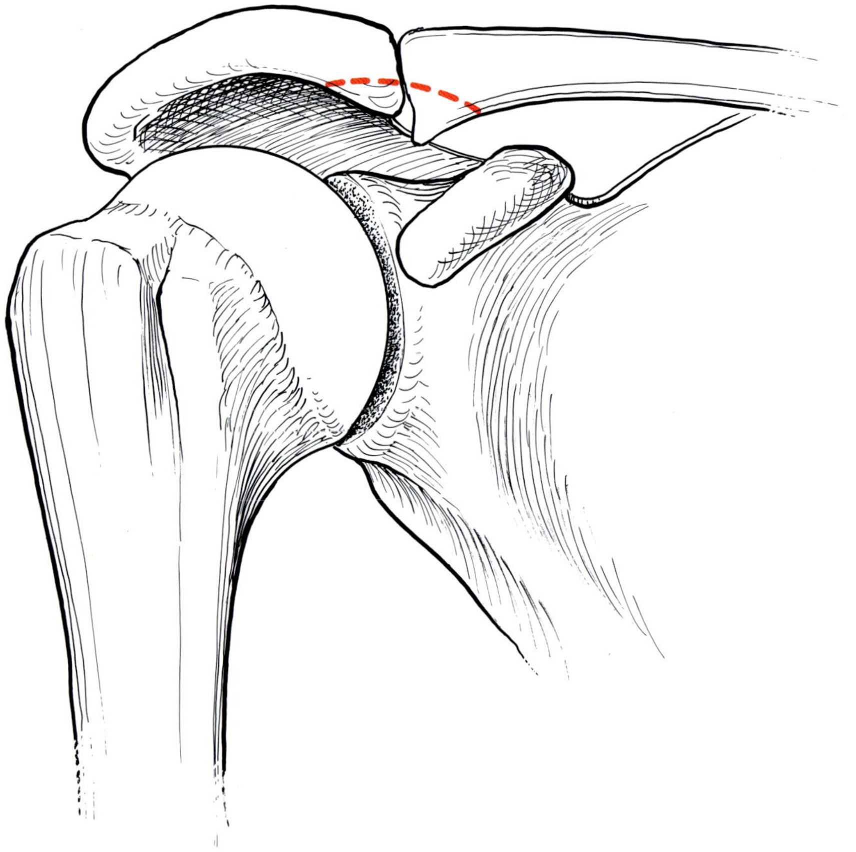

Abb. 7. Eine domartig geformte Exzision des inferioren AC-Gelenkes, die Insertion des M. deltoideus erhaltend

spanes beträgt in der Hand des Autors 20 mm in Breite, 12 mm in Länge und ist auf der Höhe des anterioren Akromiums etwa 8 mm dick.

Nachdem das Akromium osteotomiert wurde, wird die Unterseite des AC-Gelenkes sorgsam auf prominente Knochenvorsprünge palpiert, die Impingement verursachen können. Eine domartige Exzision des inferioren Anteils des AC-Gelenkes unter Erhalt der Insertion des M. deltoideus kann zusätzlich zur Dekompression ausgeführt werden (Abb. 7). Die Resektion der distalen 2 cm der Klavikula wurde lateral zum Lig. coracoclaviculare ausgeführt, wie weiter oben näher beschrieben wurde. Dies ist aber nicht häufig indiziert. Wenn es dann aber doch gemacht wird, muß der M. trapezius nach unten gezogen werden und mit dem M. deltoideus über dem resezierten Anteil der Klavikula zusammen vernäht werden. Nun ist die Akromioplastik vollzogen und die Rotatorenmanschette wird routinemäßig auf Kalkeinlagerungen und Rupturen untersucht. Der Operationssitus ermöglicht uns eine komplette Übersicht über die gesamten Rotatorenmanschettensehnen: den M. subscapularis durch Flexion und Außenrotation des Armes, den M. infraspinatus und M. teres minor durch Hyperextension und Innenrotation. Praktisch können mehr als 90% der Rupturen mit diesem „Zugang“ rekonstruiert werden. Die lange Bizepssehne wird ebenfalls auf partielle oder komplette Rupturen, auf Tenosynovitis, Subluxation oder Luxation inspiziert.

Das Wiederannähen des M. deltoideus sollte sorgfältig unter Benutzung des vorher retrahierten Gewebes des Akromiums und der Kapsel des AC-Gelenkes erfolgen (Abb. 8A). Ist das Gewebe für eine sichere Naht nicht zu verwenden, kann der Muskel direkt an das Akromium angenäht werden (Abb. 8B). Eine Saugdrainage wird üblicherweise unter den M. deltoideus gelegt. Die Haut wird intrakutan mit 3-0 Nylon genäht und mit Steri-Strips verstärkt. Subkutannähte werden nicht verwendet, um lokale Reizungen zu vermeiden. Der Arm wird in einer Schlinge immobilisiert und in neutraler Position gelagert.

Nachbehandlung

Das postoperative Übungsprogramm hängt von der Stärke der Rekonstruktion der Rotatorenmanschette ab, sollte diese genäht worden sein. War die Rotato-

A B

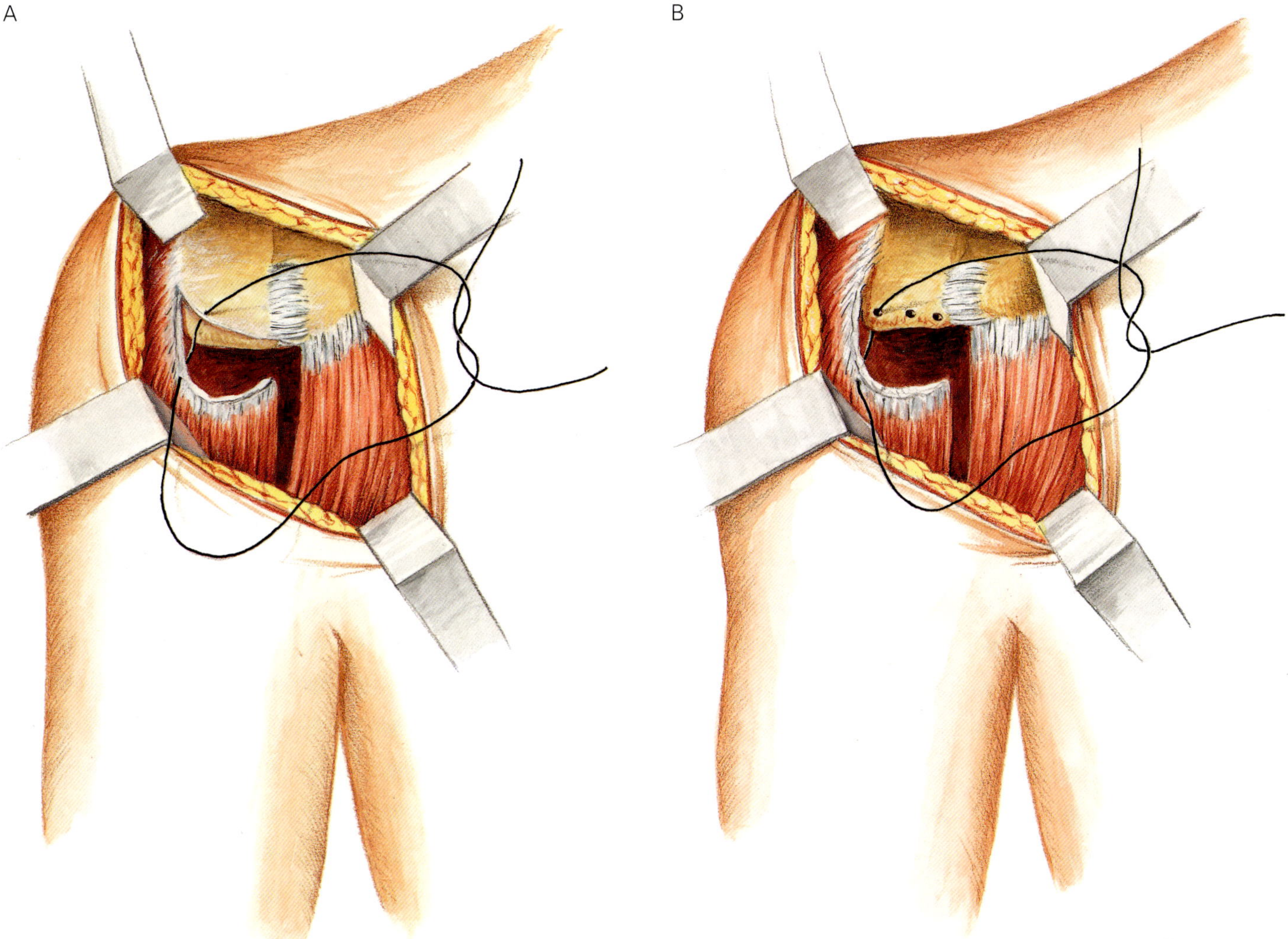

Abb. 8. Der abgelöste M. deltoideus wird entweder an das reflektierte Weichteilgewebe am Akromium und der Kapsel des AC-Gelenkes (A) oder durch Bohrlöcher direkt an das Akromium (B) angenäht

renmanschette intakt, kann am ersten oder zweiten postoperativen Tag mit Pendeln und passiven Bewegungsübungen begonnen werden. Nach Entfernen der Drainage können passiv-assistierte Bewegungsübungen mit Hilfe eines Stockes in der Rückenlage, bestehend aus passiver Elevation und Außenrotation hinzugefügt werden. Stretching und muskelaufbauende Übungen können graduell in das Übungsprogramm eingebaut werden. Bevor der M. deltoideus nicht eingeheilt ist, kann aktive Vorwärtsflexion nicht erlaubt werden. Dies dauert in der Regel bis zur fünften postoperativen Woche.

Die Patienten sind für Schmerzlinderung äußerst dankbar. Bei einigen Patienten kommt die Rehabilitation nur langsam voran, besonders wenn Sie präoperativ eine eingesteifte Schulter hatten. Daher sollten postoperative Dehnungsübungen für 6–12 Monate nach dem Eingriff fortgesetzt werden. Obwohl die arthroskopische Dekompression in den letzten Jahren in Mode gekommen ist, glauben wir, daß die offene Akromioplastik das beste Verfahren für das subakromiale Impingement Syndrom darstellt.

Literatur

Fukuda H, Yamanaka K, Hamada K, Mikosa M, Ogawa K, Ishiguro T (1982) Pathogenesis of partial-thickness tears of the rotator cuff. J Jpn Orthop Assoc 56:998–999

Neer CS II (1972) Anterior acromioplasty for the chronic impingement syndrome in the shoulder. A preliminary report. J Bone Joint Surg Am 54:41–50

Neer CS II (1983) Impingement lesions. Clin Orthop 173:70–77

Neer CS II (1990) Cuff tears, biceps lesions, and impingement. In: Shoulder Reconstruction. Saunders, Philadelphia, pp 41–142

Neer CS II, Marberry TA (1981) On the disadvantages of radical acromionectomy. J Bone Joint Surg Am 63:416–419

Neer CS II, Welsh RP (1977) The shoulder in sports. Orthop Clin North AM 8:583–591

13 John J. Brems

John J. Brems

Offene Rekonstruktion

Rupturen der Rotatorenmanschette sind häufig vorkommende Ereignisse in der erwachsenen Bevölkerung. Sie sind das Resultat einer einzigartigen Beziehung zwischen der knöchernen Anatomie und der Muskulatur des Schultergürtels. Die Kombination von mechanischen Kräften und der geringen Blutversorgung der Rotatorenmanschette sind verantwortlich für dieses häufige Krankheitsbild. Die Schulter ist eine der wenigen anatomischen Lokalisationen, an denen die Sehnen eines Muskels (M. supraspinatus) an beiden Seiten von Knochen begrenzt wird. Das Akromium an seiner Oberseite und der Humeruskopf an der Unterseite. Die Sehne ist daher ständigem mechanischen Abrieb speziell bei Überkopfaktivitäten unterworfen (Abb. 1). Ist die Supraspinatussehne entzündet, führt dies zu einem erhöhten Innendruck im Subakromialraum und resultiert in einer Minderdurchblutung und weiterer Schädigung der Sehne. Dieser Prozess führt letztendlich zu signifikanten degenerativen Veränderungen und schließlich zur Ruptur der Sehne.

Der vordere Teil des korakoakromialen Bogens besteht aus dem Lig. coracoacromiale. Dieses Ligament ist ebensowenig wie der knöcherne Teil des akromialen Bogens nachgiebig. Mit Beginn der Ossifikation des korakoakromialen Ligamentes, vor allem am Ursprung des Akromiums wird der subakromiale Raum weiter eingeengt und der Entzündungsprozess der Rotatorenmanschette setzt ein. Es bestehen widersprüchliche Meinungen über die Pathogenese, die letztendlich zu einer Ruptur der Rotatorenmanschette

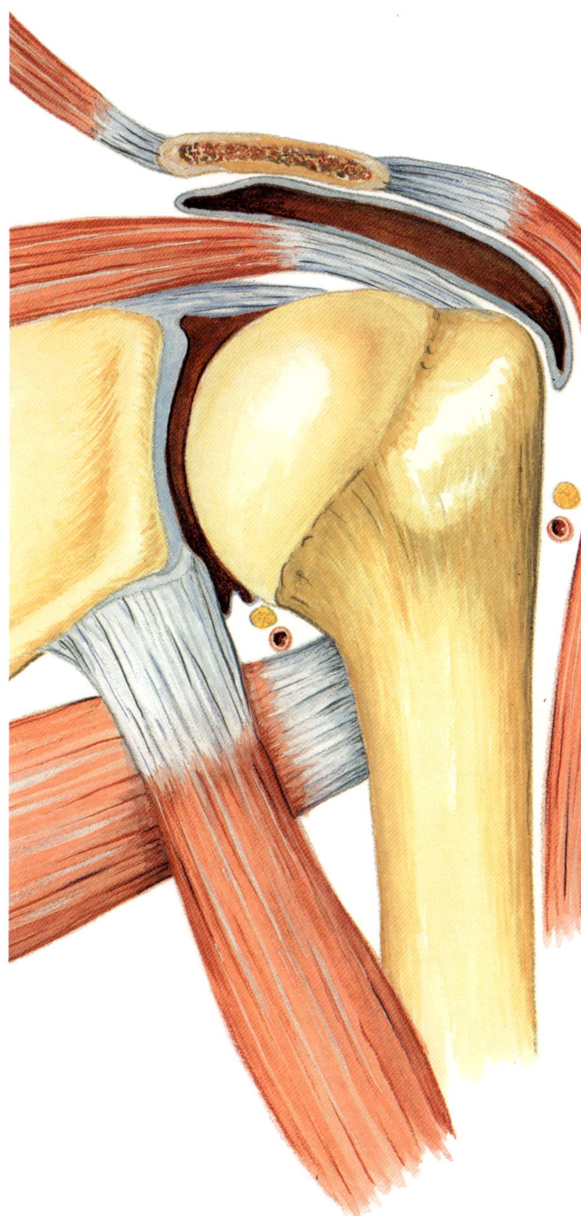

Abb. 1. Die Rotatorenmuskulatur (M. supraspinatus) wird durch die besondere Anatomie von oben durch das Akromium und von unten durch den Humeruskopf begrenzt. Diese anatomische Situation ermöglicht ein mechanisches Impingement der Supraspinatussehne zwischen Acromion und korakoakromialem Bogen.

führt. Viele Orthopäden glauben an die extrinsische Theorie, dass mechanisches Impingement der Rotatoren am Akromium zum Riss führt (Neer 1990). Andere denken, dass eher intrinsische Gründe (Hypovaskularität und degenerative Veränderungen) an der Sehne selbst zum Riss führen und in einem sekundären Impingement resultieren. Ich glaube eher, dass Rupturen der Rotatorenmanschette durch eine Kombination beider Prozesse geschehen. Beim jüngeren Überkopfsportler ist intrinsisches Impingement als Resultat von chronischer Überbeanspruchung (Tibone 1986) eher wahrscheinlich. Auf der anderen Seite habe ich extrinsisches Impingement bei Patienten im mittleren Alter häufiger gesehen. Viele Faktoren müssen berücksichtigt werden, wenn eine Behandlung für nachgewiesene Rotatorenmanschettenrupturen geplant wird.

Viele Rupturen sind relativ klein und beeinträchtigen wenig. Rekonstruktion ist zweifelsfrei hier nicht notwendig. Größere schmerzhafte Risse profitieren allerdings oft von chirurgischer Intervention. Der behandelnde Arzt muss vor einem Eingriff den Patienten sorgfältig untersuchen und Schmerzsymptomatik und die funktionellen Ansprüche genau erwägen. Ich ziehe es vor, körperlich aktive Patienten mit Schmerzen unabhängig vom chronologischem Alter operativ zu behandeln. Körperlich inaktive oder wenig aktive Patienten, oder Patienten mit medizinischen Begleiterkrankungen, die einen chirurgischen Eingriff verbieten, werden konservativ mit Physiotherapie (Isometrische Übungen, Bewegungsübungen), nichtsteroidalen Antiphlogistika und gelegentlichen Kortisoninjektionen in die Bursa subacromialis behandelt. Bei Kortisongabe muss allerdings der Vorteil der Schmerzlinderung gegen die bekannten Effekte des Kortisons auf das Kollagen abgewogen werden.

Operative Grundlagen

Einige der wichtigsten Schritte des Eingriffs geschehen, bevor der Operationsraum überhaupt betreten wird. Das beste Ergebnis wird erzielt, wenn der Patient schon präoperativ über die Operation und die vom Operateur postoperativ zu erwarteten Fortschritte in der Krankengymnastik aufgeklärt wird (Brems 1994). Schon nach einer Aufklärung von nur wenigen Minuten, verläuft die postoperative Behandlung um einiges leichter. Ausreichende postoperative Schmerzkontrolle und Planung der Nachbehandlung sind ausschlaggebend für den Erfolg. Unsere Patienten werden als Teil der Aufklärung vom Physiotherapeuten vor dem geplanten Eingriff gesehen. Eine Demonstration des Übungsprogramms, mit dem am Morgen nach dem Eingriff begonnen wird, wird vom Krankengymnast demonstriert.

Die Mehrheit der Patienten darf den Arm für einen Zeitraum von 3 Monaten nach der Operation nicht aktiv bewegen, passive Bewegungsübungen werden allerdings am Tag nach dem Eingriff begonnen. Passive Bewegungsübungen sind kritisch, damit die Schulter nicht einsteift und das Weichteilgewebe adäquat einheilen kann. Erst dann können aktive Übungen erlaubt werden. Wahrscheinlich sind die meisten Versager in der Chirurgie der Rotatorenmanschette mit der Art der Krankengymnastik in Verbindung zu bringen. Der häufigste Grund ist zu frühe aktive Benutzung des Armes bei noch nicht vollständig eingeheilten Sehnen. Daher sind nur passive Bewegungsübungen während der ersten drei Monate erlaubt und erst danach kann mit einem aktiven Bewegungsprogramm begonnen werden. Der zunehmende Druck, den stationären Aufenthalt zu verkürzen, macht es um so wichtiger, den potentiellen Ausgang der Operation mit präoperativer Physiotherapie zu maximieren.

Operationstechnik

An unserem Institut ist der Interskalenusblock die Anästhesie der Wahl bei einer Operation an der Rotatorenmanschette (Tetzlaff et al. 1994). Er lässt kontrollierte Schmerzkontrolle mit einer langsamen Rückkehr des Schmerzes nach dem Eingriff zu. Es ist enorm wichtig, dass sich der Patient nach der Operation aufsetzen und den Chirurgen beobachten muss, wie der Arm in alle Richtungen passiv bewegt wird. Schmerzfrei sollte der Patient hier nahezu volle passive Beweglichkeit haben. Das Ausmaß der Beweglichkeit wird vom Patienten positiv aufgenommen und erlaubt eine schnellere Rehabilitation. Sobald der Patient seinen Arm in voller Elevation und Außenrotation gesehen hat, scheint dies die Wiederherstellung dieser Bewegungen viel einfacher zu machen, obwohl diese dann nicht mehr schmerzfrei sind. Zusätzlich ist die Regionalanästhesie ein im Vergleich sicheres Verfahren mit einem geringen kardio-vaskulärem Risiko. Der Blutverlust ist gering und die Patienten sind in der Lage zu essen und leiden nicht unter den Komplikationen einer Allgemeinnarkose.

Der Patient wird in die „beachchair"-Position mit einem 45 Grad-Winkel von Rumpf zu Boden gebracht. Der Arm wird so abgedeckt, dass er während des Eingriffes frei bewegt werden kann. Nach Hautdesinfektion und Abdecken palpiert man die Oberflächen-

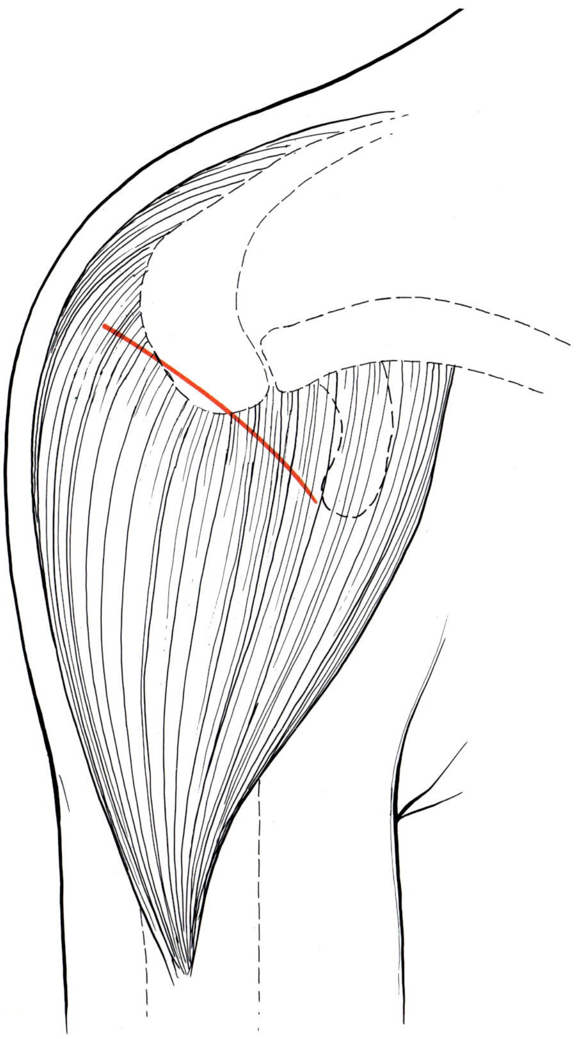

Abb. 2. Ein Hautmarker wird verwendet, um die knöchernen Vorsprünge und die Hautinzision in den Langerschen Hautlinien, einzuzeichnen. Die Inzision geht vom Korakoid über den vorderen Rand des Akromiums und wird nach posterior verlängert

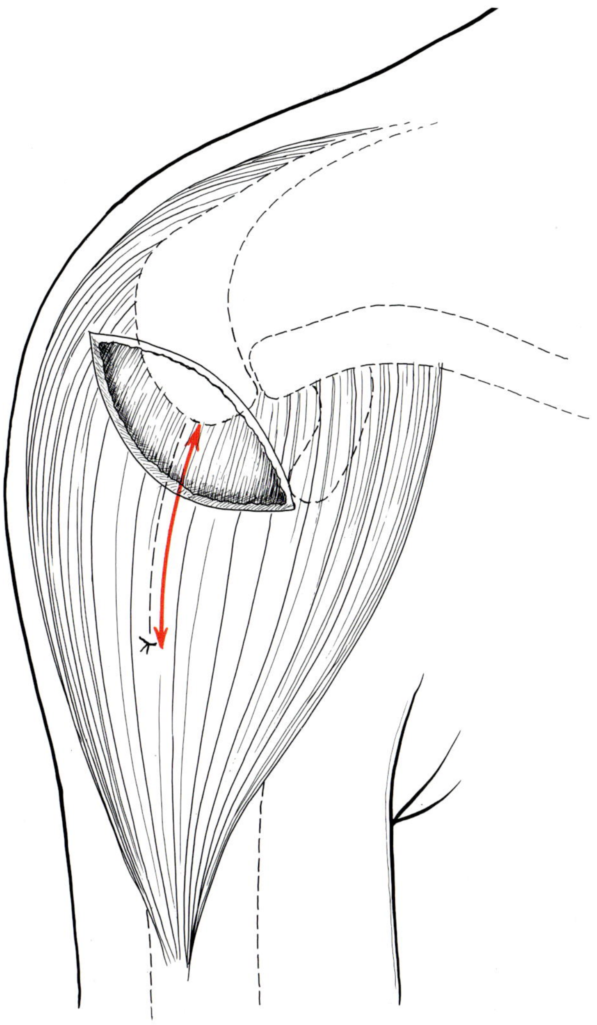

Abb. 3. Die Haut wird nach superior über das AC-Gelenk hinaus und inferior ca. 5 cm distal der vorderen Kante des AC-Gelenkes freipräpariert. Adäquate inferiore Mobilisation erlaubt Mobilisation des M. deltoideus mit geringem Risiko den N. axillaris zu verletzen

anatomie. Mit einem Hautmarker wird die Klavikula, das Akromium und das Korakoid markiert (Abb. 2). Obwohl es unterschiedliche Möglichkeiten gibt, den Hautschnitt zu setzen, ziehe ich es vor, am Korakoid angefangen, einen Schnitt entlang den Langerschen Hautlinien in Richtung auf das vordere Akromium und nach posterior zu setzen. Diese Schnittführung entlang den Langerschen-Hautlinien resultiert in einer kosmetisch akzeptablen Narbe ohne Keloidbildung. Außerdem erlaubt sie Zugang zum posterioren Aspekt der Schulter und kann, wenn notwendig, verlängert werden. Auf Höhe der Faszie des M. deltoideus wird die Haut unterminiert, bis etwa 5 cm des M. deltoideus exponiert sind (Abb. 3).

Die Art, wie das Deltoidintervall geöffnet wird, muss sorgfältig geplant werden. Zuerst wird die vordere Kante des Akromiums palpiert und mit dem Elektromesser markiert. Man kann oftmals eine Raphe erkennen, die den anterioren vom mittleren M. deltoideus trennt und bis zur vorderen Kante des Akromiums verläuft. Diese Raphe wird ebenfalls mit dem Elektromesser markiert (Abb. 4). 5 cm distal der vorderen Akromiumkante wird ein Haltefaden eingebracht, um ein weiteres Spalten des Muskels zu ver-

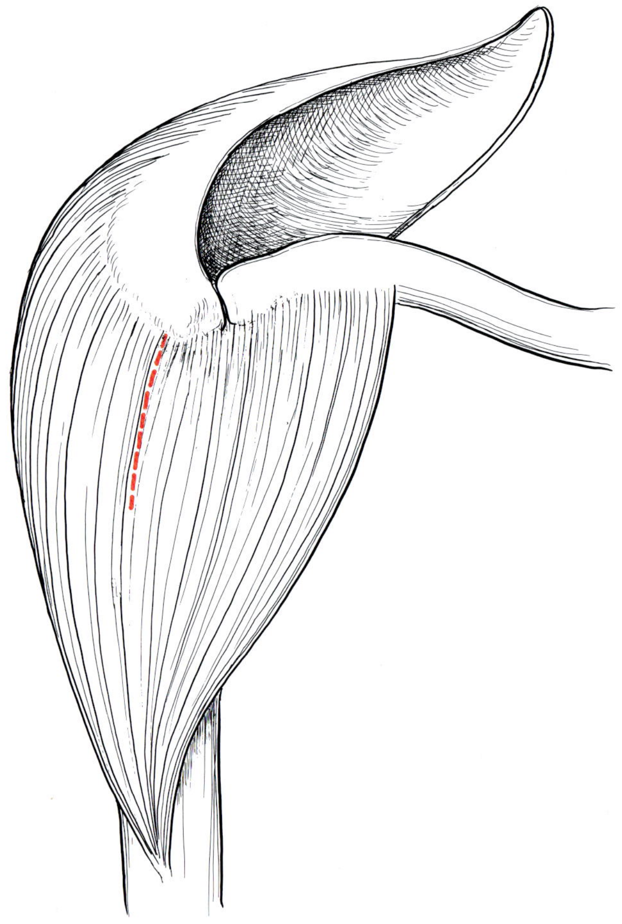

Abb. 4. Der M. deltoideus wird längs der Grenze zwischen vorderem und mittlerem Drittel in der Raphe gespalten

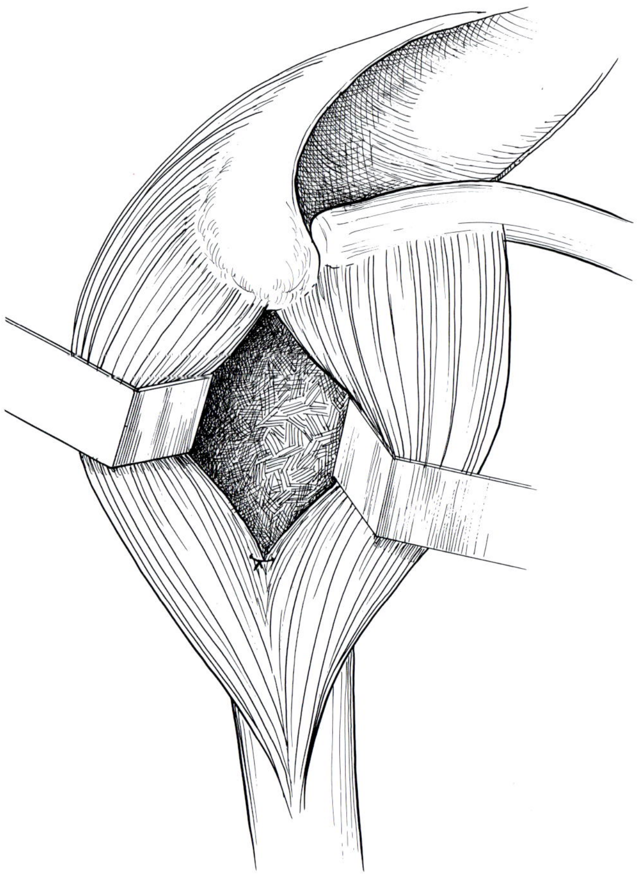

Abb. 5. Stumpfe Haken spreizen den Muskel von der vorderen Kante des Akromiums bis zum Haltefaden, der 5 cm distal der Akromiumkante gesetzt ist

hindern und damit auch den N. axillaris zu schützen. Dieses Intervall wird jetzt stumpf freipräpariert bis durch die inferiore Faszie des M. deltoideus hindurch die klavipektorale Faszie sichtbar wird (Abb. 5). Der M. deltoideus wird medial bis zum AC-Gelenk scharf und parallel zur Klavikula abpräpariert (Abb. 6). Die Deltoidmuskeltasche wird intakt von der Oberfläche des Lig. coracoacromiale mit Hilfe von stumpfen Haken abgelöst. Ein Ast der A. thoracoacromialis (Abb. 7), der entlang der vorderen Kante des akromioklavikulären Ligamentes und in unmittelbarer Nähe der antero-lateralen Kante des Akromiums verläuft, wird koaguliert. Sobald das Ligament freipräpariert ist, wird es in seiner gesamten Länge von anterior nach posterior gespalten. Der kaudale Anteil des Bandes wird von der Unterseite des Akromiums exzidiert und histologisch untersucht, falls indiziert. Der kraniale Teil des Bandes bleibt erhalten.

Ein stumpfer Retraktor wird zum Freipräparieren der Unterseite des Akromiums von Periost und Bursa verwendet. Ein stumpfer Retraktor wird unter den posterioren Rand des Akromiums eingesetzt, um den

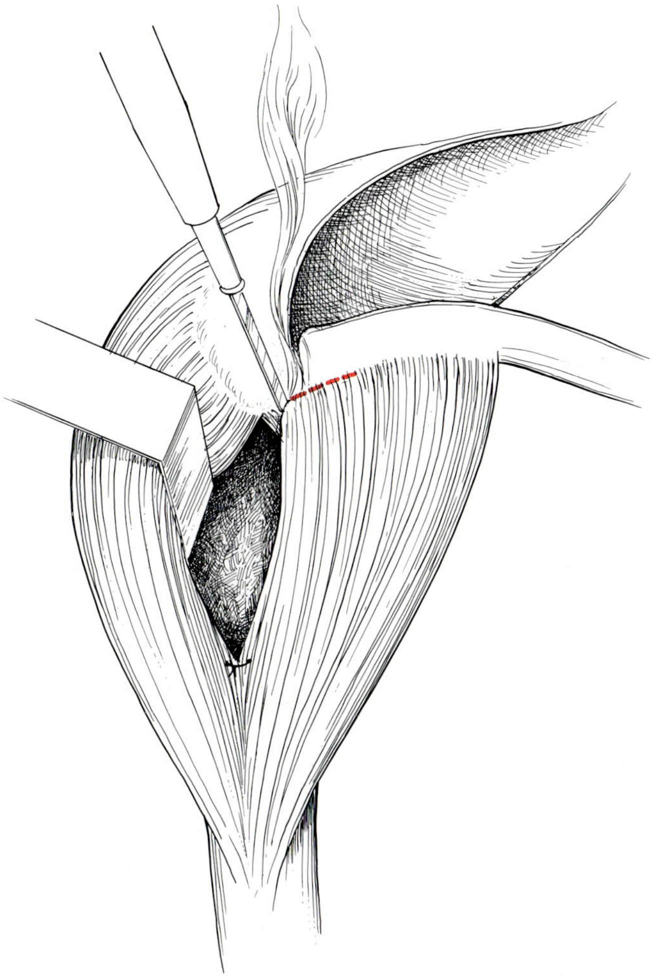

Abb. 6. Der anteriore Teil des M. deltoideus wird parallel zur Klavikula scharf abgelöst. Die Ablösung wird direkt aus der Spaltung des Deltamuskels fortgesetzt. Dies exponiert das vordere Akromium und das verknöcherte Lig. coracoacromiale

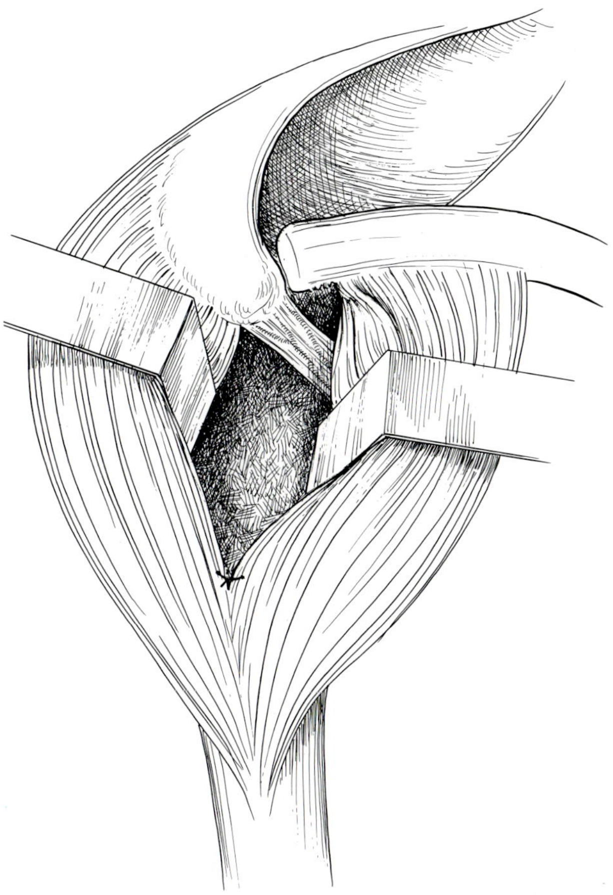

Abb. 7. Der akromiale Ast der A. thoracoacromialis verläuft an der vorderen Grenze des Lig. acromioclaviculare. Er wird koaguliert bevor das Ligament durchtrennt wird

Humeruskopf nach unten zu drücken. Damit erreicht man exzellente Sicht auf das vordere Akromium und dessen Unterseite (Abb. 8).

Eine biplanare Osteotomie am vorderen Akromium wird jetzt ausgeführt (Abb. 9), (Rockwood 1993). Nach Beendigung der Osteotomie sollte das Akromium nicht über das vordere Ende der Klavikula herausstehen. Die Unterseite des Akromiums sollte außerdem sehr glatt sein, um adäquate Dekompression zu sichern. Mit dem Wissen, dass eine Fraktur des Akromiums unbedingt vermieden werden muss, verwendet man die sogenannte „zwei Hände"- Technik. Der Chirurg kontrolliert das Osteotom mit beiden Händen, während der Assistent den Hammer bedient. Vom Gebrauch einer oszillierenden Säge sollte abgeraten werden, da man den Ursprung des M. deltoideus leicht verletzen kann. Das Bett der Akromioplastik sollte mit einer Feile geglättet und die Wunde gründlich gespült werden. Die Größe des resezierten Knochens kann man der Abb. 10 entnehmen.

Mit dem Finger palpiert man die Unterfläche des AC-Gelenks auf etwaige klavikuläre Osteophyten.

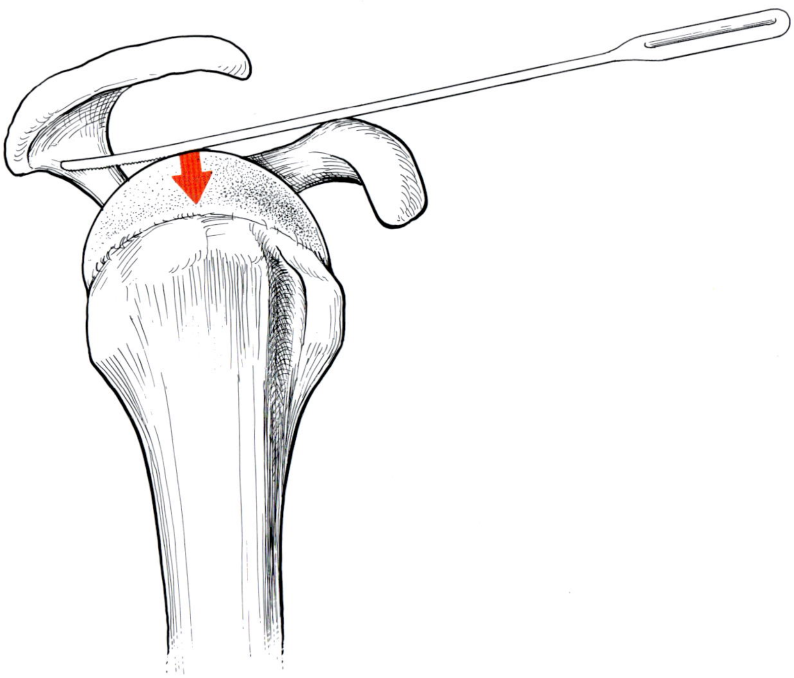

Abb. 8. Ein stumpfer Haken wird hinter dem posterioren Rand des Akromiums eingesetzt, um den Humeruskopf nach unten zu hebeln. Dies erlaubt exzellente Sicht auf die vordere und untere Seite des Akromiums

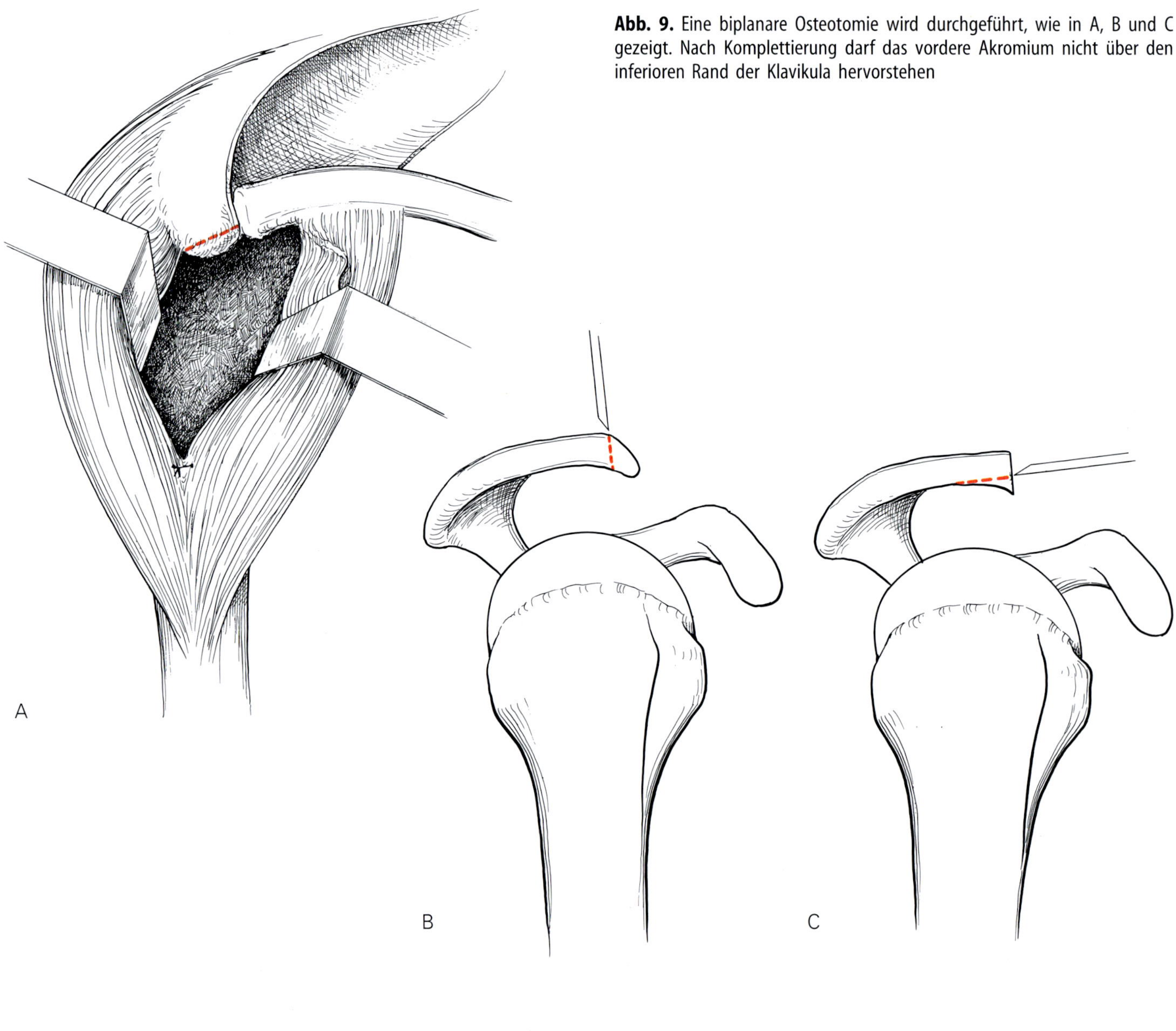

Abb. 9. Eine biplanare Osteotomie wird durchgeführt, wie in A, B und C gezeigt. Nach Komplettierung darf das vordere Akromium nicht über den inferioren Rand der Klavikula hervorstehen

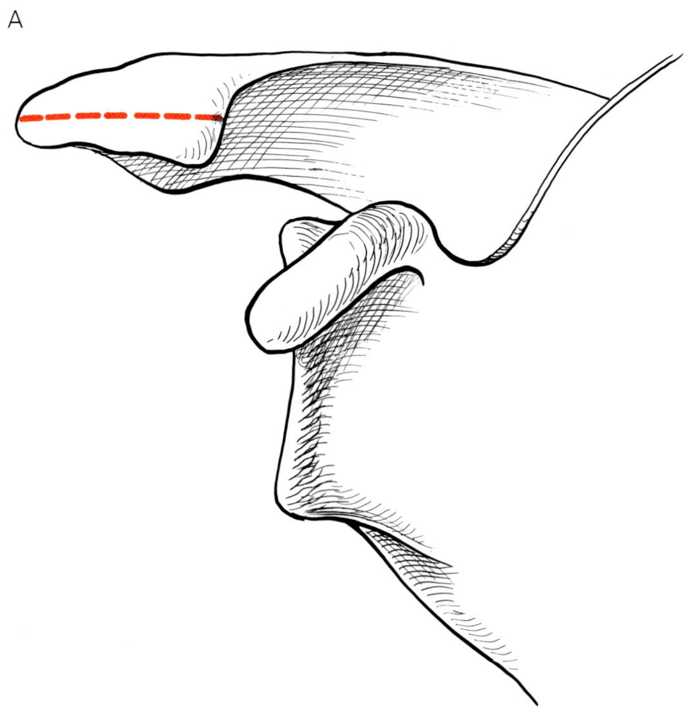

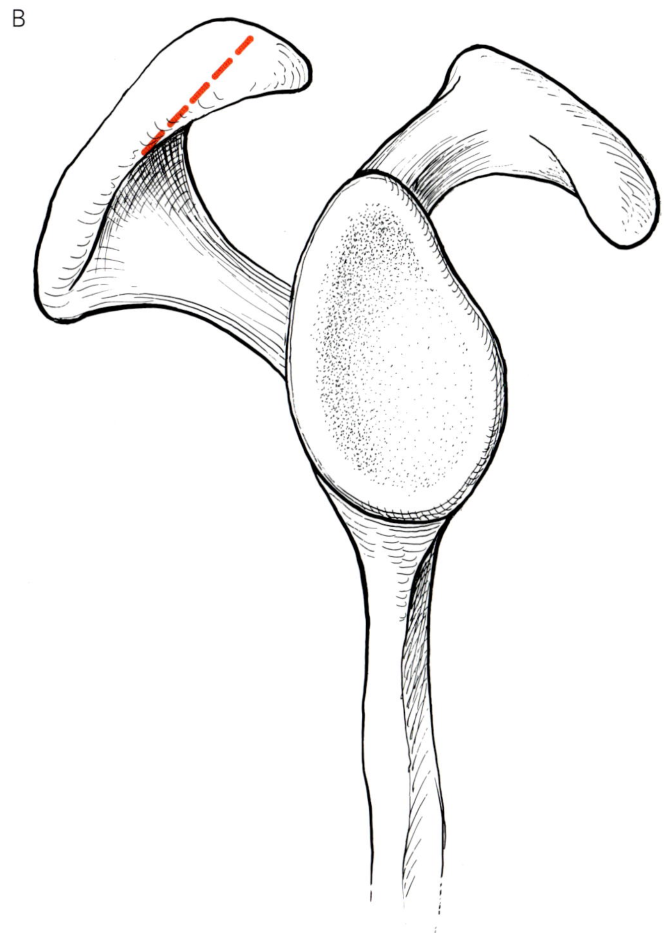

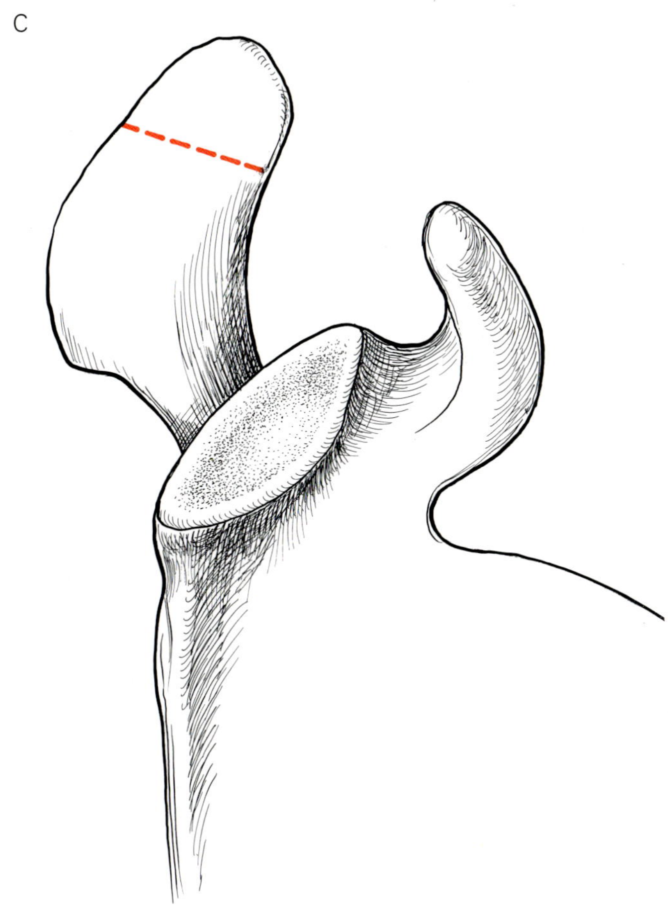

Abb. 10. (**A**) Die Vorderansicht des Akromiums demonstriert das typische Ausmaß einer Akromioplastik. Das vordere Akromium sollte dabei nicht über die vordere Begrenzung der Klavikula hervorstehen. (**B**) Die Seitenansicht zeigt, dass nur das vordere Drittel des Akromiums entfernt werden muss, damit die Akromioplastik adäquat ist und eine flache Unterseite entsteht. (**C**) Die Ansicht von unten zeigt, dass die Akromioplastik auch nach posterior fortgeführt wird, aber nur zwischen einem Drittel und der Hälfte der antero-posterioren Distanz des Akromiums

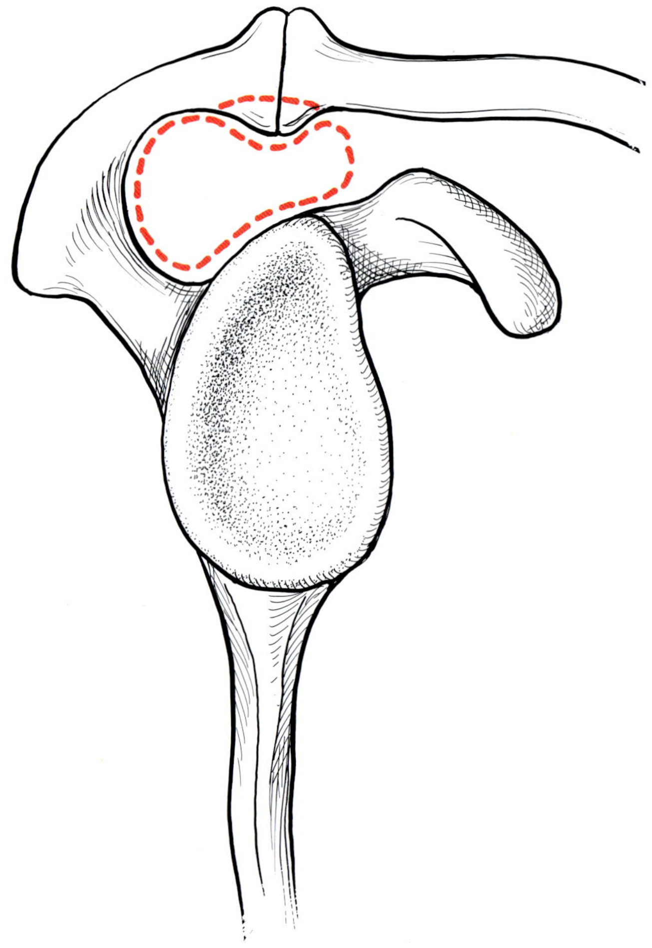

Abb. 11. Diese Ansicht demonstriert, wie das laterale Ende der Klavikula am Impingement Prozess beteiligt sein kann. In diesem Fall wird nur die Unterseite der Klavikula und des Akromiums entfernt und der Ursprung des M. deltoideus an der Klavikula bewahrt. Nur selten sollte eine Operation nach Mumford ausgeführt werden und zwar nur dann, wenn durch eine eindeutige klinische Untersuchung die Indikation gestellt werden kann

Werden solche getastet, wird mit einem Rongeur der Osteophyt von der Klavikula entfernt (Abb. 11). Eine distale Klavikularesektion nach Mumford sollte nur dann ausgeführt werden, wenn die klinische Evaluation eindeutig auf eine Arthrose des AC-Gelenkes hinweist und auch für den Hauptteil der Schmerzsymptomatik verantwortlich ist. Exzision der lateralen Klavikula schwächt den M. deltoideus, im besonderen durch Exzision des Segmentes, wo der M. deltoideus an der Klavikula ansetzt.

Präoperative Röntgenbilder, speziell der „Westpoint view" sollte den Arzt auf die Möglichkeit von offenen Epiphysenfugen am Akromium hinweisen. Der Operateur muss über diese Möglichkeit informiert sein, sodass die Operation adäquat geplant werden kann. Ein Os acromiale, dass größer als 1 cm ist, sollte in situ belassen werden. Bei Resektion eines größeren Teils des vorderen Akromiums kann die Refixation schwierig sein und postoperativ wieder abreißen. Ich ziehe es vor, das Os acromiale nur dann zu entfernen, wenn es nach posterior nicht mehr als 50% der Breite der Klavikula ausmacht. Wenn das Os acromiale größer ist, wird es mit einer Naht refixiert und Spongiosa aus dem Humeruskopf an die Pseudarthrose angelagert.

Mit einem Finger werden vorsichtig Verklebungen der Bursa gelöst. Eine fibröse und oft auch hämorrhagische Bursa wird entfernt. Meiner Erfahrung nach lohnt es sich nicht, die Bursa zu reparieren. Es bringt keine Vorteile für die Rotatorenmanschette. Charakteristischerweise beginnt die Ruptur der Rotatorenmanschette in der Impingement Zone der Supraspinatussehne kurz hinter dem Sulkus bicipitalis. Mit der Zeit vergrößert sich der Riss und verlängert sich nach posterior. Er dehnt sich zuerst in den M. infraspinatus, später nach anterior in die Bizeps- und Subskapularissehne aus.

Ein beträchtlicher Zeit- und Planungsaufwand sind für die Rekonstruktion einer Ruptur der Rotatorenmanschette notwendig. Die verbleibenden Muskel-Sehnen-Einheiten zu mobilisieren, ist kritisch und zeitaufwendig (Neer 1972). Statt Klemmen, die dazu neigen, Weichteile zu zerquetschen und zur weiteren Devitalisierung der verbleibenden Sehne führen können, sollten Haltefäden an den Sehnenrändern eingesetzt werden. Wenn die Supraspinatussehne retrahiert ist, neigt sie dazu narbig entlang der Basis des Korakoids zu verwachsen. Scharfes und stumpfes Präparieren im Wechsel lösen die Sehne vom superioren, inferioren und lateralen Korakoid. Vorsicht ist geboten, nicht medial des Korakoid zu gehen, da viele empfindliche Strukturen, wie der Plexus brachialis, unmittelbar medial des Korakoids verlaufen. Bei alten Rotatorenmanschettenrupturen verkürzt und verdickt das Lig. coracohumerale, was die Mobilisierung nach lateral erschwert. Nach Durchtrennung des Ligaments kann die Sehne um mehr als 1 cm nach lateral mobilisiert werden.

Sollten diese Manöver nicht zu einem befriedigenden Ergebnis führen, können mit einem schmalen Skalpell im glenohumeralen Gelenk die Kapselligamente abgelöst werden. Anatomisch gesehen, verlaufen die Sehnen der Rotatorenmanschette sehr nahe an den Kapselligamenten und sind mit diesen teilweise verwachsen. Löst man diese Verwachsungen innerhalb der Gelenkkapsel können Kapsel und Sehnen gemeinsam lateralisiert werden. Obwohl die Kapselligamente durchschnitten werden, habe ich bis jetzt noch keine Schulter gesehen, die durch diese Maßnahme instabil geworden ist.

Sind diese Ligamente durchtrennt, wird ein stumpfer Retraktor entlang des Gelenkes platziert und die Muskeln vom Glenoidhals abgelöst. Dies muss mit besonderer Vorsicht geschehen, besonders posterior und superior, um nicht den N. suprascapularis zu verletzen, der durch die Incisura scapulae verläuft. Manchmal können trotz ausreichender Mobilisation die Sehnenenden nicht genügend lateralisiert werden, um das „collum anatomicum“ am Humerus zu erreichen. In dieser Situation können die Sehnen leicht medial des normalen anatomischen Ansatzes am Humerus befestigt werden. Schlimmstenfalls kann eine Rinne 1 cm medial des „collum anatomicum“ des Humerus gefräst werden. Das wichtigste dabei ist, dass die Sehnenenden entlang des Knochens liegen, wenn der Ellenbogen an der Seite des Körpers liegt. Können die Enden den Knochen nur dann erreichen, wenn die Schulter in Abduktion gebracht wird, wird selbst eine Abduktionsschiene nicht zu einer befriedigenden Rekonstruktion führen. Abduktionsschienen oder Kissen werden nur zum Schutz der Rekonstruktion eingesetzt, während die Weichteile einheilen. Können die Sehnen nicht ausreichend mobilisiert werden, um sie bei Ellenbogen am Körper angelegt, an der „normalen“ Stelle anzunähen, wird die Rekonstruktion höchstwahrscheinlich reißen, sobald die Schiene entfernt wird.

Bei massiven Rupturen der Rotatorenmanschette, ist die lange Bizepssehne normalerweise nicht mehr vorhanden und die intraartikulär verlaufende Sehne kann so nicht als Transplantat genutzt werden. Ist sie allerdings noch vorhanden und dünn geworden, kann ein Teil der Sehne als Verstärkung der Rekonstruktion der Rotatorenmanschette benutzt werden. Ist die lange Bizepssehne vorhanden und sehr hypertrophiert, sollte die Sehnenfunktion erhalten bleiben und nicht zur Verstärkung benutzt werden, auch wenn eine massive Ruptur der Rotatorenmanschette vorliegt. Die lange Bizepssehne mag in diesem Fall als einziger Depressor des Humeruskopfes dienen und falls er geopfert wird, kann der Patient, der präoperativ seinen Arm, wenn auch nur schwach, anheben konnte, postoperativ dazu nicht mehr in der Lage sein.

Es gibt Situationen, wo selbst bei maximaler Mobilisation der Rotatorenmanschettensehnen, nicht genügend Gewebe übrigbleibt, um den Humerus zu decken. Dann ist es enorm wichtig, die Kraftvektoren wieder herzustellen, obwohl eine wasserdichte Abdeckung nicht möglich ist. Einige Autoren berichten über Transfer des M. subscapularis nach superior oder einen Transfer des M. latissimus. Ich habe keine Erfahrung mit diesen Techniken, habe aber in all meinen Jahren der Praxis nie eine Situation erlebt, in der ich dachte, ich müsste diese Techniken anwenden.

Sobald die Sehnen maximal mobilisiert sind und die Insertion etabliert ist, wird mit einem Rongeur oder einer Hochgeschwindigkeitsfräse der Humerus im Bereich der gedachten Insertion dekortikiert. Die Knochenrinne erlaubt, dass gut durchbluteter spongiöser Knochen direkt mit den Sehnenenden in Verbindung kommt (Abb. 12A). Mehrere Bohrlöcher werden entlang der Rinne angelegt und die Sehne wird direkt an den blutenden Knochen angenäht (Abb. 12B). Nicht resorbierbare Fäden mit ausreichender Ausreißkraft werden so platziert, dass maximale mechanische Fixation möglich gemacht wird (Abb. 12C). Matratzen- oder einfache Nähte können benutzt werden, um die Rekonstruktion zu sichern. Ich würde zur äußersten Vorsicht bei der Benutzung von Nahtankern raten. In der Mehrzahl der Fälle ist das Tuberculum majus und der trabekuläre Knochen besonders schwach. Und trotz der „in vitro“-Studien, die die Ausreißkraft der Nahtanker vom Knochen preisen, kann man im Labor nicht die wirkliche „in vivo“-Situation nachstellen.

Sobald die Nähte platziert sind, wird die Wunde und das Gelenk gründlich gespült. Der Arm nun wird in Abduktion gebracht, um die Spannung an der Manschette zu verringern, und die Fäden werden verknotet. Der Arm wieder wird langsam an die Seite des Patienten gebracht und die Spannung an der Naht wird beobachtet. Kann der Ellenbogen an die Seite des Körpers gebracht werden, aber man hat das Gefühl, dass ein wenig Spannung auf der Naht liegt, muss ein Abduktionskissen oder Schiene benutzt werden. Es muss aber noch einmal betont werden, dass, falls mit dem Ellenbogen an der Seite des Körpers die Nähte nicht halten, eine Abduktionsschiene das Problem nicht lösen wird. Es muss möglich sein, den Ellenbogen an die Seite des Körpers zu legen, wenn die Fäden geknotet sind. Wenn eine Schiene notwendig ist, um Spannung von der Rekonstruktion zu nehmen, muss das Kissen für sechs Wochen getragen werden.

Findet man eine inoperable massive Ruptur der Rotatorenmanschette ohne verbliebenes verwendbares Material, so ist die Technik nach Rockwood (1988) mit Debridement und Akromioplastik erfolgversprechend. Obwohl die Wiederherstellung der Funktion nur minimal ist, sorgt Debridement von großen Rotatorenmanschettenrupturen für eine deutliche Schmerzminderung in einem hohen Prozentsatz von Patienten.

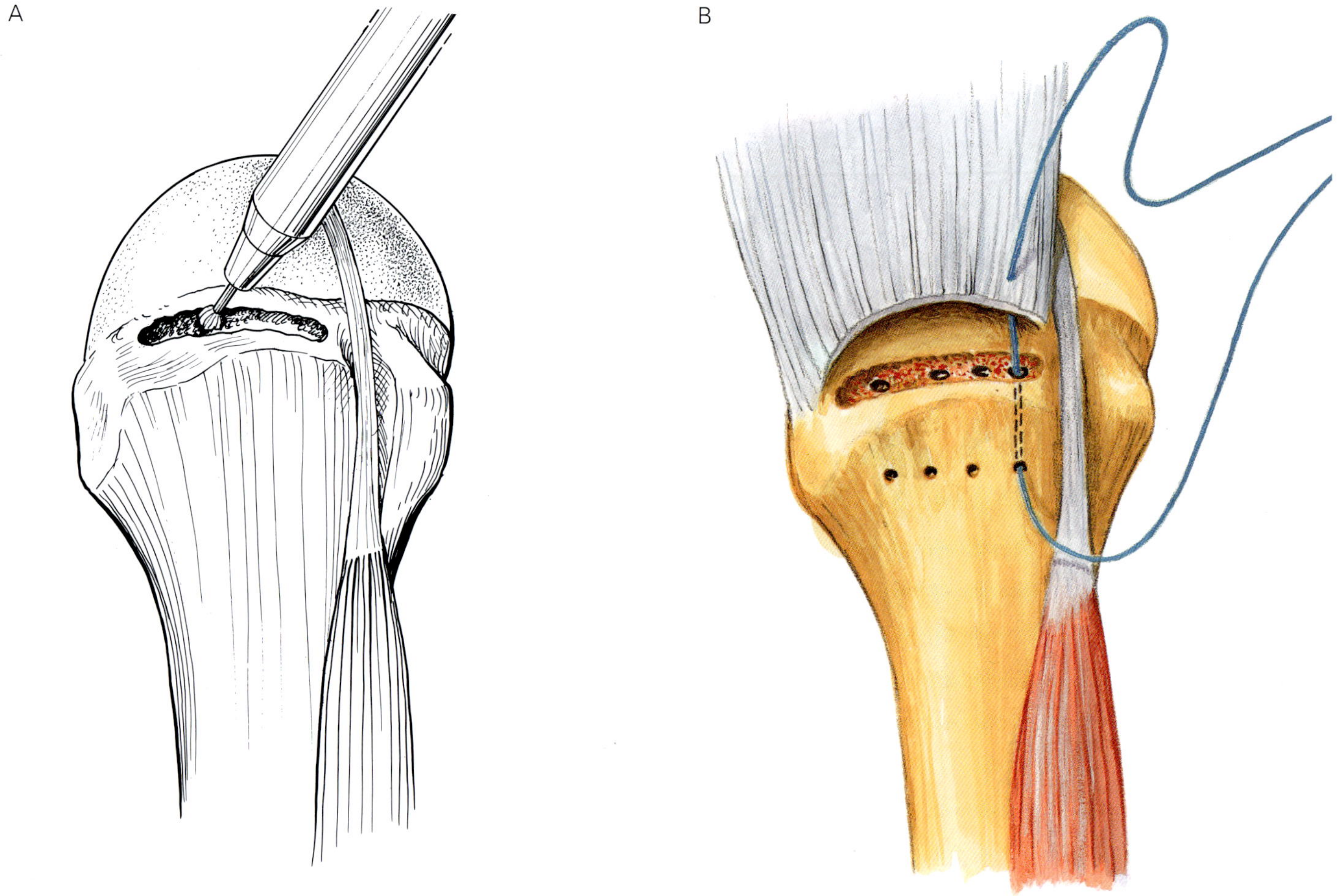

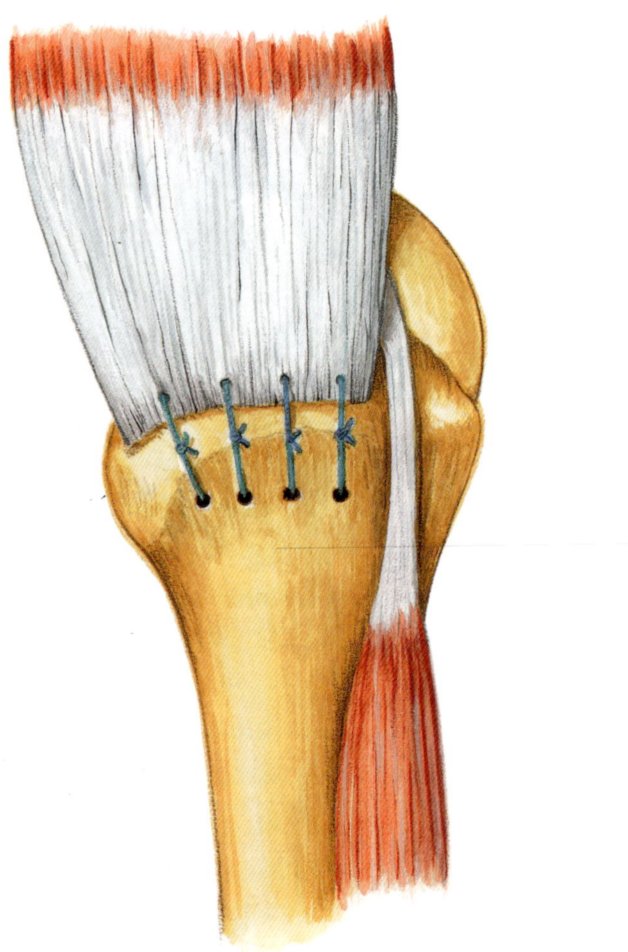

Abb. 12. Die Präparation des Knochens und die Nahttechnik wird hier in A, B und C gezeigt

Sobald die Rekonstruktion komplett ist, wird der Subakromialraum gründlich gespült. Die Rekonstruktion des M. deltoideus ist von kritischer Bedeutung für einen guten funktionellen Ausgang. Auch wenn die Rotatorenmanschette perfekt rekonstruiert wurde, wird der Patient ohne gute Rekonstruktion des M. deltoideus schwere funktionelle Defizite und Schmerzen haben. Der M. deltoideus wird mit nicht resorbierbaren Faden genäht. Am Akromium werden die Fäden zur Verstärkung durch den Knochen gezogen. Meist kann man wegen der vorderen Akromioplastik den Faden mit einer starken Nadel direkt durch den Knochen ziehen, ohne bohren zu müssen. Ist das Akromium besonders dick oder hart, kann mit einem 1.6 mm Bohrer vorgebohrt werden. Ist der vordere Teil des M. deltoideus erst mal stabil am Akromium angenäht, wird der intramuskuläre Spalt „Seit zu Seit" mit Fäden eigener Wahl verschlossen (Abb. 13).

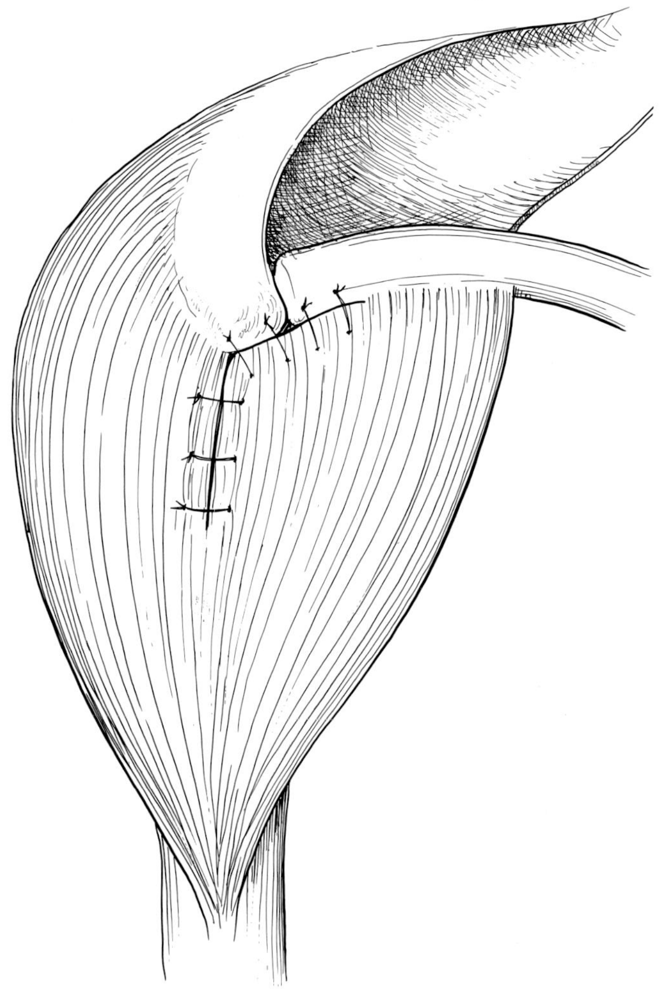

Abb. 13. Nachdem die Rekonstruktion der Rotatorenmanschette abgeschlossen ist, muss der M. deltoideus mit Fäden durch das Akromium und die laterale Klavikula fest verankert werden. Der M. deltoideus wird mit „Seit zu Seit"-Nähten verschlossen

Das Subkutangewebe wird erneut gespült und mechanisch debridiert. Die Haut wird intrakutan mit resorbierbaren Fäden vernäht und mit Steri-Strips gesichert. Der Arm wird in der Schulterschlinge immobilisiert.

Ein steriler Verband wird mit der Hand gehalten, während die Abdeckung entfernt wird. Bei Patienten mit einem Interskalenusblock wird, sobald er aus der Narkose erwacht ist, die Schulter durchbewegt und ihm dadurch aufgezeigt, welcher Bewegungsumfang nach der Operation erlaubt wird. Ihm während der Regionalanästhesie zu zeigen, wie mobil die Schulter ist, scheint die postoperative Rehabilitation durch die Krankengymnastik um einiges schneller voranzuschreiten lassen, wie ohne eine solche Demonstration.

Nachbehandlung

Das postoperative Programm folgt einem genau ausgearbeitetem Schema, welches mit dem Patient präoperativ besprochen wurde. In den ersten drei Monaten wird lediglich passives Durchbewegen erlaubt. Aktive Elevation und Kräftigungsübungen für die Muskulatur werden für mindestens drei Monate nicht durchgeführt.

Das passive Durchbewegen wird in drei Phasen aufgeteilt. Die erste Phase beginnt am Morgen nach der Operation. Der Krankengymnast zeigt dem Patienten, der dabei auf dem Rücken liegt, und der Ehefrau/mann passive Elevation und Außenrotation. Der Patient fängt außerdem nach Applikation von warmen Packungen für 10–15 Minuten täglich mit Pendelbewegungen an. Er soll diese Übungen höchstens für 5 Minuten zweimal am Tag durchführen. Wird er nach zwei Wochen zum Fädenziehen gesehen, untersucht der behandelnde Arzt den Bewegungsumfang. Phase 1 wird fortgesetzt, bis 140 Grad Elevation und 40 Grad Außenrotation erreicht wird. Zwei Wochen postoperativ kann auch mit Innenrotationsübungen begonnen werden. Diese Stretchübungen werden bewusst für zwei Wochen verzögert, um adäquate Heilung der Wunde zu erlauben. Der Patient wird 6 Wochen nach dem Eingriff wieder einbestellt und Phase II und III des Übungsprogrammes eingeleitet. Phase II besteht aus Übungen die zwischen 140–160 Grad Elevation und 40–60 Grad Außenrotation durchgeführt werden. In Phase III werden die Übungen auf 160–180 Grad Elevation und 60–90 Grad Außenrotation ausgedehnt.

3 Monate postoperativ wird mit Kräftigungsübungen für die Muskulatur begonnen. Der Patient darf seinen Arm für Bewegungen des täglichen Lebens benutzen und graduell mit Sport beginnen. Hatte er eine massive Ruptur und ist die Muskulatur noch besonders schwach, wird mit den Übungen im Liegen begonnen. Durch Heben von kleinen Gewichten im Liegen wird die Schwerkraft auf die Schulter vermindert und die Muskelkräftigung schreitet schneller voran. Bei Patienten mit kleineren Rupturen, die in der Lage sind, Ihre Schulter aktiv zu heben, kann mit Übungen gegen Widerstand (Theraband) begonnen werden. Das Muskelaufbauprogramm wird mindestens 6 Monate fortgesetzt und bei Patienten mit besonders massiven Rupturen auch länger.

Es ist wichtig, dass wir unsere Patienten darüber aufklären, dass die Rehabilitation nach Rekonstruktion der Rotatorenmanschette ein langsamer und schleppender Prozess ist, der auch noch nach einem Jahr Verbesserungen in Bezug auf Muskelkraft bringen kann.

Literatur

Brems JJ (1994) Rehabilitation following total shoulder arthroplasty. Clin Orthop 307:70–85

Neer CS (1972) Anterior acromioplasty for the chronic impingement syndrome in the shoulder: a preliminary report. J Bone Joint Surg Am 54:41–50

Neer CS (1990) Cuff tears, biceps lesions, and impingement. In: Shoulder Reconstruction. Saunders, Philadelphia, pp 41–142

Rockwood CA, Burhead WZ (1988) Management of patients with massive rotator cuff defects by acromioplasty and rotator cuff débridement. Orthop Trans 12:190–191

Rockwood CA, Lyons FR (1993) Shoulder impingement syndrome: diagnosis, radiographic evaluation, and treatment with a modified Neer acromioplasty. J Bone Joint Surg Am 75:409–424

Tetzlaff JE, Yoon HJ, Brems J (1994) Interscalene brachial plexus block for shoulder surgery. Reg Anesth 19:339–343

Tibone JE, Elrod B, Jobe FW et al. (1986) Surgical treatment of tears of the rotator cuff in atheletes. J Bone Joint Surg Am 68:887–891

14

JAMES M. HILL, TOM R. NORRIS

Offene Rekonstruktion

Codman berichtete erstmals 1911 über die operative Rekonstruktion der Rotatorenmanschette. Er hielt frühe Diagnosestellung und Rekonstruktion der Ruptur für die beste Möglichkeit die Funktionalität der Schulter wiederherzustellen und den Patienten frühzeitig wieder in das Arbeitsleben zu reintegrieren (Codman 1934). Die Selektion der Patienten und Indikationsstellung zur offenen Rekonstruktion ist allerdings bis zum heutigen Tag kontrovers. Konservative Therapie mit Krankengymnastik und Medikamenten erzielen inkonsistente Resultate. Zufriedenstellende Ergebnisse werden bei Patienten mit niedrigem funktionellen Anspruch in 44–82% erreicht (Samilson und Binder 1975, Cofield 1985, Itoi und Tabata 1992, Bokor et al. 1993, Gazielly et al. 1994).

Eine Verbesserung der Beweglichkeit und ein Nachlassen der Schmerzen kann mit nicht operativem Vorgehen erreicht werden. Jedoch erfahren die meisten Patienten keine Verbesserung in Bezug auf das Kraftdefizit (Samilson und Binder 1975, Itoi und Tabata 1992, Bokor et al. 1993, Gazielly et al. 1994). Die operative Behandlung mit einem Debridement der Rotatorenmanschette und einer subakromialen Dekompression scheint bessere Ergebnisse als nicht operatives Vorgehen zu bringen. Objektive zufriedenstellende Ergebnisse werden bei 41–100% der Patienten erreicht (Rockwood und Burkhead 1988, Gartsman 1990, Burkhart 1991, Levy et al. 1991, Ellman et al. 1993, Ogilvie-Harris und Demaziere 1993, Montgomory et al. 1994, Zvijac et al. 1994). Dieses Vorgehen war ursprünglich für massive, irreparable Rupturen empfohlen worden und im Allgemeinen für die älteren Patienten mit niedrigem funktionellen Anspruch reserviert. Es sorgt für eine zuverlässige Verminderung des Schmerzes und eine verbesserte Beweglichkeit, ähnlich wie das konservative Vorgehen. Jedoch kann man die funktionelle Verbesserung der Kraft bei konservativer Therapie eher voraussagen. Es ist nicht klar, welcher Patient von einer subakromialen Dekompression und einem Debridement als alleiniges Procedere profitiert. Von zufriedenstellenden Ergebnissen wird in selektierten Patienten mit einer massiven Ruptur in 83–100% berichtet (Rockwood und Burkhead 1988, Burkhart 1991). Man sollte nicht davon ausgehen, dass sich die Kraft mit einem Debridement alleine deutlich verbessert. Andere Autoren berichten von zufriedenstellenden Resultaten, hauptsächlich bei partiellen Rupturen (Gartsman 1990, Levy et al. 1991, Ellman et al. 1993). Ellman betont, dass die Rekonstruktion die ideale Behandlung darstellt. Man kann aber dem älteren Patienten, der Schwierigkeiten hat an der postoperativen Rehabilitation teilzunehmen, ein Debridement anbieten. Zvijac et al. (1994) fand heraus, dass sich Schmerz und Funktion mit einer Dekompression und Debridement im Lauf der Jahre verschlechtern. Keine Studie berichtete von einer Spontanheilung der Manschette. Montgomery et al. (1994) fanden weiterhin, dass die Cuff Arthropathie mit einer Inzidenz von 21% 24–48 Monate nach dem Eingriff auftritt. Zwei prospektive randomisierte Studien zeigen ein signifikant besseres Ergebnis mit einer offenen Rekonstruktion der Manschette im Vergleich zu Debridement und subakromialer Dekompression (Ogilvie-Harris und Demaziere 1993, Montgomery et al. 1994).

Offene Rekonstruktion ist die Behandlung der Wahl bei Komplettrupturen der Manschette. Veröffentlichte Resultate berichten von 78–91% zufriedenstellenden Ergebnissen bei zuverlässiger Schmerzausschaltung und Verbesserung der Beweglichkeit (Neer 1972, Samilson und Binder 1975, Hawkins et al. 1985, Post 1985, Ellman et al. 1986, Essman et al. 1991, Bigliani et al. 1992, Gazielly et al. 1994, Montgomery et al. 1994). Rekonstruktion der Rotatorenmanschette liefert im Gegensatz zu den anderen oben erwähnten Behandlungsmöglichkeiten bessere Ergebnisse in Bezug auf Kraft und Funktion (Ogilvie-Harris und Demaziere 1993, Montgomery et al. 1994). Verschiedene Faktoren, die das Ergebnis beeinflussen, werden angenommen: Alter, Dauer der Symptome und Größe der Ruptur. Inwieweit diese Faktoren den Ausgang der Rekonstruktion beeinflussen, ist allerdings unklar. Es gibt widersprüchliche Berichte in der Literatur (Heikel 1968, Wolfgang 1974, Bassett und Cofield 1983, Packer et al. 1983, Post et al. 1983, Hawkins et al. 1985, Essman et al. 1983, Bigliani et al. 1992, Ogilvie-Harris und Demaziere 1993, Gazielly et al. 1994). Ellman et al. sahen die Gefahr eines unbefriedigenden Ausganges bei Patienten mit präoperativer Einschränkung von aktiver Abduktion von weniger als 100 Grad, bei einer Abduktions- und Außenrotationskraft von Grad III oder weniger und einer radiologischen akromio-humeralen Distanz von weniger als 7 mm. Alles in allem scheinen ältere Patienten ein qualitativ schlechteres Gewebe zur Rekonstruktion zu haben. Chronische Rupturen sind schwieriger zu mobilisieren, müssen länger rehabilitiert werden und das Sehnengewebe ist qualitativ schlechter. Größere Rupturen, die mehr als zwei Sehnen involvieren, werden mit einer höheren Rezidivrate und damit einem schlechterem Ergebnis assoziiert (Harryman et al. 1991, Gazielly et al. 1994).

Wir ziehen bei den folgenden fünf Indikationen einen operativen Eingriff vor:

- Eindeutige klinische Untersuchung und Symptomatik.
- Diagnose einer Ruptur der Rotatorenmanschette bestätigt durch Arthrogramm, MRT, Ultraschall oder Arthroskopie.
- Vorzugsweise volle passive Beweglichkeit der Schulter.
- Keine medizinischen Begleiterkrankungen, die einen Eingriff erschweren.
- Verständnis und Motivation des Patienten für ein Rehabilitationsprogramm.

Die empfohlene Dauer einer konservativen Therapie schwankt in der Literatur von 3 Wochen bis zu 6 Monaten. Unsere derzeitige Strategie beim aktiven Patienten beinhaltet die Infiltration eines Lokalanästhetikums in den Subakromialraum beim ersten Besuch. Danach testen wir die Kraft im Supraspinatus (Jobe und Moynes 1982), sowie die Muskelkraft bei der Außenrotation. Demonstriert der Patient Grad 4 Muskelkraft oder weniger, empfehlen wir die Anfertigung eines Arthrogrammes, um eine Komplettruptur der Rotatorenmanschette nachzuweisen. Volle Kraft bei einem Patienten der jünger als 40 Jahre ist, kann man mit einem Impingement Syndrom oder einer Partialruptur vereinbaren. Bei älteren Patienten mit niedrigem funktionellen Anspruch sollte die konservative Therapie für einem Zeitraum bis zu 6 Monaten ausgereizt werden.

Operative Grundlagen

Prinzipiell müssen folgende Dinge bei der Rekonstruktion der Rotatorenmanschette beachtet werden:

- Adäquates Freilegen des Defektes, das eine Rekonstruktion erlaubt und gleichzeitig eine Verletzung des M. deltoideus vermindert.
- Adäquate subakromiale Dekompression (Neer 1972) und Entfernung von inferioren Knochenspornen an der Klavikula.
- Eindeutige Identifikation der gerissenen Sehnen und Größe des Defektes.
- Adäquate Mobilisation der Manschette und Rekonstruktion unter physiologischer Spannung.
- Sicherere Fixation der Sehne an eine Knochenrinne und/oder „Seit zu Seit"-Naht.
- Stabile Refixation des Ursprungs des M. deltoideus.

Das übergeordnete Ziel eines chirurgischen Eingriffes ist einerseits die Schmerzlinderung und andererseits den depressorischen Effekt des M. supraspinatus auf den Humeruskopf zu erhalten oder wiederherzustellen und damit eine superiore Migration zu vermeiden (Burkhart 1992).

Der häufigste vermeidbare Fehler während der Rekonstruktion der Rotatorenmanschette ist eine ungenügende subakromiale Dekompression und das Nichtabtragen der inferioren Knochensporne an der Klavikula. Dies resultiert in residuellen Beschwerden und fortgesetztem Impingement. Dies wird am besten dadurch vermieden, indem man die gesamte anteriore Unterfläche des Akromiums und der distalen Klavikula palpiert. Die Unterfläche sollte sich glatt anfühlen. Symptomatische AC-Gelenks-Arthrose ist ebenfalls eine häufige Quelle persistierender postoperativer Schmerzen nach Rotatorenmanschettenrekonstruktion. Beim AC-Gelenk, das sowohl auf Druck empfindlich ist, beim „cross body test" schmerzt und auch radiologisch Osteophyten und Gelenkspaltverschmälerung aufweist, sollte eine Resektion des distalen Endes der Klavikula vorgenommen werden. Wird das Ausmaß und die Art der Ruptur meist durch eine inadäquate Bursaresektion falsch eingeschätzt, kann

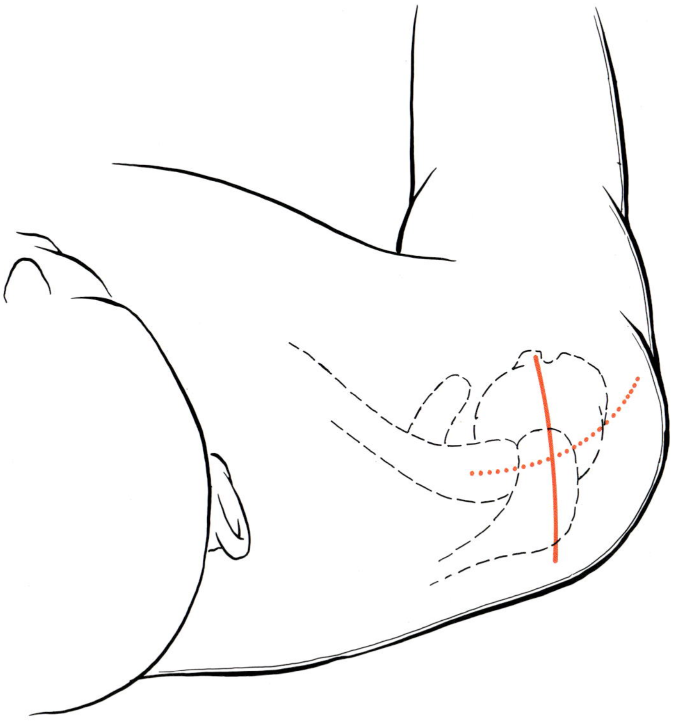

Abb. 1. Die zu operierende Schulter des Patienten mit ihren anatomisch markanten Punkten. Die ununterbrochene Linie zeigt den vom Autor empfohlenen antero-superioren Zugang entlang der Langerschen Hautlinien. Die gepunktete Linie zeigt den von Essman (1991) empfohlenen Zugang

dies zu einer residuellen Lücke in der Manschette führen.

Die häufigste Komplikation bei einer Rekonstruktion der Rotatorenmanschette ist der Verlust des Deltoid-Rotatorenmanschetten Kraftpaars durch rezidivierende Rupturen der Rotatorenmanschette oder durch die zu große Ablösung des M. deltoideus. Wiederauftreten einer Ruptur nach einer Rekonstruktion wird von einem signifikanten Nachlassen des Bewegungsumfanges und der Kraft begleitet. Die Zufriedenheit des Patienten und der Schmerz jedoch werden nicht beeinflusst. Größere Risse sind mit einer höheren Rerupturrate assoziiert. Eine Ruptur einer Sehne hat eine 10–20% Inzidenz der Reruptur 4–5 Jahre postoperativ, der Riss von zwei oder drei Sehnen geht mit einer Inzidenz von 41–43% bzw. 68–89% einher (Harryman et al. 1991, Gazielly et al. 1994). Diese erhöhte Rerupturrate geht wahrscheinlich auf Schwierigkeiten bei der Mobilisation der Sehne für eine adäquate Fixation zurück. Diese Fakten machen deutlich, dass es wichtig ist, die Sehnen adäquat zu mobilisieren, sie spannungsfrei zu vernähen und stabil und sicher in die Knochenrinne zu fixieren.

Operationstechnik

Prinzipiell stehen zwei Anästhesieverfahren zur Rekonstruktion zur Verfügung: die Allgemeinnarkose und der Interskalenusblock. Wie ziehen den Interskalenusblock als langwirksame Regionalanästhesie vor. Die Vorteile der Regionalanästhesie verglichen mit der Allgemeinnarkose bestehen in einer niedrigeren Inzidenz in postoperativer Übelkeit, Ileus, Atelektasen, Pneumonie und Anurese. Die Patienten scheinen außerdem einen niedrigeren Bedarf an postoperativen parenteralen Opiaten zu haben. Dies hängt wahrscheinlich mit dem langsamen Anfluten und der Gewöhnung an den Schmerz nach dem Eingriff zusammen. Komplikationen eines Blockes bestehen in einer möglichen intraneuralen oder intravaskulären Injektion.

Der Patient wird auf dem Rücken liegend in der Standard „beachchair"-Position gelagert, indem der Operationstisch in der Hüfte um 40 Grad und der Rücken um etwa 45–50 Grad gebeugt wird. Die Knie werden um 30 Grad gebeugt, um den N. ischiadicus zu entspannen. Diese Position vermindert intraoperative Blutungen und assistiert durch die Schwerkraft des Armes bedingt mit der Traktion. Der Kopf wird in einer Mayfield Kopfstütze gelagert. Die Knie, Fersen und der kontralaterale Ellenbogen werden gut gepolstert. Ein großer Sandsack oder ein Gelkissen wird entlang des oberen Thorax, medial der Skapula plaziert. Der obere Thorax wird an den Rand des Operationstisches gebracht, damit die Skapula zugänglich ist und die zu operierende Extremität in alle Richtungen, vor allem in Extension, bewegt werden kann. Wird der Patient in Allgemeinnarkose operiert, müssen die Augen mit einem weichen Gelkissen, das mit einem Klebeband in Position gehalten wird, abgedeckt werden. Auch die Position des Kopfes wird mit einem Klebeband fixiert, damit er bei der Manipulation nicht von der Kopfstütze rutscht.

Der Arm wird so abgedeckt, dass die gesamte Extremität von Schulter bis zur Hand frei bleibt. Dies kann üblicherweise mit gespaltenen Abdecktüchern erreicht werden. Sie werden nach oben hin bis zur Halsmitte zwischen Ohren und Klavikula gelegt, vorne sollen sie das Sternoklavikular-Gelenk bedecken und unmittelbar lateral der Brustwarzen, die mit einem Wattebausch geschützt werden müssen, verlaufen. Posterior soll das Abdecktuch medial der medialen Kante der Skapula enden. Mit einem Infusionsständer oder ähnlichem wird eine Art Dach konstruiert, das dem Anästhesisten Zugang erlaubt und gleichzeitig das Gesicht schützt. Die folgenden anatomisch markanten Punkte werden mit einem Hautmar-

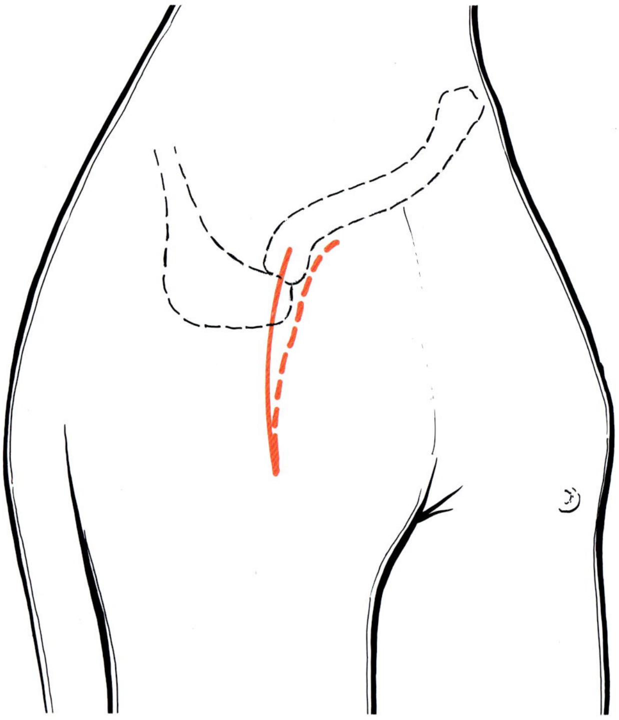

Abb. 2. Die Linien zeigen die Inzisionen für die Ablösung des Ursprungs des M. deltoideus, um die Rotatorenmanschette darstellen zu können. Die ununterbrochene Linie zeigt die empfohlene anteriore Ablösung des M. deltoideus durch subperiostale Dissektion. Die gepunktete Linie repräsentiert die Ablösung durch die Mitte des Ursprungs des M. deltoideus wie von Bigliani et al. empfohlen (1992)

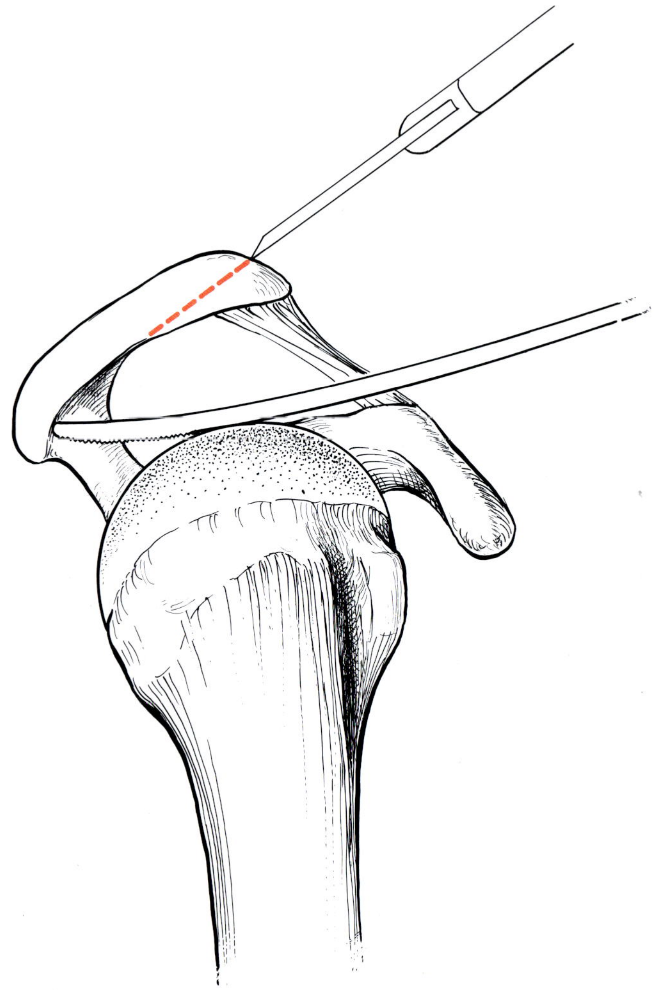

Abb. 3. Die Zeichnung zeigt eine Standard Akromioplastik wie von Neer (1972) empfohlen. Ein gebogener Haken wird dazu benutzt, den Humeruskopf nach unten zu hebeln und den subakromialen Raum voll einzusehen. Beachte die Orientierung des Osteotoms oder der oszillierenden Säge

ker aufgezeichnet: Korakoid, distale Klavikula, AC-Gelenk und Akromium (Abb. 1).

Mehrere Zugänge zur offenen Rekonstruktion sind beschrieben, einschließlich der von Neer 1972 beschriebenen vorderen Akromioplastik. Haéri und Wiley (1981) modifizierten den posterioren Zugang, der ursprünglich von Debeyre et al. (1965) beschrieben wurde. Verschiedene superiore transakromiale Zugänge werden ebenfalls beschrieben (McLaughlin 1962, Debeyre et al. 1965). Wir denken, dass der vordere Zugang ausreichende Exposition bietet und gleichzeitig den vorderen Ursprung des M. deltoideus bewahrt. Bei Zugängen, die eine transakromiale Osteotomie benötigen, zeigen sich nachteilige Effekte auf das postoperative Resultat (Wolfgang 1974, Samilson und Binder 1975, Neer und Marberry 1981).

Eine säbelförmige Hautinzision wird entlang den Langerschen Hautlinien in der Sagittalebene gemacht. Sie beginnt lateral des Korakoids und wird dorsal über das laterale Akromium verlängert (siehe Abb. 1). Durch scharfes Präparieren bis zur Faszie des M. deltoideus werden tief unterminierte Hautlappen entwickelt. Eine zweite Art des anterioren Zugangs liegt in der Koronarebene. Man beginnt über dem distalen Ende der Klavikula und erweitert den Schnitt nach lateral über das vordere Akromium auf den M. deltoideus (Essman et al. 1991). Wir glauben, dass diese Option in einer kosmetisch ungünstigen Narbe resultiert.

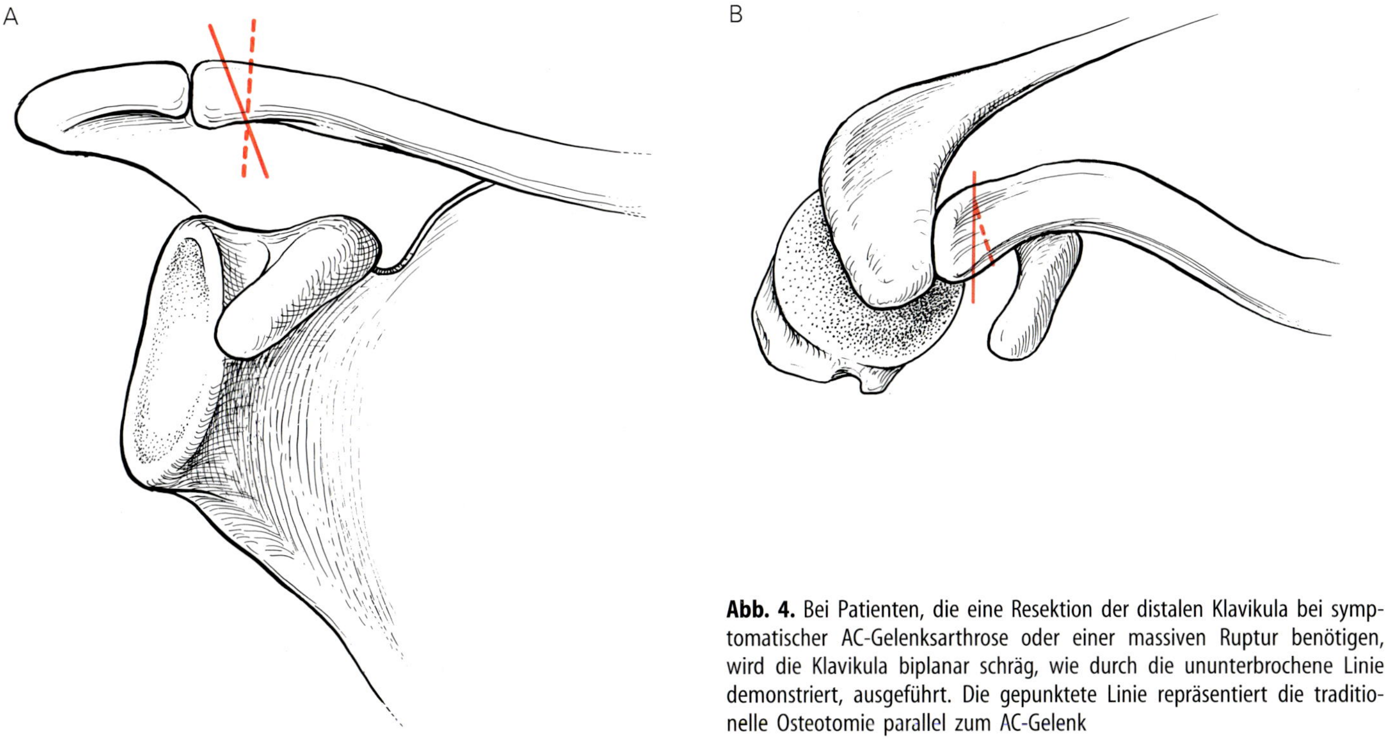

Abb. 4. Bei Patienten, die eine Resektion der distalen Klavikula bei symptomatischer AC-Gelenksarthrose oder einer massiven Ruptur benötigen, wird die Klavikula biplanar schräg, wie durch die ununterbrochene Linie demonstriert, ausgeführt. Die gepunktete Linie repräsentiert die traditionelle Osteotomie parallel zum AC-Gelenk

Das Deltoid-Trapezius-Intervall wird entlang der distalen Klavikula und des vorderen Akromiums identifiziert. Dieses Intervall wird scharf bis zum Knochen präpariert und nach lateral bis zur Kante des Akromiums freipräpariert. Der mittlere Teil des M. deltoideus wird in Richtung seiner Fasern ungefähr 2–3 cm stumpf gespalten (Abb. 2). Eine bis 5 cm mehr nach distal erweiterte Inzision gefährdet den vorderen Ast des N. axillaris. Dieser distale Teil der Inzision kann durch einen Haltefaden vor versehentlicher Verlängerung des Schnittes beschützt werden. Der Ursprung des M. deltoideus wird nun subperiostal vom vorderen Akromium abgelöst. Es kann dafür entweder ein Elektromesser oder ein Skalpell mit einer Nr. 15 Klinge benutzt werden. Möchte man die distale Klavikula bei Arthrose des AC-Gelenkes resezieren, kann die Präparation nach medial fortgesetzt werden. Es muss allerdings darauf geachtet werden, den Ansatz des vorderen M. deltoideus zu erhalten. Eine zweite Möglichkeit wurde von Bigliani et al. 1992 beschrieben. Der M. deltoideus wird genau in der Mitte des sehnigen Ansatzes abgelöst. Dies lässt etwa 1 cm am Ansatz des M. deltoideus am Akromium und der distalen Klavikula für eine spätere Rekonstruktion stehen.

Eine vordere Akromioplastik, ursprünglich beschrieben von Neer (1972), ist ein wichtiger Schritt in der chirurgischen Behandlung von Rupturen der Rotatorenmanschette. Damit kann eine wesentliche Schmerzlinderung erreicht werden (Packer et al. 1983, Ellman et al. 1986). Das vordere Akromium wird durch Platzierung eines gebogenen Hakens in den Subakromialraum dargestellt. Dieser Haken wird auch dazu genutzt, den Humeruskopf nach unten zu drücken. Ein Knochenkeil wird von der Unterfläche des vorderen Akromiums reseziert. Man kann ein gerades Osteotom, eine Säge oder eine Fräse verwenden. Der resezierte Knochen soll etwa eine Länge von 2 cm haben (Abb. 3). Bei der Resektion muss auf die Orientierung geachtet werden, da eine Fraktur des Akromiums leicht auftreten kann, sollte der Keil zu dick oder zu lang sein. Dieses abgetragene Fragment schließt oft den Ansatz des Ligamentum coracoacromiale ein. Oft wird dieses Ligament aber schon abgelöst, wenn der Ursprung des M. deltoideus am Akromium abgelöst wird. Es ist unklar, ob das Ligamentum coracoacromiale eher reseziert oder nur von seinem Ansatz am Akromium abgelöst werden soll. Wir ziehen es vor, das Ligament nicht zu resezieren. Wir nähen das abgelöste Band sogar wieder an, sollten wir eine massive Ruptur mit schlechter Gewebequalität vorfinden, um so den korakoakromialen Bogen zu bewahren. Eine komplette Resektion mag dazu führen, dass der Humeruskopf bei einer irreparablen Ruptur nach superior wandert (Arntz et al. 1993). Digitale Palpation des Subakromialraumes erlaubt Osteophyten zu erkennen, ein erheblicher Vorteil der offenen Methode.

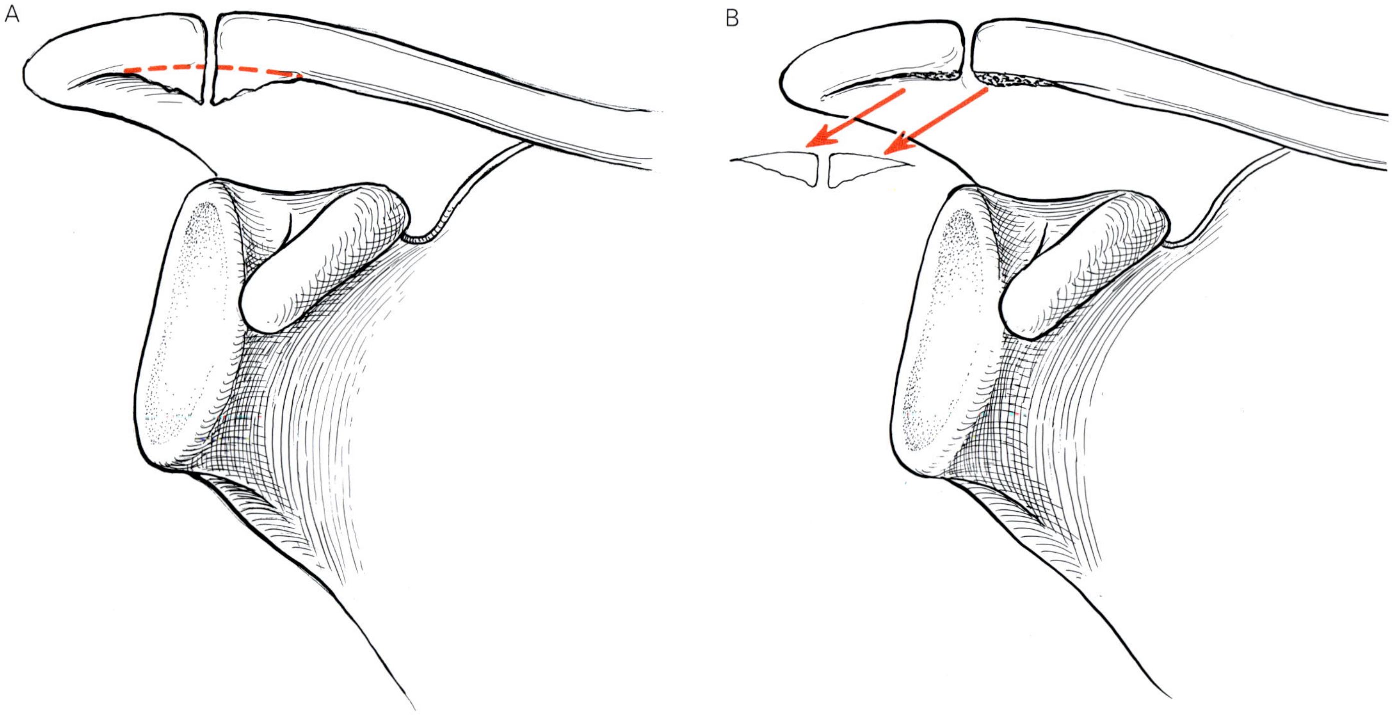

Abb. 5. Die modifizierte Akromioklavikular-Arthroplastik zur Entfernung von inferioren akromioklavikulären Knochenspornen (**A**, **B**), beschrieben von Bigliani et al. (1992)

Ist das AC-Gelenk symptomatisch arthritisch verändert, sollte die Resektion der distalen Klavikula jetzt vorgenommen werden. Dies kann mit einem großen Rippenschneider oder einer Säge vorgenommen werden. Dabei werden 1–2 cm Knochen in der Sagittal- und der Transversalebene abgetragen (Abb. 4). Der eher schräge Charakter der Osteotomie verhindert auch Impingement des hinteren Teiles der Klavikula gegen das Akromium. Eine Durchtrennung des Ligamentum coracoclaviculare sollte während der Resektion tunlichst vermieden werden. Die distale Klavikula sollte auf inferiore Knochensporne untersucht werden, falls man sich nicht zu einer Resektion entscheidet. Eine modifizierte Akromioklavikular-Arthroplastik, wie von Bigliani et al. (1992) beschrieben, kann zum Abtragen der Knochensporne benutzt werden (Abb. 5).

Die Entfernung der subakromialen Bursa legt letztendlich die Rotatorenmanschette frei. Ein nicht vollständiges Entfernen der Bursa wird oft mit einem Versagen der operativen Rekonstruktion der Rotatorenmanschette in Verbindung gebracht. Dies erklärt sich zum einem dadurch, dass man das Ausmaß des Risses falsch einschätzte oder dass die Bursa aus Versehen für die Manschette gehalten wurde. An diesem Punkt kann durch Traktion am Humerus durch einen Assistenten eine adäquate Exposition der Manschette erreicht werden. Flexion, Extension und Innen-, Außenrotation im glenohumeralen Gelenk erlaubt dem Chirurgen trotz Limitation durch das Akromium, volle Einsicht in die Rotatorenmanschette.

Das richtige Identifizieren der anatomischen Merkmale, die die Rotatorenmanschette definieren, ist wichtig. Die Basis des Processus coracoideus definiert das Intervall zwischen M. subscapularis und M. supraspinatus und ist der Ursprung des korakohumeralen Ligamentes. Dieses Intervall verläuft nach lateral in Richtung auf den Sulcus bicipitis. Die meisten der Rupturen ereignen sich im M. supraspinatus unmittelbar dorsal der Bizepssehne (Codman 1934, Neer 1972). Palpation entlang der Manschette erlaubt Identifikation der Spina scapularis, die das Intervall zwischen den Supraspinatus- und Infraspinatussehnen definiert. Identifikation dieser Punkte ermöglicht dem Chirurgen die beteiligten Sehnen, Ausmaß und Art der Ruptur und die Operationsmethode festzulegen.

Cofield (1981) betonte, dass es wichtig sei, Art der Ruptur während des Eingriffes zu bestimmen. Es gibt generell drei Arten: longitudinal, transversal und retrahiert (Abb. 6). Ein Längsriss liegt im Verlauf mit den Sehnenfasern und kann „Seit-zu-Seit“ vernäht werden. Ein transversaler Riss entsteht quer zur Verlaufsrichtung der Fasern und die Sehne muss an eine Knochenrinne genäht werden. Ein häufiger Fehler ist zu versuchen, die Sehne an den Sehnenstumpf am

A

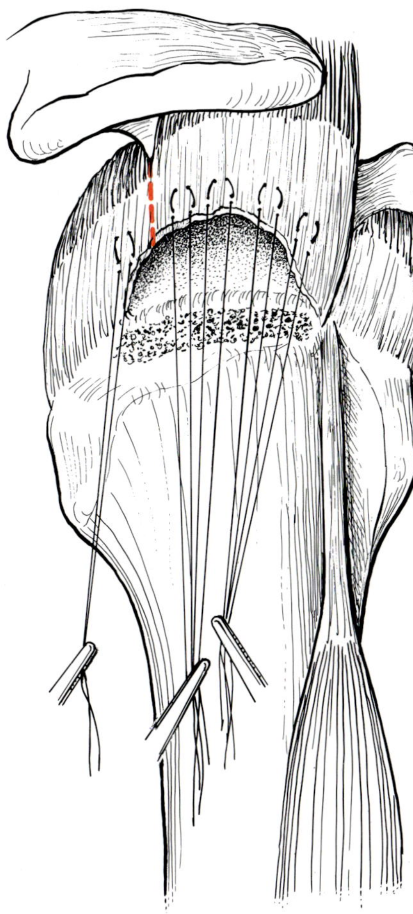

B

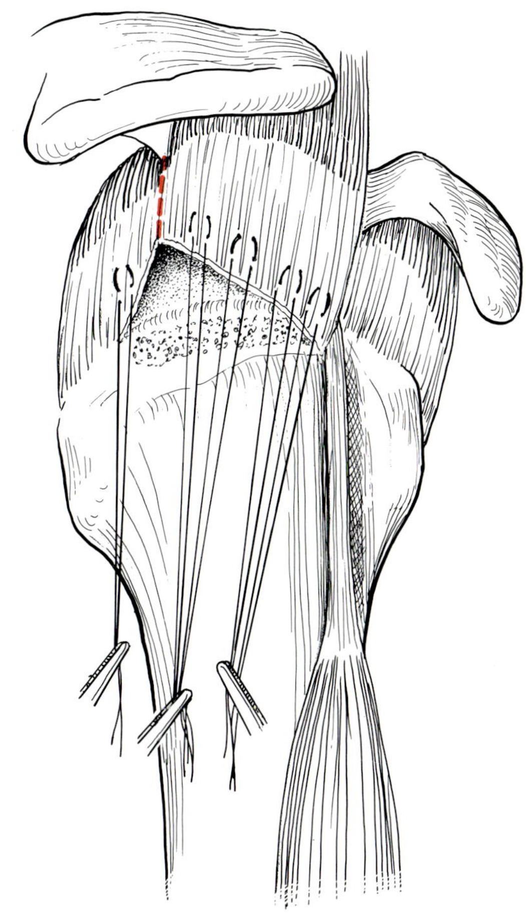

C

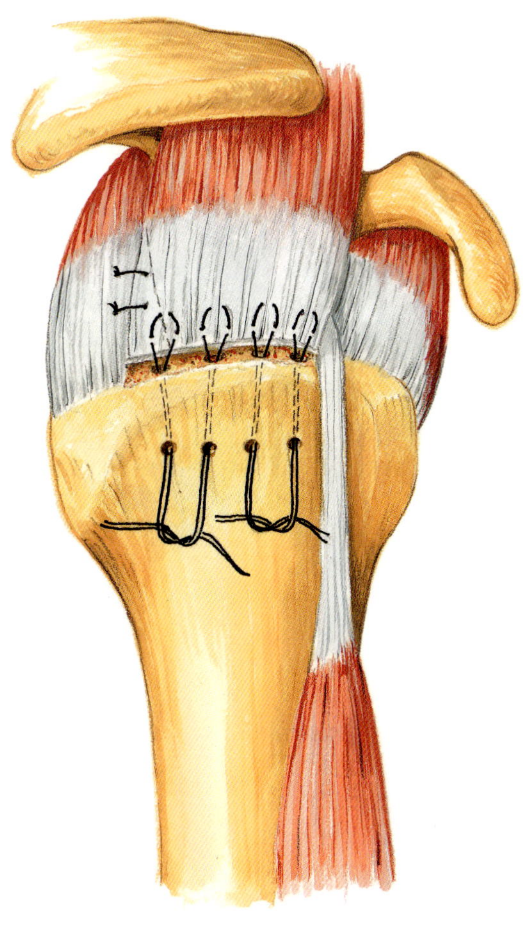

Abb. 6. Problematische Manschettenrekonstruktionen sind retrahierte Rupturen, deren Ränder breiter als die knöcherne Insertionstelle ist. Fischmaulartige (**A**) oder deltaförmige Rupturen (**B**) sind hier als Beispiel gezeigt. Der Gebrauch der knöchernen Anatomie (Basis des Processus coracoideus and Spina scapula) und die Bizepssehne erleichtert die Identifikation der transversalen und longitudinalen Anteile der Ruptur und erlaubt damit passende Rekonstruktion des transversalen Anteiles in V-Y-Art an den Knochen und des longitudinalen Anteiles durch „Seit-zu-Seit"-Nähte (**C**)

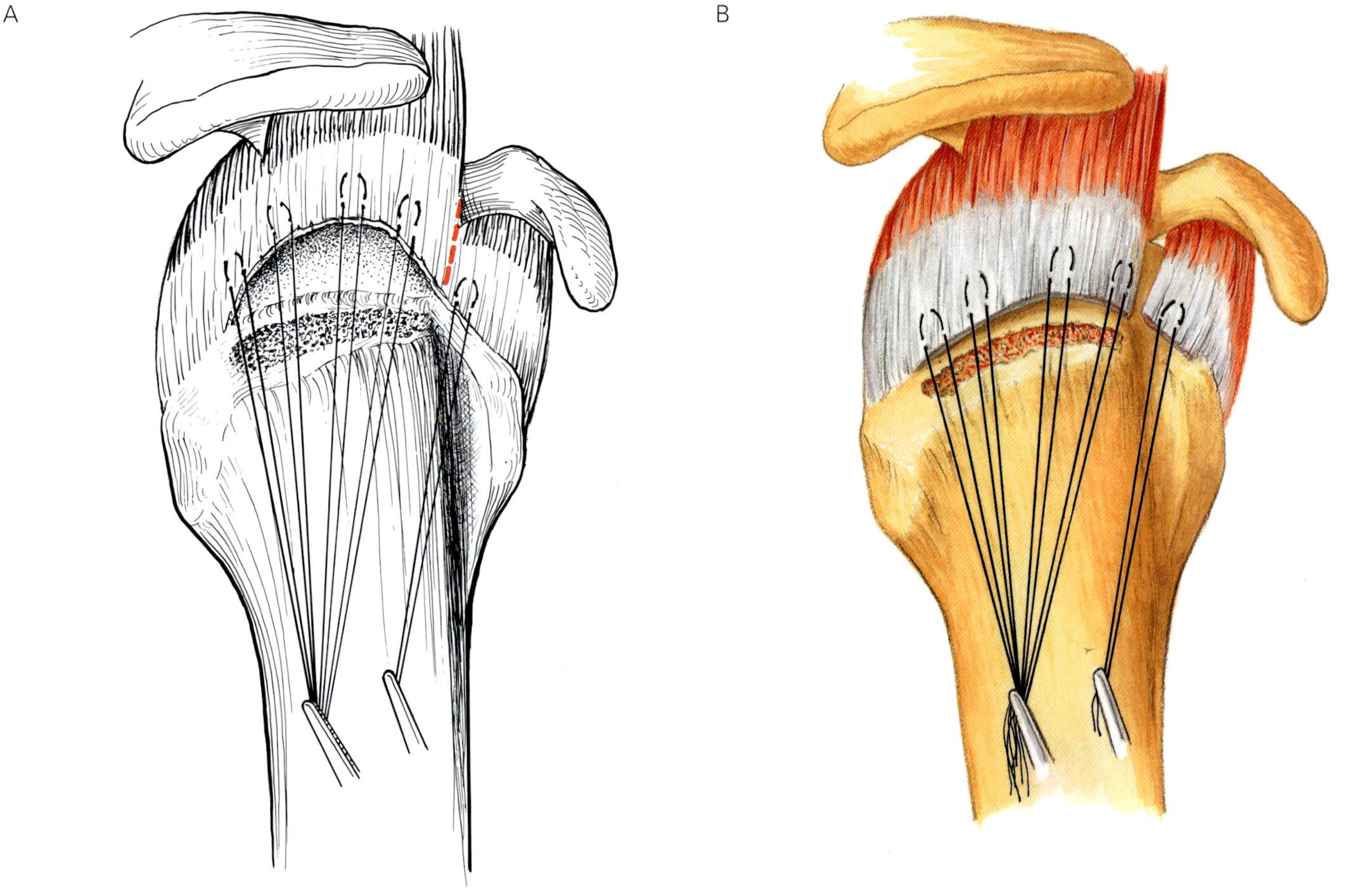

Abb. 7. Eine Ablösung des korakohumeralen Bandes von der Basis des Korakoids ist oft notwendig, um die Rotatorenmanschette zu mobilisieren. (**A**) Inzision des Rotatorenintervalls dorsal der oberen Begrenzung des M. subscapularis. (**B**) Kombiniert mit einer Ablösung des korakohumeralen Ligaments vervollständigt die Methode der Intervallschlitzung wie von Bigliani et al. (1992) beschrieben

Humerus anzunähen. Der Stumpf ist nicht durchblutet, bröckelig und nicht adäquat für eine sichere Fixation. Ein retrahierter Riss ist typischerweise eine Kombination aus Längs- und Transversalriss. Hier muss normalerweise eine Mobilisation der Rotatorenmanschette erfolgen, um eine effektive Rekonstruktion ausführen zu können. Der retrahierte Riss ist gewöhnlich chronisch und macht es nicht einfach, den Faserverlauf zu identifizieren.

Die Mobilisation einer retrahierten Manschette ist einer der frustrierenden Schritte, kann aber bei systematischem Vorgehen erreicht werden. Das Ziel ist eine ausreichende Mobilität, um eine spannungsfreie Rekonstruktion mit dem Arm an der Seite des Körpers zu erreichen und somit die physiologische Muskelspannung wiederherzustellen. Man beginnt mit der Resektion der bröckeligen Anteile am Rand der Ruptur, etwa 1–3 mm sollten entfernt werden. Dann werden einige Haltefäden (zwei bis vier) am Rand der Sehne eingezogen. Dies erlaubt Traktion an der gerissenen Sehne. Die Oberfläche der Rotatorenmanschette wird nun stumpf, entweder mit einem gebogenen flachen Haken oder mit dem Finger, von Adhäsionen bis zu einem Punkt medial des Akromiums und des Processus coracoideus befreit. Das korakohumerale Ligament ist oft kontrahiert und ein größeres Hindernis bei der Mobilisation der Supraspinatussehne. Ein Ablösen diesen Bandes von der lateralen Basis des

A

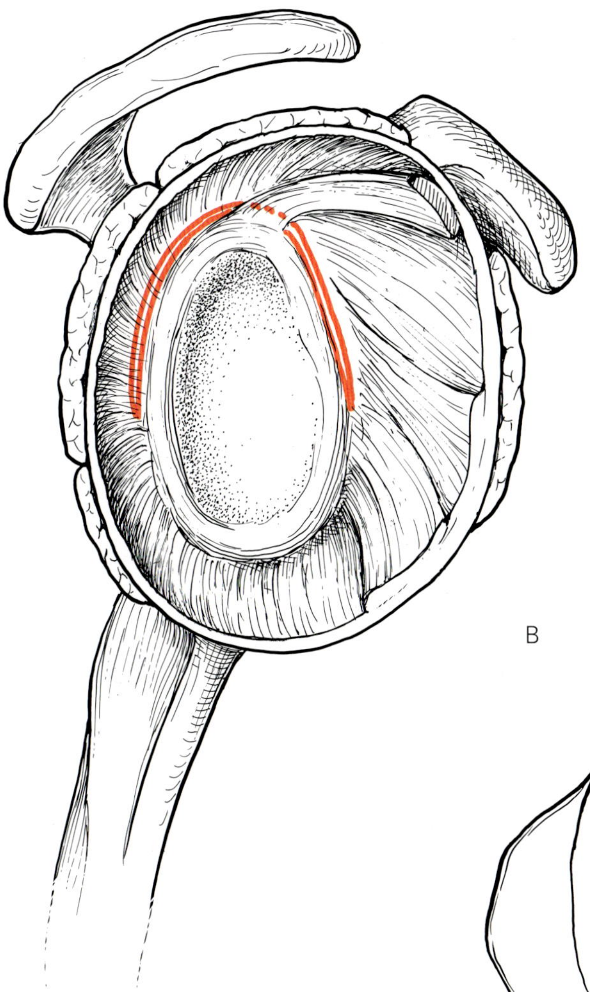

B

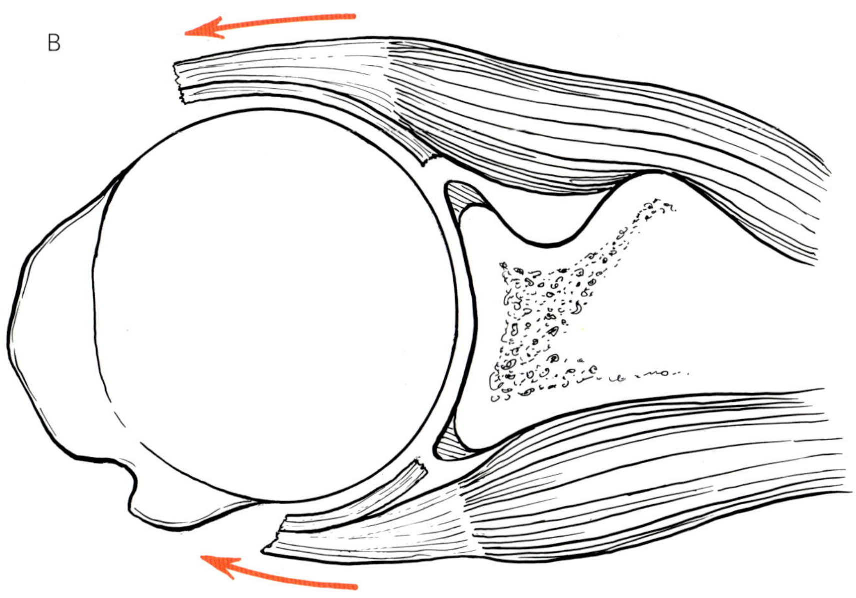

Abb. 8. Eine Ablösung der Gelenkkapsel von der Peripherie des glenoidalen Labrums und der Kante mag als der dritte Schritt zur Mobilisation der Rotatorenmanschette bei einer retrahierten Ruptur notwendig sein

Processus coracoideus befreit die Sehne oftmals erheblich. Manchmal muss das Rotatorenintervall durch scharfes Präparieren mehr mobilisiert werden, wie es von Bigliani et al. 1992 als Methode der Intervallschlitzung beschrieben wurde (Abb. 7). Ist der natürliche Federmechanismus der Rotatorenmanschette an diesem Punkt immer noch nicht erreicht, kann es notwendig sein, die Gelenkkapsel entlang der Peripherie des Labrums scharf einzuschneiden. Vorsicht ist geboten, den Ursprung der Bizepssehne nicht zu verletzen. Die Manschette kann nun vorsichtig vom Glenoidhals für maximal 5–10 mm abgehoben werden. Eine Verletzung des N. suprascapularis muss dabei vermieden werden (Abb. 8).

Spannung auf den Haltefäden und Identifikation der vorher erwähnten anatomischen Punkte erlauben Art der Ruptur und Beteilung der Sehnen festzustellen (Abb. 6). Die Region, die als transversaler Riss interpretiert wird, soll an eine Knochenrinne genäht werden. Eine schmale Knochenrinne wird mit Hilfe eines Rongeurs oder einer Fräse entlang des collum anatomicum des Humerus angebracht. Bohrlöcher werden durch die Rinne mit Ausgang am lateralen Kortex des Tuberculum majus angelegt. Eine gebogene Ahle oder das Linvatec System kann dazu benutzt werden (Linvatec, Key Largo, Florida). Die Haltefäden werden durch nicht resorbierbare geflochtene Fäden in Kessler-Technik ersetzt. Jedes Fadenende wird einzeln durch die Tunnel geführt. Eine Nr. 3 oder Nr. 5 Mayo Nadel ist dabei ein gute Hilfe. Die Enden nebeneinanderliegender Fäden können durch das gleiche Loch gezogen werden (Abb. 9). Eine Alternativmethode ist die Verwendung verschiedener Nahtankersysteme. Wir raten von der Benutzung dieser Nahtanker aus zwei Gründen ab. Erstens erlauben die Anker im Gegensatz zur beschriebenen Methode nur punkförmige Fixierung entlang der Rotatorenmanschette. Zweitens ist der spongiöse Knochen oft nicht stabil genug, ein Ankersystem zu halten, speziell beim älteren Patienten. Jedoch haben Studien gezeigt, dass nicht das Ankersystem, sondern eher der Faden das schwache Glied der Kette ist. Der restliche longitudinale Anteil des Risses wird „Seit-zu-Seit" genäht (Abb. 6C).

Große chronische Rupturen des Supraspinatus und Infraspinatus zeigen oft ein breiteres Ausrissende als die Knochenrinne. Bei der Rekonstruktion in der Rinne entsteht ein Eselsohr, das durch Inzision zwischen Mm. infra- und supraspinatus verhindert werden kann. Der Schnitt soll allerdings nicht medial über die Kante des Glenoids hinausgehen, da sonst leicht der N. suprascapularis verletzt werden kann. Die hintere Ecke des M. supraspinatus kann jetzt an den Knochen in „Hose über Jacke"-Art mit dem M. infraspinatus vernäht werden (Abb. 6C).

Die Rekonstruktion wird auf Haltbarkeit durch vorsichtige Innen- und Außenrotation und auch Elevation getestet. Der M. deltoideus wird mit geflochtenen nicht resorbierbaren Fäden durch schmale Bohrlöcher am Akromium fixiert. Es ist wichtig, den gesamten M. deltoideus an das Akromium zu nähen. Dies wird durch Fassen der oberflächlichen und tiefen Faszie des M. deltoideus mit der Naht erreicht. Eine Drainage liegt im Ermessen des Chirurgen und hängt vom Ausmaß der Sickerblutungen am Ende der Operation ab. Die Haut wird mit Standardtechnik verschlossen. Der Arm wird in eine Schlinge gelegt.

Wir haben mit dieser Immobilisierung gute Erfahrungen gemacht und halten die Verwendung von Abduktionskissen oder Gips nicht für notwendig. Mit dieser Methode konnten wir nur sehr selten eine Ruptur nicht verschließen. Es wurden eine Reihe von chirurgischen Optionen veröffentlicht, die für solche primär nicht zu verschließende Defekte angeboten werden. Sie fallen im Allgemeinen in drei Kategorien: Allografts, autologer Sehnentransfer oder prothetische Grafts.

Sehnentransfers zur Deckung des Humeruskopfes bei nicht reparablen Rupturen schließen einen Transfer der Supraspinatussehne nach lateral (Debeyre et al. 1965, Haéri und Wiley 1981) oder einen Transfer

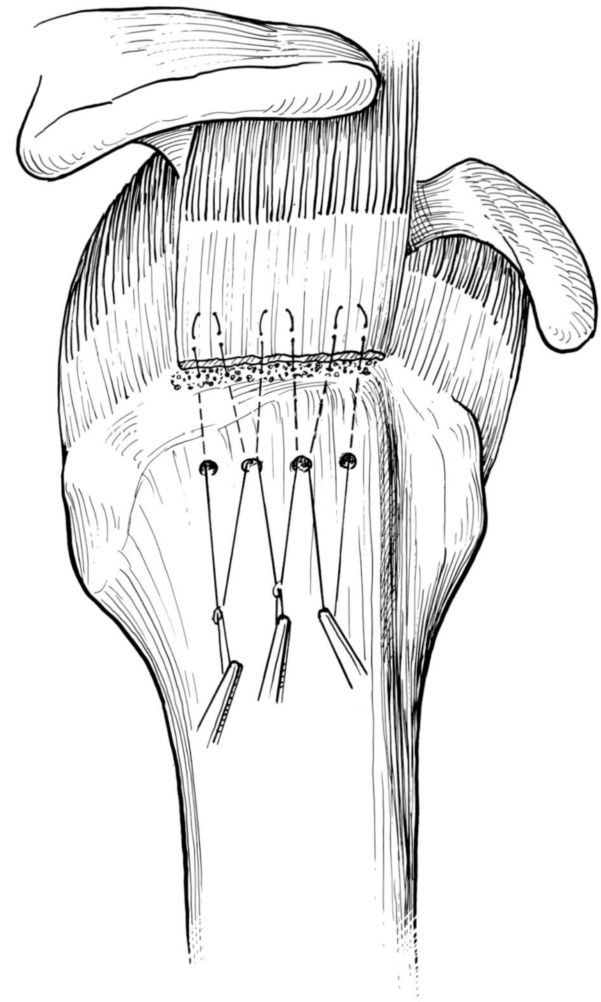

Abb. 9. Platzierung der Nähte zur Rekonstruktion der Rotatorenmanschette in die Knochenrinne

der Subscapularis- und oder Infraspinatussehne nach superior ein (Cofield 1982, Nevasier und Nevasier 1982). Von zufriedenstellenden Ergebnissen wurde in 70–80% aller Patienten berichtet. Wir sind jedoch besorgt, dass eine weitere Mobilisation dieser Sehnen Kraft und Funktion der Rotatorenmanschette noch mehr einschränken. Gerber hat 1992 einen Latissimus-Dorsi-Transfer beschrieben, der Außenrotationskraft und Depression des Humeruskopfes verbessern soll.

Die Verwendung von autologer Fascia lata (Heikel 1968) oder allogenen gefriergetrockneten Rotatorenmanschetten wird berichtet. Die Erfolgsaussichten sind allerdings bescheiden. Prothetische Materialen wie Kohlefaser oder Teflon™ sind ebenfalls in Gebrauch. Hier wird unterschiedlich berichtet (Post 1985, Ozaki et al. 1986). Es gibt das theoretische Problem, dass durch diese Methoden die Rotatorenmanschette nicht ihre physiologische Vorspannung erreicht und die Rekonstruktion somit eine adäquate Funktion nicht herstellen kann. Ein wasserdichter Verschluss scheint sowieso nicht notwendig zu sein.

Der momentane Trend bei massiven Rupturen der Rotatorenmanschette liegt im Versuch der Wiederherstellung des vorderen und hinteren glenohumeralen Kräftezügels (Burkhart 1992). Dies wird durch die Rekonstruktion des gerissenen M. infraspinatus und des M. subscapularis an ihre ursprüngliche anatomische Position erreicht. Die oben erwähnten Techniken beim Standardeingriff helfen, das Gewebe adäquat zu mobilisieren und eine sichere stabile Fixation am Knochen zu erreichen. Damit kann man hoffentlich eine Migration des Humeruskopfes nach superior verhindern oder beheben. Eine adäquate subakromiale Dekompression sorgt für ausreichende Schmerzlinderung. Der restliche Defekt muss nicht mit anderen Methoden gedeckt werden.

Die Entstehung einer Cuff Arthropathie, wie von Neer beschrieben, ist eine vollkommen andere Entität wie die massive Ruptur der Rotatorenmanschette (Neer et al. 1983). Eine Cuff Arthropathie entsteht durch Migration des Humeruskopfes nach superior bei einer chronischen massiven Ruptur der Rotatorenmanschette. Sie wird von einer massiven Ruptur dadurch unterschieden, dass bei einer Arthropathie ein Kollaps der Gelenkfläche des Humeruskopfes zu sehen ist. Es ist häufig mit Erosionen des Glenoids, des Tuberculum majus und der Unterseite des vorderen Akromiums assoziiert. Patienten mit guter Funktion des M. deltoideus, gutem passivem Bewegungsumfang und einem funktionell intakten Korakoakromialbogen, können erfolgreich mit einer Hemiendoprothese behandelt werden (Arntz et al. 1993). Patienten, die diese Kriterien nicht erfüllen, sollten eher mit subakromialer Dekompression und einem Debridement behandelt werden.

Nachbehandlung

Postoperative Immobilisation bei der Mehrzahl unserer Patienten wird durch eine Standard Armschlinge erreicht. Die Schlinge wird 24 Stunden, auch beim Schlafen, für die ersten zwei bis drei Wochen postoperativ getragen. Dann sollte sie nur noch bei allen Aktivitäten und nicht mehr in Ruhe und bei leichtem Spazierengehen für die nächsten 4 Wochen getragen werden. In seltenen Fällen müssen Patienten mit einer massiven Ruptur und qualitativ schlechtem Gewebe für 4–6 Wochen ein Abduktionskissen tragen. Vorsichtige passive Krankengymnastik in der Form von Codmans Pendelübungen werden in den ersten 4–6 Wochen postoperativ drei bis fünfmal täglich durchgeführt. Dies wird mit dem Arm abwechselnd in Außen- und Innenrotation geübt. Der Patient muss aber verstehen, dass die Bewegungsübungen wenig aktive Schulterbewegung benötigt und der Oberkörper als eine Art Schaukel den Arm bewegt. Aktiv assistierte Bewegungsübungen werden nach 4–6 Wochen begonnen. Die Prinzipien nach einer endoprothetischen Totalversorgung der Schulter können auch auf die offene Rekonstruktion angewendet werden (Hughes und Neer 1975, Brems 1994). Der Patient konzentriert sich dabei auf aktive Flexion. Ein Seil wird über eine Umlenkrolle geleitet und wirkt als Traktion auf die Schulter. Außenrotationsübungen werden auf dem Rücken liegend mit Hilfe einer Stange ausgeführt. Wir ermutigen den Patienten, sich an der Rehabilitation aktiv zu beteiligen, indem wir Ihnen ein Heimübungsprogramm verschreiben. Isometrische Übungen werden nach 8 Wochen begonnen. Muskelkräftigungsübungen für die Rotatorenmanschette, wie auch von Jobe (Jobe and Moynes 1982) näher ausgeführt, werden drei Monate nach dem Eingriff begonnen. Dann sollte die Rekonstruktion kräftig genug sein. Aktive Kraft- und Bewegungsübungen werden abhängig von der Motivation des Patienten zu Hause fortgesetzt oder durch einen Krankengymnasten überwacht.

Literatur

Arntz CT, Jackins S, Matsen FA (1993) Prosthetic replacement of the shoulder for the treatment of defects in the rotator cuff and the surface of the glenohumeral joint. J Bone Joint Surg [Am] 75:485–491

Bassett RW, Cofield RH (1983) Acute tears of the rotator cuff. Clin Orthop 175:18–24

Bigliani LU, Cordasco FA, McIlveen SJ et al (1992) Operative repair of massive rotator cuff tears: long-term results. J Shoulder Elbow Surg 1:120–130

Bokor DJ, Hawkins RJ, Huckell GH et al (1993) Results of non-operative managment of full-thickness tears of the rotator cuff. Clin Orthop 294:103–110

Brems JJ (1994) Rehabilitation following total shoulder arthroplasty. Clin Orthop 307:70–85

Burkhart SS (1991) Arthroscopic treatment of massive rotator cuff tears. Clinical results and biomechanical rationale. Clin Orthop 267:45–56

Burkhart SS (1992) Fluoroscopic comparison of kinematic patterns in massive rotator cuff tears. A suspension bridge model. Clin Orthop 284:144–152

Codman EA (1934) The Shoulder: Rupture of the Supraspinatus Tendon and Other Lesions in or about the Subacromial Space. Todd, Boston

Cofield RH (1981) Tears of the rotator cuff. AAOS Instructional Course Lectures 30:258–273
Cofield RH (1982) Subscapular muscle transposition for repair of chronic rotator cuff tears. Surg Gynecol Obstet 154:667–672
Cofield RH (1985) Rotator cuff disease of the shoulder. J Bone Joint Surg [Am] 67:974–979
Debeyre J, Patte D, Elmerlik E (1965) Repair of ruptures of the rotator cuff of the shoulder. J Bone Joint Surg [Br] 47:36–42
Ellman H, Hanker G, Bayer M (1986) Repair of the rotator cuff. End-result study of factors influencing reconstruction. J Bone Joint Surg [Am] 68:1136–1144
Ellman H, Kay SP, Wirth M (1993) Arthroscopic treatment of full-thickness rotator cuff tears: 2- to 7-year follow-up study. Arthroscopy 9:195–200
Essmann JA, Bell RH, Askew M (1991) Full-thickness rotator-cuff tear. Clin Orthop 265:170–177
Gartsman GM (1990) Arthroscopic acromioplasty for lesions of the rotator cuff. J Bone Joint Surg [Am] 72:169–180
Gazielly DF, Gleyze P, Montagnon C (1994) Functional and anatomical results after rotator cuff repair. Clin Orthop 304:43–53
Gerber C (1992) Latissimus dorsi transfer for the treatment of irreparable tears of the rotator cuff. Clin Orthop 275:152–160
Haéri GB, Wiley AM (1981) Advancement of the supraspinatus muscle in the repairs of ruptures of the rotator cuff. J Bone Joint Surg [Am] 63:232–238
Harryman DT, Mack LA, Wang KY et al (1991) Repairs of the rotator cuff. J Bone Joint Surg [Am] 73:982–989
Hawkins RJ, Misamore GW, Hobeika PE (1985) Surgery for full-thickness rotator cuff tears. J Bone Joint Surg [Am] 67:1349–1355
Heikel HVA (1968) Rupture of the rotator cuff of the shoulder. Acta Orthop Scand 39:477–492
Hughes M, Neer CS (1975) Glenohumeral joint replacement and postoperative rehabilitation. Phys Ther 55:850–858
Itoi E, Tabata S (1992) Conservative treatment of rotator cuff tears. Clin Orthop 275:165–173
Jobe FW, Moynes DR (1982) Delineation of diagnostic criteria and a rehabilitation program for rotator cuff injuries. Am J Sports Med 10:336–339
Levy HJ, Gardner RD, Lemak LJ (1991) Arthroscopic subacromial decompression in the treatment of full-thickness rotator cuff tears. Arthroscopy 7:8–13
McLaughlin HL (1962) Rupture of the rotator cuff. J Bone Surg [Am] 44:979–983
Montgomery TJ, Yerger B, Savoie FH (1994) Management of rotator cuff tears: a comparison of arthroscopic débridement and surgical repair. J Shoulder Elbow Surg 3:70–78
Neer CS II (1972) Anterior acromioplasty for the chronic impingement syndrome in the shoulder. J Bone Surg [Am] 54:41–50
Neer CS II, Craig EV, Fukuda H (1983) Cuff-tear arthropathy. J Bone Joint Surg [Am] 65:1242–1244
Neer CS II, Marberry TA (1981) On the disadvantages of radical acromionectomy. J Bone Joint Surg [Am] 63:416–419
Neviaser RJ, Neviaser TJ (1982) Transfer of subscapularis and teres minor for massive defects of the rotator cuff. In: Bayley I, Kessel L (eds) Shoulder Surgery. Springer, New York, pp 60–63
Ogilvie-Harris DJ, Demaziere A (1993) Arthroscopic débridement versus open repair for rotator cuff tears. J Bone Joint Surg [Br] 75:416–420
Ozaki J, Fugimoto S, Masuhara K et al (1986) Reconstruction of chronic massive rotator cuff tears with synthetic materials. Clin Orthop 202:173–183
Packer NP, Calvert PT, Bayley JIL et al (1983) Operative treatment of chronic ruptures of the rotator cuff of the shoulder. J Bone Joint Surg [Br] 65:171–175
Post M (1985) Rotator cuff repair with carbon fiber filament: a preliminary report of five cases. Clin Orthop 196:154–158
Post M, Silver R, Singh M (1983) Rotator cuff tear. Diagnosis and treatment. Clin Orthop 173:79–91
Rockwood CA, Burkhead WZ (1988) Management of patients with massive rotator cuff defects by acromioplasty and rotator cuff débridement. Orthop Trans 12:190–191
Samilson RL, Binder WF (1975) Symptomatic full thickness tears of the rotator cuff, an analysis of 292 shoulders in 276 patients. Orthop Clin North [Am] 6:449–466
Wolfgang GL (1974) Surgical repair of tears of the rotator cuff of the shoulder. J Bone Joint Surg [Am] 56:14–26
Zvijac JE, Levy HJ, Lemak LJ (1994) Arthroscopic subacromial decompression in the treatment of full thickness rotator cuff tears: A 3- to 6-year follow up. Arthroscopy 10:518–523

15

Kary R. Schulte, Christopher D. Harner

Bizepssehnen-Tenodese

Eine Reizung der langen Bizepssehne ist eine häufige Ursache des vorderen Schulterschmerzes. Eine primäre Pathologie der Sehne tritt jedoch bei weitem seltener auf als die sekundäre Form. Eine Tenosynovitis der langen Bizepssehne ist vor allem bei subakromialer Bursitis, Tendinitis, einer Ruptur der Rotatorenmanschette oder einer Kombination dieser Läsionen zu sehen. Neer betonte, dass bei mehr als 95% aller Patienten mit Bizepstendinitis primär ein Impingement diagnostiziert wird und die lange Bizepssehne beteiligt ist. Eine Behandlung der langen Bizepssehnentendinitis muss also auch die Behandlung der primären Pathologien beinhalten.

Klassifiziert man die Läsionen, kann man sie in Impingement-Tendinitis, Verschleiß- oder Abriebtendinitis, Ruptur und Subluxation der langen Bizepssehne einteilen (Hitchcock und Bechtol 1948, Becker und Cofield 1989, Post und Benca 1989, Burkhead 1990, Neer 1990). Am häufigsten wird eine Reizung der Bizepssehne sekundär durch Impingement bei Tendinitis oder Rupturen der Sehnen der Rotatorenmanschette gesehen. Bizepstendinitis mag auch sekundär bei der rheumatischen Arthritis oder bei Arthrose auftreten. Eine primäre Form der Bizepssehnentendinitis tritt in weniger als 5% der Patienten auf. Die Mehrzahl dieser Fälle kann erfolgreich konservativ mit Ruhe, nichtsteroidalen Antiphlogistika und einem Rehabilitationsprogramm, das aus passivem Dehnen und Muskelaufbau besteht, behandelt werden. Operative Behandlung mag erst nach einem erfolglosen 6 monatigen Rehabilitationsprogramm und bei nicht tolerabler Schmerzsymptomatik indiziert sein.

Bei der Behandlung der Gruppe mit Tendinitis sekundär zu anderen pathologischen Konditionen der Schulter, muss man zuerst diese Ursachen angehen (Hitchcock und Bechtol 1948, Post und Benca 1989, Burkhead 1990, Neer 1990). Eine Tendinitis der langen Bizepssehne sekundär zu Impingement kann mit einer Akromioplastik bei Patienten, die auf konservative Maßnahmen nicht reagieren, behandelt werden.

Bei der Verschleiß- oder Abriebtendinitis ist die Bizepssehne im Sulkus oft fasrig und dünn. Man sieht gelegentlich auch Schwellung, Rötung oder ödematöse Veränderungen der Sehne (Hitchcock und Bechtol 1948, Dines et al. 1982, Becker und Cofield 1989, Burkhead 1990, Neer 1990). Eine diagnostische Arthroskopie der Schulter mag hilfreich sein, das Ausmaß der Beteiligung der Bizepssehne festzustellen. Der intraartikuläre Anteil der Sehne mag noch normal aussehen, aber sobald die Sehne mit Hilfe eines Tasthakens in das Gelenk gezogen wird, kann man oftmals degenerative Veränderungen der proximalen extraartikulären Anteile feststellen. Unserer Erfahrung nach, ist ein Debridement der degenerativ veränderten Sehne alleine zur Symptomlinderung nicht erfolgversprechend. Sind mehr als 30–40% der Sehne degeneriert, ist eine Tenodese der Bizepssehne indiziert.

Die Behandlung einer Ruptur der langen Bizepssehne ist kontrovers (Froimson und Oh 1975, Dines et al. 1982, Mariani et al. 1988, Burkhead 1990, Neer 1990, Kumar und Satku 1992). Eine komplette Ruptur der Bizepssehne ist gewöhnlich mit einer Ruptur der Rotatorenmanschette kombiniert und die Behandlung der Rotatorenmanschettenruptur beim symptomatischen Patienten ist ebenfalls indiziert. Eine komplette Ruptur der Bizepssehne ist beim Patienten unter 30 Jahren selten. Älteren Patienten mit einer kompletten Ruptur dient man am besten mit nicht operativer Behandlung, es sei denn, eine Operation ist zur Behandlung von Rotatorenmanschettenrupturen notwendig. Operative Behandlung ist außerdem beim Patienten indiziert, der nicht bereit ist, die kosmetische „Beule" beim Anspannen des Bizepsmuskels zu akzeptieren.

Intraartikuläre Subluxation der Bizepssehne ist fast immer mit einer großen Ruptur der Rotatorenmanschette assoziiert, speziell mit einer Ruptur der Subskapularissehne. Die Bizepssehnen Luxation und die Subskapularis Ruptur müssen gleichzeitig behandelt werden. Normalerweise kann die Subskapularissehne durch einen delto-pektoralen Zugang rekonstruiert und gleichzeitig eine Tenodese der Bizepssehne durchgeführt werden.

Operative Grundlagen

Die Operation kann durch einen limitierten delto-pektoralen Zugang durchgeführt werden. Die lange Bizepssehne wird mobilisiert durch das Durchtrennen des Ligamentum transversum humeri und das Ablösen der Sehnenscheide. Der intraartikuläre Anteil der Sehne wird im Intervall zwischen M. subscapularis und M. supraspinatus reseziert. In die Sehne selbst wird dann ein Knoten geknüpft und das Konstrukt mit nichtresorbierbaren Fäden stabilisiert. Ein Schlüsselloch wird im Sulkus des Bizeps geschaffen. Der Knoten wird in dieses Schlüsselloch gelegt und dann nach distal gedrückt. Die Sehne wird somit in der Grube durch passive Extension im Ellenbogen verkeilt. Das Ligamentum transversum humeri wird nun rekonstruiert.

Um ein gutes Ergebnis zu erreichen, müssen einige kritische Punkte beachtet werden. Erstens muss die Behandlung der sekundären Bizepssehnentendinitis die primäre Pathologie einschließen und korrigieren. Zweitens muss man darauf achten, die Bizepssehne bei kompletten Rupturen der Sehne am Tuberculum supraglenoidale abzulösen oder den Stumpf zu debridieren. Damit wird ein mechanisches Blockieren verhindert. Drittens muss darauf geachtet werden, die Tenodese bei normaler Restspannung der muskulotendinösen Einheit durchzuführen, um die Kraft bei Flexion und Supination des Ellenbogens zu erhalten. Und letztlich muss die untere Rinne des Schlüsselloches relativ schmal gehalten werden, um somit ein Ausrutschen des Sehnenstumpfes aus dem Knochen zu verhindern.

Operationstechnik

Eine Allgemeinnarkose oder ein Interskalenusblock wird zur Anästhesie benutzt. Der Patient wird in der „beachchair"-Position gelagert. Der Operationstisch

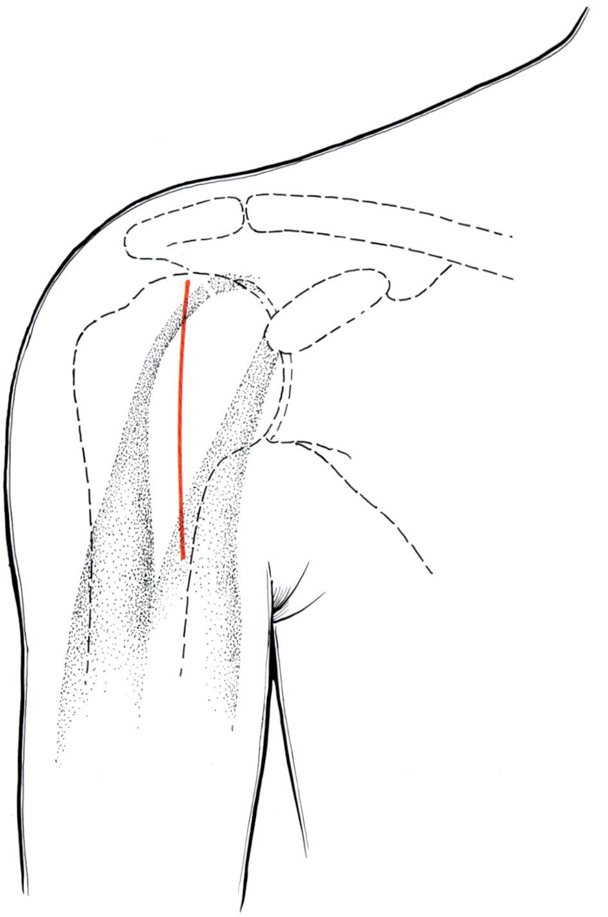

Abb. 1. Eine 4 cm lange Inzision wird anterior entlang den Langerschen Hautlinien angelegt. Die Inzision wird über der langen Bizepssehne im delto-pektoralen Intervall zentriert

wird um 40 Grad nach vorne gekippt. Die zu operierende Schulter wird an den äußersten Rand des Tisches gebracht. Eine Standard-Desinfektion wird durchgeführt und der Arm wird frei abgedeckt. Ein Antibiotikum wird präoperativ verabreicht.

Ein kleiner delto-pektoraler Zugang wird gewählt. Eine 4 cm lange Inzision entlang den Langerschen-Hautlinien wird zentriert über den Verlauf des langen Bizepsmuskels angelegt (Abb. 1). Haut und Unterhaut werden stumpf präpariert. Die V. cephalica wird identifiziert und nach medial gebracht.

Die lange Bizepssehne wird identifiziert und durch ein Ablösen von der Sehnenscheide nach Durchtren-

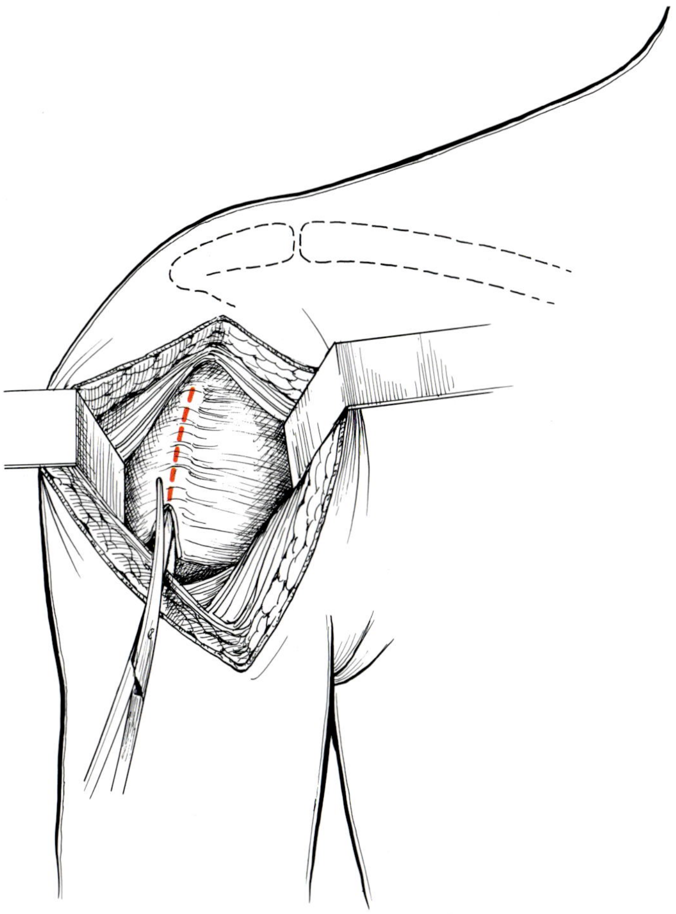

Abb. 2. Die lange Bizepssehne wird identifiziert und aus dem Sulkus durch Ablösen von der Sehnenscheide nach Durchtrennen des Ligamentum transversum humeri mobilisiert

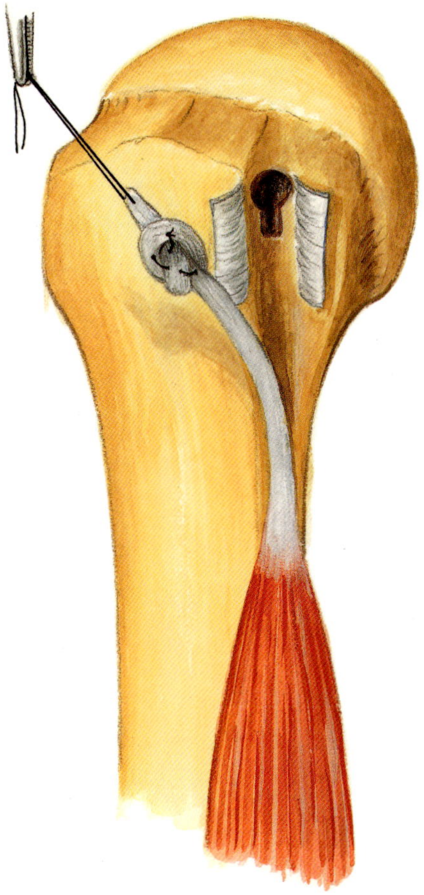

Abb. 3. Ein Schlüsselloch wird im Sulkus gefräst. Die Bizepssehne wird geknotet und mit mehreren nicht resorbierbaren Fäden gesichert

nung des Ligamentum transversum humeri mobilisiert (Abb. 2). Um eine adäquate Spannung der Sehne zu gewährleisten, kann die Sehne mit einem Hautmarker oder einem Faden auf Höhe des Sulkus bei 90 Grad gebeugtem Ellenbogen markiert werden. Die Sehne wird nun nach proximal im Intervall zwischen M. subscapularis und M. supraspinatus in das Gelenk verfolgt. Die Sehne wird scharf vom Tuberculum supraglenoidale abgelöst.

Das Periost am Boden des Sulcus bicipitalis wird longitudinal eingeschnitten und angehoben. Das Schlüsselloch wird mit einer Hochgeschwindigkeitsfräse gebohrt. Der obere runde Teil des Schlüsselloches sollte etwa einen Durchmesser von einem Zentimeter haben. Der untere gerade Teil sollte schmal gehalten werden mit einer Breite von weniger als 5 mm. Eine solch schmale Grube ist notwendig, um ein Ausrutschen der Sehne aus dem Knochen zu verhindern. Das Schlüsselloch wird durch Kürettieren des spongiösen Knochens vertieft.

Die abgelöste Sehne wird jetzt durch einen Knoten in der Sehne selbst vorbereitet. Der Knoten wird durch mehrere nicht resorbierbare Fäden gesichert. In seltenen Fällen steht die Sehne proximal des Knotens über und muss gekürzt werden (Abb. 3).

Der Knoten wird in den runden Anteil des Schlüsselloches gebracht. Durch Strecken im Ellenbogen gleitet die Sehne in das Schlüsselloch und verkeilt

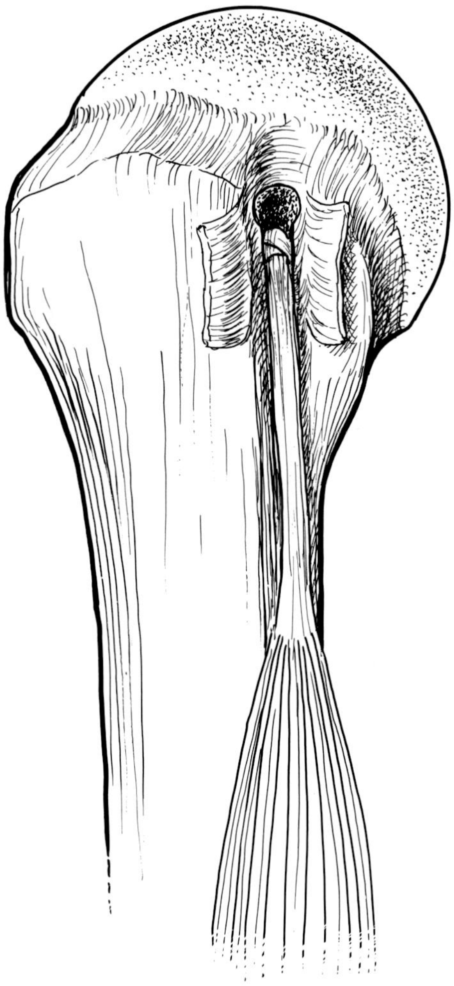

Abb. 4. Der Knoten wird in das Schlüsselloch gedrückt. Durch Strecken des Ellenbogens gleitet die Sehne nach distal und verkeilt sich

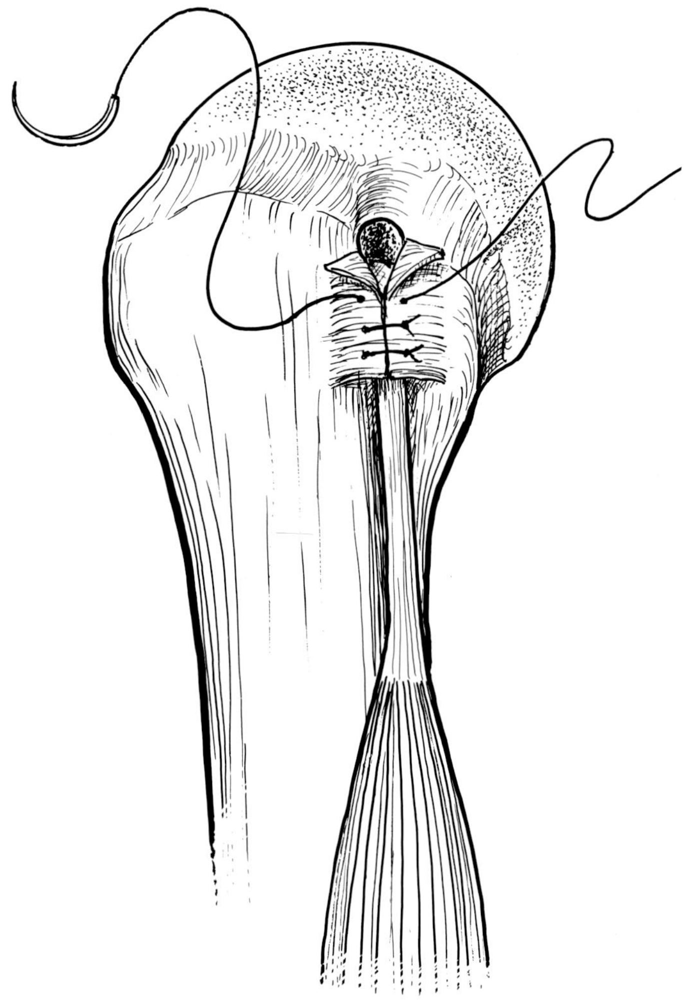

Abb. 5. Periost und Ligamentum transversum humeri werden über der Sehne verschlossen

sich (Abb. 4). Durch mehrmaliges Beugen und Strecken des Ellenbogens wird die Plazierung des Stumpfes auf adäquate Fixierung in der Grube überprüft. Zusätzliche Stabilität kann durch Einbringen eines Nahtankers in den distalen Teil der Grube und die Verwendung nicht resorbierbarer Fäden erreicht werden. Periost und Ligamentum transversum humeri werden verschlossen, Haut und Unterhaut in Schichten genäht (Abb. 5).

Nachbehandlung

Postoperativ wird eine Armschlinge für 2–3 Wochen getragen. Nach diesem Zeitraum wird ein Rehabilitationsprogramm mit passiven, aktiv assistierten und aktiven Bewegungsübungen für Schulter und Ellenbogen gestartet. Nach 6–8 Wochen werden Muskelkräftigungsübungen hinzugefügt.

Literatur

Becker DA, Cofield RH (1989) Tenodesis of the long head of the biceps brachii for chronic bicipital tendinitis. Long-term results. J Bone Surg [Am] 71:376–381

Burkhead WZ (1990) The biceps tendon. In: Rockwood A Jr, Matsen FA III (eds) The Shoulder, 1st edn. Saunders, Philadelphia, pp 791–832

Dines D, Warren RE, Inglis AE (1982) Surgical treatment of lesions of the long head of the biceps. Clin Orthop 164:165–171

Froimson AI, Oh I (1975) Keyhole tenodesis of biceps origin at the shoulder. Clin Orthop 112:245–249

Hitchcock HH, Bechtol CO (1948) Painful shoulder. Observations on the role of the tendon of the long head of the biceps brachii in its causation. J Bone Joint Surg [Am] 30:263–273

Kumar VP, Satku K (1992) The Hitchcock procedure. A cause for failure: a case report. Clin Orthop 275:161–164

Mariani EM, Cofield RH, Askew LJ, Guoping L, Chao EYS (1988) Rupture of the tendon of the long head of the biceps brachii. Surgical versus nonsurgical treatment. Clin Orthop 228:233–239

Neer CS II (1990) Cuff tears, biceps lesions, and impingement. In: Shoulder Reconstruction. Saunders, Philadelphia, pp 41–142

Post M, Benca P (1989) Primary tendinitis of the long head of the biceps. Clin Orthop 246:117–125

16 Todd M. Swenson, Freddie H. Fu

Arthroskopische subakromiale Dekompression

Das Konzept des Impingements wurde von Neer in seinem klassischen Artikel 1972 vorgestellt. Die pathologischen Vorgänge dieser Entität wurden später als ein Spektrum von Symptomen und Befunden beschrieben, die von Ödembildung und Entzündung der subakromialen Bursa und den Sehnen der Rotatorenmanschette im Stadium I, über eine fibrotische degenerative Reaktion im Stadium II, bis ins Stadium III mit Komplett- oder Partialrupturen der Rotatorenmanschette reichen (Neer 1983). In therapieresistenten Fällen im Stadium II oder III hat Neer (1972) vorgeschlagen, dass mit einer anterioren Akromioplastik der störende Teil des korakoakromialen Bogens entfernt und damit eine Dekompression der erkrankten Rotatorenmanschette erreicht werden kann. Gleichzeitig erlaubt die Dekompression eine ausreichende Exposition, sollte eine Rekonstruktion der Manschette notwendig sein.

Mit dem Aufkommen der Schulterarthroskopie und den erweiterten Anwendungen auch als therapeutischer Eingriff bei einer Vielzahl von Krankheitsprozessen wurde die arthroskopische Dekompression vermehrt im Sinne von Neers-Kriterien angewendet. Der Vorteil eines arthroskopischen Eingriffes war eine verminderte Morbidität (Ellman 1985). Zusätzlich kann die Operation ambulant durchgeführt werden. Die publizierten Ergebnisse der arthroskopischen subakromialen Dekompression zur Behandlung des refraktären Impingement waren überwiegend positiv, wenn sie mit dem bisher eher traditionell offenen Zugang verglichen werden (Ellman 1987, Altchek et al. 1990, Gartsman 1990, Ellman und Kay 1991, Speer et al. 1991).

Die Diagnose eines Impingements basiert auf einer detaillierten Anamnese und sorgfältigen körperlichen Untersuchung der Schulter. Bei der klinischen Untersuchung fällt der schmerzhafte Bogen, der Druckschmerz entlang des vorderen Akromiums oder an der Insertion des M. supraspinatus und Schmerz bei Auslösung der Impingement-Zeichen auf. Das Neer-Impingement-Zeichen, beschrieben 1983, wird durch passive Flexion des Humerus in Neutralposition und gleichzeitiger Stabilisation der Skapula durch den Untersucher ausgelöst. Das Zeichen wird als positiv bezeichnet, wenn der Patient bei Flexion zwischen 80–120 Grad über Schulterschmerzen berichtet. Ein weiteres Zeichen wird von Hawkins und Kennedy (1980) beschrieben: der Arm wird dabei in 90 Grad-Flexion kraftvoll innenrotiert. Dieses Manöver zwingt das Tuberculum majus und die darüberliegende kritische Zone der Supraspinatussehne in den korakoakromialen Bogen und produziert einen Schulterschmerz bei Patienten mit Pathologie in dieser Region (Hawkins und Kennedy 1980). Der Impingement-Test wird nach Gabe von 10–15 ml von 1% Lidocain in den Subakromialraum durchgeführt. Die Schulter des Patienten wird auf aktive Beweglichkeit geprüft und die Impingement-Zeichen werden erneut überprüft. Eine eindeutige Schmerzlinderung ist ein weiterer Beweis für die Präsenz einer Impingement-Symptomatik.

Unsere Standard Röntgenaufnahmen bei positiver Anamnese und korrespondierenden klinischen Symptomen schließen folgende Bilder ein:

- Wahre antero-posteriore Aufnahme des Glenohumeralgelenkes
- Axiale Aufnahme
- AC-Gelenk-Darstellung
- Supraspinatus outlet view
- Antero-posteriore Aufnahme mit dem Strahl 30 Grad nach kaudal gerichtet (nach Rockwood et al. 1990)

Die durch diese Aufnahmen gewonnenen Erkenntnisse können bei der Entscheidung zur Durchführung weiterer diagnostischer und therapeutischer Maßnahmen hilfreich sein. In Bezug auf spezielle radiologische Auffälligkeiten sollten einige Punkte beachtet werden, wenn Patienten für eine arthroskopische Dekompression geplant werden. Die Form des Akromiums im „supraspinatus outlet view", wie von Bigliani et al. 1986 beschrieben, und das Erscheinen des vorderen Aspektes des Akromiums in der Axialaufnahme und der nach kaudal gebeugten Aufnahme, hilft dem Chirurgen das Ausmaß der knöchernen Resektion abzuschätzen. Es ist auch wichtig, die Dicke des Akromiums präoperativ auszumessen. Degenerative Veränderungen des AC-Gelenkes, die mit Symptomen und der klinischen Untersuchung übereinstimmen, können auf inferiore Knochensporne oder AC-Gelenk-Arthrose hinweisen und eine Resektion der Sporne oder der distalen Klavikula als indiziert erscheinen lassen. Letztlich ist es wichtig, die Gegenwart eines Os acromiale in jedem Patienten auszuschließen, der für eine Akromioplastik geplant wird. Findet man ein Os acromiale, muss der Chirurg die Situation überdenken und anhand der Lokalisation und der Stabilität des distalen akromialen Fragmentes neu planen.

Operative Grundlagen

Der Patient wird in der „beachchair"-Position gelagert, gefolgt von einer Untersuchung unter Anästhesie. Die zu operierende Extremität wird steril frei abgedeckt und die arthroskopischen Standardportale angelegt. Eine diagnostische Arthroskopie des Glenohumeralgelenkes gefolgt von einer Arthroskopie der Bursa wird durchgeführt. Angenommen, dass sich die identifizierte Pathologie auf den Subakromialraum begrenzt, kann mit der arthroskopischen Akromioplastik und subakromialen Dekompression begonnen werden. Der Chirurg sollte diejenigen Strukturen, die seiner Meinung nach zum Impingement beitragen, eingeschlossen das entzündete Bursagewebe, das korakoakromiale Ligament, einen Teil des vorderen Akromiums und die Unterseite des AC-Gelenkes, falls indiziert, abtragen.

Der Eingriff beginnt mit der Kamera von posterior eingeführt und dem lateralen Portal als Arbeitskanal. Bursagewebe wird reseziert, bis man sich adäquat im Subakromialraum orientieren kann. Es ist kritisch, alle blutenden Gefäße gleich zu Beginn zu koagulieren, da Hämostase für eine ausreichende Darstellung notwendig ist. Man sollte besonders vorsichtig nach medial werden, da Äste der A. thoracoacromialis zu massiven Blutungen führen können, sollten sie verletzt werden.

Die Grenzen des vorderen Akromiums und das korakoakromiale Ligament werden identifiziert. Weichteilgewebe am Unterrand des Akromiums wird exzidiert. Das korakoakromiale Ligament wird von seinem akromialen Ansatz gelöst. Der vorstehende anteriore Aspekt des Akromiums wird von lateral nach medial reseziert. Eine Fräse bekannten Durchmessers wird dazu verwendet, das Ausmaß der Resektion abzuschätzen. Die Resektion wird von anterior nach posterior fortgesetzt, um eine flache glatte Unterfläche des Akromiums zu erreichen. Ob die knöcherne Resektion adäquat ist, wird abgeschätzt und notwendige Verbesserungen ausgeführt. Ist die Akromioplastik komplett, wird der subakromiale Raum sorgfältig gespült. Die Portale werden mit nicht resorbierbaren Fäden geschlossen.

Operationstechnik

Nach Verabreichung der Narkose nach Wahl (allgemein, regionaler Interskalenusblock oder beides) wird der Patient in die aufrechte „beachchair"-Position gelagert. Wir ziehen die „beachchair"-Position vor, da sie dem Chirurgen ungehinderten Zugang zur gesamten Schulter ermöglicht. Ein Traktionsapparat wird nicht benötigt und der Arm kann daher in sämtliche Richtungen frei bewegt werden. Zusätzlich kann die Schulter in der „normalen physiologischen" Position betrachtet werden. Außerdem ist die Umstellung auf einen offenen Zugang leicht möglich, ohne den Patienten umlagern oder neu abdecken zu müssen (Warner 1991). Eine Untersuchung unter Anästhesie sowohl der kranken als auch der gesunden Schulter wird durchgeführt. Besonders sollte auf Unterschiede in der Beweglichkeit und bei den Laxitätstests geachtet werden. Die gesamte zu operierende Extremität, der Thorax, Hals und Rücken wird desinfiziert und steril abgedeckt. Das Abdecken sollte so erfolgen, dass die gesamte Schulter des Patienten freiliegt.

Die topographische Anatomie wird mit einem Filzstift markiert. Dies hilft bei der Plazierung der Portale. Drei Portale werden üblicherweise benutzt (Abb. 1). Das posteriore Portal liegt in einem „soft spot" ungefähr 2 cm inferior und 2 cm medial der postero-lateralen Kante des Akromiums. Dieses Portal dient in erster Linie zur Einführung der Kamera sowohl glenohumeral als auch subakromial (Abb. 2). Das laterale Portal ist das primäre Instrumentenportal zur subakromialen Dekompression und liegt auf einer Linie, die von der hinteren Begrenzung des AC-Gelen-

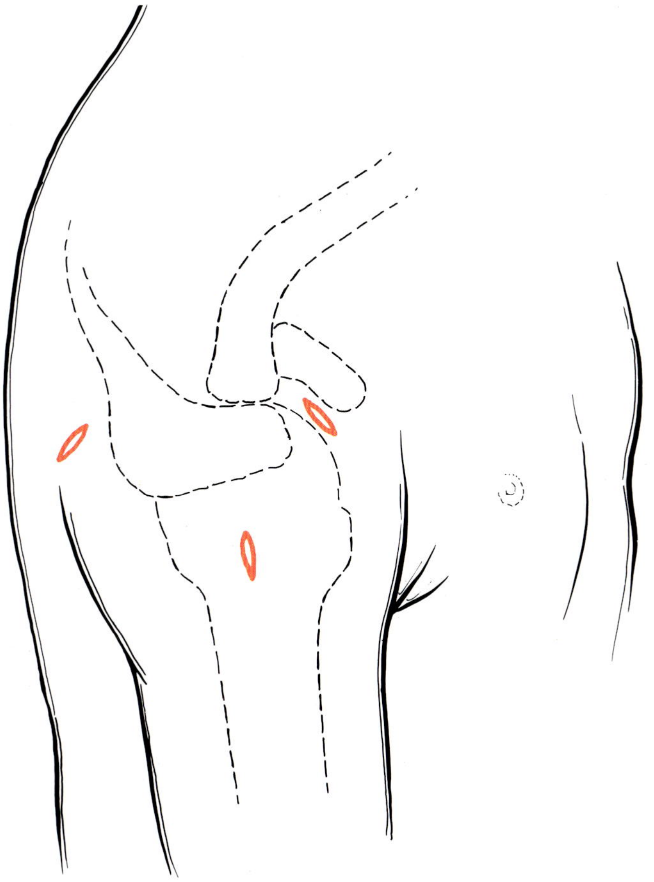

Abb. 1. Topographische Anatomie der rechten Schulter mit den Positionen des posterioren, lateralen und anterioren arthroskopischen Portals

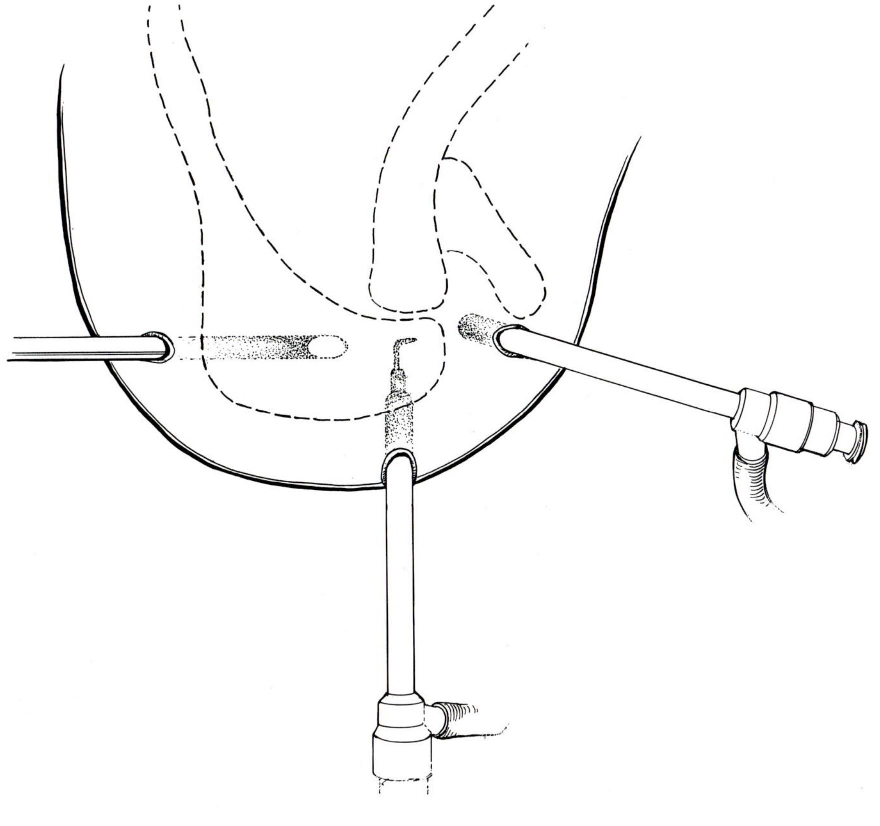

Abb. 2. Position der Instrumente und der Kanülen für eine subakromiale Dekompression der rechten Schulter. Die Kamera mit einer 30 Grad-Linse wird im posterioren Portal plaziert, während das laterale Portal als Instrumentenkanal dient. Der inflow kann durch ein zusätzliches vorderes Portal (optional) erreicht werden

kes senkrecht zur lateralen Begrenzung des Akromiums nach inferior gezogen wird. Das Portal wird etwa zwei Zentimeter lateral der Begrenzung des Akromiums auf dieser Linie gesetzt. Es ist wichtig, dass dieses Portal genügend lateral plaziert wird. Sonst mag es schwierig sein, die gesamte Unterfläche des Akromiums zu erreichen, da der Winkel eines zu medial gesetzten Portals es nicht zulässt, die Instrumente unter das Akromium zu bringen. Das vordere Portal wird unmittelbar lateral und superior der Spitze des Processus coracoideus angelegt. Dieses Portal mag zur zusätzlichen Einbringung von Instrumenten oder einer „inflow"-Kanüle dienen.

Jedes Portal wird mit Lidocain 1% mit Adrenalin unterspritzt, um Blutungen zu minimieren. Eine 18 g Spinalnadel wird durch die hintere Portalseite in das Glenohumeralgelenk gebracht. Die Nadel zielt auf den Processus coracoideus. Das Glenohumeralgelenk wird mit 40–50 ml steriler Kochsalzlösung gefüllt. Freier Rückfluss der Kochsalzlösung vor Entfernen der Nadel bestätigt intraartikuläre Plazierung. Die Nadel wird zurückgezogen und die Haut mit einem Skalpell inzidiert. Mit einer arthroskopischen Kanüle mit stumpfen Trokar wird das Gelenk punktiert. Der Trokar wird entfernt und durch die Kamera ersetzt. Das Gelenk wird durch die Kanüle mit Kochsalz oder Glyzin gefüllt. Dies hängt von der Art der bevorzugten Elektrokoagulation ab. Wir ziehen einen kommerziell erhältlichen Kauter mit isolierter Spitze vor. Dieser erlaubt die Verwendung von Kochsalzlösung. Sollten keine Kontraindikationen bestehen, wird jedem 3 l Beutel Kochsalzlösung, 1 ml (1:1000) Adrenalin zugesetzt. Dies trägt zur Hämostase während des Eingriffes bei. Das gesamte Gelenk wird systematisch untersucht. Besondere Beachtung soll der Knorpeloberfläche, dem Labrum und den Sehnen der Rotatorenmanschette geschenkt werden. Die Kamera soll nach vertikal orientiert werden, sodass das Gelenk in anatomischer „Stellung" mit der Insertion der Bizepssehne superior am Glenoid betrachtet werden kann. Sollte ein Arbeitsportal notwendig werden, kann dies anterior angelegt werden. Dieses Portal wird durch Einbringen einer Spinalnadel im Dreieck – begrenzt von der superioren Begrenzung des M. subscapularis, der Bizepssehne und des Glenoidrandes – von anterior in das Gelenk festgelegt.

Wird eine intraartikuläre Ruptur der Rotatorenmanschette gefunden, kann man nicht immer zwischen einer kompletten oder partiellen Ruptur unterscheiden. In dieser Situation ist es hilfreich, die Ruptur mit einem Faden zu markieren, der von artikulär in den Subakromialraum läuft. Die Rotatorenmanschette kann nun vom Subakromialraum betrachtet werden. Der eingebrachte Faden dient als Leitschiene und erlaubt die Unterscheidung zwischen Partial- oder Komplettruptur. Die Größe, Lokalisation und Tiefe der Ruptur (partial/komplett) sollte visuell und durch den Tasthaken von intraartikulär und vom Subakromialraum abgeschätzt werden.

Findet man eine Komplettruptur, muss die Qualität und Mobilität des Gewebes der Rotatorenmanschette untersucht werden. Findet man „gutes" Gewebe vor, d.h. entweder nicht retrahiert oder einfach zu mobilisieren, kann man eine arthroskopisch assistierte Rekonstruktion durch einen „mini-open"-Zugang durchführen. Die Akromioplastik kann arthroskopisch durchgeführt werden. Große Rupturen, Rupturen mit qualitativ schlechtem Gewebe oder einer zu retrahierten Sehne werden am besten durch eine offene Standardoperation angegangen. In solchen Fällen sollte auch die Akromioplastik in klassisch offener Manier, wie von Neer beschrieben (1972), durchgeführt werden.

Nach Beendigung der diagnostischen Arthroskopie wird die Kamera gegen den stumpfen Trokar umgetauscht. Trokar und Kanüle werden nun in den Subakromialraum geschoben. Es mag hilfreich sein, 30 ml Kochsalz-Lösung in den Subakromialraum vor Platzierung der Kanüle/Trokarkombination zu infundieren. Die Bursa wird so ausgeweitet und macht die Insertion der Kanüle in die Bursa einfacher. Wiederum wird das hintere Portal als „inflow" genutzt. Hat man ein anteriores Portal angelegt, kann auch dieses Portal in den Subakromialraum umdirigiert werden. Während man die Bursa von posterior betrachtet, wird durch das vordere Portal ein Instrument, mit dessen Hilfe man mechanisch resezieren kann, eingeführt. Bursagewebe wird debridiert, bis man eine ausreichende Sicht erreicht hat und man sich orientieren kann. Sämtliche Blutungen sollten sofort koaguliert werden, um einer Trübung des arthroskopischen Sichtfeldes vorzubeugen. Man sollte vorsichtig sein, nicht in den M. deltoideus abzurutschen, um unnötige Schäden und Blutungen zu verhindern. Der mediale Aspekt des subakromialen Raumes sollte zuletzt angegangen werden, da Äste der A. thoracoacromialis bluten können. Blutstillung ist manchmal schwierig zu bewerkstelligen und der kluge Einsatz des Elektrokauters ist hier gefragt.

Kann der Subakromialraum nach ausreichendem Debridement gut eingesehen werden, wird eine Nadel durch die laterale Portalseite eingeführt. Damit garantiert man, dass sämtliche Strukturen des Subakromialraumes durch dieses Portal zugänglich sind. Das Portal wird durch Stichinzision durch Haut und Unterhaut und Einführen einer Arbeitskanüle in den

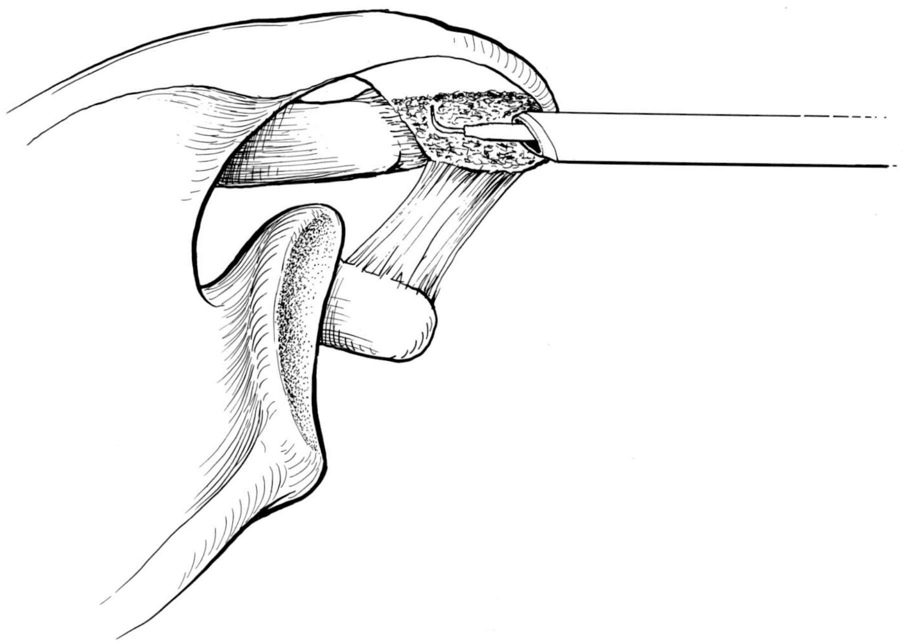

Abb. 3. Periost und Bursagewebe, welches an der Unterfläche des Akromiums anhaftet, wird mit einem Elektrokauter vor Beginn des Debridements kreuzförmig eingeschnitten

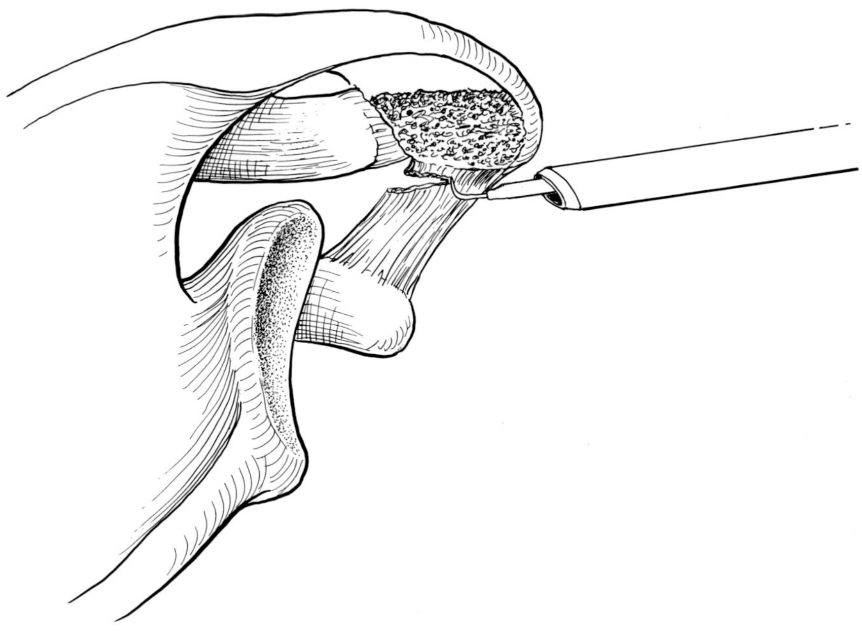

Abb. 4. Nachdem die Grenzen des Akromiums definiert sind, wird die Unterseite des Akromiums von Weichteilgewebe gereinigt und das korakoakromiale Ligament wird mit Hilfe des Elektrokauters von seiner Insertion am vorderen Akromium abgelöst

Subakromialraum angelegt. Ist eine Vervollständigung der Bursektomie notwendig, kann sie durch dieses Portal durchgeführt werden. Nun muss der bursale Aspekt der Rotatorenmanschette auf bestehende Pathologie inspiziert werden. Ist der subakromiale Raum eng und schwer einsehbar, kann die Inspektion nach Durchführung der Akromioplastik vervollständigt werden.

Die Kante des vorderen Akromiums, des korakoakromialen Ligamentes und des AC-Gelenkes werden visuell und durch Tasthaken identifiziert. Falls notwendig, können die mediale und laterale Begrenzung des Akromiums durch zwei Nadeln in den Subakromialraum eingeführt, lokalisiert werden. Das Periost an der Unterfläche des Akromiums wird entfernt. Wir benutzen den Elektrokauter, um das Periost kreuzförmig einzuschneiden und fanden es nützlich, dies schon vor Beginn des mechanischen Debridements zu tun (Abb. 3). Das korakoakromiale Ligament wird von seiner Insertion am Akromium abgelöst. Ein Teil des Ligaments wird reseziert (Abb. 4).

Nachdem die Begrenzung des vorderen Akromiums definiert, die Unterfläche von Weichteilgewebe gereinigt und das korakoakromiale Ligament reseziert

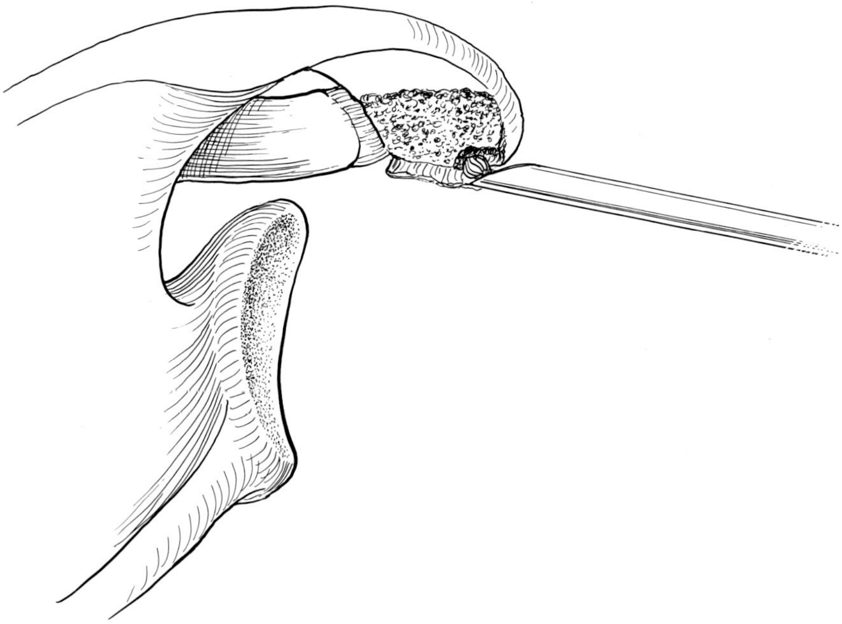

Abb. 5. Die Akromioplastik wird durch Resektion der hervorstehenden Ecke des Akromiums mit Hilfe einer elektrischen Fräse (Shaver) begonnen

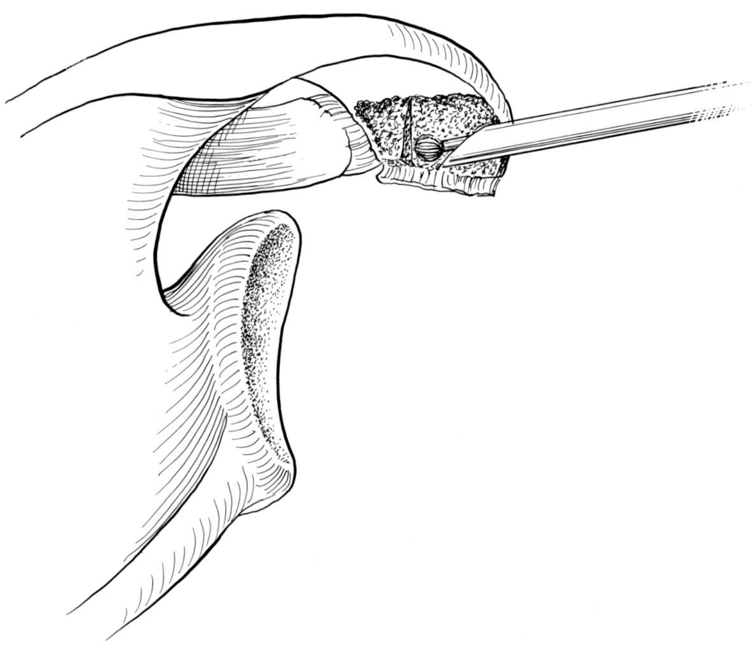

Abb. 6. Das Akromium wird konturiert, um eine glatte Unterfläche zu erreichen. Die Fräse wird von anterior nach posterior und von lateral nach medial bewegt. Anterior wird mehr Knochen wie posterior weggenommen. Das Ausmaß der Resektion wird durch den Durchmesser der Fräse gemessen

wurde, wird die arthroskopische Akromioplastik ausgeführt. Es gibt eine Anzahl von kommerziell erhältlichen Fräsen in allen Größen und Formen. Der Chirurg entscheidet über seine persönliche Präferenz. Wir bevorzugen die Mehrzahl unserer Akromioplastiken mit einer 5,5 mm mechanischen sphärisch geformten Fräse zu beginnen und die Konturen mit einer elliptischen Fräse zu glätten.

Man sollte schon eine genaue Vorstellung von dem Ausmaß der knöchernen Resektion am vorderen Akromium haben, unter anderem basiert auf dem präoperativ angefertigten „supraspinatus outlet view" und der nach kaudal gerichteten Aufnahme. Es ist auch hilfreich, den Durchmesser der Fräse als Maßstab zu benutzen und das Ausmaß der Resektion damit messen zu können. Wir beginnen unsere Akromioplastik, indem wir die knöcherne Resektion vom anterioren Akromium bis über die laterale Begrenzung der Klavikula hinaus ausdehnen (Abb. 5). Man beginnt von lateral und geht nach medial. Das Periost und die tiefe Faszie wird belassen. Dies ermöglicht ein Abschätzen der Gesamtdicke des vorderen Akromiums. Das vordere Akromium kann jetzt graduell von anterior nach posterior über eine ungefähre Län-

A

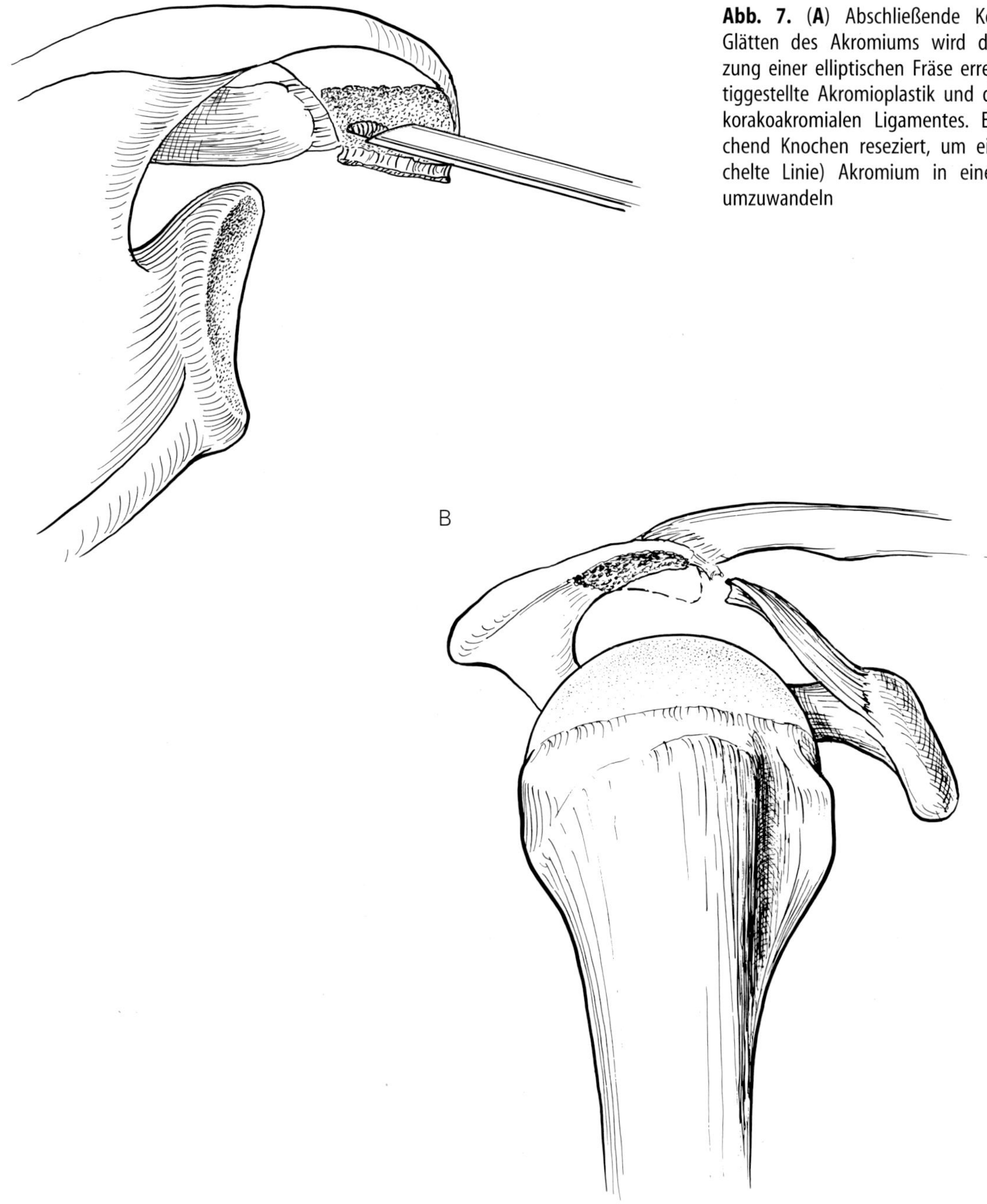

B

Abb. 7. (**A**) Abschließende Konturierung und Glätten des Akromiums wird durch die Benutzung einer elliptischen Fräse erreicht. (**B**) Die fertiggestellte Akromioplastik und die Ablösung des korakoakromialen Ligamentes. Es wurde ausreichend Knochen reseziert, um ein Typ III (gestrichelte Linie) Akromium in einen flachen Typ I umzuwandeln

ge von 15–20 mm reseziert werden (Abb. 6). Als allgemeine Richtlinie sollte die Exzision nicht über den posterioren Aspekt des AC-Gelenkes ausgedehnt werden. Anterior wird mehr Knochen als posterior reseziert, um eine glatte, flache Unterfläche des Akromiums zu erreichen. Morphologisch soll ein Typ II- oder Typ III- in ein Typ I-Akromium umgewandelt werden (Abb. 7). Das Ausmaß der Resektion richtet sich nach der allgemeinen Dicke des Akromiums und eventuell vorderen Knochenspornen.

Warner et al. (1994) hat einen arthroskopischen Impingement-Test entwickelt, mit dem man intraoperativ feststellen kann, ob genügend Knochen entfernt wurde. Für diesen Test wird die Kamera durch das laterale Portal eingeführt. Ein kalibriertes Tasthäkchen wird von anterior eingebracht und unterhalb des vorderen Akromiums plaziert. Der subakromiale Raum wird abgeschätzt als die Entfernung von der Unterseite des Akromiums und der darunter verlaufenden Rotatorenmanschette bei langsamer gradueller Flexion des Armes bis 120 Grad. Die kalibrierten Haken erlauben eine Quantifizierung dieses Abstandes. An diesem Punkt sollte zusätzlicher Knochen entfernt werden, falls es jetzt noch notwendig ist.

Sobald die Akromioplastik für den Chirurgen zufriedenstellend ist, wird der Subakromialraum sorgfältig gespült und sämtlicher Knochendebris entfernt. Die Portale werden mit nicht resorbierbaren Fäden genäht. Ein steriler Kompressenverband wird angelegt. Nach Abschluss der Operation wird der Arm des Patienten in eine Schlinge gelagert.

Nachbehandlung

Codman Pendelübungen werden am ersten postoperativen Tag gestartet. Die Armschlinge wird in den ersten drei Tagen postoperativ entfernt. Aktiv assistierte Bewegungsübungen und isometrische Übungen für den M. deltoideus und die Rotatorenmanschette werden kurz vor dem ersten Praxisbesuch gestartet. Der erste Praxisbesuch sollte etwa eine Woche nach dem Eingriff erfolgen. Mit einer formalen Rehabilitation wird nach diesem Besuch begonnen. Die Krankengymnastik soll sich auf aktiv assistierte Bewegungsübungen und eine graduelle Stärkung der Rotatorenmanschette konzentrieren. Schmerztherapie wird nach Bedarf verordnet. Eine Rückkehr zu den normalen Aktivitäten des Alltags wird je nach Symptomatik des Patienten erlaubt. Die meisten Patienten benötigen drei Wochen, um ihren präoperativen Bewegungsumfang zu erreichen. Arbeiter und Überkopfsportler sind meistens nicht in der Lage, die gewünschten Aktivitäten bis zu 6 Wochen postoperativ auszuüben.

Literatur

Altcheck DW, Warren RF, Wickiewicz TL et al (1990) Arthroscopic acromioplasty: technique and results. J Bone Joint Surg [Am] 72:1198–1207

Bigliani LU, Morrison DS, April EW (1986) The morphology of the acromion and its relationship to rotator cuff tears. Orthop Trans 10:216

Ellman H (1985) Arthroscopic subacromial decompression: a preliminary report. Orthop Trans 9:43

Ellman H (1987) Arthroscopic subacromial decompression; analysis of one three year results. Arthroscopy 3:173–181

Ellman H, Kay SP (1991) Arthroscopic subacromial decompression for chronic impingement. Two to five year results. J Bone Joint Surg [Br] 73:395–398

Gartsman GM (1990) Arthroscopic acromioplasty for lesions of the rotator cuff. J Bone Joint Surg [Am] 72:169–180

Hawkins RJ, Kennedy JC (1980) Impingement syndrome in athletes. Am J Sports Med 8:151–158

Neer CS II (1972) Anterior acromioplasty for the chronic impingement syndrome in the shoulder: a preliminary report. J Bone Joint Surg [Am] 54:41–50

Neer CS II (1983) Impingement lesions. Clin Orthop 173:70–77

Rockwood CA, Szalay EA, Curtis RJ et al (1990) X-ray evaluation of shoulder problems. In: Rockwood CA, Matsen FA (eds) The Shoulder, 1st edn. WB Saunders, Philadelphia, pp 178–207

Speer KP, Lohnes J, Garrett WE (1991) Arthroscopic subacromial decompression: results in advanced impingement syndrome. Arthroscopy 7:291–296

Warner JJP (1991) Shoulder arthroscopy in the beachair position: basic setup. Oper Tech Orthop 1:147–154

Warner JJP, Kann S, Maddox L (1994) The arthroscopic impingement test. Arthroscopy 10:224–230

17 Andreas B. Imhoff

Arthroskopische Therapie der Tendinitis calcarea

Die Schulter ist häufig von Kalkablagerungen mit einer Inzidenz von 3–8% betroffen (DePalma und Kruper 1961, Re und Karzel 1993). Athleten entwickeln häufig Verkalkungen der Rotatorenmanschette. Diese Ablagerungen sind normalerweise asymptomatisch, werden meist zufällig gefunden und involvieren meist mehr als eine Sehne. Kalkablagerungen treten aber auch an anderen Stellen auf, einschließlich den Sehnen des M. gluteus maximus, am Ellenbogen, Handgelenk und der Achillessehne. Die Symptome bei betroffener Rotatorenmanschette, vor allem M. supraspinatus und M. subscapularis, sind schmerzhaft und persistieren. Tendinitis calcarea ist ein häufiger Grund von Schmerz und eingeschränkter Beweglichkeit der Schulter (DePalma und Kruper 1961, Neer 1983) und wird nicht durch ein traumatisches Ereignis verursacht. Das Kalziumdepot ist normalerweise in der Sehne selbst und geht nicht in den Knochen über. Man kann die Ablagerungen in einer Weichteilaufnahme der Schulter in Innen- und Außenrotation geröntgt, identifizieren. Ein „supraspinatus outlet view" leistet gute Dienste bei der Lokalisation von Kalk in der Sehne des M. subscapularis.

DePalma und Kruper (1961) klassifizierten drei Phasen der Tendinitis calcarea abhängig von Grad und Dauer der Symptome: akut, subakut, und chronisch (oder stille Phase). Die akute Phase präsentiert sich mit Entzündung begleitet von vorübergehenden Verkalkungen im Weichteilgewebe. Dieses Depot ist selbstlimitierend. Sobald die Symptome abnehmen, verschwindet auch der Kalk. Die Symptome der akuten Tendinitis sind eindeutig. Sie werden von lokalisiertem Druckschmerz und lähmendem Schmerz charakterisiert. Die Schmerzintensität mag den Patienten davon abhalten, die Schulter zu bewegen und diese Immobilität führt sekundär zu einer „frozen shoulder", die das primäre Krankheitsbild kompliziert. In der subakuten Phase kann der Patient seine Symptome kontrollieren, indem er die Impingement-Position vermeidet. Die chronische Phase ist asymptomatisch.

Uhthoff und Sarkar fanden ein erhöhtes Auftreten von HLA-A1 bei Patienten mit Tendinitis calcarea. Dies weist auf eine mögliche genetische Prädisposition hin (Uhthoff und Sarkar 1991). Im avaskulären Anteil der Supraspinatussehne mag ein niedriger Sauerstoffpartialdruck für die Degeneration der Sehne verantwortlich sein. Dies könnte auch der Beginn der initialen Läsion sein. Degenerierte Kollagenfasern im Sehnengewebe können durch Metaplasie in Knorpel übergehen und schließlich kalzifizieren. Depots bei akuter Entzündung haben typischerweise eine milchige oder käsige Konsistenz im Gegensatz zu den chronischen Ablagerungen, die eher kreideförmig erscheinen (Hydroxyapatit). Nach einer variablen inaktiven Periode bilden sich vaskuläre Kanäle, die von der Peripherie einsprießen und Makrophagen und mehrkernige Zellen einfließen lassen, die den Kalk phagozytieren.

Chronische Kalziumeinlagerungen werden folgendermaßen symptomatisch: Erstens durch akute oder chronische Entzündung; zweitens durch eine Vergrößerung des Depots und dadurch der Sehne, was zu subakromialem oder subkorakoidalem Impingement führen kann (Berger et al. 1994); und drittens durch eine Ruptur der Läsion in den Subakromialraum, wodurch eine akute Attacke ausgelöst wird, dann aber schnell asymptomatisch wird, da der Kalk dann rapide abgebaut wird.

Operative Grundlagen

Die Anamnese und eine gründliche klinische Untersuchung sind die wichtigsten Elemente bei der Beurteilung einer schmerzhaften Schulter und zum Ausschluss von glenohumeraler Instabilität als Grund für sekundäres Impingement. Die Patienten beschreiben den glenohumeralen und subakromialen Schmerz durch Auflegen der Handfläche auf das Akromium (Hand-Zeichen) und den Schmerz, der vom AC-Gelenk ausgeht wird durch den Finger (Finger-Zeichen) auf das AC-Gelenk zeigend demonstriert. Die Art und die Frequenz des Schulterschmerzes, das Gefühl der Instabilität, Bewegungseinschränkungen und jegliche Veränderung der Schmerzsymptomatik seit der letzten Untersuchung kann durch einen Schulterfragebogen den der Patient unmittelbar vor der Sprechstunde ausfüllt, erfragt werden (Imhoff 1994).

Die klinische Untersuchung schließt Inspektion, Palpation und eine Prüfung des aktiven und passiven Bewegungsumfanges ein. Besonders wichtig sind die Instabilitätstests, Impingementtests und das Prüfen der Muskelkraft besonders der Rotatorenmanschette. Die Benutzung und Dokumentation der Untersuchung durch einen Schulterscore ist eine praktische Basis, objektiv klinische Daten verschiedener Untersucher und den Verlauf der Erkrankung und Behandlung prä- und postoperativ festzuhalten (Imhoff 1994). Die Röntgenbilder sollten mindestens zwei antero-posteriore Aufnahmen in der Glenoidebene enthalten. Die Aufnahmen sollten mit dem Röntgenstrahl 35–40 Grad in Richtung der kontralateralen Schulter und 20–30 Grad nach kaudal gerichtet mit dem Arm in Innenrotation und Außenrotation aufgenommen werden. Zusätzlich sollte ein „supraspinatus outlet view", wie von Neer 1983 beschrieben, aufgenommen werden. Der outlet view unterscheidet sich durch eine 5–10 Grad nach kaudal gekippte Aufnahme zur besseren Darstellung des korakoakromialen Bogens von der Y-Aufnahme. Wenn es die Symptomatik des Patienten zuläßt, sollte ebenfalls eine Axialaufnahme mit dem Strahl 20 Grad nach kaudal gerichtet, angeordnet werden. Diese vier Röntgenbilder liefern die beste initiale diagnostische Information über die Form des korakoakromialen Bogens, Kalkablagerungen in der Rotatorenmanschette und der Konfiguration des Akromiums und AC-Gelenkes (Rockwood und Lyons 1993). CT und MRT erlauben die genaue Lokalisation des Kalkherdes und geben zusätzliche Information über pathologische Schulterkonditionen und abnorme Befunde in der Rotatorenmanschette (Imhoff und Hodler 1992).

Die Behandlung der Tendinitis calcarea ist bei den meisten Patienten konservativ. Initial besteht dies aus der Gabe von nichtsteroidalen Antiphlogistika, Analgetika und Ultraschallbehandlung. Die thermischen Effekte der Ultraschallapplikation werden für die Schmerzlinderung und den Rückgang der Schwellung verantwortlich gemacht, aber ein direkter Effekt des Ultraschalles auf den Kalkherd hat sich in kontrollierten klinischen Studien bis jetzt noch nicht gezeigt. Es gibt Berichte über eine Schrumpfung des Depots oder einer Resorption des Kalkherdes aus der Supraspinatussehne. Jedoch fanden die Autoren, dass sich die Kalziumdepots auch in der Kontrollgruppe ohne Behandlung genau so häufig auflösen. Es ist nicht sicher, ob die Resorption der Kalkherde durch Reaktion auf die Wärmeapplikation und der dadurch ausgelösten erhöhten lokalen Durchblutung oder durch eine Veränderung im Kalziumstoffwechsel stattfinden. Die Permeabilität der Zellmembran für Kalziumionen ist nach Ultraschallapplikation erhöht und kann die Resorption der interzellulären Kalkherde möglicherweise beeinflussen.

Ist konservative Therapie nicht erfolgreich, können Punktionen und auch die Injektion des Kalkherdes versucht werden. Eine Punktion des Kalziumdepots wurde in Studien als ein Mittel zur Schmerzlinderung beschrieben und kann zu einer Resorption der Herde führen (DePalma und Kruper 1961). Offene chirurgische Exzision der Kalkdepots ist allerdings nicht die einzig effektive Alternative für Patienten, die nicht auf konservative Therapie ansprechen. Es gibt einige Veröffentlichungen, die von zuverlässiger Schmerzlinderung nach offener Exzision des Kalziums berichten. Die postoperative Genesungsphase ist allerdings erstaunlich lange. Arthroskopisches Debridement zeigt gute Resultate in einigen Veröffentlichungen (Ellam und Kay 1991, Ark et al. 1992, Imhoff und Ledermann 1995). Arthroskopisches Vorgehen ist mit dem offenen Eingriff vergleichbar (Lindh und Norlin 1993), sogar bei Kalkherden in der Sehne des M. suprascapularis (Re und Karzel 1993). Zusätzlich hat die arthroskopische Behandlung den Vorteil, dass diese ambulant durchgeführt werden kann und nahezu sofortige Rehabilitation erlaubt. Dies verhindert daher postoperative Einsteifung der Schulter. Die kombinierte Akromioplastik mit Exzision der Kalkdepots ist kontrovers (Simpson und Kelly 1994). Unserer Meinung nach ist eine Akromioplastik mit oder ohne Resektion des korakoakromialen Ligamentes nur dann notwendig, wenn Patienten zusätzlich eine Impingement-Symptomatik demonstrieren; entweder während der klinischen Untersuchung oder während der Arthroskopie.

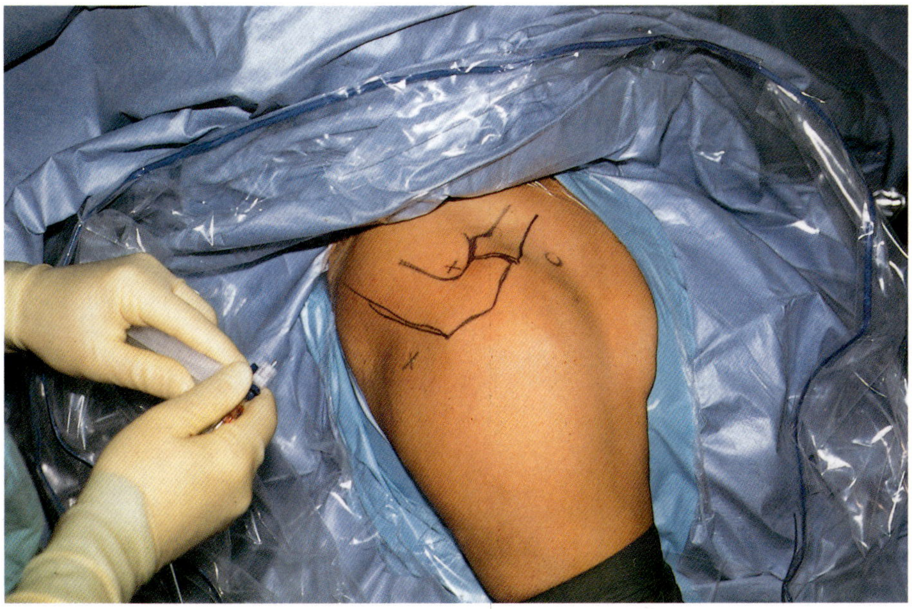

Abb. 1. Ein Blick von hinten auf einen Patienten in der „beachchair"- Position mit der Skapula über das freie Tischende hinaus gelagert und die knöchernen Strukturen mit einem Hautmarker eingezeichnet

Operationstechnik

Seit einigen Jahren ist die Schulterarthroskopie mit dem Patienten halbsitzend (70 Grad aufgerichtet) in der sogenannten „beachchair"-Position durchgeführt worden (Abb. 1). In dieser Position ist Traktion, die in der lateralen Dekubitusposition benutzt wird und eine Bewegungseinschränkung bewirkt, nicht mehr notwendig. Weiterhin können arthroskopische Operationen oder ein Wechsel zum offenen Eingriff leichter ausgeführt werden und der Humeruskopf präsentiert sich in einer optimalen Position. Die „beachchair"-Position vermindert auch das Risiko intraoperativer Komplikation wie Neuropraxie des Plexus brachialis. Das Auftreten eben dieser Neuropraxien in unseren Patienten, kombiniert mit topographisch-anatomischen Untersuchungen des Plexus brachialis im Jahr 1989, hat uns bewogen, die übliche laterale Dekubitus Position aufzugeben und zur „beachchair"-Position zu wechseln (Imhoff 1994).

Da Lokalanästhesie die Muskeln nicht adäquat entspannt, wird die Schulterarthroskopie normalerweise in Allgemeinnarkose ausgeführt. Der Eingriff kann hierbei entweder ambulant oder stationär durchgeführt werden. Bei einer Regionalanästhesie (Supraklavikulare Plexusanästhesie) muss der Patient sehr kooperativ sein. Die Blockade wird in der Skalenuslücke oberhalb der ersten Rippe am Ende des Plexus brachialis Stranges gesetzt. Die Punktionsstelle wird folgendermaßen gesetzt: Unmittelbar medial der Midklavikularlinie und lateral der Insertion des M. sternocleidomastoideus wird eine 4 cm lange Nadel vertikal durch die Haut und dann in Richtung der ersten Rippe geschoben, bis der Patient Parästhesie in der Hand verspürt. Es werden nun etwa 30 ml 1%iger Scandicain-Lösung um die Nervenscheide in das perineurale Gewebe injiziert. Dies induziert eine wirksame, zuverlässige Anästhesie der lateralen Schulter und des gesamten Armes.

Nach Einsetzen der Wirkung der Anästhesie werden beide Schultern im entspannten Zustand erneut untersucht und auf eventuelle Instabilitäten getestet. Die Translation des Humeruskopfes kann in alle Richtungen getestet, mit der Gegenseite verglichen und nach folgendem Schema eingeteilt werden: + (Subluxation), ++ (Luxation), +++ (verhakte Luxation und geführte Reposition).

Während der Vorbereitung sollte darauf geachtet werden, eine nichtleitende Flüssigkeit (z. B. Mannitol) bereitzustellen, um in der Lage zu sein, den Elektrokauter zu benutzen, der vor allem bei Operationen im subakromialen Raum unverzichtbar ist. Da sowohl der Subakromialraum, als auch das korakohumerale Ligament eine gute Gefäßversorgung haben, ist eine adäquate Hämostase wichtig. Ist es nicht kontraindiziert, kann der Spülflüssigkeit Adrenalin zugesetzt und der Blutdruck auf 90 mm/Hg perioperativ erniedrigt werden. Um einen zufriedenstellenden „inflow" zu gewährleisten, benutzen wir eine speziell angefertigte Arthroskopie-Kanüle (6,5 mm highflow-Kanüle).

Drei Portale werden für die subakromiale Dekompression empfohlen. Das posteriore Portal ist 1,5 cm inferior und medial der postero-lateralen Kante des Akromiums lokalisiert und erlaubt sowohl Zugang zum glenohumeralen Gelenk zwischen M. infraspina-

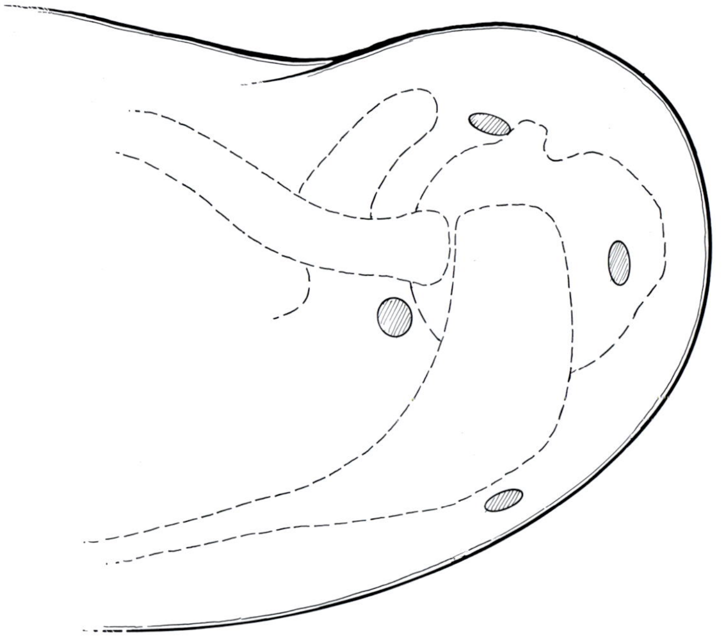

Abb. 2. Die arthroskopischen Portale

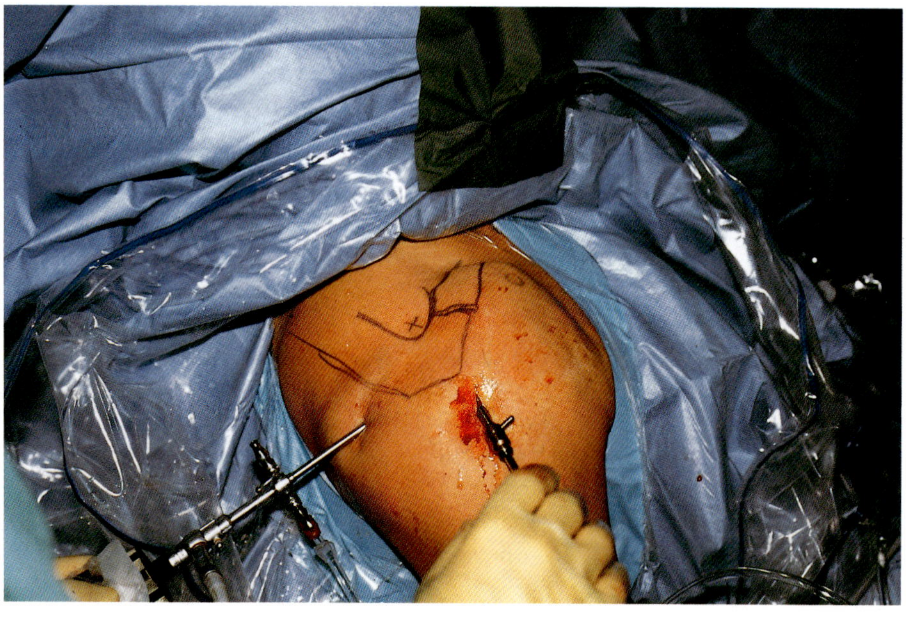

Abb. 3. Die chirurgische Kanüle mit dem Holmium:YAG-Laser-Handstück im antero-lateralen Portal, die Kamera ist im hinteren Portal

tus und M. teres minor als auch zum subakromialen Raum. Dieses Portal liegt unmittelbar im Bereich des „soft spots". Das vordere klavikuläre Portal dient als Arbeits- und Instrumentenkanal. Es liegt 1,5 cm unterhalb und ein wenig lateral des AC-Gelenkes. Das dritte Portal, das laterale akromiale Portal liegt 2 cm lateral und posterior der antero-lateralen Kante des Akromiums und erlaubt die Benutzung von Fräsen und Shavern zur Akromioplastik. Man kann durch dieses Portal außerdem das korakoakromiale Ligament und die kritischen Regionen der Sehnen des M. supraspinatus einsehen. Ein viertes Portal, das sogenannte kraniale oder hintere klavikuläre Portal, kann als inflow- oder outflow-Portal manchmal nützlich sein. Der Eintrittspunkt liegt in der Fossa supraspinata. Das Portal wird durch das Einbringen einer Spinalnadel, die 20 Grad nach lateral und 15 Grad nach anterior gerichtet ist, identifiziert. Jedoch sind zusätz-

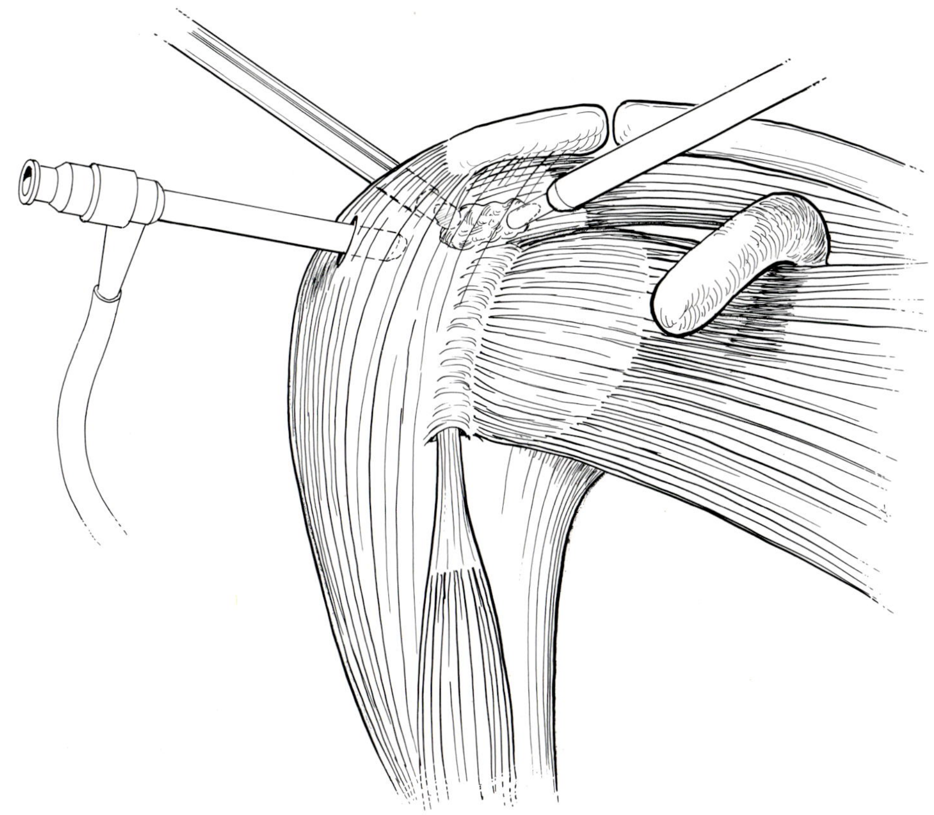

Abb. 4. Instrumente werden durch das anteriore oder laterale Portal eingebracht

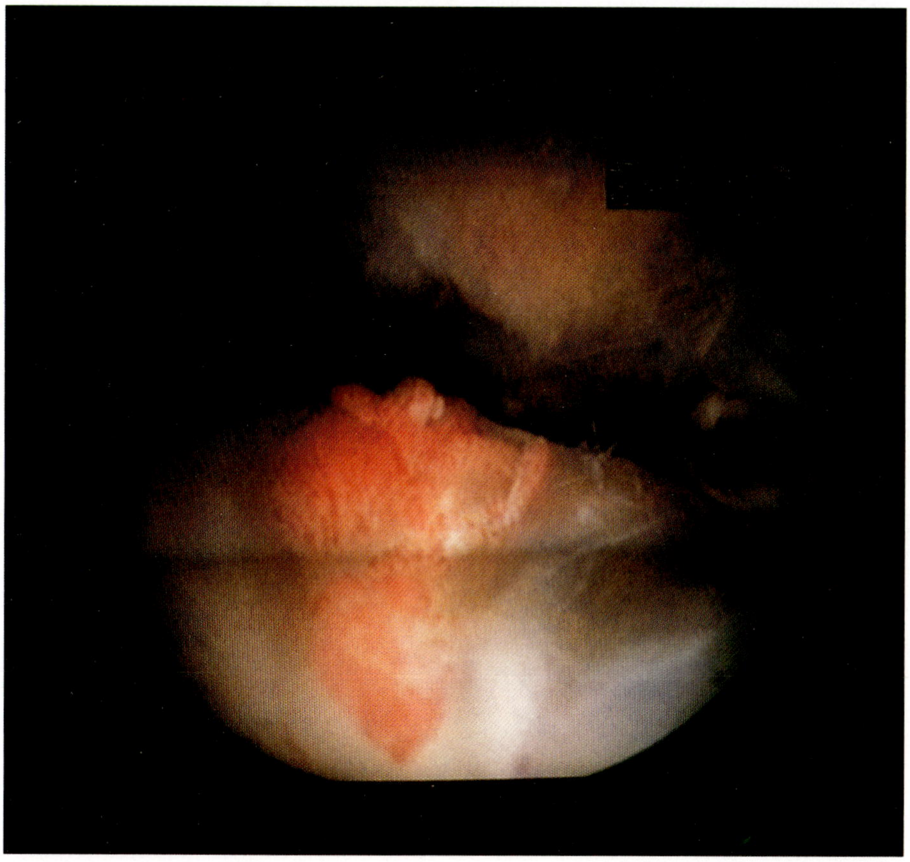

Abb. 5. Die Lokalisation des Kalkdepots wird durch Einbringen einer Spinalnadel und Rotation des Armes während der Arthroskopie erleichtert

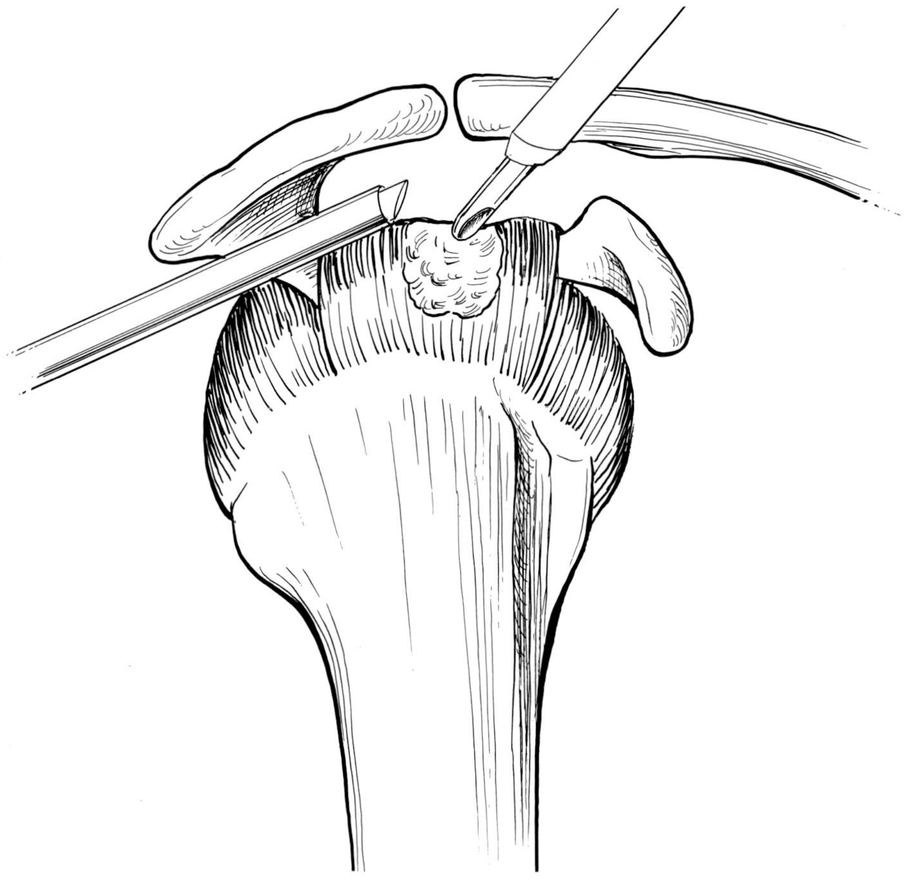

Abb. 6. Supraspinatus Kalzifikation

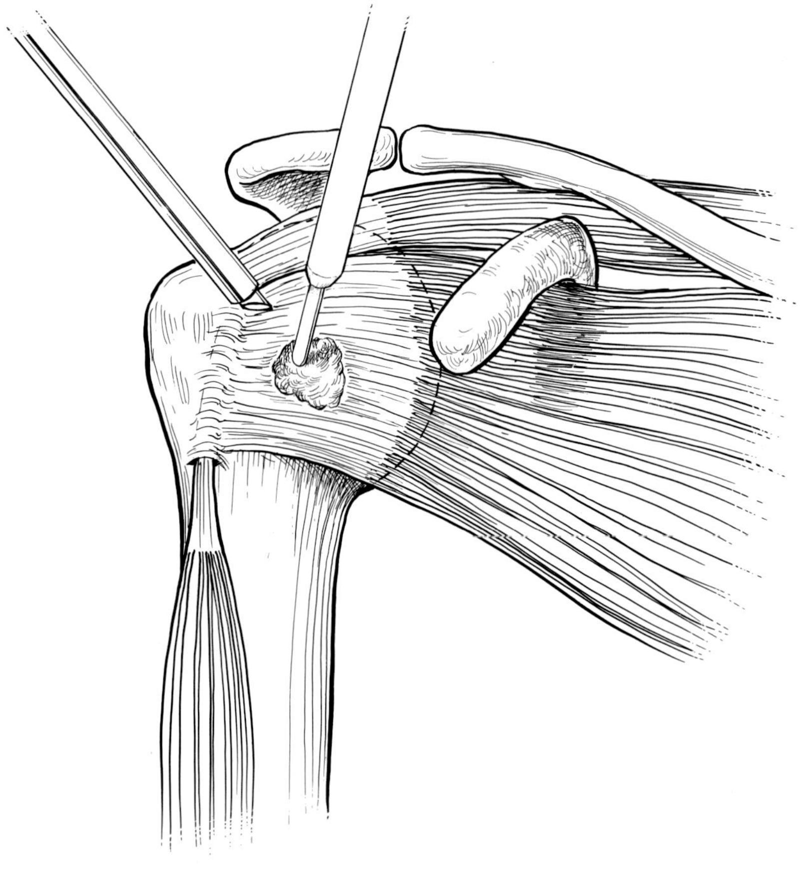

Abb. 7. Subskapularis Kalzifikation

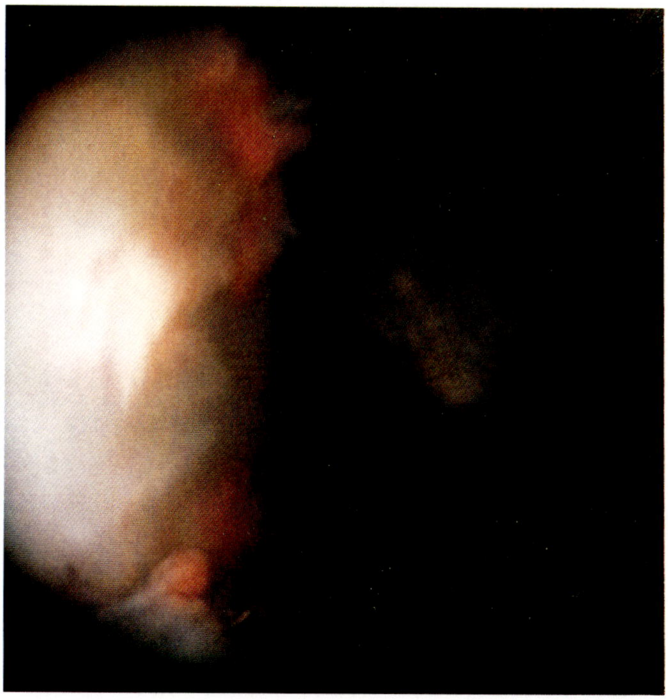

Abb. 8. Eine arthroskopische Ansicht der Bursa subscapularis mit Kalzifikationen im M. subscapularis

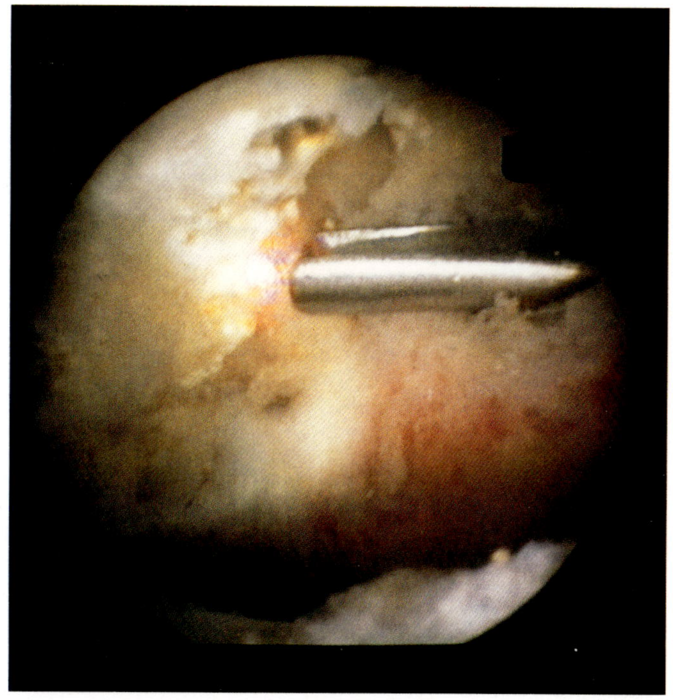

Abb. 9. Arthroskopische subakromiale Dekompression mit dem Holmium: YAG-Laser. Versiegelung der Unterfläche des Akromiums

liche „outflow" -Kanülen bei Operationen im Subakromialraum selten notwendig, da das laterale Portal ausreichend „outflow" der Spülflüssigkeit gewährleistet. Bei der Benutzung von Shavern scheint das Problem eher der „inflow" zu sein (Abb. 2).

Jeder Operation im Subakromialraum sollte eine Arthroskopie im Glenohumeralgelenk vorausgehen, um eventuelle gleichzeitig bestehende Miterkrankungen (Läsionen des Labrums und artikuläre Partialrupturen der Rotatorenmanschette) simultan behandeln zu können. Nach der diagnostischen Arthroskopie durch das hintere Portal, wird die Kamera entfernt und die Kanüle mit einem stumpfen Trokar in den Subakromialraum eingebracht. Durch Vor- und Rückwärtsbewegen des Trokars können Weichteiladhäsionen gelöst werden. Dies erleichtert die Sicht, was bei einer entzündeten Bursa oft ein Problem darstellt. Die Bursektomie wird mit Hilfe eines 5,5 mm „full radius" Resektors durch das antero-laterale Portal ausgeführt (Abb. 3 und 4).

Die Lokalisierung der Kalziumdepots wird durch das Einbringen von Spinalnadeln und Rotation des Armes während der Arthroskopie erleichtert (Abb. 5). Manchmal wird die Lokalisation des Depots durch einen „Schneesturm-Effekt" bestätigt. Sobald der Herd identifiziert ist, wird er mit einer kleinen longitudinalen Inzision eingeschnitten. Transversale Inzision quer zu den Sehnenfasern sollten vermieden werden, da sie zu Rupturen der Rotatorenmanschettensehnen führen können. Eine Kürette oder ein gebogener Shaver kann hilfreich sein, den Kalk von seinem Depot zu lösen. Ein Synovium-Resektor kann benutzt werden, um die Kalkherde zu entfernen und die Rotatorenmanschette zu debridieren. Intraoperative Durchleuchtung mit Hilfe eines C-Armes mag in einigen Fällen hilfreich sein. Wir benutzen ihn aber nicht routinemäßig (Abb. 6).

Kalzifikationen der Sehne des M. subscapularis können mit der Spinalnadel identifiziert und in ähnlicher Weise mit dem Shaver durch das anteriore Portal reseziert werden (Abb. 7 und 8).

Als eine Alternative kann der Holmium:YAG-Laser empfohlen werden. Die Benutzung dieses Lasers durch einen arthroskopischen Zugang macht es nicht nur möglich, Begleitläsionen am Rande des Glenoids, sondern auch degenerative Rupturen der Rotatorenmanschette zu debridieren (Imhoff und Ledermann 1995). Da der Laser ein blutleeres Operationsfeld hinterlässt, ist die Sicht nicht eingeschränkt und die freien Enden des Ligamentes können sauber reseziert und Narbenbildung kann somit vermieden werden. Osteophyten an der Insertion des korakoakromialen Ligamentes werden ebenfalls abgetragen (Abb. 9). Zusätzliche Aufmerksamkeit muss der kaudalen Ausdehnung des AC-Gelenkes geschenkt werden, welches ebenfalls in gleicher Weise glatt reseziert werden muss. Das Verschließen der kleinen Gefäße zusammen mit Hämostase der Unterseite des Akromiums, der Bursa und des M. deltoideus ist einer der Hauptvorteile dieser minimal invasiven Technik mit dem Holmium:YAG-Laser (Imhoff 1995).

Nachbehandlung

Vorsichtige Bewegungsübungen sollten am ersten postoperativen Tag gestartet werden. Man beginnt mit Pendelübungen und schreitet dann je nach Toleranz zu aktiv assistierten Übungen ambulant fort. Die postoperative Physiotherapie sollte aggressiv durchgeführt werden mit dem Ziel, dass der Patient seinen betroffenen Arm so normal wie möglich benutzt. Übungen gegen Widerstand werden 6–8 Wochen nach dem Eingriff begonnen.

Literatur

Ark JW, Flock TJ, Flatow EL, Bigliani LU (1992) Arthroscopic treatment of calcific tendinitis of the shoulder. Arthroscopy 8:183–188

Berg EE, Ciullo JV, Oglesby JW (1994) Failure of arthroscopic decompression by subacromial heterotopic ossification causing recurrent impingement. Arthroscopy 10:158–161

DePalma AF, Kruper JS (1961) Long-term study of shoulder joints afflicted with and treated for calcific tendinitis. Clin Orthop 20:61–72

Ellman H, Kay SP (1991) Arthroscopic subacromial decompression for chronic impingement. Two- to five-year results. J Bone Joint Surg [Br] 73:395–398

Imhoff A (1994) Arthroscopy of the shoulder – indications and complications. Instructional course. In: Springorum HW, Katthagen BD (eds) Current Concepts in Orthopedics [Aktuelle Schwerpunkte der Orthopädie], 5th vol. Thieme, Stuttgart, pp 103–112

Imhoff A (1995) The use of lasers in orthopaedic surgery. Controversial topics and sports medicine. Oper Tech Orthop 5:192–203

Imhoff A, Hodler J (1992) Arthroscopy and MRI of the shoulder – a comparative retrospective analysis [in German]. Z Orthop 130:188–196

Imhoff A, Ledermann T (1995) Arthroscopic subacromial decompression with and without holmium: YAG laser – a prospective, comparative study. Arthroscopy 11:549–556

Lindh M, Norlin R (1993) Arthroscopic subacromial decompression versus open acromioplasty. A two-year follow-up study. Clin Orthop 290:174–176

Neer CS (1983) Impingement lesions. Clin Orthop 173:70–88

Re LP Jr, Karzel RP (1993) Management of rotator cuff calcifications [Review]. Orthop Clin North Am 24:125–132

Rockwood CA, Lyons FR (1993) Shoulder impingement syndrome: diagnosis, radiographic evaluation and treatment with modified Neer acromioplasty. J Bone Joint Surg [Am] 75:409–424

Simpson NS, Kelly IG (1994) Extra-glenohumeral joint shoulder surgery in rheumatoid arthritis: the role of bursectomy, acromioplasty and distal clavicle excision. J Shoulder Elbow Surg 3:66–69

Uhthoff HK, Sarkar K (1991) Classification and definition of tendopathies [Review]. Clin Sports Med 10:707–720

18 Eugene M. Wolf

Arthroskopische Rotatorenmanschetten-Rekonstruktion

Obwohl in einigen Veröffentlichungen über arthroskopisch assistierte Rekonstruktionen der Rotatorenmanschette berichtet wird (Levy et al. 1990, Liu und Baker 1994), gibt es keine Berichte über ein alleiniges arthroskopisches Vorgehen in der Literatur. Die ersten Berichte gibt es von Johnson (1991), der „staples" zur Rekonstruktion benutzte. Obwohl dieses Vorgehen erstaunlich erfolgreich war, ist der Nachteil dieser Technik die der Platzierung einer Metallklammer in das Tuberculum majus und den subakromialen Raum. Ein zweiter Eingriff war zur Entfernung des Metalls notwendig, hatte aber den Vorteil, dass ein „second look" bei nahezu allen Rekonstruktionen möglich war. Diese Methode konnte aber nur bei nicht retrahierten Rupturen gewählt werden. Mit der Einführung des Mitek™-Nahtankers (Mitek Surgical Westwood, MA, USA) im Jahr 1989, begann der Autor mit der Entwicklung einer Methode, die der Standard-Nahttechnik des offenen Zugangs vergleichbar ist (Neer 1990, Matzen und Arntz 1990). Die ersten Eingriffe wurden im Februar 1990 an Patienten mit kleinen nichtretrahierten Rupturen durchgeführt. Die Verbesserung und die Entwicklung von „spezifischen" Nahtsystemen und Ankern hat die Indikationen für diese Technik auf größere und komplexere Rupturen ausgedehnt. Das Aufkommen der Crescent™-Nahtsysteme (Linvatec Corporation, Largo, FL, USA) mit leicht gebogenen Nadeln mit 15, 20, und 25 mm Länge, erlauben relativ einfach die Platzierung von einfachen Rückstich- oder Matratzennähten. Die Entwicklung des spezialisierten Rotatorenmanschetten-Nahtankers hat den technisch sehr schwierigen arthroskopischen Eingriff vereinfacht. Der Autor behandelt die Mehrheit der Rotatorenmanschetten-Rupturen durch den arthroskopischen Zugang. Die hohe technische Herausforderung begrenzt dies aber auf den Chirurgen mit einem primären Interesse an Schulterarthroskopie. Der „mini-open"-Zugang kombiniert mit einer arthroskopischen Dekompression bietet sich als eine attraktive Alternative an.

Zusammen mit der Fähigkeit, die Rotatorenmanschette arthroskopisch zu rekonstruieren, kam die Möglichkeit abzuschätzen, ob Rupturen der Rotatorenmanschette überhaupt zu rekonstruieren sind. Die Möglichkeit abzuschätzen, ob man durch einen arthroskopischen oder offenen Zugang eine Ruptur überhaupt rekonstruieren kann, ist ein Vorteil der diagnostischen Arthroskopie und ein entscheidender Schritt in der Behandlung der Pathologien der Rotatorenmanschetten. Kann man durch eine arthroskopische Evaluation gut abschätzen, ob eine Ruptur rekonstruktionsfähig ist oder nicht, kann man unnötige und frustrierende Versuche chronische, fixierte, retrahierte Rupturen mit Gewebeverlust zu rekonstruieren, vermeiden. Wird die Ruptur als irreparabel angesehen, kann ein Debridement und eine Dekompression mit minimaler Morbidität ausgeführt werden. Dieses Vorgehen hat den Vorteil, dass heroische Versuche, große, retrahierte Rupturen zu rekonstruieren, vermieden werden können. Solche Versuche können nämlich zu einem Verlust an Beweglichkeit und zu größeren Schmerzen im Vergleich zum präoperativen Status führen. Dieses „misslungene Rotatorenmanschetten-Syndrom" ist das Resultat der versuchten Rekonstruktion, wo diese entweder misslungen ist, oder in einem weniger funktionierenden Schultergelenk infolge geänderter Biomechanik der Rotatorenmanschette resultiert. Dieses Misslingen führt zu einer proximalen Migration des Humeruskopfes, größerem Schmerz und weiterer Funktionseinschränkung.

Die Erfahrung des Autors mit über 100 Fällen von arthroskopischen Rekonstruktionen der Rotatorenmanschette (Baylis und Wolf 1995) hat gezeigt, dass die Ergebnisse gleich wenn nicht besser als bei der offenen Rekonstruktionen sind, wenn sie mit Hilfe der modifizierten UCLA Skala (Wolfgang 1974, Essman et al. 1991, Gazielly et al. 1994) verglichen werden. Es kommt dazu, dass kein Patient einen Funktionsverlust als Folge des Eingriffes in Kauf nehmen musste. In den Fällen, in denen die Manschette als retrahiert, fixiert und irreparabel angesehen wurde, wurde kein Versuch unternommen, den degenerativen Schaden mit Gewebeverlust zu rekonstruieren. Es ist die Möglichkeit, das Ausmaß der Rekonstruktionsfähigkeit arthroskopisch zu evaluieren, heroische Versuche einer Rekonstruktion und die damit verbundenen resultierenden negativen Folgen zu vermeiden.

In der oben erwähnten Studie wurden die Patienten gefragt, einer „second look"-Arthroskopie zuzustimmen. Diese minimal invasive ambulante Arthroskopie hat uns Einblick in das Heilungspotential unserer Rotatorenmanschetten-Rekonstruktion gegeben. 70% der Patienten, die sich einer „second look" Arthroskopie unterzogen, wiesen eine komplette Einheilung der Rotatorenmanschette auf. Bei 30% der Patienten zeigte sich eine unterschiedlich große Lücke zwischen Glenohumeralgelenk und Subakromialraum. Verglichen mit den Ergebnissen der offenen Methode schneidet die arthroskopische Methode besser ab (Liu und Baker 1994, Gazielly et al. 1994).

Operative Grundlagen

Der erste Schritt ist eine diagnostische Arthroskopie des glenohumeralen Gelenkes. Dies erlaubt eine Evaluation des intraartikulären Aspektes der Rotatorenmanschette, des Glenoids, der humeralen Gelenkfläche, der Bizepssehne, des Labrums und Synoviums. Finden wir eine Ruptur der Rotatorenmanschette, beginnen wir mit einer Anfrischung der Rupturränder sowie einem Debridement der artikulären Seite der Rotatorenmanschette.

Kamera und Instrumente werden dann in den Subakromialraum umgesetzt. Ein sorgfältiges Debridement, die Resektion des korakoakromialen Ligamentes und die Akromioplastik müssen effizient mit minimalem Austreten von Spülflüssigkeit durchgeführt werden. Ein Debridement des Tuberculum majus und die Vorbereitung der Insertion der Rotatorenmanschette durch Abrasion sind der nächste Schritt und sollten ebenso vorsichtig durchgeführt werden. Eine große knöcherne Rinne ist nicht notwendig und ist bei der Verwendung von Nahtankern kontraindiziert. Die Sehnenreste werden vom Tuberculum entfernt. Die Oberfläche wird mit einem „full radius"-Shaver angefrischt. Ist ein ausreichender Stumpf vorhanden, wird er belassen, um eine Sehnen-zu-Sehnen-Naht zu erreichen.

Evaluation und Mobilisation der Rotatorenmanschette und die Entscheidung bezüglich Rekonstruktionsfähigkeit werden in ähnlicher Weise wie beim offenen Vorgehen getroffen. Jede Ruptur der Rotatorenmanschette ist verschieden und verlangt individuelle Planung. Die Entscheidung, ob weitere Portale benötigt werden, wird von der Größe, Lokalisation und Art der Ruptur abhängig gemacht. Eine arthroskopische Platzierung der Nahtanker wird durch die Verwendung von Crescent-Nahthaken in Seit-zu-Seit, V-Y- oder L-förmig ermöglicht. Spezielle Rotatorennahtanker mit eingefügten Fäden werden dazu benutzt, abgerissene Sehnenränder an den Knochen zu fixieren.

Operationstechnik

Der Patient wird in der lateralen Dekubitusposition gelagert. Eine Traktions- und Lagerungsschiene (Bazooka™, Orthopedic Systems Inc., Union City, CA, USA) wird zur Lagerung des Armes benutzt. Sie ist so konstruiert, die Extremität einfach manipulieren und Veränderungen in Bezug auf Abduktion und Flexion leicht durchführen und somit jeden Patienten individuell lagern zu können. Der Patient wird auf eine Vakuummatratze gelegt und auf der nicht erkrankten Seite gelagert. Der Torso wird so positioniert, dass der Rücken des Patienten etwa 25 Grad nach hinten gebeugt wird. Die „Bazooka" wird initial so angelegt, dass der Arm ungefähr in 45 Grad Abduktion und 20 Grad Flexion gelagert ist. Die Kopfstütze des Operationstisches wird angehoben, um Druck auf den Plexus brachialis zu vermindern. 7 kg Traktion werden appliziert.

Akromium und Korakoid werden mit einem Hautmarker markiert. Das posteriore Portal wird etwa 1 cm medial und 2 cm distal der postero-lateralen Kante des Akromiums gesetzt. Dies hängt aber auch von der Größe des Patienten ab. Kanüle und ein stumpfer Trokar werden durch eine 5 mm Hautinzision in das Glenohumeralgelenk eingeführt. Humeruskopf und posteriore Kante des Glenoids werden durch vorsichtiges Palpieren mit dem Trokar identifiziert. Trokar und Kanüle werden jetzt durch die hintere Kapsel ungefähr zwischen M. teres minor und M. infraspinatus gestochen. Die Palpation im Gelenk mit dem Trokar wird fortgesetzt, um Gelenkfläche, Rotatorenintervall, Korakoid und korakoakromiales Ligament aufzufinden. Das vordere Portal wird durch „inside-out"-Technik angelegt, indem die Kanüle und der stumpfe Trokar durch das Rotatorenintervall unmittelbar oberhalb der Sehne des M. subscapularis und unterhalb des korakoakromialen Ligamentes geschoben wird. Eine „outflow"-Kanüle wird dann retrograd immer in Kontakt mit dem Trokar in das Gelenk gebracht. Das antero-inferiore Portal ist unmittelbar lateral und inferior der Spitze des Korakoids. Das gesamte glenohumerale Gelenk wird inspiziert und die Ruptur evaluiert. Meistens wird durch das hintere Portal das Vernähen der Sehne bewerkstelligt. Die Crescent-Haken können durch eine Kanüle mit einem Innendurchmesser von 5 mm eingebracht werden.

Initial soll die Kamera von hinten und die Instrumente von anterior plaziert werden. Das Erscheinungsbild der Rupturen kann sich extrem unterschiedlich darstellen. Dies hängt von der Größe, dem Alter, der Lokalisation und der Art der Ruptur ab. Kleinere Komplettrupturen sind von der artikulären Seite manchmal schwierig einzusehen, können aber von der Bursa aus gut erkannt werden. Dies hängt von der Konfiguration der Ruptur ab, die meistens eine größere Öffnung bursaseitig und nur eine minimale Öffnung an der Gelenkseite haben. Es kann aber auch der umgekehrte Fall eintreten und die Ruptur ist einfacher von der artikulären Seite zu erkennen. Daher ist es wichtig, Rupturen von der Bursaseite und der Gelenkseite zu evaluieren.

Große Rupturen kann man dann erkennen, wenn die subakromiale Bursa durch die Lücke zu sehen ist. Nichtsdestotrotz muss man oft mit einem „full radius"-Shaver den aufgefächerten Sehnenstumpf debridieren, um ein klares Bild der Bursa zu erhalten. Mit dem Debridement muss man festes, gesundes Sehnengewebe erreichen und sämtliches ausgefranstes Gewebe muss entfernt werden. Mit dem Shaver, der sich immer noch auf der artikulären Seite befindet, werden die Überreste der Sehneninsertion am Tuberculum majus lateral der Gelenkfläche entfernt. Einige Rupturen haben noch einiges Sehnengewebe am Ansatz des Tuberculums stehen, welches für die Rekonstruktion durch Sehnen-zu-Sehnen-Naht verwendet werden kann.

Das Arthroskop wird jetzt in die Bursa gebracht. Dieser Wechsel wird dadurch erreicht, sämtliche Instrumente und Kamera bis auf die Kanüle von posterior zu entfernen und dann durch das hintere Portal in die Bursa oberhalb der Rotatorenmanschette einzudringen. Nachdem die Kamera durch das hintere Portal eingeführt wurde, wird die vordere Kanüle durch den gleichen vorderen Zugang in die Bursa gebracht. Bei einer chronischen Ruptur kann synoviale Flüssigkeit vom glenohumeralen Gelenk in die Bursa treten und eine große Bursa mit einer verdickten Wand verursachen. Im Gegensatz zur offenen Technik wird diese Wand bewahrt und die Rekonstruktion innerhalb dieser Bursa arthroskopisch vollbracht. Man trifft des öfteren synoviale Stränge innerhalb der Bursa an, die zur besseren Sicht und zum Zugang zur Rotatorenmanschette entfernt werden müssen.

Ein laterales Portal wird ungefähr 5 cm lateral der antero-lateralen Kante des Akromiums angelegt. Dieses Portal wird durch Einbringen einer Spinalnadel genauer lokalisiert. Die Spinalnadel wird nach medial und kranial in Richtung auf den Subakromialraum und in die Gegenrichtung des Verlaufs des N. axillaris gerichtet. Sobald die Bursa mit der Nadelspitze penetriert wurde, wird die Haut mit einem Skalpell unmittelbar neben der Nadel inzidiert. Eine Plastikkanüle wird dann in den Subakromialraum eingeführt. Mit Hilfe eines aggressiven Shavers und eines Elektrokauters wird die bursaseitige Oberfläche des Akromiums von Bursa, Periost und korakoakromialem Ligament befreit. Das Arthroskop wird in das laterale Portal gewechselt. Die Fräse wird vom posterioren Portal eingebracht und mit der Akromioplastik begonnen. Die Sicht vom lateralen Portal ist entscheidend, um eine akkurate Akromioplastik durchführen zu können. Es erlaubt zusätzlich, die Evaluation der verschiedenen Sehnen der Rotatorenmanschette und den freien Raum zwischen Rotatorenmanschette und dem korakoakromialen Bogen beurteilen zu können. Die Entfernung von fibrösem Fettgewebe medial erlaubt Sicht und Palpation der Basis der Spina scapula mit dem M. infraspinatus inferior und dem M. supraspinatus superior der Spina. Der N. suprascapularis kann hierbei leicht verletzt werden, da er um die Basis der Spina scapula verläuft. Mit Erfahrung kann jede muskulo-tendinöse Einheit und das Ausmaß der Beteiligung an der Ruptur erkannt werden.

Wie auch bei den offenen Eingriffen verbessert sich die Sicht nach der Akromioplastik. Die Akromioplastik wird mit Hilfe der Fräse im posterioren Portal und der Kamera im lateralen Portal durchgeführt. Sobald die Akromioplastik komplett ist, wird ein Tasthaken oder eine Fasszange durch das hintere Portal eingebracht. Die Sehnenenden werden mobilisiert und in Richtung des Tuberculum majus gezogen, damit die Art der Rekonstruktion festgelegt werden kann. Die Evaluation wird beendet, indem die Kamera nach posterior und die Arbeitskanüle nach lateral getauscht werden. Mit einer Fasszange wird die Rotatorenmanschette gefasst und mobilisiert, um die bestmöglichste Konfiguration zur Rekonstruktion herauszufinden. Die arthroskopische Rekonstruktion

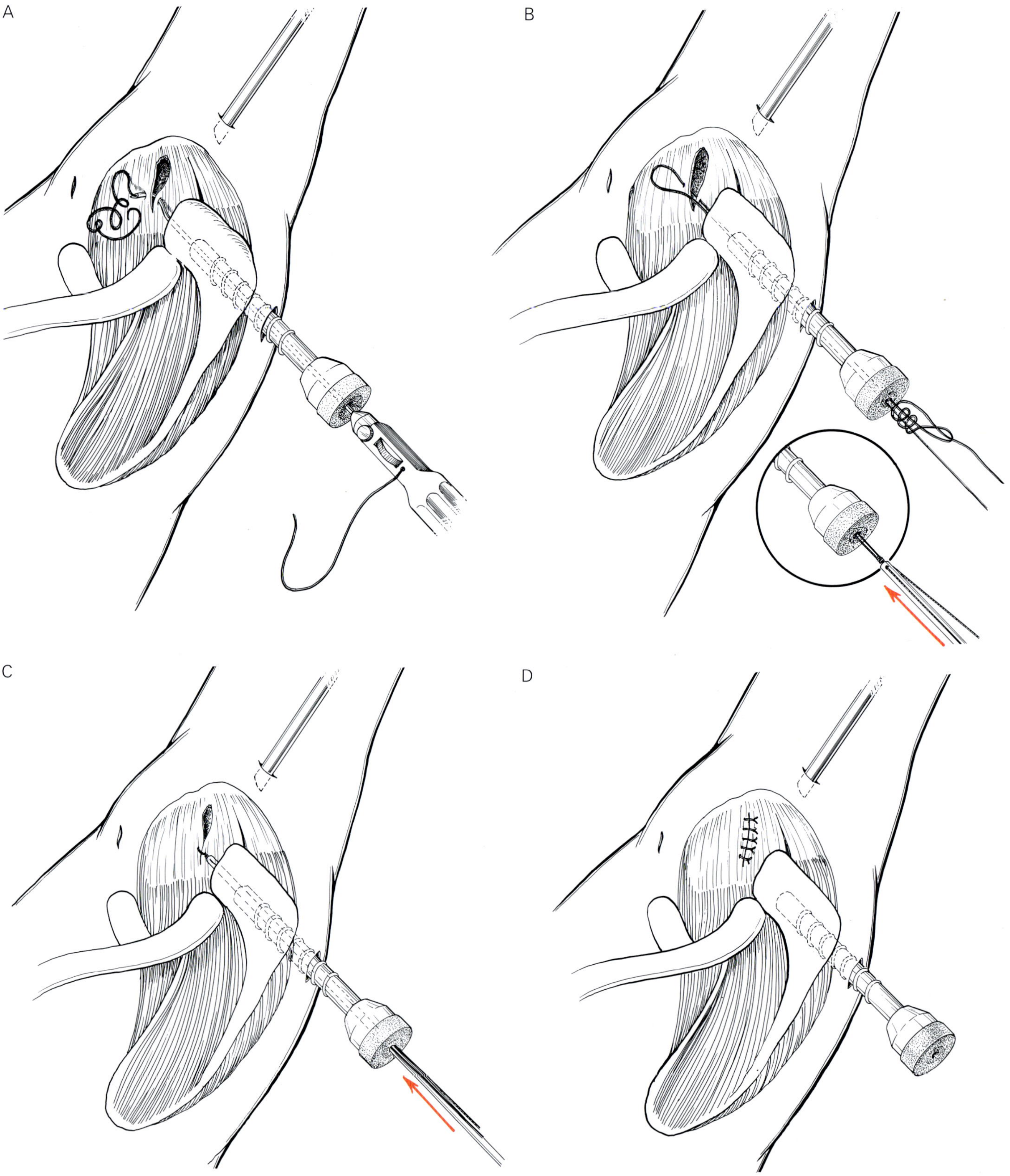

Abb. 1. (**A**) „Seit-zu-Seit"-Technik. Dies ist ein Beispiel eines eher longitudinalen Defektes, der parallel zu den Fasern der Manschette verläuft. Die Spitze des Hakens kreuzt die Ruptur senkrecht und erlaubt die Plazierung von mehreren „Seit-zu-Seit"-Nähten (Nr. 1 PDS). Der Faden wird dann durch den Haken in den subakromialen Raum befördert. (**B**) Der Haken wird entfernt. Die Naht überbrückt die Ruptur. Das lose Ende wird durch das posteriore Portal mit einer Fasszange aus dem Gelenk gezogen. Ein Fischerknoten wird außerhalb geknüpft. (**C**) Der Knoten wird in das Gelenk geschoben, während am losen Ende gezogen wird. Zwei gegenläufige Knoten werden über den Fischerknoten gezogen, um ein Lockerwerden des Knotens zu verhindern. (**D**) Die Größe der Ruptur diktiert die Anzahl der Nähte; im allgemeinen zwischen zwei und sechs

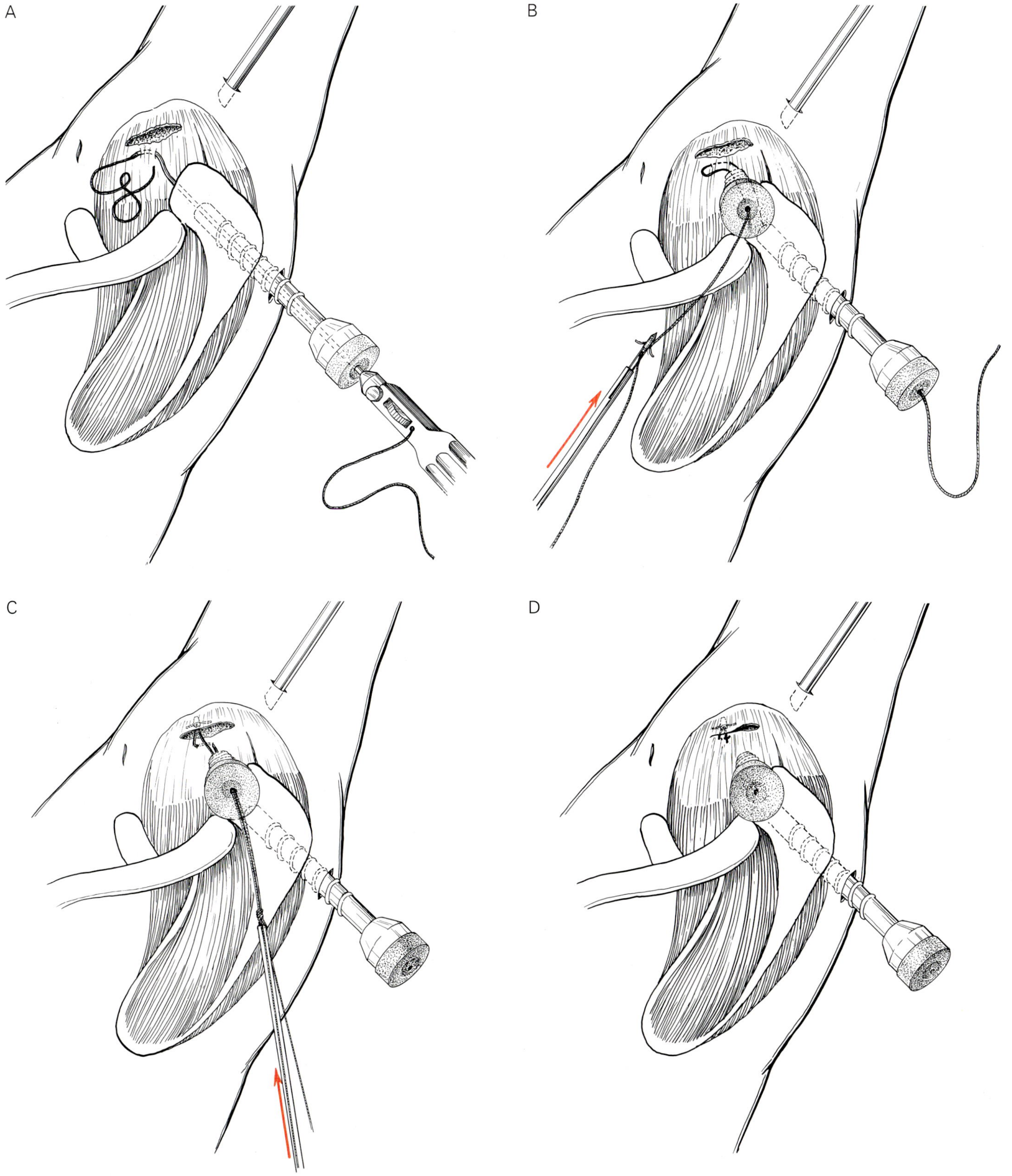

Abb. 2. (**A**) „Sehne-zu-Knochen"-Technik. Diese Methode wird benutzt, wenn man eine nicht retrahierte Avulsion der Sehne vom Knochen antrifft. Die Nähte (Nr. 1 PDS) werden in das Sehnenende entweder in Matratzentechnik oder als einfache Rückstichnähte durch das posteriore Portal plaziert. (**B**) Eine Spinalnadel wird benutzt, um den Eintrittspunkt des juxta-akromialen Portals zu finden. Das Fadenende, welches im subakromialen Raum liegt, wird durch dieses Portal herausgezogen. Dieses Ende wird durch den Nahtanker gefädelt. (**C**) Die scharfe Spitze des Ankers wird durch die Kanüle des juxta-artikulären Portals durch Einhämmern in das vorbereitete Tuberculum in den Knochen eingebracht. Die Insertion des Ankers soll nahezu senkrecht zur Oberfläche des Tuberculums sein. Das andere Fadenende wird vom posterioren Portal auf das juxta-artikuläre Portal gewechselt und aus dem Gelenk herausgebracht. (**D**) Der Knoten wird gesichert und zusätzliche Anker werden wie benötigt platziert

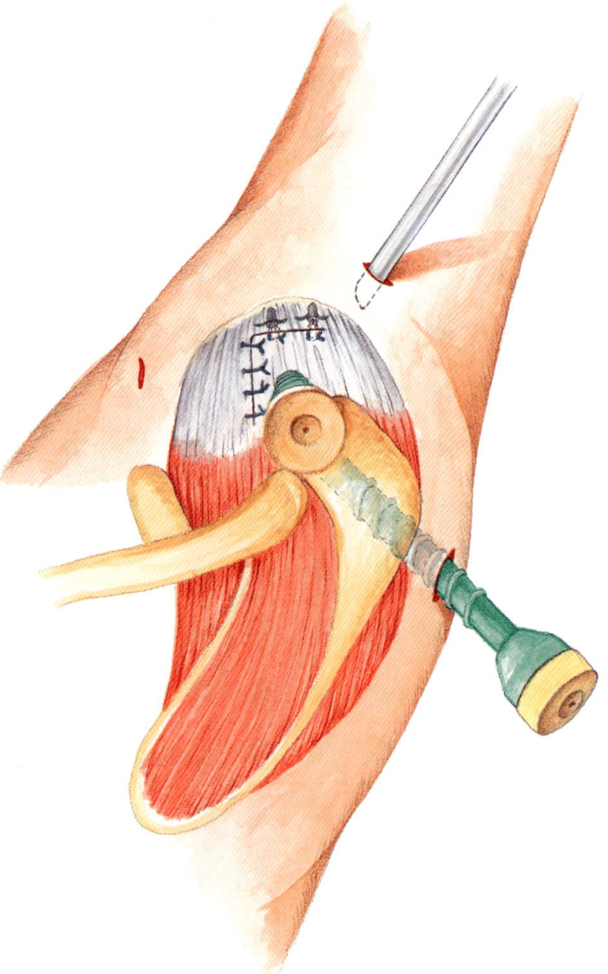

Abb. 3. Bei der „L-artigen"-Rekonstruktion wird der M. supraspinatus oder Reste der Sehne mit einer initialen Naht durch die Sehne und das transverse Ligament des Bizepssulkus am Tuberculum fixiert. Dies produziert eine „L-artige" Konfiguration und kombiniert die „Seit-zu-Seit" mit der „Sehne-zu-Knochen"-Naht

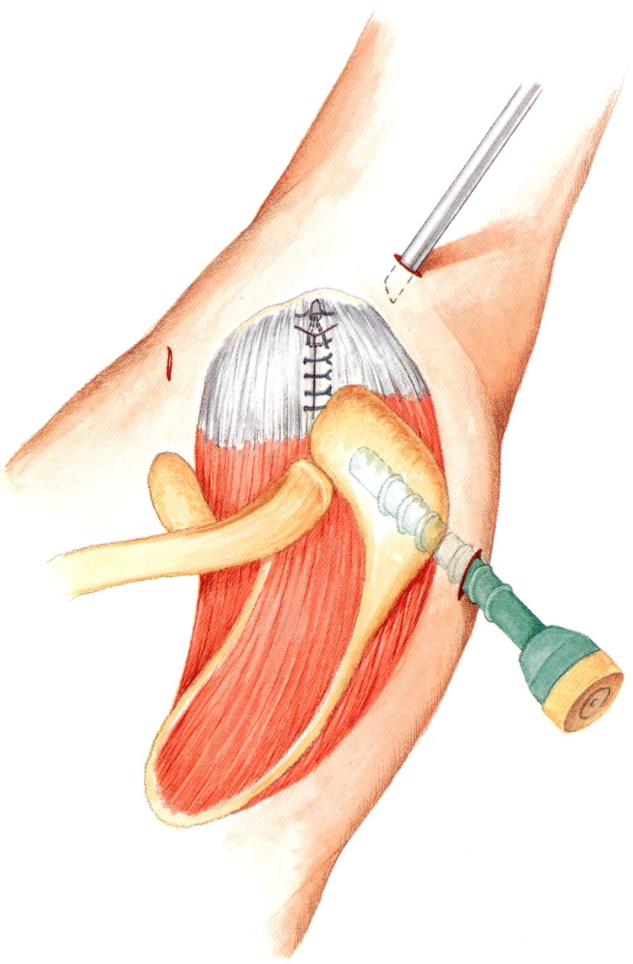

Abb. 4. Die V-Y-Methode wird für die chronischen retrahierten Fälle benutzt. In diesem Fall wird der Defekt „Seit-zu-Seit" verschlossen und mit einer letzten Naht an den Knochen in „Sehne-zu-Knochen"-Technik gebracht

kopiert die offene Methode. Es gibt vier verschiedene Arten der Rekonstruktion: „Seit-zu-Seit", „Sehne-zu-Knochen", „V-Y-Konfiguration" und „L-Konfiguration".

Die „Seit-zu-Seit"-Technik ist eher bei chronischen Rupturen indiziert, wo man runde Enden und einen gewissen Grad an Retraktion vorfindet. Der eher longitudinale Defekt, dessen Achse parallel mit den Fibrillen der Rotatorenmanschette verläuft ist für die „Seit-zu-Seit"-Technik gut geeignet. Das Arthroskop wird im lateralen, der gebogene Haken im posterioren Portal plaziert. Die Spitze des Hakens kreuzt die Ruptur senkrecht. Die Verwendung von Nr. 1 PDS^{TM} (Ethicon, Somerville, NJ, USA) bringt erhebliche technische Vorteile bei der Insertion mit dem Nahthaken und vereinfacht die Insertion der Naht. Der Haken kreuzt die Ruptur in der gleichen Weise wie die gebogene Nadel beim offenen Vorgehen. Der Faden wird dann durch den Haken in den subakromialen Raum gebracht (Abb. 1A). Der Haken wird zurückgezogen und hinterlässt eine Naht, die die Ruptur überbrückt. Das Ende des Fadens wird mit einer Fasszange durch das hintere Portal gezogen. Ein Fischerknoten wird außerhalb des Gelenkes geknüpft und in das Gelenk vorgeschoben, während vorsichtig am losen Ende gezogen wird (Abb. 1B und 1C). Dann werden zwei gegenläufige Knoten über den Fischerknoten gezogen, um zu verhindern, dass sich der Knoten lockert. Die Größe der Ruptur entscheidet über die Anzahl an Nähten; im allgemeinen zwischen zwei und sechs (Abb. 1D).

Die „Sehne-zu-Knochen"- Methode wird bei nicht retrahierten Avulsionen der Sehne vom Knochen verwendet. Man benutzt spezielle Nahtanker, um die

Sehne an den Knochen anzunähen. Die Insertion dieser Anker muss nahezu senkrecht zur Oberfläche des Tuberculum majus sein. Die Anker werden durch eine 11 cm Kanüle, die unmittelbar lateral des Akromiums (Juxta-Akromiales Portal) platziert wird, gesetzt. Eine Spinalnadel wird benutzt, um die richtige Lokalisation des Portals zu finden. Die Nähte (Nr. 1 PDS) können vom posterioren Portal aus (Abb. 2A) in das Sehnenende in Matratzentechnik oder als einfache Rückstichnähte gebracht werden. Ein Fadenende wird durch das juxta-akromiale Portal nach außen gebracht. Dieses Ende wird durch den Anker gezogen (Abb. 2B). Der Anker wird mit der scharfen Spitze durch die juxtaartikuläre Kanüle in das Gelenk gebracht und in die vorbereitete Stelle am Tuberculum eingehämmert (Abb. 2C). Das andere Fadenende wird durch das posteriore Portal gezogen und mit einem Schlüpfknoten gesichert (Abb. 2D).

Die „V-Y- und L-Konfiguration“-Methoden sind komplizierter durchzuführen, erlauben aber die Rekonstruktion von größeren, chronischen und retrahierten Rupturen. Die Wahl der Methode hängt davon ab, wieviel mobilisiert und wie gut die Enden angenähert werden können. Bei der „L-Konfiguration“ wird der Sehnenrest an das Tuberculum mit einer initialen Naht gebracht. Diese Naht wird durch die Sehne und dann durch das Ligamentum transversum über den Bizepssulkus gezogen. Damit erzeugt man eine „L-Konfiguration“. Dies ist eine kombinierte „Seit-zu-Seit“- und „Sehne-zu-Knochen“-Rekonstruktion (Abb. 3). Die „V-Y“-Methode wird bei chronischen, retrahierten Defekten verwendet. Der Defekt wird „Seit-zu-Seit“ vernäht. Die letzte Naht wird als „Sehne-zu-Knochen“-Fixation benutzt (Abb. 4).

Nachbehandlung

Die Schulter wird für einen Zeitraum von drei Wochen immobilisiert. Die Rehabilitation wird dann als Heimübungsprogramm ausgeführt. Der Patient wird mit einem Übungsset ausgestattet, welches eine Art Flaschenzug, Übungsstange, ein elastisches Band und eine ausführliche schriftliche Anleitung beinhaltet. Passive Bewegungsübungen werden nach 3 Wochen mit dem „Flaschenzug“, der Übungsstange und mit Pendelübungen begonnen. Aktive Bewegungsübungen werden nach 6 Wochen gestartet. Dies beinhaltet Übungen zur Stabilisation der Skapula, des M. deltoideus und der Rotatorenmanschette. Eine Rückkehr zu den normalen Aktivitäten des Patienten wird je nach Beteiligung und Fortschritt des Programms erlaubt.

Literatur

Baylis RW, Wolf EM (1995) Arthroscopic rotator cuff repair: clinical and second look assessment. Presented at the Annual Meeting of the Arthroscopy Association of North America

Essman JA, Bell RH, Askew M (1991) Full thickness rotator cuff tears. An analysis of results. Clin Orthop 265:170–177

Gazielly DF, Gleze P, Montagnon C (1994) Functional and anatomic results after rotator cuff repair. Clin Orthop 304:43–53

Johnson L (1991) Arthroscopic rotator cuff repair. Presented at the UCLA Arthroscopy Seminar. Maui, Hawaii

Levy HJ, Uribe JW, Delaney LG (1990) Arthroscopically assisted rotator cuff repair: Preliminary results. Arthroscopy 6:55–60

Liu SH, Baker CL (1994) Arthroscopically assisted rotator cuff repair: correlation of functional results with integrity of the cuff. Arthroscopy 10:54–60

Matsen FA, Arntz CT (1990) Rotator cuff tendon failure. In: Rockwood CA, Matsen FA (eds) The Shoulder, 1st edn. WB Saunders, Philadelphia, pp 647–677

Neer CS (1990) Cuff tears, biceps lesion, and impingement. In: Shoulder Reconstruction. WB Saunders, Philadelphia, pp 41–142

Wolfgang GL (1974) Surgical repair of tears of the rotator cuff of the shoulder. Factors influencing the result. J Bone Joint Surg [Am] 56:14–26

19

Loel Z. Payne, David W. Altchek

Arthroskopisch-assistierte Rotatorenmanschetten-Rekonstruktion

Fortschritte bei arthroskopischen Techniken an der Schulter haben zu einem vermehrten Verständnis in Bezug auf die Pathologie der Rotatorenmanschette und der Möglichkeit, diese Pathologie mit einem weniger invasiven Zugang behandeln zu können, geführt. Die arthroskopische Untersuchung hat partielle Rupturen der Unterseite der Rotatorenmanschette, assoziierte Verletzungen des Labrums und degenerative Veränderungen des Gelenkknorpels, die mit der klassischen offenen Akromioplastik und Rotatorenmanschetten-Rekonstruktion unentdeckt blieben, offenbart. Zahlreiche Autoren haben auch von erfolgreichen arthroskopischen subakromialen Dekompressionen im Stadium I und II nach Neer berichtet, die sich mit früheren Berichten bei der offenen Chirurgie vergleichen lassen (Altchek et al. 1990, Gartsman 1990, Ellman und Kay 1991).

Komplette Rupturen der Rotatorenmanschette präsentieren sich typischerweise mit Schmerzen und Muskelschwäche der Schulter. Obwohl viele dieser Patienten erfolgreich mit konservativen Methoden behandelt werden können, haben körperlich aktive Personen oft unter dauerhaften Einschränkungen zu leiden. Obwohl einige Autoren zufriedenstellende Frühergebnisse mit einem Debridement und einer subakromialen Dekompression (Esch et al. 1988, Ogilvie-Harris und Demaziere 1993) vorzeigen können, ist es jedoch unser Eindruck, dass ein Debridement alleine bei aktiven Patienten mit kompletten Rupturen nicht ausreichend ist. Dies resultiert in einem Fortschreiten des Risses und Wiederkehr der Symptome. Die Vorteile einer offenen Akromioplastik und einer Rotatorenmanschetten-Rekonstruktion in Bezug auf Schmerz, Funktion, Muskelkraft und Bewegungsumfang ist gut dokumentiert (Ellman et al. 1986, Bjorkenheim et al. 1988). Ähnliche Ergebnisse werden auch von arthroskopisch-assistierten Rotatorenmanschetten-Rekonstruktionen berichtet (Levy et al. 1990, Warner et al. 1991, Liu 1994, Paulos und Kody 1994).

Wegen des Erfolges mit der arthroskopischen Akromioplastik und unserem Eindruck, dass der Erfolg einer Rekonstruktion der Rotatorenmanschette eher von der Retraktion und Inelastizität der Sehne wie von der Größe der Ruptur abhängt, benutzen wir die arthroskopisch-assistierte Technik, um eine große Anzahl an Rupturen der Rotatorenmanschette zu rekonstruieren. Dieser Zugang schließt eine arthroskopische Akromioplastik, gefolgt von einer Rekonstruktion der Rotatorenmanschette durch einen lateralen Zugang ein. Die Rotatorenmanschette kann ebenfalls perkutan mit einer arthroskopischen Naht rekonstruiert werden. Diese Fixation ist allerdings nicht so stabil und wird auch weniger angewandt. Der Ursprung des M. deltoideus wird belassen. Damit werden die vielfach verheerenden Konsequenzen der Ablösung des vorderen M. deltoideus, welche gelegentlich nach einem offenen Zugang gesehen werden, vermieden. Andere potentielle Vorteile sind in einem verminderten postoperativen Schmerz bei minimaler Präparation, einer schnelleren Rehabilitation, besseren kosmetischen Ergebnissen und der Möglichkeit, den Eingriff ambulant durchführen zu können, zu sehen.

Rupturen, die sich gut für eine arthroskopisch-assistierte Rekonstruktion eignen, sind kleinere bis mittlere Rupturen ($<6\ cm^2$) mit qualitativ gutem Gewebe und nur 1–2 cm Retraktion, die leicht zu mobilisieren sind. Unter diesen Umständen sind die besten Ergebnisse erreicht worden (Levy et al. 1990, Liu 1994, Paulos und Kody 1994). Größere Rupturen sind ebenfalls erfolgreich durch diesen Zugang rekonstruiert worden (Paulos und Kody 1994), benötigen manchmal aber eine ausgedehnte Mobilisation, die sich nicht immer durch den M. deltoideus spaltenden Zugang bewerkstelligen lässt. Rupturen des M. subscapularis können durch diesen Zugang wegen inadäquater Exposition nicht rekonstruiert werden. Das Procedere ist technisch anspruchsvoll, kann aber jederzeit zu einem offenen Vorgehen konvertiert werden, wenn die Rekonstruktion oder die Akromioplastik nicht zur vollen Zufriedenheit ausgeführt werden kann.

Operative Grundlagen

Das Management eines Patienten mit einer Rotatorenmanschettenruptur beginnt mit einer gründlichen Anamnese und körperlichen Untersuchung in der Praxis. Bei Verdacht auf eine massive Ruptur oder einen Riss des M. subscapularis erübrigt sich eine Arthroskopie. Zusätzlich zum konventionellen Röntgen können MRT, Sonographie oder Arthrographie zur Bestätigung der Diagnose und zum Abschätzen der Größe der Ruptur eingesetzt werden. Unserer Erfahrung nach ist die klinische Untersuchung bei der Bestimmung der Größe des Rotatorenmanschettendefektes sensitiver. Schlägt die konservative Therapie fehl, beginnt man zunächst mit einer sehr gründlichen Untersuchung in Narkose und schaut besonders nach Indizien für eine erhöhte glenohumerale Translation oder einer Kontraktion der Kapsel. Es mag notwendig sein, die Schulter zu manipulieren, um volle Beweglichkeit wiederherzustellen.

Eine Arthroskopie des glenohumeralen Gelenkes wird zuerst durchgeführt und intraartikuläre Pathologien behandelt. Es folgt eine arthroskopische Inspektion des Subakromialraumes. Eine arthroskopische Bursektomie und Akromioplastik, mit Instrumenten durch das laterale Portal eingebracht, wird durchgeführt. Die Mobilität des Cuffs wird geprüft mit einem arthroskopischen Fassinstrument. Die gerissenen Enden der Rotatorenmanschette müssen spannungsfrei an das Tuberculum majus gebracht werden können. Der Arm soll hierbei am Körper angelegt in neutraler Position positioniert sein. Massive oder retrahierte Rupturen, die nicht zu mobilisieren sind, sollen durch die offene Technik mit Ablösung des vorderen M. deltoideus am Ursprung, rekonstruiert werden. Kann die Ruptur ohne Schwierigkeiten mobilisiert werden, wird die Stichinzision des lateralen Portals etwa um 3 cm nach lateral verlängert (Abb. 1). Eine Raphe im antero-lateralen M. deltoideus wird identifiziert und stumpf präpariert, bis die Ruptur exponiert ist. Der M. deltoideus sollte nicht mehr als 4 cm gespalten werden, um eine Verletzung des N. axillaris zu vermeiden. Sehnenstumpf und Knochen werden genau wie beim offenen Vorgehen präpariert und die Sehne wird mit Nähten durch vorgebohrte Löcher im Tuberculum majus oder mit Nahtankern im Knochen fixiert.

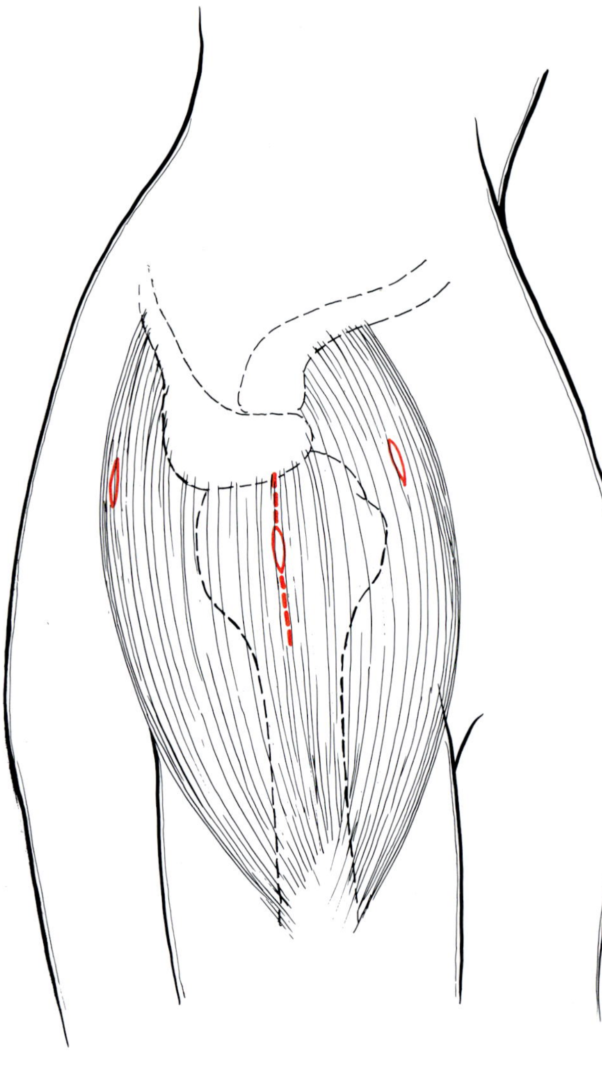

Abb. 1. Das posteriore Portal liegt 1 cm posterior und 2 cm medial der postero-lateralen Spitze des Akromiums. Das laterale Portal wird über der Ruptur der Rotatorenmanschette angelegt und die vorgeschlagene „mini-open"-Inzision ist mit der gestrichelten Linie markiert

Operationstechnik

Nach erfolgter Regionalanästhesie mit einem Interskalenusblock wird der Patient in der „beachchair"-Position gelagert, wobei der Tisch um etwa 70 Grad gebeugt wird. Diese Position verhindert potentielle neurologische Komplikationen, die mit der lateralen Dekubitusposition und Traktion am Arm assoziiert sein können. Auch der Zugang zur Rotatorenmanschette wird vereinfacht und kann problemlos in einen offenen Zugang konvertiert werden, sollte dies notwendig werden. Regionalanästhesie wird vom Patienten besser toleriert wie eine Allgemeinnarkose mit der potentiellen Möglichkeit, den Patienten am gleichen Tag zu entlassen.

Eine ausführliche Untersuchung der Schulter unter Anästhesie wird durchgeführt, um glenohumerale Instabilität oder eine Kontraktion der Kapsel auszuschließen. Vordere Instabilität mag Rupturen der Rotatorenmanschette durch sekundäres Impingement gegen das Akromium auslösen. Durch eine Akromioplastik und eine Rekonstruktion der Rotatorenmanschette alleine beim jungen Athleten kann nicht mit einer Rückkehr zum vor der Erkrankung bestehenden athletischen Niveau gerechnet werden, wenn die bestehende Instabilität nicht gleichzeitig behandelt wird (Tibone et al. 1986). Viele ältere Patienten haben sekundäre Kontraktionen der Kapsel und müssen zur Wiederherstellung der vollen passiven Beweglichkeit unter Anästhesie manipuliert werden.

Der Subakromialraum wird mit 25 ml 1%iger Lidocainlösung mit Adrenalin vor Beginn der Operation infiltriert, um Sicht und Hämostase zu verbessern. Eine Standard-arthroskopische Untersuchung des glenohumeralen Gelenkes wird mit der Kamera im posterioren Portal durchgeführt. Jegliche intraartikuläre Rupturen der Rotatorenmanschette werden gewissenhaft mit Hilfe eines Tasthakens im vorderen Portal untersucht, um komplette Rupturen auszuschließen. Die Rupturen werden mit einem Shaver debridiert, einerseits um eine schnellere Heilung anzuregen und andererseits, um die Sicht auf den Defekt zu verbessern. Das Ausmaß der Ruptur wird abgeschätzt und bei einer Ruptur von mehr als 50% der Rotatorenmanschette wird diese mit einem vom lateralen Portal oder Spinalnadel arthroskopisch eingebrachten Faden (PDS™, Ethicon, Somerville, New Jersey) markiert. Größere Partialrupturen können zu kompletten Rupturen fortschreiten, vor allem, wenn die Qualität des Gewebes minderwertig ist.

Begleitrupturen des Labrums können ebenfalls identifiziert und behandelt werden. Antero-inferiore Risse des Labrums können vor allem bei jungen Überkopfathleten vorkommen und sind sehr verdächtig auf Rotatorenmanschettenrupturen bei Instabilität. Bei diesen Individuen ist die Ruptur der Rotatorenmanschette sekundär bedingt durch Spannung auf der Rotatorenmanschette während Subluxation des Humeruskopfes oder durch subakromiales Impingement. Der junge Athlet mag ebenfalls posteriore Labrumeinrisse vorweisen und bedingt dadurch Rotatorenmanschettenrisse, hervorgerufen durch posteriores intraartikuläres Impingement (Walch et al. 1992), Zug an der Rotatorenmanschette über die hintere Glenoidkante während des Wurfes und durch Instabilität. Diese Labrumeinrisse werden debridiert, wenn sie ausgefranst sind, oder mit resorbierbaren kanülierten Dübeln vom Typ Suretac™ (Acufex Microsurgical Inc. Mansfield, Massachusetts) rekonstruiert, wenn die Qualität des Gewebes gut ist. Labrumeinrisse des jungen Athleten sollten von den degenerativen Rupturen des älteren Patienten unterschieden werden.

Der subakromiale Raum wird untersucht durch Repositionierung des Arthroskopes mit einem stumpfen Trokar. Ein arthroskopisches Pumpsystem verbessert ebenfalls Ausdehnung und Sicht. Eine Spinalnadel wird von lateral in den Subakromialraum vorgeschoben, um die Position des lateralen Portals zu definieren. Dies ist normalerweise 1 cm posterior der antero-lateralen Kante des Akromiums und 2 cm lateral der Akromiumkante. Die Nadel sollte parallel zur Unterfläche des Akromiums eingeführt werden, damit der Shaver oder die Fräse das AC-Gelenk erreichen kann, ohne am lateralen Akromium oder am Tuberculum majus anzustoßen. Das Portal sollte über der Ruptur der Rotatorenmanschette zentriert werden und muss manchmal etwas mehr nach posterior positioniert werden, wenn die Ruptur den M. infraspinatus einschließt (Abb. 2A und 2B).

Mit Hilfe des „full radius"-Shavers und dem Elektrokauter wird die entzündete Bursa entfernt. Dies ermöglicht die Sicht auf die bursaseitige Fläche der Rotatorenmanschette. Eine Akromioplastik wird mit einem Shaver oder einer Fräse, eingeführt durch das laterale Portal, durchgeführt. Es werden ungefähr 6–8 mm Knochen von den anterioren 2 cm des Akromiums entfernt, um die Unterseite in eine flache Oberfläche umzuwandeln (Abb. 2C). Das antero-laterale Akromium wird initial bis zur gewünschten Tiefe reseziert. Die Resektion wird dann nach medial bis zum AC-Gelenk fortgesetzt. Sporne an der Unterseite der distalen Klavikula werden entfernt. Eine Exzision der distalen Klavikula wird vorgenommen, wenn das Gelenk vor der Operation schmerzhaft verändert war.

Nachdem der subakromiale Raum adäquat dekomprimiert ist, wird der Rotatorenmanschette vermehrte Aufmerksamkeit geschenkt. Die Sehnenenden können mit einem arthroskopischen Fassinstrument in Richtung Tuberculum majus gezogen werden. Dies hilft bei der Beurteilung der Qualität des Sehnengewebes und gibt einen Hinweis auf das Ausmaß der notwendigen Mobilisierung, um die Sehne an ihrer anato-

A

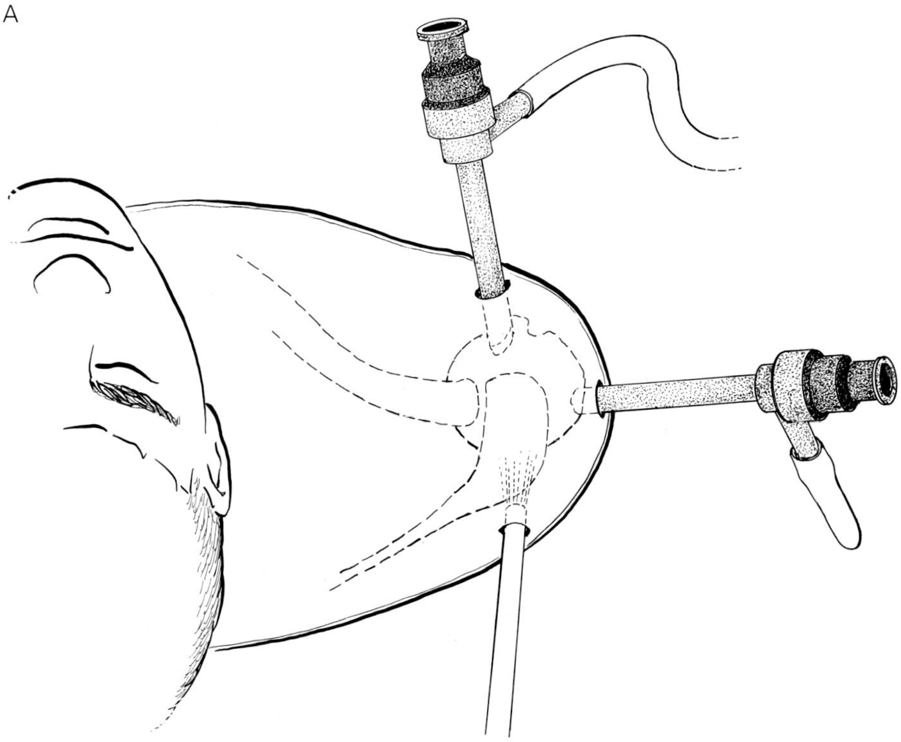

Abb. 2. (**A**) Ein Blick von superior zeigt die Platzierung der Portale.

B

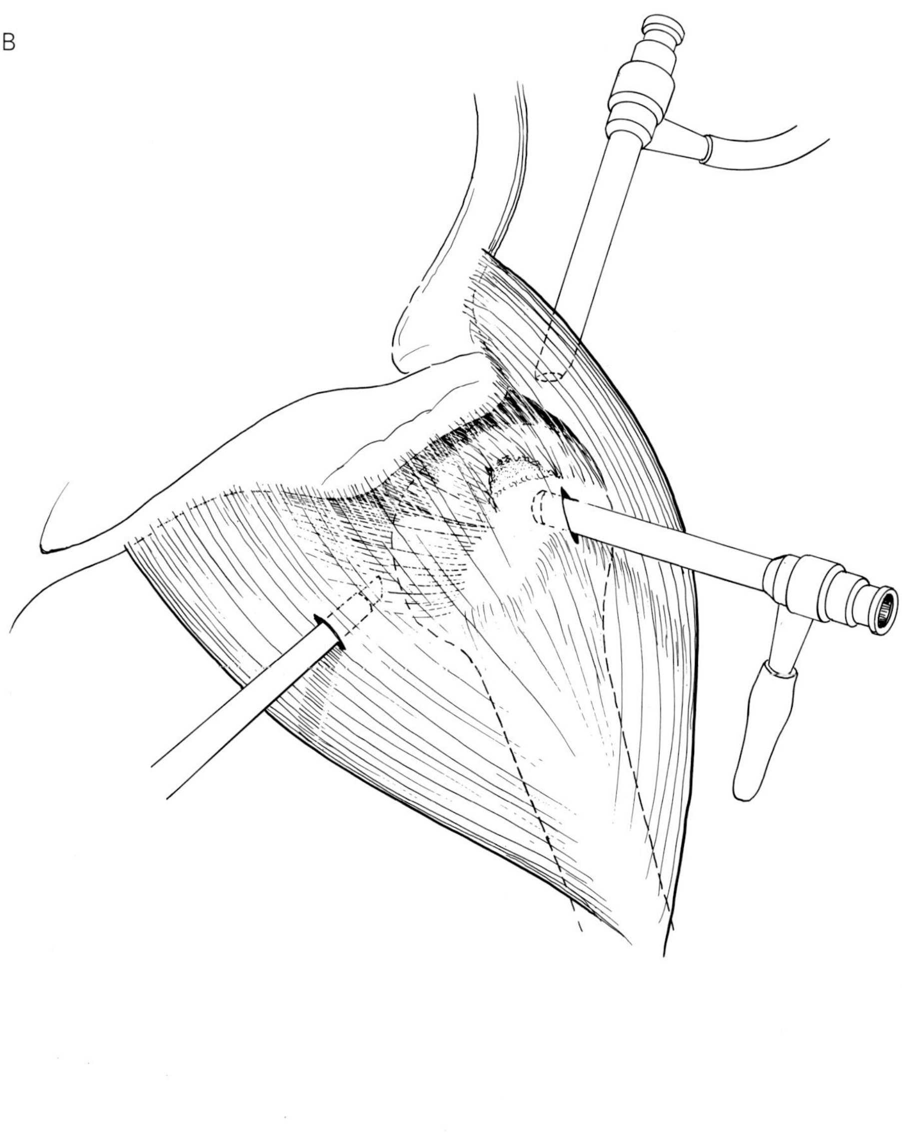

(**B**) Eine Zeichnung, die den subakromialen Blick auf die Sehnenruptur mit dem Arthroskop im posterioren Portal illustriert.

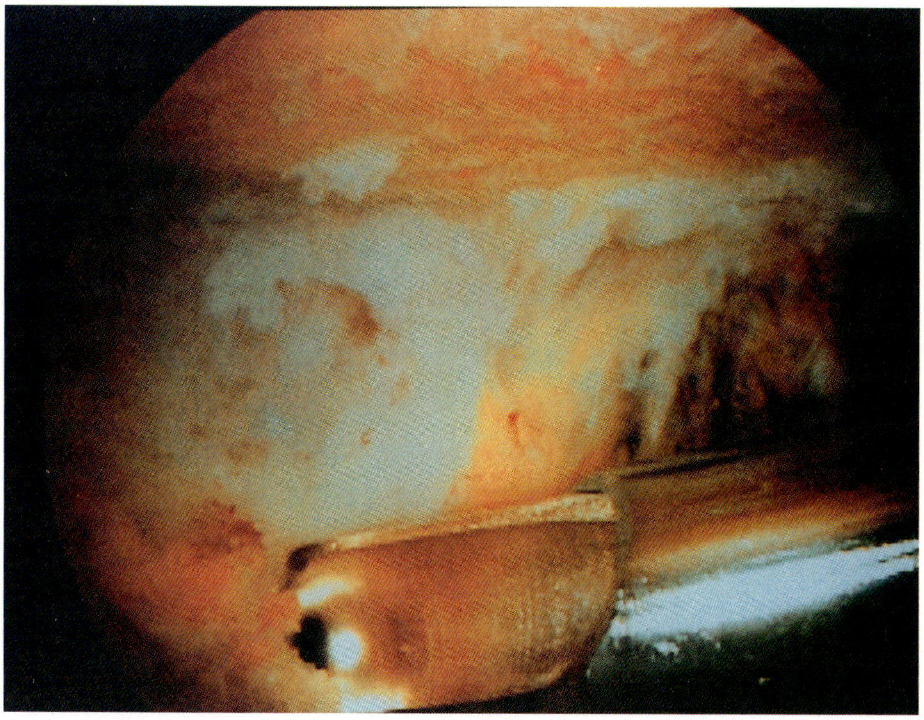

C

(**C**) Ein arthroskopischer Blick auf eine komplette Akromioplastik. Der Shaver kommt vom lateralen Portal. Beachte die flache Oberfläche verglichen mit der Faszie des M. deltoideus anterior.

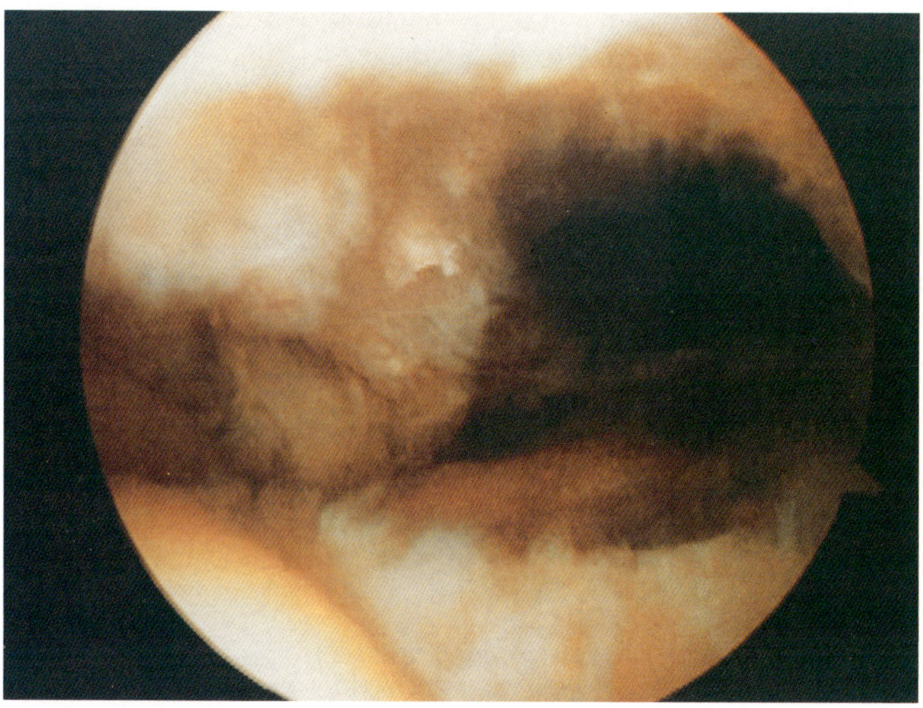

D

(**D**) Die rupturierte Sehne der Rotatorenmanschette von artikulär gesehen. Die Länge des Risses und die Retraktion beträgt etwa 1,5 cm. Der Ansatz am Tuberculum majus wurde arthroskopisch mit einem Shaver debridiert

mischen Insertion wiederanzubringen. Die Sehnenenden werden mit einem arthroskopischen Shaver angefrischt und die knöcherne Insertion mit einer Fräse vertieft, bis man eine flache blutende spongiöse Fläche hat (Abb. 2D). Wir ziehen es vor, keine knöcherne Rinne zu kreieren, da dies die Querschnittsfläche für die Sehneneinheilung vermindert. Ist die Sehne um mehr als 1cm retrahiert, werden Fäden durch das Sehnenende mit Hilfe eines Fadenführungsgerätes gezogen. Durch Präparation von artikulär und bursaseitig mit einem kleinen Periost-Elevatorium durch das laterale Portal eingeführt und Zug an den Haltefäden

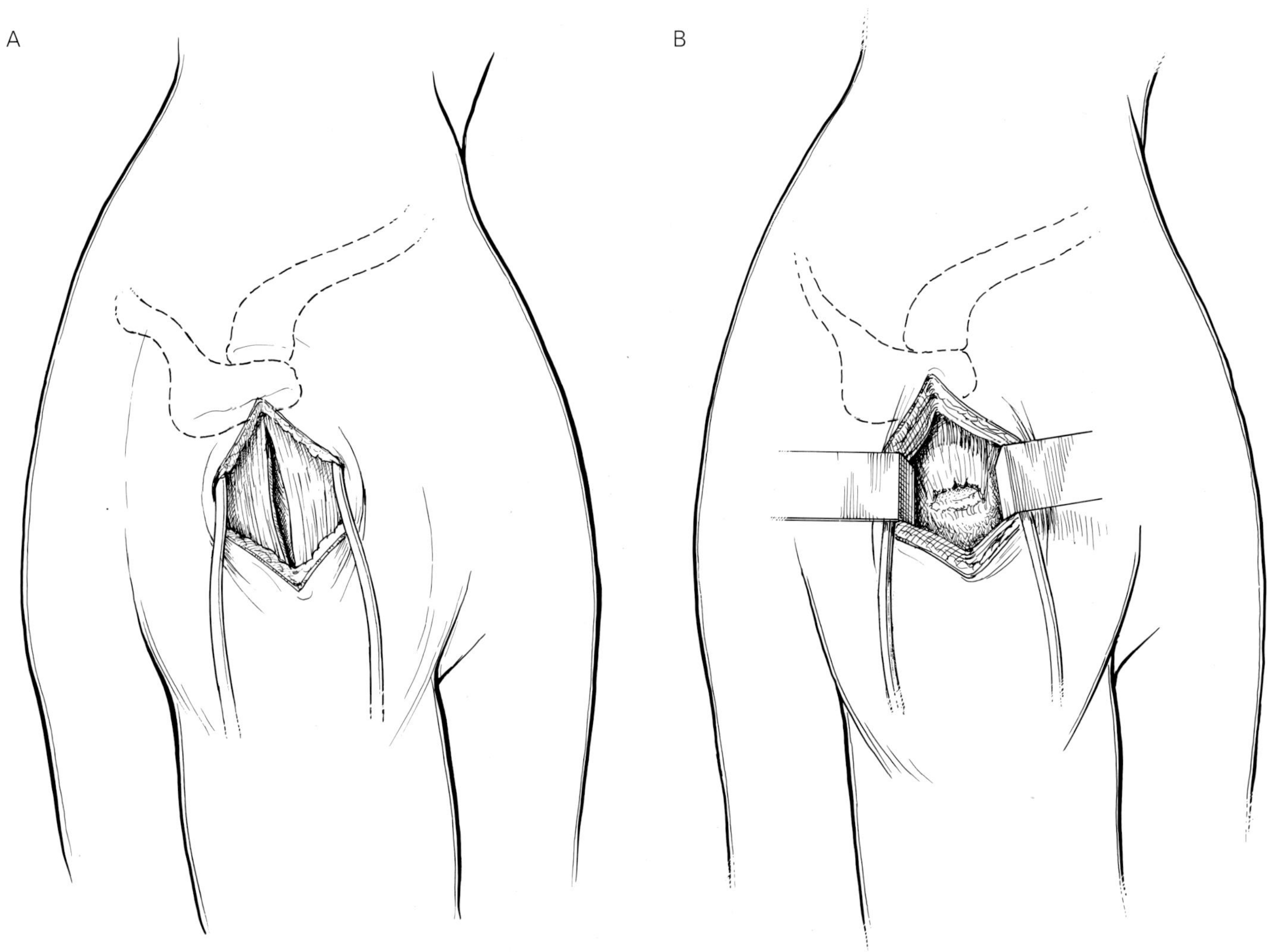

Abb. 3. (A) Die Faszie des M. deltoideus wird entlang der Raphe gespalten. (B) Die Ränder des M. deltoideus werden mit zwei Haken auseinandergehalten. Beachte die rupturierte Sehne. (C) Nahtanker werden in eine zuvor präparierte flache Knochenoberfläche am Ansatz der Sehnen eingebracht und die Nähte sind durch die Sehne gezogen. (D) Die Fäden sollten so fest verknotet werden, dass sie den Cuff einkerben und eine Lücke zwischen Knochen und Sehne vermieden wird. (E) Alternativ können bei osteoporotischem Knochen Löcher durch das Tuberculum majus gebohrt werden. Die Nähte werden paarweise durch die Löcher gebracht. (F) Die Ruptur wird rekonstruiert und die Nähte distal verknotet

wird die Sehne arthroskopisch mobilisiert. Kann die Sehne, mit dem Arm in Adduktion und in neutraler Rotation, das Tuberculum nicht erreichen, wird der Eingriff zu einem offenen Vorgehen konvertiert und der vordere Anteil des M. deltoideus am Akromium abgelöst.

Bei der arthroskopisch-assistierten Technik wird eine schmale 3 cm transversale oder longitudinale Hautinzision, die das laterale Portal einbezieht, angelegt (Abb. 1). Die Inzision wird direkt über die Rotatorenmanschettenruptur plaziert. Dies kann durch Einbringen einer Spinalnadel unter arthroskopischer Kontrolle bestimmt werden. Eine Raphe die den anterioren vom lateralen Anteil des M. deltoideus trennt, ist oft vorhanden und wird für den M. deltoideus spaltenden Zugang stumpf präpariert (Abb. 3A). Die Faszie wird zuvor mit einer Schere entlang der Raphe inzidiert. Die Inzision sollte nicht mehr als 4 cm distal der lateralen Kante des Akromiums führen, um eine Verletzung des N. axillaris zu vermeiden. Ein Haltefaden kann am distalen Ende der Inzision angebracht werden, um eine versehentliche Verlängerung des Zuganges in Richtung des Nerven zu vermeiden. Die Ränder des M. deltoideus werden durch einen selbsthaltenden Retraktor oder mit einem Haken vom Assistenten auseinandergehalten (Abb. 3B). Der vordere Teil des M. deltoideus muss vorsichtig retrahiert werden, um ihn nicht von seinem Ursprung abzulösen.

Das Tuberculum majus wird aufgesucht und präpariert, wenn dies nicht schon arthroskopisch gemacht wurde. Die Sehne wird weiter mobilisiert und ihrem

C D E F

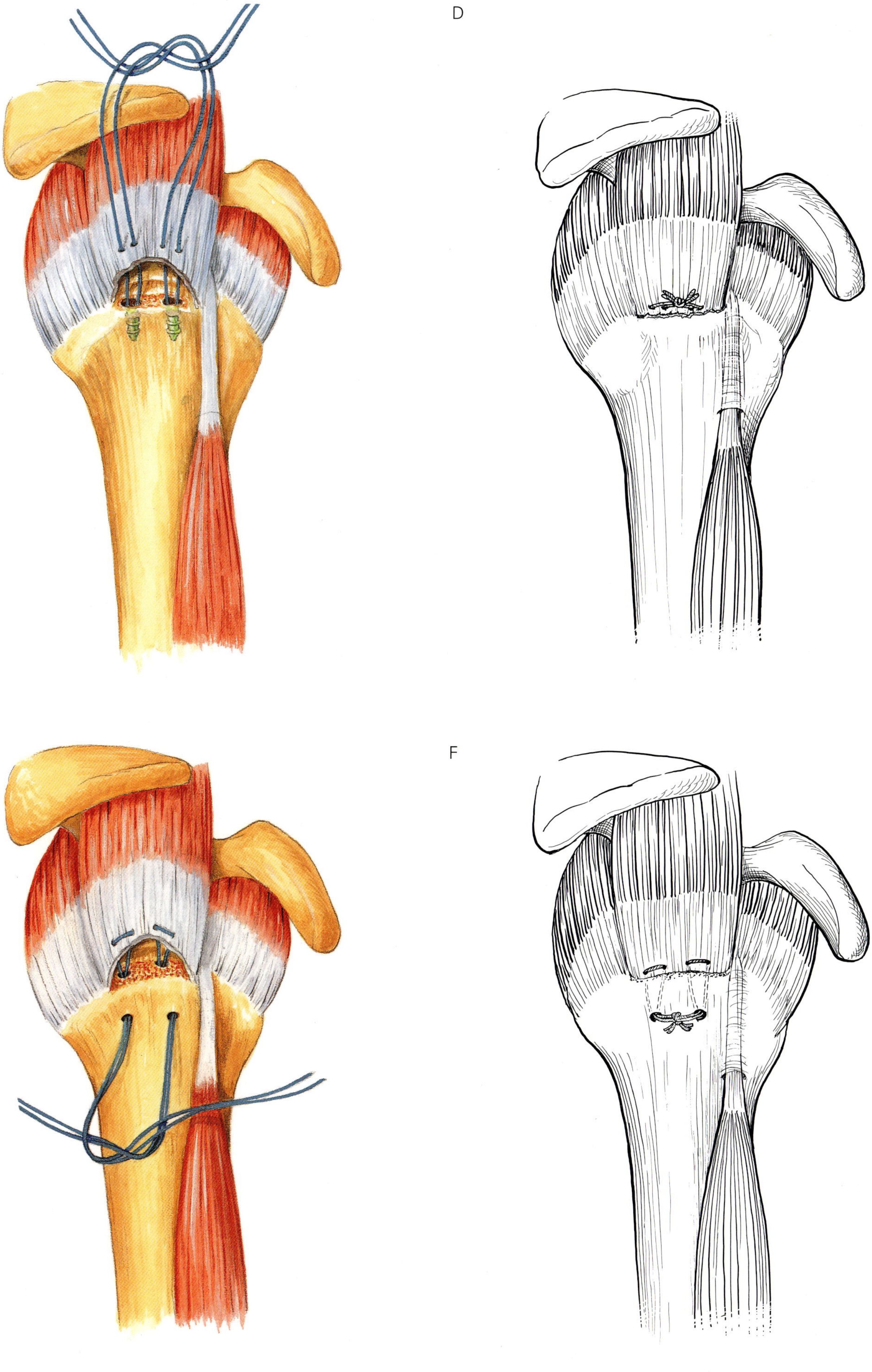

Ansatz angenähert. Das Sehnenende sollte 1 cm lateral der Gelenkfläche eingebettet werden, damit eine große Fläche zur Einheilung zur Verfügung steht. Eine Medialisierung der Sehne führt zu einer veränderten Biomechanik der Rotatorenmanschette und beeinträchtigt das Heilungspotential erheblich, da die Sehne nicht in den Gelenkknorpel einheilen kann. Die Akromioplastik wird durch den Spalt palpiert und mit einer kleinen Feile glatt abgeschliffen, sollte dies notwendig sein.

Die Sehne kann mit Nahtankern fixiert werden, wenn die Qualität des Knochens ausreichend ist, den Anker zu halten (Abb. 3C). Mindestens zwei, meistens aber drei Anker werden benötigt. Die Nähte werden durch die Ränder der Rotatorenmanschette gezogen und auf der Bursaseite verknüpft. Eine Medialisierung der Rekonstruktion kann dadurch verhindert werden, dass man Zug auf die Sehnen ausübt, während die Fäden durch die Sehne gezogen werden. Die Nähte sollten so fest angezogen werden, dass sie die Sehne leicht einkerben und damit eine Lücke zwischen Knochen und Sehne verhindern (Abb. 3D). Die subakromialen Knoten werden palpiert, um sicherzustellen, dass sie nicht am Akromium anstoßen. Prominente Knoten können nach lateral gezogen werden, indem man bei noch nicht gekürzten Fäden den Knoten durch das Periost am Tuberculum nach lateral zieht und mit einem weiteren Knoten an der distalen Kante des Tuberculums sichert. Bei älteren Patienten mit osteoporotischem Knochen halten die Nahtanker nicht. Hier müssen Löcher durch das Tuberculum gebohrt werden, die am flachen spongiösen Ansatz austreten. Horizontale Matratzennähte werden mit Nr. 1 nicht resorbierbaren Fäden durch die gebohrten Löcher gezogen (Abb. 3E). Die Rotatorenmanschette wird rekonstruiert, indem die Nähte an der unteren Seite des Tuberculum majus geknotet werden (Abb. 3F).

Die Wunde wird gespült und die Faszie des M. deltoideus mit resorbierbaren Fäden verschlossen. Eine kleine Saugdrainage kann in den Subakromialraum gelegt werden. Dies ist normalerweise aber nicht notwendig. Die Haut wird mit fortlaufender Intrakutannaht genäht. Ein steriler Verband wird angelegt. Die Schulter wird in einer Schulter-Arm-Schlinge immobilisiert und der Patient in den Aufwachraum gefahren.

Nachbehandlung

Die meisten Patienten werden am Tag der Operation mit oralen Opiaten und nichtsteroidalen Antiphlogistika nach Hause entlassen. Passive Bewegungsübungen und aktiv-assistierte Übungen mit dem Patienten auf dem Rücken liegend werden am Tag nach der Operation begonnen. Ellenbogen- und Handgelenk werden ebenfalls mobilisiert. Aktiv assistierte Bewegungsübungen werden nach vier Wochen, aktive Übungen nach 6 Wochen gestartet. Dann kann der Arm auch aus der Schlinge genommen werden. Kraftübungen für den M. deltoideus und die Rotatorenmanschette werden 8 Wochen postoperativ, auch gegen Widerstand mit Hilfe von Gummibändern begonnen. Patienten können 3 Monate nach dem Eingriff zu den normalen täglichen Aktivitäten zurückkehren. Mit Überkopfsport sollte allerdings erst 6 Monate nach der Operation begonnen werden. Alle Patienten werden angewiesen ein Kräftigungsprogramm für die Rotatorenmanschette für den Rest des Lebens durchzuführen.

Literatur

Altchek D, Warren R, Wickiewicz T et al (1990) Arthroscopic acromioplasty: technique and results. J Bone Joint Surg [Am] 72:1198–1207

Bjorkenheim J, Paavolainen P, Ahovuo J et al (1988) Surgical repair of the rotator cuff and surrounding tissues. Clin Orthop 236:148–153

Ellman H, Hanker G, Bayer M et al (1986) Repair of the rotator cuff. End-result study of factors influencing reconstruction. J Bone Joint Surg [Am] 68:1136–1144

Ellman H, Kay S (1991) Arthroscopic subacromial decompression for chronic impingement: two to five year results. J Bone Joint Surg [Br] 73:395–398

Ellman H, Kay S, Wirth M et al (1993) Arthroscopic treatment of full thickness rotator cuff tears: two to seven year follow-up study. Arthroscopy 9:195–200

Esch J, Ozerkis L, Helgager J et al (1988) Arthroscopic subacromial decompression: results according to the degree of tear. Arthroscopy 4:241–249

Gartsman G (1990) Arthroscopic acromioplasty for lesions of the rotator cuff. J Bone Joint Surg [Am] 72:169–180

Levy H, Uribe J, Delaney L et al (1990) Arthroscopic assisted rotator cuff repair: preliminary results. Arthroscopy 6:55–60

Liu S (1994) Arthroscopically-assited rotator cuff repair. J Bone Joint Surg [Br] 76:592–595

Ogilvie-Harris D, Demaziere A (1993) Arthroscopic débridement versus open repair for rotator cuff tears: a prospective cohort study. J Bone Joint Surg [Br] 75:416–420

Paulos L, Kody M (1994) Arthroscopically enhanced "mini-approach" to rotator cuff repair. Am J Sports Med 22:19–25

Tibone J, Elrod B, Jobe F et al (1986) Surgical treatment of tears of the rotator cuff in athletes. J Bone Joint Surg [Am] 68:887–891

Walch G, Boileau P, Noel E et al (1992) Impingement of the deep surface of the supraspinatous tendon on the posterosuperior glenoid: an arthroscopic study. J Shoulder Elbow Surg 1:238–245

Warner J, Altchek D, Warren R et al (1991) Arthroscopic management of rotator cuff tears with emphasis on the throwing althlete. Oper Tech Orthop 1:235–239

20

David S. Morrison, Scott R. Jacobson

Mini-Open-Rotatorenmanschetten-Rekonstruktion

Im Lauf der ständigen Weiterentwicklung der Schulterarthroskopie werden ständig neue Verfahren entwickelt und benutzt, die postoperative Morbidität und Schmerz verringern und gleichzeitig zu einem besseren Ergebnis führen. Die „mini-open"-Technik der Rekonstruktion der Rotatorenmanschette entwickelte sich einerseits aus der Tatsache, dass die subakromiale arthroskopische Dekompression immer häufiger angewandt und andererseits der Erkenntnis, dass ein Verfahren zwischen der traditionellen offenen Rekonstruktion und der arthroskopischen subakromialen Dekompression benötigt wird.

Bei den meisten Patienten kann die Ruptur der Rotatorenmanschette durch die klinische Untersuchung und die bildgebenden Verfahren vor der Operation festgestellt werden. Vor der Einführung der „mini-open"-Technik sind Patienten mit einer Ruptur der Rotatorenmanschette mit einer subakromialen Dekompression und einer Rekonstruktion der Manschette behandelt worden. Unserer Erfahrung nach ist die alleinige arthroskopische Dekompression ohne Rekonstruktion zumindest gleichwertig. Mit steigenden arthroskopisch durchgeführten Dekompressionen allerdings, haben wir zunehmend zuvor nicht erkannte Rupturen der Rotatorenmanschette gesehen. In dieser Situation gab es zwei Möglichkeiten: zum einen die Arthroskopie abbrechen und auf eine offene Rekonstruktion umzusteigen, oder zu versuchen die Ruptur arthroskopisch anzugehen. Es wurde uns schnell klar, dass, obwohl wir die Ruptur durch den arthroskopischen Zugang rekonstruieren konnten, dies nicht befriedigend war. Die Qualität der Rekonstruktion war oft fragwürdig, die zwei oder auch drei lateralen Zugänge, erreichten insgesamt eine Länge von 4 cm in Ausdehnung und für die Größe der Ruptur war es insgesamt zu zeitaufwendig. Es war pure Frustration, die uns dazu veranlasste, einfach unser laterales Portal zu verlängern, um die Rotatorenmanschette und die Qualität der Rekonstruktion zu beurteilen. Wir haben entdeckt, dass dieser minimale Zugang so gut wie immer direkt über der Ruptur liegt. Mit wenig Aufwand durch eine kleine Inzision konnte so eine solide Rekonstruktion erreicht werden. Dies veranlasste uns, den arthroskopischen Weg zugunsten der „mini-open"-Technik, die wir hier näher beschreiben, zu verlassen.

Der größte Vorteil dieser Technik liegt in der eindeutig reduzierten postoperativen Schmerzsymptomatik. Sogar wenn recht ausgedehnte Rupturen mit dieser Technik rekonstruiert werden, können die meisten Patienten am Tag der Operation mit niedrig dosierten Opiaten nach Hause entlassen werden. Dies war mit offenen Eingriffen unserer Erfahrung nicht möglich. Die Mehrheit dieser Patienten hatte schwere Schmerzen und musste stationär mit parenteralen Opiaten behandelt werden. Der einzige Unterschied zwischen diesen beiden Techniken scheint die Präparation des M. deltoideus zu sein. Beim „mini-open"-Eingriff kann man den M. deltoideus längs der Faserrichtung spalten und muss den Muskel nicht am Akromium ablösen, während dies beim offenen Eingriff nötig ist. Genau dieses Ablösen verursacht wahrscheinlich den postoperativen Schmerz in der Mehrzahl der Patienten mit einem offenem Eingriff und einer Rekonstruktion der Rotatorenmanschette. Wird die subakromiale Dekompression arthroskopisch durchgeführt, wird der Ansatz des M. deltoideus vermieden und die Ruptur der Rotatorenmanschette kann durch den minimal muskelspaltenden lateralen Zugang adäquat exponiert und rekonstruiert werden. Baker und Liu haben gezeigt, dass Patienten mit einer Ruptur der Rotatorenmanschette, die durch den „mini-open"-Zugang rekonstruiert wurden, vergleichbare Langzeitergebnisse im Vergleich mit der offenen Technik aufweisen. Zusätzlich ist der stationäre Aufenthalt in der „mini-open"-Gruppe kürzer (Baker und Liiu 1994, 1995).

Operative Grundlagen

Als wir mit der „mini-open" Technik anfingen, haben wir uns auf Rupturen die im MRT kleiner als 1,5 cm ×1,5 cm waren, beschränkt. Sagittale Schnitte zeigen das Ausmaß der Ruptur sehr genau (Morrison und Ofstein 1990). Wir dachten, dass die größeren Rupturen leichter und sicherer durch den offenen Zugang angegangen werden können. Mit einer Verbesserung unserer Technik jedoch, haben wir die Indikation erweitert auf Rupturen von 2 cm zwischen den Tubercula und 3 cm längs der Sehne der Rotatorenmanschette. Wenn der „mini-open" eine adäquate Mobilisierung und Rekonstruktion der Rotatorenmanschette nicht erlaubt, ist es um einiges einfacher, einen offenen Zugang zu wählen und eine offene Rekonstruktion durchzuführen. Sollten wir nicht in der Lage sein, ein MRT präoperativ anzufertigen, lassen wir die Patienten eine Einverständiserklärung für alle drei Verfahren (subakromiale arthroskopische Dekompression, „mini-open" und offene Rekonstruktion) unterschreiben. Arthrogramme fertigen wir grundsätzlich nicht an, da sie nicht zuverlässig die Größe der Rotatorenmanschettenruptur zeigen. Die Arthroskopie wird routinemäßig in der lateralen Dekubituslage durchgeführt. Wird jedoch eine ausgedehnte Ruptur an Hand von Anamnese, klinischer Untersuchung vermutet und ein MRT ist nicht vorhanden, empfehlen wir die Arthroskopie in der „beachchair"-Position durchzuführen. Ist die Ruptur ausgedehnt und muss man zu einem offenen Zugang übergehen, ist es in dieser Position einfacher. Will man eine Ruptur über den „mini-open"-Zugang rekonstruieren, kann dies ebenfalls einfach in dieser Lage durchgeführt werden. Dieser Algorithmus erlaubt jede Rotatorenmanschettenruptur über einen adäquaten Zugang zu rekonstruieren. Allgemein müssen Rupturen, die weniger als 50% der Sehne betreffen, nicht repariert werden. Sie werden stattdessen vorsichtig debridiert in der Annahme, dass die meisten dann heilen werden, sobald der Prozess des Impingement beseitigt ist (Andrews et al. 1985, Esch et al. 1988, Gartsman 1990, Caspari und Bach 1993).

Ein anderer Punkt, der berücksichtigt werden muss, ist das körperliche Erscheinungsbild des Patienten. Sehr fettleibige Patienten mit viel Weichteilgewebe im Bereich der Schulter sind keine Kandidaten für eine minimal invasive Technik. Die Inzision erreicht hier sehr schnell Ausmaße, die der traditionellen, offenen Methode gleichkommt. Zusätzlich ist eine arthroskopische subakromiale Dekompression bei diesen Patienten schwieriger als bei Normalgewichtigen. Rotatorenmanschettenrupturen sollten bei diesen Patienten daher durch den traditionellen offenen Zugang angegangen werden.

Es werden zur minimal invasiven Technik nur wenig mehr Instrumente als zur Standard-Schulter-Arthroskopie und subakromialen Dekompression benötigt. Ein selbsthaltender Retraktor mit stumpfen Schaufeln ist hilfreich, den gespaltenen M. deltoideus auseinander zu spreizen. Wir ziehen einen Rongeur einer pneumatischen Fräse vor, um die Kerbe in den gelenkseitigen Rand des Humerus zu fräsen. Mit Hilfe von gebogenen Hohlnadeln wird ein Nr. 2 geflochtener nicht resorbierbarer Faden durch die Manschette und den proximalen Humerus gezogen. Eine schmale gebogene Kürette oder ein Bohrer kann benutzt werden, um den proximalen lateralen Humerus anzubohren, sollte die Nadel Schwierigkeiten haben, den Knochen zu passieren. Zielgeräte zur Platzierung der Nähte sind kommerziell erhältlich, aber normalerweise nicht notwendig.

Wir ziehen es vor, keine Nahtanker für die Rekonstruktion der Rotatorenmanschette zu benutzen, da unserer Erfahrung nach eine stabilere Refixierung mit einer Naht, die durch den Knochen hindurch gezogen wird, zu erzielen ist. Dies ist besonders auffällig bei älteren Patienten, wo der Nahtanker in osteoporösem Knochen am proximalen spongiösen Humerus platziert werden muss. Obwohl es gegenteilige Aussagen gibt (St. Pierre et al. 1995), denken wir, dass die Rotatorenmanschette besser einheilt, wenn man eine blutende spongiöse Knochenoberfläche schafft statt an kortikalem Knochen zu fixieren. Außerdem glauben wir, dass obwohl ein Nahtanker an der Knochen-Knorpel-Grenze platziert, ohne eine knöcherne Rinne zu fräsen, durchaus die Ausrisszugskraft verbessern mag, die Einheilung der Manschette aber beeinträchtigt wird. Mit der traditionellen Nahttechnik wird die Manschette an eine spongiöse blutende Knochenoberfläche herangebracht und eine stabile Fixation wird dadurch erreicht, indem man über eine Brücke aus lateralem humeralen Kortex verknüpft. Das Design der Nahtanker wird kontinuierlich verbessert und Studien haben gezeigt, dass einige der neueren Ankersysteme mit der Ausreißkraft der transossären Naht zu vergleichen ist (Craft und Mosley 1995). Jedoch werden noch mehr klinische Studien benötigt, um nähere Aussagen zur Vergleichbarkeit treffen zu können.

Operationstechnik

Die Mehrheit der arthroskopischen Eingriffe an der Schulter wird in der seitlichen Dekubitusposition durchgeführt. Dies kann durch eine Vakuummatratze oder durch Stützen erleichtert werden. Allgemeinnarkose gegenüber einer Regionalanästhesie (Interskalenusblock) ist hier vorzuziehen, da diese Position nicht komfortabel ist. Und falls eine Intubation notwendig werden sollte, kann dies sehr schwierig sein. Alle Knochenvorsprünge werden sorgfältig gepolstert im speziellen der N. ulnaris- und der N. peroneus. Die Hand wird in einer unsterilen aufblasbaren Manschette gelagert. Traktion kann angelegt werden; auf den Nervus medianus und ulnaris muss jedoch besonders geachtet werden (Abb. 1).

Ein U-förmiges Abklebtuch wird von der Spina scapulae aufwärts entlang des Halses bis zum Sternum platziert. Dies sorgt dafür, dass der Kopf des Patienten und der Anästhesist während des Eingriffes trocken bleiben. Der Arm wird von einem Mitarbeiter während des Präparierens und Abdeckens gehalten. Kurz bevor der Chirurg zum Hautschnitt ansetzt, wird am Arm mit 2–7 kg Traktion gezogen. Traktion wird dabei so platziert, dass der Arm in 10–20 Grad Abduktion und 15–20 Grad Flexion ruht. Dies maximiert glenohumerale und subakromiale Übersicht und vermindert gleichzeitig Verletzungen des Plexus

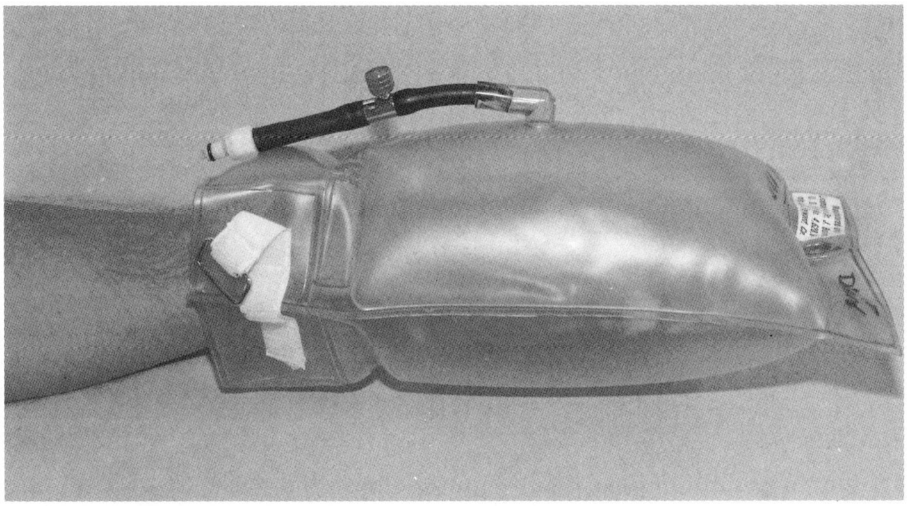

Abb. 1. Eine aufblasbare Handmanschette sichert die Hand am Operationstisch und erlaubt die Applikation von Traktion mit einem minimalen Risiko der Nervenverletzung

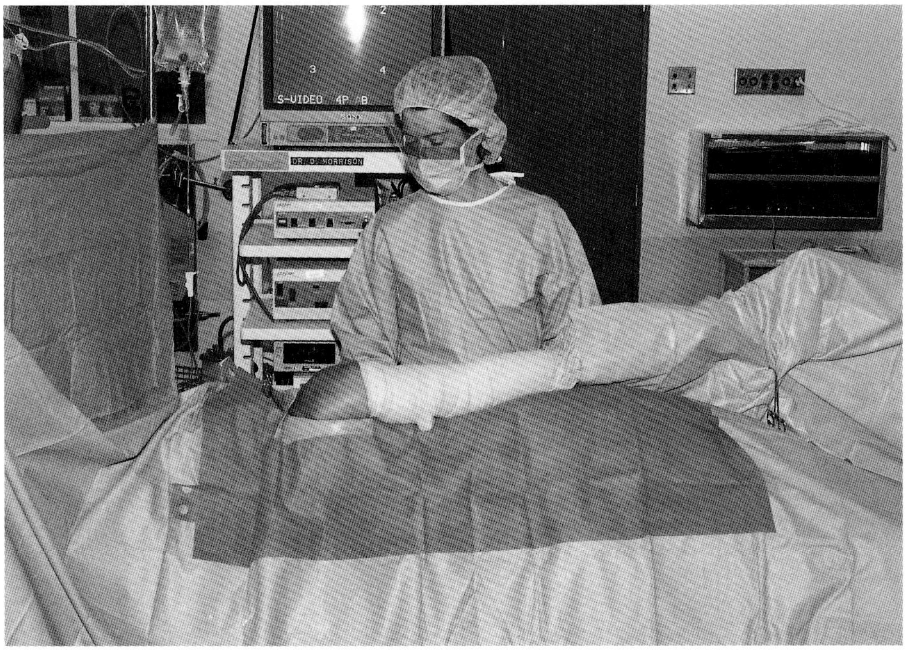

Abb. 2. Die modifizierte laterale Dekubitusposition für die Schulterarthroskopie. Eine Vakuummatratze wird benutzt und alle Knochenvorsprünge sorgfältig gepolstert. Richtiges Abdecken erlaubt kompletten Zugang zur Schulter während der Kopf, die Axilla und der Rumpf mit wasserdichten Tüchern vom Operationsfeld isoliert wird. Traktion wird durch den aufblasbaren Handschuh appliziert. Die arthroskopischen Instrumente und die Instrumentenschwester stehen gegenüber vom Chirurgen

brachialis (Abb. 2). Wird auf eine „mini-open“-Technik übergegangen, kann der Assistent durch Rotation des Humerus die Position des Armes verändern und die Ruptur der Rotatorenmanschette kann so leichter eingesehen werden.

Die Schulterarthroskopie kann aber auch in der „beachchair“-Position durchgeführt werden. Nach der Allgemeinnarkose oder dem Interskalenusblock wird der Operationstisch auf Höhe der Hüfte um 45 Grad aufgerichtet. Die Knie werden gebeugt. Ein Kissen wird unter die zu operierende Schulter plaziert und eine Kopfstütze (Mayfield oder ein ähnlich kommerziell erhältliches System) verwendet. Diese erlaubt Zugang zum posterioren Aspekt der Schulter. Die Vorteile der „beachchair“-Position schließen folgendes ein: weniger Blutungen und leichteren Zugang zur Rotatorenmanschette sollte ein offener Zugang gewählt werden. Der Eingriff kann außerdem ohne Traktion durchgeführt werden, da das Gewicht des Armes oftmals ausreichend ist, den Subakromialraum zu öffnen. Die Hauptnachteile sind ein größerer Zeitaufwand zur Vorbereitung und das potentielle Beschlagen der Linsen durch das Hinuntertropfen von Flüssigkeit vom posterioren Portal auf das Gerät.

Die glenohumerale Arthroskopie wird mit einem posteriorem Portal (2 cm inferior und 1 cm medial der postero-lateralen Kante des Akromiums) begonnen. Wir ziehen ein „high flow“-Arthroskop vor. Dies erspart ein weiteres Portal für den „inflow“. Partial- oder Komplettrupturen der Rotatorenmanschette werden identifiziert. Kann man keine sicheren Aussagen über das Ausmaß der Ruptur machen, so kann man die Stelle mit einem Faden in „outside in“-Technik durch eine Spinalnadel gebracht, markieren. Das Nahtende wird, nachdem die Nadel entfernt wurde, im Gelenk gehalten. Nun kann man mit einer subakromialen Arthroskopie die fragliche Stelle von der Bursa aus betrachten (Abb. 3).

Sobald die glenohumerale Arthroskopie beendet ist, wird der subakromialen Bursa volle Aufmerksamkeit geschenkt. Da sie durch vermehrte Vaskularität leicht blutet, ist es nützlich, wenn der Anästhesist den Blut-

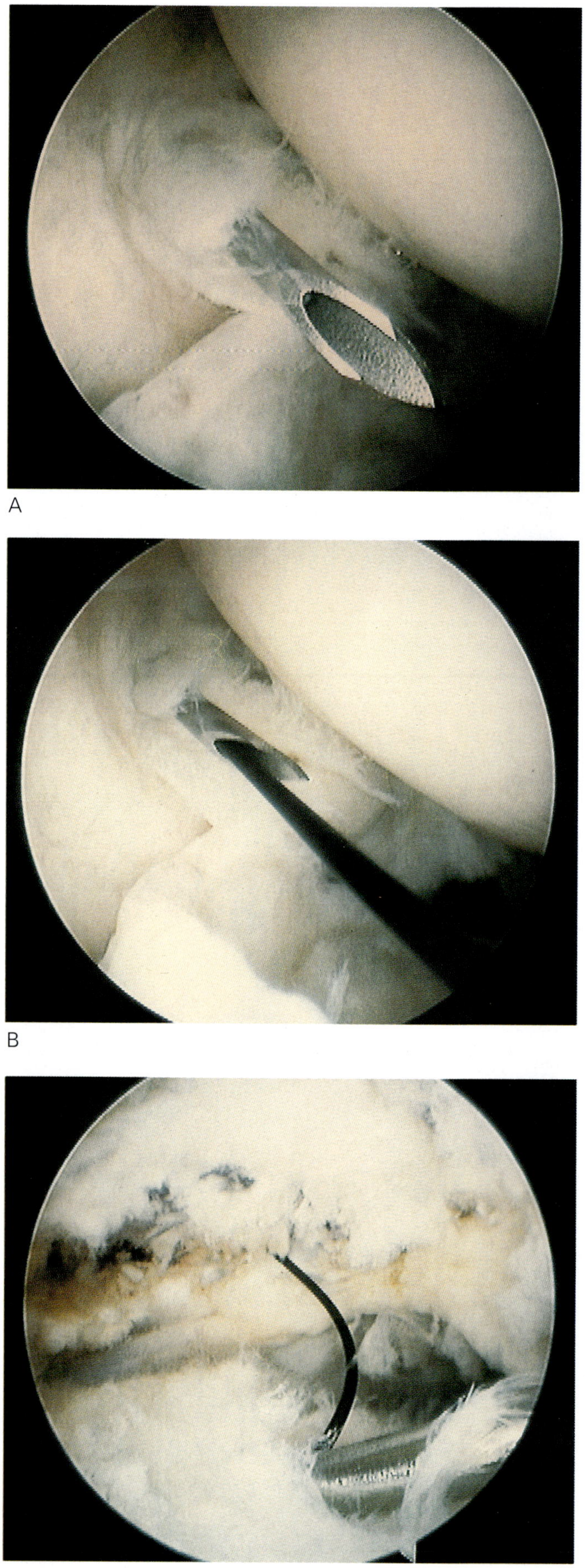

A

B

C

Abb. 3. Rotatorenmanschetten-Markierungs-Technik (**A**) Eine Spinalnadel wird subkutan durch die Region der Manschette in die Gegend der vermuteten Ruptur nahe der Insertion am Humeruskopf posterior der Bizepssehne, platziert. (**B**) Ein dicker Nylonfaden wird durch die Nadel in das Gelenk eingeführt. Die Nadel wird entfernt, der Faden bleibt an Ort und Stelle. (**C**) Der platzierte Faden wird im Subakromialraum identifiziert und dazu benutzt, die Bursaseite der Manschette zu lokalisieren und die verdächtige Stelle zu inspizieren. Das Tasthäkchen wird in die Komplettruptur der Sehne des M. supraspinatus geführt druck unter 100 mmHG und der Wasserdruck größer als 50 mmHG (entweder durch eine Pumpe oder durch die Schwerkraft) gehalten wird (Morrison et al. 1996). Vor Platzierung des Arthroskopes in den Subakromialraum, muss eventuell der Traktionswinkel zur besseren Einsicht angepasst werden. Es werden zusätzliche 2–5 kg Traktion angehängt bis auf ein Maximum von insgesamt 7 kg. Dies ist für adäquate Sicht normalerweise ausreichend. Die Kanüle und der Trokar werden durch das hintere Portal in den Subakromialraum platziert. Sie werden in Richtung auf den mittleren Anteil des Akromiums geschoben und unter der Unterseite des Akromiums hin- und hergeschoben, um Adhäsionen zu lösen. Man sollte dabei nicht medial des AC-Gelenkes kommen, da dies sehr leicht Blutungen im Fettkörper auslösen kann. Der Trokar kann jetzt entfernt und mit dem Arthroskop ersetzt werden.

Der Subakromialraum wird mit dem „high flow"-Arthroskop gespült und ein laterales Portal 3 cm lateral und 1 cm posterior von der antero-lateralen Spitze des Akromiums angelegt (Abb. 4 und 5). Dies plaziert das Portal in Linie mit dem anterioren Akromium und ein Instrument durch diesen Kanal eingeführt, steht nahezu senkrecht zum korako-humeralen Ligament.

Der „full radius"-Shaver wird durch das laterale Portal eingeführt. Eine subakromiale Bursektomie wird ausgeführt. Der mediale und laterale Teil des anterioren Akromiums wird von Bursa und Periost befreit. Das Lig. coracoacromiale wird identifiziert und mit Hilfe des Elektromessers von medial nach lateral entlang des Akromiumansatzes abgelöst. Der akromiale Ast der A. thoracoacromiale verläuft entlang des supero-medialen Aspekts des Bandes und sollte sorgfältig koaguliert werden, da unkontrollierte Blutungen die Sicht erschweren können. Mit einer arthroskopischen Fräse wird die subakromiale Dekompression durchgeführt und 4–8 mm der inferioren Fläche des vorderen Akromiums entfernt. Die knöcherne Resektion wird auch nach posterior fortgesetzt, sodass eine glatte, gerade untere Akromiumfläche entsteht.

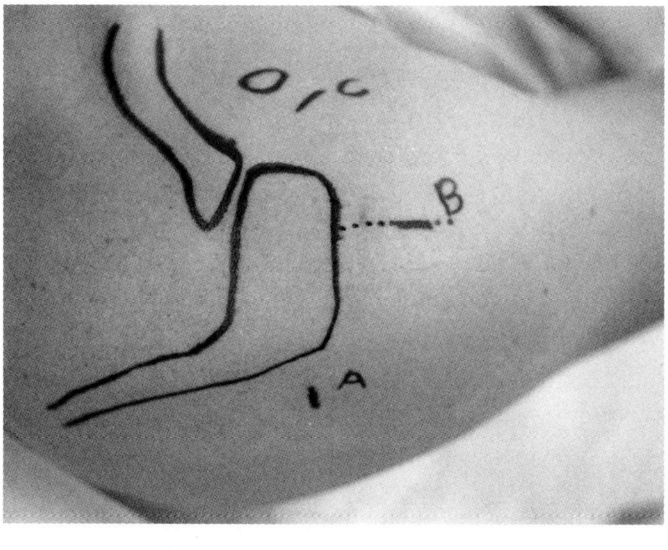

Abb. 4. Oberflächenanatomie und Platzierung der Portale. Oberflächenvorsprünge wie Akromium, Spina scapula, Klavikula und AC-Gelenk werden eingezeichnet. Das hintere (**A**), laterale subakromiale (**B**) und das antero-superiore (**C**) Portal und das Korakoid (Kreis) ist dargestellt. Die unterbrochene Linie zeigt die Hautinzision für die „mini-open"-Technik

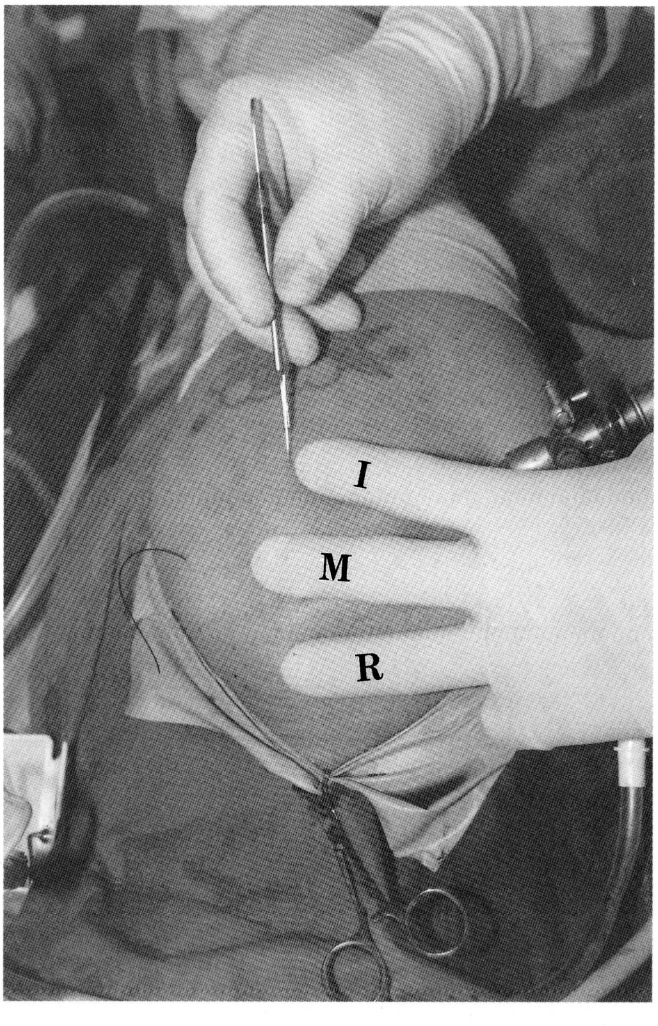

Abb. 5. Technik für die Platzierung des lateralen subakromialen Portals. Der Ringfinger (R) am AC-Gelenk, Mittelfinger (M) an der antero-lateralen Spitze des Akromiums und der Zeigefinger (I) am proximalen lateralen Arm wird so platziert, dass die Endphalangen in gleichem Abstand zueinander sind. Die Spitze des Zeigefingers markiert die Seite des lateralen subakromialen Portals

Ist das AC-Gelenk pathologisch verändert, kann dies jetzt behandelt werden. Dies schließt sowohl symptomatische AC-Gelenk-Arthrose, die nicht auf konservative Therapie anspricht, als auch inferiore Osteophyten, die zum Impingement beitragen, ein. Sobald das AC-Gelenk behandelt wurde, wird die Rotatorenmanschette bursaseitig begutachtet. Ist eine Ruptur vorhanden, wird das Ausmaß quantifiziert. Ist ein Markierungsfaden während der glenohumeralen Arthroskopie an einer verdächtigen Stelle gesetzt worden, kann dieser jetzt lokalisiert und die fragliche Stelle untersucht werden.

Wird eine Ruptur gefunden und treffen die vorher festgesetzten Kriterien für eine Rekonstruktion zu, wird mit einer „mini-open"-Rekonstruktion begonnen. Die Hautinzision wird von der antero-lateralen Spitze des Akromiums in Linie mit den Fasern des M. deltoideus 4–5 cm nach distal geführt. Das laterale arthroskopische Portal wird in die Inzision eingeschlossen (Abb. 4). Der Spalt im M. deltoideus am Portal wird nach distal und proximal entlang der Hautinzision ausgeweitet. Ein Haltefaden wird am distalen Ende des gespaltenen M. deltoideus angebracht, um ein weiteres distales Spalten und somit eine mögliche Verletzung des N. axillaris zu verhindern. Eine Ablösung des M. deltoideus vom Akromium ist nicht notwendig. Ob die subakromiale Dekompression ausreichend war, kann nun durch ein Palpieren der Unterfläche des Akromiums durch die Inzision untersucht werden. Eine glatte und gerade Unterseite des anterioren und lateralen Akromiums soll vorhanden sein. Stellen, die eine weitere Resektion benötigen, können einfach identifiziert und nochmals mit einer arthroskopischen Fräse überarbeitet werden. Dieses manuelle Überprüfen der Akromioplastik kann sogar ohne die Gegenwart einer Rotatorenmanschettenruptur überprüft werden, indem man das laterale subakromiale Portal einfach auf Fingerweite ausdehnt und mit dem kleinen Finger das Ergebnis überprüft (Abb. 6).

Ein selbsthaltender Retraktor mit glatten gebogenen Schaufeln (LinkAmerika, Denville, New Yersey) wird zum Weghalten des M. deltoideus benutzt. Die subakromiale Bursa wird entfernt. Die Exposition kann durch Innen- und Außenrotation des Humerus erleichtert werden. Die Rotatorenmanschette kann von der Bursa dadurch unterschieden werden, dass die Manschette gleichzeitig mit dem Humerus rotiert, während die Bursa statisch bleibt. Obwohl dieser Zugang minimal ist, ist er so gut wie immer direkt über der Rotatorenmanschettenruptur lokalisiert. Bessere Lokalisation der Ruptur wird erneut durch Rotieren des Humerus erleichtert (Abb. 7).

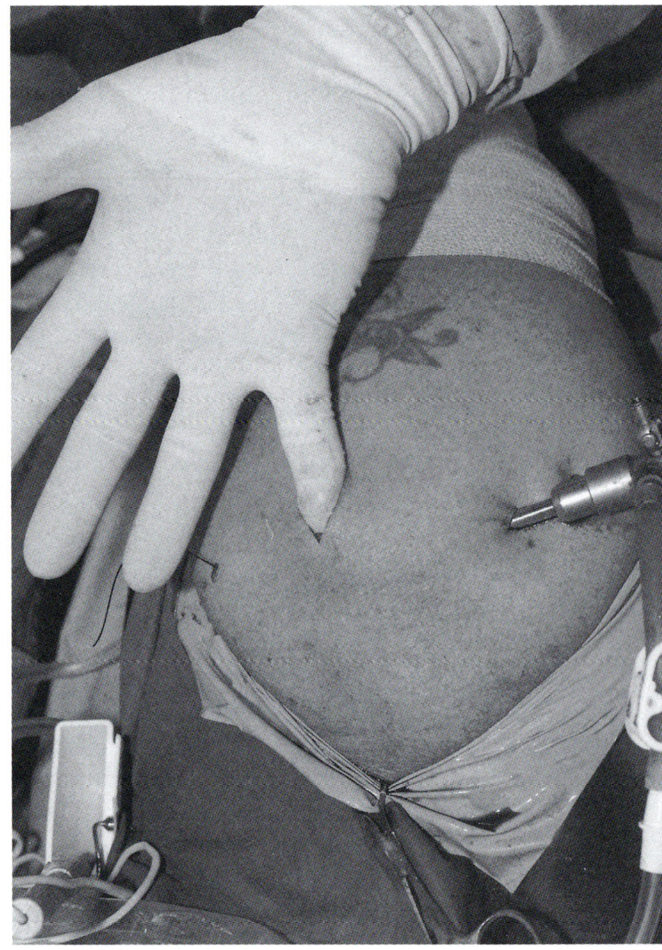

A

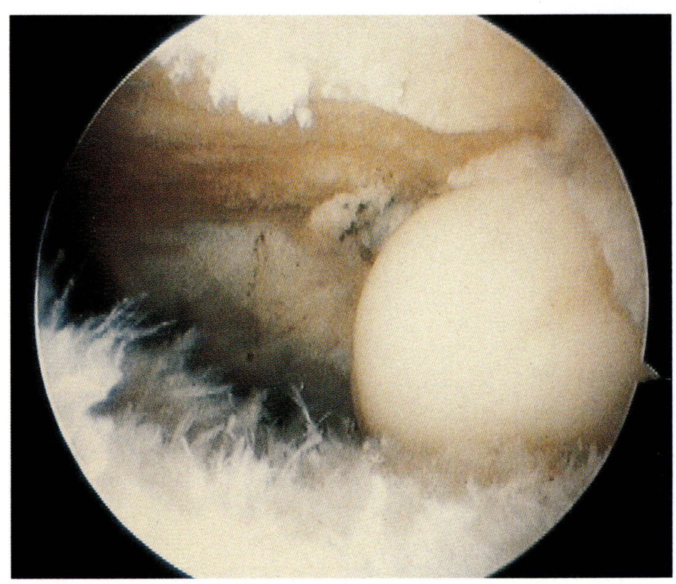

B

Abb. 6. Überprüfen der subakromialen Dekompression. (**A**) der Finger des Chirurgen palpiert durch das laterale Portal die Unterfläche des Akromiums. (**B**) Der Finger aus der Sicht des Arthroskopes überprüft die Dekompression

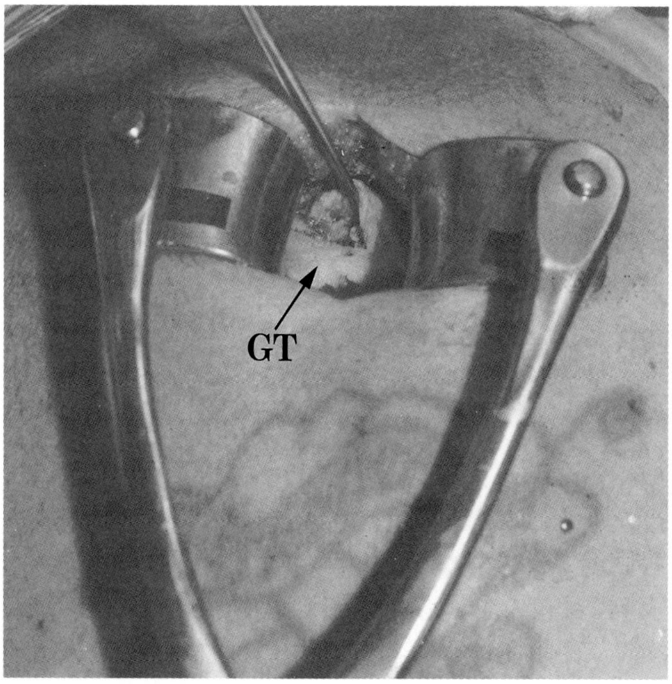

Abb. 7. Exposition der Rotatorenmanschette durch den „mini-open"-Zugang. Das Tasthäkchen demonstriert eine komplette Ruptur. Ein selbsthaltender Retraktor mit glatten gebogenen Schaufeln erleichtert Retraktion des M. deltoideus. (GT) Tuberculum majus des Humerus

Von diesem Zeitpunkt gleicht die Operation dem traditionell offenen Eingriff. Die Sehnenenden werden minimal debridiert, bis gesundes Gewebe angetroffen wird und Haltefäden werden in beide Zügel bei einer Längsruptur gesetzt (Abb. 8). Ausgedehnte Mobilisation der Manschette ist normalerweise nicht notwendig, wenn ein „mini-open"-Zugang geeignet ist, kann aber trotzdem auch durch diesen Zugang durchgeführt werden, sollte dies notwendig werden. An der Knochen-Knorpel-Grenze wird eine Rinne mit Hilfe eines Rongeurs gefräst und wenn vorhanden überschüssiger osteophytärer Knochen am Tuberculum majus, der sich oft beim chronischen Impingement formt, entfernt. Mit den Haltefäden und durch Rotation des Humerus durch einen Assistenten werden die Enden der Ruptur angenähert und mit nichtresorbierbaren geflochtenen Nr. 2 Fäden mit der „figure of eight"-Technik an das Tuberculum majus approximiert. Sobald der Apex verschlossen ist, wird das Ende der Manschette über die vorher angelegte Rinne positioniert, sodass ohne oder nur mit wenig Spannung rekonstruiert werden kann. Dies kann erreicht werden, indem man zwei Nr. 2 Fäden auf eine Trokarnadel zieht und durch die Rinne und den lateralen Kortex am proximalen Humerus hindurchzieht. Ist es schwierig den Trokar durch den Kortex zu bringen, kann mit einem Bohrer oder einer gebogenen Kürette vorgebohrt werden. Die freien Fadenenden an der Rinne werden durch horizontale Matratzennähte mit der Rotatorenmanschette verbunden (Abb. 9). Traktion wird gelöst, der Arm in 30–50 Grad Abduktion gebracht und die Nähte über dem lateralen Kortex des Humerus geknüpft. Diese beiden Nähte sind normalerweise ausreichend, das freie Ende der Manschette an den Knochen zu approximieren.

Sollte jedoch das Ausmaß der Ruptur 2 cm über die Tubercula hinausreichen, können zusätzliche Nähte in ähnlicher Weise platziert werden. Sollte die Ruptur größer als erwartet sein und kann nicht durch die „mini-open"-Technik rekonstruiert werden, kann dieser Zugang zum klassischen offenen konvertiert werden, indem die Inzision über das vordere Akromium hinaus verlängert und der vordere Anteil des M. deltoideus 2 cm vom Akromium abgelöst wird. Dies ist bei gründlicher präoperativer Planung und Diagnostik normalerweise nicht notwendig.

Der Spalt im M. deltoideus wird mit Einzelknopfnähten mit nicht resorbierbaren Fäden in „figure of eight"-Technik verschlossen. Es muss darauf geachtet werden, die Rotatorenmanschette nicht miteinzubeziehen. Das Unterhautfettgewebe wird mit resorbierbaren Fäden und die Haut mit Intrakutannähten verschlossen. Eine Drainage ist nicht notwendig.

Nachbehandlung

Ungefähr 90% unserer Patienten, die mit der „mini-open"-Technik operiert werden, gehen am Tag der Operation nach Hause. Die restlichen 10% werden für die Verabreichung von intramuskulären Opiaten aufgenommen. Den entlassenen Patienten wird ein oral einnehmbares Opiat verschrieben und der Patient lagert den Arm für ein bis zwei Tage postoperativ in einer Schlinge. Die Patienten werden ermutigt, mit dem Arm an der Seite des Körpers, die Extremität für Aktivitäten des täglichen Lebens zu benutzen. Mit Krankengymnastik wird in den ersten zwei Tagen nach dem Eingriff begonnen. Die Hauptbetonung der Physiotherapie liegt im passiv assistierten Vorwärtselevieren, Außen- und Innenrotieren. Unser Ziel in den ersten 6 Wochen postoperativ ist volle passive Beweglichkeit der betroffenen Schulter. Aktive Übungen werden frühestens 6 Wochen nach der Operation, aber nur dann, wenn volle passive Beweglichkeit erreicht ist, begonnen. Muskelkräftigungsübungen der Rotatorenmanschette bestehen aus Innen- und Außenrotation der adduzierten Schulter gegen zuneh-

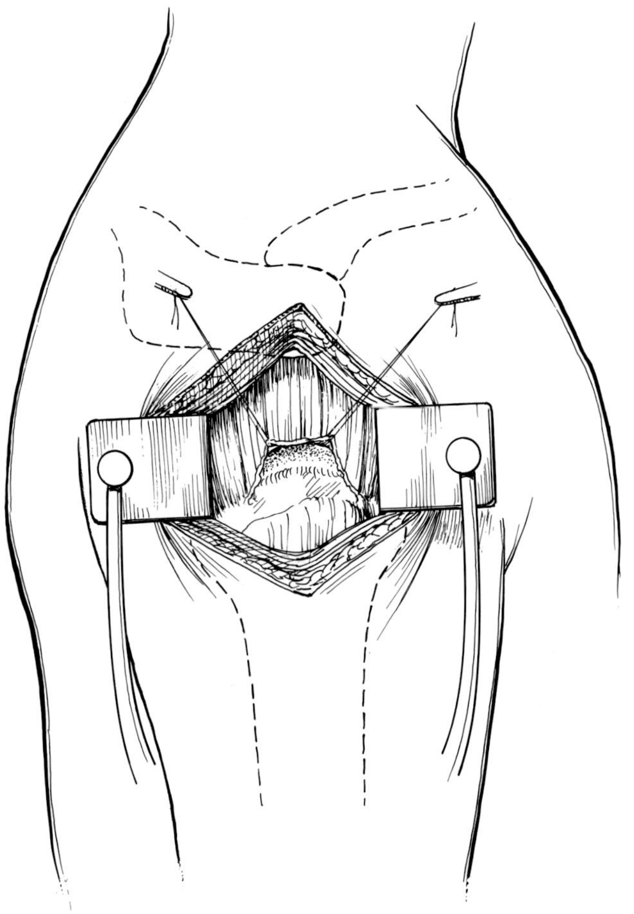

Abb. 8. Haltefäden werden in der rupturierten Rotatorenmanschette platziert. Eine Rinne wird entlang der Knochen-Knorpelgrenze geschaffen, um das freie Ende der Ruptur aufzunehmen

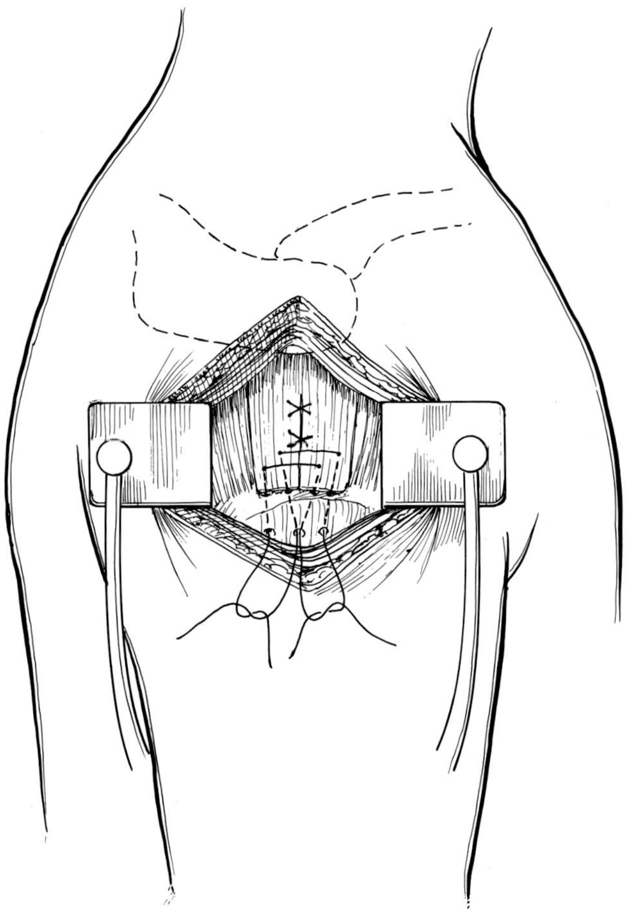

Abb. 9. Der Längsriss wird wo notwendig „Seit-zu-Seit" genäht. Überlappende horizontale transossäre Matratzennähte werden benutzt, um das Ende der Sehne in die Rinne zu ziehen und werden über dem lateralen Tuberculum majus geknüpft

menden Widerstand z. B. mit Hilfe von Gummibändern. Der M. supraspinatus wird während der Rekonvaleszenzphase nicht isoliert beübt. Diese Manöver können in Gegenwart einer schwachen Rotatorenmanschette an der Stelle der Rekonstruktion Impingement Symptomatik auslösen. Stretching wird während der gesamten Muskelaufbauphase fortgeführt und wenn die Beweglichkeit nachlässt, werden die Muskelkräftigungsübungen erst dann fortgesetzt, wenn volle Beweglichkeit wiederhergestellt ist. Beim Überkopfathleten wird nach 4–6 Monaten ein etwas intensiveres Programm initiiert. Die Rückkehr zu voller Wurfkraft wird nach 9 Monaten bis zu einem Jahr nach der Operation erreicht.

Literatur

Andrews JR, Broussard TS, Carson WG (1985) Arthroscopy of the shoulder in the management of partial tears of the rotator cuff: a preliminary report. Arthroscopy 1:117–122

Baker CL, Liu SH (1994) Arthroscopically assisted rotator cuff repair: correlation of functional results with integrity of the cuff. Arthroscopy 10:54–60

Baker CL, Liu SH (1995) Comparison of open and arthroscopically assisted rotator cuff repairs. Am J Sports Med 23:99–104

Caspari RB, Beach WR (1993) Arthroscopic management of rotator cuff disease. Orthopaedics 16:1007–1115

Craft V, Moseley JB (1995) Fixation strength of rotator cuff repairs with third-generation suture anchors versus the transosseous suture technique. Presented at the 62nd Annual Meeting of the American Academy of Orthopedic Surgeons. Orlando, Florida, 18 February

Esch JC, Ozerkis LR, Helgager JA et al (1988) Arthroscopic subacromial decompression: results according to degree of rotator cuff tear. Arthroscopy 4:241–249

Gartsman GM (1990) Arthroscopic acromioplasty for lesions of the rotator cuff. J Bone Joint Surg [Am] 72:169–180

Morrison DS, Ofstein R (1990) The use of magnetic resonance imaging in the diagnosis of rotator cuff tears. Orthopaedics 13:633–642

Morrison DS, Schaefer RK, Friedman RF (1995) The relationship between subacromial space pressure, blood pressure, and visual clarity during arthroscopic subacromial decompressin. Arthroscopy 11:557–560

St Pierre P, Olson EJ, Elliott JJ et al (1995) Tendon healing to cortical bone versus a cancellous throug: a biomechanical and histological evaluation in the goat. Presented at the 62nd Annual Meeting o the American Academy of Orthopaedic Surgeons. Orlando, Florida, 19 February

21 Roger J.H. Emery

Endoprothetik des proximalen Humerus

Die endoprothetische Versorgung des proximalen Humerus erfolgt häufig zusammen mit dem Ersatz der Gelenkpfanne als Teil einer totalen Schulterendoprothese. Eine Hemiendoprothese mit alleinigem Ersatz des proximalen Humerus ist primär bei destruktiven Läsionen des Humeruskopfes, z. B. bei Osteonekrose, indiziert. Auch bei degenerativen Veränderungen des Glenohumeralgelenks kann die Hemiendoprothese eine chirurgische Option darstellen (Neer 1974). Allerdings wurden Bedenken geäußert, durch dieses Verfahren ließe sich im Vergleich zur Totalendoprothese nur eine teilweise Schmerzbeseitigung erreichen (Boyd et al. 1991). Durch den Ersatz der Gelenkpfanne können verschleißbedingte Instabilitäten behandelt werden, biomechanisch günstig ist hier außerdem die Lateralisierung mit Wiederherstellung des anatomischen Rotationszentrums. Nachteile der Totalprothese, die zum zunehmenden Einsatz der Hemiendoprothese führen, sind die technisch schwierige Rekonstruktion der glenoidalen Gelenkfläche sowie die eingeschränkte Haltbarkeit der Komponenten, insbesondere bei defekter oder nicht funktionsfähiger Rotatorenmanschette (Franklin et al. 1988).

Ziel der Endoprothetik des proximalen Humerus ist die Nachbildung der anatomischen Verhältnisse und komplexen Geometrie des Humeruskopfes und damit die Wiederherstellung des Rotationszentrums sowie der Verschluss der Rotatorenmanschette ohne Verlust der Außenrotation. Die heutigen Prothesen bieten aufgrund ihrer modularen Bauweise und Flexibilität diese Möglichkeit (Roberts et al. 1991, Walch und Boileau 1992).

Operative Grundlagen

Für die hemiendoprothetische Versorgung wird ein vorderer Zugang gewählt, durch den der M. deltoideus geschont und das Schultergelenk durch Abklappen des M. subscapularis und seiner Sehne freigelegt wird. Die humerale Gelenkfläche wird ersetzt, in der Regel durch Implantation eines Metallprothesenkopfes mit Schaft. Die Spannung der Weichteilstabilisatoren lässt sich durch Wahl eines entsprechend dimensionierten Prothesenkopfes wiederherstellen. Die Stabilität der Komponenten wird durch Rekonstruktion des Retroversionswinkels und Weichteilverschluss erreicht. Die Prothese wird in der Regel mit Zement eingesetzt. Einige der im folgenden beschriebenen Verfahrensschritte beziehen sich speziell auf die Schulterprothese vom Typ Aequalis (Tournier SA, Saint-Ismier, France).

Operationstechnik

Der Patient wird in der „beach-chair"-Position auf einer Vakuummatratze gelagert. Alternativ kann der Schultergürtel durch einen unter den medialen Schulterblattrand gelegten kleinen Sandsack stabilisiert werden. Der Arm des Patienten sollte frei über dem Rand des OP-Tisches positionierbar sein. Zur postoperativen Anästhesierung wird ein Interskalenusblock benutzt. Der Eingriff erfolgt in der Regel in Allgemeinanästhesie. Die Haut wird desinfiziert, der Arm frei ausgelagert und in die Abdeckung miteinbezogen.

Die nun erfolgende Inzision verläuft lateral und distal der Achselfalte im sanften Bogen vom Korakoid zur Armmitte in Höhe des Ansatzes des M. deltoideus (Abb. 1). Durch das subkutane Fettgewebe hindurch

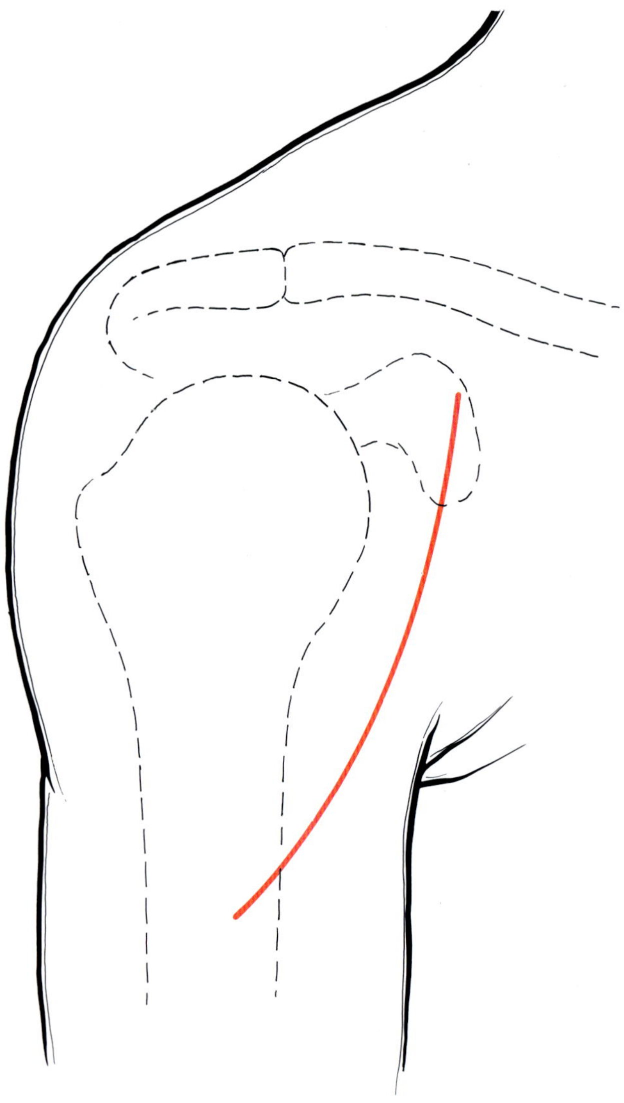

Abb. 1. Delto-pektoraler Zugang mit rot markiertem Inzisionsverlauf

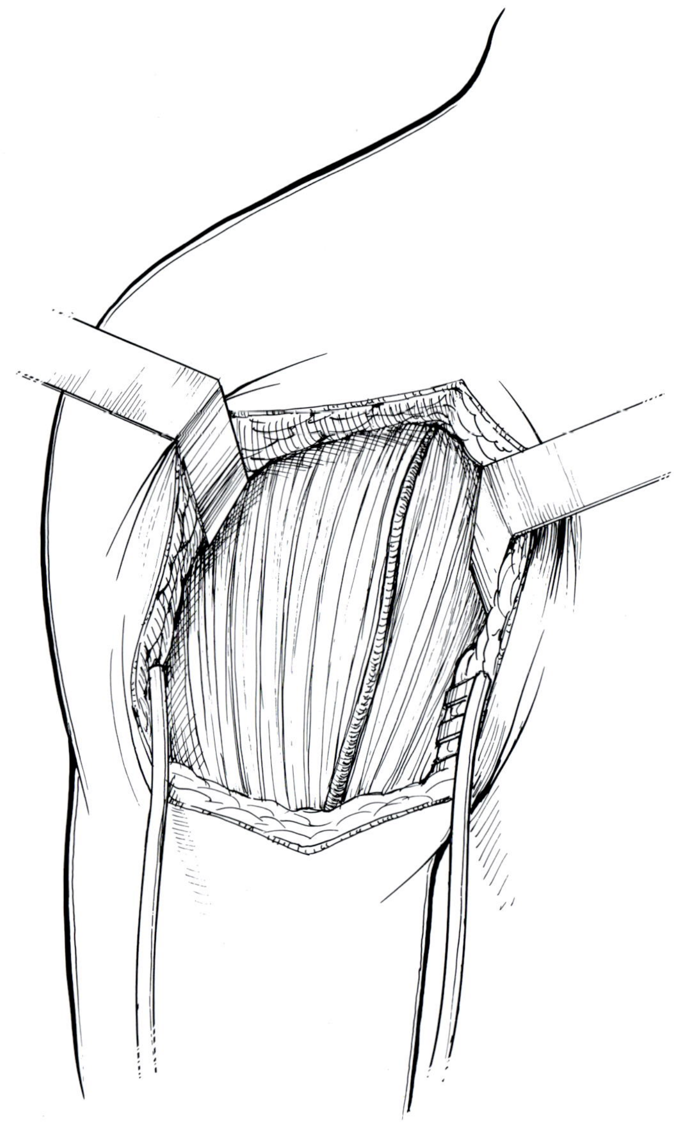

Abb. 2. Identifizierung des Intervalls zwischen M. deltoideus und M. pectoralis major durch die V. cephalica, die nach lateral weggehalten wird

wird die Fascia superficialis freigelegt und die Vena cephalica distal dargestellt (Abb. 2), was durch einen Fettgewebestreifen im Intervall zwischen M deltoideus und M. pectoralis major erleichtert wird. Dieser wird eröffnet, die V. cephalica und der M. deltoideus nach lateral weggehalten. Diese Ebene lässt sich weiterentwickeln, indem die Muskeln in Höhe des Processus coracoideus nach proximal gedrängt werden. Der Ansatz des M. pectoralis major wird nun am oberen Rand durchtrennt (Abb. 3) und die Bizepssehne mit einem stumpfen Haken dargestellt.

Nun wird die gemeinsame Sehneninsertion des M. biceps caput breve und des M. coracobrachialis identifiziert, wobei das Lig. coracoacromiale nach lateral und oben vom Processus coracoideus abgelöst wird. Der laterale Rand dieser Muskeln und ihrer Sehne lässt sich inferior darstellen. Das Lig. coracoacromiale wird nun vom Rotatorenintervall abgehoben und die unteren Fasern dicht an ihrem Ansatz am Korakoid durchtrennt. Durch Flexion der Schulter lässt sich der N. musculocutaneus in Höhe seiner Eintrittsstelle in den M. coracobrachialis palpieren. Das äußere Drittel der gemeinsamen Sehneninsertion wird etwa 0,5 cm distal des Processus coracoideus durchtrennt und die Sehne nach medial weggehalten (Abb. 4).

Nach Darstellung des oberen Sehnenrandes des M. subscapularis wird die Kapsel eröffnet, wobei Gelenkflüssigkeit austritt. Nun werden der untere Rand des M. subscapularis und die vorderen Gefäße der A. circumflexa anterior humeri identifiziert. 1,5 cm me-

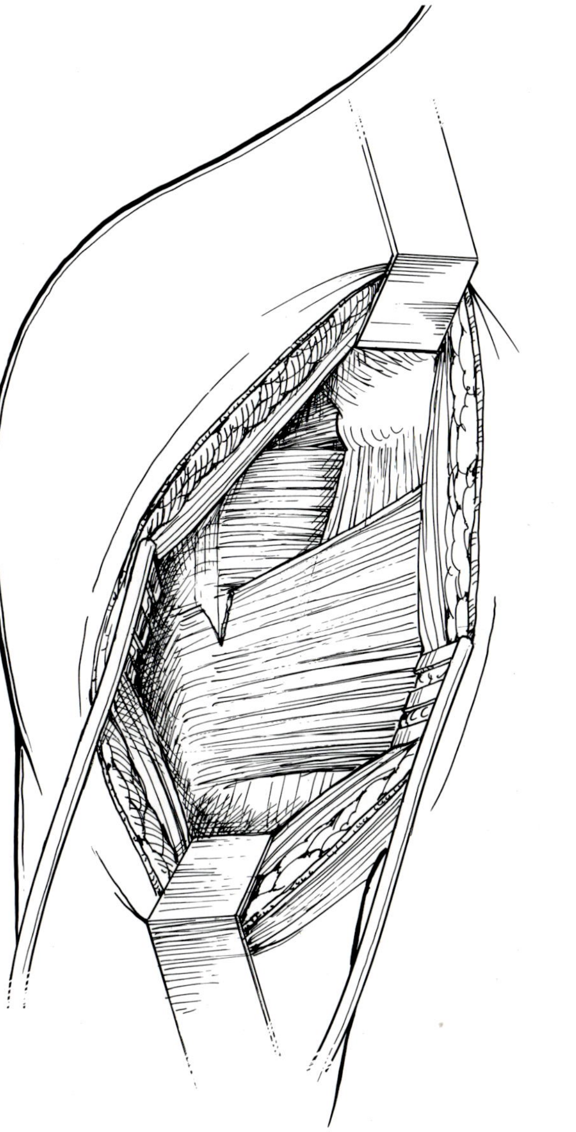

Abb. 3. Eröffnung des delto-pektoralen Intervalls, Freilegung der gemeinsamen Sehneninsertion des M. biceps caput breve und des M. coracobrachialis, Processus coracoideus und Lig. coracoacromiale. Durchtrennung des oberen Sehnenanteils des M. pectoralis major

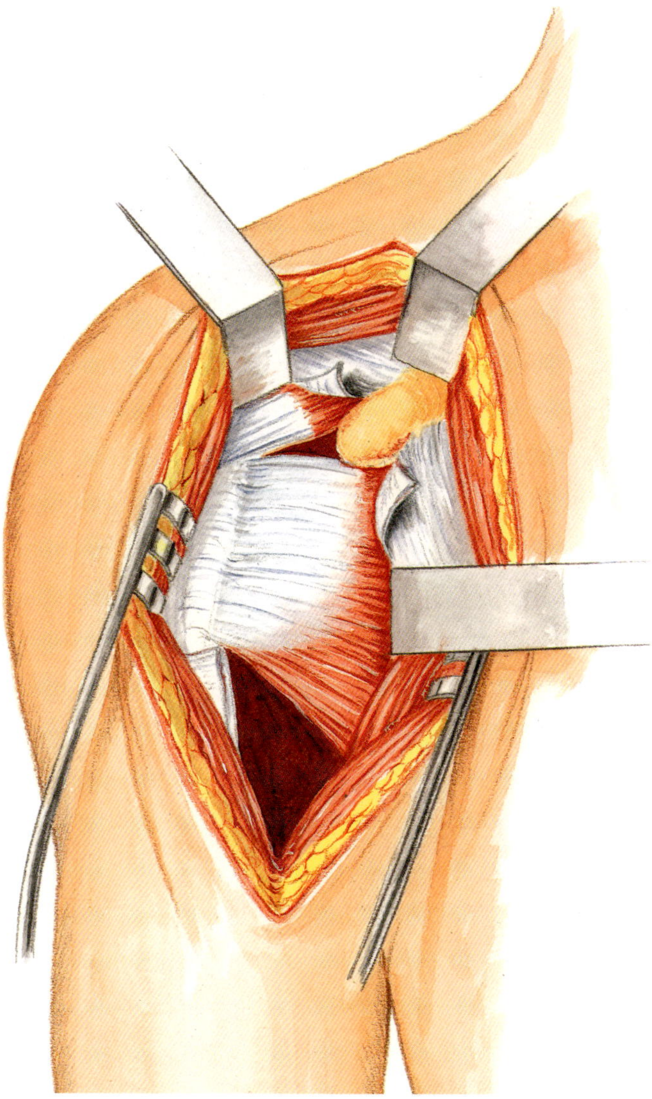

Abb. 4. Durchtrennung der unteren Fasern des Lig. coracoacromiale und des äußeren Drittels der gemeinsamen Sehneninsertion

dial des Sulcus bicipitalis werden drei Nähte durch den Sehnenmuskelansatz des M. subscapularis gelegt und die Sehne lateral dieser Nähte mit dem Elektrokauter vom oberen Rand bis 1 cm oberhalb des unteren Randes durchtrennt (Abb. 5A). Nun wird mit dem Skalpell nach medial in Richtung der Muskelfasern inzidiert und ein Lappen gebildet. Durch scharfe Präparation wird der Muskel soweit von der Kapsel gelöst, bis er sich vollständig unter die gemeinsame Sehneninsertion zurückzieht. Zum Schutz des N. axillaris wird der Arm in maximale Außenrotation gebracht und anschließend die Gelenkkapsel inzidiert, wodurch der Humerus noch weiter nach außen rotiert. In den meisten Fällen lässt sich das Schultergelenk nun luxieren. Liegt eine Innenrotationskontraktur vor, kann entweder eine Z-Verlängerung der Sehne des M. subscapularis oder die Miteinbeziehung der Kapsel erforderlich sein (Abb. 5B).

Der Humeruskopf lässt sich nun durch Außenrotation und Extension des Arms freilegen. Alle Osteophyten im Kopfbereich werden zunächst mit dem Osteotom, später mit einem feinen Rongeur entfernt, sodass der Gelenkrand deutlich erkennbar ist (Abb. 6). In vielen Fällen muss die durchtrennte Sehne des M. subscapularis mit einem Haken weggehalten werden, damit alle anterior liegenden Osteophyten entfernt werden können. Das „collum anatomicum“ wird mit einem Osteotom markiert und der Humeruskopf mit einer elektrischen Säge so reseziert, dass eine plane Oberfläche entsteht (Abb. 7). Diese Fläche bestimmt

Abb. 5. (**A**) Der M. subscapularis wird mit dem Elektrokauter vom oberen Rand bis 1 cm oberhalb des unteren Randes durchtrennt. Mit dem Skalpell wird dann in Richtung der Muskelfasern nach medial inzidiert und ein Lappen gebildet. (**B**) Der M. subscapularis wird nach medial abgehalten und die Kapsel lateral entlang der gestrichelten Linie inzidiert. Bei Vorliegen einer Innenrotationskontraktur kann eine Verlängerung des M. subscapularis durch Z-Plastik erforderlich sein. Alternativ kann die Kapsel medial entlang der gepunkteten Linie inzidiert und mittels „End-zu-End"- Verschluss mit dem M. subscapularis vernäht werden

A

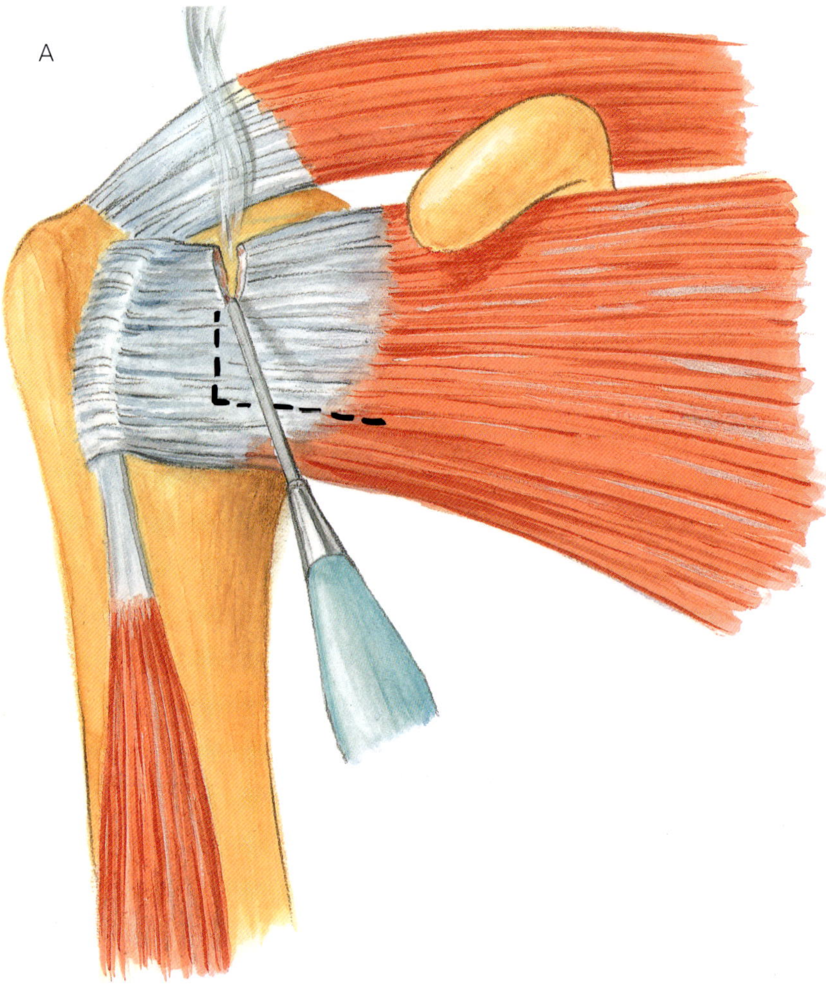

B

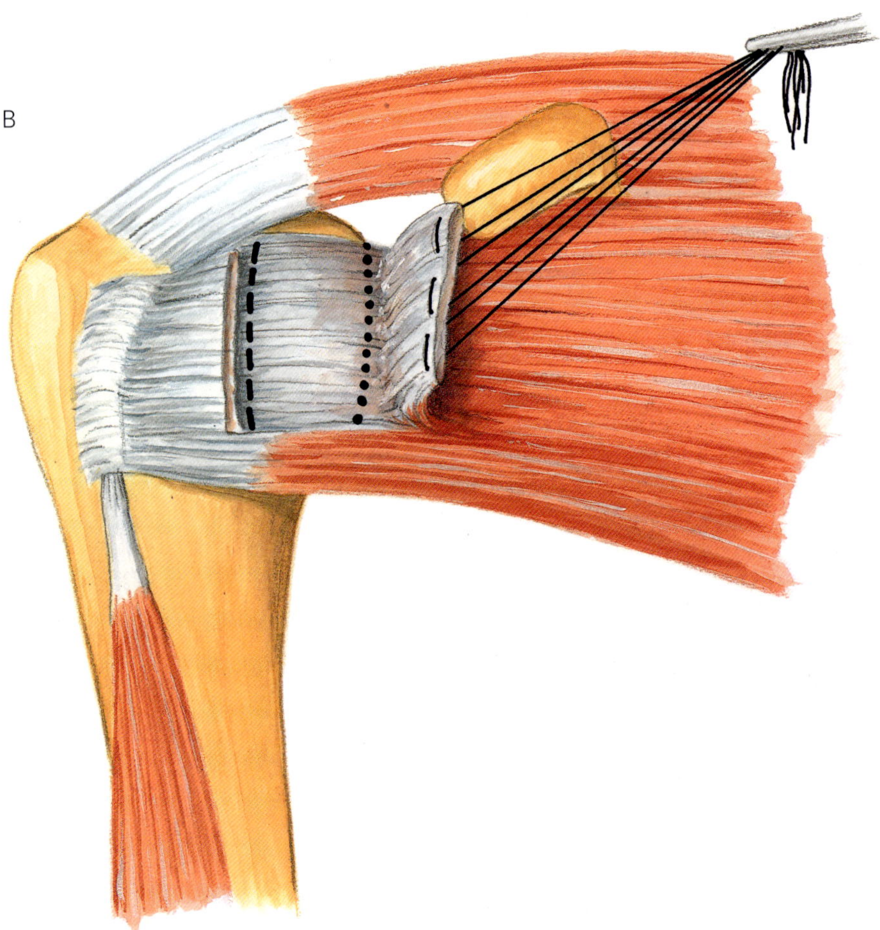

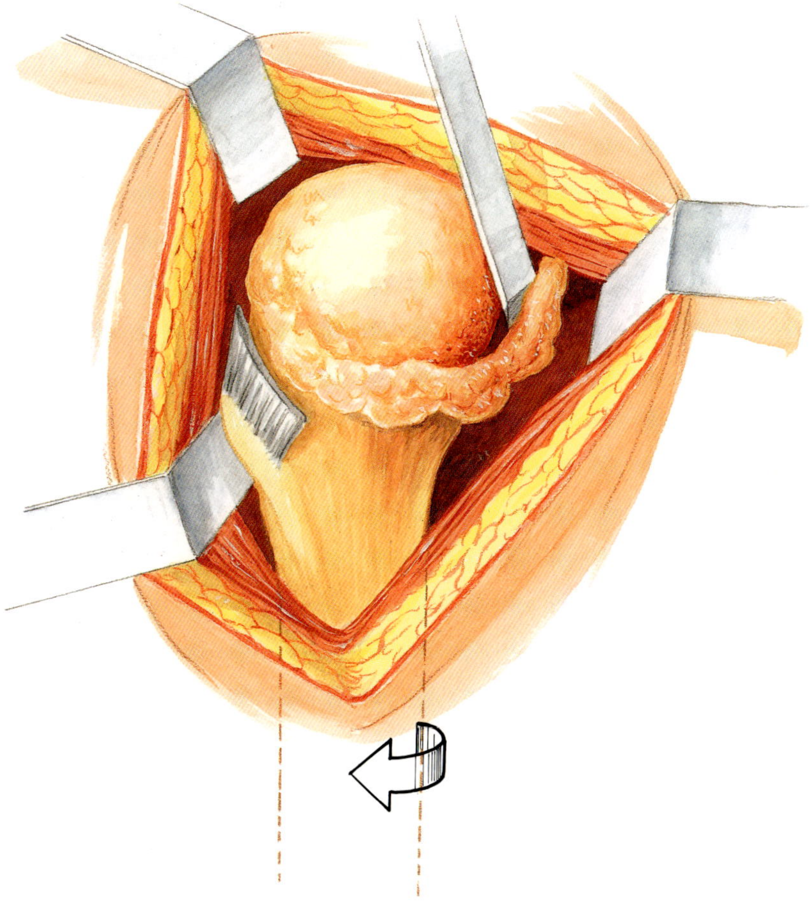

Abb. 6. Entfernung der Osteophyten im Bereich des Humeruskopfes zur Identifizierung des tatsächlichen Gelenkflächenrandes

Abb. 7. (**A**) Nach Identifizierung des „collum anatomicum" wird der Humeruskopf reseziert. (**B**) Die Resektionsfläche bestimmt den Retroversions- und Inklinationswinkel

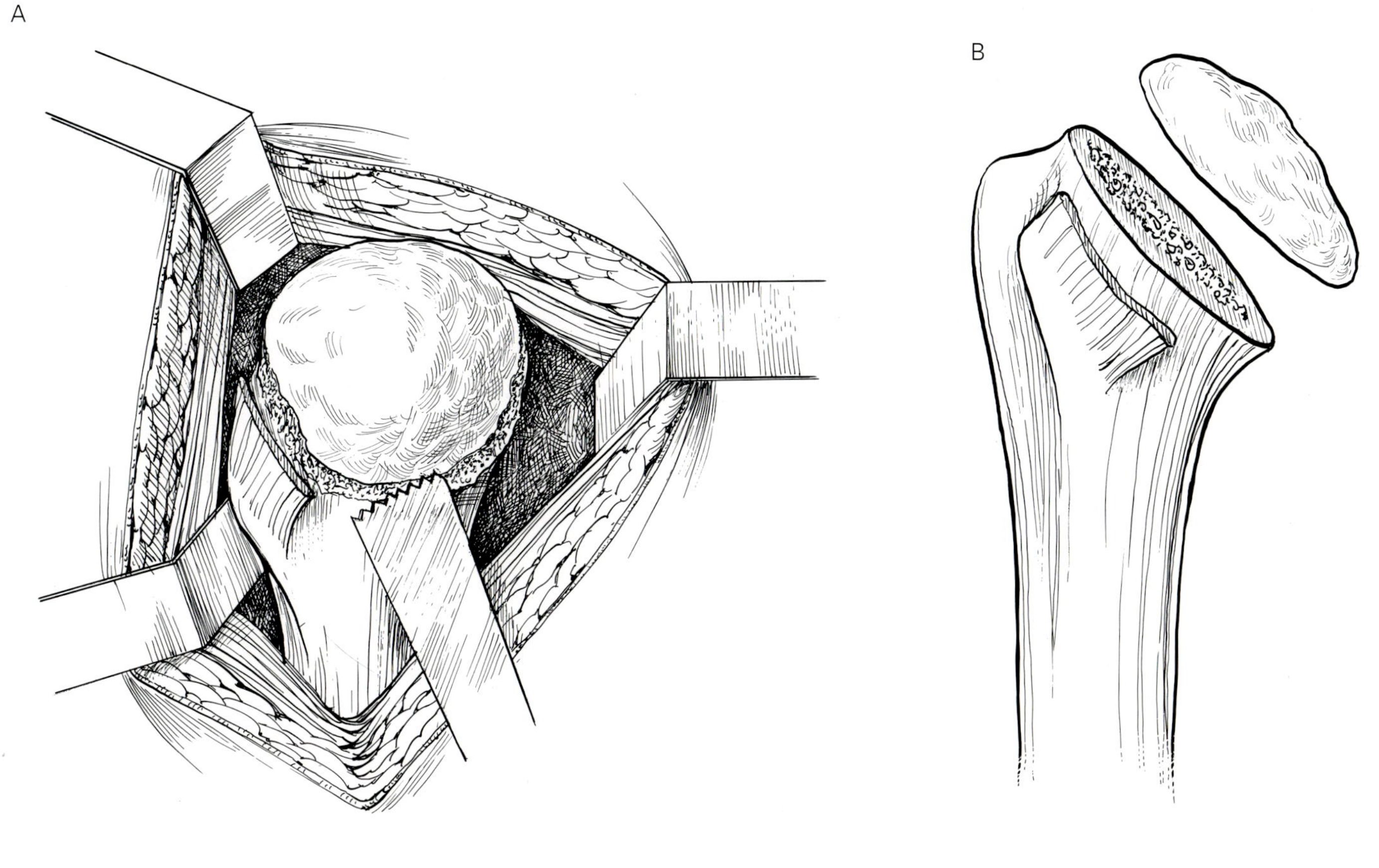

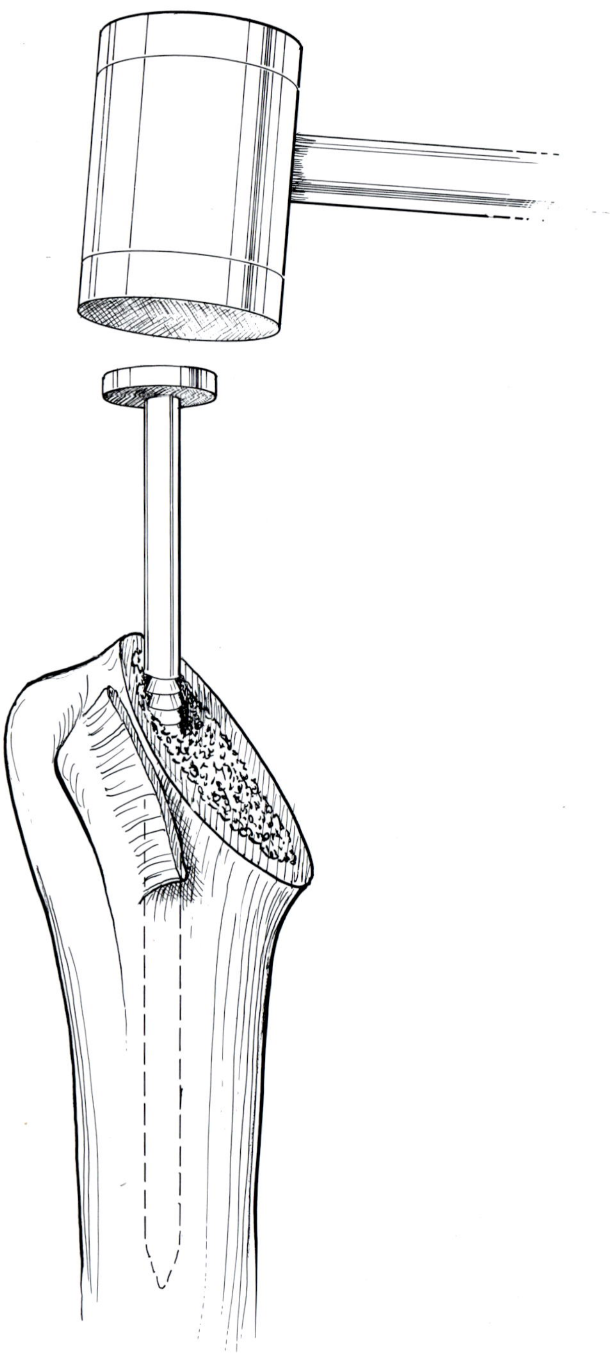

Abb. 8. Zur Festlegung der intramedullären Achse wird eine gerade Fräse 1 cm medial der Kortikalis des lateralen Humerus und des Sulcus bicipitalis eingeführt und die Öffnung durch Raspeln zunehmender Größe erweitert

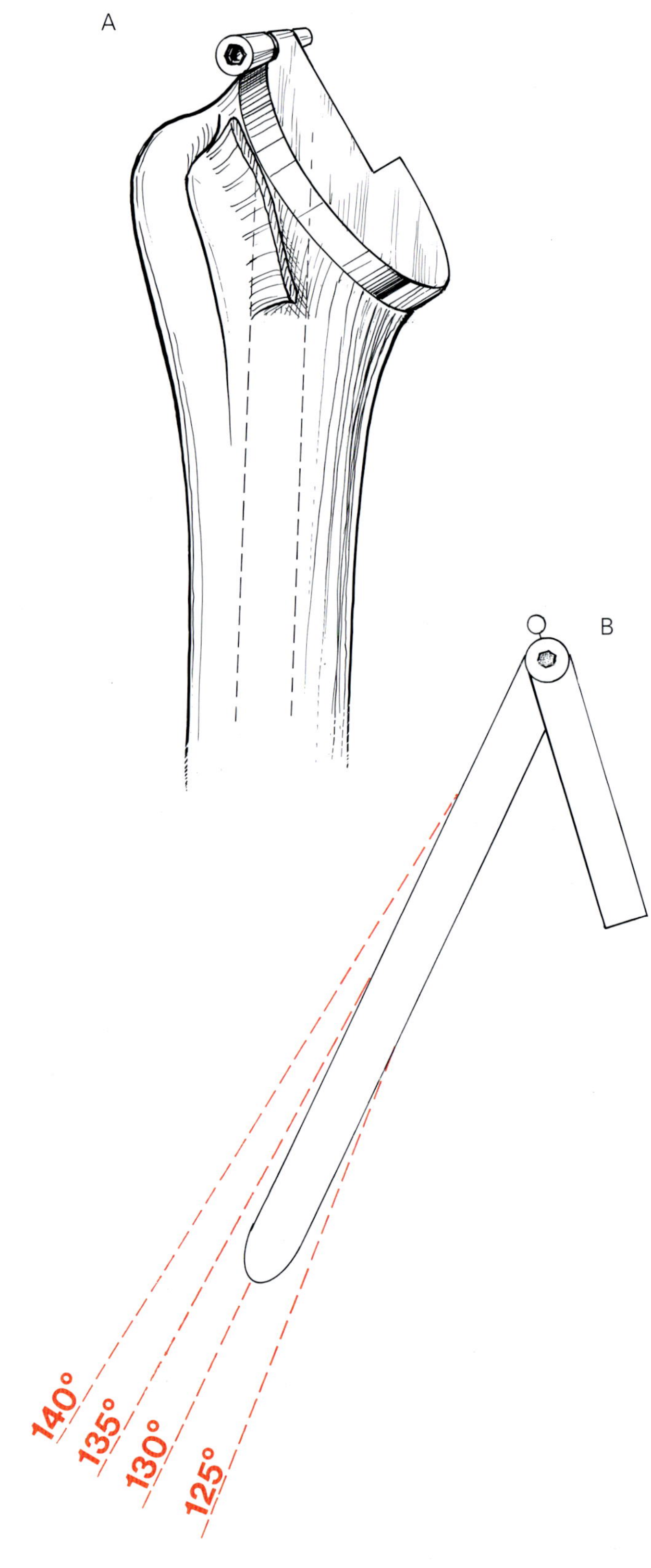

Abb. 9. (**A**) Zur Bestimmung des Inklinationswinkels wird der Halswinkelmesser eingeführt und auf der humeralen Resektionsfläche positioniert. Die Schaftdimensionen dieser Vorrichtung entsprechen jenen der zuletzt verwendeten Raspel. (**B**) Der Inklinationswinkel wird mit Hilfe einer Führung vom Halswinkelmesser abgelesen

die späteren Retroversions- und Inklinationswinkel. Der Außendurchmesser des resezierten Fragments wird mit einer Schieblehre oder auf einem speziellen Einschub bestimmt. Er gibt die erforderliche Prothesendicke vor.

1 cm medial der Kortikalis des lateralen Humerus und des Sulcus bicipitalis wird nun eine gerade Ras-

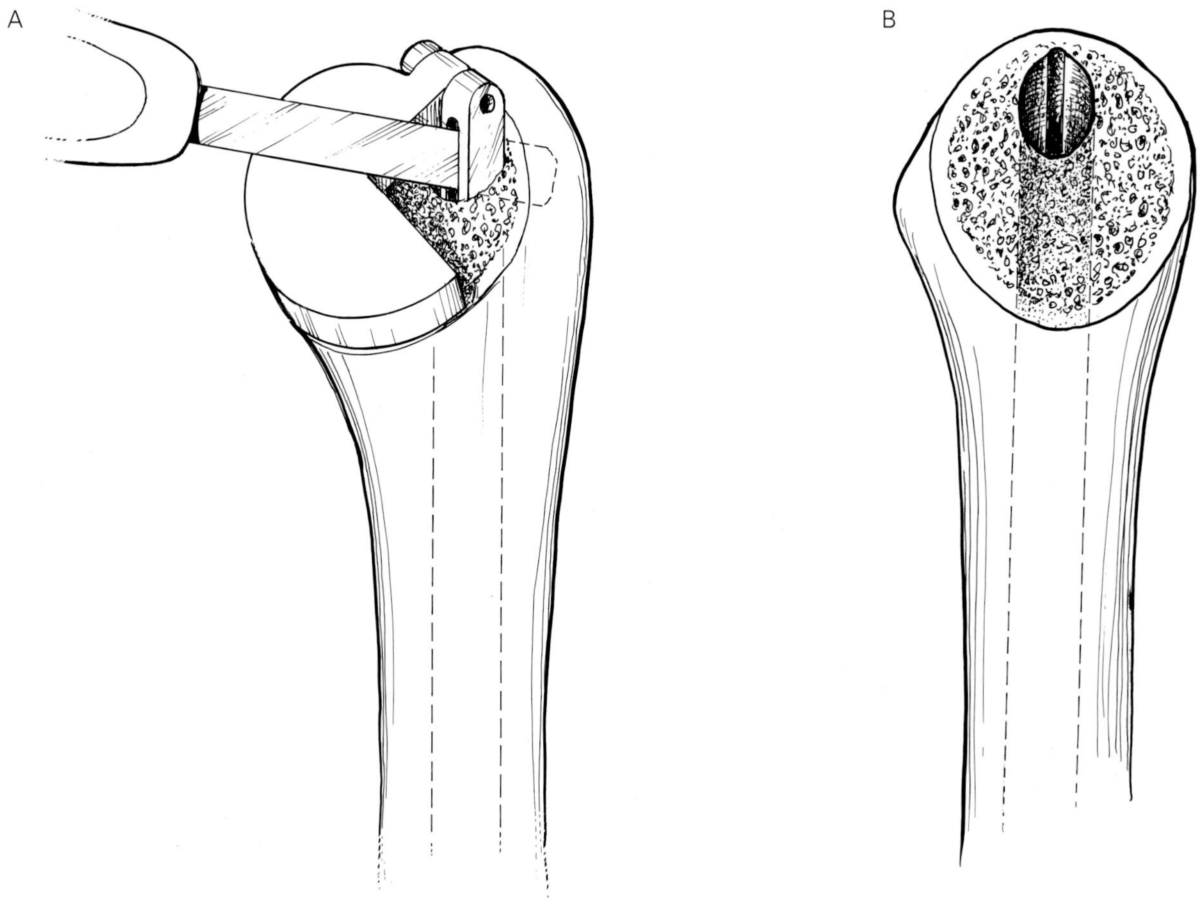

Abb. 10. (**A**) Der Retroversionswinkel der Prothese wird festgelegt, indem durch den Schlitz in der Bohrlehre hindurch eine längliche Vertiefung im Knochen angelegt wird. (**B**) Diese Vertiefung dient der jeweiligen Positionierung der an Pfriem, Probeprothese und endgültiger Prothese vorhandenen Finne. Auf diese Weise kann der Retroversionswinkel stabil gehalten werden

pel eingeführt und zwar in Richtung der intramedullären Achse bis zur Länge des vorgesehenen Prothesenschaftes (Abb. 8). Der Durchmesser der so entstandenen Öffnung wird mit Raspeln zunehmender Dicke erweitert, dann wird eine spezielle Bohrlehre, der Halswinkelmesser zur Bestimmung des Inklinations- und Retroversionswinkels, in den Markkanal eingeführt. Der Winkel wird durch Feststellen der Schraube fixiert (Abb. 9 A) und kann anschließend auf einem speziellen Winkelmesser bestimmt werden (Abb. 9 B). In der Regel liegt er zwischen 125 und 140 Grad. Mit dem Osteotom wird nun durch einen Schlitz in der Bohrlehre eine längliche Vertiefung für die Finne geschaffen und der Retroversionswinkel somit festgelegt (Abb. 10).

Der Markkanal wird mit einem Pfriem präpariert und eine Probeprothese mit entsprechendem Schaftdurchmesser und Halswinkel gewählt. Der Probeprothesenschaft wird in den Markkanal eingeführt, Inklinations- und Retroversionswinkel werden überprüft. Die Dicke des Probeprothesenkopfes richtet sich nach dem Außendurchmesser des resezierten Humeruskopffragments. Der Probeprothesenkopf wird durch Drehen so positioniert, dass er die humerale Resektionsfläche optimal bedeckt (Abb. 11 A). Probeweise wird das Gelenk eingerenkt, um Stabilität und Bewegungsspielraum zu überprüfen. Eine Translation des Humeruskopfes nach posterior um die Hälfte seines Durchmessers in Relation zur Pfanne entspricht normalen glenohumeralen Gelenkverhältnissen. Die

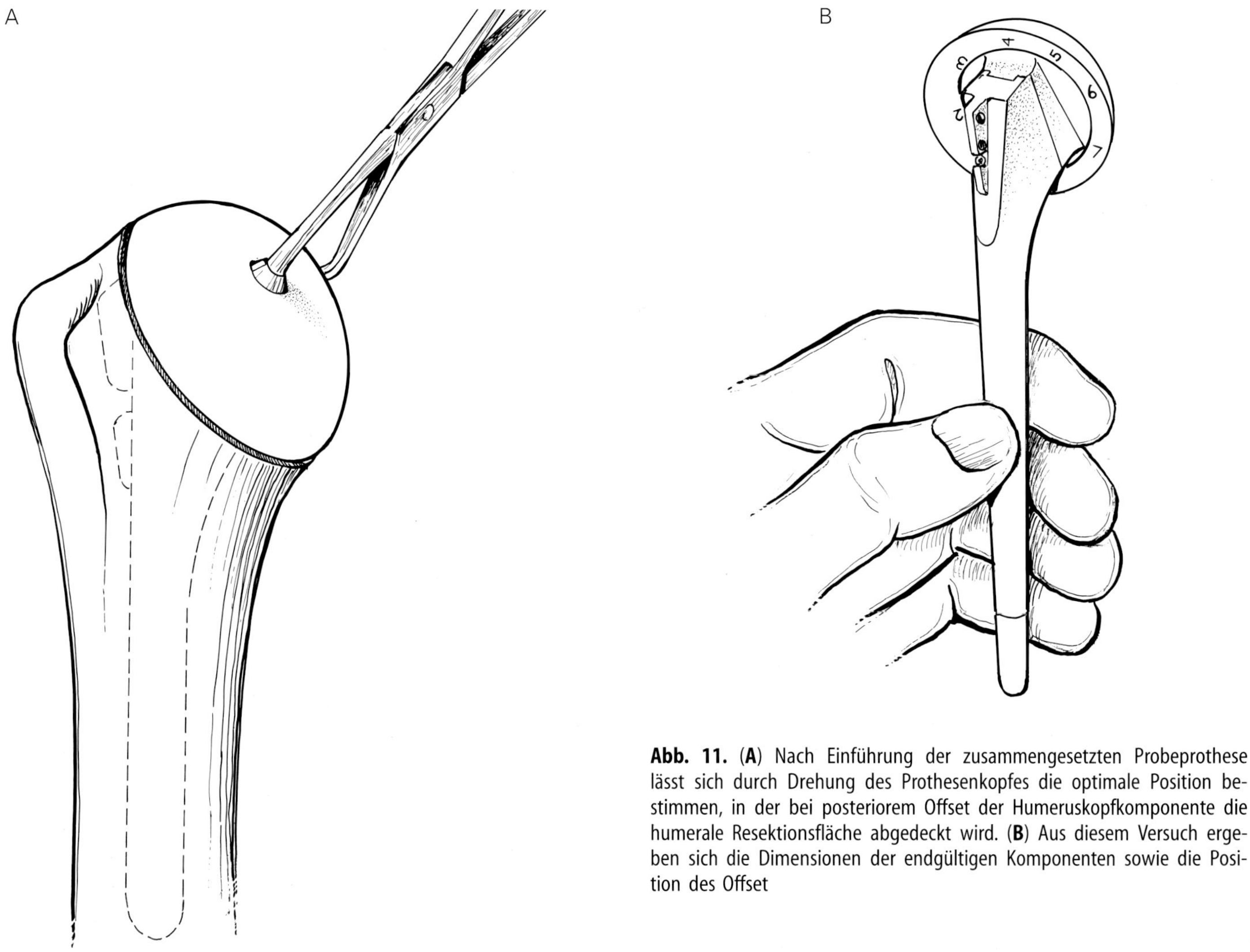

Abb. 11. (**A**) Nach Einführung der zusammengesetzten Probeprothese lässt sich durch Drehung des Prothesenkopfes die optimale Position bestimmen, in der bei posteriorem Offset der Humeruskopfkomponente die humerale Resektionsfläche abgedeckt wird. (**B**) Aus diesem Versuch ergeben sich die Dimensionen der endgültigen Komponenten sowie die Position des Offset

Probeprothesenkomponenten werden entfernt und die Position des Humeruskopf-Offset festgehalten (Abb. 11 B).

Im Anschluss wird die endgültige Prothese zusammengesetzt. Zur Vorbereitung des proximalen Humerus für die Zementaufnahme wird zunächst mit physiologischer Kochsalzlösung gespült. Ein Zement-Stopper wird so weit nach distal eingebracht, dass ein gleichmäßiger Zementmantel um die Prothesenspitze herumgelegt werden kann. Nun wird der Markkanal mit Hämostatika oder einem mit Wasserstoffperoxyd getränkten Tupfer sorgfältig trockengelegt, der Zement mittels Spritze oder Pistole eingebracht und die Prothese eingesetzt. Überschüssiger Zement wird entfernt (Abb. 12) und die Prothese bis zum Aushärten des Zements angedrückt. Anschließend wird das Gelenk eingerenkt und die normalen anatomischen Verhältnisse wiederhergestellt, wobei die Nähte mit einer Mayo-Nadel durch den abgetrennten lateralen Sehnenanteil des M. subscapularis gelegt und in maximaler Außenrotation verknüpft werden. Das Rotatorenintervall wird lose verschlossen. Ein zu fest sitzender Verschluss kann zur Bewegungseinschränkung führen.

Oberhalb der verschlossenen Rotatorenmanschette wird eine Saugdrainage eingelegt. M. deltoideus und M. pectoralis major werden mit resorbierbaren Nähten leicht adaptiert, ebenso die oberflächlichen Gewebeschichten. Die Haut wird mittels nichtresorbierbarer Subkutannaht mit Steristrips verschlossen. Abschließend wird die Wunde mit einem leichten saugfähigen Verband bedeckt und der Arm in eine breite Schlinge gelegt.

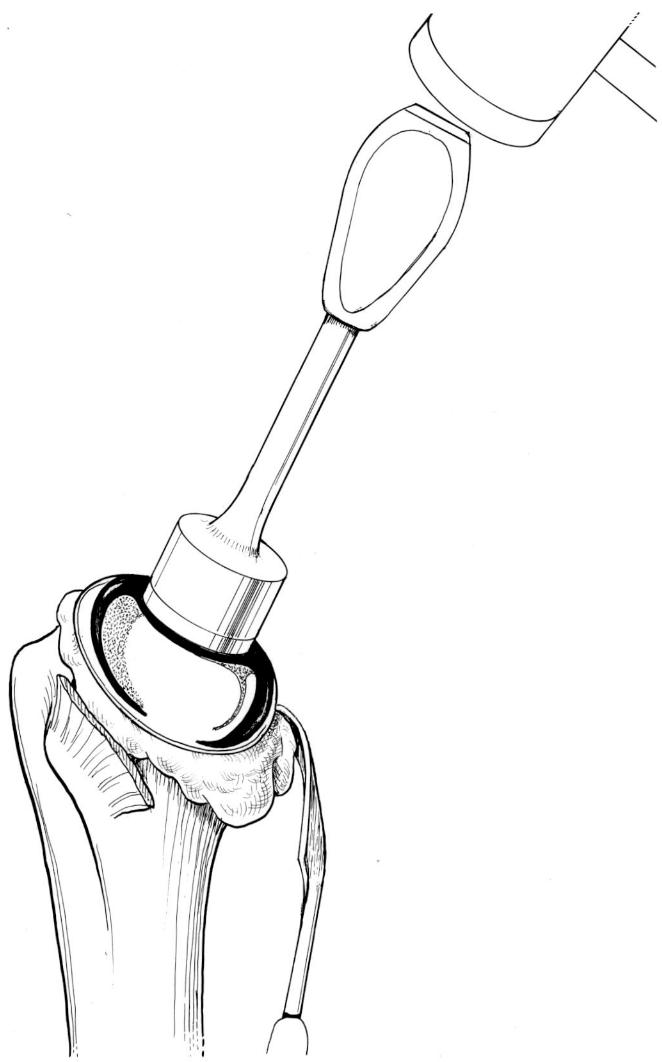

Abb. 12. Einsetzen der endgültigen Prothese und Entfernung von überschüssigem Zement

Nachbehandlung

Die Nachbehandlung zielt auf Schmerzbeseitigung und Wiederherstellung der Schultergelenksbeweglichkeit und -belastbarkeit. Postoperative Schmerzen lassen sich durch einen Interskalenusblock reduzieren. Besonders effektiv ist eine durch den Patienten selbst steuerbare Analgetika-Infusion mit Opiaten oder neuerdings einem Lokalanästhetikum über eine Interskalenuskanüle.

Am ersten postoperativen Tag bewegt der Operateur den Arm des Patienten passiv so durch, wie es auch intraoperativ möglich war. Auf diese Weise gewinnt der Patient Vertrauen und kann ein Ziel für die individuellen Funktionsanforderungen festlegen. Danach wird mit aktiv-assistierten oder passiven Bewegungen mit einem Überkopf-Rollenzug oder Stock begonnen. Wann mit tatsächlich aktiven Bewegungsübungen begonnen werden kann, sollte vom Operateur festgelegt werden und hängt von der Stabilität des Weichteilverschlusses ab. In der Regel ist dies innerhalb der ersten vier Wochen, anfangs unter Ausschluss der Schwerkraft und der Hebelarmwirkung. Nach acht Wochen reicht die Stabilität der Weichteilrekonstruktion für Kraftübungen gegen Widerstand aus. Wir empfehlen ein Trainingsprogramm mit unterschiedlich starken Therabändern, das bis zum Erreichen der individuellen Funktionsanforderungen gesteigert wird.

Literatur

Boyd AD, Thornhill TS, Thomas WH, Scott RD, Sledge CB (1991) Total shoulder replacement vs. hemiarthroplasty; indications for glenoid resurfacing. J Arthroplasty 6:31–37

Franklin JL, Barrett WP, Jackins SE, Matsen FA III (1988) Glenoid loosening in total shoulder arthroplasty. J. Arthroplasty 3:39–46

Neer CS (1974) Replacement arthroplasty for glenohumeral osteoarthritis. J Bone Joint Surg Am 56:1–13

Roberts SNJ, Foley APJ, Swallow HM, Wallace WA, Choughlan DP (1991) The geometry of humeral head and design of prosthesis. J Bone Joint Surg Br 73:647–650

Walch G, Boileau P (1992) Morphological study of the humeral proximal epiphysis. J Bone Joint Surg Br 74:14

22 John M. Itamura, Wayne Z. Burkhead, Jr.

Endoprothetik des Glenoids

Die erste Schulterendoprothese wurde 1893 von Pean bei einem Patienten mit Tuberkulose der Schulter implantiert (Neer 1990). Trotz zunächst vielversprechender Ergebnisse war die Platin- und Gummiprothese bei chronischer Sepsis jedoch ein Misserfolg. Die moderne humerale Hemiendoprothese wurde von Neer (1990) weiter optimiert. Seine Grundsätze der Schulterendoprothetik wie Wiederherstellung der knöchernen Anatomie, Vermeiden eines mechanischen Impingement, Lösen von Weichteilkontrakturen, Weichteilrekonstruktion sowie Rehabilitation unter ärztlicher Anleitung gelten auch heute noch. Orthopädische Chirurgen stehen immer häufiger vor dem Problem der Arthrose des Glenohumeralgelenks, und die Zahl der eingesetzten Schulterprothesen steigt von Jahr zu Jahr. In den USA wurden vor kurzem innerhalb eines Jahres 21 900 dieser Operationen durchgeführt. Postoperative Komplikationen lassen sich durch sorgfältige Indikationsstellung und präoperative Diagnostik, individuelle Patientenversorgung sowie die exakte, realistische Einschätzung der chirurgischen Fähigkeiten minimieren (Wirth und Rockwood 1994).

Für die Behandlung des Glenoids bieten sich verschiedene Möglichkeiten: Belassen, Implantation einer Glenoidprothese aus Polyäthylen oder biologischer Gelenkflächenersatz durch Kapselgewebe bzw. autogene Fascia lata (Burkhead und Hutton 1994). Unter Umständen kann auch eine Glenoidektomie in Frage kommen (Wainwrigth 1974, Gariepy 1977). In einer Reihe von Studien wurden nach total- oder hemiendoprothetischer Versorgung degenerativer und entzündlicher Gelenkerkrankungen bei 80–90% der Patienten gute Ergebnisse beschrieben. Neer und Morrison (1988) stellten fest, dass die Totalendoprothese der Schulter heute das technisch schwierigste Gelenkersatzverfahren darstellt, und zwar aufgrund der problematischen Weichteilspannung und -fixation bei minimalem knöchernem Halt. Auch zur Glenoidfixation steht nur wenig Knochen zur Verfügung, eine Situation, die sich durch Knochenerosion noch weiter verschlechtert (Mullaji et al. 1994).

Nach unserer Erkenntnis stellt die totale Schulterendoprothese bei älteren männlichen Patienten mit Omarthrose und asymmetrischem Glenoidverbrauch ein effektives Verfahren dar, während die Hemiendoprothese mit ausschließlicher Versorgung des proximalen Humerus bei weiblichen Patienten mit symmetrischem Verschleiß sowie bei Patienten mit rheumatoider Arthritis oder Arthropathie im Zuge einer Rotatorenmanschettenruptur zu guten Ergebnissen führt. Die Totalprothese ist jedoch keine optimale Lösung bei Patienten, die weiterhin sportlich aktiv sein wollen oder deren Beruf schweres Heben erfordert. Potentielle Nachteile der Verwendung zementierter Glenoidkomponenten sind die theoretisch höheren Verschleiß- und Lockerungsraten. Die Hemiendoprothese stellt ebenfalls keine geeignete Lösung bei jungen männlichen Patienten mit posttraumatischer Arthritis mit exzentrischer Glenoiderosion dar (Hsu et al. 1993, Ianotti et al. 1992). Nach unserer Erfahrung hat sich der biologische Glenoidflächenersatz in Verbindung mit einer hemiendoprothetischen Versorgung als eine ausgezeichnete Option zur Behandlung dieser schwierigen Fälle erwiesen.

Bei Arthropathie im Zuge einer Rotatorenmanschettenruptur mit deutlich erkennbarer superiorer Glenoiderosion stellt die Hemiendoprothese möglicherweise die beste Lösung dar, eine Glenoidektomie ist hier jedoch ebenfalls denkbar. Die Glenoidektomie zur Behandlung rheumatischer Patienten wurde durch Wainwright (1974) und Gariepy (1977) beschrieben. Die Glenoidektomie in Verbindung mit der Implantation einer kleineren Humeruskopfkomponente führt zur Medialisierung der Gelenklinie und des aktuellen Rotationszentrums des Glenohumeralgelenks. Dadurch lässt sich möglicherweise auch ein besserer Verschluss der Rotatorenmanschette erreichen.

Operative Grundlagen

Vor dem Eingriff sollte eine sorgfältige Evaluation potentieller Schmerzquellen erfolgen, um postoperative arthritische Akromioklavikulargelenkbeschwerden oder eine chronische Tendopathie der Bizepssehne auszuschließen. Zur Minimierung der postoperativen Instabilität wird der Schweregrad sowie die Lokalisierung des Glenoidverschleißes exakt erfasst, z.B. durch eine qualitativ hochwertige laterale Axillaris-Röntgentomographie oder durch Computertomographie. Der Glenoidverbrauch weist je nach Arthritistyp spezifische Muster auf, so liegt er z.B. bei rheumatoider Arthritis in der Regel im oberen und mittleren, bei Osteoarthrose im posterioren Glenoidbereich.

Eine Verletzung des M. deltoideus ist sorgsam zu vermeiden, was durch Nutzung des gesamten delto-pektoralen Zugangs, leicht abduzierte Armposition, teilweise Durchtrennung des Lig. falciforme und die Verwendung feuchter Kompressen zum Schutz des Muskulatur vor Verletzung durch Haken erreicht werden kann. Die Blätter der Haken werden nach Möglichkeit parallel zu den Muskelfasern gehalten. Bei extrem engen Schulterverhältnissen bevorzugen wir ein proximales Abklappen des M. deltoideus. Die kontrollierte Durchtrennung und spätere Readaptation des Muskels ist eher in Kauf zu nehmen als sein Zerreißen im mittleren Anteil. Für die Refixation an der distalen Klavikula verwenden wir Nahtanker von Mitek™ (Mitek, Norwood, Massachusetts). Falls es doch zur Verletzung kommt, legen wir eine fortlaufende nichtresorbierbare Naht parallel zur Verletzung und dann eine fortlaufende resorbierbare Naht hinter die erste, um den Muskel zu adaptieren. Der Arm ist anschließend in leichter Flexion zu halten.

Um eine Verletzung des N. axillaris und N. musculocutaneus zu vermeiden, werden diese durch Palpation identifiziert. Außerdem werden alle Nähte unter direkter Sicht und Blutleere gelegt. Vor der Inzision der Sehne des M. subscapularis wird diese mit einer Spinalnadel auf ihre Dicke hin geprüft. Bei ausreichender Dicke und Vorliegen einer Innenrotationskontraktur kann eine Z-Verlängerung nach Neer und Rockwood vorgenommen werden. Bei ungenügender Dicke oder geplantem biologischem Gelenkflächenersatz durch Kapselgewebe sollte der M. subscapularis möglichst lateral abgelöst und später mehr medial durch ein Bohrloch refixiert werden.

Bei Vorliegen kleiner Rupturen hervorgerufen durch Impingement wird eine Akromioplastik und Resektion des Lig. coracoacromiale durchgeführt. Jedoch kann dies aufgrund der Gefahr einer superioren Subluxation nicht bei einer massiv degenerierten Rotatorenmanschette durchgeführt werden. Zur Vermeidung einer Fraktur bei der Glenoidpräparation wird die Fräse nach Möglichkeit vorsichtig und ohne starken Druck eingesetzt und die Oberfläche wiederholt in Augenschein genommen. Um das Risiko einer unbeabsichtigten Penetration des Skapulahalses zu reduzieren, empfiehlt es sich, Elektrofräsen nur im Bereich des subchondralen Knochens zu verwenden. Zur vorsichtigen Entfernung der Spongiosa und Bearbeitung der Gelenkpfanne sind Küretten besser geeignet.

Wirth und Rockwood (1994) zufolge ist die häufigste Komplikation der endoprothetischen Versorgung die postoperative Instabilität. Dieses Risiko läßt sich durch präoperative und intraoperative Evaluation des glenoidalen Verschleißmusters minimieren (Mullaji et al. 1994). So kann z.B. Verschleiß im posterioren Bereich durch Arthrose, im anterioren Bereich jedoch durch rezidivierende Luxationen verursacht sein. Diese Probleme lassen sich durch Knochenabtragung im hohen oder Knochenaufbau im niedrigen Anteil behandeln.

Die Inzidenz einer Spätlockerung der Glenoidkomponenten ist gering. Jedoch könnte die hohe Inzidenz strahlentransparenter Linien darauf hindeuten, dass eine große Patientenpopulation in unmittelbarer Zukunft mit einer Lockerung rechnen muss. Brems et al. (1986) zeigten, dass in 69 % der vor Entlassung angefertigten postoperativen Röntgenbilder bereits strahlentransparente Linien vorhanden waren, und führten dies auf die Operationstechnik zurück. Die klinischen Langzeitfolgen sind zwar noch unbekannt, jedoch scheinen die Ergebnisse bei einer chirurgischen Revision eindeutig schlechter zu sein als bei Erstoperationen. Die spätere Lockerung der Glenoidkomponente kann durch Trockenhalten des Operationsbettes während der Präparation und adäquater Zementtechnik verringert werden. Hämostase lässt sich durch Adrenalin getränkte Tupfer, Gelfoam (Upjohn, Kalamazoo, Michigan) und Verwendung der von Neer beschriebenen Zementiertechnik erreichen. Das PMMA sollte beim Einbringen in den Knochen teigartig, jedoch nicht flüssig sein.

Operationstechnik

Nach Einleitung einer Allgemeinanästhesie wird der Patient in Rückenlagerung auf dem OP-Tisch positioniert. Wir verwenden einen McConnell-Kopfhalter (McConell, Orthopaedic Manufacturing Co., Greenville, Texas) und bringen den Patienten in die modifizierte „beach-chair"-Position, d.h. Flexion des OP-Tischs, Anhebung des Rückens und Absenken der Beine. Das Schulterblatt wird mit Abdecktüchern unterlegt und der Patient möglichst lateral auf dem OP-Tisch platziert. Dies erlaubt die Extension der Schulter und erleichtert die Freilegung und Aufweitung des Humerusschaftes. Dann erfolgt eine 10-minütige Desinfektion mit Betaisodona-Lösung sowie Standardabdeckung. Falls keine Kontraindikationen vorliegen, wird intravenös ein Cephalosporin der ersten Generation verabreicht. Häufig kann der Arm des Patienten in Narkose erheblich weiter nach außen rotiert werden, was eine fixierte Kontraktur, die andere Operationsverfahren erfordern würde, in der Regel ausschließt. Ergibt sich bei der Narkoseuntersuchung eine Innenrotationskontraktur, ist eine Z-Ver-

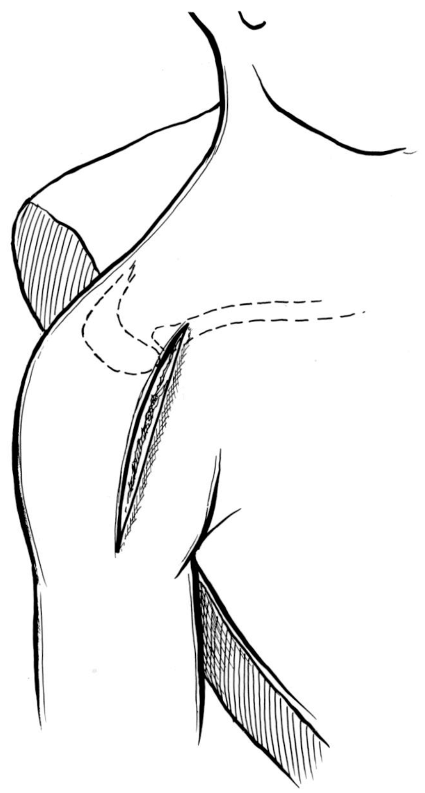

Abb. 1. Hautinzision für den delto-pektoralen Zugang

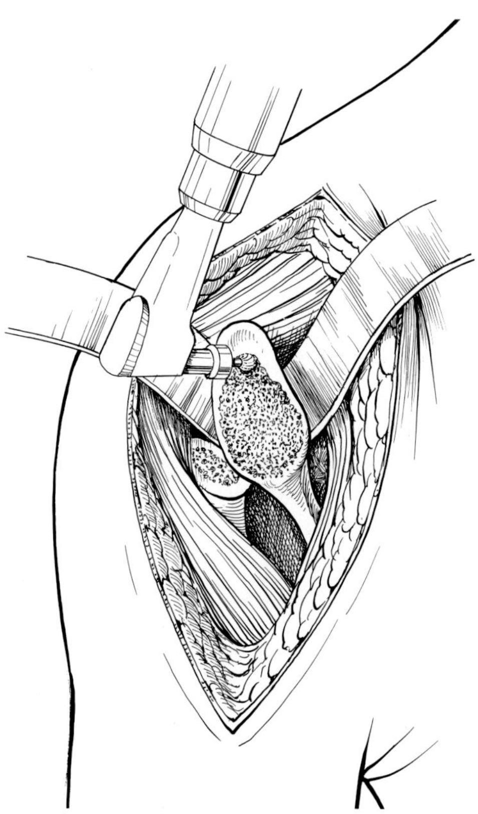

Abb. 2. Debridement des Glenoids

längerung oder Medialisierung des Sehnenansatzes des M. subscapularis erforderlich.

Die Inzision verläuft von der distalen Klavikula zum Ansatz des M. deltoideus und ist über dem Processus coracoideus zu zentrieren (Abb. 1). Vor der Inzision erfolgt in Haut und Subkutangewebe eine Infiltration mit Bupivacain 0,25% mit Adrenalin 1:200000 (Adrenalin), um die Hämostase zu erleichtern und postoperativen Schmerzen vorzubeugen. Die Faszie über dem deltopektoralen Intervall wird inzidiert und der Sulcus delto-pectoralis anhand der schräg zwischen den Muskelebenen verlaufenden lockeren Bindegewebssträngen identifiziert. In den meisten Fällen lässt sich hier die V. cephalica darstellen. Wir halten sie nach Möglichkeit mit dem M. deltoideus nach lateral ab. Die routinemäßige Ligatur dieser Vene ist wegen der damit verbundenen stärkeren postoperativen Schwellung, Schmerzen und Phlebitis nicht empfehlenswert. Tief im delto-pektoralen Intervall wird der Sehnenansatz des M. pectoralis major 1 cm am oberen Rand inzidiert, um die weitere Freilegung zu erleichtern.

Sind keine Vernarbungen vorhanden und ist eine normale Außenrotation möglich, wird nun routinemäßig der M. subscapularis 1,5 cm von seinem Ansatz inzidiert. Im Anschluß kann eine separate Kapselinzision erfolgen. Außer im Falle einer massiven Rotatorenmanschettenruptur wird dann das Lig. coracoacromiale vom Processus coracoideus gelöst. Ergab die Narkoseuntersuchung eine fixierte Innenrotationskontraktur, ist eine Z-Plastik zur Verlängerung des M. subscapularis und Verbesserung der Außenrotation erforderlich. Bei der von Rockwood beschriebenen koronaren Z-Plastik setzt die Präparation medial am Haut-Muskel-Übergang des M. subscapularis an, lässt eine Hälfte des M. subscapularis mit der darunterliegenden Kapsel hinter sich und verläuft von medial nach lateral, um am Tuberculum minus zu enden. Im Anschluß werden die posteriore Hälfte des M. subscapularis sowie die verengte Kapsel vom Tuberculum minus gelöst.

Biologischer Gelenkflächenersatz. Nach Humeruskopfresektion, Präparation des humeralen Markkanals und Evaluation der humeralen Probeprothese wird das Glenoid in Angriff genommen. Zunächst werden alle Osteophyten entfernt. Ist ein biologischer Gelenkflächenersatz geplant, erfolgt ein Debridement des Glenoids bis auf den stark blutenden subchondralen Knochen (Abb. 2). Dabei sollte die glenoidale Anteversion leicht verstärkt werden. Anschließend werden mit einer 2-mm-Bohrerspitze mehrere Löcher in die Gelenkpfanne gebohrt. Jetzt kommen zwei Möglichkeiten des weiteren Vorgehens in Frage. Bei ausreichender Dicke des Subskapularis-Kapsel-Komplexes kann dieser in koronarer Ebene gespalten und das

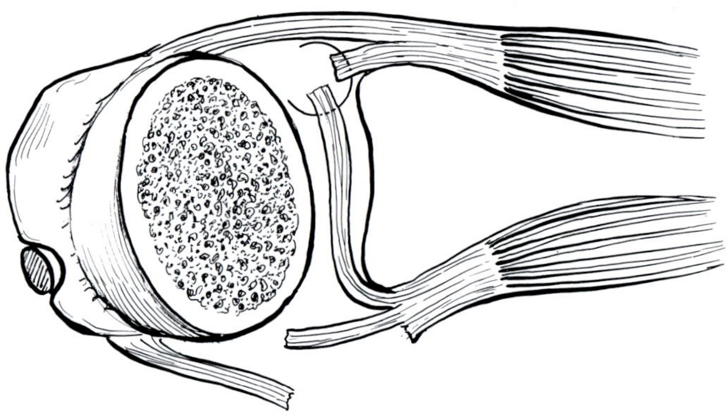

Abb. 3. Weist der Subskapularis-Kapsel-Komplex eine ausreichende Dicke auf, kann er in koronarer Ebene gespalten und zur Deckung des Glenoids herangezogen werden

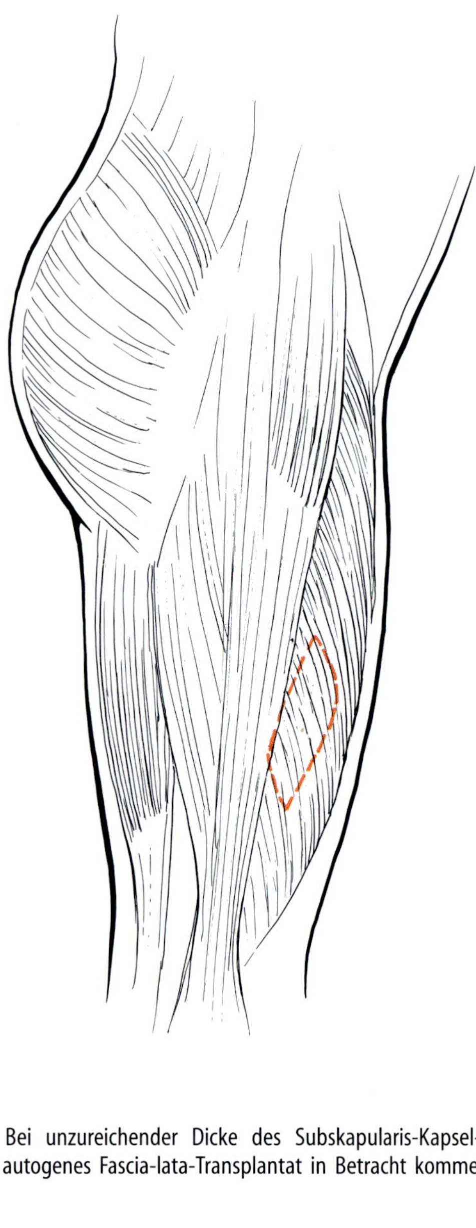

Abb. 4. Bei unzureichender Dicke des Subskapularis-Kapsel-Komplexes kann ein autogenes Fascia-lata-Transplantat in Betracht kommen

posteriore Blatt des Komplexes über die präparierte Glenoidfläche gelegt und mit Dacron-Baumwollnähten Nr. 1 (Deknatel, Fall River, Massachusetts) (Abb. 3) am posterioren Labrum glenoidale verankert werden. Weist dieser Komplex keine ausreichende Dicke auf, kommt ein autogenes Transplantat aus Fascia lata in Frage. Das Transplantat wird in der Regel über einen Längsschnitt aus dem ipsilateralen Oberschenkel gewonnen. Aus dem dicksten Anteil wird ein 5×13 cm großes Faszienstück entnommen (Abb. 4). Das Transplantat wird mit der Fettgewebeseite nach außen einmal gefaltet und im Bereich der Ränder mit einer resorbierbaren fortlaufenden Matratzennaht versehen. Dann wird es mit einem Mitek-Anker in der Mitte der Gelenkpfanne verankert und mit Nähten durch das anteriore und posteriore Labrum fixiert (Abb. 5).

Glenoidersatz. Ist ein Gelenkflächenersatz mittels Glenoidkomponente mit Stiften geplant, wird die Glenoidfläche bis zum subchondralen Knochen mit der oszillierenden Säge oder Fräse abgetragen. Mit dem Bohrer werden nun Löcher gebohrt, wobei die Bohrführung so positioniert wird, dass ein Zementmantel von 1 mm Dicke um die glenoidalen Polyäthylen-Stifte herum gelegt werden kann (Burkhead 1992) (Abb. 6). Mit einem abgewinkelten scharfen Löffel wird nun der spongiöse Knochen entfernt und der untere Anteil der Bohrlöcher miteinander verbunden (Abb. 7). Dadurch kann die Glenoidkomponente stabiler im Knochen verkeilt werden. Nun wird mit Hilfe von Probekomponenten aus Plastik die Prothesengröße festgelegt. Falls die Probeprothesen nicht vollständig in die Löcher passen, werden sie vor dem Einsetzen gekürzt. Die Blutung kann mit Adrenalin getränkten Tupfern gestillt werden. Danach wird nach der von Neer beschriebenen Zementiertechnik Zement in den Schlitz injiziert. Wir bevorzugen eine rechtwinklige Pistole von Zimmer (Zimmer Orthopedics, Warsaw, Indiana, USA). Der erste Zementpfropfen dient der Blutstillung. Dieser Zement wird dann rasch mit einer Kürette entfernt, ein kompakterer zweiter Pfropfen aus der gleichen Zementcharge injiziert und mit Hilfe eines feuchten Handschuhs gestopft. Vor dem Einsetzen geben wir auch etwas Zement auf die Rückfläche der Glenoidkomponente. Die Komponente wird bis zum Aushärten des Zements kräftig angedrückt. Überschüssiger Zement wird mit einer Kürette entfernt.

Für die Implantation einer Glenoidkomponente mit Kiel-Design werden Labrum und Gelenkknorpel mit Fräsen entfernt (Abb. 8). Zuvor wird das glenoidale Verschleißmuster sorgfältig analysiert. Dann wird mit einer Dentalfräse ein Schlitz für den Kiel gebohrt, wobei die Korakoidbasis als oberster Referenzpunkt für die das Glenoid halbierende Linie genommen

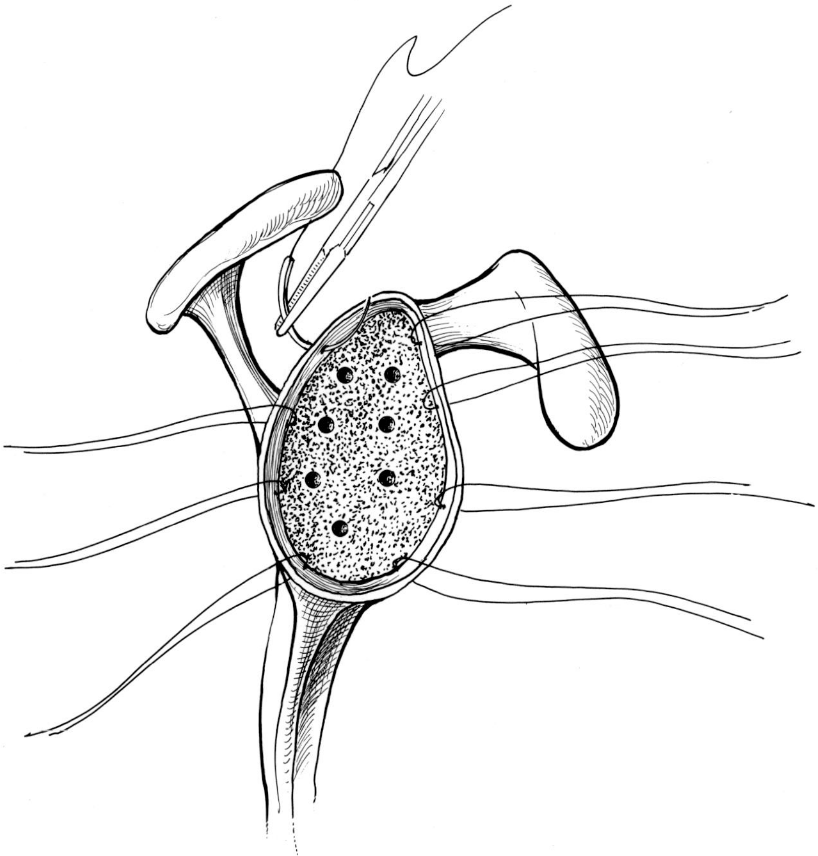

Abb. 5. Mehrere Nähte werden in das Labrum gelegt

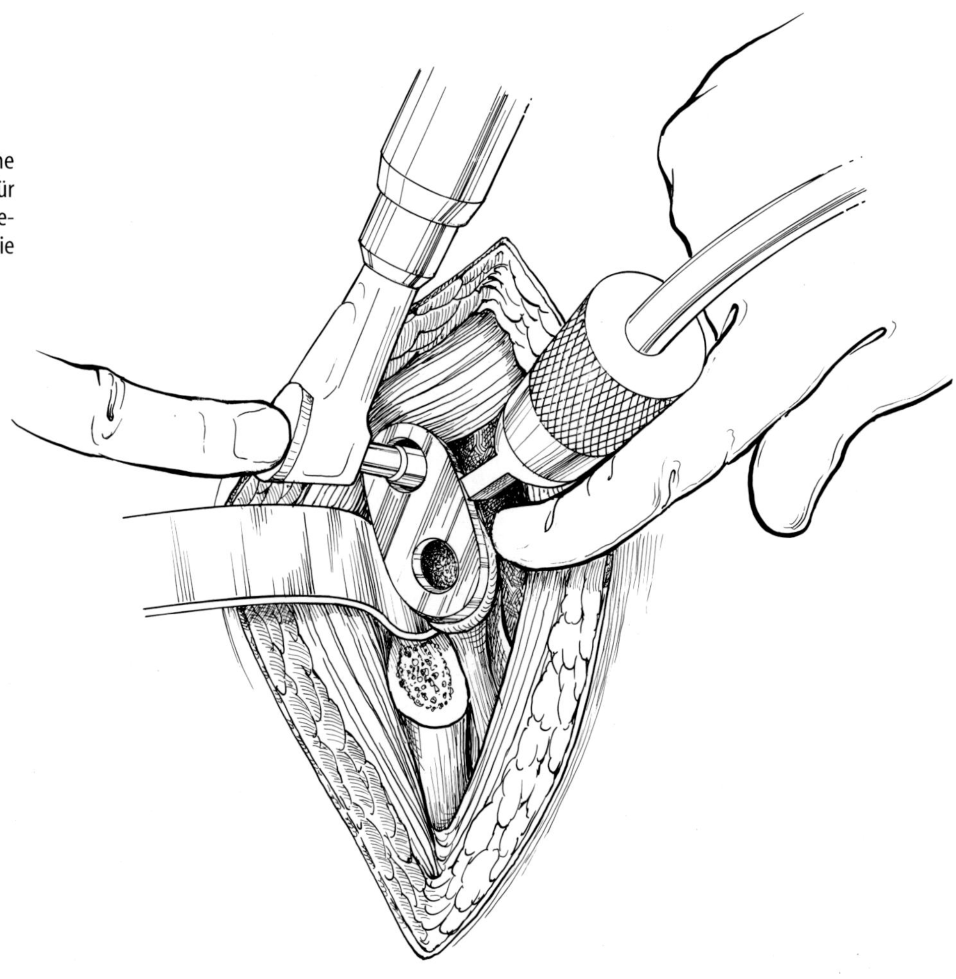

Abb. 6. Nach der Präparation der Glenoidfläche werden mit Hilfe einer Bohrführung Löcher für die Polyäthylen-Stifte in die Gelenkpfanne gebohrt. Ein Finger am Skapulahals sichert die Bohrrichtung

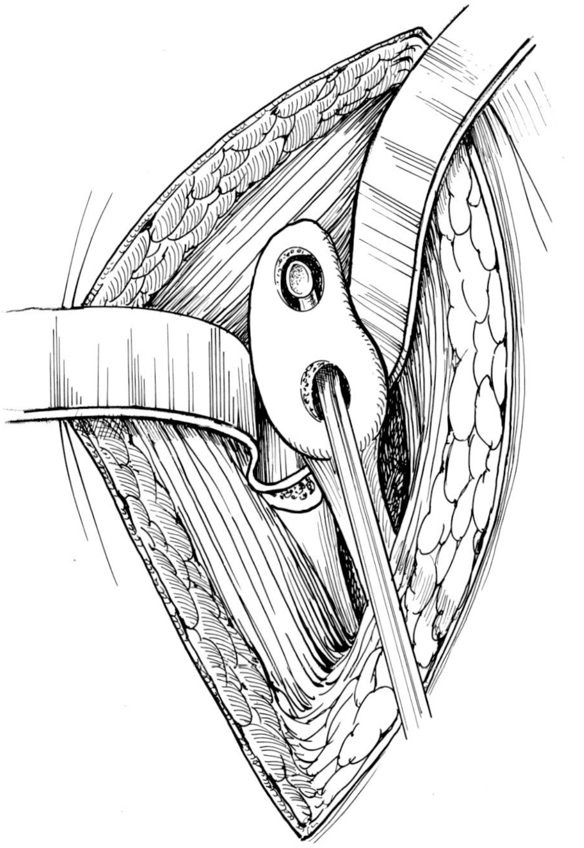

Abb. 7. Zwischen dem tiefen Anteil der beiden Bohrlöcher wird mit einem scharfen Löffel eine Verbindung geschaffen

wird (Abb. 9). Die Fräse sollte nur im Bereich des subchondralen Knochens eingesetzt werden, die anschließende Entfernung der Spongiosa aus dem Skapulahals erfolgt mit dem scharfen Löffel (Abb. 10). Nach der Bestimmung der erforderlichen Prothesengröße anhand von Probeprothesen wird der Schlitz gespült, trocken gelegt und der Zement wie oben beschrieben eingebracht. Schließlich wird die Glenoidkomponente in den Schlitz eingesetzt und bis zum Aushärten des Zements angedrückt. Überschüssiger Zement wird mit einer Kürette entfernt (Abb. 11).

Nach dem Glenoidersatz wird der Humeruskopf mit Fräse und Pfriem abschließend bearbeitet und die passende Prothese eingesetzt. Bei sicherer Stabilität der Komponenten wird die Wunde gründlich mit einer antibiotischen Lösung gespült. Der M. subscapularis wird an den Sehnenstumpf genäht oder mit Hilfe von Bohrlöchern medialisiert. Eine geschlossene Saugdrainage wird in den Sulcus deltoideo-pectoralis eingelegt, Subkutangewebe und Haut werden schichtweise verschlossen.

Nachbehandlung

Die postoperative Versorgung ist individuell anzupassen und hängt vom prä- und intraoperativen Befund ab. Bei vorbestehender posteriorer Instabilität oder Innenrotationskontraktur wird über drei Wochen eine

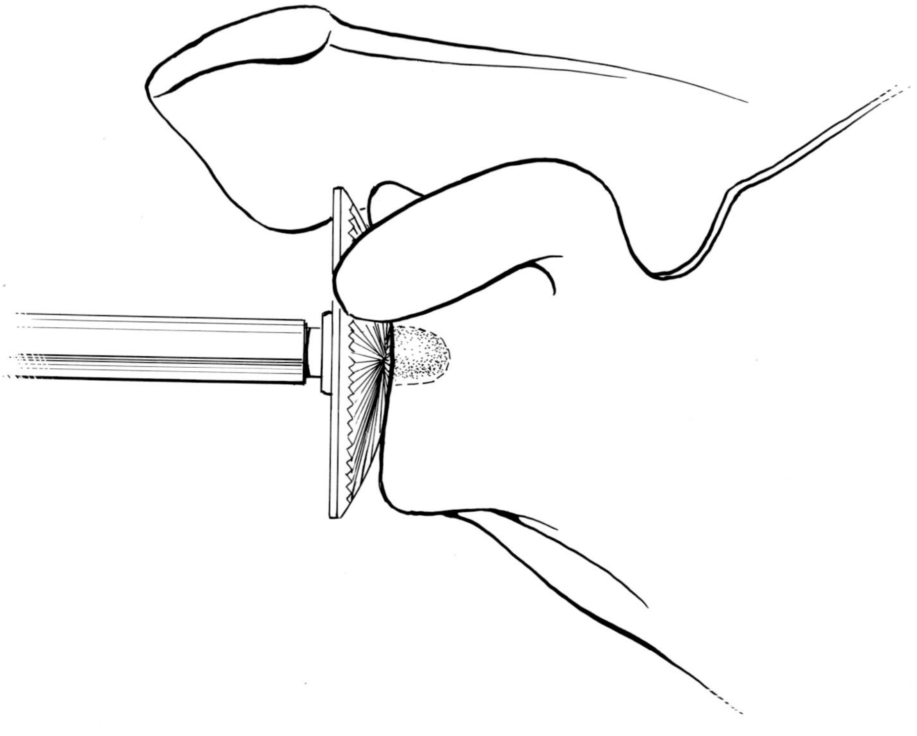

Abb. 8. Die Fräse sollte vorsichtig eingesetzt und die Stelle zur Vermeidung einer übermäßigen Bearbeitung immer wieder inspiziert werden

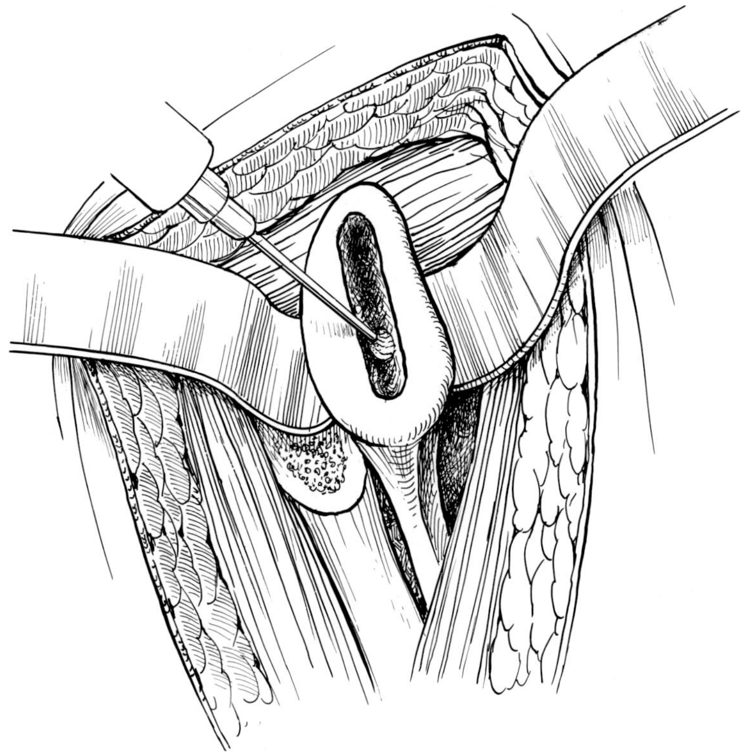

Abb. 9. Mit einer Kugelfräse wird ein Schlitz für den Kiel gebohrt. Als Orientierungspunkt für das obere Schlitzende dient das Korakoid, für das untere das Tuberculum infraglenoidale

A

B

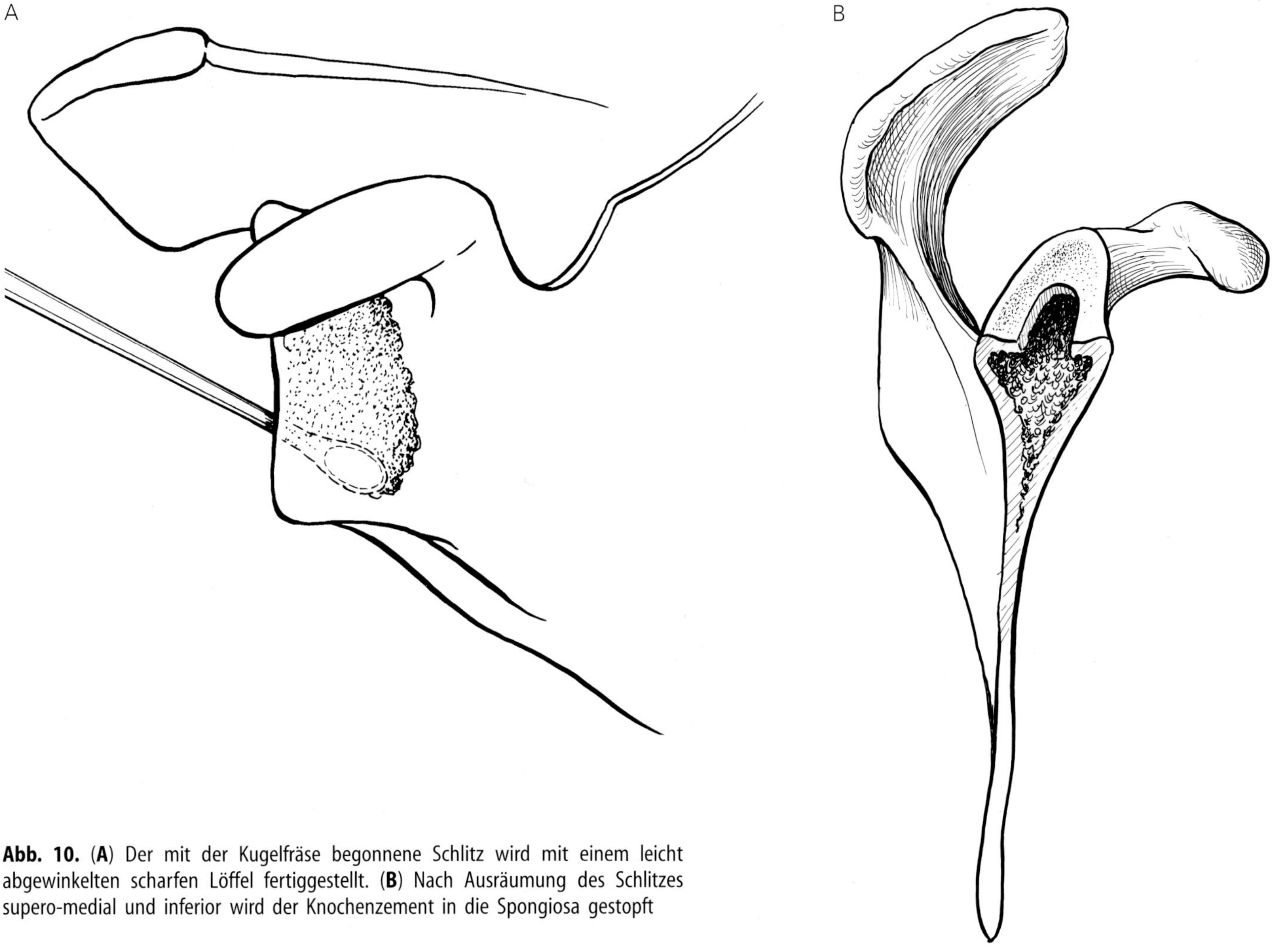

Abb. 10. (**A**) Der mit der Kugelfräse begonnene Schlitz wird mit einem leicht abgewinkelten scharfen Löffel fertiggestellt. (**B**) Nach Ausräumung des Schlitzes supero-medial und inferior wird der Knochenzement in die Spongiosa gestopft

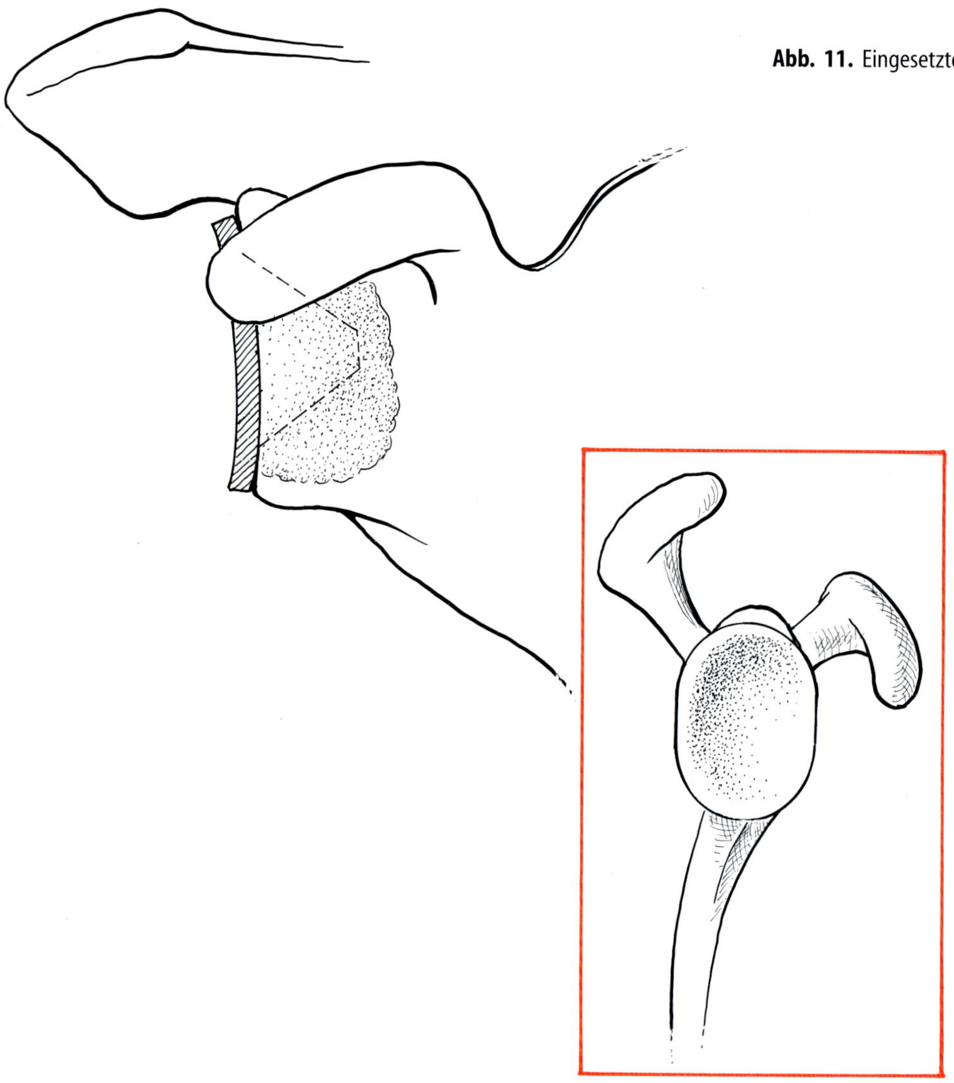

Abb. 11. Eingesetzte Glenoidkomponente

Außenrotationsschiene getragen. Mit aktiven Bewegungsübungen kann nach drei bis vier Wochen begonnen werden. Nach acht Wochen wird mit Krafttraining begonnen, das nach 12 Wochen intensiviert werden kann. In allen anderen Fällen wird der Arm in einer Schlinge getragen und sofort mit passiven Übungen mit Stock, Pendel und Überkopf-Rollenzug, mit aktiven Bewegungsübungen nach drei und Krafttraining nach acht Wochen begonnen.

Literatur

Brems JJ, Wilde AH, Borden LS, Boumphrey FRS (1986) Glenoid lucent lines. Orthop Trans 10:231

Burkhead WZ (1992) The Intermedics Select Shoulder System: Surgical Technique. Intermedics Orthopedics Inc, Austin, Texas

Burkhead WZ, Hutton KS (1994) Biologic resurfacing of the glenoid in young patients with post traumatic arthritis, post reconstruction arthritis, or osteoarthritis. Tech Orthop 8:163–173

Gariepy R (1977) Glenoidectomy in the repair of the rheumatoid shoulder. J Bone Joint Surg Br 59:122

Hsu HC, Wu JJ, Chen TH, Lo WH, Yang DJ (1993) The influence of abductor lever-arm changes after shoulder arthroplasty. J Shoulder Elbow Surg 2:134–140

Ianotti JP, Gabriel JP, Schneck SL, Evans BG, Misra S (1992) The normal glenohumeral relationships. J Bone Joint Surg Am 74:491–500

Mullaji AB, Beddow FH, Lamb GHR (1994) CT measurement of glenoid erosion in arthritis. J Bone Joint Surg Br 76:384–388

Neer CS (1990) Glenohumeral arthroplasty. In: Shoulder Reconstruction. Saunders, Philadelphia, pp 143–271

Neer CS, Morrison DS (1988) Glenoid bone grafting in total shoulder arthroplasty. J Bone Joint Surg Am 70:1154–1162

Wainwright D (1974) Glenoidectomy: a method of treating a painful shoulder in severe rheumatoid arthritis. Ann Rheum Dis 33:110

Wirth MA, Rockwood CA (1994) Complications of shoulder arthroplasty. Clin Orthop 307:47–69

23

Robin R. Richards

Arthrodese des Glenohumeralgelenks

Die zunehmende Bedeutung der endoprothetischen Versorgung und die Verbesserung, anderer rekonstruktiver Eingriffe schränkt die Indikation zur Schulterarthrodese immer weiter ein (Cofield und Briggs 1979, Wilde et al. 1987). Dennoch stellt dieses Verfahren auch heute noch eine wichtige Methode der Schulterrekonstruktion für spezifische Indikationsstellungen dar und ermöglicht es, dem Operateur, dem Patienten zu einer stabilen, belastbaren Schulter zu verhelfen. Das hier vorgestellte konventionelle Verfahren der Schulterarthrodese eignet sich für die meisten Indikationsstellungen. Stabilität und Belastbarkeit der Schulter werden jedoch mit dem Verlust der gesamten glenohumeralen Rotationsfähigkeit erkauft. Wo immer möglich sollte daher einer endoprothetischen Versorgung der Vorzug gegeben werden. Die meisten Autoren betrachten das Vorliegen eines Schlottergelenks als eine Indikation zur Schulterarthrodese. Auch bei Poliomyelitis, Abriss der proximalen Armplexuswurzeln, irreparablen oberen Armplexusläsionen und gelegentlich bei isolierter Lähmung des N. axillaris kann eine Schulterarthrodese in Frage kommen. Diese Patienten verfügen über eine ausreichende Ellenbogen- und Handgelenksfunktion, können aufgrund der fehlenden Fähigkeit, die Handposition im Raum zu steuern, die Funktion der oberen Extremität jedoch nicht optimieren (Richards 1991, Rouholamin et al. 1991). Liegt in einem solchen Fall eine gute Funktionsfähigkeit der Schulterblattmuskulatur, insbesondere des M. trapezius, M. levator scapula und M. serratus anterior vor, führt die Arthrodese zur Stabilisierung der Extremität und ermöglicht den effektiven Gebrauch der Hand in Arbeitshöhe.

Die en bloc-Resektion periartikulärer maligner Tumoren führt häufig zum Verlust der Rotatorenmanschette und/oder des M. deltoideus. In diesem Fall ist die endoprothetische Rekonstruktion der Schulter nicht empfehlenswert, da es bei Implantation einer teilkongruenten Prothese mit hoher Wahrscheinlichkeit zur Instabilität, bei der kongruenten Prothese jedoch mit Sicherheit zur Lockerung kommt. Nach weiträumiger Resektion periartikulärer maligner Tumoren ist somit die Arthrodese das Rekonstruktionsverfahren der Wahl (Kumar et al. 1994). Gelegentlich können vaskularisierte Knochentransplantate und massive Allografts zur Deckung großer, durch Tumorresektion entstandener Defekte erforderlich sein (Cheng und Gebhardt 1991).

Auch die Zerstörung des Schultergelenks durch Sepsis ist nach wie vor eine Indikation zur Schulterarthrodese. Septische Arthritis tritt auch heute noch auf und kann zu destruktiven Veränderungen des Schultergelenks mit Schmerzen und Bewegungseinschränkung führen. Die meisten Operateure sind der Ansicht, dass bei einem jungen Patienten mit einer eingebüßten nicht funktionellen Schulter durch Sepsis die Arthrodese einer endoprothetischen Versorgung vorzuziehen ist. Eine Endoprothese der Schulter kann zwar bei lange zurückliegender Sepsis in der Anamnese implantiert werden, bei jungen Patienten oder bei einer erst vor kurzem aufgetretenen Sepsis stellt die Arthrodese jedoch die bessere Alternative dar.

Die Ergebnisse der Schulterendoprothese sind im Allgemeinen zwar gut, gelegentlich kommt es jedoch zu Lockerung, Sepsis und Prothesenfraktur. Die Patienten weisen häufig einen starken humeralen und glenoidalen Knochenabbau auf. In dieser Situation muss sich der Operateur zwischen dem Versuch einer Revision der Erstoperation und der Versteifung des Schultergelenks entscheiden. Die Ergebnisse einer Revision der totalen Schulterendoprothese bleiben hinter jenen der aufgrund anderer Ursachen vorgenommenen Erstoperation zurück. Bei der Entscheidung für eine dieser beiden Alternativen sollten Patientenalter, Vorliegen bzw. Nichtvorliegen einer Sepsis, der im Bereich des proximalen Humerus und des Glenoids noch vorhandene Knochen, subjektive Beschwerden sowie technische Erfahrung und Können des Operateurs berücksichtigt werden.

Eine Schulterarthrodese ist selten indiziert bei Schulterinstabilität, Rotatorenmanschettenruptur, Pseudarthrose, Arthrose und entzündlichen Gelenkerkrankungen (Rybka et al. 1979, Raunio 1981).

Die Arthrodese des Glenohumeralgelenks sollte nicht durchgeführt werden, wenn eine alternative Methode der Schulterrekonstruktion zur Verfügung steht. Das Verfahren ist mit einer signifikanten Funktionseinbuße verbunden und erfordert erhebliche Anstrengungen des Patienten in Bezug auf Rehabilitationsmaßnahmen und Kräftigung der Schulterblatt- und Thoraxmuskulatur. Die Schulterarthrodese ist kontraindiziert bei mangelnder Bereitschaft oder Fähigkeit des Patienten, in einem solchen Rehabilitationsprogramm mitzuarbeiten. Aus diesem Grund führen wir auch keine Arthrodesen bei älteren Patienten durch. Weitere Kontraindikationen sind progressive neurologische Erkrankungen, bei denen es später zur Lähmung des M. trapezius, M. levator scapula und/oder M. serratus anterior kommen kann. Nach einer Schulterarthrodese ist der Patient auf diese Muskeln angewiesen, um den Arm noch bewegen zu können, und ihre signifikante Schwächung führt zu erheblichem Funktionsverlust der Schulter.

Operative Grundlagen

1985 präsentierten wir erstmals Ergebnisse eines bei 14 erwachsenen Patienten mit Armplexuslähmung durchgeführten Arthrodeseverfahrens mittels Osteosynthese (Richards et al. 1985). Wir verwendeten zuerst eine einzelne AO/ASIF 4,5-mm-DC-Platte (Synthes), die über die Spina scapulae auf den Humerusschaft aufgebracht wurde. Wir empfahlen (und empfehlen heute noch), zunächst zwei Spongiosa-Zugschrauben durch die Platte und den proximalen Humerus hindurch in die Gelenkpfanne einzudrehen, um Druck auf die glenohumerale Arthrodesestelle zu bringen. Die Platte wird mit einer langen, durch die Spina scapulae im Bereich des Korakoids eingedrehte Schraube an der Scapula verankert. Im Gegensatz zum AO-Verfahren, bei dem die Schraube im „collum scapulae" befestigt wird, bietet diese Verankerung eine gute Fixation, lässt jedoch auch genügend Platz für die Befestigung der langen Zugschrauben in der Gelenkpfanne, die für die Sicherstellung der Arthrodese wichtiger zu sein scheinen (Kostiuk und Schatzker 1984). Ursprünglich empfahlen wir die postoperative Schienung mittels eines Abduktions-Gipses, da erwachsene Patienten mit Armplexusverletzungen in der Regel eine signifikante Osteoporose, Einschränkung der muskulären Steuerung und verringerte Propriozeption aufgrund der Nervenläsionen aufweisen. Heute verwenden wir hierfür jedoch thermoplastische thorakobrachiale Orthesen. Nach Riggins (1976) ist die externe Immobilisierung nach einer Schulterarthrodese nicht in jedem Fall erforderlich.

1988 stellten wir das heute noch angewandte modifizierte Verfahren vor, bei dem die Fixation durch Implantation einer Rekonstruktionsplatte erreicht wird (Richards et al. 1988). Wir verwenden heute eine einzelne AO-Rekonstruktionsplatte mit 10 Löchern für 4,5-mm-Schrauben. Diese Platte ist zwar weniger stabil als die DC-Platte, lässt sich im Operationssaal jedoch wesentlich einfacher der erforderlichen Kontur anpassen und steht über dem Akromion und Humerusschaft weniger vor. In allen 11 Fällen, in denen die Platte zur Fusion der Schulter eingesetzt wurde, konnte ein Vorstehen der Platte vermieden und die Fusion ohne Lockerung erreicht werden. Zur Immobilisierung der Schulter wurde postoperativ sechs Wochen ein Gipsverband getragen.

In der Literatur wird eine große Anzahl unterschiedlicher Positionen für die glenohumerale Arthrodese empfohlen (Barr et al. 1942, Rowe 1974). Bei genauer Durchsicht der Literatur stellt man fest, dass die optimale Position von jedem Autor etwas anders beurteilt wird. Nach unserer Auffassung ist die Position dann optimal, wenn die Hand vor dem Körper in Mittellinie gebracht werden kann, sodass bei Flexion des Ellenbogengelenks der Mund erreicht werden kann. Die Abduktion sollte nicht zu stark sein, damit der Arm bequem am Körper anliegt. Der Autor empfiehlt eine Position in 30 Grad Abduktion (klinisch gemessen), 30 Grad Flexion und 30 Grad Innenrotation. Diese sogenannte „30-30-30"-Position lässt sich im Operationssaal leicht einstellen und ermöglicht es den Patienten in den meisten Fällen, Mund, Brusttasche und hintere Hosentasche zu erreichen. Es muss jedoch betont werden, dass eine exakte intraoperative Messung nicht möglich ist. Nach unserer Erfahrung kann diese Position bei der Schulterarthrodese jedoch in der Regel innerhalb einer Abweichung von 10 Grad erreicht werden.

Die primären Komplikationen der glenohumeralen Arthrodese sind Pseudarthrose, Infektion, Fehlstellung, Vorstehen der Platte sowie Humerusfraktur. Angesichts der Größe des Eingriffs, der im Bereich der Arthrode-

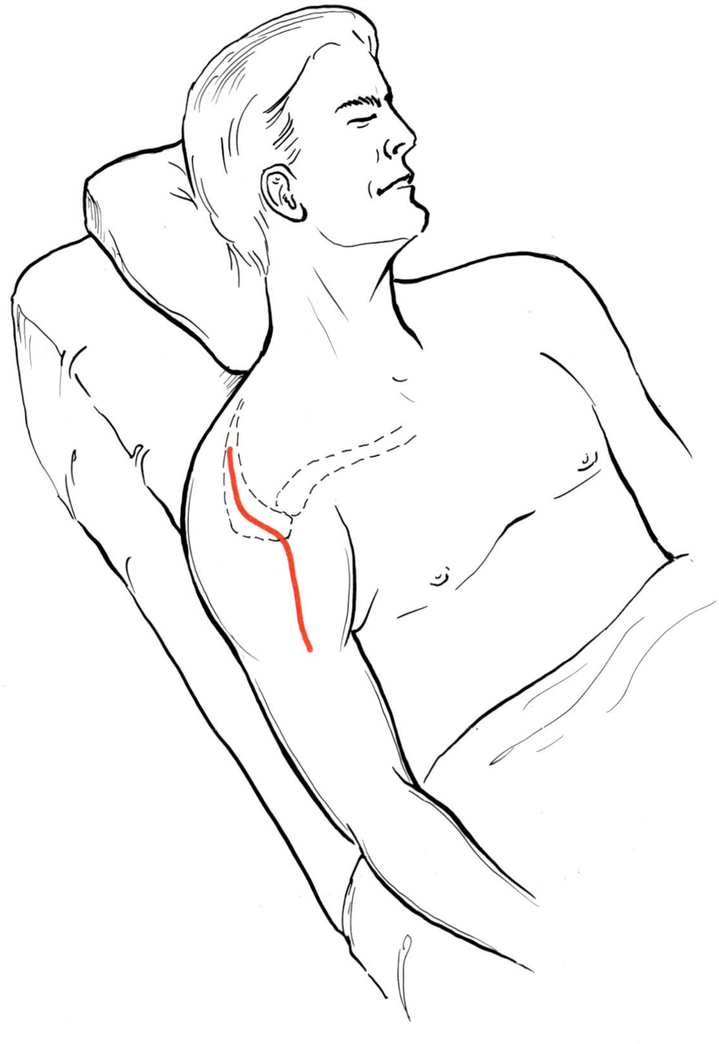

Abb. 1. Vor dem Eingriff wird der Patient in halbsitzender Position gelagert. Zur Anhebung der Schulter wird ein zusammengefaltetes Abdecktuch medial der Skapula unterlegt. Damit die Schulter in der richtigen Position in Bezug zum Rumpf versteift wird, muss der Operateur genaue Kenntnis von der Position des Patienten haben. Die Armposition wird während der Operation klinisch festgelegt. In der Regel ist es möglich, den Arm bis auf 10 Grad Abweichung in die gewünschte „30-30-30"-Position zu bringen. Die Inzision erfolgt wie gezeigt von der Spina scapulae bis zum anterioren Humerus

sestelle auftretenden Belastungen sowie der Schwierigkeit der postoperativen Immobilisierung treten Pseudarthrosen nach Schulterarthrodese erstaunlich selten auf. Bei den 71 von Cofield und Briggs (1979) durchgeführten Operationen kam es nur in 3 Fällen zur Pseudarthrose, die sich jedoch durch einen zweiten Eingriff beheben ließ. Die postoperative Pseudarthrose stellt eine Indikation zur Zweitoperation mit Plattenrevision dar. In diesem Fall empfiehlt sich ein Knochentransplantat zur Augmentation der Arthrodesestelle.

Aufgrund der ausgezeichneten Gefäßversorgung der periartikulären Gewebe treten Infektionen nach einer Schulterarthrodese relativ selten auf und können durch chirurgische Drainage und geeignete parenterale Antibiotika behandelt werden.

Eine Entfernung der Platte sollte nur bei fehlender Stabilität in Betracht gezogen werden. Vor einer Entfernung sollte zunächst versucht werden, eine stabile Arthrodese zu erreichen. Eine Arthrodese in übermäßiger Abduktion der Extremität kann eine erhebliche Belastung der Schulterblatt- und Thoraxmuskulatur mit sich bringen. Beim erwachsenen Patienten bereiten Positionen in mehr als 45 Grad Abduktion große Schwierigkeiten. Hyperabduktion an der Arthrodesestelle führt bei seitlichem Herabhängen des Armes zu einem signifikanten Abstehen der Skapula. In einigen Fällen kann der Patient nach einer Arthrodese in übermäßiger Abduktion den Arm nicht mehr am Körper anlegen. Die Schulterarthrodese kann auch in zu starker Innenrotation erfolgen. Diese Patienten können die Hand kaum zum Mund führen und weder ihre Brust- noch hintere Hosentasche erreichen. Hier kann eine Rotationsosteotomie des Humerus erforderlich sein. Die Einklemmung des N. suprascapularis nach einer Schulterarthrodese ist ebenfalls beschrieben. An der Spina scapulae befestigte Platten führen bei vielen Patienten zu einer signifikanten Schmerzhaftigkeit der Haut über dem Implantat.

Dies kann insbesondere bei Patienten, die ein Abduktionskissen tragen müssen, ein erhebliches Prob-

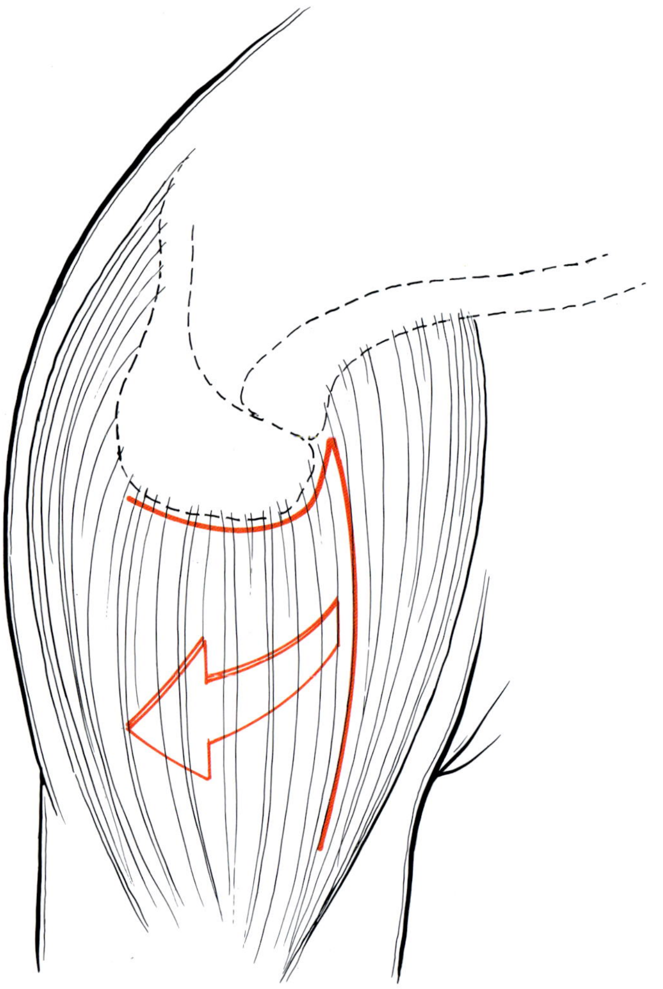

Abb. 2. Der M. deltoideus wird von der anterioren und lateralen Akromionfläche abgelöst, distal des Akromioklavikulargelenks gespalten und zur Freilegung der Rotatorenmanschette und des proximalen Humerus nach posterior abgeklappt

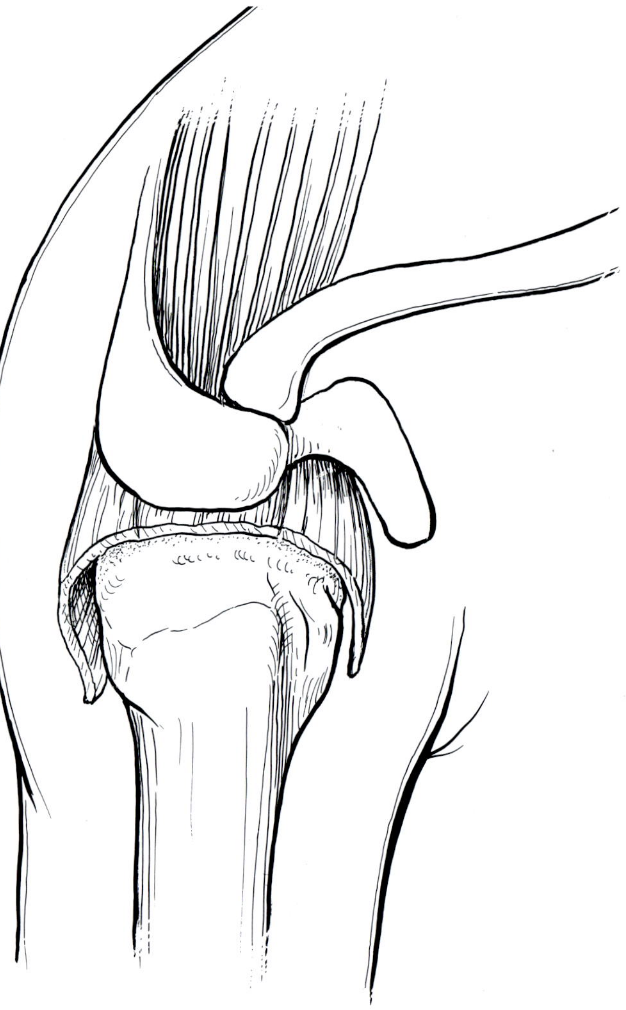

Abb. 3. Die Rotatorenmanschette wird im Bereich ihrer Sehneninsertionen an den Tubercula majus und minus vollständig durchtrennt und reseziert

lem darstellen. Hautreizungen und Ulzeration sind in diesem Zusammenhang beschrieben. Cofield und Briggs (1979) berichten von signifikanter Schmerzhaftigkeit über der Platte, die bei 17 ihrer Patienten deren Entfernung erforderlich machte. Wir haben ähnliche Erfahrungen gemacht, obwohl die Verwendung formbarer Rekonstruktionsplatten mit geringeren Schmerzen verbunden und eine Implantatentfernung seltener erforderlich ist.

Die Humerusfraktur am distalen Plattenende ist immerhin so häufig, dass die AO die prophylaktische Knochentransplantation in diesem Bereich empfiehlt. Cofield und Briggs (1979) berichten, dass es bei 10 ihrer 71 Patienten zu einer Fraktur im Bereich des versteiften Gelenks kam. Diese Komplikation ist auch bei unserem Patientengut aufgetreten, und zwar in Assoziation mit einem signifikantem Trauma der versteiften Schulter. Bei Auftreten einer instabilen Fraktur am Plattenende empfehlen wir die Entfernung der Platte und Osteosynthese der Fraktur, sobald die Arthrodese stabil verheilt ist. Im eher unwahrscheinlichen Fall einer relativ wenig dislozierten Fraktur kann eine konservative Behandlung eingeleitet werden.

Operationstechnik

Die Schulterarthrodese wird in Allgemeinanästhesie durchgeführt. Für den eher unwahrscheinlichen Fall, dass eine Transfusion erforderlich ist, sollten Blutkonserven bereitstehen. Der Patient wird in halbsitzender Position gelagert (Abb. 1). Der Arm wird frei gelagert und in die Abdeckung miteinbezogen. Die Inzision setzt an der Spina scapulae an und verläuft zum anterioren Akromion und auf der Vorderseite des Humerusschaftes nach unten. Der M. deltoideus wird vom

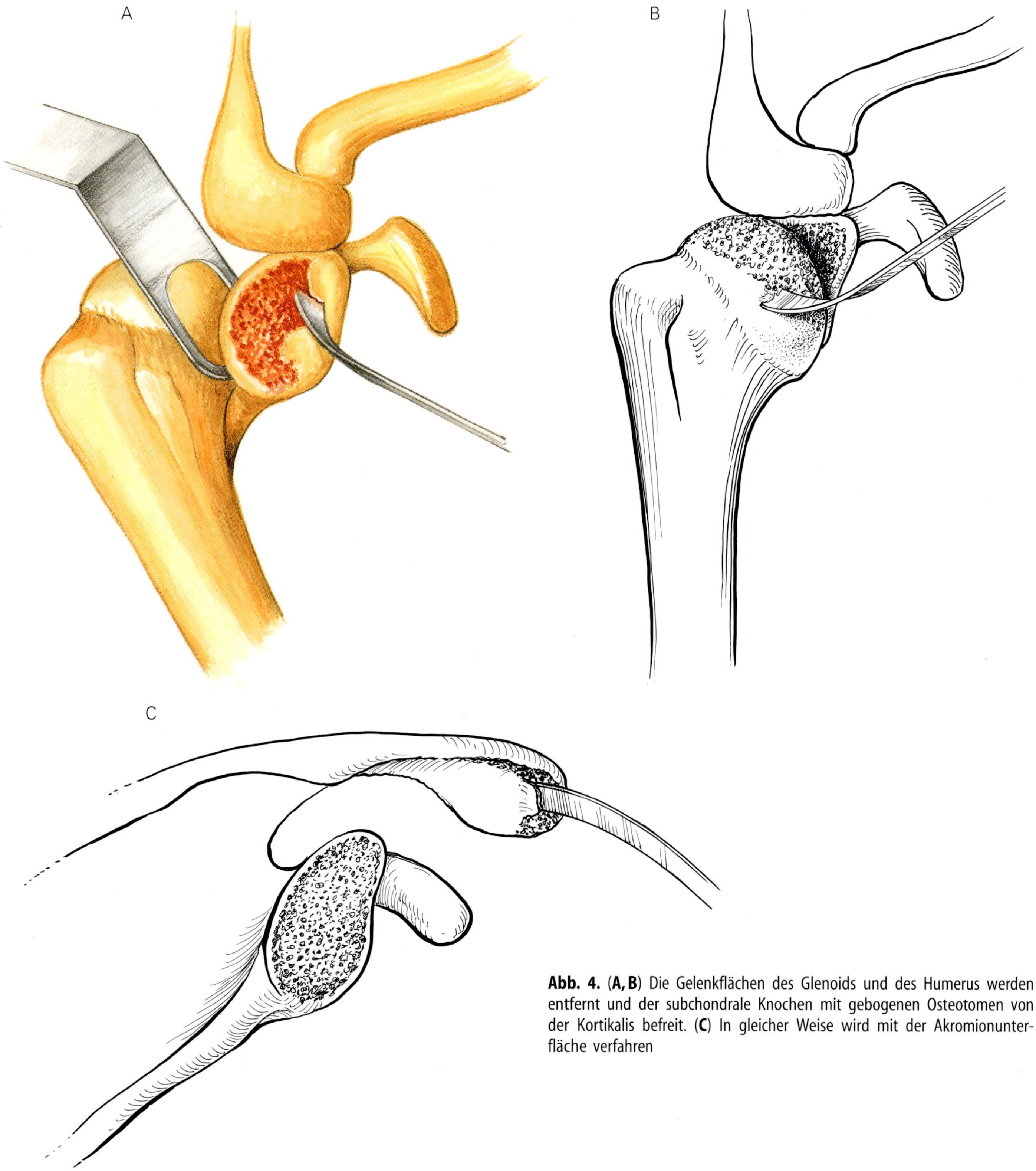

Abb. 4. (**A, B**) Die Gelenkflächen des Glenoids und des Humerus werden entfernt und der subchondrale Knochen mit gebogenen Osteotomen von der Kortikalis befreit. (**C**) In gleicher Weise wird mit der Akromionunterfläche verfahren

anterioren Akromion gelöst, seine Muskelfasern werden distal gespalten (Abb. 2). Ist die Indikation zur Arthrodese eine Armplexuslähmung, besteht bereits ein Funktionsverlust des M. deltoideus und eine potentielle Denervierung dieses Muskels gibt in der Regel keinen Anlass zur Sorge. Bei erhaltener Funktion dieses Muskels verläuft die Inzision im Bogen bis zum Sulcus deltoideo-pectoralis. Bei diesem Zugang zur Schulter bleibt die Muskelmasse des M. deltoideus erhalten und das Ergebnis ist kosmetisch befriedigender.

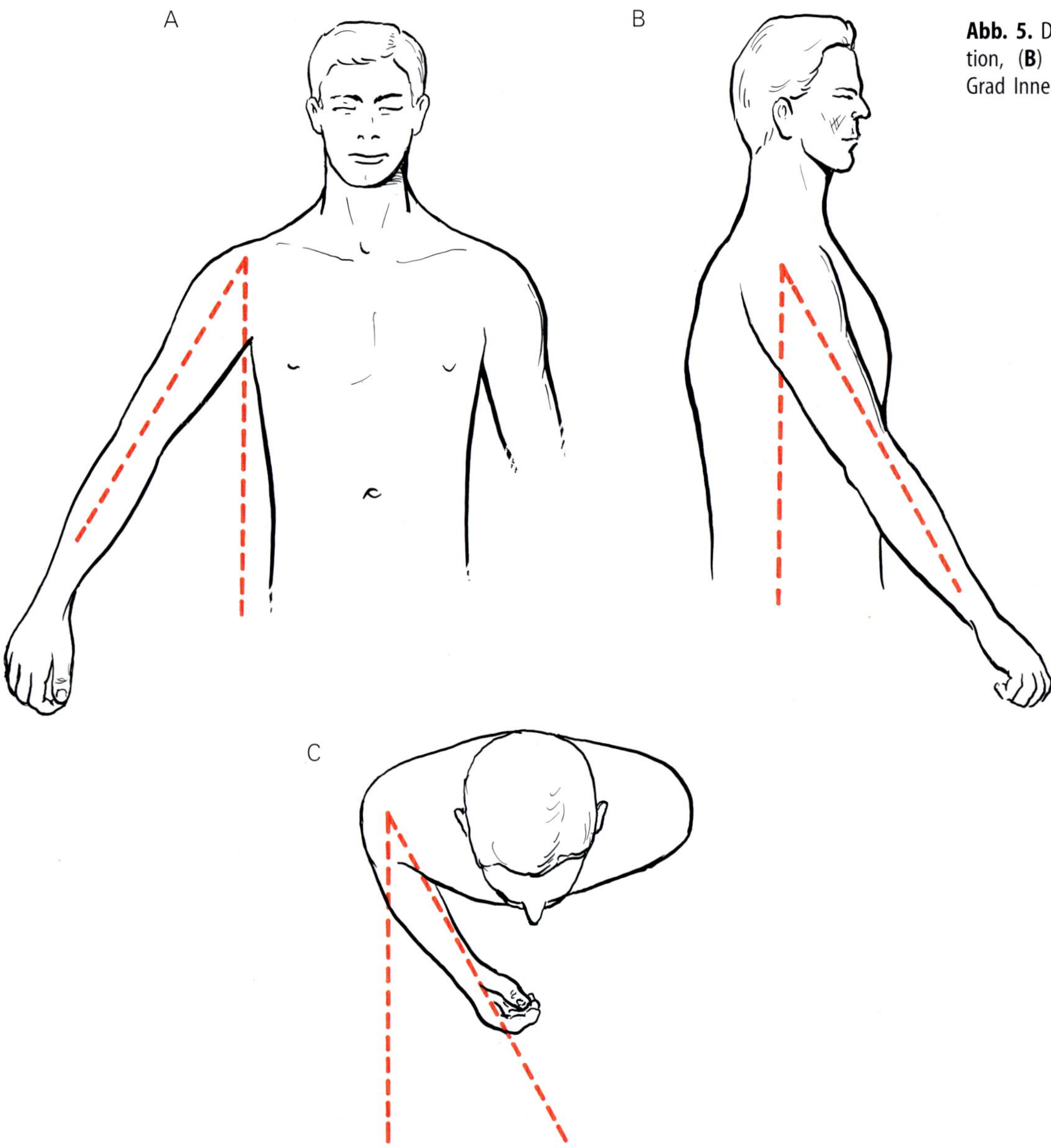

Abb. 5. Der Arm wird in (**A**) 30° Abduktion, (**B**) 30 Grad Flexion und (**C**) 30 Grad Innenrotation positioniert

Nun wird die Rotatorenmanschette reseziert (Abb. 3) und die Kortikalis von Gelenkpfanne, Akromionunterfläche und Humeruskopf entfernt (Abb. 4). Gebogene Osteotome können hier hilfreich sein. Angestrebt wird eine Arthrodese sowohl des glenohumeralen als auch des akromiohumeralen Gelenks, da die Gelenkpfanne allein mit dem Humeruskopf nur einen kleinen Fusionsbereich bildet. Durch die Entfernung der Kortikalis von der Akromionunterfläche kann die potentielle Osteosynthesefläche vergrößert werden.

Mosley (1961) empfahl das Annähen der Bizepssehne an den Sulcus bicipitalis nach vorheriger Spaltung des Sehnenansatzes. An diese Möglichkeit sollte bei Patienten mit funktionsfähigem Bizeps gedacht werden, um die kosmetisch störende Deformierung, wie sie auch nach Ruptur der langen Bizepssehne zu beobachten ist, sowie die geringfügige Krafteinbuße des Ellenbogenbeugers sowie die mit dieser Läsion assoziierte schwerwiegendere Krafteinbuße des M. supinators zu vermeiden. Wir führen bei funktionsfähigem Bizeps immer eine Bizeps-Tenodese durch.

Nach Resektion der Rotatorenmanschette und Entfernung der Kortikalis von den Gelenkflächen wird die Schulter in 30 Grad Abduktion, 30 Grad Flexion und 30 Grad Innenrotation positioniert (Abb. 5). Der Abduktionswinkel wird von der Körperseite aus gemessen. Dieses Verfahren lässt individuelle Unterschiede in Bezug auf Muskelmasse oder Körperfett zwar unberücksichtigt, die klinische Erfahrung hat jedoch gezeigt, dass es mit einer maximalen Abwei-

Abb. 6. Rekonstruktionsplatten werden intraoperativ vorgeformt. Die Platte wird über dem Akromion gebogen und distal des Bogens so verwunden, dass sie der Kontur des Humerusschaftes anliegt

chung von 10 Grad in jeder Ebene eine ausreichende Genauigkeit aufweist. Der Humeruskopf wird nach proximal gebracht und an der von der Kortikalis befreiten Akromionunterfläche adaptiert. Bei 30 Grad Abduktion und Flexion des Humerus liegt der Humeruskopf sowohl an der Akromionunterfläche als auch an der Gelenkpfanne an. Diese Position wird mit Hilfe steriler zusammengefalteter Tücher fixiert und während der Plattenkonturierung ständig überwacht. Bei 30 Grad Innenrotation lässt sich die Hand in die Mittellinie bringen. Eine radiologische Bestimmung des Abduktionswinkels ist nach unserer Ansicht nicht erforderlich.

Zur internen Fixation dient eine 10-Loch Rekonstruktionsplatte mit 4,5-mm-Schrauben. Die Platte wird mit der Schablone so geformt, dass sie an Spina scapulae, Akromion und Humerusschaft anliegt. Durch die Formbarkeit der Platte wird die exakte, an die jeweiligen anatomischen Gegebenheiten angepaßte intraoperative Konturierung ermöglicht. Über dem Akromion wird die Platte vorsichtig um 60 Grad gebogen und direkt distal dieser Biegung so verwunden, dass sie am Humerusschaft anliegt (Abb. 6). Die Löcher in der Rekonstruktionsplatte ermöglichen das Eindrehen der Schrauben in unterschiedlichen Winkeln.

Die Schrauben, die durch die Platte und den Humeruskopf in die Gelenkpfanne reichen, werden zuerst eingebracht (Abb. 7A). In der Regel sind zwei, gelegentlich auch drei und bei dysplastischem Glenoid unter Umständen nur eine Schraube erforderlich. Diese Schrauben bringen Druck auf die Arthrodesestelle. Danach wird eine Schraube von der Spina scapulae in die Korakoidbasis eingedreht. Da an dieser Stelle die Kortikalis durchbohrt wird und um ein Abbrechen der Bohrerspitze zu vermeiden, ist beim Durchbohren der Skapula ein entsprechend vorsichtiges Vorgehen angezeigt. Eine weitere Spongiosaschraube wird durch die akromiohumerale Osteosynthesestelle gelegt, die restlichen Löcher der Platte werden mit Kortikalisschrauben gesichert (Abb. 7B). Das Akromion wird nicht entfernt, da es zur höheren Fixierung der Scapula am Humerus dient. Ein kleiner Anteil des antero-lateralen Akromion kann jedoch mit dem Osteotom oder Rongeur entfernt werden, damit die Platte besser am Akromion und Humerus anliegt.

Die Einpflanzung autogener Knochentransplantate erfolgt nicht routinemäßig, kann jedoch bei unzureichender Verankerungsmöglichkeit im Glenoid und/ oder Humerus indiziert sein. Knochenverlust kann bei der Arthrodese ein signifikantes Problem darstellen. Dieser ist in der Regel auf Trauma, vorangegangene Endoprothetik des Glenohumeralgelenks oder Tumorresektion zurückzuführen. In jedem Fall wird vor dem Eingriff das genaue Ausmaß des Knochenverlustes durch konventionelle Röntgenaufnahmen festgestellt. Im Bereich des Humeruskopfes ist dies in der Regel möglich, am Glenoid kann die konventionelle Röntgenaufnahme nicht ausreichend Aufschluss über den tatsächlichen Knochenverlust geben, sodass eine Computertomographie erforderlich wird. Bei vorangegangenem glenoidalen Gelenkflächenersatz oder Tumor der Skapula ist auf alle Fälle zusätzliche bildgebende Diagnostik indiziert. Liegt Knochenverlust vor, wird die Knochentransplantation zusammen mit

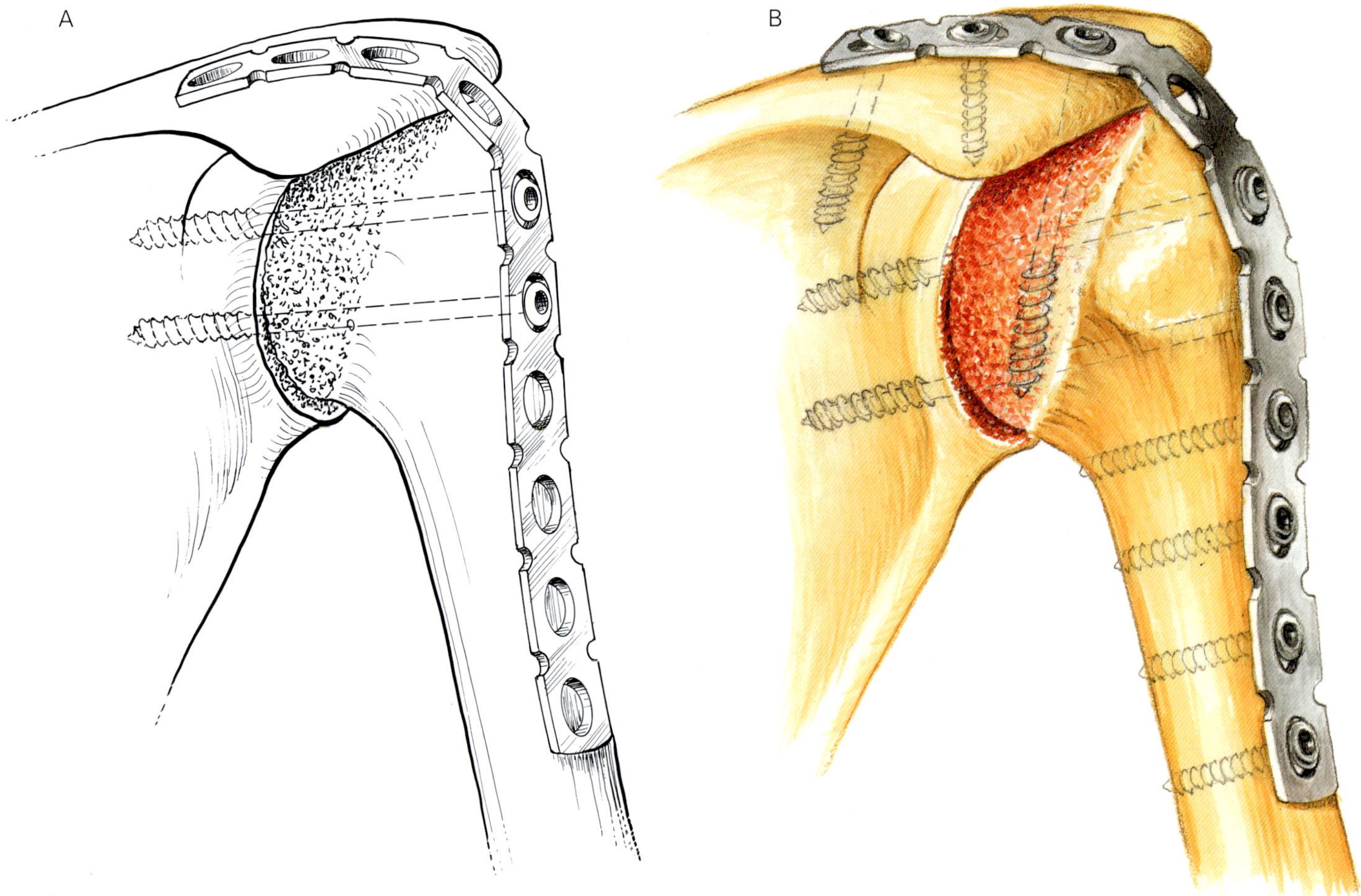

Abb. 7. (**A**) Bei richtiger Humeruskopfposition (an Gelenkpfanne und Akromionunterfläche anliegend) werden die teilweise mit Gewinde versehenen Spongiosaschrauben durch die Platte und den Humeruskopf in die Gelenkpfanne eingedreht, um Druck auf die Arthrodesestelle zu bringen. (**B**) Weitere Spongiosaschrauben werden durch die Platte von der Spina scapulae in die Korakoidbasis sowie vom Akromion in den Humeruskopf gedreht. Anschließend werden, wo möglich, Kortikalisschrauben durch die Platte in das Akromion und den Humerusschaft eingebracht

der Schulterarthrodese durchgeführt. Als Transplantat kommt unstrukturierter, strukturierter und vaskularisierter autogener Knochen in Frage. Die Entscheidung für ein Verfahren hängt vom präoperativ festgestellten Ausmaß des Knochenverlustes ab. Autogene Knochentransplantate liefern osteoinduktives oder osteokonduktives Material und verbessern damit die Chancen einer erfolgreichen Fusion. Einige Autoren verwenden bei der Arthrodese routinemäßig aus dem Humeruskopf entnommene Spongiosa. In komplizierten Fällen und bei Revisionen ist der Humeruskopf in der Regel nicht mehr vorhanden und die autogene Knochenentnahme muss an anderer Stelle erfolgen.

Für die Entnahme nichtstrukturierter autogener Transplantate bevorzugen wir die Innenseite der Crista iliaca. Bei der Verpflanzung strukturierten autogenen Knochens wird ein anatomisch intaktes Transplantat, z.B. ein trikortikaler kräftiger Beckenspan oder ein Fibula-Graft verwendet. Nach fehlgeschlagener endoprothetischer Behandlung des Glenohumeralgelenks liegt aufgrund der häufig ausgedehnten Resektion des Humeruskopfes und Ausräumung des proximalen Humerus häufig ein erheblicher Defekt vor. In diesem Fall kann ein trikortikaler Beckenspan

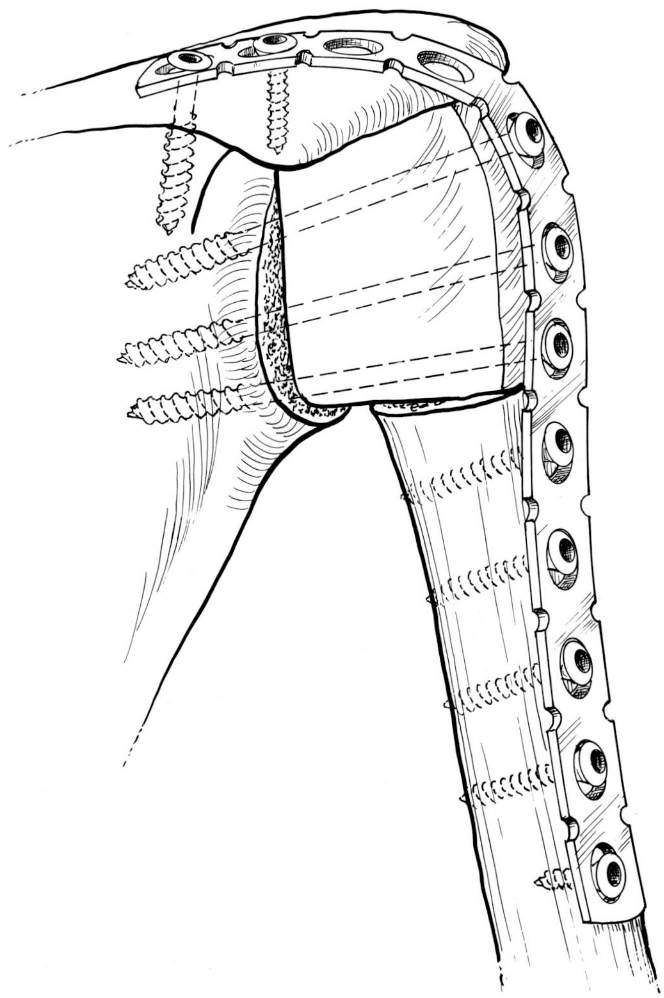

Abb. 8. Bei signifikantem Defekt des proximalen Humerus kann ein trikortikaler Beckenspan als autogenes Transplantat in die Fusionsstelle eingesetzt werden

entnommen und an der Fusionsstelle implantiert werden. Diese Transplantate werden von uns unter der Platte positioniert und die Schrauben durch die Platte und das Transplantat hindurch im Glenoid verankert (Abb. 8). Ein solches Transplantat trägt zum Erhalt der Schulterkontur bei und stellt autogenes osteokonduktives Gewebe bereit, über das die Fusion stattfinden kann. Der Nachteil eines anatomisch intakten Transplantats ist die längere Dauer des Einheilens. Dementsprechend empfiehlt es sich, bei diesem Verfahren zusätzlich kleine Knochenspäne aus Spongiosa einzulagern.

Die Einpflanzung eines vaskularisierten Transplantats hat den Vorteil, dass hier Gewebe mit großem biologischen Potential bereitgestellt wird. Nach allgemeiner Ansicht ist ein vaskularisiertes Transplantat in Erwägung zu ziehen, wenn ein Defekt von mindestens 6 cm vorliegt, was nach einer Tumorresektion häufig der Fall ist. Wir verwenden in dieser Situation ein vaskularisiertes Fibula-Graft. Die Transplantation erfolgt zusammen mit der Fixation der Osteosyntheseplatte. Wir bevorzugen hier eine lange, kräftige Platte, die den Defekt vollständig überspannt. Die Fixierung des Transplantats in entsprechender Position sollte mit minimaler Fixierung am jeweiligen Fibula-Graft-Ende erfolgen. Bei ausgedehntem Defekt kann ein vaskularisiertes Fibula-Graft von bis zu 25 cm Länge verwendet werden. Die Anastomose der Gefäße erfolgt zwischen der A. fibularis und der V. comitans sowie einem Ast der A. axillaris oder brachialis. Um die Wahrscheinlichkeit einer Fusion zu erhöhen, empfiehlt es sich, am jeweiligen Graft-Ende zusätzlich autogene Knochenspäne einzupflanzen.

Die Wunde wird über einer Saugdrainage schichtweise verschlossen. Bei der Refixierung des M. deltoideus wird eine möglichst normale Schulterkontur angestrebt. Da hier häufig eine signifikante Muskelatrophie vorliegt, ist es manchmal schwierig, eine zufriedenstellende Deckung der Platte zu erreichen. Aus diesem Grunde ist es wichtig, die Platte während des Einsetzens an die Kontur der knöchernen Strukturen anzupassen.

Nach Trauma oder Weichteilresektion, die im Rahmen einer Tumorentfernung mit im Gesunden liegenden Resektionsgrenzen notwendig wurde, kann oft ein erheblicher Weichteilverlust vorliegen, und zwar am häufigsten im Bereich der Rotatorenmanschette. Ein isolierter Rotatorenmanschettendefekt erfordert keine speziellen Maßnahmen. Tatsächlich umfasst die vom Autor standardmäßig vorgenommene Arthrodese immer auch die vollständige Entfernung der Rotatorenmanschette.

Erfordert die Tumorabtragung eine Resektion des M. deltoideus oder kam es durch Trauma zum Verlust dieses Muskels, sollte eine Augmentation des Weichteilmantels in Betracht gezogen werden. Insbesondere im Bereich der Arthrodesestelle ist eine gute Gefäßversorgung wichtig. Eine gut durchblutete Muskeldecke fördert das Einwachsen und die Revaskularisierung eines wenig oder nicht vaskularisierten autogenen Knochentransplantats. Für die Schaffung eines stabilen Weichteilmantels im Schulterbereich bieten sich sowohl lokale als auch freie autogene Transplantationen an. Als lokales autogenes Spendergewebe steht der M. latissimus dorsi zur Verfügung, der eine ausgezeichnete Gefäßversorgung aufweist und mit dessen Präparation die meisten Operateure vertraut sind. Dieser Muskel wird in seiner Gesamtheit abgehoben, einfach um seinen Gefäßstiel gedreht und als Verschiebelappen zur Deckung der Schulter heran-

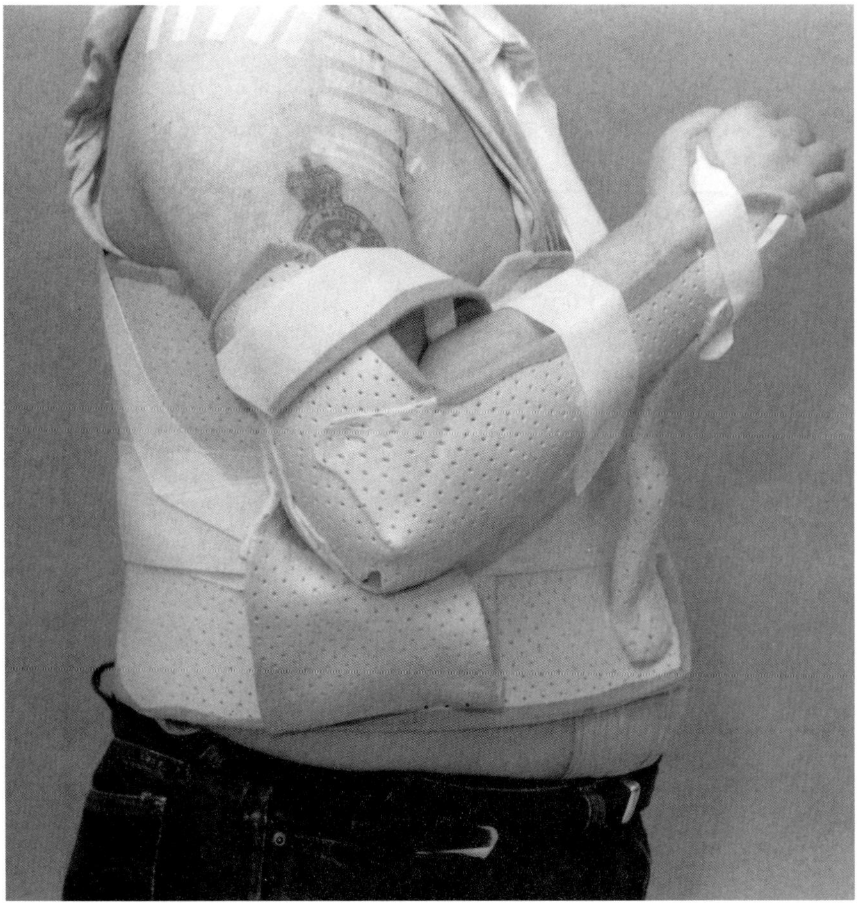

Abb. 9. Nach dem Eingriff wird der Arm in einer Orthese stabilisiert. Sie wird 6 Wochen lang getragen und kann zum Baden abgenommen werden. Um den Krankenhausaufenthalt nicht unnötig in die Länge zu ziehen, kann die Orthese bereits vor dem Eingriff hergestellt und in der unmittelbar postoperativen Phase endgültig angepasst werden. Eine Orthese wird vom Patienten in der Regel sehr viel schneller akzeptiert als ein Gipsverband

gezogen. Je nach Fall wird er als reiner Muskellappen oder als Hautmuskellappen verschoben.

Steht dieser Muskel nicht zur Verfügung, kann eine freie Gewebetransplantation erwogen werden. Im Schulterbereich ist dies jedoch relativ selten erforderlich. Der M. trapezius sollte im Rahmen einer Schulterarthrodese jedoch nicht zur Deckung eines Weichteildefekts eingesetzt werden, da seine anatomische Unversehrtheit für die Motorik des Schultergürtels wichtig ist.

Nachbehandlung

Nach der Operation wird der Arm durch einen Verband und Lagerungskissen ruhig gestellt. Nach 24 Stunden wird eine thermoplastische thorakobrachiale Orthese angelegt (Abb. 9). Wenn möglich, wird die Orthese bereits vor dem Eingriff hergestellt und erforderlichenfalls in der postoperativen Phase angepasst. Die Orthese wird 6 Wochen lang getragen. In dieser Zeit sollte sie nur für kurze Zeit beim Duschen und nur bei gleichzeitiger Ruhigstellung des Arms abgelegt werden. Nach 6 Wochen erfolgt eine Röntgenkontrolle und die Stabilität der Fusion wird manuell vorsichtig geprüft.

Falls nach 6 Wochen kein radiologischer Hinweis auf eine Lockerung besteht, wird der Arm in einer Schlinge getragen. Vorsichtige Bewegungsübungen sind erlaubt, bis die Fusion im Röntgenbild erkennbar ist. Dies lässt sich häufig nicht so einfach feststellen, da die Fixierung so starr ist, dass sich im Bereich der Arthrodesestelle nur sehr wenig Kallus bildet. Nach drei Monaten ist Krafttraining empfehlenswert. Insbesondere können zu diesem Zeitpunkt Übungen zur Kräftigung der Schultergürtelmuskulatur sowie Mobilisierungsübungen durchgeführt werden.

Die postoperative Verbesserung der Schulterfunktion ist abhängig von der Situation vor dem Eingriff (Richards et al. 1993). Patienten mit Schlottergelenk erleben eine signifikante Funktionsverbesserung, präoperativ vorhandene signifikante mechanische Schmerzen im Glenohumeralgelenk nehmen ab. Bei neurogenen Schmerzen stellt sich postoperativ keine Besserung ein. Die Schulterarthrodese erfordert eine erhebliche funktionelle Anpassung des Patienten.

Literatur

Barr J, Freiberg JA, Colonna PC, Pemberton PA (1942) A survey of end results on stabilization of the paralysed shoulder. Report of the Research Committee of the American Orthopaedic Association. J Bone Joint Surg Am 24:699–707

Cheng EY, Gebhardt MC (1991) Allograft reconstructions of the shoulder after bone tumor resection. Orthop Clin North Am 22:37–48

Cofield RH, Briggs BT (1979) Glenohumeral arthrodesis. J Bone Joint Surg Am 61:668–677

Kostiuk JP, Schatzker J (1984) Shoulder arthrodesis – AO technique. In: Bateman JE, Welsh RP (eds) Surgery of the Shoulder. CV Mosby, St Louis, pp 207–210

Kumar VP, Satku SK, Mitra AK, Pho RW (1994) Function following limb salvage for primary tumors of the shoulder girdle. Ten patients followed 4 (1–11) years. Acta Orthop Scan 65:55–61

Mosely HF (1961) Arthrodesis of the shoulder in the adult. Clin Orthop 20:156–162

Raunio P (1981) Arthrodesis of the shoulder joint in rheumatoid arthritis. Reconstr. Surg Traumat 18:48–54

Richards RR (1991) Operative treatment for irreparable lesions of the brachial plexus. In: Gelberman RH (ed) Operative Nerve Repair and Reconstruction. Lippincott, Philadelphia, pp 1303–1328

Richards RR, Waddell JP, Hudson AR (1985) Shoulder arthrodesis for the treatment of brachial plaxus palsy. Clin Orthop 198:250–258

Richards RR, Beaton DE, Hudson AR (1993) Shoulder arthrodesis with plate fixation: a functional outcome analysis. J Shoulder Elbow Surg 2:225–239

Richards RR, Sherman RMP, Hudson AR, Waddell JP (1988) Shoulder arthrodesis using a modified pelvic reconstruction plate: a review of eleven cases. J Bone Joint Surg Am 70:416–421

Riggins RS (1976) Shoulder fusion without external fixation. J Bone Joint Surg Am 58:1007–1008

Rouholamin F, Wootton JR, Jamieson AM (1991) Arthrodesis of the shoulder following brachial plexus injury. Injury 22:271–274

Rowe CR (1974) Re-evaluation of the position of the arm in arthrodesis of the shoulder in the adult. J Bone Joint Surg Am 56:913–922

Rybka V, Raunio P, Vainio K (1979) Arthrodesis of the shoulder in rheumatoid arthritis: a review of forty-one cases. J Bone Joint Surg Br 61:155–158

Wilde AH, Brems JJ, Boumphrey FR (1987) Arthrodesis of the shoulder: current indications and operative technique. Orthop Clin North Am 18:464–472

24 Frances Cuomo

2-Fragmentfrakturen

Frakturen des proximalen Humerus machen einen Anteil von 5% aller Frakturen aus. Die Mehrheit dieser Frakturen wird als minimal disloziert beschrieben und können konservativ mit gutem funktionellem Ergebnis behandelt werden. 15% der proximalen Humerusfrakturen werden allerdings als disloziert beschrieben. Ein großer Anteil dieser Frakturen benötigt einen operativen Eingriff entweder in der Form einer Osteosynthese oder einer Endoprothese, um ein gutes funktionelles Ergebnis zu erreichen. Es ist daher besonders wichtig, zwischen Patienten, die konservativ behandelt werden können und denen, die einen operativen Eingriff benötigen, unterscheiden zu können. Um Behandlung und Prognose auf die individuelle Fraktur abstimmen zu können, hat Neer 1970 eine 4-Fragment-Klassifikation entwickelt, die auf der Intaktheit folgender Fragmente beruht: Humeruskopf intraartikulär, Humerusschaft, Tuberculum minus und majus. Diese Klassifikation ist bis heute die am meisten benutzte Einteilung (Neer 1970). Damit das Fragment als verlagert gilt, muss es folgende Kriterien erfüllen: Verlagerung um mehr als 1 cm oder Rotation um mehr als 45 Grad. 2-, 3- und 4-Fragment-Frakturen und Luxationsfrakturen werden in dieser Klassifikation beschrieben, wobei die 2-Fragment-Fraktur am häufigsten auftritt. Frakturen am „collum anatomicum“ und „collum chirurgicum“, wie Frakturen der Tubercula minus und majus werden als 2-Fragment-Frakturen gewertet. Da dies eine radiologische Klassifikation ist, ist es absolut notwendig Röntgenbilder zu veranlassen, die zumindest aus einer antero-posterioren, lateralen und einer axillären Aufnahme bestehen müssen, um eine akkurate Diagnose stellen zu können (Neer 1984, Sidor et al. 1994).

Verlagerte 2-Fragment-Frakturen sind weiterhin eine orthopädische Herausforderung. Weichteilinterposition, Muskelkräfte und Frakturen durch die Gelenkfläche können oftmals nicht konservativ behandelt werden und verlangen nach einem operativen Eingriff zur Wiederherstellung der Funktion. Die chirurgische Behandlung ist dabei nicht nur von der Fraktur selbst und dem Ausmaß an Stabilität und Verlagerung, sondern auch vom Chirurgen und vom Patienten abhängig. Der Chirurg muss die Anatomie der Schulter kennen, chirurgische und radiologische Erfahrung besitzen und auf dieser Basis eine akkurate Diagnose stellen. Die Fähigkeit des Patienten, eine längere Rehabilitation durchzustehen, sein Allgemeinzustand und sein physiologisches eher als das chronologische Alter gilt es zu berücksichtigen.

Obwohl einige der 2-Fragment Frakturen und Luxationsfrakturen normalerweise geschlossen reponiert werden können, gibt es eine Anzahl von Verletzungen, die von einer geschlossenen Reposition nicht profitieren. Offene Reposition und Fixation ist für dislozierte 2-Fragment-Frakturen des Tuberculum majus und minus mit Beteiligung der Gelenkfläche oder Frakturen, die eine eingeschränkte Innenrotation verursachen, notwendig. Luxationen, die mit einer persistierenden Verlagerung der Tuberculumfragmente nach geschlossener Reposition einhergehen, müssen operativ angegangen werden. In seltenen Fällen können 2-Fragment-Frakturen des „collum anatomicum“ offen operiert werden, wenn das artikuläre Fragment von ausreichender Größe ist und die Qualität des Knochens eine sichere Fixation erlaubt. Sollte dies nicht der Fall sein, ist dem Patienten mit einer Prothese besser gedient. Frakturen des „collum chirurgicum“, die nicht geschlossen in eine akzeptable Position reponiert und gehalten werden können, da Weichteilinterposition (Bizepssehne oder M. deltoideus), Muskelkräfte oder Trümmerfrakturen dies verhindern, werden am besten mit offenen

Methoden behandelt. 2-Fragment-Luxationsfrakturen müssen auch offen angegangen werden, da es schwierig wenn nicht unmöglich ist, den Humeruskopf zu kontrollieren und reponieren.

Das Ziel der Frakturbehandlung ist die Wiederherstellung der Anatomie, Heilung des Knochens und der Weichteile und die Wiederherstellung und Maximierung der Funktion der oberen Extremität. Das spezifische Ziel der operativen Intervention ist eine adäquate stabile Fixierung, um unmittelbar in der frühen postoperativen Phase mit passiven Bewegungsübungen beginnen zu können und die Gefahren einer längeren Immobilisation und der Frakturkrankheit vermeiden zu können. Dies muss durch möglichst minimale Präparation zur Vermeidung von iatrogenen Weichteilverletzungen und minimales Ablösen der Weichteile vom Knochen erreicht werden. Obwohl die Plattenosteosynthese in der Vergangenheit populär war (Kristiansen und Christensen 1987), sprechen sich heute die meisten für eine minimale Osteosynthese aus (Sturzenegger et al. 1982, Hawkins et al. 1986, Cofield 1988, Cuomo et al. 1992). Ich denke, dass der Gebrauch von dicken, nicht resorbierbaren Fäden oder Drähten mit Einbeziehung der Sehnen der Rotatorenmanschetten zusammen mit intramedullären Nägeln bei Frakturen des „collum chirurgicum" eine exzellente Methode ist, eine stabile Fixierung sogar in osteoporotischem Knochen zu erreichen und die Komplikationen dabei gering zu halten (Contreras et al. 1990, Flatow et al. 1991, Cuomo et al. 1992, Coumo und Zuckermann 1994).

Operative Grundlagen

Obwohl die chirurgische Versorgung der 2-Fragment-Frakturen von den beteiligten Fragmenten abhängt, wird der Eingriff immer nach dem gleichen Prinzip schrittweise durchgeführt. Der Zugang, die Exposition, die Identifikation und die Mobilisation der Fragmente, die Reduktion und Fixation umreißen die Schritte. Die zwei am häufigsten gebrauchten Zugänge schließen den antero-lateralen oder den M. deltoideus spaltenden Zugang und den delto-pektoralen Zugang ein. Frakturen des Tuberculum majus werden adäquat durch den M. deltoideus spaltenden Zugang erreicht. Die Mehrheit der 2-Fragment-Frakturen müssen für eine gute Exposition allerdings durch den delto-pektoralen Zugang angegangen werden. Eine Modifikation des delto-pektoralen Zugangs, der anteriore axilläre Zugang kann für Frakturen des Tuberculum minus mit einem besseren kosmetischen Ergebnis benutzt werden.

Mobilisation der Fraktur ist für eine stabile Reposition notwendig. Ungenügendes Freipräpararieren des Tuberculums, des Humeruskopfes und Schaftes erlaubt dem Muskelzug, Zugspannung auf die Rekonstruktion zu legen und somit zu einem möglichen Verlust der Reduktion beizutragen. Kontrolle über die Fragmente wird am besten mit mehreren Fäden erreicht, die am Knochen-Sehnen-Übergang eingebracht werden. Dieser ist oftmals stabiler als der osteoporotische Knochen des älteren Patienten und die Chance eines Ausreißens wird dadurch verringert. Eine Reposition des Tuberculums wird durch Zug an den Fäden erreicht und zieht das Fragment in die ursprüngliche Position. Die Platzierung der Fäden am Tuberculum minus ist von wichtigster Bedeutung, da dort Sehneninsertionen an drei Facetten nicht nur für eine superiore (M. supraspinatus) sondern auch für eine posteriore (M. infraspinatus

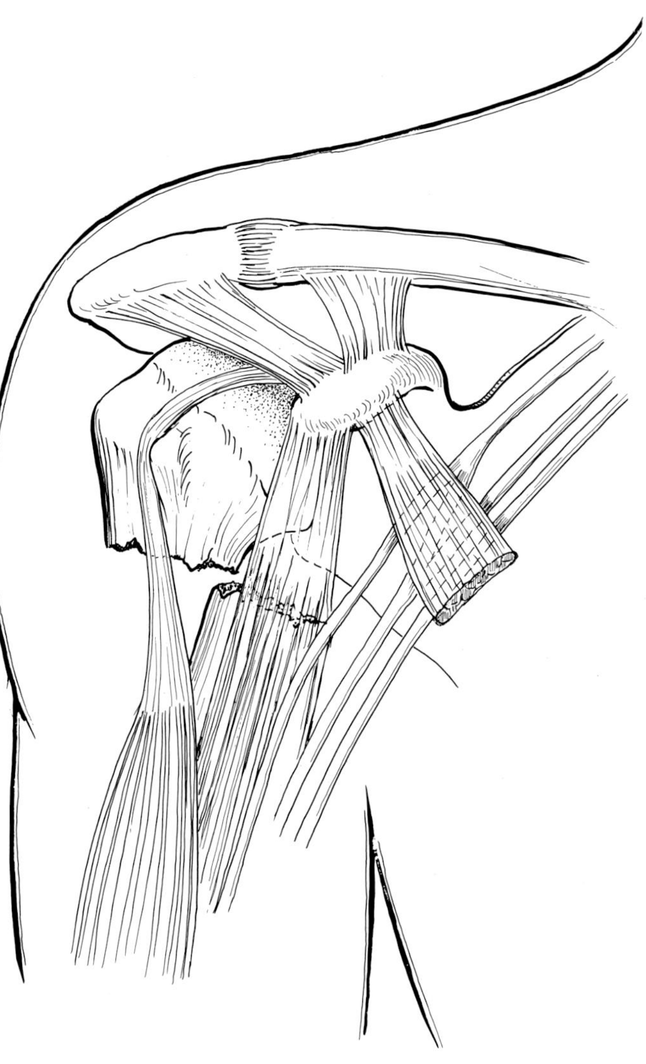

Abb. 1. Der proximale Humerusschaft wird durch Muskelansätze nach medial gezogen und gefährdet die neurovaskulären Strukturen des Plexus brachialis

und M. teres minor) Verlagerung sorgen. Um diese Fehlstellung beheben zu können, und eine anatomische Reposition zu erreichen, müssen die Fäden an allen drei Facetten eingezogen werden, damit die Supraspinatusfacette nach inferior und die Teres minor Facette nach anterior gebracht werden kann. Dies vermindert die Chance einer inadäquaten Reposition, ein häufiger Fehler. Es gibt auch Schwierigkeiten bei der Reposition von „collum chirurgicum" Frakturen, da der Kopf dazu neigt, sich nach posterior zu verschieben und der Schaft nach medial gezogen wird. Vorsichtige Reposition des Schaftes ist notwendig, da die scharfen Spitzen durch den Muskelzug des M. pectoralis major in den Plexus gezogen werden können (Abb. 1). Repositionsversuche werden durch ein Ablösen des sternalen Anteiles des M. pectoralis major am Schaft erleichtert.

Fixation wird mit Fäden oder Draht erreicht. Dies hat den Vorteil, dass weniger Weichteilgewebe als bei der Plattenosteosynthese abgelöst werden muss und die Gefahr einer Zerstörung der Blutversorgung des Humeruskopfes damit vermindert wird. Dies lässt auch die Einbeziehung der Insertion der Rotatorenmanschetten zu und vermeidet die Fixierung in weichem Knochen. Und schließlich kann die Kombination einer Zuggurtung mit intramedullären Methoden eine extrem sichere und stabile Fixierung darstellen, die frühzeitiges Beüben und Rehabilitation der Muskulatur erlaubt (Contreras et al. 1990, Cuomo et al. 1990, Flatow et al. 1991, Cuomo et al. 1992). Mit dieser Art von Fixation erreichte man gute und exzellente Ergebnisse in 82% für 2- und 3-Fragment-Frakturen und 100% in 2-Fragment-Frakturen des Tuberculums majus (Flatow et al. 1991).

Operationstechnik

Die „beachchair" oder halbsitzende Position erlaubt adäquate Sicht und Mobilität für das operative Management von proximalen Humerusfrakturen. In Allgemeinnarkose oder Regionalanästhesie wird der Kopf und Rumpf des Patienten um 30–45 Grad angehoben. Knie und Hüfte werden gebeugt. Der Kopf wird auf einer gut gepolsterten Kopfstütze stabilisiert. Hyperextension der Halswirbelsäule muss vermieden werden. Ein zusammengerolltes Abdecktuch wird unter den medialen Rand der Skapula gelegt, um zu stabilisieren und die Skapula anzuheben. Der Patient wird an den Rand des Operationstisches gebracht, damit der zu operierende Arm frei in alle Richtungen bewegt werden kann. Freie Extension und Innenrotation sind wichtig, um das Fragment des Tuberculum majus zu identifizieren und mobilisieren. Extension ist auch wichtig, um das Tuberculum für die Einführung des Nagels bei Frakturen des „collum chirurgicum" zu exponieren. Alle Knochenvorsprünge werden sorgfältig gepolstert. Die gesamte obere Extremität wird dann vom Hals bis zu den Fingerspitzen und von anterior nach posterior bis zur Körpermitte desinfiziert. Bei der Abdeckung wird der Arm freigelassen, damit man intraoperativ die Stellung ändern kann. Vorsicht ist geboten beim Abdecken, da durch exzessive Abduktion die neurovaskulären Strukturen durch den proximalen Schaft leicht verletzt werden können.

Die meisten 2-Fragment Frakturen können durch einen M. deltoideus spaltenden oder einen deltopektoralen Zugang abhängig von der Fraktur adäquat

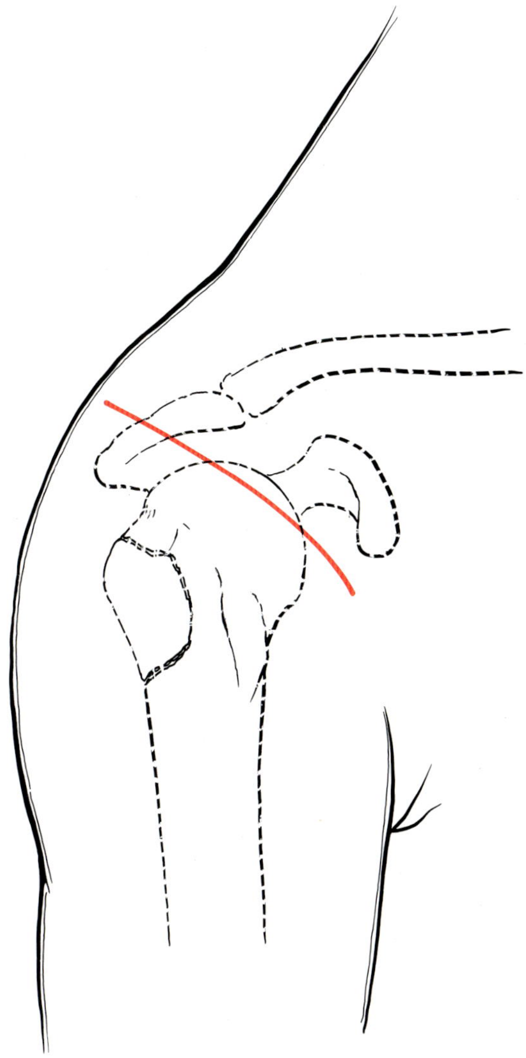

Abb. 2. Die Hautinzision für den M. deltoideus spaltenden Zugang beginnt unmittelbar lateral des Korakoides und wird entlang den Langerschen Hautlinien 7–8 cm bis zur antero-lateralen Ecke des Akromiums verlängert

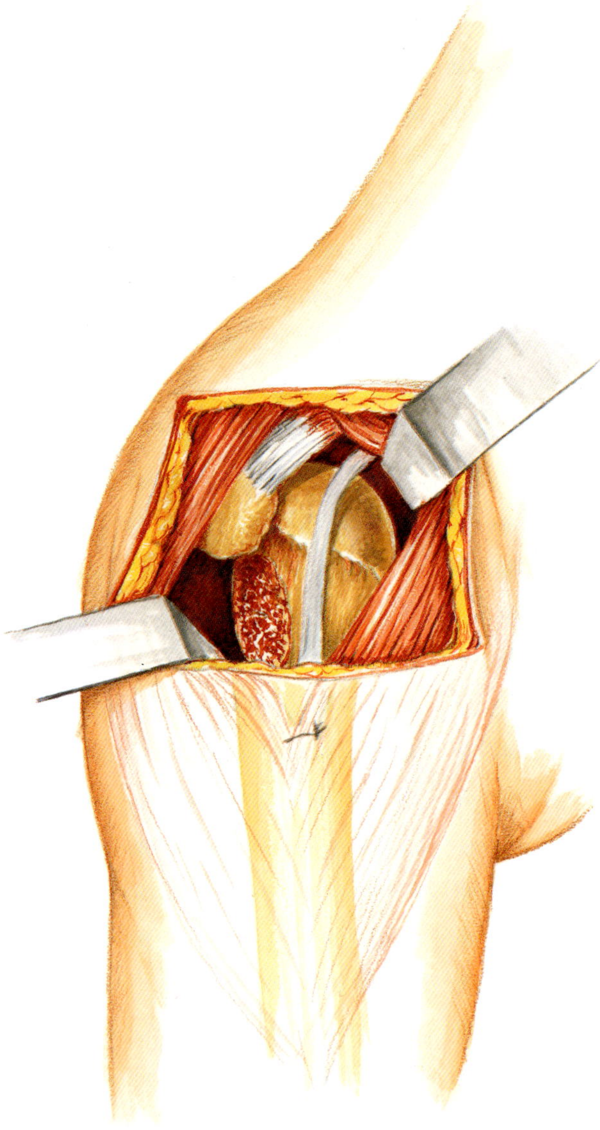

Abb. 3. Der M. deltoideus wird nach Einsetzen eines Haltefadens 4–5 cm distal der Spitze des antero-lateralen Akromiums zur Vermeidung von N. axillaris Schädigungen, gespalten

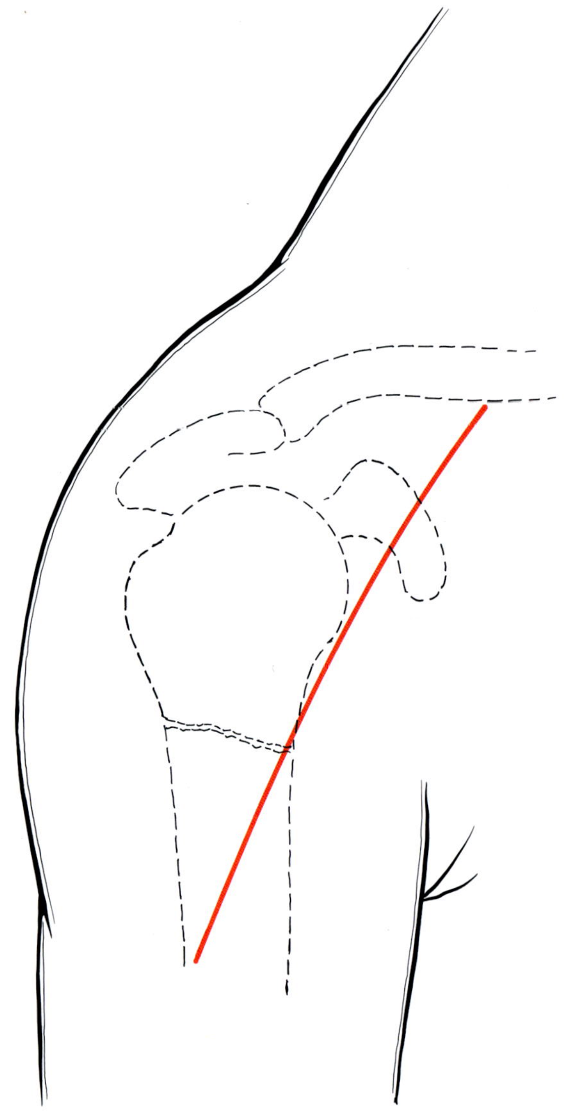

Abb. 4. Die Hautinzision für den delto-pektoralen Zugang beginnt auf Höhe der Klavikula und wird nach distal über das Korakoid bis zum Ansatz des M. deltoideus am Humerus mit dem Arm in neutraler Rotation verlängert

exponiert und angegangen werden. Beide Zugänge erlauben die Erhaltung des Ursprunges des M. deltoideus und der Funktion, welches für die Prognose von wichtiger Bedeutung ist. Dies beinhaltet auch Maßnahmen, um Verletzungen des N. axillaris, der entlang der unteren Grenze des M. subscapularis zur Unterfläche des M. deltoideus zieht.

Frakturen des Tuberculum majus können durch den M. deltoideus spaltenden Zugang operiert werden. Sowohl Knochenfragmente und Rotatorenmanschette können durch diesen Zugang einfach identifiziert, mobilisiert und rekonstruiert werden, ohne den Ursprung des M. deltoideus ablösen zu müssen. Da die Insertionsseite für einen intramedullären Nagel auch offenliegt, kann dieser Zugang für die intramedulläre Insertion eines Nagels für die 2-Fragment-Frakturen des „collum chirurgicum" benutzt werden, dem eine akzeptable aber instabile Reposition vorausgegangen ist.

Der antero-superiore Zugang beginnt mit der Hautinzision entlang den Langerschen Hautlinien unmittelbar lateral der antero-lateralen Kante des Akromiums bis 2 cm lateral des Korakoids (Abb. 2). Die Haut wird unterminiert und nach superior und inferior mobilisiert. Dies ermöglicht, die Inzision relativ leicht in alle Richtungen zu verschieben und somit durch einen recht kleinen Schnitt adäquate Exposition zu haben.

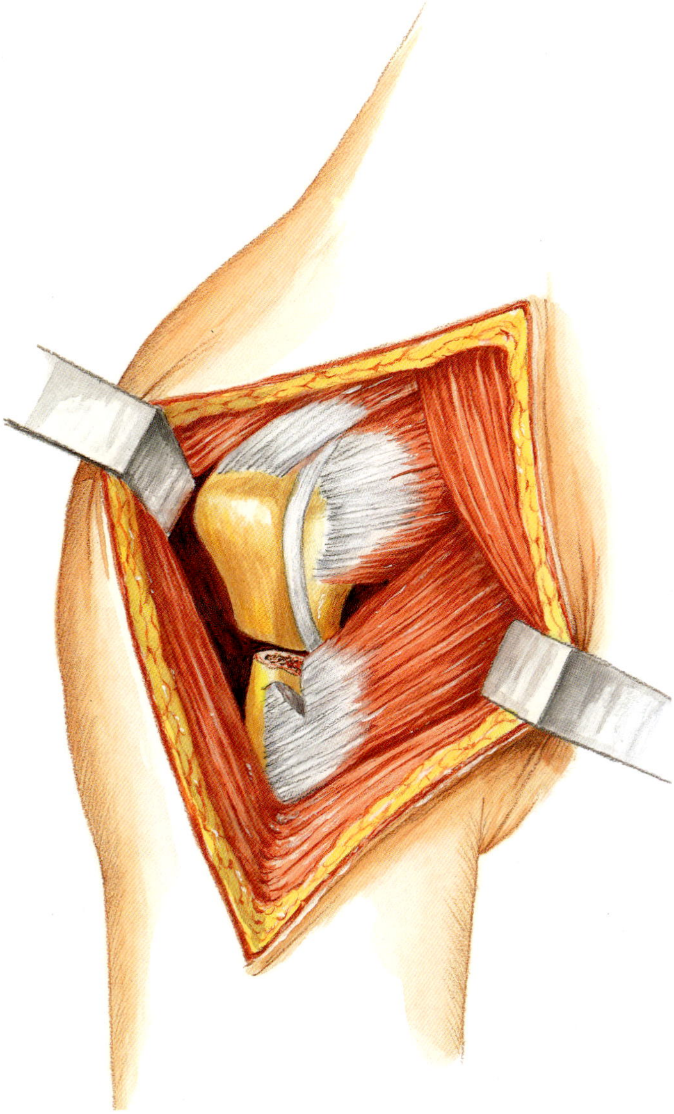

Abb. 5. Das delto-pektorale Intervall wird entwickelt. Ansatz und Ursprung des M. deltoideus werden dabei intakt gelassen. Der sternale Anteil des M. pectoralis major kann vom Humerus gelöst oder eingekerbt werden, um die Reduktion der Fraktur zu erleichtern

Ein Haken wird am distalen lateralen Ende eingesetzt. Dies exponiert den M. deltoideus für die Spaltung. Um Verletzungen des N. axillaris zu vermeiden, wird ein Haltefaden 4–5 cm distal des Akromiums eingesetzt, um übermäßige Retraktion zu vermeiden. Der M. deltoideus wird nun von der lateralen Ecke des Akromiums bis zum Haltefaden mit dem Elektromesser gespalten (Abb. 3). Sobald die posteriore Faszie inzidiert wurde, wird der M. deltoideus vorsichtig weggehalten und durch stumpfe Präparation wird der subakromiale/subdeltoide Raum freigelegt und von Verwachsungen der darunterliegenden Tubercula und der Rotatorenmanschette befreit. Die Wunde wird jetzt

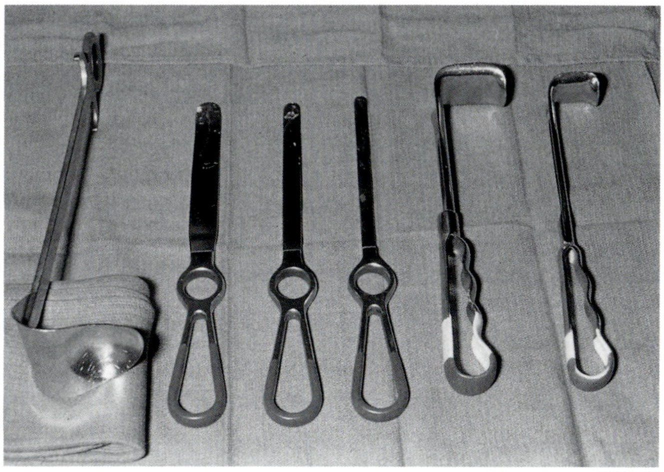

Abb. 6. Spezielle Instrumente in verschiedener Größe erleichtern den Eingriff. Von Links nach rechts: Brown-Haken, Darrach-Haken und Richardson-Haken

gründlich gespült, um Bursa und Hämatom zu entfernen und den Knochen zu exponieren. Das nach superior und posterior dislozierte Tuberculum majus kann durch Innenrotation und Extension des Armes meistens in die Operationswunde gebracht werden.

Der delto-pektorale Zugang wird häufig benutzt und Reposition und Fixation der 2-Fragment-Frakturen einschließlich der „collum chirurgicum" Frakturen kann durch ihn einfach ausgeführt werden. Wie im superioren Zugang wird Ursprung und Ansatz des M. deltoideus bewahrt. Markante Punkte zur Hautinzision schließen die Klavikula, das Korakoid und den Ursprung des M. deltoideus ein. Der Arm wird in neutraler Stellung gehalten, die Haut wird auf Höhe der Klavikula inzidiert und der Schnitt wird nach distal über die laterale Kante des Korakoids bis zum Ansatz des M. deltoideus fortgesetzt (Abb. 4). Die Haut wird nur wenig unterminiert, gerade genug, um Retraktion zu ermöglichen. Die Vena cephalica wird identifiziert, intakt gelassen und nach lateral mit den Ästen des M. deltoideus weggehalten. Wenn mediales Weghalten die Exposition der Fragmente erleichtert oder eine Arthroplastik geplant ist, wird die Vene nach medial genommen. Damit der Humerusschaft nicht zu sehr nach medial gezogen wird, wird der sternale Anteil des M. pectoralis major am Sehnen-Knochen-Übergang vom Humerus abgelöst und mit einem Haltefaden zur späteren Rekonstruktion versehen (Abb. 5). Dies erlaubt eine sanfte Reduktion des Humerusschaftes und gleichzeitig können spitze Zacken vorsichtig vom umgebenden Weichteilgewebe und den neurovaskulären Strukturen befreit werden. Gleichzeitig wird dadurch die Sicht verbessert.

Das Korakoid wird identifiziert und die klavi-pektorale Faszie wird unmittelbar lateral der Sehnen des M. coracobrachialis und des M. biceps humeri caput breve eingeschnitten. Die Korakoidmuskeln werden mit einem Retraktor vorsichtig weggehalten. Der subakromiale/subdeltoide Raum wird mit einem Haken freigehalten. Der M. deltoideus wird mit einem Retraktor nach lateral gezogen. Dies schont den M. deltoideus und ermöglicht exzellente Sicht (Abb. 6). Zusätzliche Exposition nach superior kann durch partielles Einschneiden des Lig. coracoacromiale erreicht werden. Damit ist die Rotatorenmanschette und der proximale Humerus nach Ausräumen von Blutgerinnseln, hämorraghischen Bursae und fibrinösem Gewebe im Operationsitus gut sichtbar.

2-Fragment-Frakturen des „collum chirurgicum". Nachdem die Fragmente kürettiert und gespült wurden, kann die Fraktur reponiert werden. Die Bizepssehne und der Sulkus sind die Schlüssel zur Identifikation der Tuberculumfragmente in komplexeren Verletzungen. Sie spielen auch eine große Rolle bei der Reposition der Frakturen. Das Identifizieren und anatomische Reponieren des Sulcus bicipitalis erleichtert die Orientierung des Humeruskopfes an den Schaft. Der Schaft wird vorsichtig durch Adduktion und Extension aus der Wunde mobilisiert.

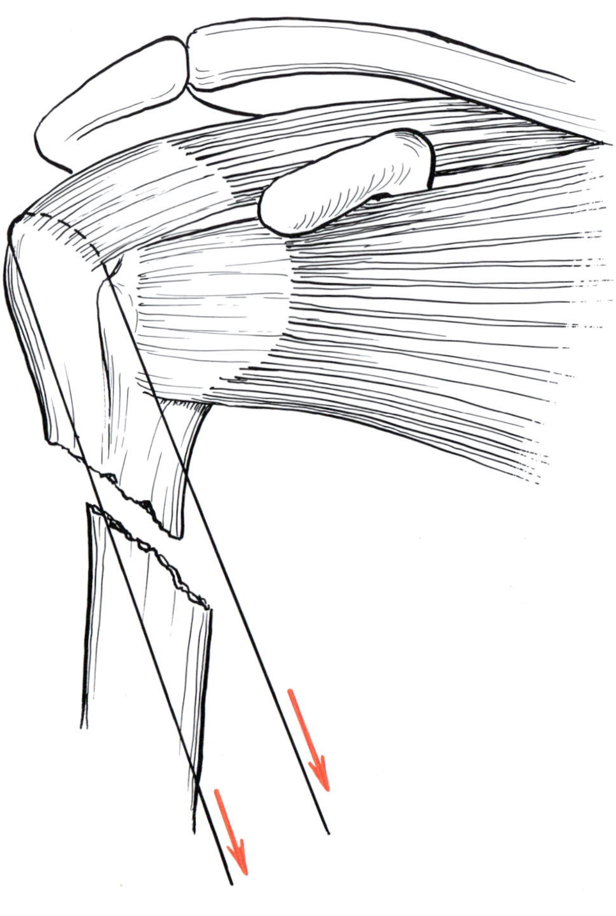

Abb. 7. Nichtresorbierbare Fäden platziert am Knochen-Sehnen-Übergang des Tuberculums erleichtern Kontrolle und Reduktion des Kopffragmentes

Der Kopf wird mit am Tuberositas-Sehnen-Knochen-Übergang angebrachten Haltefäden und mit Hauthaken kontrolliert (Abb. 7). Der Kopf wird dann auf den Schaft reduziert, indem man vorsichtig an den Haltefäden zieht und den Arm nach vorwärts eleviert. Rotation und Angulation wird korrigiert und die Fraktur wird verkeilt. Der Arm wird wieder nach unten geführt, während der Zug an den Haltefäden beibehalten wird, um die Reduktion nicht zu verlieren.

Sobald eine zufriedenstellende Reduktion erreicht ist, wird die Fraktur mit einer Zuggurtung mit dicken, nicht resorbierbaren Fäden oder Draht fixiert. Das Tuberculum und die Rotatorenmanschette wird mit einer „figure of eight"-Technik in die Rekonstruktion eingeschlossen. Intramedulläre Nägel ergänzen die Fixierung speziell bei einer Trümmerfraktur des „collum chirurgicum". Obwohl man anstelle von Tevdek Nr. 5 (Davis & Geck, Franklin Park, NJ) oder Ethibond (Ethicon Inc., Somerville, NJ) auch 18 gauge Stahldraht verwenden kann und damit eine bessere, sofortige Stabilität erreichen kann, gilt es doch zu bedenken, dass Draht leichter brechen, wandern und zu Irritationen im subakromialen Raum führen kann. Gebogene Endernägel (Smith & Nephew Richards, Memphis, TN) sind den geraden Nägeln überlegen, da sie durch Anlehnen an den Kortex der distalen Markhöhle des Humerus zu einer Drei-Punkt-Fixation und somit zu einer besseren Rotationsstabilität führen. Die Kombination von Zuggurtung und intramedullären Nägeln zeigt eine wesentlich bessere Rotations- und Achsenstabilität als die jeweilig Methode alleine (Blair et al. 1993).

Eine 1 cm lange Inzision entlang der Faserrichtung der Rotatorenmanschette wird über dem Tuberculum majus oder minus außerhalb der Gelenkfläche gemacht. Die Fraktur muss reponiert sein. Der Eintrittspunkt des Nagels ist dabei vom Tuberculum, das intakt ist oder weniger Fragmente aufweist, abhängig. Schließlich möchte man maximale Stabilität erreichen. Ist das Tuberculum majus intakt oder nur minimal betroffen, ist es die bessere Wahl, da es zwei Nägel halten kann, während das Tuberculum minus gerade Platz für einen Nagel besitzt. Ender-Nägel sind zu bevorzugen und zwar nicht nur wegen der Drei-Punkt-Fixation, sondern auch weil das Auge am Nagel erlaubt, die „figure of eight" durch das Auge zu führen und den Nagel in die Zuggurtung mit einzubeziehen. Dies hat den Vorteil, dass das proximale Wandern und Impingement, welches oft mit geraden

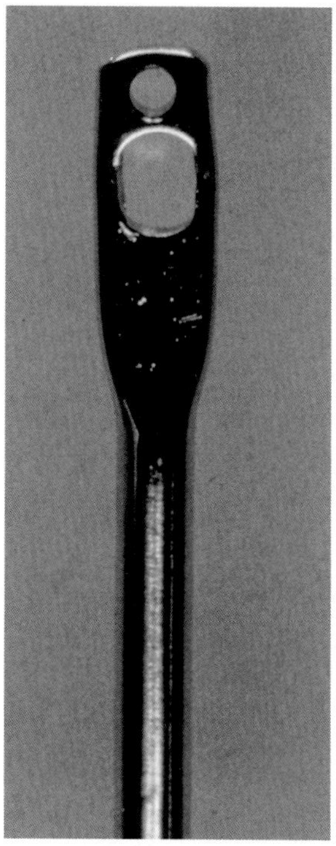

Abb. 8. Ein modifizierter 3,5 mm Ender-Nagel mit einem zusätzlichen Loch oberhalb des Auges, der Durchzug der Naht und tiefere Insertion unterhalb der Manschette erlaubt

Nägeln gesehen wird, vermindert wird (Contreras et al. 1990, Cuomo 1990). Jedoch ist das Auge am Nagel relativ breit und erlaubt immer noch, dass ein Teil des Nagels nach proximal wandert. Daher benutze ich einen modifizierten Nagel, der ein zusätzliches Öhr oberhalb des Auges für die Fäden besitzt. Diese Modifikation erlaubt eine tiefere Insertion des Nagels unterhalb der Sehnen der Rotatorenmanschette (Abb. 8).

Eine longitudinale Inzision in die Sehne wird am posterioren Aspekt des Tuberculum minus gemacht. Dieser Eintrittspunkt erleichtert einem durch vorsichtiges nach vorne Hebeln des teilweise eingeführten Nagels die Reduktion zu erhalten, da der Humeruskopf dazu neigt, nach posterior zu dislozieren. Mit einer Knochenahle wird der Knochen durchbohrt. Die Fraktur wird während des Einführens des Nagels durch den Frakturspalt nach distal in seiner Zirkumferenz palpiert (Abb. 9).

Der zweite Nagel wird in ähnlicher Weise ungefähr 1–1,5 cm anterior zum ersten platziert. Dabei sollte der zweite in 180 Grad Rotation zum ersten zur besseren Stabilisierung distal eingebracht und fixiert werden. Die Nägel sollten außerdem von unterschiedlicher Länge sein, um Stressbelastungen im Humerus-

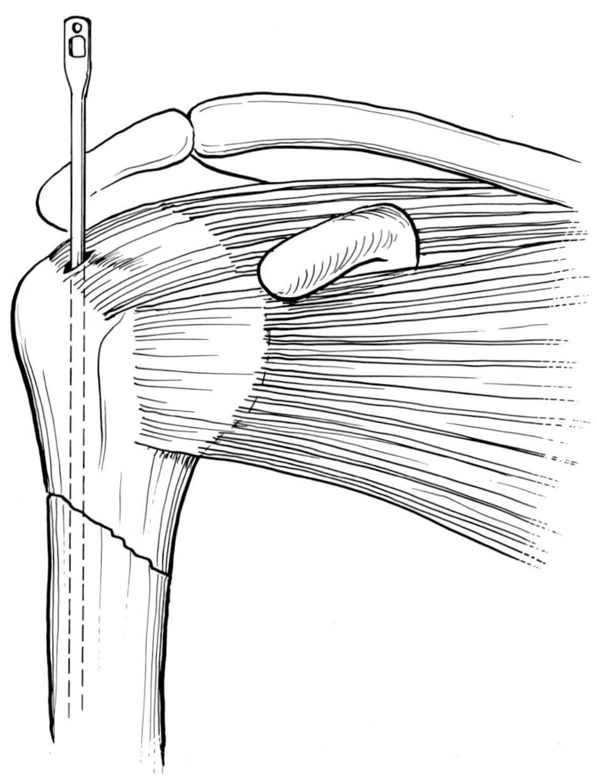

Abb. 9. Der hintere Nagel wird in das Tuberculum majus durch eine 1 cm Inzision in der Rotatorenmanschette eingeführt. Mit einem Hauthaken und den Haltefäden am Knochen-Sehnen-Übergang wird die Reduktion beibehalten

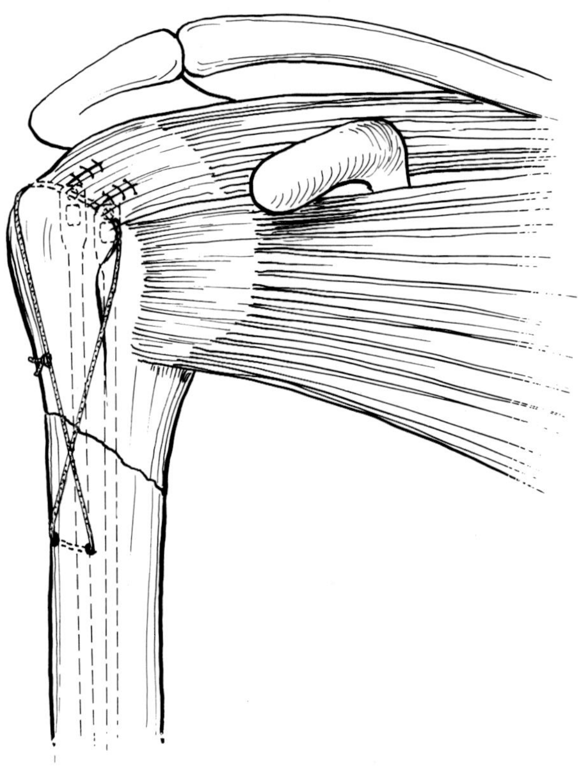

Abb. 10. Eine „figure of eight"-Naht oder -Draht wird durch das proximale Loch oberhalb des Auges unterhalb der Rotatorenmanschette und durch vorgebohrte Löcher im Humerusschaft geführt

schaft zu verhindern. Nägel mit einer Länge zwischen 22 und 27 cm sind normalerweise adäquat. Bevor die Nägel versenkt werden, werden zwei Bohrlöcher in den Schaft lateral der Bizepssehne zum Durchziehen der Zuggurtungsfäden angelegt. Fäden oder Draht wird durch das Bohrloch und anschließend durch das Auge des Nagels in „figure of eight"-Technik gebracht, unterhalb der Rotatorenmanschette zwischen den Nägeln für zusätzlichen Halt geführt, um proximale Wanderung der Implantate zu verhindern. Die Reduktion wird überprüft und die Nägel dann gut unterhalb der Rotatatorenmanschette in den Knochen eingeschlagen. Erst dann werden die Fäden verknotet oder der Draht gebogen (Abb. 10).

Ist die Zuggurtung gesichert, wird Stabilität und Bewegungsumfang getestet, sodass postoperative Rehabilitation festgelegt werden kann, ohne dass zusätzlicher Streß an der Rekonstruktion lastet. Die Inzisionen an der Manschette, das delto-pektorale Intervall wird geschlossen, und falls notwendig eine Saugdrainage eingelegt.

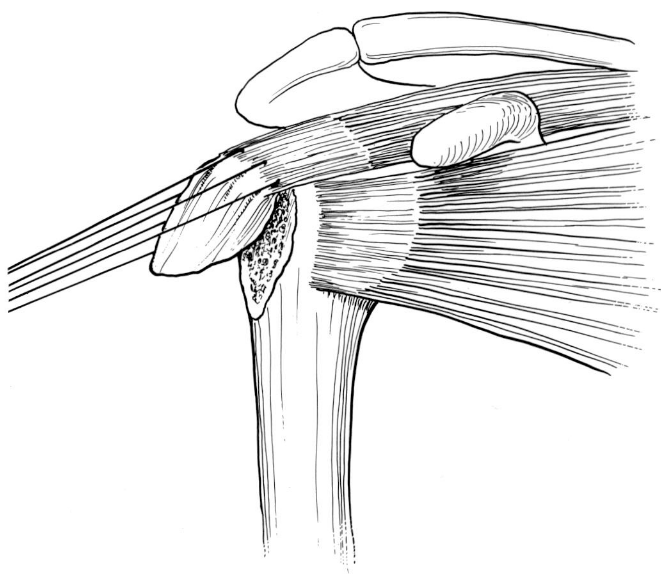

Abb. 11. Intraoperative Mobilisation des Tuberculum minus mit nichtresorbierbaren Fäden platziert am Knochen-Sehnen-Übergang, um die posteriore und superiore Fehlstellung zu korrigieren

2-Fragment-Frakturen des Tuberculum minus. Nachdem der M. deltoideus spaltende Zugang komplett ist, werden die Adhäsionen gelöst und die Frakturenden gesäubert. Der Arm wird zur besseren Sicht auf die Tuberositas innenrotiert. Das Fragment wird mit nichtresorbierbaren Fäden (Nr. 5 Tevdek oder Ethibond) platziert am Knochen-Sehnenübergang mobilisiert. Fäden, die durch oftmals osteoporotischen spongiösen Knochen der Tuberositas gezogen werden, reißen leicht aus. Hiermit wird die stärkere Rotatorenmanschette in die Rekonstruktion mit eingeschlossen und vermindert das Risiko eines Ausrisses der Fixation. Reduktion wird durch Ziehen an den Fäden der Tuberositas erreicht. Man muss speziell darauf achten, superiore und posteriore Verlagerung zu reduzieren. Man kann dies dadurch erreichen, indem man die Fäden an der superioren, inferioren und medialen Facette einsetzt und damit den Zug des M. supra- und M. infraspinatus und M. teres minor auszugleichen (Abb. 11). Abhängig von der genauen Lokalisation der Fraktur gibt es unterschiedliche Grade von superiorer und posteriorer Verlagerung. Sind die Fäden wie oben beschrieben gesetzt, kann man damit nicht nur die superiore Facette nach unten, sondern auch die inferiore Facette nach vorne an die anatomische Lokalisation am Tuberculum zurückbringen. Es kann aber sein, dass man einen Teil des spongiösen Anteils des Knochens bei einem großen Fragment entfernen muss, sollte man es nicht anatomisch reduzieren können. Die Reduktion wird durch Palpation überprüft, um sicherzugehen, dass das Tuberculum unterhalb der Gelenkfläche liegt.

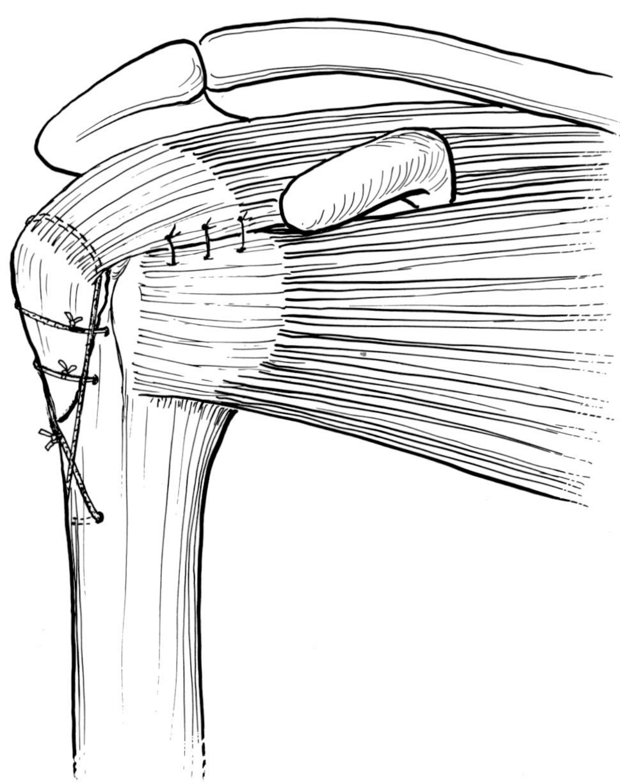

Abb. 12. Das Fragment des Tuberculums wird mit nichtresorbierbaren Fäden am Knochenbett in reduzierter Position gesichert. Dies geschieht in „figure of eight"-Technik und vorgebohrte Löcher entlang des Knochenbettes und der Peripherie. Die Rotatorenmanschette wird in die Fixation inkorporiert und Risse in den Sehnen der Rotatorenmanschette werden genäht

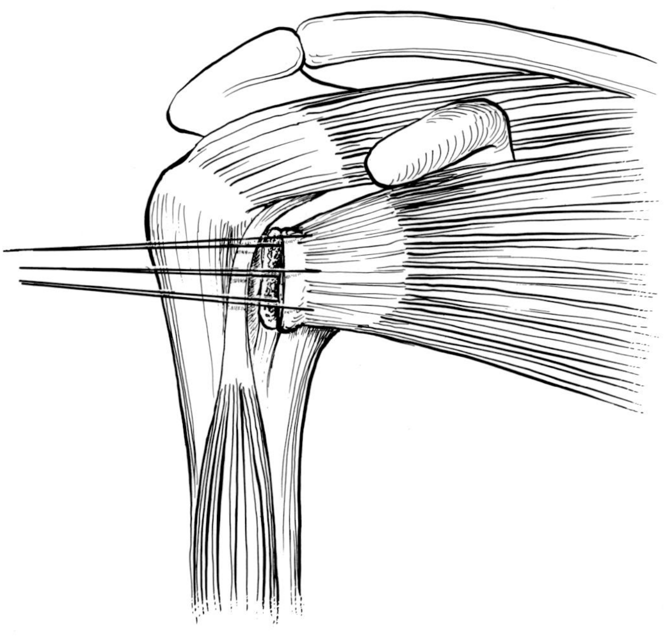

Abb. 13. Mobilisation des Tuberculum minus vor der Fixation im Knochenbett. Die Bizepssehne muss möglicherweise durch eine Tenodese oder eine Rekonstruktion des Lig. transversum stabilisiert werden

Sobald die Fraktur reduziert ist, wird mit dem Bohren der Löcher entlang des Frakturspaltes am Humeruskopf und auch am Schaft begonnen. Die Rotatorenmanschette wird auf Ihre Intaktheit überprüft und bei einer Ruptur gleichzeitig rekonstruiert, während die Reduktion beibehalten wird. Damit wird auf die Fixation des Tuberculums weniger Spannung ausgeübt. Definitionsgemäß werden 2-Fragment-Frakturen des Tuberculums mit einer Ruptur im Rotatorenintervall zwischen M. supraspinatus und M. subscapularis oder mehr posterior zwischen M. supraspinatus und M. infraspinatus gesehen. Dies hängt von der genauen Lokalisation der Fraktur ab. Diese Ruptur muss rekonstruiert werden, um eine maximale postoperative Funktion zu erreichen. Die Fixation wird abgeschlossen, indem Fäden durch die Löcher im Humeruskopf und Schaft gezogen und fest verknotet werden (Abb. 12). Die Belastungsfähigkeit der Rekonstruktion wird getestet und der Spalt im M. deltoideus sorgfältig mit nicht resorbierbaren Fäden verschlossen.

2-Fragment-Frakturen des Tuberculum minus. Die isolierte verlagerte Tuberculum minus Fraktur ist eine Rarität. Es sind nur wenige klinische Berichte veröffentlicht (Kunkel und Monesmith 1993). Obwohl es schwierig ist, die Behandlung dogmatisch abzuhandeln, stimmen die meisten Autoren überein, dass sobald ein Teil der Gelenkfläche betroffen ist, und/oder eine signifikante Einschränkung der Innenrotation besteht, die Fraktur operativ fixiert werden sollte. Die Fixation wird ähnlich wie die des Tuberculum minus durchgeführt. Die Exposition bei antero-medialer Fehlstellung wird allerdings leichter durch den delto-pektoralen oder antero-axillaren Zugang eingesehen. Der antero-axilläre Zugang unterscheidet sich vom delto-pektoralen nur durch einen vertikalen Hautschnitt entlang der vorderen Axillarlinie für eine bessere Kosmetik. Die Haut wird unterminiert nach superior und medial, um bessere Sicht zu ermöglichen. Der Rest dieses Zuganges gleicht dem delto-pektoralen. Der Arm wird in Außenrotation und vorwärts Flexion gebracht und der M. subscapularis und das Tuberculum minus wird identifiziert. Der M. subscapularis und das Tuberculum werden mit nichtresorbierbaren Haltefäden mobilisiert und in das angefrischte Knochenbett hinein reduziert (Abb. 13). Bohrlöcher werden im Humeruskopf und Schaft platziert und das Fragment wird wie vorher für die Frakturen des Tuberculum majus beschrieben, gesichert. Die Exzision des Fragmentes durch Ausschälen vom M. subscapularis und der vorderen Kapsel mit nachfolgendem Wiederannähen des M. subscapularis ist auch schon beschrieben worden (Kunkel und Monesmith 1993). Wenn der Bizepssulkus in der Frakturlinie liegt oder das Lig. transversum gerissen ist, der M. biceps humeri caput longum damit instabil wird, ist eine Tenodese oder eine Rekonstruktion des Ligamentes indiziert. Dies hängt von der Qualität der Reduktion des Sulkus und/oder der Ätiologie der Instabilität ab. Da der Ursprung des M. deltoideus intakt gelassen wurde, kann das Intervall zwischen M. deltoideus und M. pectoralis major ohne Probleme verschlossen werden.

Nachbehandlung

Ärztlich überwachte postoperative Rehabilitation ist ein wichtiger Teil der Behandlung von verlagerten 2-Fragment-Humerusfrakturen. Es ist von entscheidender Bedeutung für optimale Resultate. Das primäre Ziel der operativen Rekonstruktion ist in erster Linie eine stabile Fixation, die sofortige passive Bewegungsübungen erlauben. Frühe Bewegungen sind notwendig, um intra- und extraartikulären Adhäsionen vorzubeugen. Sind diese erst entstanden, kann man sie nur mit großen Schwierigkeiten erfolgreich konservativ behandeln. In den meisten Fällen werden passive Bewegungsübungen am ersten postoperativen Tag in der Form von Pendelübungen begonnen. Abhängig von der Stabilität der Fixation, die intraoperativ überprüft wird, kann auch mit Außenrotation in der unmittelbaren postoperativen Phase, normalerweise nach 3 oder 4 Tagen, begonnen werden. Diese

Übungen werden 4- bis 5-mal täglich für 5–10 Minuten durchgeführt, bis das Weichteilgewebe geheilt ist. An diesem Punkt kann mit aggressiveren Dehnungsübungen begonnen werden. Innenrotation hinter die Rumpfebene wird für 6 Wochen vermieden, wenn das Tuberculum majus fixiert wurde, um Stressbelastungen an der Rekonstruktion zu vermeiden. Im Fall einer Fixation des Tuberculum minus muss die Außenrotation eingeschränkt werden. Die Einschränkung wird bereits intraoperativ festgelegt, sodass keine Spannung auf der Fixation liegt.

Aktive Übungen werden erst gestartet, wenn adäquate Knochen- und Sehnenheilung eingetreten ist. Die ist gewöhnlich nach sechs Wochen der Fall. Dann kann man mit Kräftigungsübungen mit und ohne Widerstand beginnen, entweder mit Hilfe vom Theraband (Hygenic Corporation, Akron, Ohio) oder von elastischen Verbänden. Die Verbesserung der Beweglichkeit und der Muskelstärke zieht sich in der Regel über ein ganzes Jahr. Daher muss sich auch die ärztlich überwachte Rehabilitation über diesen Zeitraum ziehen, um optimale Ergebnisse zu erzielen.

Literatur

Blair B, Koval K, Takei R et al (1993) Laboratory evaluation of ten fixation techniques for the treatment of surgical neck fractures of the proximal humerus. Presented at the Annual Meeting of the Orthopaedic Trauma Assocation, New Orleans

Cofield RH (1988) Comminuted fractures of the proximal humerus. Clin Orthop 230:49–57

Contreras D, Day L, Bovill D et al (1990) Combined Enders rods and tension banding for humeral neck fractures. Presented at the 57th Annual Meeting. American Academy of Orthopaedic Surgeons, New Orleans

Cuomo F, Flatow EL, Miller SR et al (1990) Open reduction and internal fixation to two- and three-part proximal humerus fractures. Orthop Trans 14:588

Cuomo F, Flatow EL, Miller SR et al (1992) Open reduction and internal fixation of two- and three-part displaced surgical neck fractures of the proximal humerus. J Shoulder Elbow Surg 1:287–295

Cuomo F, Zuckerman JD (1994) Open reduction and internal fixation of two- and three-part proximal humerus fractures. Tech Orthop 9:141–153

Flatow EL, Cuomo F, Maday MG et al (1991) Open reduction and internal fixation of two-part displaced fractures of the greater tuberosity of the proximal humerus. J Bone Joint Surg [Am] 72:1213–1218

Hawkins RJ, Bell RH, Gurr K (1986) The three-part fracture of the proximal humerus. J Bone Joint Surg [Am] 68:1410–1314

Kristiansen B, Christensen SW (1987) Plate fixation of proximal humeral fractures. Acta Orthop Scand 57:320–323

Kunkel SS, Monesmith EA (1993) Isolated avulsion fracture of lesser tuberosity of the humerus; a case report. J Shoulder Elbow Surg 2:43–46

Neer CS II (1970a) Displaced proximal humeral fractures: Part I, Classification and evaluation. J Bone Joint Surg [Am] 52:1077–1089

Neer CS II (1970b) Displaced proximal humeral fractures: Part II, Treatment of three and four part displacement. J Bone Joint Surg [Am] 52:1090–1103

Neer CS II (1984) Fractures and dislocation of the shoulder. In: Rockwood CA, Green DP (eds) Fractures in Adults, 2nd edn. Lippincott, Philadelphia, pp 675–721

Sidor ML, Zuckerman JD, Lyon T et al (1994) Classification of proximal humerus fractures; the contribution of the scapular lateral and axillary radiographs. J Shoulder Elbow Surg 3:24–27

Sturzenegger M, Fornaro E, Jakob RP (1982) Results of surgical treatment of multifragmented fractures of the proximal humeral head. Arch Orthop Trauma Surg 100:249–259

25

Robert H. Wilson, Roger G. Pollock, Evan L. Flatow,
Louis U. Bigliani

3-Fragmentfrakturen des proximalen Humerus: Ender-Nagelung

Proximale Humerusfrakturen sind insbesondere bei Älteren recht häufig (Lind et al. 1989). Bei jüngeren Patienten kommen sie zwar ebenfalls vor, sind jedoch meist auf starke Gewalteinwirkung zurückzuführen. Ungefähr 80–85% aller proximalen Humerusfrakturen sind nicht disloziert und lassen sich mit gutem Ergebnis konservativ behandeln (Neer 1970a). Bei dislozierten Trümmerfrakturen des proximalen Humerus sind konservative Maßnahmen weniger erfolgversprechend (Neer 1970a), da es hier häufig zur Verheilung in Fehlstellung oder als Pseudarthrose mit Schmerzen und Bewegungseinschränkung kommt (Bloom und Obata 1967, Neer 1970a, Sturzenegger et al. 1982, Bigliani 1991). Wird eine Therapie der 3-Fragmentfraktur des proximalen Humerus erwogen, empfiehlt sich zur Wiederherstellung anatomiegerechter Verhältnisse und Ermöglichung einer frühzeitigen Rehabilitation ein operativer Eingriff.

Als Operationstechniken kommen Plattenosteosynthese (Yamano 1986, Savoie et al. 1989, Sehr und Szabo 1989, Esser 1994), ein Fixateure externe (Kristiansen und Kofoed 1988), interfragmentäre Schrauben (Cornell et al. 1994), intramedulläre Vernagelung (Darder et al. 1993, Watson 1993), Zuggurtungsverfahren (Hawkins et al. 1986, Cofield 1988, Bigliani 1989, Cuomo et al. 1992) und endoprothetische Versorgung (Neer 1970b, Flatow 1994) in Frage. Osteosynthese führt bei jüngeren Patienten mit intaktem Knochengewebe zwar zu guten Ergebnissen (Esser 1994), wurde jedoch insbesondere bei älteren, osteoporotischen Patienten mit Komplikationen assoziiert, z.B. Fixationsversagen im osteoporotischen Knochen, Druck der Platte gegen Weichteile und Akromion, sowie Osteonekrose durch die zur Einbringung der Platte erforderliche Präparation (Sturzenegger et al. 1982, Watson 1993). Zuggurtung mit Draht führte in diesen schwierigen Fällen zu zufriedenstellenden Ergebnissen (Neer 1970b). Wir empfehlen eine Technik mit stabilen nichtresorbierbaren geflochtenen Fäden, bei signifikanter Zertrümmerung im Bereich des „collum chirurgicum" eventuell ergänzt durch zusätzliche intramedulläre Vernagelung mit einem modifizierten Ender-Nagel (Bigliani 1989, Cuomo et al. 1992). Diese Methode erlaubt die Einbeziehung der kräftigen Sehnen der Rotatorenmanschette, erfordert weniger Weichteilpräparation und bietet eine solide Fixation.

Voraussetzung für eine offene Reposition und Fixation der 3-Fragmentfraktur des proximalen Humerus ist bei uns, dass der Patient medizinisch stabil und in der Lage ist, das postoperative Rehabilitationsprogramm zu absolvieren. Außerdem muss eine für die Fixation ausreichende Qualität des Knochengewebes vorhanden sein, d.h. der Knochen darf nicht zu osteoporotisch sein. Sind diese Voraussetzungen nicht gegeben, kann bei älteren Patienten eine primäre Versorgung mit einer Hemiendoprothese und der Refixation des Tuberculums erwogen werden. Bei der körperlichen Untersuchung findet sich häufig eine signifikante Schwellung und ein Hämatom über der Schulter und dem proximalen Arm. Eine Dokumentation des Hautzustandes sowie sorgfältige Untersuchung von Innervation und Gefäßversorgung im betroffenen Gebiet durch den Operateur ist ratsam. Routinemäßig werden Röntgenaufnahmen in drei Ebenen gemacht mit anteroposteriorem und lateralem Strahlengang in der Skapulaebene sowie axillärem Strahlengang. Die Axillaraufnahme nach Velpeau ist vorzuziehen (Bloom und Obata 1967), da der Arm nicht aus der Schlinge geholt werden muss und damit Schmerzen und eine Dislokation der Fraktur vermieden werden. Diese Röntgenaufnahmen sind für die korrekte Klassifizierung der Fraktur und die Therapiewahl entscheidend. In einigen Fällen kann eine Computertomographie hilfreich sein, um die Dislokation des Tuberculums und das Verhältnis der Gelenkflächen zueinander zu bestimmen.

Operative Grundlagen

Die Zuggurtung mit Draht oder nicht resorbierbaren Fäden bietet bei der Behandlung der 3-Fragmentfraktur mehrere Vorteile. Erstens erfordert dieser Eingriff einen kleineren Zugang und weniger Weichteilpräparation. Dadurch kann die Gefäßversorgung des Humeruskopfes besser erhalten werden. Zweitens ermöglicht sie die Einbeziehung der Sehnen der Rotatorenmanschette, die in der Regel kräftiger sind als der osteoporoseanfällige metaphysäre Knochen. Die Einbeziehung der Sehne erlaubt eine solidere Fixierung und damit eine frühere Mobilisierung und Rehabilitation. Liegt eine signifikante Zertrümmerung des „collum chirurgicum" vor, ist die zusätzliche Stabilisierung durch Marknägel zu erwägen. Bei der 3-Fragmentfraktur ist die intramedulläre Nagelung schwieriger als bei der 2-Fragmentfraktur, da bei ersterer das Tuberculum majus meist disloziert ist und diese Stelle daher für die Nagelung nicht zur Verfügung steht, sondern lediglich das intakte Tuberculum minus.

Für die intramedulläre Fixation verwenden wir einen 3,5-mm-Ender-Nagel. Er ist leicht gebogen und so lang, dass eine Dreipunktfixierung und damit Rotationsstabilität erreicht wird, was durch gerade Nägel nicht möglich ist. Größere intramedulläre Implantate mit Verriegelung können zu einer weiteren Zersplitterung des Diaphyse oder Zertrümmerung des Humeruskopfes führen. Die für die Zuggurtung verwendeten Drähte oder Nähte werden auch durch die Nagelöse gezogen und der Nagel dadurch in die Zuggurtung integriert. Damit verringert sich das Risiko einer Nagelwanderung nach oben. Wir verwenden einen von uns modifizierten Ender-Nagel, der oberhalb der länglichen Öse ein weiteres Loch aufweist, durch das die Naht oder der Draht geführt werden (Abb. 1). Dadurch lässt sich der Nagel tiefer im Humeruskopf versenken, sodass sich seine proximale Spitze etwas unterhalb der Sehnen der Rotatorenmanschette befindet. Drähte bieten zwar eine höhere Stabilität, führen gelegentlich jedoch zur Reizung der subakromialen Gewebe. Auch ist bei ihnen die Gefahr des Brechens oder der Wanderung höher. Aus diesem Grunde verwenden wir nach Möglichkeit stabile nichtresorbierbare Nähte, vorzugsweise geflochtene nichtresorbierbare Polyesternähte Nr. 5 und Nr. 2 (Tevdek oder Ethibond). Erfolgt die Fixation mittels Drähten, eignet sich 18 oder 20 „gauge" Größen am besten.

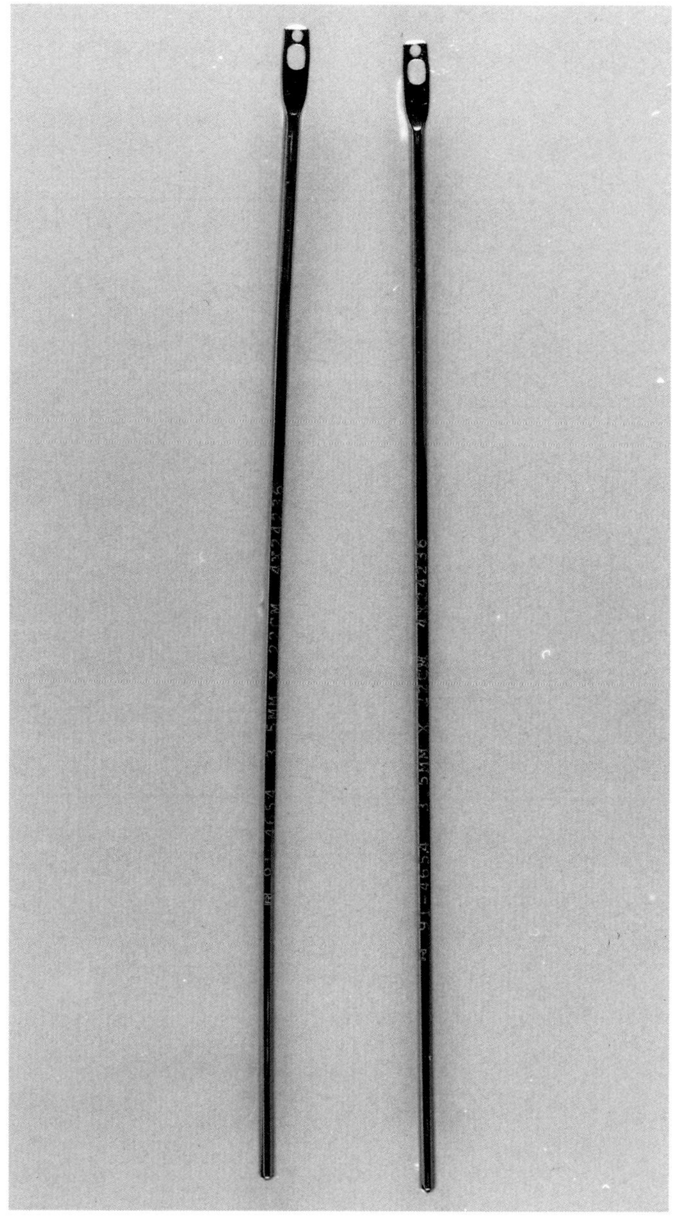

Abb. 1. Modifizierter Ender-Nagel mit zusätzlichem Bohrloch oberhalb der ovalen Öse zum Durchziehen des Drahtes oder Fadens

Für diesen Eingriff gibt es keine spezifischen chirurgischen Instrumente. Neben Ender-Nägeln sollte auch die Hemiendoprothese bereitstehen, da in einigen Fällen intraoperativ entschieden werden muss, die offene Reposition und Fixation zugunsten einer primären Versorgung mit einer Hemiendoprothese aufzugeben, wenn eine zufriedenstellende Fixierung nicht erreicht werden kann. Um einen guten Zugang zur Fraktur zu haben, empfiehlt es sich, zwei Assistenten zum Halten der Wundhaken zur Verfügung zu haben. Die Verwendung eines kleinen selbsthaltenden

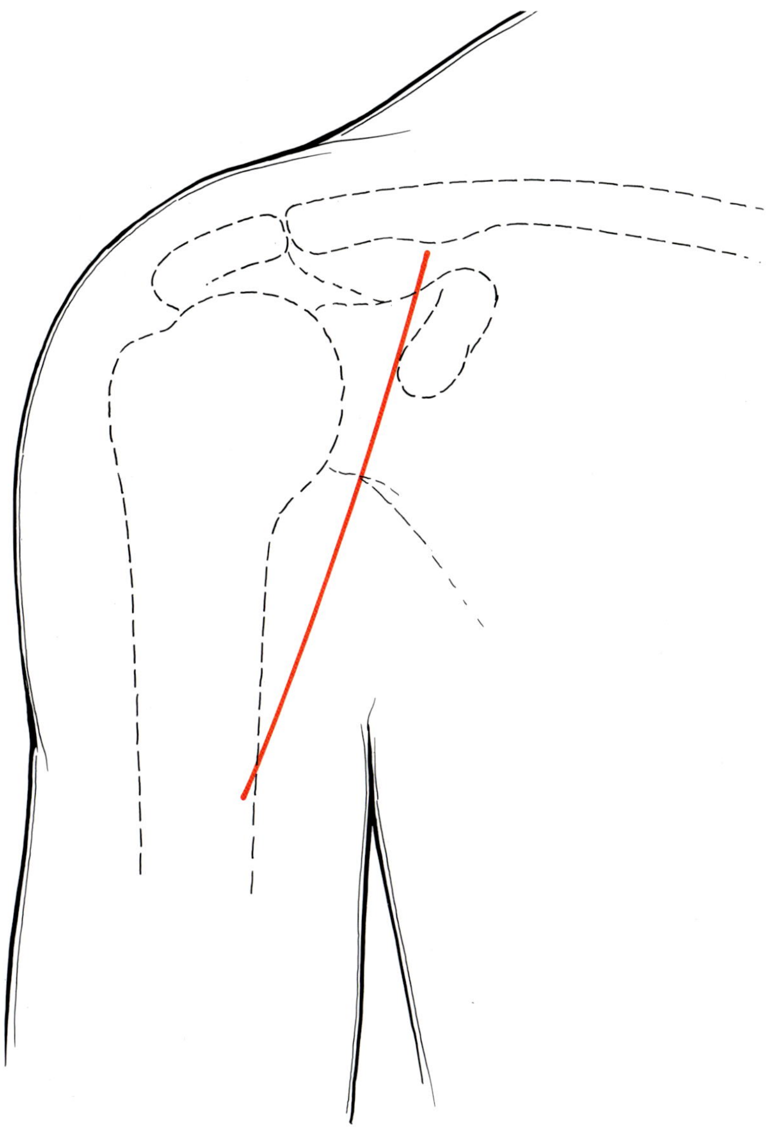

Abb. 2. Die Versorgung der 3-Fragmentfraktur des proximalen Humerus erfolgt über den delto-pektoralen Zugang. Der Hautschnitt beginnt unmittelbar unterhalb der Klavikula, überquert den Processus coracoideus und verläuft schräg zum Ansatz des M. deltoideus

Wundspreizers ist ebenfalls beschrieben (Harryman 1992). Ein Miniwundspreizer nach Balfour (selbsthaltend) eignet sich hervorragend für das Abhalten von M. deltoideus, M. coracobrachialis und M. pectoralis major.

Intraoperative Komplikationen sind die Verletzung neurovaskulärer Strukturen (gefährdet ist insbesondere der N. axillaris) (Harryman 1992) und die weitere Zertrümmerung der Fraktur. Ist dies im Bereich des proximalen Fragments der Fall oder kann eine stabile Fixation nicht erreicht werden, ist eine primäre Versorgung mit einer Hemiendoprothese zu erwägen. Postoperative Komplikationen der offenen Reposition und Fixation der 3-Fragmentfraktur des proximalen Humerus sind Infektion, Pseudarthrose und Verlust der Reposition mit resultierender Verheilung in Fehlstellung. Wurde ein Ender-Nagel verwendet und verlässt dieser seine ursprüngliche Position, kann nach der Frakturheilung seine Entfernung erforderlich sein. Bei Verwendung stabiler geflochtener nichtresorbierbarer Fäden treten weniger Implantat-bedingte Komplikationen auf als bei Drähten. Nach offener Reposition und Fixation kann es auch zur hochgradigen Schultersteife kommen. Lässt sich die Beweglichkeit durch Dehnungsübungen nicht wiederherstellen, ist eine offene Arthrolyse zu erwägen. Die Osteonekrose des Humeruskopfes, die nach offener Reposition und Fixation der 4-Fragmentfraktur des proximalen Humerus häufiger auftritt, kann auch eine Komplikation bei 3-Fragmentfrakturen darstellen. Führt sie zu Beschwerden, kann eine endoprothetische Versorgung des Humerus Abhilfe schaffen.

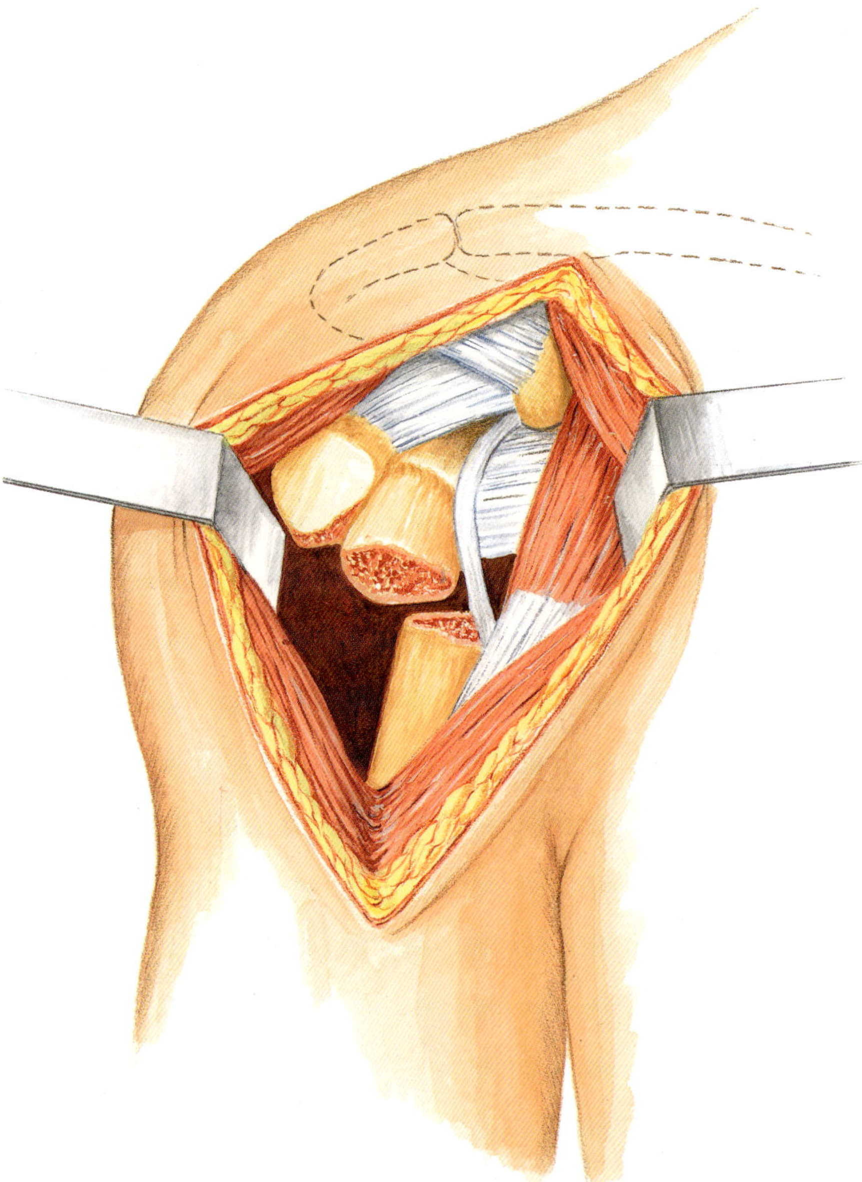

Abb. 3. Darstellung der 3-Fragmentfraktur des proximalen Humerus im Bereich des Tuberculum majus. Der Humeruskopf wird durch den M. subscapularis nach posterior rotiert. Die Bizepssehne bleibt im dargestellten Fall in ihrem Sulcus. Das Tuberculum-majus-Fragment ist nach posterior und superior disloziert

Operationstechnik

In den meisten Fällen verwenden wir eine Regionalanästhesie durch Interskalenusblock. Die Regionalanästhesie ist sicher, bewirkt eine hervorragende Muskelrelaxation und bietet den Vorteil einer langanhaltenden postoperativen Schmerzreduktion. Die Allgemeinanästhesie bleibt auf Fälle beschränkt, in denen der Block versagt, eine Nervenschädigung vorliegt oder der Patient aufgrund des Regionalblocks, der Lagerung oder der Länge des Eingriffs extrem unruhig ist. Nach der Anästhesierung wird der Patient am Rand des Operationstisches gelagert, um eine ausreichende intraoperative Extension der betroffenen Schulter zu ermöglichen. Die Lagerung alle knöchernen Vorsprünge wird überprüft und die Beine sowie der betroffene Arm des Patienten gepolstert. Um mehr Platz im hinteren Schulterbereich zu erhalten, wird ein gepolsterter Kopfhalter verwendet. Dann wird der Operationstisch in die „beachchair"-Position gebracht, wobei Kopf und Oberkörper des Patienten einen 40 Grad-Winkel zur Horizontalen einnehmen sollten. Zur Stabilisierung des Arms wird ein kurzer Armhalter auf der Tischseite des betroffenen Arms befestigt. Das Schulterblatt wird durch eine unter den medialen Skapularand geschobene kleine Rolle oder ein Kissen stabilisiert und der Kopf mit Klebestreifen am Kopfhalter fixiert. Dann wird die betroffene obere Extremität unter Einbeziehung der entsprechenden Körperseite bis zur Mittellinie und distal bis zur Taille desinfiziert. Die Schulter wird abgedeckt, der Arm frei gelagert, um seine intraoperative Positionierung

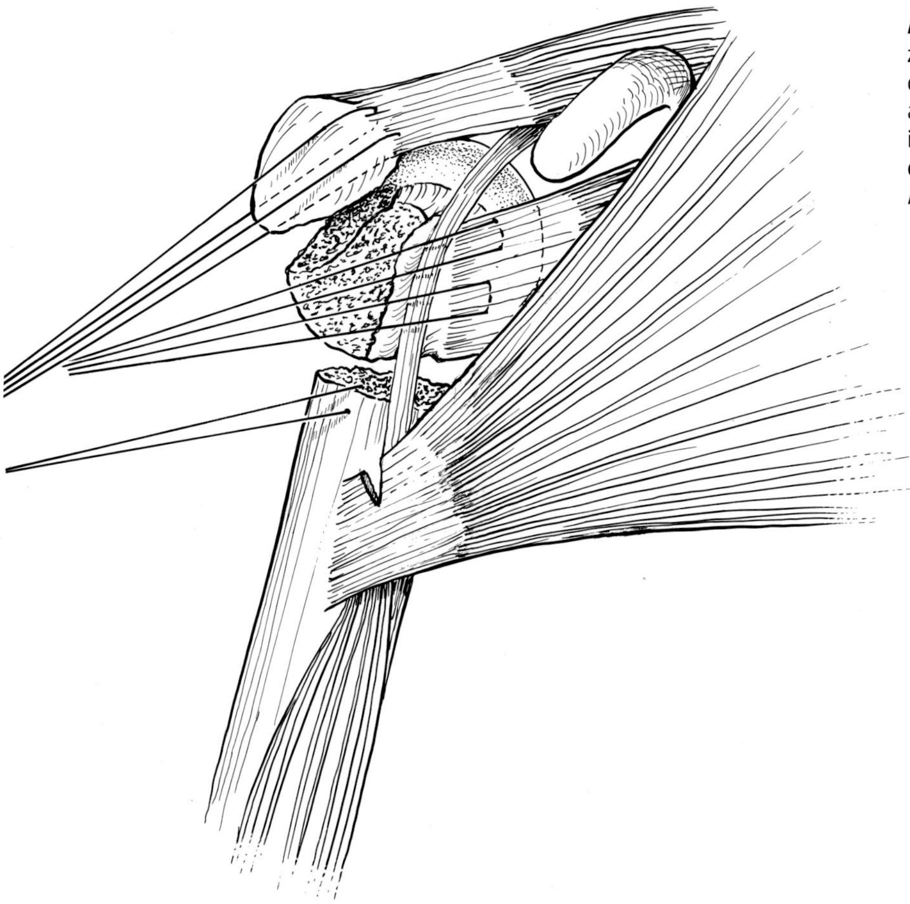

Abb. 4. Mobilisierung der Fragmente durch Nähte zur Derotation des Humeruskopfes und Reposition des Tuberculum majus. Zur Vorbereitung der Fixation am Humeruskopf-Tuberculum-Komplex werden Nähte in den Humerusschaft gelegt. Der Sehnenansatzes des M. pectoralis major wird in seinem proximalen Anteil durchtrennt, um den Zugang zu erleichtern

zu ermöglichen. Eine prophylaktische Behandlung mit Breitspektrumantibiotika wird begonnen und postoperativ über 24–48 Stunden weitergeführt.

Der Hautschnitt für den delto-pektoralen Standardzugang beginnt unmittelbar unterhalb der Klavikula, überquert den Processus coracoideus und verläuft schräg nach distal bis zum Ansatz des M. deltoideus (Abb. 2). Die subkutane Präparation erfolgt aufgrund der geringeren Blutung mit dem Elektrokauter. Der über der V. cephalica liegende Fettgewebestreifen führt den Operateur zum Intervall zwischen M. deltoideus und M. pectoralis major. Die Vene wird dargestellt und in der Regel zusammen mit dem M deltoideus nach lateral weggehalten. Es ist wichtig, den M. deltoideus intakt und damit voll funktionsfähig zu erhalten. Die Schaffung eines ausreichenden Zugangs kann auch ohne Verletzung dieses Muskels in seinem Ursprung oder Ansatz erreicht werden. Durch leichte Abduktion des Armes kann dieser Muskel soweit entlastet werden, dass er sich ohne Spannung retrahieren lässt. Der Zug des M. pectoralis major wirkt dislozierend auf das Humerusschaftfragment, indem er es nach anterior und medial zieht. Ein teilweises Lösen dieses Muskels erleichtert die Reposition. Er wird mit nichtresorbierbaren Nähten angeschlungen, um sein späteres Wiederannähen zu erleichtern.

Anschließend wird der Processus coracoideus dargestellt und die Fascia clavipectoralis lateral der am Korakoid ansetzenden Muskeln inzidiert. Diese Muskeln werden nun vorsichtig weggehalten. Eine mediale Freilegung lässt sich ohne Durchtrennen des Processus coracoideus oder Lösen der gemeinsamen Sehneninsertion des M. biceps caput breve und des M. coracobrachialis erreichen. Die Bursa wird gespült, das Frakturhämatom entfernt und der Subakromialraum debridiert. Die lange Bizepssehne wird in seinem Sulcus dargestellt und dient als Orientierungspunkt bei Frakturen des proximalen Humerus.

Unter größter Vorsicht wird nun der Humerusschaft mobilisiert. Er weist häufig sehr scharfe Frakturkanten auf, die sich in unmittelbarer Nähe zum Plexus brachialis und zur A. axillaris befinden können. Der N. axillaris wird palpatorisch identifiziert und geschützt. Danach wird das dislozierte Tuberculumfragment mobilisiert, derotiert und reponiert. Bei den meisten 3-Fragmentfrakturen ist das Tuberculum majus das dislozierte Fragment, während das Tuberculum minus mit dem Humeruskopf verbunden bleibt

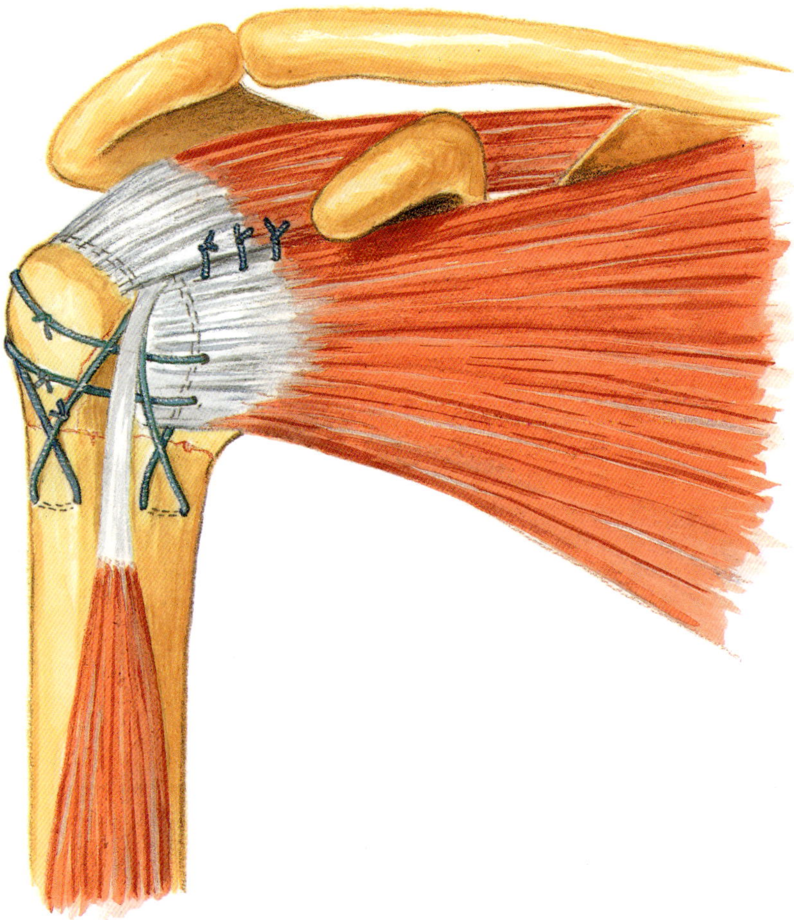

Abb. 5. Fixation mit stabilen nichtresorbierbaren Nähten. Zuerst wird das Tuberculum majus mit dem Humeruskopf und Tuberculumrest vereinigt. Der gesamte proximale Komplex wird dann mit nichtresorbierbaren geflochtenen Polyesternähten Nr. 5 und Nr. 2 an den Schaft genäht

(Abb. 3). In diesen Fällen ist der Kopf nach innen rotiert, sodass die Gelenkfläche nach hinten zeigt und das Tuberculum majus nach oben und hinten gezogen wird. Das Vorholen des Tuberculum majus kann Schwierigkeiten bereiten und seine Mobilisierung kann zunächst mit Hilfe von Hauthaken erfolgen. Danach wird das Tuberculum an der Knochen-Sehnen-Grenze der Rotatorenmanschette mit mehreren stabilen nichtresorbierbaren Haltenähten umschlungen, was die Mobilisierung und Reponierung erleichtert. Eine weitere Zertrümmerung der osteoporotischen Tuberculumfragmente ist sorgfältig zu vermeiden. In gleicher Weise werden Nähte durch die Sehne des M. subscapularis gelegt, um die Derotation des Tuberculum minus-Humeruskopf-Fragments zu ermöglichen, so dass die Gelenkfläche anatomisch dem Glenoid gegenübersteht (Abb. 4). Ob eine korrekte Reposition erreicht wurde, lässt sich durch Palpieren der Gelenkfläche durch das offene Rotatorenintervall hindurch und häufig auch durch Adaptation der Position des Sulcus bicipitalis feststellen. Bei den recht seltenen 3-Fragmentfrakturen im Bereich des Tuberculum minus wird das Gelenkfragment durch die Ansätze der Rotatorenmanschette zum Tuberculum majus hin rotiert, sodass die Gelenkfläche nach vorne zeigt. Die Derotation muss daher in entgegengesetzter Richtung erfolgen.

Nach Reposition des dislozierten Tuberculums erfolgt die Fixation von Humeruskopf und Tuberculumrest mit stabilen nichtresorbierbaren Nähten oder Draht unter Einbeziehung der Tubercula majus und minus sowie der Sehnen der Rotatorenmanschette. Durch die Naht zwischen disloziertem Tuberculum und proximalem Fragmentrest wird im Grunde eine 2-Fragmentfraktur im Bereich des „collum chirurgicum“ geschaffen. Nun muss der gesamte proximale Komplex reponiert und am Humerusschaft fixiert werden. Dafür werden Löcher in das Schaftfragment gebohrt. Dislokation des Schafts sowie Rotationsfehlstellung des proximalen Fragments werden evaluiert und korrigiert. Nach Erreichen einer zufriedenstellenden Reposition erfolgt die Fixation des proximalen Komplexes am Schaft mit Hilfe mehrerer stabiler nichtresorbierbarer Nähte (Tevdek Nr. 5 und Nr. 2), wobei die Rotatorenmanschette in die Konstruktion einbezogen wird (Abb. 5). Bei Vorliegen einer signifikanten Zertrümmerung im Bereich des „collum chirurgicum“ wird das dislozierte Fragment gelegentlich

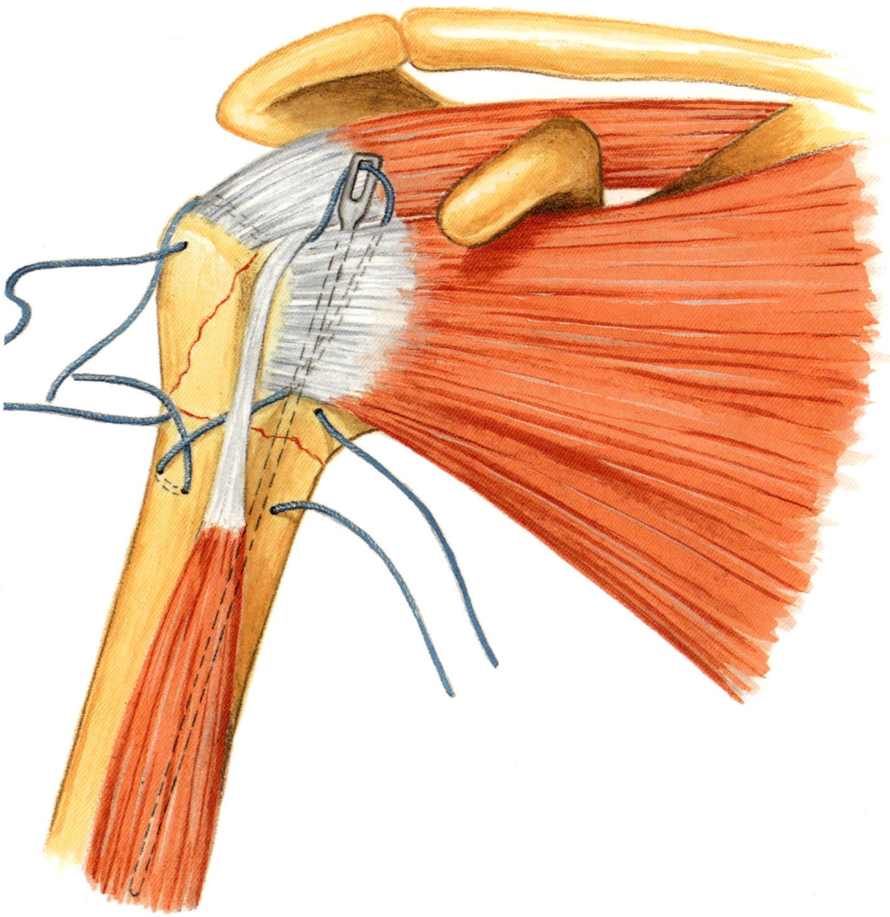

Abb. 6. Positionierung des Nagels durch das Tuberculum minus über die Frakturstelle hinweg. Dieser modifizierte Ender-Nagel mit dem weit proximal liegenden Bohrloch für die Naht kann unterhalb der Rotatorenmanschette eingebracht werden. Der Nagel wird bei Vorliegen einer signifikanten Zertrümmerung im Bereich des „collum chirurgicum" eingesetzt

durch einen modifizierten Ender-Nagel (Smith and Nephew Richards, Memphis, Tennessee) zusätzlich stabilisiert (Abb. 6). In diesen Fällen wird vor dem vollständigen Einschlagen des Nagels eine stabile nichtresorbierbare Achternaht durch die Öse gelegt. Diese Naht wird unterhalb der Rotatorenmanschette hindurchgezogen, wodurch der Nagel versenkt fixiert und seine Migration nach proximal verhindert wird. Die Zuggurtung wird abgeschlossen, indem die Naht durch die vorgebohrten Löcher im Humerusschaft gezogen und in Achtertour straff verknüpft wird (Abb. 7). Wir versorgen 3-Fragmentfrakturen jedoch in den meisten Fällen ausschließlich mit stabilen Nähten und fast nie unter Verwendung eines Marknagels.

Vor Verschluss der Rotatorenmanschette wird die Situation nochmals überprüft. Häufig wird die korrekte Reposition auch durch intraoperatives Röntgen sichergestellt. Die Stabilität der Fixation wird durch vorsichtiges Durchbewegen der Schulter beurteilt. Dieser Schritt hilft dem Operateur, die Grenzen der postoperativen passiven Frühmobilisation zu bestimmen. Nun wird der Sehnenansatz des M. pectoralis major mittels Naht refixiert und der das delto-pektorale Intervall mit einigen Nähten über Saugdrainagen verschlossen. Zum Schluss wird der Hautschnitt mittels Subkutannaht geschlossen. Der Arm wird in eine Schlinge gelegt und ein Gilchrist-Verband angelegt, der am ersten Tag nach der Operation in eine Armschlinge umgewandelt wird.

Nachbehandlung

Die postoperative Behandlung nach offener Reposition und Fixation der 3-Fragmentfraktur des proximalen Humerus ist von großer Bedeutung (Bigliani 1989, Neer 1990, Bigliani 1991, Basti et al. 1994, Flatow 1994). Die Krankengymnastik muss zwischen Operateur, Therapeut und Patient abgesprochen und von diesen durchgeführt werden. Es ist kaum sinnvoll, zwar eine stabile, anatomische Reposition, jedoch keine entsprechende Wiederherstellung der Schulterfunktion zu erreichen. Das Rehabilitationsprogramm ist zunächst von der intraoperativ bestimmten Qualität der Gewebe und Stabilität der Rekonstruktion abhängig. In der Regel kann am ersten Tag nach der Operation in begrenztem Umfang mit passiven Übungen begonnen werden; diese bestehen aus Pen-

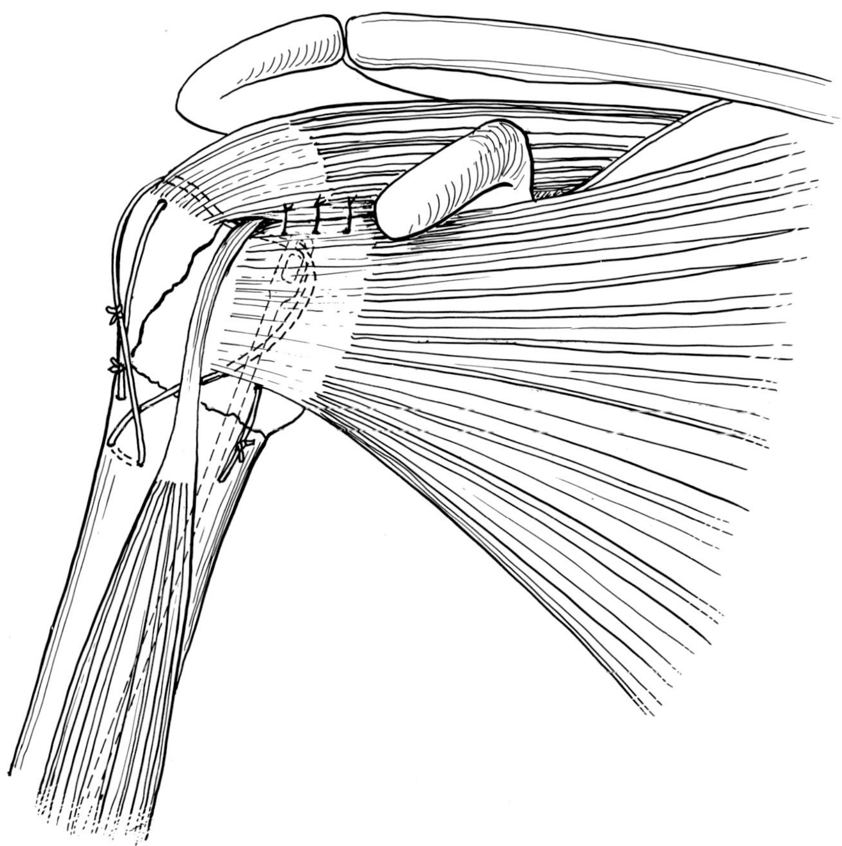

Abb. 7. Die mit Nähten und Ender-Nagel versorgte Fraktur. Alle Fragmente sind anatomisch reponiert. Das Rotatorenintervall wird medial geschlossen

delübungen, passiver Elevation in der Skapulaebene und Außenrotation. Auch Bewegungsübungen für Ellbogen-, Handgelenk und Hand werden bereits in der postoperativen Frühphase durchgeführt. Aktive Übungen, durch den Überkopf-Rollenzug unterstützte Elevation und isometrische Übungen zur Kräftigung des M. deltoideus und der Rotatorenmanschette erfolgen nicht vor der im Röntgenbild nachgewiesenen Verheilung des Tuberculums, d.h. in der Regel nach sechs bis acht Wochen. Dann werden auch weitergehende Dehnungsübungen in allen Ebenen zur Wiederherstellung der Beweglichkeit durchgeführt. Zu diesem Zeitpunkt wird auch die Armschlinge weggelassen und der Patient kann beginnen, den Arm für leichte alltägliche Aktivitäten wie Essen, Ankleiden und Waschen einzusetzen. Er wird angehalten, den Arm anfangs nur auf Taillenhöhe und dicht am Körper einzusetzen und zunächst auf Überkopfarbeiten zu verzichten.

Die letzte Phase besteht in Übungen gegen Widerstand zur Kräftigung der Schulter, die etwa 12 Wochen nach der Operation begonnen werden. Als Widerstand dienen Gummiseile und leichte Gewichte (0,5–2 kg). In der Frühphase geht es somit in erster Linie um die Wiederherstellung der Beweglichkeit und erst später um die Kräftigung. Dem Patienten muss klar sein, dass ein optimales Ergebnis erst nach Abschluss der Rehabilitationsphase erreicht werden kann, und dass diese bis zu einem Jahr dauern kann.

Literatur

Basti JJ, Dionysian E, Sherman PW, Bigliani LU (1994) Management of proximal humeral fractures. J Hand Ther, April 111–121

Bigliani LU (1989) Treatment of two- and three-part fractures of the proximal humerus. AAOS Instructional Course Lectures 38:231–244

Bigliani LU (1991) Fractures of the proximal humerus. In: Rockwood CA Jr, Green DP, Bucholz RW (eds) Fractures in Adults, 3rd edn. JB Lippincott, Philadelphia, pp 871–927

Bloom MH, Obata W (1967) Diagnosis of posterior dislocation of the shoulder with use of Velpeau axillary and angle-up roentgenographic views. J Bone Joint Surg [Am] 49:943–949

Cofield RH (1988) Comminuted fractures of the proximal humerus. Clin Orthop 230:49–57

Cornell CN, Levine D, Pagnani MJ (1994) Internal fixation and proximal humerus ractures using the screw-tension band technique. J Orthop Trauma 8:23–27

Cuomo F, Flatow EL, Maday MG, Miller SR, McIlveen SJ, Bigliani LU (1992) Open reduction and internal fixation of two- and three-part displaced surgical neck fractures of the proximal humerus. J Shoulder Elbow Surg 1:287–295
Darder A, Darder A Jr, Sanchis V, Gastaldi E, Gomar F (1993) Four-part displaced proximal humeral fractures: operative treatment using Kirschner wires and a tension band. J Orthop Res 7:497–505
Esser RD (1994) Treatment of three- and four-part fractures of the proximal humerus with a modified cloverleaf plate. J Orthop Trauma 8:15–22
Flatow EL (1994) Technique of prosthetic replacement for proximal humerus fractures. Tech Orthop 9:154–199
Harryman DT II (1992) Common surgical approaches to the shoulder. AAOS Instructional Course Lectures 42:3–11
Hawkins RJ, Bell RH, Gurr K (1986) The three-part fracture of the proximal humerus. J Bone Joint Surg [Am] 68:1410–1414
Kristiansen B, Kofoed H (1988) Transcutaneous reduction and external fixation of displaced fractures of the proximal humerus. J Bone Joint Surg [Br] 70:821–824
Lind T, Kroner K, Jenson J (1989) The epidemiology of fractures of the proximal humerus. Arch Orthop Trauma Surg 108:285–287
Neer CS II (1970 a) Displaced proximal humerus fractures. Part I. Classification and evaluation. J Bone Joint Surg [Am] 52:1077–1089
Neer CS II (1970 b) Displaced proximal humerus fractures. Part II. Treatment of three- and four-part displacement. J Bone Joint Surg [Am] 52:1090–1103
Neer CS II (1990) Shoulder rehabilitation. In: Shoulder Reconstruction. WB Saunders, Philadelphia, pp 487–533
Savoie FH, Geissler WB, Van der Griend RA (1989) Open reduction and internal fixation of three-part fractures of the proximal humerus. Orthopaedics 12:65–70
Sehr JR, Szabo RM (1989) Semitubular blade plate for fixation in the proximal humerus. J Orthop Trauma 2:327–332
Sturzenegger M. Fornaro E, Jacob RP (1982) Results of surgical treatment of multifragmented fractures of the numeral head. Arch Orthop Trauma Surg 100:249–259
Watson KC (1993) Complications of internal fixation of proximal humeral fractures. In: Bigliani LU (ed) Complications in Shoulder Surgery. Williams and Wilkins, Baltimore, pp 190–201
Yamano Y (1986) Comminuted fractures of the proximal humerus treated with a hook plate Arch Orthop Trauma Surg 105:359–363

26

Nikolaus Wülker, Carl J. Wirth

3-Fragmentfrakturen des proximalen Humerus: Osteosynthese mit Draht und Platte

Nach der Klassifikation nach Neer (Neer 1970, Neer und Rockwood 1984) bestehen 3-Fragmentfrakturen des proximalen Humerus aus einem Humeruskopffragment, einem Humerusschaftfragment und einem weiteren Fragment, in der Regel dem Tuberculum majus oder minus. Diese Fragmente müssen mindestens um 1 cm disloziert oder um 45 Grad abgewinkelt sein. Nach einer AO-Klassifikation, deren Grundlage in erster Linie die Durchblutung des Humeruskopfes ist, entspricht dies einer Fraktur der Gruppe B (Jakob et al. 1984). 3-Fragmentfrakturen des proximalen Humerus treten nur bei Erwachsenen auf, insbesondere in der Altergruppe der über 50Jährigen. Diese Frakturen sind in der Regel stark disloziert und eine ausreichende Reposition ist geschlossen nicht zu erreichen. Die konservative Behandlung beschränkt sich auf Patienten, für die eine Operation aus medizinischen Gründen nicht in Frage kommt, oder die nur begrenzte Anforderungen an die Funktion der Schulter haben (Bigliani 1990, Habermeyer und Schweiberer 1991).

Offene Reposition und Fixation sollten möglichst frühzeitig nach der Fraktur erfolgen. Nach zwei Wochen haben sich in der Regel bereits Adhäsionen gebildet, die eine chirurgische Freilegung und Reposition der Fraktur erheblich behindern. Im Vergleich zu 4-Fragmentfrakturen haben die Knochenfragmente in der Regel genügend Weichteilansätze, insbesondere am Tuberculum majus oder minus durch die Sehnen der Rotatorenmanschette. Daher tritt die Komplikation einer teilweisen oder vollständigen Humeruskopfnekrose, eventuell mit Resorption des betroffenen Kopffragments, hier seltener auf. Jedoch können intakte Insertionsstellen an den Fragmenten ebenfalls zu einer verstärkten Rotationsfehlstellung der Fraktur führen. Außer bei Luxationsfrakturen bleibt der Humeruskopf immer mit dem Glenoid in Kontakt. Das Glenohumeralgelenk ist nur in geringem Maße durch knöcherne Gelenkflächen begrenzt. Bei älteren Patienten kann eine Verheilung der Fraktur in geringer Fehlstellung am proximalen Humerus in Kauf genommen werden.

Zur genauen Diagnosestellung sind Röntgenbilder im antero-posterioren und transskapulären Strahlengang erforderlich. Ein axilläres Röntgenbild wird nur gemacht, wenn Schmerzen und Beweglichkeit der verletzten Schulter dies zulassen. Messungen des Dislokationsgrades der Frakturfragmente mit dem Halswinkel des Humerus sind unzuverlässig, da sie je nach Position der Humerusrotation unterschiedlich ausfallen. Die Versorgung der 3-Fragmentfraktur durch geschlossene Reposition und perkutane Nagelung ist in der Literatur beschrieben (Jakob et al. 1984). Nach unserer Erfahrung kann auf diese Weise jedoch keine ausreichende Stabilität der Osteosynthese erreicht werden.

Für die Fixation kommen Kirschner-Drähte, Drahtschlingen, stabile Nähte, Schrauben und Platten in Frage. Die Osteosynthese soll so stabil sein, dass eine frühfunktionelle postoperative Behandlung durchgeführt werden kann. Während der Operation wird zunächst das Kopffragment mit mehreren Kirschner-Drähten fixiert. Im Idealfall werden zur Erhöhung der Stabilität die Drähte in unterschiedlichen Winkeln in den Humeruskopf eingebracht. Drähte mit Gewinde an den Spitzen sind vorzuziehen, da hier die Gefahr ihres Vordringens ins Gelenk geringer ist. Nach dem Kürzen der Drähte wird das vorstehende Ende umgebogen und um den Knochen herum gelegt. Dadurch erhält die Verbindung zusätzliche Stabilität.

Mit einer Drahtschlinge oder stabilen Naht (z. B. Mersilene™ Nr. 5; Ethicon, Somerville, New Jersey) kann ein Zuggurtungseffekt erzielt werden. Draht bietet eine höhere Sicherheit, kann jedoch brechen und bei Wanderung zu Beschwerden führen. Bei jungen Patienten mit kräftigem Knochengewebe können Spongiosaschrauben durch die laterale Kortikalis des Humerusschaftfragments in den Humeruskopf eingebracht werden. Hierbei können auch Unterlegscheiben eingesetzt werden. Bei osteoporotischem Knochen bieten Schrauben in der Regel jedoch keine ausreichende Stabilität.

Operative Grundlagen

Der Eingriff erfolgt durch den delto-pektoralen Zugang. Bei der Präparation der Frakturfragmente ist auf unnötige Verletzung der Weichteilansätze am Knochen zu achten, da dies zur Störung der Frakturheilung führt. Einzelne Frakturlinien und verlagerte Frakturfragmente können unter Umständen belassen werden. Die Reposition sollte im Idealfall anatomisch erfolgen, auch hinsichtlich der Rotation. Die Sehnenansätze der Rotatorenmanschette werden nach Möglichkeit ebenfalls anatomisch rekonstruiert. In einigen Fällen kann ein Spongiosatransplantat erforderlich sein. Bei älteren Patienten ist auch eine annähernd anatomische Reposition akzeptabel, wenn dadurch die Manipulation der Frakturfragmente und Weichteile gering gehalten werden kann.

Die Stabilisierung der Fraktur erfolgt unter möglichst geringem Materialeinsatz (Sturzenegger et al. 1982, Syskowitz et al. 1993). Häufig reichen Drähte und Nähte allein bereits aus. Sie können bei osteoporotischen Patienten in die angrenzenden Sehnenansätze der Rotatorenmanschette gelegt werden. Eine Osteosynthese mit Schrauben und Platten empfiehlt sich nur bei jüngeren Patienten. Eine frühfunktionelle Nachbehandlung ist in der Regel möglich, die Physiotherapie sollte sorgfältig überwacht werden.

Die Osteonekrose des Humeruskopfes ist eine häufige Komplikation, wobei die Häufigkeit vom Schweregrad der Fraktur sowie von der Invasivität des operativen Vorgehens abhängt. Eine Pseudarthrose tritt bei entsprechender Versorgung der 3-Fragmentfraktur nur selten auf. Bei Fixationsverlust nach operativer Versorgung einer 3-Fragmentfraktur mit Tuberculum-majus-Fragment ziehen die Mm. supraspinatus und infraspinatus dieses Fragment nach superior und posterior, was zum Impingement-Syndrom der Schulter führt. Nervenverletzungen, insbesondere des N. axillaris, können vorkommen, Gefäßverletzungen während der offenen Reposition sind ebenfalls beschrieben.

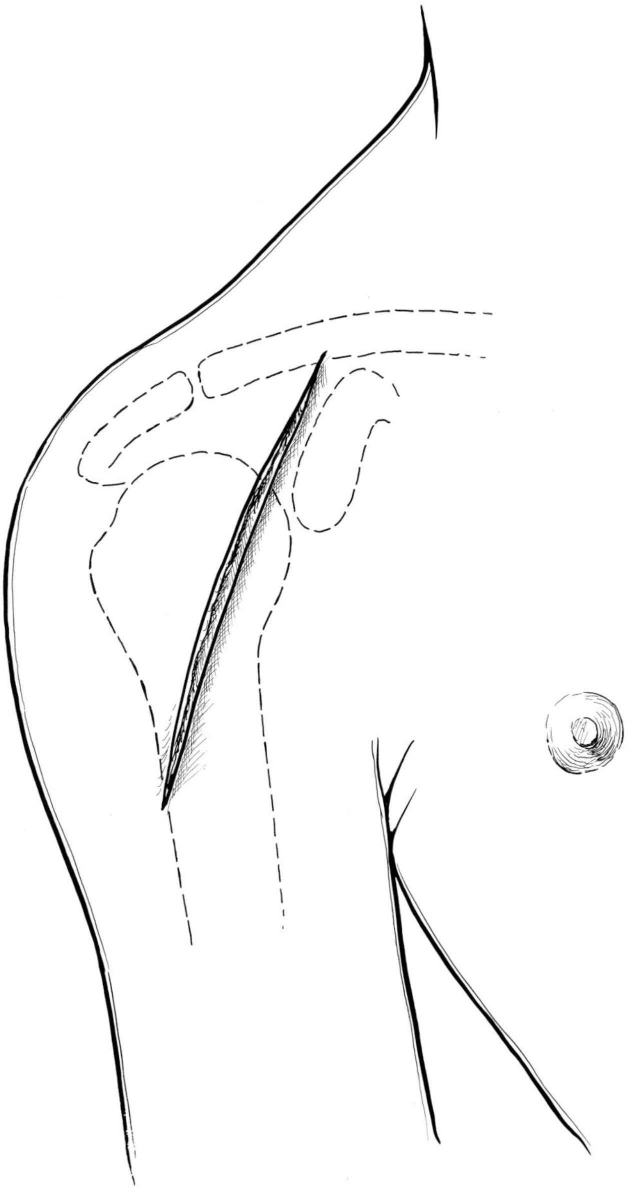

Abb. 1. Delto-pektoraler Standardzugang. Der Hautschnitt reicht von oberhalb des Processus coracoideus zur Vorderseite des Oberarms, unmittelbar lateral der Achselhöhle. Er muss eine Länge von mindestens 15–20 cm aufweisen

Operationstechnik

Der Patient wird in Rückenlage in halbsitzender Position gelagert. Der Kopf kann in einem neurochirurgischen Kopfhalter fixiert werden. Die Schulter ragt über den Rand des Operationstisches, der Arm ist einer seitlich am Tisch befestigten Armschiene gelagert. Ein Sandsack oder aufblasbares Kissen wird zwischen die Schulterblätter gelegt. Die Abdeckung lässt den betroffenen Arm frei beweglich. Bei allen 3-Fragmentfrakturen des proximalen Humerus kann ein delto-

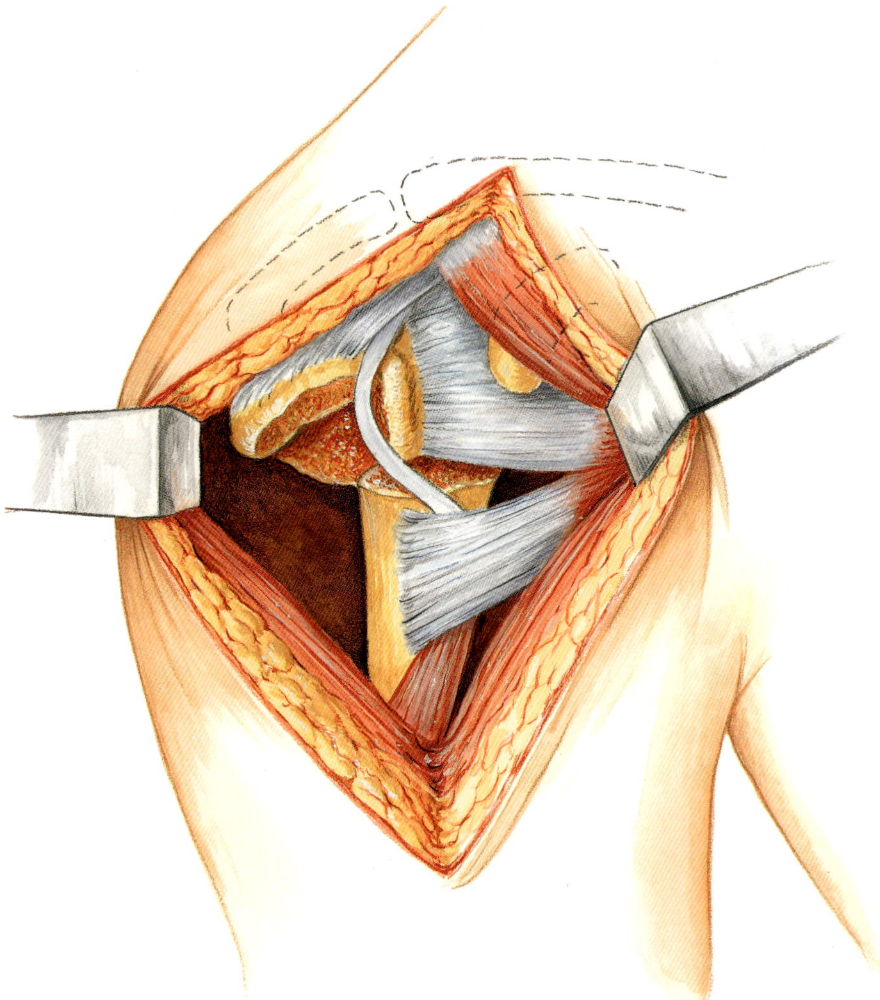

Abb. 2. Die Fraktur wird im Intervall zwischen M. deltoideus und M. pectoralis major freigelegt. Partielle Lösung des Ursprungs des M. deltoideus an der Klavikula und der proximalen Sehne des M. pectoralis major vom Humerus kann erforderlich sein. Die lange Bizepssehne dient als wichtiger Orientierungspunkt zur Identifizierung der Frakturfragmente

pektoraler Zugang gewählt werden (Abb. 1) (Cofield 1988). Der Hautschnitt beginnt oberhalb des Processus coracoideus und verläuft zum antero-lateralen Aspekt des Oberarms. Der Schnitt sollte mindestens 15–20 cm lang sein. Die V. cephalica ist zu schützen und wird je nach Lage ihrer zuführenden Gefäße nach medial oder lateral abgehalten. Der Ursprung des M. deltoideus an der Klavikula kann einige Zentimeter gelöst werden, sein Ursprung am Akromion ist jedoch unversehrt zu erhalten. Eine Erweiterung des Zugangs durch Lösen des M. deltoideus am vorderen Ansatz wurde vorgeschlagen (Hawkins et al. 1986), wird von uns jedoch nicht vorgenommen. Die Sehne des M. pectoralis major kann in ihrem kranialen Anteil 1 cm vom Humerus abgelöst werden, um das Operationsgebiet besser zugänglich zu machen.

Der gesamte proximale Humerus zwischen M. deltoideus und M. pectoralis major wird freigelegt (Abb. 2). Die am Processus coracoideus entspringenden Muskeln müssen in der Regel nicht gelöst werden. Die Gelenkkapsel wird nicht eröffnet, es sei denn, eine Luxationsfraktur des proximalen Humerus macht die Reposition des Kopffragments in die Gelenkpfanne erforderlich. Besonders wichtig ist die Lokalisierung der langen Bizepssehne als entscheidendem Orientierungspunkt, der die Frakturfragmente des Tuberculum majus und minus voneinander trennt. Auch die Rotatorenmanschette ist freizulegen, damit assoziierte Verletzungen in diesem Bereich geschlossen werden können. Ein Defekt im Rotatorenintervall, wie er bei 3-Fragmentfrakturen in der Regel vorliegt, kann vorsichtig nach proximal hin weiterentwickelt werden, wenn zusätzliche Informationen über den Zustand des Humeruskopffragments benötigt werden.

Nach Freilegung der Fraktur müssen die Fragmente exakt identifiziert werden, jedoch ohne sie von ihren Weichteilansätzen zu lösen. In der Mehrzahl der 3-Fragmentfrakturen des proximalen Humerus ist das Tuberculum majus betroffen, das dabei in der Regel durch die Mm. supraspinatus, infraspinatus und teres minor nach superior, posterior und medial gezogen

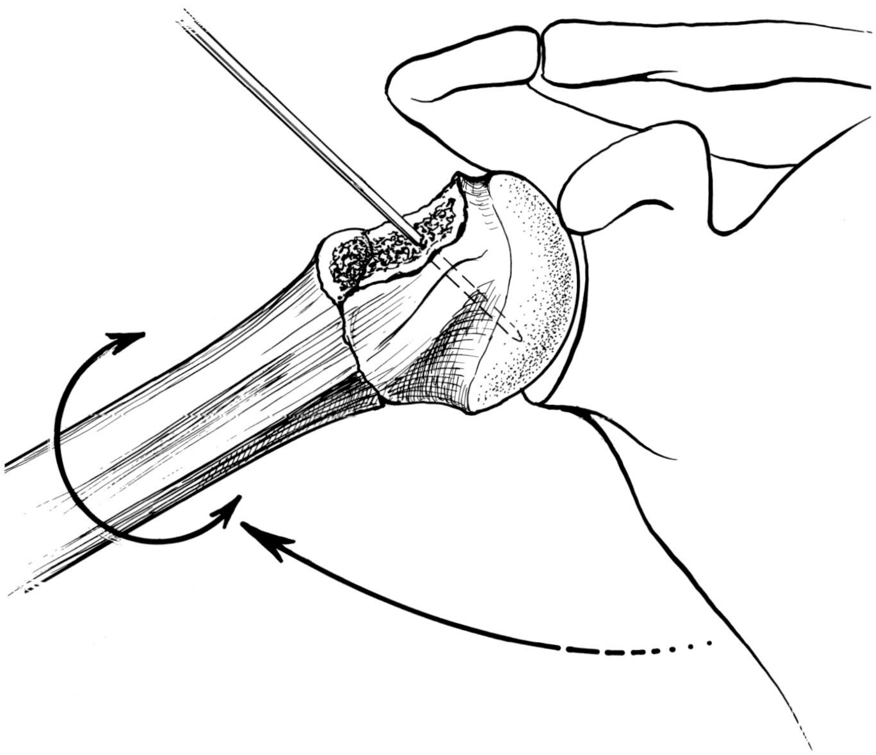

Abb. 3. Das Humeruskopffragment wird auf das distale Schaftfragment reponiert, was durch einen in den Kopf eingebrachten Kirschner-Draht sowie Abduktion und Rotation des Arms erleichtert wird. Wichtig ist, die Manipulation der Knochenfragmente und Weichteile möglichst gering zu halten

wird. Das Tuberculum minus wird durch den M. subscapularis nach anterior und medial gezogen. Bleibt es am Humeruskopffragment haften, wird dieser durch die Mm. supraspinatus und infraspinatus in Außenrotation gebracht. Durch den Zug der Mm. pectoralis major und latissimus dorsi ist das Schaftfragment meist nach medial disloziert. Ein Bildverstärker kann die Identifikation der Fragmente erleichtern. Während der offenen Reposition der Fraktur ist auf die Lage der langen Bizepssehne zu achten, die möglicherweise zwischen den Fragmenten liegt oder diese festhält und eine Reposition verhindert. Ist das Humeruskopffragment aus der Gelenkpfanne luxiert, muss es vor Fixation der Fraktur reponiert werden.

Die Reposition des Humeruskopffragments bei Luxationsfrakturen des proximalen Humerus erfordert in der Regel die Öffnung der Gelenkkapsel durch einen kleine Stichinzision. Die vollständige Freilegung des Humeruskopffragments durch eine ausgedehnte Kapselöffnung ist meist nicht notwendig. Ein kräftiger, in das Humeruskopffragment eingebrachter Kirschner-Draht oder ein in den Gelenkraum eingeführtes Raspatorium erleichtern die Reposition. Alternativ kann hierfür auch eine in den Knochen eingeschraubte Spongiosaschraube eingesetzt werden. Die Reposition muss besonders vorsichtig durchgeführt werden, um die Gefäßversorgung des Humeruskopfes nicht zu beeinträchtigen.

Die Reposition der Fraktur erfolgt unter möglichst geringer Manipulation der Frakturfragmente. Eine vollständige Trennung und ein Debridement der Frakturflächen ist nicht erforderlich und könnte die Blutversorgung des Humeruskopfes weiter beeinträchtigen. Zunächst wird das Humeruskopffragment auf das distale Schaftfragment reponiert (Abb. 3). Manipulation des Arms in Abduktion und verschiedenen Rotationspositionen kann die Reposition erleichtern. Außerdem kann ein 2–3 mm dicker Kirschner-Draht in den Humeruskopf eingebracht werden, um die Position der Frakturfragmente besser kontrollieren zu können. Haken sind mit größter Vorsicht einzusetzen, um Sekundärverletzungen im osteoporotischen Knochen des Humeruskopfes oder -schaftes zu vermeiden. Eine Verkeilung des Humeruskopffragments tritt insbesondere bei Valgusstellung der Fragmente auf. Hier sollten nur Maßnahmen ergriffen werden, wenn die Gefahr besteht, dass die Frakturfragmente in inakzeptabler Fehlstellung sowohl bezüglich der Achsen- als auch der Rotationsstellung verheilen. Der reponierte Humeruskopf wird mit zwei bis drei Kirsch-

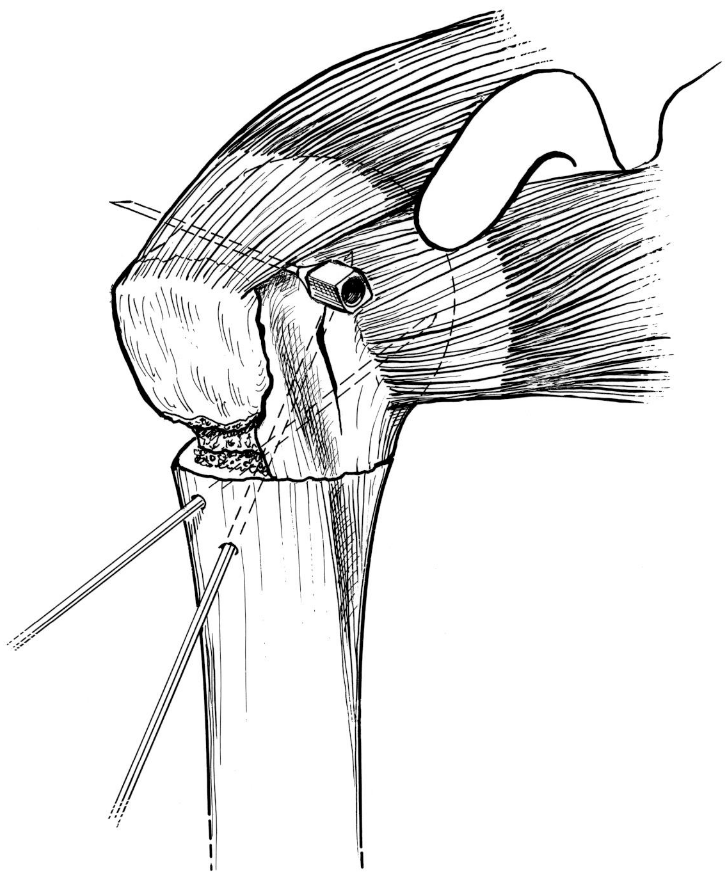

Abb. 4. Nach Fixation des Humeruskopffragments mit Kirschner-Drähten wird das Tuberculumfragment mit einem Draht oder einer dicken Naht gefaßt. Da dieses Fragment häufig klein und osteoporotisch ist, empfiehlt es sich, die Naht oder den Draht horizontal durch die jeweilige Sehne zu legen. Dies lässt sich mit Hilfe einer kanülierten Nadel erreichen. Auch hier ist die atraumatische Manipulation der Weichteile und des Knochens von fundamentaler Bedeutung

ner-Drähten fixiert (Abb. 4), die durch die laterale Kortikalis des Humerusschaftes eingeführt werden.

Die nun folgende Reposition und Fixation des Tuberculumfragments lässt sich am besten mittels einer durch das Fragment gezogenen Drahtschlinge oder stabilen nichtresorbierbaren Naht (z.B. Mersilene Nr. 5) erreichen. Falls sich die Fixierung der Drahtschlinge aufgrund osteoporotischer Veränderungen oder geringer Fragmentgröße schwierig gestaltet, empfiehlt es sich, eine horizontale Schlinge in die betreffende Sehne der Rotatorenmanschette zu legen, idealerweise zwischen dem inneren Drittel und den äußeren zwei Dritteln der Sehne, möglichst dicht am Tuberculum. Dafür wird eine Hohlnadel (wie sie z.B. bei der Kolpotomie verwendet wird) an der beschriebenen Stelle der Sehne eingeführt (Abb. 4), durch die die Drahtschlinge vorgeschoben werden kann. Eine Punktion der langen Bizepssehne ist dabei sorgfältig zu vermeiden. Die Reposition erfolgt bei immer noch abduziertem Arm, indem unter gleichzeitiger Rotation des Arms an der Drahtschlinge gezogen wird. Nach Erreichen der anatomischen Position wird die Drahtschlinge unterhalb der Kirschner-Drähte an der lateralen Kortikalis des Humerusschaftes verspannt. Alternativ kann zur Fixierung der Drahtschlinge auch ein Loch 2–3 cm distal des „collum chirurgicum“ in die laterale Kortikalis des Humerus gebohrt werden (Abb. 5). Dadurch lässt sich ein Zuggurtungseffekt erzielen. Zusätzlich können noch weitere Kirschner-Drähte direkt in das Tuberculumfragment eingebracht werden.

Ein Spongiosatransplantat kann bei signifikantem Knochenverlust im Bereich der Frakturzone erforderlich sein. Dies ist meist bei Frakturen mit großem Humeruskopffragment und bei einem zertrümmerten „collum chirurgicum“ der Fall. Eine Knochentransplantation ist in der Regel nur bei jüngeren Patienten indiziert, bei denen die anatomisch korrekte Rekonstruktion oberstes Behandlungsziel ist. Bei älteren Patienten mit osteoporotischem Knochen empfiehlt es sich eher, einen gewissen Grad der Fehlstellung der Frakturfragmente in Kauf zu nehmen und auf eine Knochentransplantation zu verzichten. In diesen Fällen wird das Humeruskopffragment direkt auf das Schaftfragment gesetzt, auch wenn eine geringe Verkürzung und Valgusstellung zurückbleibt.

Die interne Fixation von 3-Fragmentfrakturen mittels Platte empfiehlt sich nur beim jungen Patienten mit gesundem Knochengewebe und Frakturen, die weit nach distal zum Collum chirurgicum des Humerus reichen (Kristiansen und Christensen 1986). Vor

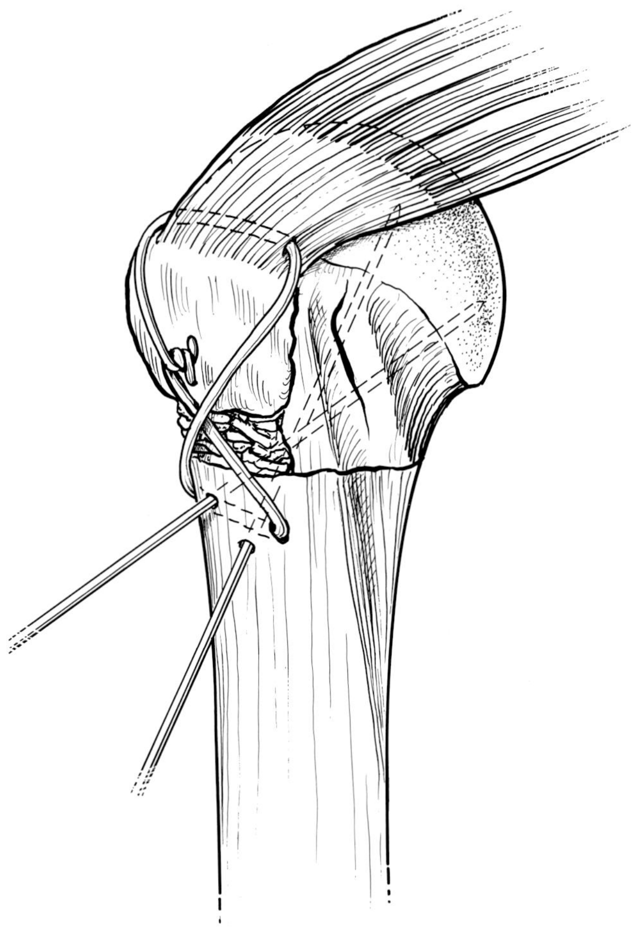

Abb. 5. Zur Erzielung eines Zuggurtungseffekts werden die das Tuberculumfragment haltenden Drähte oder Nähte an der lateralen Humeruskortikalis verankert. Sie können entweder unterhalb der Kirschner-Drähte (oder Schraubenköpfe) oder durch ein separates Bohrloch 2–3 cm distal der Frakturlinie verspannt werden. Bei signifikantem Knochenverlust kann der Defekt bei jüngeren Patienten durch ein Knochentransplantat aufgefüllt werden

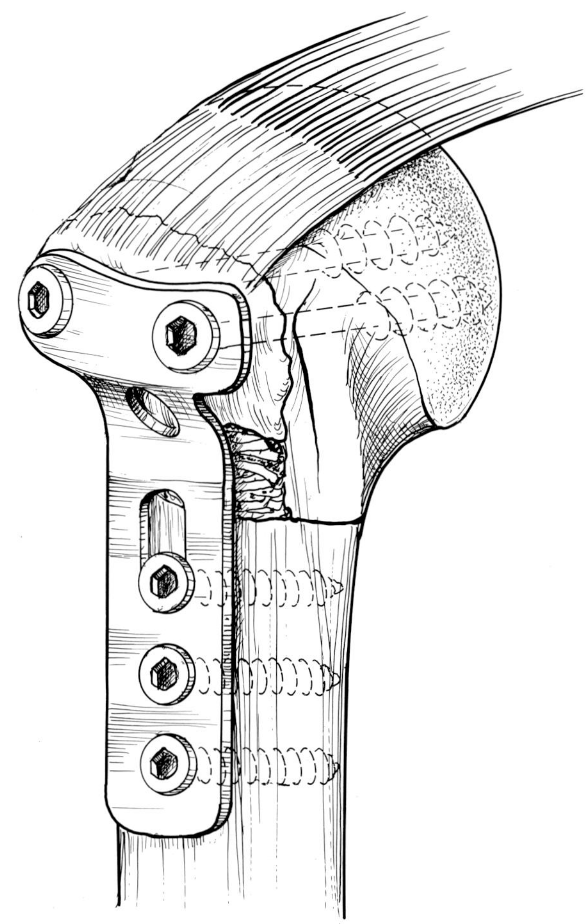

Abb. 6. Schrauben oder eine Platte werden nur bei jüngeren Patienten eingesetzt. Zur Fixierung der Platte am Humeruskopf werden Spongiosaschrauben verwendet. Als Platten kommen T-, L- oder Kleeblattplatten in Frage

dem Einsetzen der Platte erfolgt immer eine Reposition und begrenzte Fixation mit Drähten, wie oben beschrieben. In Frage kommen T-, L- oder Kleeblattplatten (Abb. 6). Lange Spongiosaschrauben mit durchgehendem Gewinde werden in das Humeruskopffragment eingebracht. Die Platte darf dabei nicht oberhalb oder proximal des Tuberculum majus oder minus platziert werden und die Schraubenköpfe dürfen nicht zu weit aus der Platte herausragen, da sie sonst gegen das Akromion drücken. Dies muss intraoperativ ausgeschlossen werden, indem der Arm nach erfolgter Plattenosteosynthese maximal abduziert wird. Die Platte sollte in neutraler Stellung und ohne dynamische Kompression fixiert werden, um ein Ausreißen der Schrauben aus dem Humeruskopf zu vermeiden. Winkelplatten sind zur Versorgung von 3-Fragmentfrakturen ungeeignet, da beim Einsetzen die Gefahr einer Destabilisierung des Kopffragments besteht. Das Einbringen von Knochenzement in die Schraubenlöcher wird in der Literatur zur Erhöhung der Stabilität empfohlen, wir sind jedoch der Meinung, dass bei fortgeschrittener Osteoporose die Osteosynthese mittels Draht vorzuziehen ist. Die besseren Ergebnisse der Minimalosteosynthese gegenüber der internen Plattenfixation wurden verschiedentlich nachgewiesen (Kuner und Siebler 1987, Münst und Kuner 1992), insbesondere im Hinblick auf die Entwicklung einer Osteonekrose.

Die Funktion der langen Bizepssehne sollte durch das implantierte Material nicht beeinträchtigt werden. Dies kann der Fall sein, wenn Drähte oder Platten über dem Sulcus bicipitalis platziert werden. Drahtschlingen können zwar in Bohrlöchern unterhalb des Sulcus bicipitalis platziert werden, sie sollten diesen jedoch nicht überqueren. Platten sind lateral des Sulcus bicipitalis anzubringen und sollten diesen ebenfalls nicht überqueren. Überdies ist darauf zu achten, dass die Schulterfunktion durch das in den Subakromialraum ragende implantierte Material nicht beeinträchtig wird. Lässt sich dies aufgrund der Frakturanatomie nicht vermeiden, kann die frühzeitige Entfernung der Implantate erforderlich sein. Vor dem Wundverschluss kann die Stabilität der fixierten Frakturfragmente durch einen Bildverstärker überprüft werden.

Nachbehandlung

Nach offener Reposition und Fixation der 3-Fragmentfraktur des proximalen Humerus ist eine funktionelle Nachbehandlung mit Frühmobilisation anzustreben. Die Stabilität der Fixation kann variieren und die kontrolliert gesteigerten Anforderungen des Rehabilitationsprogramms müssen individuell angepasst werden. Da die Stabilität der Rekonstruktion nur durch den Operateur selbst beurteilt werden kann, ist eine enge Zusammenarbeit zwischen Operateur und Physiotherapeut erforderlich.

Am ersten Tag nach dem Eingriff wird der Arm zunächst in einer Schlinge ruhig gestellt, um Schmerzen und Blutung zu reduzieren. An selben Tag wird jedoch noch mit passiven Bewegungsübungen begonnen. Die Stützung des Arms durch ein Kissen oder eine Abduktionsschiene kann hilfreich sein. Kontinuierliche passive Bewegung des Arms in der ersten Woche nach dem Eingriff verbessert die Blutversorgung und verhindert Adhäsionen. Jedoch sollte sie nur unter sorgfältiger Überwachung und bei Schmerzfreiheit erfolgen. Mit aktiven und aktiv assistierten Bewegungsübungen wird in der Regel nach einer Woche begonnen.

Die Entfernung des implantierten Materials ist nur bei jüngeren Patienten oder bei anhaltenden Symptomen und Funktionseinschränkung erforderlich. Die Beschwerden können auf das Hineinragen von Drähten oder Schrauben in den Subakromialraum verursacht sein. Die Implantate werden nach sechs Monaten entfernt, bei starken Beschwerden eventuell auch früher. Bei anhaltender funktionell relevanter Bewegungseinschränkung kann die Entfernung des Materials mit vorsichtiger Manipulation des Arms unter Anästhesie kombiniert werden. Nach offener Reposition und Fixation kann es bis zu einem Jahr dauern, bis die Funktion wiederhergestellt ist. Das Ergebnis des Eingriffs kann erst zu diesem Zeitpunkt endgültig beurteilt werden.

Literatur

Bigliani LU (1990) Fractures of the proximal humerus. In: Rockwood CA, Matsen FA (eds) The Shoulder, 1st edn. WB Saunders, Philadelphia, pp 278–334

Cofield RH (1988) Comminuted fractures of the proximal humerus. Clin Orthop 230:49–57

Habermeyer P, Schweiberer L (1991) Oberarmkopffrakturen. Konservative und operative Differentialtherapie. Unfallchirurg 94:438–446

Hawkins RJ, Bell RH, Gurr K (1986) The three-part fracture of the proximal part of the humerus. Operative treatment. J Bone Joint Surg [Am] 68:1410–1414

Jakob RP, Kristiansen T, Mayo K, Ganz R, Müller ME (1984) Classification and aspects of treatment of fractures of the proximal humerus. In: Bateman JE, Walsh RP (eds) Surgery of the Shoulder. Decker, Philadelphia, pp 330–343

Kristiansen B, Christensen SW (1986) Plate fixation of proximal humerus fractures. Acta Orthop Scand 57:320–323

Kuner EH, Siebler G (1987) Luxationsfrakturen des proximalen Humerus. Ergebnisse nach operativer Behandlung. Eine AO-Sammelstudie über 167 Fälle. Unfallchirurgie 13:64–71

Münst P, Kuner EH (1992) Osteosynthesen bei dislozierten Humeruskopffrakturen. Orthopäde 21:121–130

Neer CS (1970) Displaced proximal humerus fractures. Part I. Classification and evaluation. J Bone Joint Surg [Am] 52: 1077–1089

Neer CS, Rockwood CA (1984) Fractures and dislocations of the shoulder. In: Rockwood CA, Green DP (eds) Fractures, 2nd edn. JP Lippincott, Philadelphia, pp 675–950

Sturzenegger M, Fornaro E, Jacob RP (1982) Results of surgical treatment of multifragmented fractures of the humeral head. Arch Orthop Trauma Surg 100:249–259

Syskowitz R, Seggl W, Schleifer P, Cundy PJ (1993) Proximal humerus fractures. Management techniques and expected results. Clin Orthop 292:13–25

27

Michel Mansat, Yves Bellumore, Pierre Mansat

4-Fragmentfrakturen des proximalen Humerus

Proximale Humerusfrakturen sind insbesondere bei Älteren häufig und machen etwa 5% aller Frakturen aus. In der Mehrzahl der Fälle liegt keine oder nur eine minimale Dislokation vor und eine konservative Behandlung durch kurzfristige Ruhigstellung und funktionelle Übungen reicht aus. In 15 bis 20% der Fälle ist die Fraktur jedoch disloziert und stellt in der Gruppe der älteren Patienten mit Osteoporose und strukturellen Veränderungen auch heute noch eine Herausforderung für die Therapie dar.

Die meisten Klassifikationssysteme, die diese Frakturen nach Höhe oder Verletzungsmechanismus einteilen, sind unzureichend und verwirrend. Mit seiner 4-Fragment-Klassifikation fordert Neer (1970), die Lage sowie das Verhältnis der vier Hauptfragmente zueinander exakt zu identifizieren. Wichtig waren ihm vor allem Dislokationsmuster, das auch über die Prognose eine Vorhersage treffen kann. Sein logisches Klassifikationssystem ist nach wie vor der „Goldstandard" und hat die Entwicklung eines rationalen Ansatzes zur Versorgung dieser komplexen Frakturen entscheidend gefördert. Es stellt zwar eher ein Konzept als eine rein numerische Klassifikation dar, macht Kenntnisse der Anatomie und Sehnenansätze der Rotatorenmanschette sowie eine exakte röntgenologische Evaluation zu Anfang jedoch keineswegs überflüssig (Abb. 1). Bei einer 4-Fragmentfraktur sind alle vier Fragmente disloziert und der Humeruskopf hat keinen Kontakt mehr mit der Gelenkpfanne und ist nach anterior, posterior, inferior oder superior geneigt.

Die klinische Evaluation der verletzten Extremität ist aufgrund der vorliegenden Schmerzen und Schwellung häufig schwierig. Eine genaue Untersuchung der neurovaskulären Strukturen ist obligatorisch, wobei vor allem auf die A. axillaris und den Plexus brachialis, hier insbesondere auf die Nn. axillaris und mus-

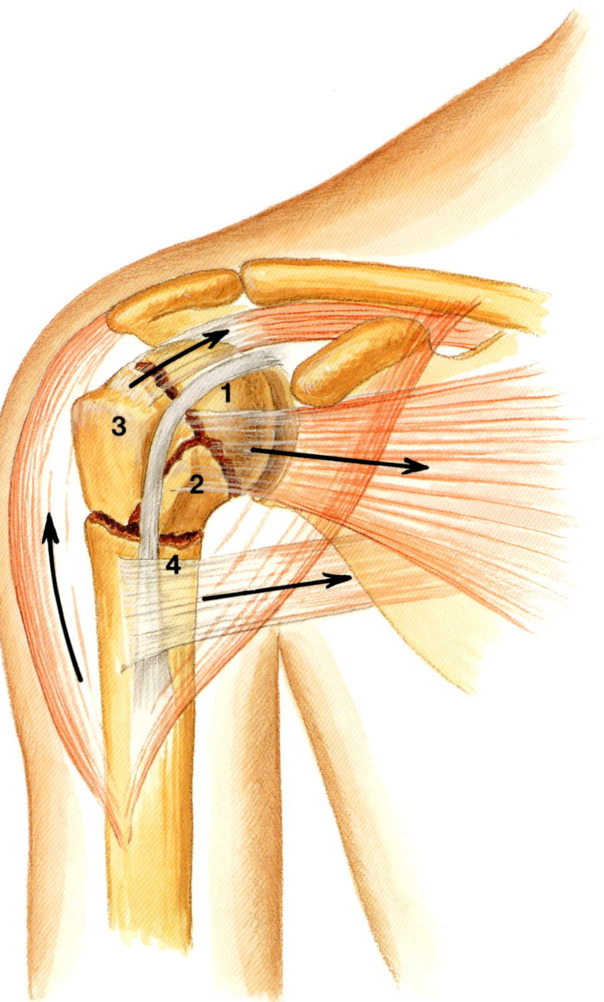

Abb. 1. Die vier Fragmente, Muskelansätze und potenziellen Dislokationsrichtungen jedes Fragments (Pfeile)

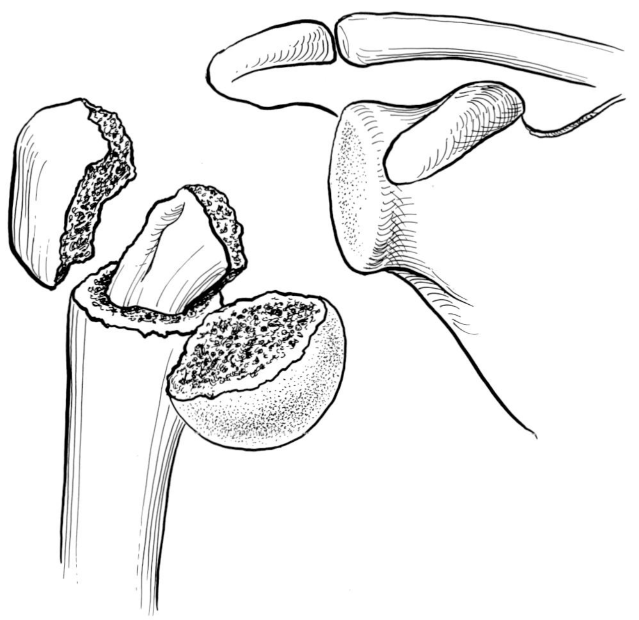

Abb. 2. 4-Fragmentfraktur nach Neer (1970)

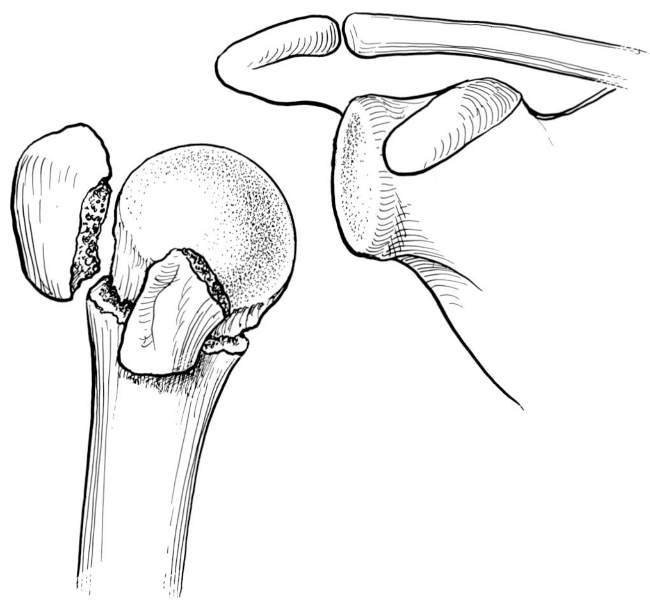

Abb. 3. In Valgusstellung dislozierte 4-Fragmentfraktur

culocutaneus, zu achten ist. Nervenverletzungen sollten dokumentiert und evaluiert werden, jedoch darf die Versorgung der Fraktur keinesfalls verzögert werden, da es sich meist um Neurapraxien mit spontaner Rückbildung handelt. Eine nach der dritten Woche klinisch und elektromyografisch bestätigte komplette Nervendurchtrennung (Neurotmesis) kann nach dem dritten Monat behandelt werden.

Die Mehrzahl der schwer dislozierten proximalen Humerusfrakturen treten bei älteren Patienten mit osteopenischem Knochengewebe auf. In vielen Fällen empfiehlt sich eine allgemeinmedizinische Evaluation unter Einbeziehung des geistigen Zustands, den Funktionsanforderungen hinsichtlich alltäglicher Aktivitäten sowie der Erwartungen des Patienten. Nur wenn die Voraussetzungen für die aktive Teilnahme und Kooperation in einem strengen postoperativen Rehabilitationsprogramm gegeben sind, sollte eine operative Behandlung in Frage kommen.

Um entscheiden zu können, ob die operative Therapie die beste Möglichkeit darstellt, muss das Frakturmuster genau definiert werden. Die exakte Diagnose ist für ein optimales Behandlungsergebnis entscheidend. Die von Neer (1970) definierte systematische „Trauma-Serie“ bietet Röntgenaufnahmen in mindestens drei Ebenen, darunter den eigentlichen anteroposterioren (a.p.), den transskapulären oder Y-Strahlengang sowie den axillären Strahlengang, bei Bedarf ergänzt durch die Axillaraufnahme nach Velpeau.

Der Operateur sollte die vier Hauptfragmente identifizieren und die Fraktur exakt klassifizieren können. Insbesondere bei Erwägung einer operativen Therapie kann in einigen Fällen auch eine Computertomografie mit dreidimensionaler Rekonstruktion dazu beitragen, den Dislokationsgrad der Tubercula sowie die Lage der humeralen Kopf- und Schaftfragmente zu bestimmen. Tatsächlich ist die differentialdiagnostische Abgrenzung der 4-Fragmentfraktur, bei der das Kopffragment sowohl gegenüber dem Schaft als auch gegenüber den Tubercula disloziert ist, besonders wichtig, da hier eine 90%ige Inzidenz der Osteonekrose prognostizierbar ist (Abb. 2). Die meisten Operateure stimmen darin überein, dass in diesen Fällen, außer bei sehr jungen Patienten, die sofortige Versorgung mit einer Hemiendoprothese die Therapie der Wahl ist (Neer 1955). Jakob et al. (1991) beschäftigten sich vor einiger Zeit intensiv mit 4-Fragmentfrakturen mit Verlagerung in Valgusstellung und konnten eine deutlich geringere Inzidenz der Osteonekrose (20%) und langfristig zufriedenstellendere Ergebnisse nach einer geschlossenen Reposition oder offenen Reposition mit Minimalosteosynthese feststellen (Abb. 3).

Die operative Behandlung sollte nach sorgfältiger Identifikation der Frakturmuster und sobald der Patient medizinisch stabil ist, in der Regel also in der ersten Woche nach der Verletzung erfolgen.

Operative Grundlagen

Endoprothetischer Kopfersatz. Eine exakte Operationstechnik ist für den Erfolg des endoprothetischen Ersatzes entscheidend (Tanner und Cofield 1983, Cofield 1988). Hierbei müssen einige Besonderheiten genauer betrachtet werden. Für die Freilegung empfiehlt sich ein delto-pektoraler Zugang, bei dem der Ursprung des M. deltoideus erhalten bleibt. Die Darstellung der Fraktur beginnt distal und wird entlang der Sehne des langen Bizepskopfes nach proximal bis zum Rotatorenintervall fortgesetzt. Damit ist der wichtigste Schritt zur Identifikation der verschiedenen Frakturfragmente getan.

Die Mobilisierung der Tubercula erfolgt unter größter Sorgfalt, um die Fragmente nicht noch weiter zu schädigen. Für die korrekte Positionierung der Prothese sind drei fundamentale Entscheidungen zu treffen, nämlich Retroversionswinkel, Höhe und Kopfgröße der Prothese. Der letzte kritische Punkt ist die Reposition der Tubercula, die unterhalb der Ebene des Humeruskopfes fixiert und durch die Prothesenfinne aneinander sowie durch Bohrlöcher am Humerusschaft befestigt werden müssen. Die meisten Mißerfolge entstehen durch falsche Entscheidungskriterien, technische Probleme und die mangelnde Fähigkeit des Patienten, in einem langwierigen, individuell angepassten Rehabilitationsprogramm mitzuarbeiten.

Minimale offene Reposition und extrafokale Marknagelung. Dieses Verfahren erfordert ebenfalls einen delto-pektoralen Zugang. Die sorgfältige Identifikation und Reposition des in Valgusstellung dislozierten Kopffragments ist entscheidend. Stabilität wird durch Nagelung von distal mit mehreren Nägeln erreicht, die Tubercula werden reponiert und sicher fixiert.

Operationstechnik

Endoprothetischer Kopfersatz. Der Eingriff erfolgt unter Regional- oder Allgemeinanästhesie, je nach Präferenz des Patienten und des Operateurs. In den meisten Fällen wird der Patient in einer modifizierten „beachchair"-Position mit um 45 bis 50 Grad aufgerichtetem Oberkörper gelagert. Der Kopf wird auf die dem Eingriff abgewandte Seite gedreht und durch einen gut gepolsterten Kopfhalter stabilisiert. Der Patient liegt am Rand des Operationstisches, der betroffene Arm ragt über den Tischrand hinaus. Ellbogen und Unterarm werden durch eine kurze Armschiene stabilisiert. Schulter, seitlicher Halsbereich, Achselhöhle, Brustwand bis zur Mittellinie und ipsilaterale Extremität bis zur Hand werden desinfiziert und rasiert. Die chirurgische Abdeckung dient der Isolation des Operationsgebietes, eine sterile Stockinette erlaubt die freie Positionierung des betroffenen Arms. Vor dem Eingriff wird eine prophylaktische Behandlung mit einem Breitspektrumantibiotikum begonnen und über drei Tage fortgesetzt.

Der Eingriff erfolgt durch einen delto-pektoralen Standardzugang. Die Inzision beginnt unmittelbar unterhalb der Klavikula, überquert den lateralen Aspekt des Processus coracoideus und endet am Ansatz des M. deltoideus über dem Humerusschaft. Das Intervall zwischen M. deltoideus und M. pectoralis major wird dargestellt und die V. cephalica in der Regel während des Eingriffs zusammen mit dem M. pectoralis nach medial abgehalten. Entscheidend ist, dass Ansatz und Ursprung des M. deltoideus erhalten bleiben. Ist eine ausgedehntere Freilegung erforderlich, kann der M. deltoideus im Bereich seines Ansatzes partiell abgelöst werden. Zur Erleichterung des Zugangs wird die Sehne M. des pectoralis major am oberen Rand 1 cm breit inzidiert und für die spätere Readaptation mit einer Naht angeschlungen.

Nun wird der Processus coracoideus mit seinen Muskelansätzen dargestellt. Die Fascia clavipectoralis wird lateral der am Processus coracoideus inserierenden Muskeln inzidiert. Dann erfolgt eine Spülung sowie ein Debridement des hämorrhagischen Schleimbeutels und des Frakturhämatoms, um den Subakromialraum freizulegen. Der N. axillaris lässt sich im Spatium axillare laterale palpieren, der N. musculocutaneus verläuft auf der Unterseite des M. coracobrachialis. Am Processus coracoideus wird keine Osteotomie vorgenommen, jedoch wird gelegentlich zur Erleichterung des Zugangs der vordere Rand des Lig. coracoacromiale inzidiert. Die gemeinsame Sehneninsertion des M. biceps caput breve und des M. coracobrachialis wird mit einem breiten Wundhaken vorsichtig abgehalten. Der Arm wird zur Entspannung des M. deltoideus abduziert und der Muskel mit einem weiteren breiten Haken unterfahren und nach lateral abgehalten.

Der lange Kopf der Bizepssehne sollte distal unter dem oberen Sehnenrand des M. pectoralis dargestellt werden. Er dient als proximaler Orientierungspunkt für das Rotatorenintervall zwischen den Tubercula majus und minus und spielt bei der Identifikation der verschiedenen Frakturfragmente eine entscheidende Rolle. In der Regel kann das Rotatorenintervall gespalten und der sich meist zwischen den Tubercula befindende Humeruskopf entfernt und für eine später eventuell notwendige Knochentransplantation aufbewahrt werden. In einigen Fällen sind die Tubercula durch ein intaktes Rotatorenintervall miteinander verbunden und können

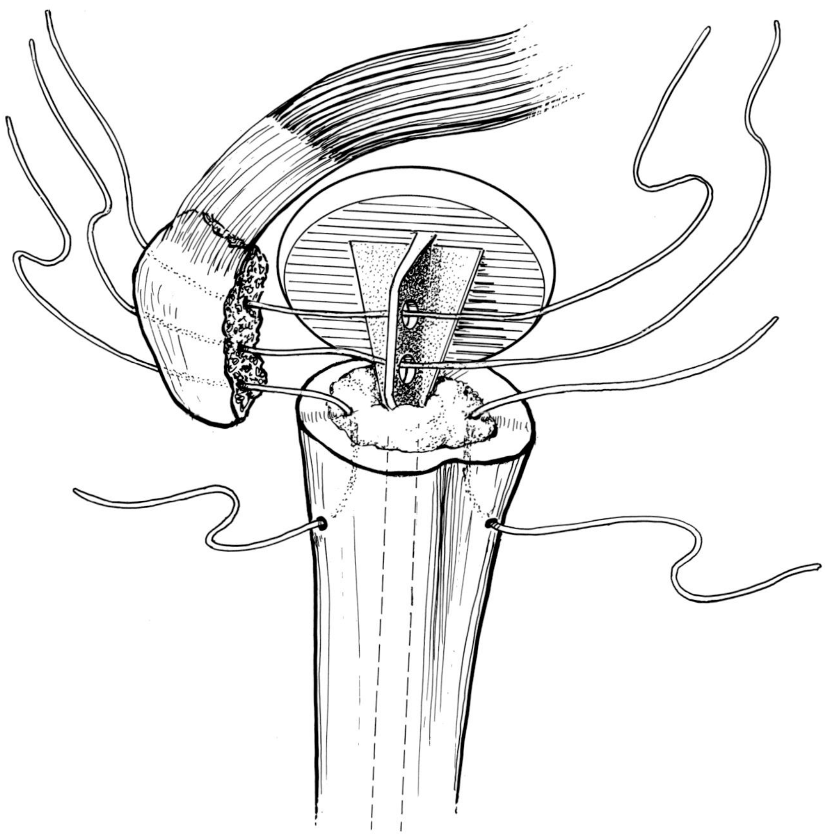

Abb. 4. Fixation des Tuberculum majus an Prothesenfinne und Humerusschaft

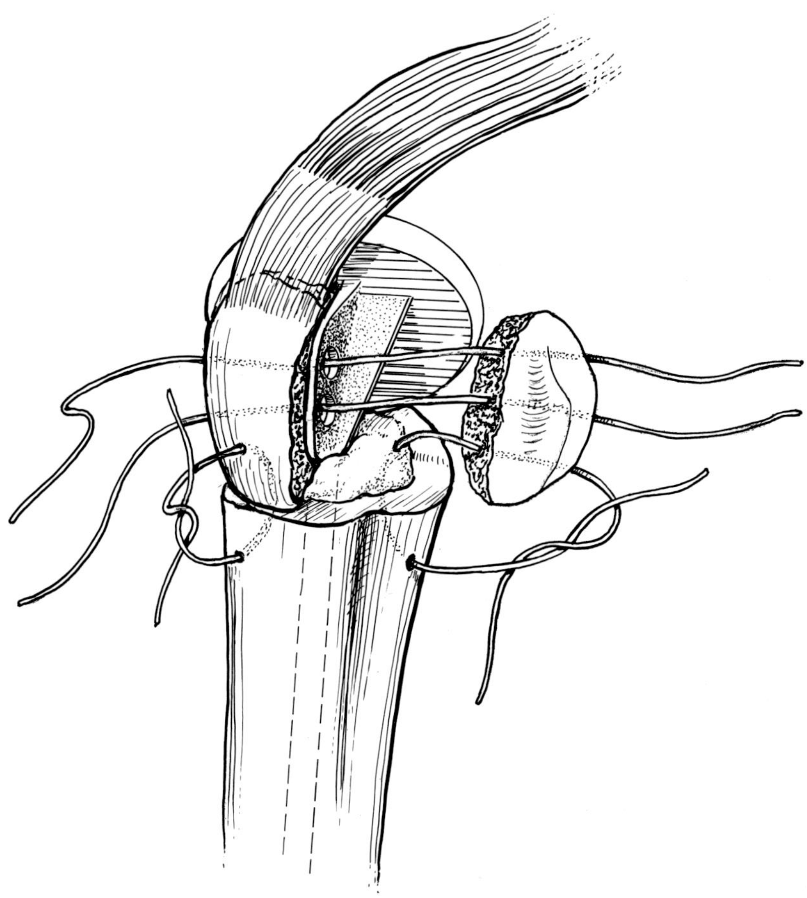

Abb. 5. Nach Überprüfung der Position des Tuberculum majus wird das Tuberculum minus an Tuberculum majus und Humerusschaft fixiert

E. Fath

List Contains 6 Items.
Current Search Formulation: "Neurolysis "

This Document Selected From: The Electronic Anesthesiology Library 1991-2003

Anesthesiology, 1991-2003
August 2003, Volume 99, Number 2
436 Evaluation of the Lateral Modified Approach for Continuous Interscalene Block after Shoulder Surgery
PAIN AND REGIONAL ANESTHESIA

AUTHOR(S): Borgeat, Alain, M.D.,*; Dullenkopf, Alexander, M.D.,†; Ekatodramis, Georgios, M.D.,‡; Nagy, Ladislav, M.D.§

* Professor and Chief of Staff, † Resident, ‡ Consultant, Department of Anesthesiology, § Consultant, Department of Orthopedic Surgery.
Received from the Orthopedic University Clinic Zurich/Balgrist, Switzerland. Submitted for publication January 21, 2003. Accepted for publication April 9, 2003. Support was provided solely by departmental sources.
Address for reprint requests to Dr. Borgeat: Orthopedic University Clinic Zurich/Balgrist, Forchstrasse 340, CH-8008 Zurich/Switzerland. Address electronic mail to: aborgeat@balgrist.unizh.ch. Individual article reprints may be purchased through the Journal Web site, www.anesthesiology.org.

ABSTRACT: ***Background:*** **Continuous interscalene block is the technique of choice for postoperative pain relief treatment after shoulder surgery. The authors prospectively evaluated the modified lateral approach for the performance of the interscalene catheter block and monitored 700 patients for clinical efficacy and complications during the first 6 months after placement of the catheter.**

Methods: **A total of 700 adults scheduled to undergo elective shoulder surgery performed with an interscalene brachial plexus block through an interscalene catheter were included in this study. The interscalene brachial plexus block procedure was standardized for all patients. Difficulties in placement of the catheter, clinical efficacy of anesthesia and analgesia, patient satisfaction, and acute and chronic complications were recorded. Patients were observed daily for 5 days for any complications and were evaluated at 1, 3, and 6 months after surgery. Persistence of neurologic complication was investigated by electroneuromyography.**

Results: **A total of 700 adults completed the study. Easy placement of the catheter (one attempt) was achieved in 86% of the patients. Resistance to thread the catheter was encountered in 6%; no major complications were observed during injection of the initial bolus. The success rate for anesthesia was 97%. Postoperative analgesia was efficient in 99%. The concentration and the rate of infusion of ropivacaine had to be increased in 31 patients (6%). In five patients (0.7%), signs of local infection around the puncture point were noted; in one patient (0.1%), a collection of pus was surgically drained. Patient satisfaction was 9.6 on a scale of 0–10. Minor neurologic complications (paresthesias, dysesthesias, pain not related to surgery) were observed in 2.4%, 0.3%, and 0% at 1, 3, and 6 months, respectively. At 1 month, three sulcus ulnaris syndromes, one carpal tunnel syndrome, and one complex regional pain syndrome were diagnosed. Two patients (0.2%) had sensory-motor deficit, which necessitated 19 and 28 weeks to recover. Electromyography was suggestive of partial axonotmesis.**

Conclusion: **The lateral modified approach provides good conditions for placement of the interscalene catheter. Anesthesia and analgesia performed through the catheter are efficient. The rates of infection and neurologic complications are low, and patient satisfaction is high.**

Anesthesiology
99:436-42, 2003

CONTINUOUS perineural blocks have been shown to promote better postoperative analgesia, increase patient satisfaction, and have a positive influence on the surgical outcome compared to intravenous opioids for both the upper(1-3) and lower extremities.(4,5)

Continuous interscalene brachial plexus block (ISB) has become an accepted method for anesthesia and analgesia in shoulder surgery.(2,6) However, interscalene catheter insertion is technically challenging, and failure rates up to 25% have been reported.(7) Reports on clinical assessment and complications associated with this technique are still rare.(8,9) Recently, clinical reports(8-10) have demonstrated the benefits of the use of the modified lateral approach, compared to the traditional Winnie's approach to perform this block. This prospective study was conducted to evaluate the clinical efficacy of anesthesia and postoperative analgesia of this approach for the interscalene catheter.

Methods

After obtaining institutional approval (Gesundheits-direktion des Kantons Zürich, Kantonale Ethik-Kommission) and verbal patient consent, 700 consecutive adult patients of both sexes (American Society of Anesthesiologists physical status class I–III, age 18–75 yr, weight 45–110 kg) who were scheduled to undergo elective open or arthroscopic shoulder or upper arm surgery and were suitable for ISB with placement of a perineural catheter were included in the study. Exclusion criteria were severe bronchopulmonary disease, known allergy to trial drugs, any previous neurologic damage to the brachial plexus, and known neuropathy involving the arm undergoing surgery.

The ISB procedure was standardized for all patients. They were premedicated with 0.1 mg/kg oral midazolam 1 h before surgery. The ISB was performed in all patients through the catheter according to the modified lateral technique as described elsewhere(10) (Appendix; fig. 1), before sedation or induction of general anesthesia, when indicated according to patient's or surgeon's wish. Formal sterile technique was used. The interscalene brachial plexus was identified using a nerve stimulator (Stimuplex® HNS 11; B. Braun Melsungen AG, Melsungen, Germany) connected to the proximal end of the metal inner of a short beveled needle (30°; Stimuplex® A, 21- or 22-gauge stimulation needle; B. Braun Melsungen AG). The bevel of the needle was directed upward. Placement of the needle was considered successful when a contraction of the triceps muscle or, as second choice, contraction of the deltoid muscle was obtained with a current output of less than 0.5 mA with an impulse duration of 0.1 ms. The insertion of the perineural catheter was performed using the cannula-over-needle technique with a plastic cannula (Polymedic®, Polyplex N-50T, 20-gauge external diameter; te me na, Bondy, France). A catheter (Polymedic®, Polyplex N-50, 23-gauge with stylet) was introduced distally between the anterior and middle scalene muscle up to 2–3 cm. The catheter was subcutaneously tunneled for 4–5 cm through an 18-gauge intravenous

cannula and was fixed to the skin with adhesive tape.(11) ISB was performed with 30 or 40 ml ropivacaine 0.5% for patients weighing less than 60 kg and 40 or 50 ml ropivacaine, 0.5%, for those weighing more than 60 kg. General anesthesia was performed with propofol by means of a target-controlled infusion (Diprifusor® TCI module; AstraZeneca Pharmaceuticals, Macclesfield, United Kingdom). The initial target was set at 4 μg/ml, and maintenance was targeted at twice the concentration at the effect site necessary for loss of consciousness. Fentanyl, 1.5 μg/kg, was given 3 min before intubation and vecuronium, 0.6 mg/kg, was given for facilitating tracheal intubation. Rocuronium, 0.15 mg/kg, was repeated if necessary. Supplementary fentanyl was given if blood pressure or heart rate increased more than 20% as compared to preinduction (pre-ISB) values. Postoperative analgesia was provided by patient-controlled interscalene analgesia (PCIA; Pain Management Provider; Abbott Laboratories, North Chicago, IL) with a continuous infusion of 0.2% ropivacaine at a rate of 5 ml/h plus a bolus dose of 4 ml with a lockout time of 20 min, which was started 6 h after the initial block and continued until pain and rehabilitation could be adequately performed without the need of the catheter.

A block was considered successful when a sensory (inability to recognize cold temperature, pins and needles—type paresthesia in the tip of the first and third finger) and motor block (inability to extend the arm) involving the radial and median nerve occurred within 20 min after administration of local anesthetic. All of the catheter placements were performed by an anesthesiologist, who had performed more than 80 interscalene catheter placements. Performance and evaluation of the block were performed by the same anesthesiologist.

The block was considered to have failed when patients who only received local anesthetics needed general anesthesia because of pain during surgery. The need for added sedation because of pain in other joints or in the back or discomfort because of prolonged surgery were not classified as failure. The ISB in patients undergoing general anesthesia was considered a failure if the patient needed supplementary fentanyl during surgery or if the patient reported pain (visual analog scale score > 30) between awakening (end of surgery) and beginning of the perineural infusion of ropivacaine. Postoperatively, all patients received proparacetamol (4 × 2 g intravenously; the first dose given 6 h after the initial ISB and then every 6 h) and rofecoxib (50 mg orally; the first dose given the morning after surgery) in addition to the local anesthetic infusion through the interscalene catheter. In case of pain over 20 at rest or over 30 during movement (visual analog scale from 0 = no pain to 100 = worst pain imaginable), the concentration of ropivacaine was increased to 0.3%, and if insufficient, the rate of the background infusion was increased to 8 ml/h. If these measures were insufficient, analgesia provided by the interscalene catheter was considered a failure. Monitoring of sensory and motor block was performed by nurses according to a standardized protocol in force for the past 8 yr in our department.

The number of punctures and technical difficulties during insertion of the catheter were recorded. Easy placement of the catheter was considered when only one attempt was necessary. Signs of local anesthetic toxicity, spinal or epidural extension, blood aspiration, hematoma, and pneumothorax were classified as short-term complications. The insertion site was checked once a day by a research nurse for local signs of infection or blood through the catheter. All surgical patients received intravenous cefazolin, 1 g/6 h, for 24 h. In case of signs of local inflammation or pus, ultrasonography was performed, the catheter was removed, and 3 cm of the distal portion was cut and sent to the laboratory for culture. Twenty-four hours after withdrawal of the catheter, patients were asked by the research nurse to rate their pain management on a scale from 0 = totally dissatisfied to 10 = completely satisfied.

All patients were monitored during a 6-month period after ISB (longer with occurrence of long-lasting complications) for motor (weakness) and sensory deficit (loss of feeling); the persistence of paresthesia, defined as an abnormal but not unpleasant sensation, whether spontaneous or provoked; dysesthesia, defined as an unpleasant abnormal sensation, whether spontaneous or provoked; and the presence of pain unrelated to surgery. Pain unrelated to surgery was defined as not involving the surgical area, not being related to any radiating pain from the shoulder, and not being elicited by shoulder mobilization. It was graded as minor, average, or severe.

Each patient was examined and questioned according to a standardized manner about the severity (minor, average, severe) and localization of the complications, as well as the importance of disability (none, slightly disturbed, disabled) by a member of the anesthesiology staff each day during the first 5 postoperative days. For the following assessments at day 10 and 1, 3, and 6 months, the patient was examined and questioned independently by one of the anesthesiology staff and the surgeon (L. N.). Asymptomatic patients at day 10 were called at the end of the second and third week after the ISB to inquire about the appearance of paresthesias, dysesthesias, or new pain. If the response to any of these questions was positive, patients were asked to come to the hospital for a formal evaluation and recording of the symptoms by one member of the anesthesiology department and one member of the surgery staff (L. N.), separately.

During the first 10 postoperative days, the appearance of a sudden neurologic deterioration or severe pain was investigated by ultrasonography (Siemens Elegra® 7.5-MHz linear transducer; Siemens Medical Systems, Erlangen, Germany) to exclude hematoma and with conventional electroneuromyography (Keypoint 4, Dentec, Denmark). At day 10, the patients who reported being severely disabled or experiencing rapidly worsening paresthesias, dysesthesias, or pain not related to surgery underwent electroneuromyography. Complications lasting between 10 days and 1 month after ISB were classified as subacute. Patients selected for electroneuromyography at 1 month were those who had either an increase in severity of any one of the complications (as compared to the first assessment and therefore classified one step higher on the severity scale) or spreading of the localization (larger nerve territories or new ones involved). All complications lasting more than 1 month were classified as prolonged. At 3 months, all symptomatic patients underwent electroneuromyography. A final evaluation was conducted independently at 6 months by one member of the anesthesiology staff and the surgeon (L. N.). Spontaneous resolution was defined as the disappearance of the symptoms and the inability to provoke them during examination of the patient.

Complications lasting more than 6 months were considered to be long-term, and those with some sensory—motor deficit impairing normal daily activities were considered severe.

Descriptive statistics were used. Results are presented as mean ± SD unless otherwise specified.

Results

A total of 700 patients were included in the study over a 15-month period. The demographic and surgical data are summarized in table 1. Anesthetic procedures in the open surgery group are reported in table 2. In this group, five patients of 127 scheduled to have only an interscalene block with or without sedation had to receive general anesthesia because of pain during surgery (3.9%). Among patients who had interscalene block and general anesthesia, four of 402 (1%) had insufficient postoperative analgesia—two patients required reinsertion of the catheter, and the other two needed a continuous infusion of morphine. Supplementary perioperative boli of fentanyl were needed in these four patients. No other patients required perioperative opioids. Unplanned sedation during surgery was required for 15 patients. Remifentanil (10 patients), because of pain in the back or other joints not involved by surgery, or propofol (five patients), because of anxiety or discomfort, was used for sedation. The concentration of ropivacaine for postoperative analgesia was increased to 0.3% in 31 patients (6%), and a concomitant increase of the background infusion of ropivacaine 0.3% up to 8 ml/h was needed in 14 of these patients. The pain was successfully controlled with these measures in all of these patients. Anesthetic procedures in the arthroscopic group are summarized in table 3. In this group, one patient out of 160 (0.6%) needed general

anesthesia because of pain during surgery, and another asked postoperatively for a continuous infusion of morphine (0.5%). Ten patients of 106 (9%) needed sedation for discomfort or anxiety with remifentanil or propofol (in 6 and 4 patients, respectively). Median patient satisfaction regarding pain management was 9.6 (range, 7.5–10).

The interscalene catheter was easy to insert (one attempt) in 603 patients (86%). Two, three, and four attempts were needed in 72 (10.4%), 23 (3.3%), and 2 (0.3%), respectively. In one patient (0.1%), it was not possible to elicit a muscular response; this patient was therefore excluded from the study. Technical data for placement of the interscalene catheter are reported in table 4. Isolated triceps or deltoid response was elicited in 73 and 6.5%, respectively. Inappropriate response that necessitated correction of the placement of the tip of the needle was found in 14 (phrenicus) and 19 (suprascapularis) patients, respectively. Among the patients who needed general anesthesia, five had an isolated deltoid and one had a mixed triceps deltoid response. Among those who had insufficient analgesia, three had a deltoid response, and one each had a triceps and mixed triceps—biceps response, respectively. Complications occurring during placement of the interscalene catheter are reported in table 5. The placement of the needle was changed in all patients who reported paresthesias, and the procedure could have been continued smoothly. Resistance during the catheter threading was encountered in 42 patients (6%) requiring a new puncture point.

Complications associated with the application of the initial bolus of 0.5% ropivacaine, early signs of central nervous system toxicity, were observed in five patients (0.7%)—tinnitus in three and metallic taste in two patients. These patients received a bolus of propofol of either 10 or 20 mg. No one developed subsequent signs of central nervous system toxicity. No cardiac toxicity or pneumothorax, spinal, or epidural anesthesia was observed. Among the side effects, Horner syndrome was detected in 6%, hoarseness was detected in 0.9%, and hematoma at the puncture point was detected in 0.2%. No catheter was dislodged in this study.

Signs and symptoms of infections were observed in six patients (0.8%). In five patients, local pain, redness, and induration were noted in one after 3 days and in four patients after 4 days. Ultrasonography did not reveal the presence of a collection of pus. The tips of the catheters were sent for bacteriologic examination; two were positive for coagulase-negative *Staphylococcus*—one for *Staphylococcus aureus*—and two remained noncolonized. All patients were successfully treated with antibiotics. In one diabetic patient, a collection was evidenced by ultrasonography after 5 days. Surgical drainage was performed, followed by administration of antibiotics. The culture of the catheter tip was positive for coagulase-negative *Staphylococcus*. Hemocultures remained negative. Complete recovery was observed after 10 days of treatment.

Neurologic complications are summarized in table 6. All symptoms appeared within the first 19 days after the ISB. No patient had symptoms that recurred during the course of the study. Two patients underwent brachial plexus ultrasonography and electroneuromyography 2 days after the interscalene catheter was withdrawn because of persistence of sensory—motor block. The results of these investigations were unremarkable in both cases.

On the tenth day, 56 patients (8%) reported the presence of paresthesia, dysesthesia, or pain apparently not related to surgery. For all of these patients, the symptoms were mild, and no further investigation was undertaken. Two patients still had complete sensory—motor blockade of the upper extremity.

At 1 month, 17 patients (2.4%) had persistence of paresthesia, dysesthesia, or pain apparently not related to surgery. Among these, 0.3% had the first appearance of paresthesias—dysesthesias on the fourteenth and nineteenth days. Ten underwent electroneuromyography because of worsening of the symptoms. Sulcus ulnaris (n = 3), carpal tunnel syndrome (n = 1), and complex regional pain syndrome (n = 1) were diagnosed. The other 5 were unremarkable. Thirty-nine patients had spontaneous resolution of symptoms between the tenth postoperative day and the first month. Electromyography of the two patients with sensory—motor deficit showed diffuse brachial plexus damage involving the middle and inferior trunks in particular.

At 3 months, two patients (0.3%) still had some symptoms. Electroneuromyography was normal in both. Twelve patients had spontaneous resolution of their symptoms between the first and third postoperative month (table 6). Electromyography of the two patients with sensory—motor deficit showed early signs of regeneration consisting of fasciculation potentials and large and complex potentials. Clinically, both could perform wrist and finger flexion. Finger extension was hardly perceptible. Neuropathic pain had appeared in the involved arm of both patients, which was treated with gabapentin and paracetamol.

At 6 months, no patient was symptomatic. Two patients had spontaneous resolution of their symptoms (table 6). One of the patients with sensory—motor deficit had completely recovered after 19 weeks. Her electroneuromyograph was normal. The only symptom was persistence of light paresthesia in the thumb. The other one showed partial recovery of strength. She still had sensory dysfunction (hypesthesia and dysesthesia) in the territory of the radial and ulnar nerves. Her electroneuromyograph had almost completely returned to normal. The presence of large and complex potentials were still noted on the middle trunk. Complete recovery occurred after 28 weeks.

After returning home, no patient, except the two with sensory-motor deficit, needed supplementary analgesics other than those prescribed by the surgeon for pain related to surgery. Rehabilitation and return to work or usual activity was not delayed, except for the patients with sensory—motor deficit, sulcus ulnaris syndrome, complex regional pain syndrome, and carpal tunnel syndrome, who had specific surgical or medical treatments.

Discussion

This prospective study shows that the use of the modified lateral approach for placement of a perineural catheter within the interscalene space by experienced anesthesiologists, following a standardized technique, use of material, and drug application is associated with a high success rate of effective anesthesia and postoperative analgesia and a low rate of acute and chronic complications.

The interscalene catheter has become the technique of choice for the management of postoperative pain management after shoulder surgery.[2,5] To date, most of the studies dealing with this topic have used Winnie's approach, with various degree of success (for anesthesia, from 80% to 87%; for postoperative analgesia,[12] from 83%[13] to 87%[14]). Our success rate (97%) is higher and is comparable to the 94% obtained by Meier *et al.*,[8] who used an approach similar to ours. Our results may be explained by the anatomical approach.[10] The placement of the interscalene catheter is challenging to perform because the catheter has to be placed in a "sandwich-like" manner between the two scalene muscles, whose shape, thickness, direction, and spatial orientation differ greatly between individuals. Winnie's approach does not take into account all these factors and may explain the relative high rate of catheter placement failure, whereas the success rate of the single shot is high by using the same approach.[15] One may argue that our results may be biased because only experienced anesthetists, each having performed more than 80 interscalene catheter blocks, were involved in this trial. We chose this to have coherent and applicable results, avoiding the issue of mixed results from inexperienced and experienced anesthetists.

The modified lateral approach (fig. 1) takes into account the three-dimensional image of the interscalene space, and the needle is directed caudally and slightly laterally or medially, according to the plane of the interscalene space. The puncture point is just below Winnie's point to avoid piercing of the scalene muscles. The tangential approach of the plexus offers good conditions for placing the catheter. Meier *et al.*[8] use the same approach, but their puncture point is more cephalad, increasing the chances to hit the scalene

muscles.

Difficulties to insert the catheter, when reported, had been encountered by Singelyn *et al.*(6) in 66% and Tuominen *et al.*(7) in up to 25% when dislocation was considered; both used Winnie's approach. We had difficulties in threading the catheter in 6%; anatomic reasons as described above may explain our lower incidence.

Acute complications associated with the interscalene catheter have still not been extensively investigated. Serious complications such as total spinal anesthesia,(16) epidural anesthesia,(17) and injection in the spinal cord(18) reported with Winnie's techniques have not been observed in any of our patients. The occurrence of these complications may be decreased by the modified lateral approach because the needle is directed away from the cervical spine toward the interscalene space. These results confirmed those found in our previous study.(9) Aspiration of blood was encountered in 0.7%; the needle was directed and the ISB was performed without any other complications. Local and distal dysesthesias during injection of the initial bolus occurred in 1.8%; in all cases, drug administration was stopped, the needle was slightly displaced, and the injection could be continued uneventfully. Minor side effects such as Horner syndrome or recurrent laryngeal nerve blockade were encountered in 6% and 0.9%, respectively. Using Winnie's technique and a single shot, Jochum *et al.*(19) noticed an incidence of Horner syndrome of 71% and an incidence of recurrent laryngeal nerve blockade of 3%, similar to the incidences reported by Vester-Andersen *et al.*(20) using the same approach. Horner syndrome was present in 13% in the study of Meier *et al.*,(8) an incidence close to that in our study. This can be explained by the more distal administration of the drug through the catheter within the interscalene diffusion space, making the preganglionic sympathetic fibers going to the stellate ganglion less exposed to the spreading of the local anesthetic.

Perineural catheter infection is an issue that has received little attention to date. Cuvillon *et al.*(21) were the first to prospectively document the incidence of colonization and infection of a perineural catheter. They found that the femoral catheter was colonized in 57% and in 1.5% with bacteriemia after 48 h. In a multicenter study involving 1,416 perineural catheters of different anatomic locations, Bernard *et al.*(22) disclosed a rate of colonization of 28%; 3% had signs of local inflammation, and infection was found in 0.07%, which is similar to our findings. In their study, the coagulase-negative *Staphylococcus* was frequently isolated from the interscalene catheter, which is in accordance with our results. The absence of antibioprophylaxis, the duration of the catheter, and transfer from the intensive care unit to the ward were identified as risk factors for the development of perineural catheter colonization. If strict aseptic surgical conditions are respected, preliminary results indicate that the incidence of infection of perineural catheter is [illegible]. However, further studies taking the location of each catheter into consideration are needed because the first studies pointed out that the incidences and the bacteria found in the femoral or the interscalene perineural catheter are not similar.

Neurologic damage is a major issue dealing with perineural catheters because it is accepted that neurotoxicity of a local anesthetic depends on its neurotoxic potency, its concentration, and how long the nerve tissue is exposed to the agent.(23,24) The frequency of peripheral nerve complications reported after single-shot peripheral nerve blockade varies from 0 to more than 5%.(25) One case of plexus irritation, caused by an interscalene catheter, has been reported.(26) In a previous study, Borgeat *et al.*(9) found an incidence of neurologic complications, mostly minor, of 6, 2.6, and 0.4% at 1, 3, and 6 months, respectively, in patients after an interscalene catheter. In the current study, we observed a lower incidence of "minor" neurologic complications of 2.4, 0.3, and 0% at 1, 3, and 6 months, respectively.

We had two patients who had a severe and prolonged sensory—motor deficit involving the middle and lower trunks in particular, who needed 19 and 28 weeks, respectively, to recover. In both patients, the placement of the catheter was uneventful, and both received 0.2% ropivacaine at standard infusion rate (ground infusion 5 ml/h, bolus 4 ml, lockout time 10 min) for postoperative analgesia. These two patients had many similarities: both were female, their ages were similar (64 and 68 yr), their body mass indexes were relatively low (20 and 22), and both underwent shoulder arthroplasty and had sensory—motor deficit involving the middle and lower cords, which was present early postoperatively. In both cases, the continuous infusion of ropivacaine was stopped after 36 h because of the absence of any sensory—motor recovery in the territory of the radial and ulnar nerves. Although one cannot completely exclude the link between the block and the sensory—motor deficit, it seems unlikely to be directly involved in this complication. An intraneural injection can be ruled out, a plexus compression due to a hematoma was excluded by ultrasonography, and electromyographic investigations were suggestive of partial axonotmesis, a lesion most frequently encountered after plexus damage due to malpositioning or stretching. The occurrence of postoperative neuropathy (0.21%) found by Capdevila *et al.*(27) in a multicenter study including 1,416 patients is comparable to the occurrence (0.2%) observed in our study. An incidence of new postoperative neurologic deficits was observed in 1% by Berman *et al.*(28) in a retrospective evaluation of 405 continuous axillary catheters. The incidence of nerve injuries after shoulder arthroplasty is reported to occur in 1–4%(29) (2 of 149 [1.3%] in the current study). Lynch *et al.*(30) reported on 13 brachial plexus damages with neurologic deficit out of 417 shoulder arthroplasties, with spontaneous good recovery in 90% of the cases. The authors found the deltopectoral approach and the use of methotrexate to have a significant correlation. There was no significant correlation with interscalene block. Traction was the most likely explanation for neurologic complication that occurred.

Overall, the experience with interscalene block anesthesia has shown this modality to offer a safe and effective means of providing perioperative analgesia.(31-33) However, the possibility of a link between older, thin women having an interscalene block for shoulder arthroplasty and the apparition of postoperative neurologic deficit remains open, and further studies focusing on these aspects will be welcomed.

In conclusion, this prospective study shows that the modified lateral approach for performing ISB fulfills the modern criteria for this block, which are, first, reducing the occurrence of severe complications and, second, offering good conditions for the placement of a perineural catheter, the technique of choice for the postoperative pain treatment after shoulder surgery. Moreover, this study demonstrates that the interscalene catheter in trained hands does not seem to increase the incidence of acute or chronic neurologic complications. The incidence of infection is low, but strict aseptic conditions have to be respected during the procedure. Finally, patient acceptance of the interscalene catheter and patient satisfaction with pain control are high.

The authors thank Volker Dietz, M.D., F.R.C.P. (Head of the Paraplegic Center and Chairman), and Armin Curt, M.D. (Assistant Professor), both from the Swiss Paraplegic Center, University Hospital Balgrist, Zurich, Switzerland, for performing and interpreting the electromyographs.

Appendix: The Modified Lateral Technique

The patient lies supine, turning the head slightly away from the side to be blocked. Then, he or she is asked to elevate the head slightly to bring the clavicular head of the sternomastoid muscle into prominence. A right-handed anesthetist should place the index and middle fingers of the left hand immediately behind the lateral edge of the sternomastoid muscle and instruct the patient to relax so that the palpating fingers move medially behind this muscle and finally lie on the belly of the anterior scalene muscle. They are then rolled laterally across the belly of this muscle until the interscalene groove is palpated. After exact palpation a line is drawn on the skin along the interscalene groove. This is crucial because it gives information about its shape, depth, and course and helps the anesthesiologist to gain a three-dimensional image of the interscalene space. The point of needle insertion lies 0.5 cm below the level of the cricoid. The needle is inserted with regard to the configuration of the interscalene space at an angle of between 45 and 60°,

depending of the anatomical characteristics of the patient's interscalene groove (fig. 1).

References: (1-33)

1. Enneking FK, Wedel DJ: The art and science of peripheral nerve blocks. Anesth Analg 90:1-2, 2000
2. Borgeat A, Schäppi B, Biasca N, Gerber C: Patient-controlled analgesia after major shoulder surgery. ANESTHESIOLOGY 87:1343-7, 1997
3. Mezzatesta JP, Scott DA, Schweitzer SA, Selander DE: Continuous axillary brachial plexus block for postoperative pain relief: Intermittent bolus versus continuous infusion. Reg Anesth 22:357-62, 1997
4. Capdevila X, Barthelet Y, Biboulet P, Ryckwaert Y, Rubenovitch J, D'Athis F: Effects of perioperative analgesic technique on the surgical outcome and duration of rehabilitation after major knee surgery. ANESTHESIOLOGY 91:8-15, 1999
5. Singelyn FJ, Deyaert M, Joris D, Pendeville E, Gourverneur JM: Effects of intravenous patient-controlled analgesia with morphine, continuous epidural analgesia, and continuous three-in-one block on postoperative pain and knee rehabilitation after unilateral total knee arthroplasty. Anesth Analg 87:88-92, 1998
6. Singelyn FJ, Seguy S, Gouverneur JM: Interscalene brachial plexus analgesia after open shoulder surgery: Continuous versus patient-controlled infusion. Anesth Analg 89:1216-20, 1999
7. Tuominen M, Haasio J, Hekali R, Rosenberg PH: Continuous interscalene brachial plexus block: Clinical efficacy, technical problems and bupivacaine plasma concentration. Acta Anaesthesiol Scand 33:84-8, 1989
8. Meier G, Bauereis C, Heinrich C: Interscalene brachial plexus catheter for anesthesia and postoperative pain therapy: Experience with a modified technique. Anaesthesist 46:715-9, 1997
9. Borgeat A, Ekatodramis G, Kalberer F, Benz C: Acute and nonacute complications associated with interscalene block and shoulder surgery. ANESTHESIOLOGY 95:875-80, 2001
10. Borgeat A, Ekatodramis G: Anaesthesia for shoulder surgery. Best Pract Res Clin Anaesthesiol 16:211-25, 2002
11. Ekatodramis G, Borgeat A: Subcutaneous tunneling of the interscalene catheter: A simple and effective method to prevent interscalene catheter dislocation. Can J Anaesth 47:716-7, 2000
12. Haasio J, Tuominen M, Rosenberg PH: Continuous interscalene brachial plexus block during and after shoulder surgery. Ann Chir Gynaecol 79:103-7, 1990
13. Cohen NP, Levine WN, Marra G, Pollock RG, Flatow EL, Brown AR, Bigliani LU: Indwelling interscalene catheter anesthesia in the surgical management of stiff shoulder: A report of 100 consecutive cases. J Shoulder Elbow Surg 9:268-74, 2000
14. Pere P: The effect of continuous interscalene brachial plexus block with 0.125% bupivacaine plus fentanyl on diaphragmatic motility and ventilatory function. Reg Anesth 18:93-7, 1993
15. Urban MK, Urquhart B: Evaluation of brachial plexus anesthesia for upper extremity surgery. Reg Anesth 19:175-82, 1994
16. Dutton RP, Eckhardt WF III, Sunder N: Total spinal anesthesia as a complication of interscalene block of the brachial plexus. ANESTHESIOLOGY 80:939-41, 1994
17. Scammell SJ: Inadvertent epidural anaesthesia as a complication of interscalene brachial plexus block. Anaesth Intensive Care 7:56-7, 1979
18. Benumof JL: Permanent loss of cervical spinal cord function associated with interscalene block performed under general anesthesia. ANESTHESIOLOGY 93:1541-4, 2000
19. Jochum D, Roedel R, Gleyze P, Balliet JM: Bloc interscalénique et chirurgie de l'épaule: Etude prospective d'une série continue de 167 patients. Ann Fr Anesth Reanim 16:114-9, 1997
20. Vester-Andersen T, Christiansen C, Hansen A, Sorensen M, Meisler C: Interscalene brachial plexus block: Area of analgesia, complications and blood concentrations of local anesthetics. Acta Anaesthesiol Scand 25:81-4, 1981
21. Cuvillon P, Ripart J, Lalourcey L, Veyrat E, L'Hermite J, Boisson Ch, Thouabtia E, Eledjam JJ: The continuous femoral nerve block catheter for postoperative analgesia: Bacterial colonization, infectious rate and adverse effects. Anesth Analg 93:1045-9, 2001
22. Bernard N, Pirat P, Branchereau S, Gaertner E, Capdevila X: Continuous peripheral nerve blocks in 1416 patients: A prospective multicenter study measuring incidences and characteristics of infectious adverse events (abstract) ANESTHESIOLOGY 96:A882, 2002
23. Selander D: Neurotoxicity of local anesthetics: Animal data. Reg Anesth 18:461-8, 1993
24. Bainton CR, Strichartz GR: Concentration dependence of lidocaine-induced irreversible conduction loss in frog nerve. ANESTHESIOLOGY 81:657-67, 1994
25. Selander D: Nerve toxicity of local anaesthetics, Local Anaesthesia and Regional Blockade, 1st edition. Edited by Löfström JB, Sjöstrand U. Amsterdam, Elsevier Science, 1988, p 77
26. Ribeiro FC, Georgousis H, Bertram R, Scheiber G: Plexus irritation caused by interscalene brachial plexus catheter for shoulder surgery. Anesth Analg 82:870-2, 1996
27. Capdevila X, Pirat P, Branchereau S, Gaertner E, Bernard N: Continuous peripheral nerve blocks in 1416 patients: A prospective multicenter descriptive study measuring incidences and characteristics of non infectious adverse events (abstract) ANESTHESIOLOGY 96:A881, 2002
28. Bergman BD, Hebl JR, Kent J, Horlocker TT: Neurologic complications of 405 consecutive continuous axillary catheters. Anesth Analg 96:247-52, 2003
29. Boardman ND III, Cofield RH: Neurologic complications of shoulder surgery. Clin Orthop 368:44-53, 1999
30. Lynch NM, Cofield RH, Silbert PL, Hermann RC: Neurologic complications after total shoulder arthroplasty. J Shoulder Elbow Surg 5:53-61, 1996
31. Arciero RA, Taylor DC, Harrison SA, Snyder RJ, Leahy KE, Uhorchak JM: Interscalene anesthesia for shoulder arthroscopy in a community-sized military hospital. Arthroscopy 12:715-9, 1996
32. Conn RA, Cofield RH, Byer DE, Linstromberg JW: Interscalene block anesthesia for shoulder surgery. Clin Orthop 216:94-8, 1987
33. Kinnard P, Truchon R, St-Pierre A, Montreuil J: Interscalene block for pain relief after shoulder surgery: A prospective randomized study. Clin Orthop 304:22-4, 1994

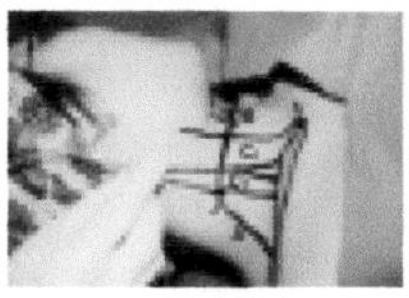

Fig. 1

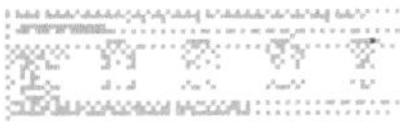

Table 1

Table 2

Table 3

Table 4

Table 5

Table 6

zur Entfernung des Humeruskopfes wie eine Kapuze abgehoben werden. In diesen Fällen lässt sich die Prothese ohne Eröffnung des Rotatorenintervalls und Mobilisierung der Tubercula einsetzen (Compito et al. 1994, Flatow 1994). Im Allgemeinen werden jedoch beide Tubercula mobilisiert und Haltenähte durch den Knochen-Sehnen-Ansatz gelegt, um eine weitere Fragmentierung des osteoporotischen Knochens zu vermeiden. Befindet sich der Kopf vorne unter den Muskeln des Processus coracoideus, wird er nach Darstellung der neurovaskulären Strukturen äußerst vorsichtig freipräpariert und entfernt.

Nun wird der Arm vorsichtig gestreckt, adduziert und nach außen rotiert und der Humerusschaft nach anterior gebracht. Falls notwendig, wird der Markkanal mit Raspeln und Fräsen in steigender Größe präpariert. Im Allgemeinen reicht die Knochensubstanz für eine Press-fit-Technik nicht aus und die Prothese wird mit Zement eingesetzt. Die exakte Größe des Prothesenschaftes wird anhand präoperativer Röntgenbilder und verschiedener Probeprothesen bestimmt.

Die Positionierung der Prothese ist kritisch und von drei wichtigen Parametern abhängig, nämlich Retroversionswinkel, Höhe und Kopfgröße (Bigliani 1990, Bigliani und McCluskey 1990, Nicholson et al. 1994). Die Bestimmung der Prothesenkopfgröße erfolgt zum einen anhand des als Muster dienenden, vorher entfernten Humeruskopfes, zum anderen spielt jedoch auch die Spannung der Rotatorenmanschette sowie die Position der Tubercula, so wie sie sich nach dem Einsetzen der Probeprothese und der probeweisen Readaptation der Rotatorenmanschette darstellt, eine Rolle. Die vorläufige Fixierung der Tubercula um die Finne herum erleichtert das Verfahren und ermöglicht es, die Spannung der Weichteile und des endgültigen Verschlusses richtig einzuschätzen. Der myofasziale Mantel darf nicht zu straff gespannt sein und die Weichteilspannung sollte bei eingesetzter Probeprothese eine 50%ige Translation sowohl nach antero-posterior als auch nach supero-inferior zulassen.

Anschließend wird der korrekte Retroversionswinkel des Humeruskopfes bestimmt. Die Prothese sollte in akuten Fällen in einem Retroversionswinkel von ungefähr 30 bis 40° positioniert sein. Die Position kann durch Vergleich der Kopfposition mit der distalen Epikondylenachse des Humerus und Positionierung der Finne unmittelbar hinter dem Sulcus bicipitalis bestimmt werden. Dieser Retroversionswinkel wird bei posterioren oder anterioren Luxationsfrakturen modifiziert. Die richtige Prothesenhöhe ist ebenfalls ein kritischer Punkt. Der Kopf sollte so weit über den Schaft angehoben werden, dass die Tubercula um die Finne herum und unter dem Kopf refixiert werden können.

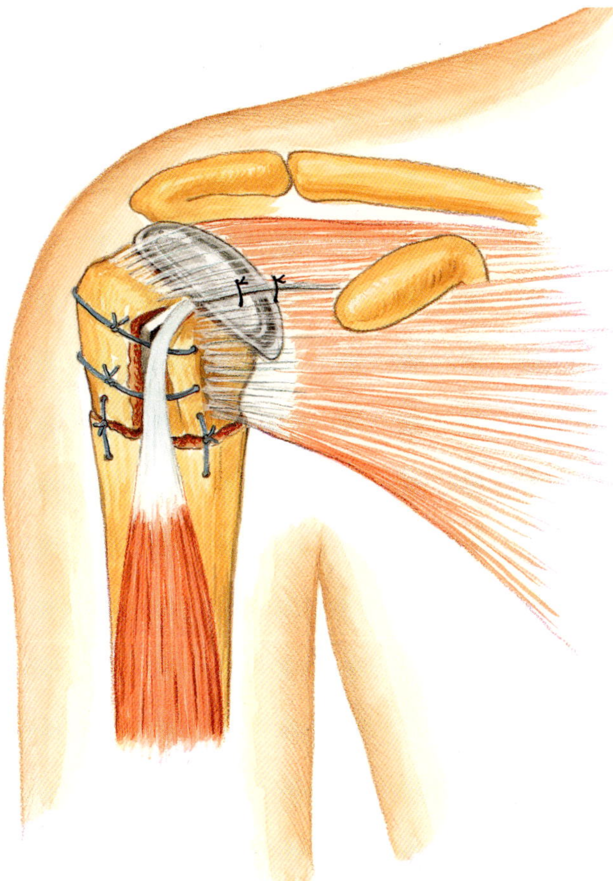

Abb. 6. Falls erforderlich, wird der Spalt unterhalb der Tubercula sowie zwischen Tubercula und Schaft mit Knochen aus dem entfernten Humeruskopf unterfüttert. Die Bizepssehne bleibt nach Möglichkeit intakt, das Rotatorenintervall wird geschlossen

Zur Gewährleistung einer korrekten Weichteilspannung sollte sich die Prothesenkopfspitze einige Millimeter über der Spitze des Tuberculum majus befinden.

Vor dem Einzementieren werden Löcher in den proximalen Humerusschaft gebohrt, durch die nichtresorbierbare Nähte gelegt werden. Dann wird die Prothese im vorher bestimmten Retroversionswinkel und in der richtigen Höhe einzementiert. Überschüssiger Zement wird an den Stellen, an denen die Tubercula am Schaft fixiert sind, vorsichtig entfernt.

Das Anheilen der Tubercula ist für den Funktionserhalt der Rotatorenmanschette sowie die Stabilität der Prothese entscheidend. Die zuvor gelegten dicken nichtresorbierbaren Nähte dienen nun der Reposition der Tubercula aneinander und am Humerusschaft unterhalb des Prothesenkopfes. Ein nach superior disloziertes Tuberculum führt zum Impingement, seine Dislokation nach posterior dagegen zum Verlust der Außenrotation. Entscheidend ist die Rekonstruktion

Abb. 7. Distal des Ansatzes des M. deltoideus rechtwinklig zum Schaft angesetzte Ahle

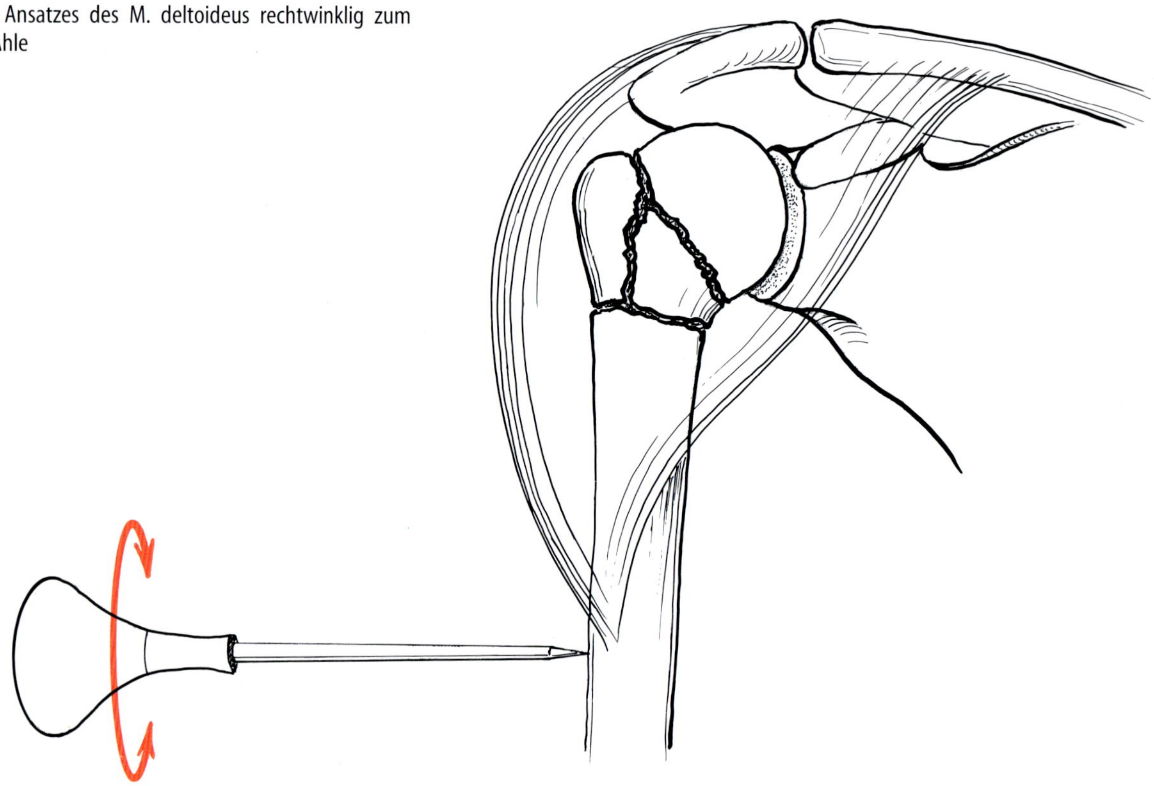

des Tuberculum majus, das zuerst an der Prothese und dann am Humerusschaft fixiert wird (Craig 1989, Craig 1990). Das unterste Loch im Tuberculum majus dient der Nahtfixation am Schaft, die beiden anderen der Fixierung an der Prothesenfinne (Abb. 4). Das Tuberculum majus wird an die Finne herangezogen und sicher befestigt. Anschließend wird der Spalt unter dem Tuberculum sowie zwischen Tuberculum und Schaft mit Knochen aus dem vorher entfernten Humeruskopf unterfüttert. Danach wird das Tuberculum minus an die Prothesenfinne gezogen und an Tuberculum majus und Schaft befestigt (Abb. 5).

Die unversehrte Bizepssehne wird nun im Sulcus bicipitalis reponiert und das Rotatorenintervall verschlossen (Abb. 6). Der Arm wird vorsichtig nach innen und außen rotiert, die Fixation der Tubercula inspiziert und festgelegt, bis zu welcher Grenze die postoperative passive Frühmobilisation erfolgen kann. Zum Schluss wird unterhalb des M. deltoideus eine Drainage in den Subakromialraum eingelegt und über 48 Stunden dort belassen. Die Sehne des M. pectoralis major wird angenäht, der Sulcus deltoideo-pectoralis readaptiert und die Wunde verschlossen. Der Arm wird in einer Schlinge ruhig gestellt.

Minimale offene Reposition und extrafokale Marknagelung. Bei dieser sehr speziellen Fraktur ist die Gelenkfläche nicht nur in Valgusstellung disloziert, sondern auch nach inferior subluxiert. Ein Teil der Blutversorgung ist meistens noch vorhanden, und zwar über die posterioren Kapselgefäße und das Periost der medialen Seite. Bei jungen Patienten erscheint eine konservative Behandlung sinnvoll; wir empfehlen in diesen Fällen eine offene Reposition mit Minimalosteosynthese und extrafokaler Marknagelung zur Stabilisierung.

Der Humeruskopf wird durch einen delto-pektoralen Zugang freigelegt. Die Bizepssehne spielt bei der Identifikation der verschiedenen Fragmente die entscheidende Rolle. Der Kopf wird vorsichtig angehoben und mit einem gebogenen Elevatorium reponiert. Es folgt die Freilegung des Humerusschaftes durch eine kurze Inzision unmittelbar distal des Ansatzes des M. deltoideus. An dieser Stelle wird die Kortikalis identifiziert, mit einer rechtwinklig angesetzten Ahle punktiert (Kapandji 1989) (Abb. 7) und anschließend mit einer Bohrerspitze (2,7 oder 3,2 mm Durchmesser) perforiert. Eine Verletzung des N. radialis ist dabei sorgfältig zu vermeiden. Dieses erste Bohrloch wird in 45 Grad-Richtung schräg nach proximal erweitert.

Der erste Nagel wird mit Hilfe eines T-Handgriffs in den Markkanal eingeführt und zur Frakturstelle

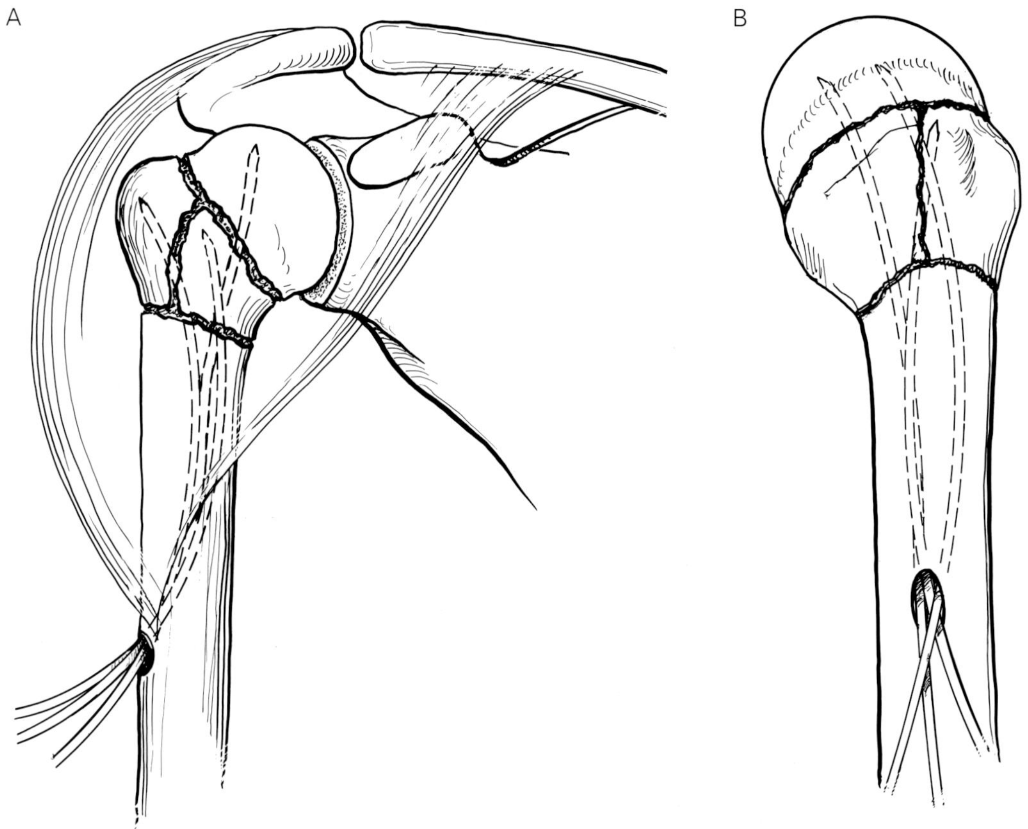

Abb. 8. Endgültige Position der Nägel in (**A**) anteroposteriorer und (**B**) lateraler Sicht

vorgeschoben. Zur Stabilisierung der Fraktur werden insgesamt drei Nägel in divergierenden Richtungen eingebracht und bis knapp unterhalb des Humeruskopfes in den subchondralen Knochen vorgeschoben (Abb. 8 A und B). Anschließend werden die Tubercula in anatomischer Position reponiert und mit stabilen Nähten aneinander und am Schaft fixiert.

Nachbehandlung

Endoprothetischer Kopfersatz. Die Rehabilitation ist genauso wichtig wie die Operationstechnik und muss zur Erreichung optimaler Ergebnisse individuell angepasst werden. Das von Hughes und Neer (1975) beschriebene postoperative Behandlungsprogramm besteht aus drei Phasen. Wichtig ist hierbei die Unterscheidung zwischen der passiven Frühmobilisation unmittelbar nach der Operation und den späteren aktiven Bewegungs- und Kräftigungsübungen, die jedoch erst nach Verheilung der Tubercula ausgeführt werden dürfen, was sich in der Regel nach 6 bis 8 Wochen im Röntgenbild nachweisen lässt.

Phase I beginnt am ersten postoperativen Tag, häufig unter Schmerzkontrolle durch einen Interskalenusblock, und dauert durchschnittlich 6 Wochen. Zur Aufwärmung dienen Pendelübungen, danach werden in Rückenlage assistierte Übungen durchgeführt, zunächst nur passive Elevation des Arms durch den Operateur oder Therapeuten in der Skapulaebene, ab dem dritten Tag auch begrenzte passive Außenrotation mit einem Stock. Der Patient wird angehalten, während des Krankenhausaufenthaltes ein- bis zweimal täglich selbständig zu üben. Damit die Übungen auch nach der Entlassung zu Hause ausgeführt werden können, werden sie dem Patienten und einem Angehörigen genau gezeigt. Bei der Entlassung, in der Regel also nach 14 Tagen, sollten die verschiedenen Übungen korrekt ausgeführt werden können, die Elevation des Arms nach vorne sollte mindestens 100°, die Außenrotation 20° betragen. Außer bei den Übungen wird der Arm in den ersten sechs Wochen in einer Schlinge getragen.

Phase II besteht aus aktiven Bewegungsübungen und beginnt erst nach nachweislich erfolgter Verheilung der Tubercula. Zunächst wird mit assistierter Elevation mit einem Überkopf-Rollenzug und isometrischen Übungen zur Kräftigung der Rotatorenmanschette und des M. deltoideus sowie mit Schulterextension und Innenrotationsdehnung begonnen. Der Patient wird außerdem ermuntert, seine alltäglichen Aktivitäten aufzunehmen und den betroffenen Arm aktiver einzusetzen. Zum Erhalt und zur weiteren Verbesserung der Beweglichkeit werden vorsichtige Dehnungsübungen durchgeführt. Phase III beginnt etwa 12 Wochen nach der Operation und besteht vorwiegend aus Übungen gegen Widerstand zur Kräftigung der Muskulatur. Der Widerstand durch leichte Gewichte oder Gummiband wird allmählich gesteigert, jedoch erst nach Erreichen der nahezu vollen Beweglichkeit bei gleichzeitiger Schmerzfreiheit. Der Patient sollte immer wieder auf seine Fortschritte hingewiesen werden und außerdem wissen, dass die maximale Wiederherstellung selten vor Ablauf eines Jahres erreicht werden kann.

Minimale offene Reposition und extrafokale Marknagelung. Die Fixation ist in der Regel so stabil, dass eine passive Frühmobilisation und aktive assistierte Bewegungsübungen durchgeführt werden können. In den meisten Fällen wird nach einigen Tagen, wenn die Schmerzen am Abklingen sind, mit passiven Bewegungsübungen in allen Ebenen begonnen. Aktive Bewegungsübungen in allen Ebenen sollten erst durchgeführt werden, wenn Knochen und Sehnen ausreichend verheilt sind, was in der Regel nach 5 bis 6 Wochen der Fall ist. Die Übungen zur Herstellung der vollen Beweglichkeit und muskulären Kräftigung werden allmählich gesteigert und über mindestens ein Jahr fortgesetzt.

Literatur

Bigliani LU (1990) Fracture of the proximal humerus. In: Rockwood CA, Matsen FA (eds) The Shoulder, 1st edn. WB Saunders, Philadelphia, pp 278–334

Bigliani LU, McCluskey GM (1990) Prosthetic replacement in acute fractures of the proximal humerus. Semin Arthroplasty 1:129–137

Cofield RH (1988) Comminuted fractures of the proximal humerus. Clin Orthop 230:49–57

Compito CA, Self EB, Bigliani LU (1994) Arthroplasty and acute shoulder trauma: reasons for success and failure. Clin Orthop 307:27–36

Craig EV (1989) Prosthetic replacement for four-part fractures of the proximal humerus. Tech Orthop 3:70–80

Craig EV (1990) Complications in shoulder arthroplasty. Semin Arthroplasty 1:160–171

Flatow EL (1994) Technique of prosthetic replacement for proximal humeral fractures. Tech Orthop 9:154–159

Hughes M, Neer CS II (1975) Gleno-humeral joint replacement and post-operative rehabilitation. Phys Ther 55:850–858

Jakob RP, Miniaci A, Anson PS (1991) Four-part valgus impacted fractures of the proximal humerus. J Bone Joint Surg [Br] 73:295–298

Kapandji A (1989) L'ostéosynthèse des broches "en palmier" des fractures du col chirurgical de l'humérus. Ann Chir Main 8:39–52

Neer CS II (1955) Articular replacement of the humeral head. J Bone Joint Surg [Am] 37:215–228

Neer CS II (1970) Displaced proximal humeral fractures. Part I. Classification and evaluation. J Bone Joint Surg [Am] 52: 1090–1103

Nicholson GP, Flatow ELL, Bigliani LU (1994) Shoulder arthroplasty for proximal humeral fractures. In: Friedman RJ (ed) Arthroplasty of Shoulder. Thieme Medical Publishers, New York, pp 183–193

Tanner MW, Cofield RH (1983) Prosthetic arthroplasty for fractures and fracture-dislocations of the proximal humerus. Clin Orthop 179:116–128

28 Skapulafrakturen

Thomas P. Goss, Brian D. Busconi

An der Skapula können verschiedene traumatisch oder nichttraumatisch bedingte Defekte entstehen, die in seltenen Fällen einen chirurgischen Eingriff erfordern. Im Folgenden werden die dafür zur Verfügung stehenden chirurgischen Verfahren vorgestellt. Anhand spezifischer Eingriffe soll das breite Spektrum eventuell erforderlicher Operationstechniken gezeigt werden. (Anteriore und posteriore Zugänge sind in Teil I dieses Buches beschrieben und daher hier nicht aufgenommen.) Zunächst sollen jedoch einige allgemeine Operationsprinzipien vorgestellt werden.

Operative Grundlagen

Die Allgemeinanästhesie ist den ebenfalls zur Verfügung stehenden Verfahren des Nervenblocks in den meisten Fällen vorzuziehen, und zwar aus folgenden Gründen:

- Der Patient muss eventuell in unbequemer Stellung gelagert werden.
- Eine ausgedehnte Präparation und Manipulation der Gewebe kann erforderlich sein.
- Häufig sind lange Operationszeiten notwendig.
- Der Kopf des Patienten befindet sich in unmittelbarer Nähe zum Operationsgebiet.

Zwei Lagerungspositionen kommen in Frage: „beachchair"-Position und Seitenlage. Die beachchair"-Position eignet sich für anteriore Zugänge zur Skapula sowie für superiore Zugänge, bei denen eine Erweiterung nach anterior geplant ist oder notwendig werden kann. Der Patient wird in halbsitzender Position mit um 60 Grad zur Horizontalen angehobenem Oberkörper auf dem Operationstisch platziert. Die zu operierende Schulter ragt über den Tischrand, der mediale Skapularand wird mit einem zusammengerollten Tuch unterlegt. Obere Extremität und Schulterbereich werden desinfiziert, der Arm wird frei beweglich abgedeckt. Ellbogen, Unterarm, Handgelenk und Hand werden steril gewickelt, ein steril abgedeckter gepolsterter Ständer dient der Lagerung des Arms. Palpierbare knöcherne Orientierungspunkte sind Akromion, Akromioklavikulargelenk, Klavikula, Processus coracoideus und Humeruskopf.

Die Seitenlage eignet sich für alle posterioren, medialen und lateralen Zugänge zur Skapula, sowie für den superioren Zugang, wenn eine Erweiterung nach posterior notwendig oder möglich sein kann. Der Patient wird mit der dem Eingriff abgewandten Körperseite nach unten und einem in die Achselhöhle gelegten zusammengerollten Tuch auf dem Operationstisch platziert. Die zu operierende Körperseite ist von oben zugänglich, der Rumpf ist durch eine Vakuum-Matratze stabilisiert. Obere Extremität und Schulterbereich werden desinfiziert und aus der Abdeckung ausgelagert. Ellbogen, Unterarm, Handgelenk und Hand werden steril abgedeckt, ein steril abgedeckter gepolsterter Ständer dient der Lagerung des Arms (Abb. 1). Palpierbare knöcherne Orientierungspunkte sind hier Akromion, Akromioklavikulargelenk, Klavikula, Spina scapulae, medialer und lateraler Skapularand sowie Humeruskopf.

Der größte Teil der Skapula ist dünn, daher steht nur wenig Knochen zur Verfügung. Falls eine Fixation erforderlich ist, kommen für die Befestigung von Implantaten vier Bereiche in Frage, und zwar Spina scapulae und Akromion, Processus coracoideus, Glenoid und lateraler Skapularand (Abb. 2). Zur Fixation stehen eine Reihe von Implantaten zur Verfügung, von denen sich die Folgenden am besten eignen: interfragmentäre Zugschrauben, und zwar insbesondere kanülierte Sys-

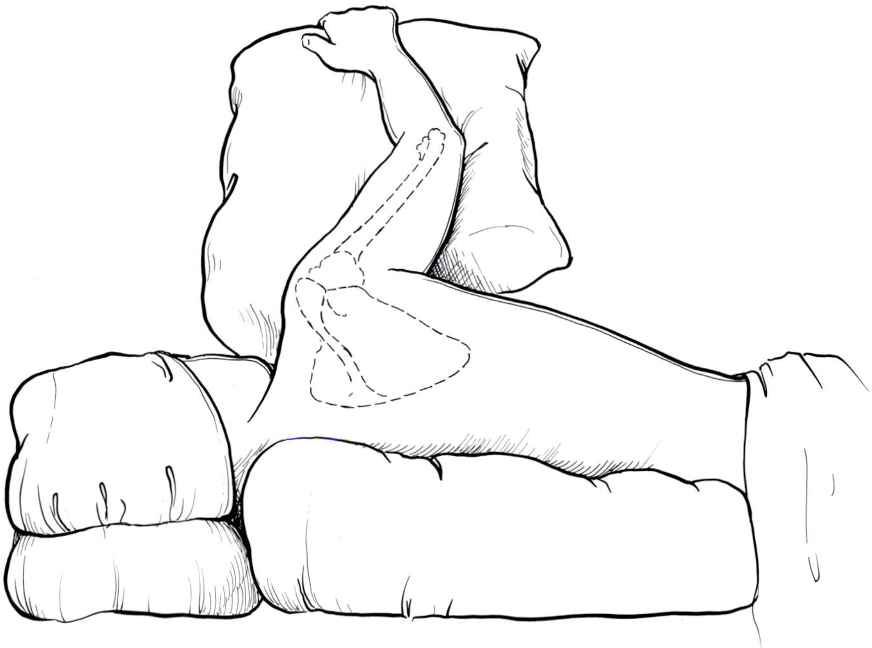

Abb. 1. Die Seitenlage eignet sich für den superioren Zugang zum Glenoid sowie die postero-superioren, medialen und lateralen Zugänge zur Skapula

teme (Abb. 3 A), entsprechend konturierte 3,5-mm-Rekonstruktionsplatten (Abb. 3 B) sowie Kirschner-Drähte, die sowohl zur temporären als auch zur permanenten Fixation dienen können (Abb. 3 C). Weitere Optionen sind Drahtcerclagen mit Draht-Naht-Kombinationen (Abb. 3 D), Klammern, Cerclagedrähte sowie stabile nichtresorbierbare Nähte. Die Wahl des Implantats hängt letztendlich von der Erfahrung des Operateurs und der vorhandenen Knochensubstanz ab.

Ein orthopädisches Grundinstrumentarium sollte bereitstehen. Ein mikrochirurgischer Bohrer, kleine und große Wundhaken und verschieden große Knochenstanzen sind für das Bohren von Löchern im Knochen erforderlich, durch die später Ankernähte gezogen werden können. Fukudahaken sowie Dreizinker eignen sich jeweils besonders gut für das Abhalten des M. deltoideus, des Humeruskopfes und der das Glenoid umgebenden Weichteile.

Die Komplikationen, die mit Eingriffen an der Skapula assoziiert sind, lassen sich in fünf Kategorien einteilen. Die folgende Liste ist keineswegs vollständig, vielmehr sollen nur Beispiele für jede Kategorie gegeben werden.

- Komplikationen im Zusammenhang mit in unmittelbarer Nachbarschaft oder weiter entfernt stattfindenden pathologischen Prozessen, z.B. mit einer Skapulafraktur assoziierte pulmonale Komplikationen.
- Komplikationen im Zusammenhang mit dem pathologischen Geschehen an der Skapula selbst, z.B. symptomatische posttraumatische degenerative Erkrankung des Schultergelenks nach signifikant dislozierter Fraktur mit Gelenkbeteiligung.

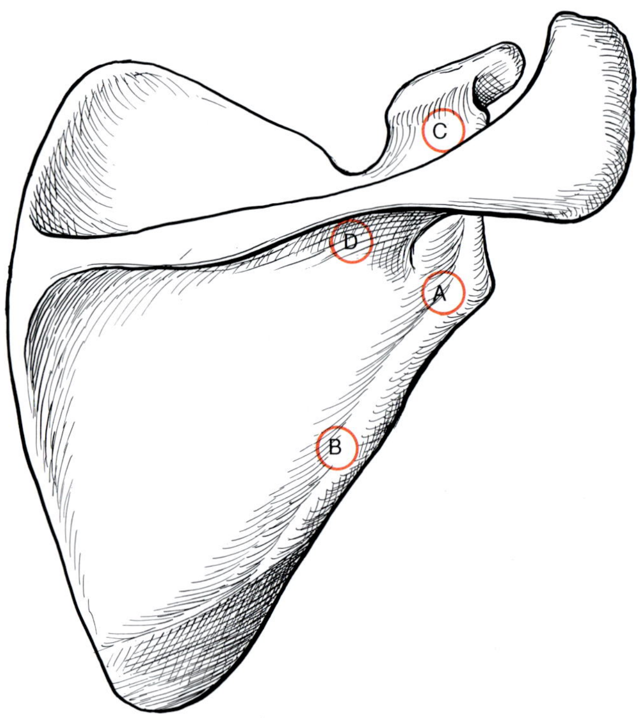

Abb. 2. Knochensubstanz, die sich für die interne Fixation der Skapula eignet: (**A**) Glenoid, (**B**) lateraler Skapularand, (**C**) Processus coracoideus, (**D**) Spina scapulae

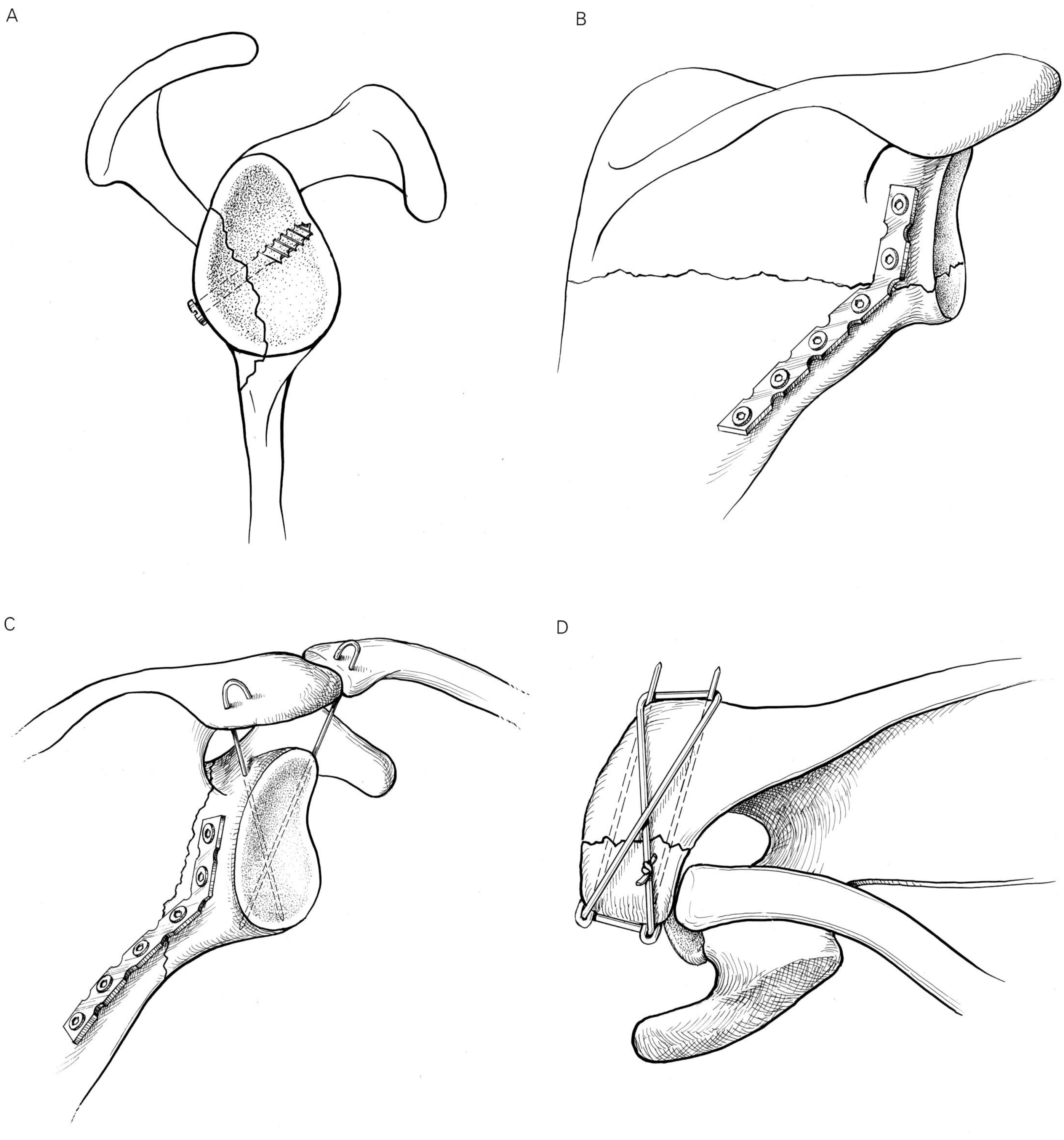

Abb. 3. Techniken der Fixation einer Skapulafraktur: (**A**) Fraktur im Bereich des posterioren Glenoidrandes – stabilisiert durch eine kanülierte interfragmentäre 4,0-mm-Zugschraube. (**B**) Fraktur der Cavitas glenoidalis – stabilisiert durch eine verformbare 3,5-mm-Rekonstruktionsplatte. (**C**) Fraktur im Bereich des Collum scapulae – stabilisiert durch eine verformbare 3,5-mm-Rekonstruktionsplatte und K-Drähte. K-Drähte können sowohl zur temporären als auch zur endgültigen Fixation verwendet werden. (**D**) Fraktur des Akromions – stabilisiert durch Zuggurtung

- Komplikationen im Zusammenhang mit dem operativen Eingriff, z.B. intraoperativ gesetzte neurovaskuläre Schäden oder postoperative Infektionen.
- Komplikationen im Zusammenhang mit der Nachbehandlung, z.B. eingeschränkte Beweglichkeit des Schultergelenks durch postoperative Narbenbildung im Bereich der Weichteile.
- Verschiedene andere Komplikationen z.B. durch mangelnde Compliance des Patienten. Auch bei größtem Einsatz seitens des Arztes und des Physiotherapeuten können eine Reihe von Komplikationen – vom Verlust der Fixation bis zur Schultersteife – auftreten, wenn der Patient die Anweisungen nicht befolgt.

Operationstechnik

Mediale Zugänge. Über den medialen Zugang können der Angulus superior, mediale Skapularand, Angulus inferior, mediale Anteil der Skapula (Ventral- und Dorsalfläche) sowie der mediale Anteil der Spina scapulae erreicht werden. Indikationen für diesen Zugang sind z.B. ein symptomatisches Osteochondrom auf der Ventralfläche der Skapula, ein zur Verbesserung der skapulo-thorakalen Dynamik geplanter Muskel-Sehnen-Transfer oder zur Wiederherstellung der skapulo-thorakalen Stabilität geplante Faszientransplantate. Der Patient wird in Seitenlage auf dem Operationstisch gelagert, der Rumpf ist durch eine Vakuum-Matratze stabilisiert. Schulter und obere Extremität werden desinfiziert, die Abdeckung erfolgt in üblicher Weise und der Arm wird auf einem sterilen Ständer gelagert. Ein Hautschnitt variabler, von der Indikation abhängiger Länge erfolgt entlang des pal-

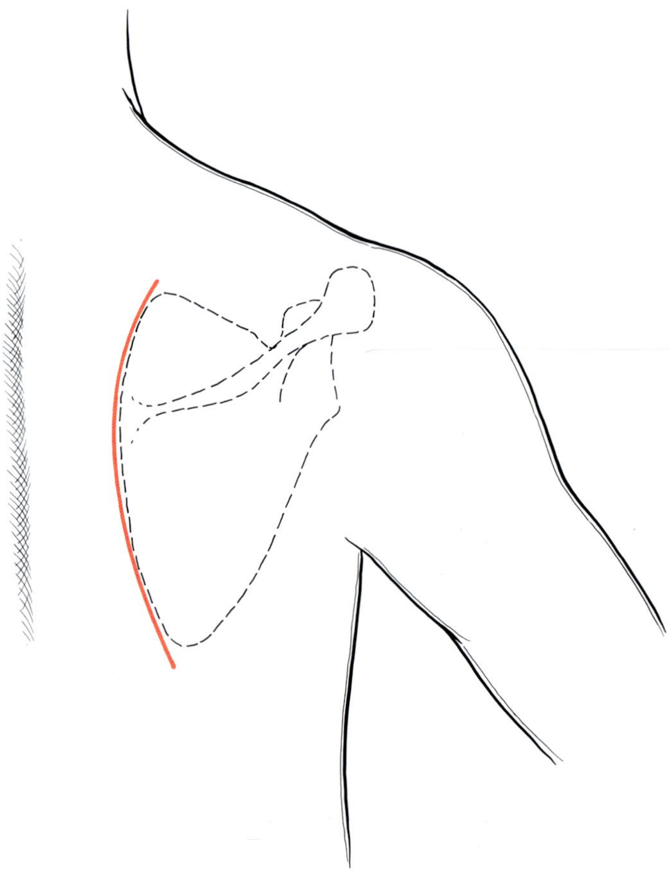

Abb. 4. Medialer Zugang zur Skapula: Hautinzision

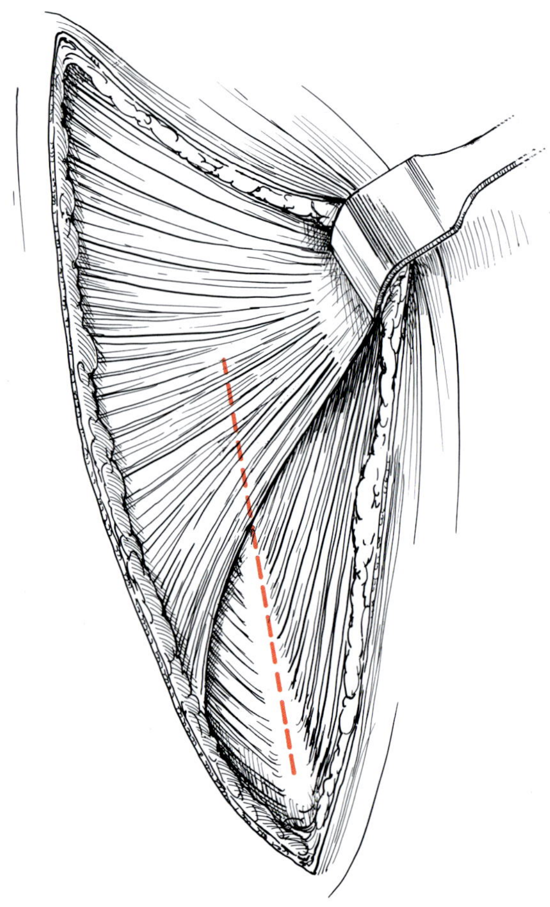

Abb. 5. Medialer Zugang zur Skapula: oberflächliche Weichteilpräparation

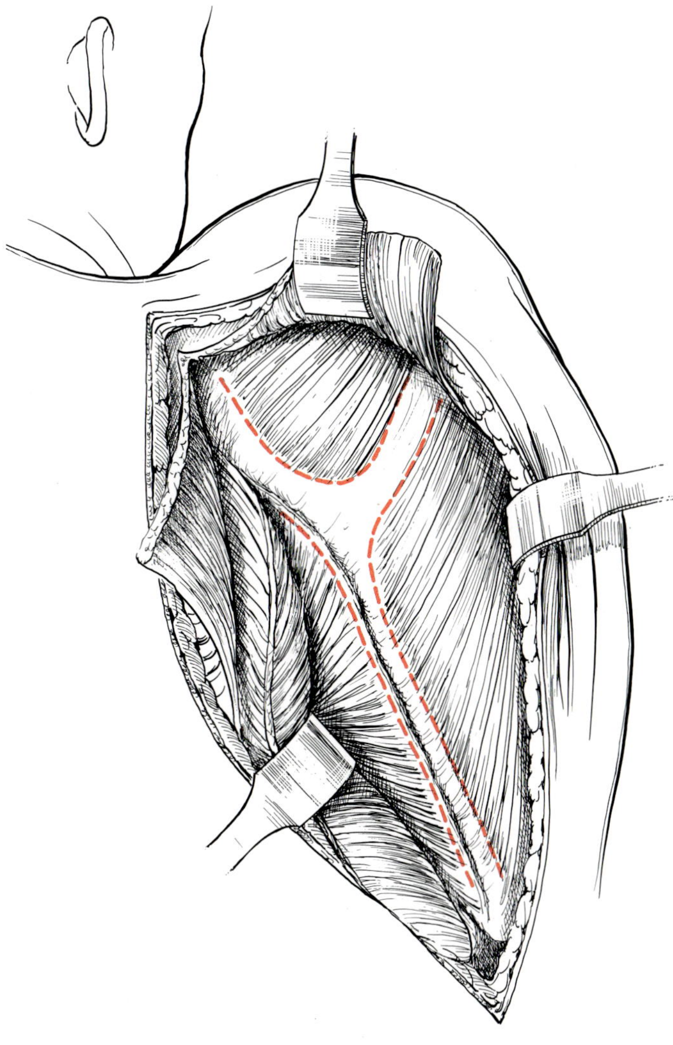

Abb. 6. Medialer Zugang zur Skapula: tiefe Weichteilpräparation

pierbaren medialen Skapularandes, der sich vom Angulus superior zum Angulus inferior des Schulterblattes erstreckt (Abb. 4). Durch scharfe und stumpfe Präparation in die Tiefe bis zur Subkutanschicht werden Weichteillappen gebildet und abgehalten. M. trapezius, M. infraspinatus und M. rhomboideus major liegen nun frei (Abb. 5).

Der Angulus inferior scapulae und der infero-mediale Anteil der Skapula (Ventral- und Dorsalfläche) lassen sich freilegen, indem nach Identifikation des M. infraspinatus–M. rhomboideus-Intervalls entlang des medialen Skapularandes scharf inzidiert wird und die Weichteile subperiostal von der Skapulafläche abgehoben werden. Dabei wird der M. infraspinatus von der Dorsalfläche, der M. rhomboideus major sowie der M. subscapularis von der Ventralfläche der Skapula abgehoben. Der freie Rand des M. trapezius wird nach postero-superior abgehalten (Abb. 6 und 7). Der Angulus superior scapulae, der supero-mediale Anteil der Skapula (Ventral- und Dorsalfläche) sowie der mediale Anteil der Spina scapulae lassen sich freilegen, indem nach Spaltung der unteren Fasern des M. trapezius entlang des medialen Skapularandes scharf inzidiert wird und die Weichteile subperiostal von der Skapula abgehoben werden. Dabei wird der M. supraspinatus von der Dorsalfläche, der M. rhomboideus major, M. rhomboideus minor und M. subscapularis von der Ventralfläche der Skapula abgehoben (Abb. 6 und 7).

Dient der Zugang der Entfernung eines symptomatischen, auf der Ventralfläche der Skapula sitzenden Osteochondroms, wird dieses wie oben beschrieben freigelegt, mit einem Osteotom oder einer oszillierenden Säge durchtrennt, von den umgebenden Weichteilen gelöst und entfernt. Anschließend wird die Ansatzstelle am Knochen mit der Raspel geglättet und die blutende Knochenoberfläche kauterisiert. Ist ein Muskel-Sehnen-Transfer zur Verbesserung der skapulo-thorakalen Stabilität und Dynamik geplant, werden die erforderlichen muskulo-tendinösen Einheiten mobilisiert und zu ihren neuen Ansatzstellen am Knochen verschoben. Diese Stellen werden wie oben beschrieben freigelegt. Im Anschluss werden im Bereich der Ansatzstellen mehrere Bohrlöcher durch die Skapula gelegt, stabile nichtresorbierbare Nähte hindurchgezogen und die muskulo-tendinösen Einheiten fest angenäht.

Beim medialen Zugang zur Skapula ist auf eine Reihe neurovaskulärer Strukturen zu achten. Die A. cervicalis superficialis (gelegentlich der Ramus superficialis a. transversae colli) zieht lateral zum M. levator scapulae und, begleitet vom N. accessorius, auf der Unterfläche des M. trapezius nach unten. Die A. scapularis descendens oder A. dorsalis scapulae (gelegentlich der Ramus profundus a. transversae colli) zieht in der Tiefe zum M. levator scapulae und trifft hier auf den N. dorsalis scapulae. Gemeinsam ziehen sie dicht am medialen Skapularand entlang in der Tiefe zu den Ansätzen des M. levator scapulae und der Mm. rhomboidei hinunter. Der Nerv endet im Bereich der beiden Mm. rhomboidei, die Arterie zieht weiter zum Angulus inferior scapulae, wobei sie in ihrem weiteren Verlauf zahlreiche Anastomosen mit anderen Gefäßen bildet.

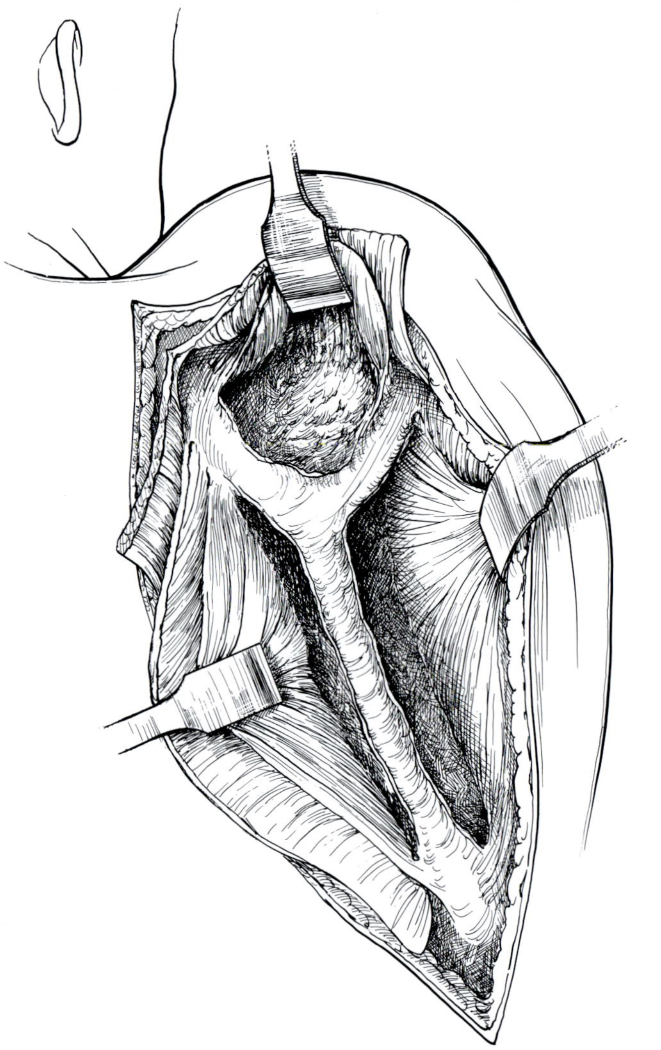

Abb. 7. Medialer Zugang zur Skapula: Freilegung des Knochens. Weghalten von M. supraspinatus, M. infraspinatus und M. subscapularis zur Darstellung der Fossa supraspinata sowie der Ventral- und Dorsalfläche der Skapula

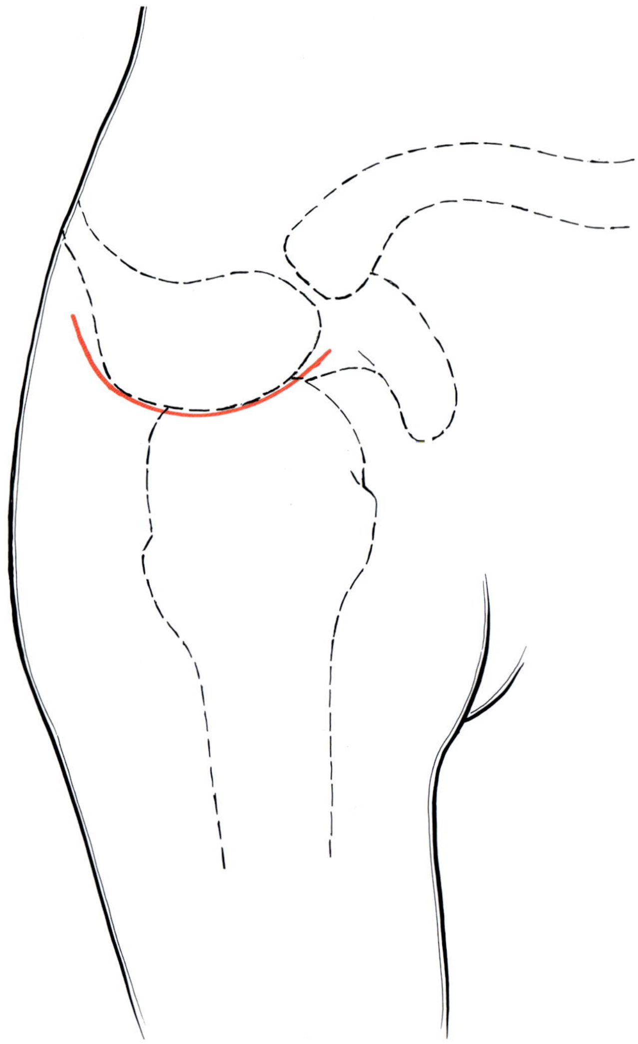

Abb. 8. Superiorer Zugang zum Akromion: Hautinzision

Superiorer Zugang zum Akromion. Die Freilegung des Akromion erfordert einen superioren Zugang. Mögliche Indikationen für diesen Zugang sind eine signifikant dislozierte Akromionfraktur, in der Regel Teil einer „floating shoulder", ein symptomatisches Os acromiale sowie eine signifikant dislozierte Ausrissfraktur im Ursprungsbereich des M. deltoideus. Der Patient wird in „beach-chair"-Position auf dem Operationstisch platziert. Zur besseren Zugänglichkeit des dorsalen Aspekts des Schultergürtels ragt der Arm über den Tischrand, der mediale Skapularand ist mit einem zusammengerollten Tuch unterlegt. Schulter und obere Extremität werden desinfiziert, die Abdeckung erfolgt in üblicher Weise. Ein steriler Ständer zur Lagerung des betroffenen Arms ist optional.

Ein Hautschnitt variabler, von der Indikation abhängiger Länge erfolgt entlang der anterioren, lateralen und posterioren Akromionkanten (Abb. 8). Durch scharfe und stumpfe Präparation in die Tiefe bis zur Subkutanschicht wird ein superiorer Weichteillappen gebildet und abgehalten. Eine weitere Inzision, deren Länge ebenfalls von der Indikation abhängt, erfolgt nun über der Akromionoberseite (Abb. 9), die mittels scharfer subperiostaler Präparation freigelegt wird (Abb. 10).

Erfolgt der Eingriff aufgrund eines symptomatischen Os acromiale und ist das vordere Knochenfragment ausreichend groß, wird die nicht fusionierte epiphysäre Zone freigelegt und alles nicht knöcherne Material mit einer Kürette entfernt. Zwei glatte Kirschner-Drähte werden nun parallel durch das vor-

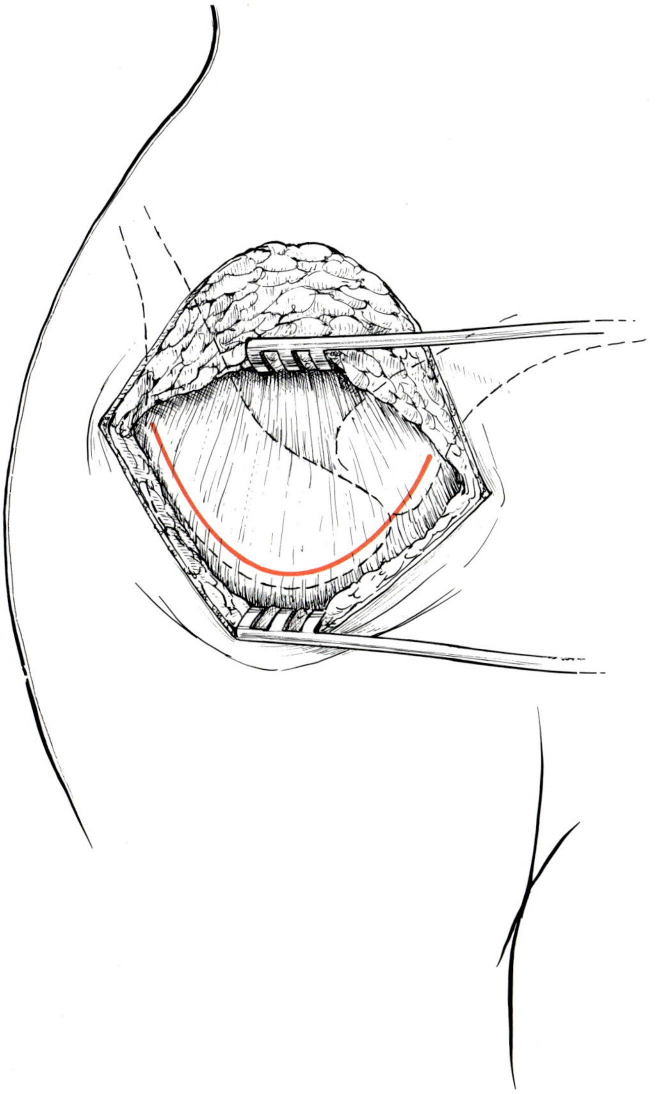

Abb. 9. Superiorer Zugang zum Akromion: Weichteilfreilegung und Inzision über dem Akromion

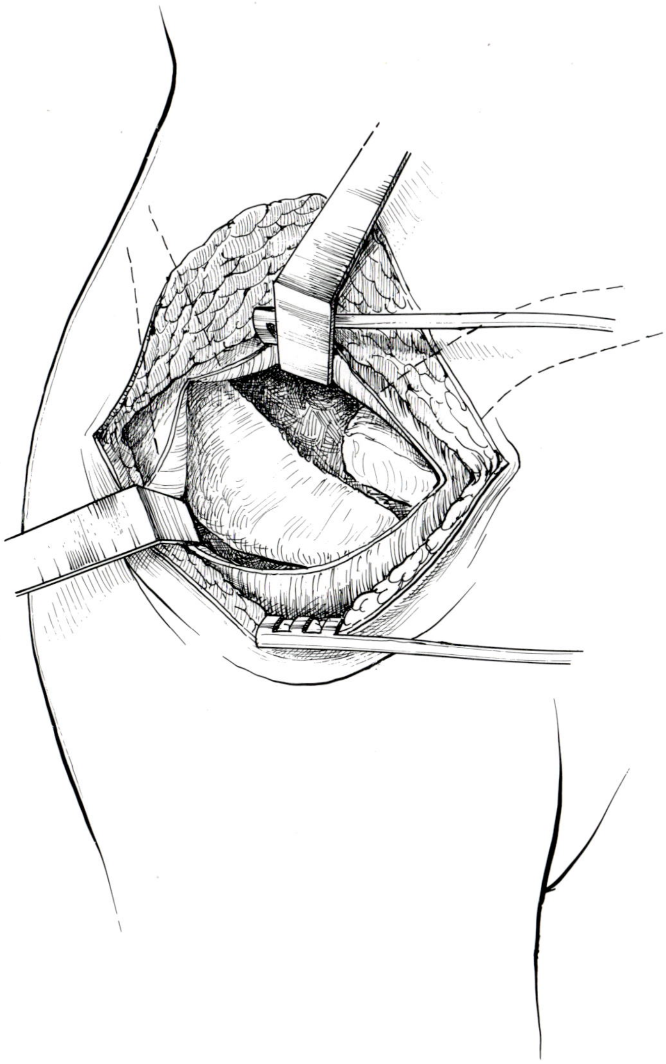

Abb. 10. Superiorer Zugang zum Akromion: Freilegung des Akromions

dere Fragment geführt, durchqueren die epiphysäre Zone und treten aus der posterioren Akromionkante wieder aus. Anschließend wird eine nichtresorbierbare Naht Nr. 5 in Achtertour um die anterior und posterior herausstehenden Drahtenden gelegt und straff verknüpft, wodurch eine Zuggurtungskonstruktion entsteht. Die epiphysäre Zone wird mit Spongiosa ausgefüttert. Die herausstehenden Drahtenden werden umgeknickt, um ein Wandern der Drähte zu verhindern. Neurovaskuläre Strukturen sind bei diesem Zugang nicht gefährdet.

Superiorer Zugang zum Glenoid. Bei einigen Skapulafrakturen ist zur Versorgung des superioren Glenoids ein superiorer Zugang erforderlich. Mögliche Indikationen für diesen Zugang sind signifikant dislozierte Typ-III- und Typ-IV-Frakturen der Cavitas glenoidalis sowie signifikant dislozierte Frakturen im Bereich des Collum scapulae. Der Patient wird in Seitenlage auf dem Operationstisch platziert, der Rumpf ist durch eine Vakuum-Matratze stabilisiert. Schulter und obere Extremität werden desinfiziert, die Abdeckung erfolgt in üblicher Weise, der Arm wird auf einem sterilen Ständer gelagert. Nun wird die Haut über dem superioren Aspekt der Schulter beginnend am Akromioklavikulargelenk entlang der anterioren, lateralen und posterioren Akromionkanten bis zum Übergang zwischen Akromion und Spina scapulae inzidiert (Abb. 8). Durch scharfe und stumpfe Präparation in die Tiefe bis zur Subkutanschicht wird ein superiorer Weichteillappen gebildet, dieser wird abgehalten und damit der M. trapezius freigelegt, der über dem Intervall zwischen distaler Klavikula und Akromion liegt. Der M. trapezius sowie der darunterliegende M. supraspinatus werden in Muskelfaserrichtung gespalten, abgehalten und legen das obere Glenoid frei (Abb. 11). Die Korakoidbasis befindet sich in antero-medialer, der obere Glenoidrand in postero-lateraler Position.

Eine Indikation für diesen Zugang ist z.B. eine signifikant dislozierte Typ-IV-Fraktur der Cavitas glenoidalis. Durch den superioren Zugang wird ein Führungsdraht in das obere Glenoid-/Skapula-Fragment eingebracht. Unter Sicht durch einen posterioren Zugang werden die beiden Skapulafragmente mit Hilfe des Führungsdrahtes reponiert und damit die Kongruenz der Gelenkflächen wiederhergestellt. Der Führungsdraht wird nun über die Frakturzone hinweg in das untere Glenoid-Skapula-Fragment eingeführt. Mit Hilfe des Drahtes werden Löcher und Gewinde in die betroffenen Knochenfragmente gebohrt, in denen eine kanülierte Zugschraube zur starren Fixation entsprechend positioniert wird.

Da dieser Zugang lateral des Processus coracoideus bleibt, ist er recht sicher. Medial des Processus coracoideus befindet sich der N. suprascapularis sowie die A. und V. suprascapularis, die im Bereich der Incisura scapulae jeweils inferior und superior des Lig. transversum scapulae verlaufen.

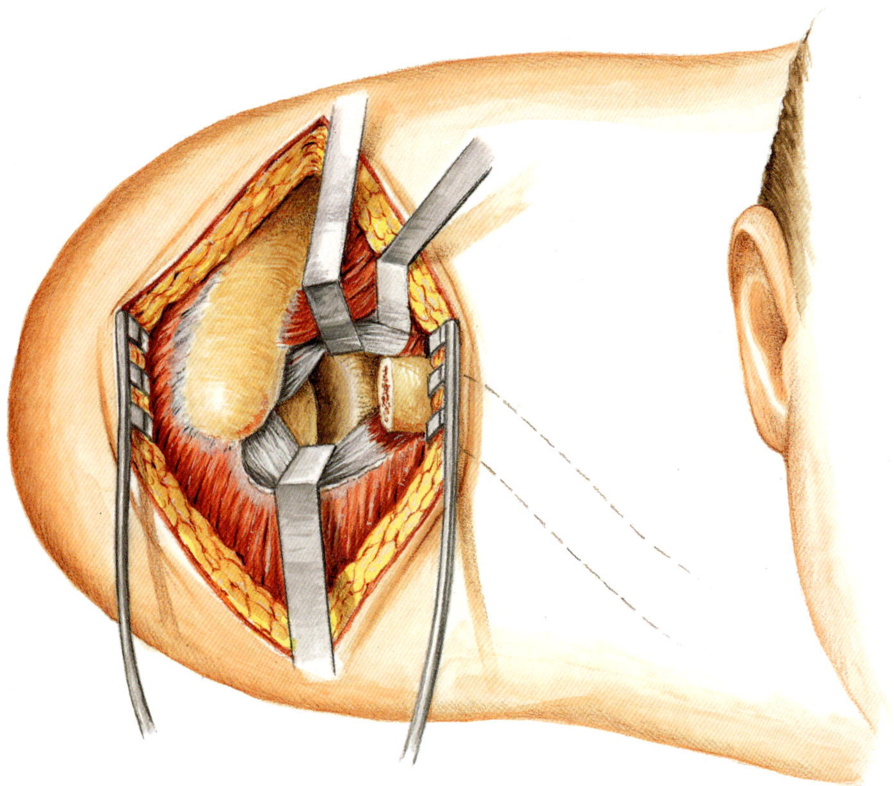

Abb. 11. Superiorer Zugang zum Glenoid: Spalten und Weghalten von M. trapezius und muskulo-tendinöser Einheit des M. supraspinatus zur Freilegung des Humeruskopfes, des glenohumeralem Gelenkspalts und des oberen Glenoids

Postero-superiorer Zugang. Über den postero-superioren Zugang zur Skapula kann der Operateur die Fossa supraspinata, den oberen Skapularand, die Spina scapulae, den supero-lateralen Aspekt der Fossa infraspinata sowie das Foramen spinoglenoidale erreichen. Mögliche Indikationen für diesen Zugang sind Läsionen durch Druck von außen (am häufigsten Ganglia), die den N. suprascapularis in Mitleidenschaft ziehen, offene Reposition und interne Fixation von Frakturen im Bereich der Spina scapulae sowie ein Muskel-Sehnen-Transfer zur Wiederherstellung der skapulo-thorakalen Stabilität und Dynamik. Der Patient wird in Seitenlage auf dem Operationstisch gelagert, der Rumpf ist durch eine Vakuum-Matratze stabilisiert. Betroffene Schulter und obere Extremität werden desinfiziert, die Abdeckung erfolgt in üblicher Weise und der Arm wird auf einem sterilen Ständer gelagert. Eine Inzision variabler, von der Indikation abhängiger Länge erfolgt entlang der Spina scapulae und postero-lateralen Akromionkante bis zur lateralen Akromionecke (Abb. 12). Durch scharfe und stumpfe Präparation in die Tiefe bis zur Subkutanschicht werden Weichteillappen gebildet und abgehalten, um das M. trapezius–M. deltoideus-Intervall freizulegen. Dann erfolgt eine Inzision über der Spina scapulae und postero-lateralen Akromionkante (Abb. 13).

Um Zugang zum oberen Skapularand und der Fossa supraspinata zu erhalten, wird nun der M. trapezius durch scharfe Präparation von seinem Ansatz an Spina scapulae und Akromion gelöst, nach superior abgehalten und damit der M. supraspinatus freigelegt. Der obere Rand dieses Muskels kann stumpf mobilisiert und nach inferior abgehalten und dadurch der obere Skapularand sowie der obere Anteil der Fossa supraspinata dargestellt werden. Falls der Eingriff der Entfernung eines Druck ausübenden Ganglions in der Incisura scapulae dient, wird das Lig. transversum scapulae durch Palpation am oberen Skapularandes lokalisiert. A. und V. suprascapularis verlaufen oberhalb, der N. suprascapularis jedoch unterhalb dieses Ligaments, innerhalb der Incisura scapulae (Abb. 14). Unter sorgfältiger Schonung dieser neurovaskulären Strukturen wird das Ligament nun exzidiert und das Ganglion entfernt. Soll auch der untere Anteil der Fossa supraspinata und des Foramen spinoglenoidale erreicht werden, kann der M. supraspinatus stumpf mobilisiert und nach superior abgehalten werden (Abb. 15).

Um Zugang zum oberen Anteil der Fossa infraspinata und dem unteren Anteil des Foramen spinoglenoidale zu erhalten, wird der M. deltoideus in Muskelfaserrichtung von der lateralen Akromionecke an über eine Länge von 2,5 cm gespalten, durch scharfe

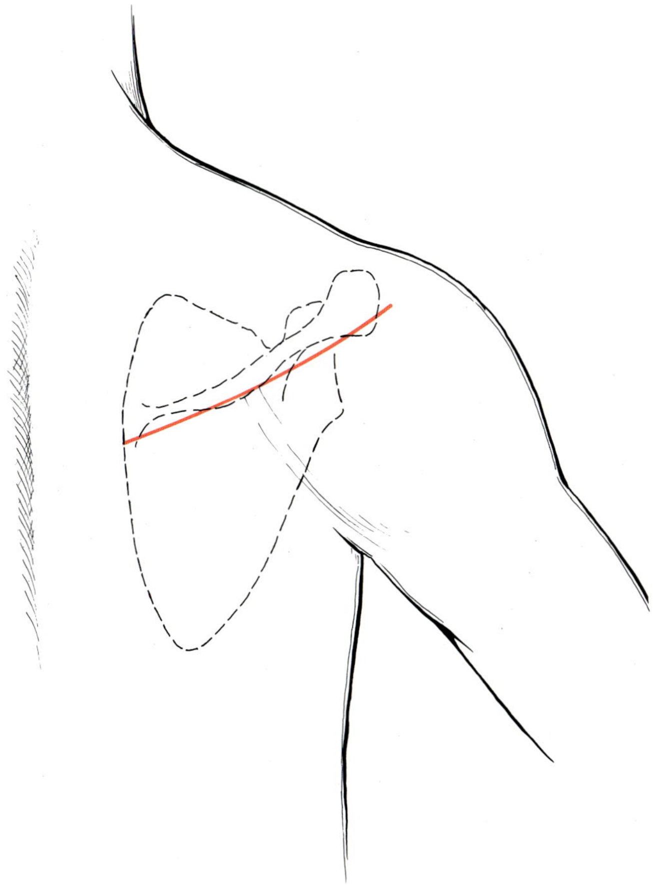

Abb. 12. Postero-superiorer Zugang zur Skapula: Hautinzision

Präparation von seinem Ansatz an Spina scapulae und Akromion gelöst und nach distal und kaudal bis zur Höhe des M. teres minor, jedoch nicht darunter, abgehalten. Der obere Rand des M. infraspinatus kann mobilisiert und sein Muskelbauch nach inferior abgehalten werden, um die Fossa infraspinata und den inferioren Anteil des Foramen spinoglenoidale darzustellen. Die Exzision eines symptomatischen hantelförmigen Ganglions, das im Foramen spinoglenoidale sowie in der Fossa supraspinata und infraspinata sitzt, erfordert vom postero-superioren Zugang aus sowohl eine Präparation nach superior als auch nach inferior hin. Der untere Rand des M. supraspinatus wird mobilisiert, der Muskelbauch nach superior abgehalten und der in der Fossa supraspinata sitzende Anteil des Ganglions damit freigelegt. Dann wird der obere Rand des M. supraspinatus mobilisiert, der Muskelbauch nach inferior abgehalten und der in der Fossa infraspinata sitzende Anteil des Ganglions freigelegt. Der in der Fossa supraspinata sit-

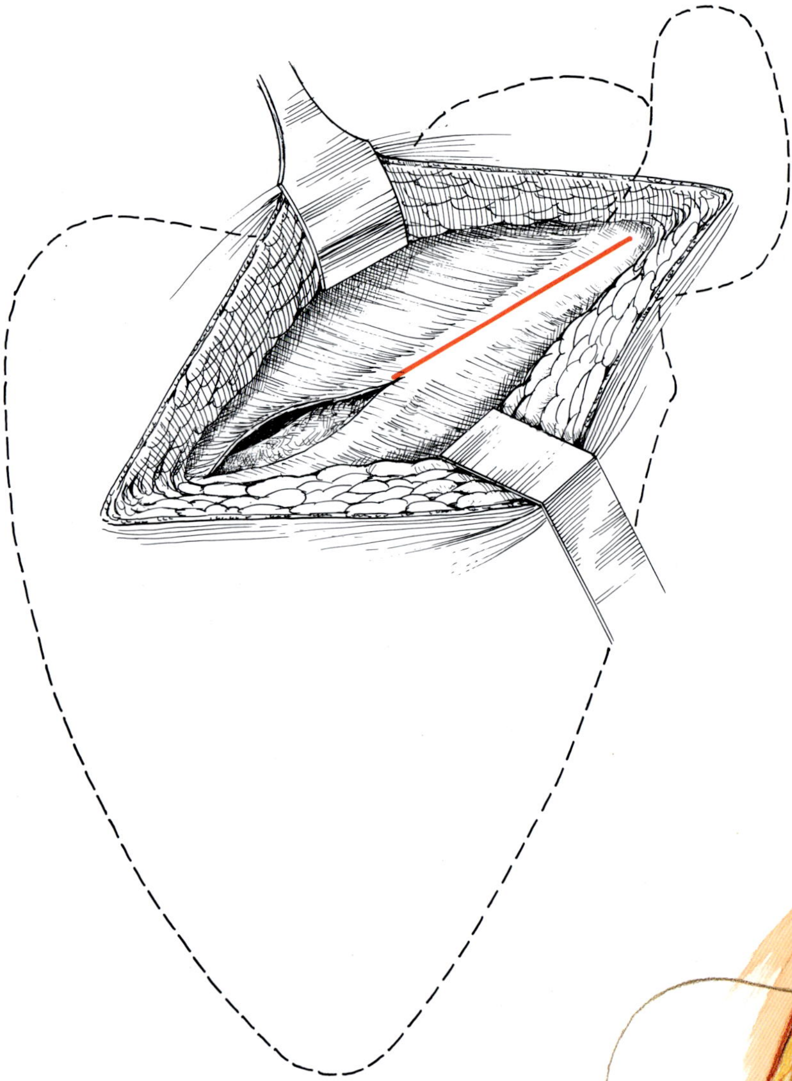

Abb. 13. Postero-superiorer Zugang zur Skapula: oberflächliche Weichteilpräparation

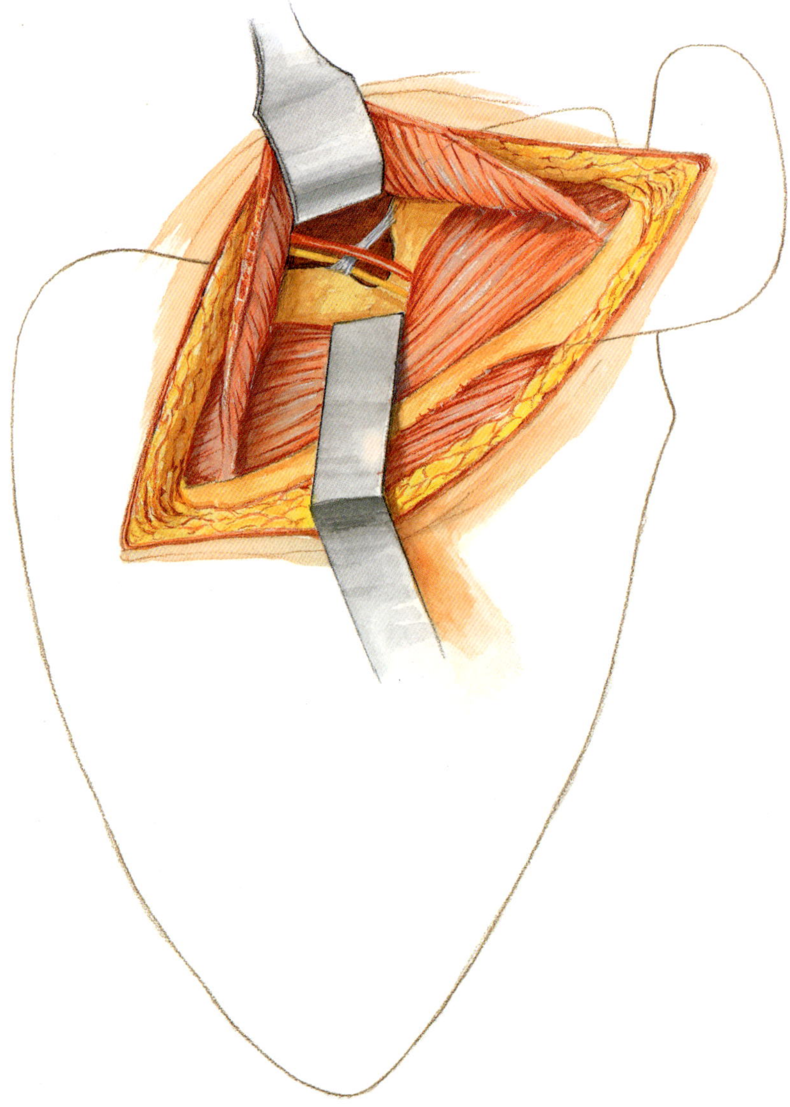

Abb. 14. Postero-superiorer Zugang zur Skapula: tiefe Weichteilpräparation und Freilegung des Knochens. Weghalten von M. trapezius und M. supraspinatus zur Darstellung des oberen Skapularandes und der Incisura scapulae

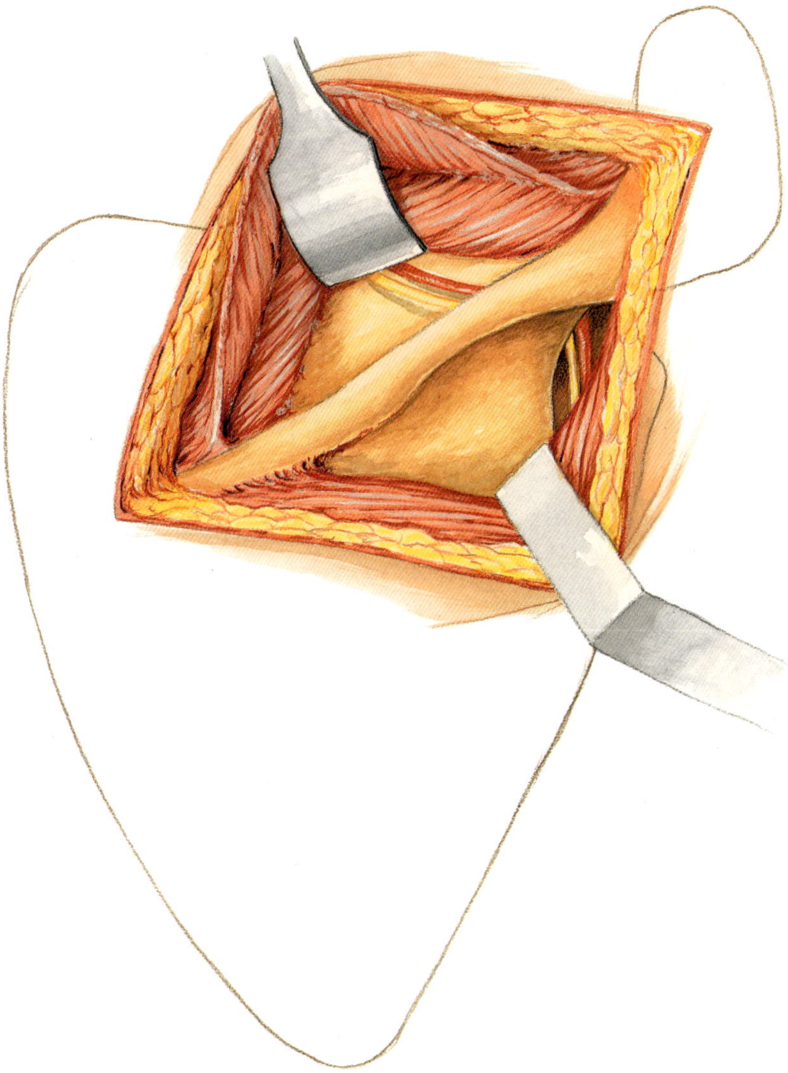

Abb. 15. Postero-superiorer Zugang zur Skapula: tiefe Weichteilpräparation und Freilegung des Knochens. Weghalten von M. trapezius, M. supraspinatus, M. deltoideus (posteriorer Anteil) und M. infraspinatus zur Darstellung der Fossa supraspinata, des Foramen spinoglenoidale und der Fossa infraspinata

zende Anteil wird stumpf mobilisiert und durch das Foramen spinoglenoidale in die Fossa infraspinata gezogen. Der Stiel des Ganglions wird dargestellt (in der Regel verschwindet er in der posterioren Glenohumeralkapsel) und abgebunden. Anschließend wird das Ganglion freipräpariert und entfernt.

Um den postero-superioren Zugang wählen zu können, sollte der Operateur mit dem Verlauf des N. suprascapularis sowie der A. und V. suprascapularis vertraut sein. Der Nerv verläuft unterhalb des Lig. transversum scapulae durch die Incisura scapulae, dann durch die Fossa supraspinata in die Tiefe zum M. supraspinatus und anschließend durch das Foramen spinoglenoidale, um in der Fossa infraspinata auf der Unterseite des M. infraspinatus zu enden.

Lateraler Zugang. Über den lateralen Zugang zur Skapula kann der Operateur den lateralen Skapularand, den Angulus inferior scapulae, den lateralen Anteil der Skapula (Dorsal- und Ventralfläche) sowie den postero-inferioren Aspekt des Glenoids erreichen. Mögliche Indikationen für diesen Zugang sind signifikant dislozierte Frakturen im Bereich des Collum scapulae, deutlich dislozierte Typ-II-Frakturen im Bereich der Cavitas glenoidalis und ein Muskel-Sehnen-Transfer bei Lähmung des M. serratus anterior.

Der Patient wird in Seitenlage auf dem Operationstisch platziert, der Rumpf ist durch eine Vakuum-Matratze stabilisiert. Betroffene Schulter und obere Extremität werden desinfiziert, die Abdeckung erfolgt in üblicher Weise und der Arm wird auf einem sterilen Ständer gelagert. Eine Inzision variabler, von der Indikation abhängiger Länge erfolgt entlang des palpierbaren lateralen Skapularandes, der sich vom Angulus inferior scapulae bis zum unteren Rand des Glenoids erstreckt (Abb. 16). Durch scharfe und stumpfe Präparation in die Tiefe bis zur Subkutanschicht werden Weichteillappen gebildet und abgehalten. Damit

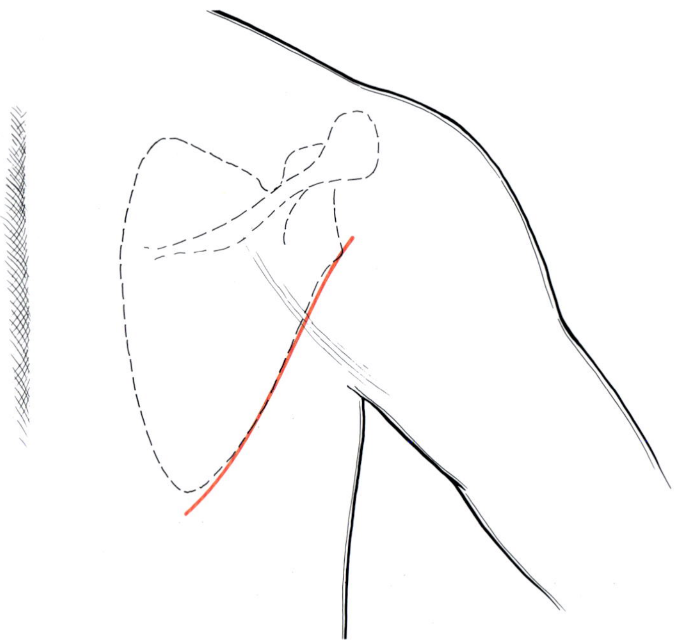

Abb. 16. Lateraler Zugang zur Skapula: Hautinzision

sind die Intervalle zwischen M. infraspinatus und M. teres major (inferior) und M. infraspinatus und M. teres minor (superior) freigelegt (Abb. 17).

Ist ein Muskel-Sehnen-Transfer zur Behandlung einer Lähmung des M. serratus geplant, wird der untere Anteil des Zugangs genutzt. Der Angulus inferior scapulae und der untere Anteil der Skapula (Ventral- und Dorsalfläche) werden durch Mobilisierung des M. infraspinatus–M. teres major-Intervalls freigelegt. Dann wird entlang des lateralen Skapularandes eine scharfe Inzision vorgenommen und die umgebenden Weichteile subperiostal abgehoben, der M. infraspinatus von der Dorsalfläche, der M. subscapularis sowie der M. teres major von der Ventralfläche der Skapula (Abb. 18 und 19).

Soll der obere Anteil des Zugangs genutzt werden, können laterale Skapula (Dorsal- und Ventralfläche) und postero-inferiorer Anteil des Glenoids durch Mobilisierung des M. infraspinatus–M. teres minor-Intervalls freigelegt werden. Entlang des lateralen Skapularandes/unteren Glenoidrandes wird eine scharfe Inzision vorgenommen und die umliegenden Weichteile

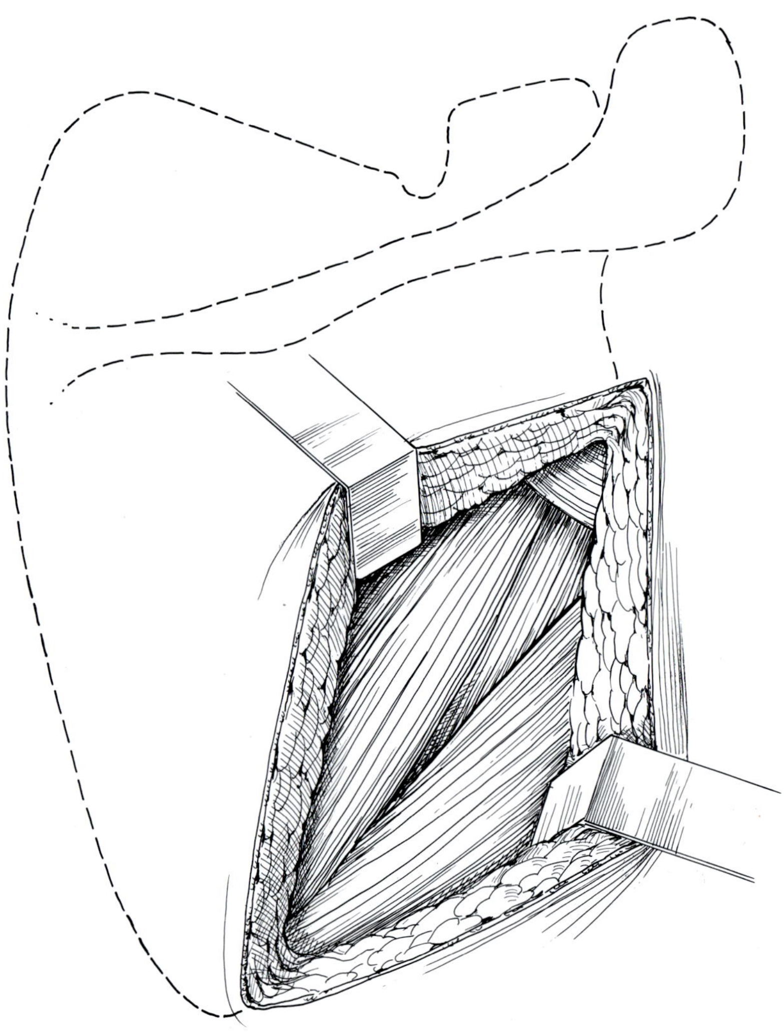

Abb. 17. Lateraler Zugang zur Skapula: oberflächliche Weichteilpräparation

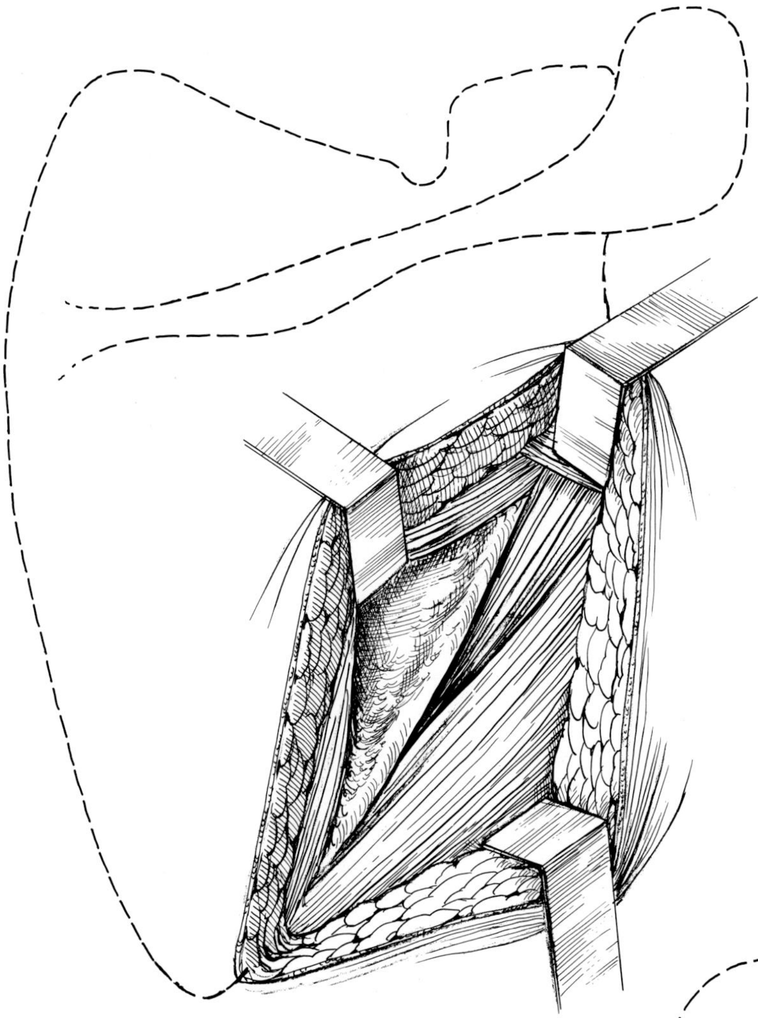

Abb. 18. Lateraler Zugang zur Skapula: tiefe Weichteilpräparation und Freilegung des Knochens. Weghalten von M. infraspinatus und hinterem M. deltoideus zur Darstellung der Fossa infraspinata und des lateralen Skapularandes

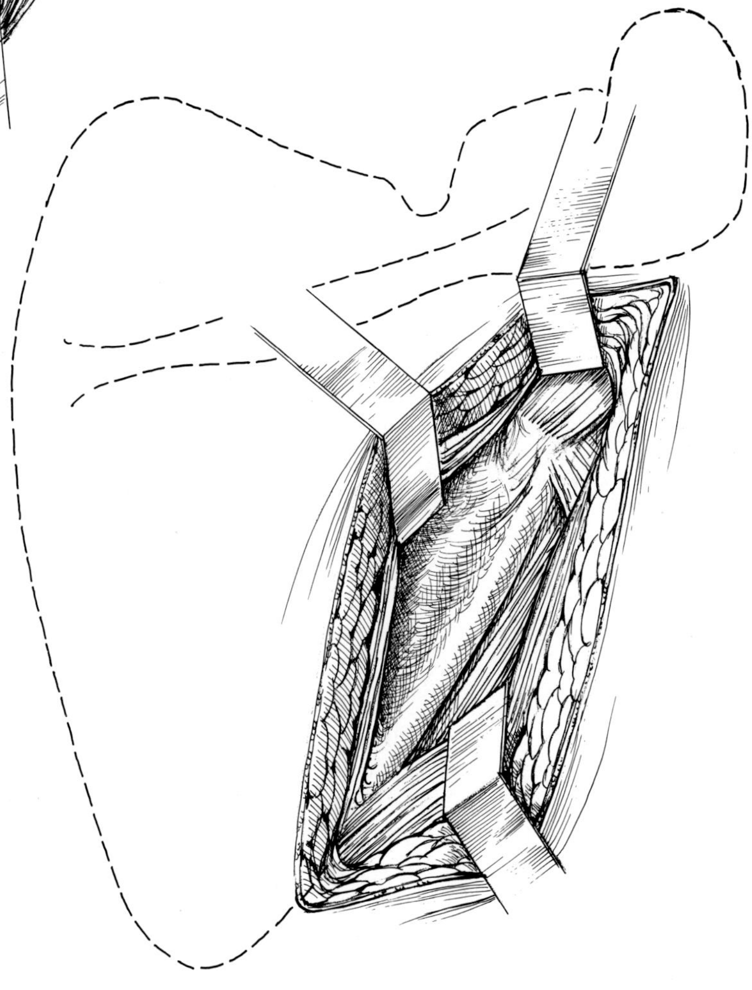

Abb. 19. Lateraler Zugang zur Skapula: tiefe Weichteilpräparation und Freilegung des Knochens. Weghalten des M. infraspinatus, hinteren M. deltoideus, M. teres major/minor und M. subscapularis zur Darstellung der Fossa infraspinata, des lateralen Skapularandes, der hinteren glenohumeralen Gelenkkapsel sowie der Ventralfläche der Skapula

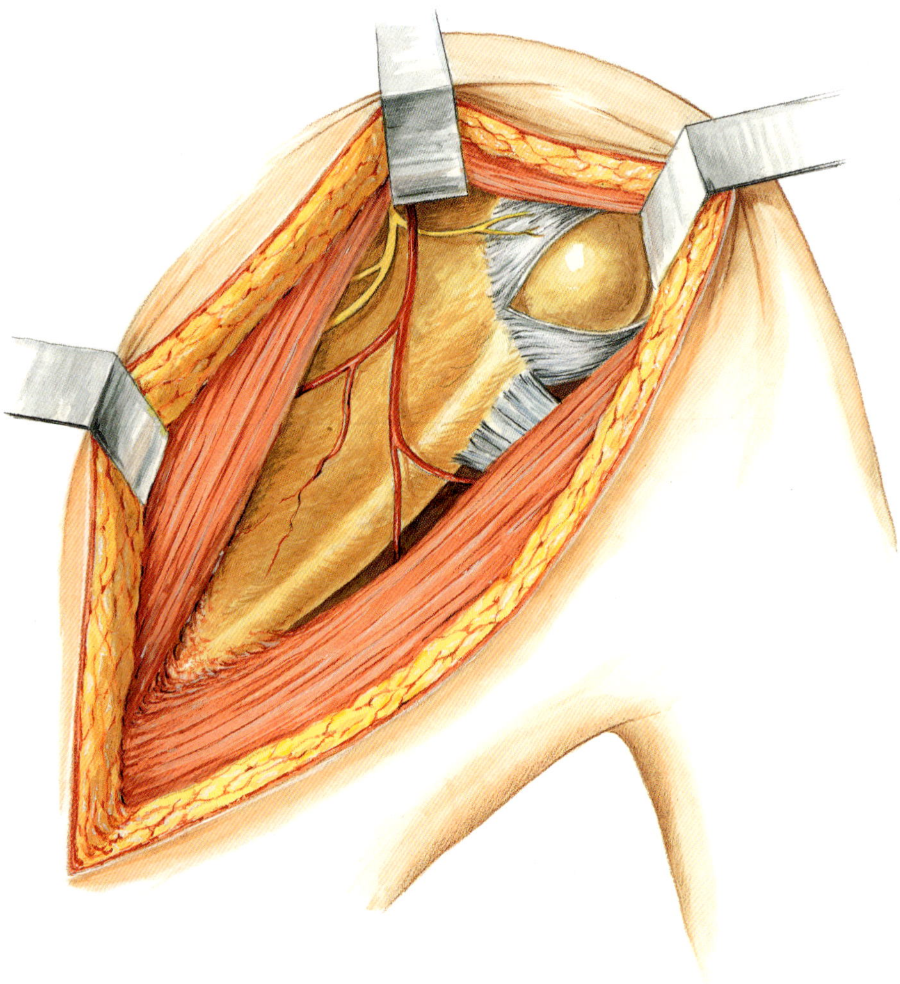

Abb. 20. Lateraler Zugang zur Skapula: Freilegung des Knochens und Eröffnung des Glenohumeralgelenks

subperiostal abgehoben, der M. infraspinatus dorsal, der M. teres minor, M. biceps caput longum und der M. subscapularis antero-inferior (Abb. 18 und 19).

Signifikant dislozierte Frakturen im Bereich des hinteren Glenoidrandes und des Collum scapulae sowie Typ-II-Frakturen im Bereich der Cavitas glenoidalis lassen sich reponieren und stabilisieren, wenn der obere Anteil des lateralen Zugangs genutzt wird. Frakturen im Bereich des Collum scapulae werden in der Regel durch eine konturierte 3,5-mm-Rekonstruktionsplatte fixiert. Kanülierte Zugschrauben eignen sich besser für die Versorgung von Glenoidrandfrakturen, während eine Kombination aus mehreren Implantaten für die Fixation bei Typ-II-Frakturen erforderlich sein kann. Ist die Eröffnung des Glenohumeralgelenks angezeigt, kann der Zugang nach superolateral erweitert werden. Der hintere Rand des M. deltoideus wird identifiziert und nach lateral abgehalten und das M. infraspinatus-M. teres major-Intervall wird soweit mobilisiert, dass der postero-inferiore Anteil der glenohumeralen Gelenkkapsel freiliegt. Dann wird die Kapsel so eröffnet, dass vorhandene Defekte behandelt werden können (Abb. 20).

Um den lateralen Zugang wählen zu können, muss der Operateur mit dem Verlauf einer Reihe neurovaskulärer Strukturen vertraut sein. Sorgfältige subperiostale Präparation zur Freilegung der Skapula schafft in der Regel ein hohes Maß an Sicherheit. Es darf jedoch keinesfalls vergessen werden, dass der N. suprascapularis in der Fossa infraspinata auf der Unterfläche des M. infraspinatus und die A. circumflexa scapulae um den lateralen Skapularand herum verläuft. Im oberen Anteil des Zugangs verlaufen N. axillaris und A. circumflexa posterior humeri unterhalb des M. teres minor und lateral des M. biceps caput longum durch das Spatium axillare laterale. Der obere und untere Ast des N. subscapularis innerviert den M. subscapularis, der untere Ast des N. subscapularis außerdem den M. teres major, und beide befinden sich auf der Kostalfläche dieser Muskeln, ebenso die A. circumflexa scapulae, N. und A. thoracodorsalis sowie die A. subscapularis.

Nachbehandlung

Die Art der Nachbehandlung ist abhängig von der Stabilität einer eventuell durchgeführten internen Fixation sowie von der Frage, ob wichtige muskulo-tendinöse und ligamentöse Strukturen durchtrennt und readaptiert wurden. Ist die Ruhigstellung und/oder der Schutz der oberen Extremität erforderlich, sind je nach klinischer Situation entweder Armschlinge und Verband oder Schulterorthese bzw. Spica angezeigt, deren Position vom operativen Verfahren abhängt. Auf ärztlichen Rat hin beginnt der Patient mit der Physiotherapie bzw. dem Rehabilitationsprogramm mit Übungen zur langsamen Steigerung der Beweglichkeit. Ist eine zufriedenstellende Schulterbeweglichkeit und ausreichende Knochen- und Weichteilverheilung erreicht, kommen Übungen zur allmählichen Steigerung der Muskelkraft hinzu. Nach sechs Wochen ist das Gewebe in der Regel soweit verheilt, dass alle Schutzmaßnahmen überflüssig sind und der funktionelle Gebrauch der Schulter begonnen und nach und nach gesteigert werden kann. Die Physiotherapie wird bis zum Erreichen der maximalen Beweglichkeit und Muskelkraft fortgesetzt, was in einigen Fällen sechs bis zwölf Monate dauern kann. Die Ergebnisse sind abhängig von der Art der Verletzung, der Qualität der operativen Versorgung sowie der Konsequenz, mit der das postoperative Rehabilitationsprogramm absolviert wird.

Literatur

Banks SW, Laufman HL (1987) An Atlas of Surgical Exposures of the Extremities, 2nd edn. WB Saunders, Philadelphia

Crenshaw AH (1980) Campbell's Operative Orthopedics, 8th edn. Mosby, St. Louis

DePalma AF (1983) Surgery of the Shoulder, 3rd edn. JP Lippincott, Philadelphia

Goss TP (1995) Scapular fractures and dislocations: diagnosis and treatment. J Am Acad Orth Surg 3:22–33

Goss TP (1996) The scapula: coracoid, acromial and avulsion fractures. Am J Orth 25:106–115

Grant JCB (1991) Grant's Atlas of Anatomy, 9th edn. Williams & Wilkins, Baltimore

Hollinshead WH (1982) Anatomy for Surgeons, vol III, 3rd edn. JB Lippincott, Philadelphia

Hoppenfeld S, deBoer P (1995) Surgical Exposures in Orthopedics, 2nd edn. JP Lippincott, Philadelphia

Rockwood CA, Matsen FA (1990) (eds) The Shoulder, 1st edn. WB Saunders, Philadelphia

Tubiana R, McCullough CJ, Masquelet AC (1990) An Atlas of Surgical Exposures of the Upper Extremity. Martin Dunitz and JB Lippincott, London and Philadelphia

29

George M. McCluskey III

Offene Resektion: AC-Gelenk und distale Klavikula

Die Resektion des distalen Klavikulaendes ist ein bei ausgewählten Patienten mit chronischen Schmerzen im Akromioklavikulargelenk häufig durchgeführter Eingriff. Ergebnisse einer distalen Klavikularesektion bei akuten und chronischen Verletzungen im Akromioklavikulargelenk wurden erstmals 1941 unabhängig voneinander von Gurd und Mumford vorgestellt (Gurd 1941, Mumford, 1941). Dieses Verfahren dient in erster Linie der Behandlung traumatischer und atraumatischer degenerativer Veränderungen im Akromioklavikulargelenk, z.B. bei primärer Arthrose, posttraumatischer Arthrose, Osteolyse und chronischer Akromioklavikularluxation. Die offene distale Klavikularesektion wird häufig in Verbindung mit Korrekturen der Rotatorenmanschette und rekonstruktiven Eingriffen am Akromioklavikulargelenk (d.h. Operationsverfahren nach Weaver-Dunn) durchgeführt. In der Regel kann dadurch eine zufriedenstellende Schmerzbeseitigung sowie eine Verbesserung der Funktion und Stabilität erreicht werden (Gurd 1941, Mumford, 1941, Worcester und Green 1968, Weaver und Dunn 1972, Murphy et al. 1975, Kessel und Watson 1977, Grimes und Garner 1980, Cahill 1982, Petersson 1983a, Petersson 1983b, Cook 1988, Cook und Heiner 1990, Novak et al. 1995).

Operative Grundlagen

Zunächst erfolgt eine obere, das Akromioklavikulargelenk mittig überquerende Inzision. Bei der Freilegung des distalen Klavikulaendes ist auf Schonung von Periost, Kapsel, Bändern und Faszien an den anterioren, posterioren und inferioren Klavikula- und Gelenkflächen zu achten und eine Penetration oder Verletzung dieser Stützstrukturen mit dem Osteotom oder Sägeblatt zu vermeiden. Die Resektion am distalen Klavikulaende ist minimal zu halten, um eine weitere Destabilisierung des Akromioklavikulargelenks zu vermeiden.

Der den distalen Klavikulastumpf umgebende Periostschlauch sowie die superior liegende Faszie der Mm. deltoideus und trapezius werden mit nichtresorbierbaren Nähten sorgfältig geschlossen.

Operationsverfahren

Nach Allgemeinanästhesie und/oder Interskalenusblock wird der Patient in Rückenlagerung mit angehobenem Oberkörper in der „beachchair" positioniert, der Kopf liegt auf einer Kopfstütze. Eine Hyperflexion oder Extension der Halswirbelsäule ist sorgsam zu vermeiden. Zwei zusammengefaltete Tücher werden unter den medialen Schulterblattrand gelegt, um den Zugang zum hinteren Anteil des Akromioklavikulargelenks zu erleichtern. er betroffene Arm wird frei ausgelagert und in die Abdeckung miteinbezogen.

Ein oberer 3 cm langer „hosenträgerartiger" Hautschnitt überquert das Akromioklavikulargelenk mittig zentriert in Richtung der Hautspaltlinien (Abb. 1) und wird bis zur Faszie der Mm. deltoideus und trapezius fortgesetzt. Nach einer Lappenbildung (Abb. 2) wird die Faszie mit dem Elektrokauter entlang der oberen Längsachse der distalen Klavikula eröffnet (Abb. 3) und das distale Klavikulaende unter Schonung der posterior, anterior und inferior gelegenen Kapsel- und Weichgewebeanteile subperiostal dargestellt. Das Akromioklavikulargelenk wird einem Debridement mit der Knochenzange unterzogen, Diskus sowie eventuell vorhandenes entzündliches Gewebe werden entfernt. Ein Haken wird nun unter das dis-

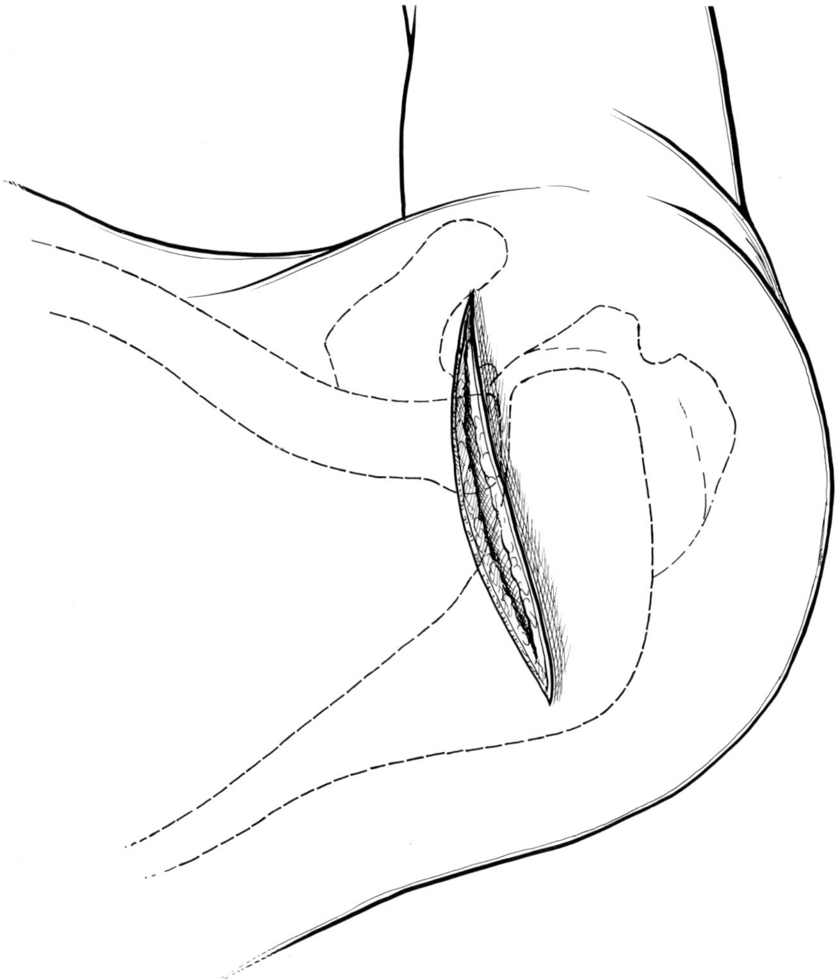

Abb. 1. 3 cm langer, oberer „hosenträgerartiger" Hautschnitt, der das Akromioklavikulargelenk mittig überquert und in Richtung der Hautspaltlinien verläuft

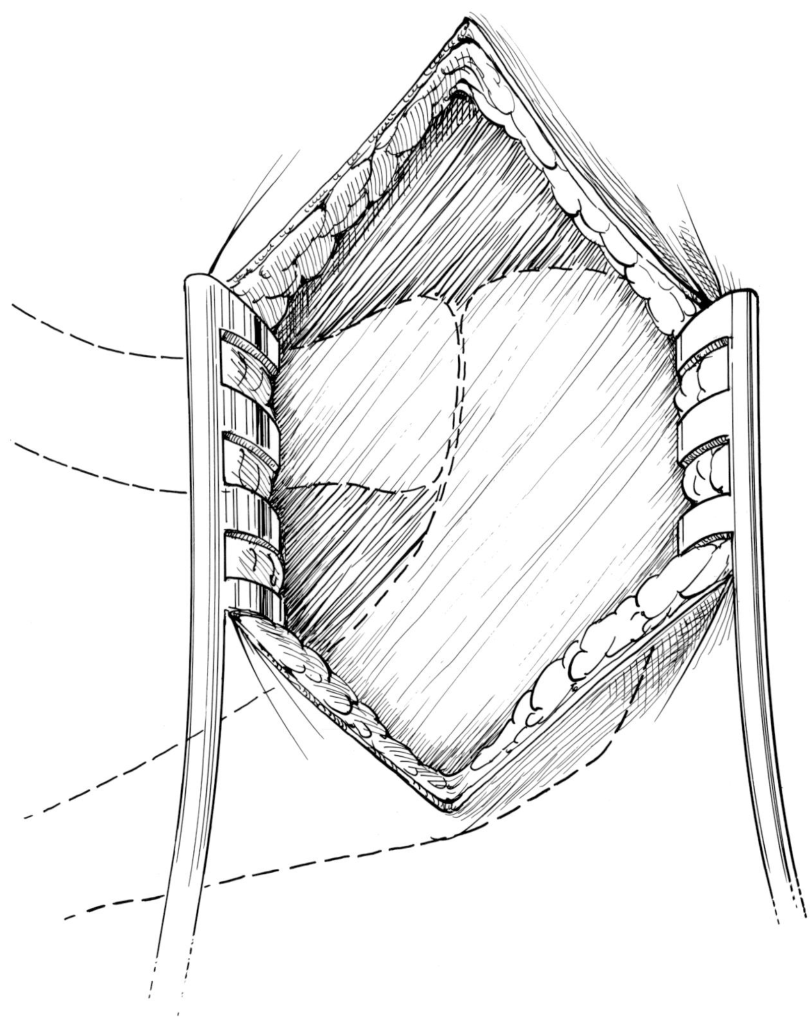

Abb. 2. Inzision bis zur Ebene der Faszie der Mm. deltoideus und trapezius

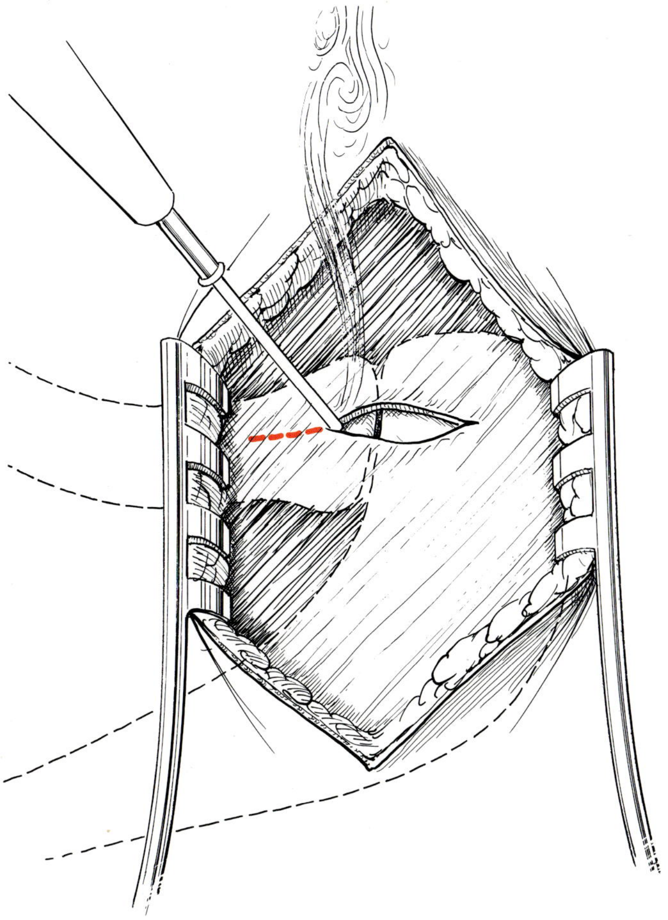

Abb. 3. Die Faszie der Mm. deltoideus und trapezius wird mit dem Elektrokauter entlang der oberen Längsachse der distalen Klavikula eröffnet

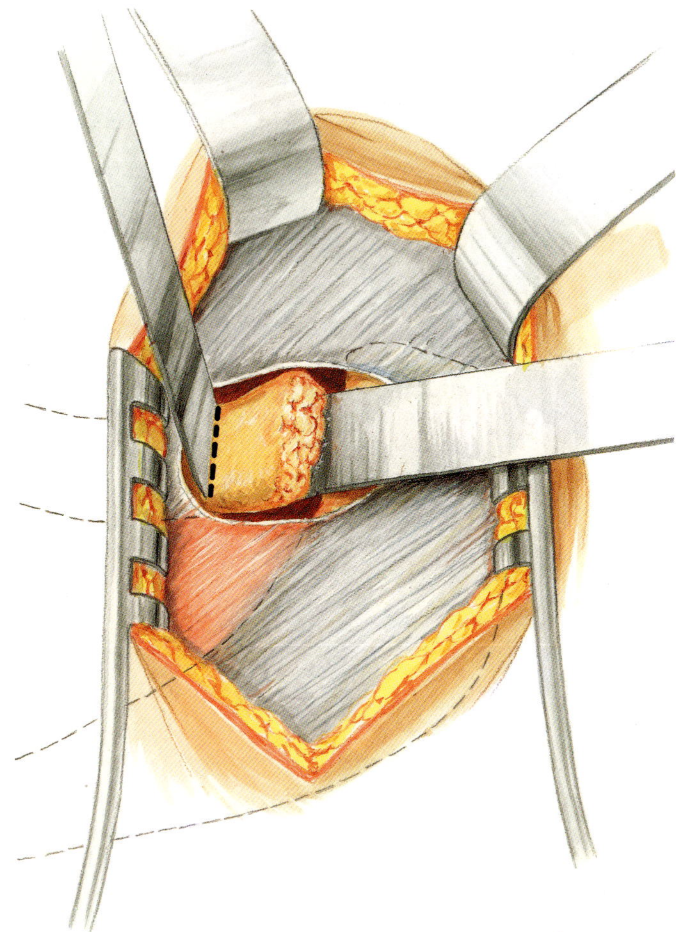

Abb. 4. Ein Haken wird unter die distale Klavikula geschoben und das distale Klavikulaende mit einem Osteotom entfernt

tale Klavikulaende geschoben und 10 bis 13 mm der distalen Klavikula mit einem Osteotom oder einer oszillierenden Knochensäge reseziert (Abb. 4 und 5). Zur Sicherstellung einer ausreichenden Knochenentfernung wird der Arm horizontal adduziert und nach vorne gebeugt. Periostschlauch und durchtrennte Faszie werden über dem distalen Klavikulastumpf und Akromioklavikulargelenk mit nichtresorbierbaren Nähten schichtweise verschlossen (Abb. 6). Die Wunde wird schichtweise vernäht und die Hautränder durch Subkutannaht adaptiert. Nach dem Eingriff wird die Wunde mit einem sterilen Verband abgedeckt und der Arm in eine Schlinge gelegt.

Postoperative Nachbehandlung

Die ersten zwei Wochen nach der Operation wird die Armschlinge nur zum Waschen, Anziehen und bei den krankengymnastischen Übungen abgenommen. Die ersten passiven Bewegungsübungen werden bereits am ersten Tag nach dem Eingriff durchgeführt, und zwar Handgelenk- und Ellbogengelenkübungen, passive Außenrotation mit einem Stock in Rückenlage sowie passive Elevation nach vorne bis auf Schulterblatthöhe. Wenn eine Elevation um 120 Grad möglich ist, kann mit aktiver assistierter Elevation nach vorne mit einem Rollenzug begonnen werden. Zwei Wochen

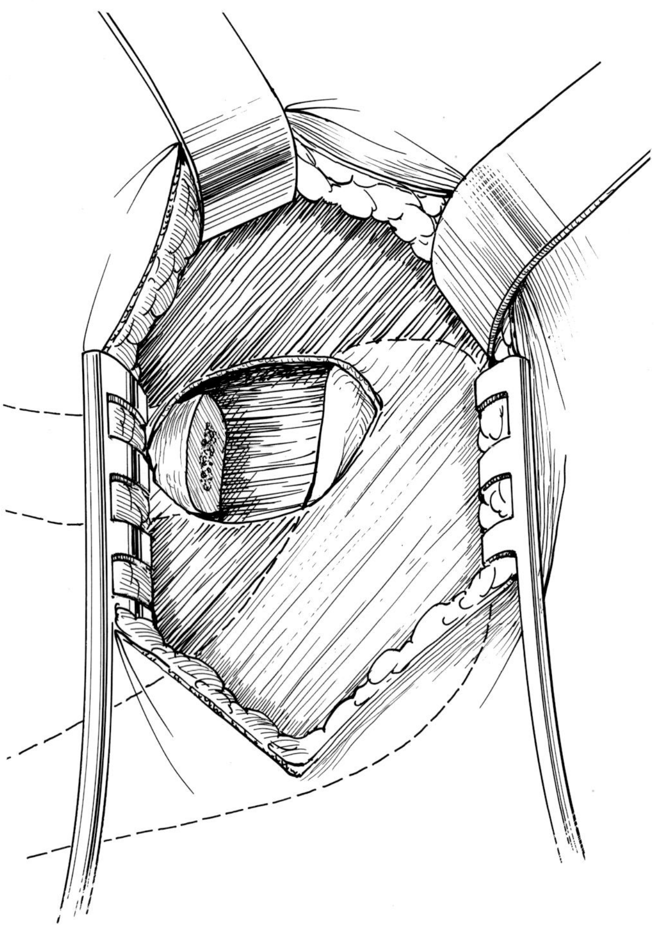

Abb. 5. Resektion eines 10–13 cm langen Klavikulaabschnitts

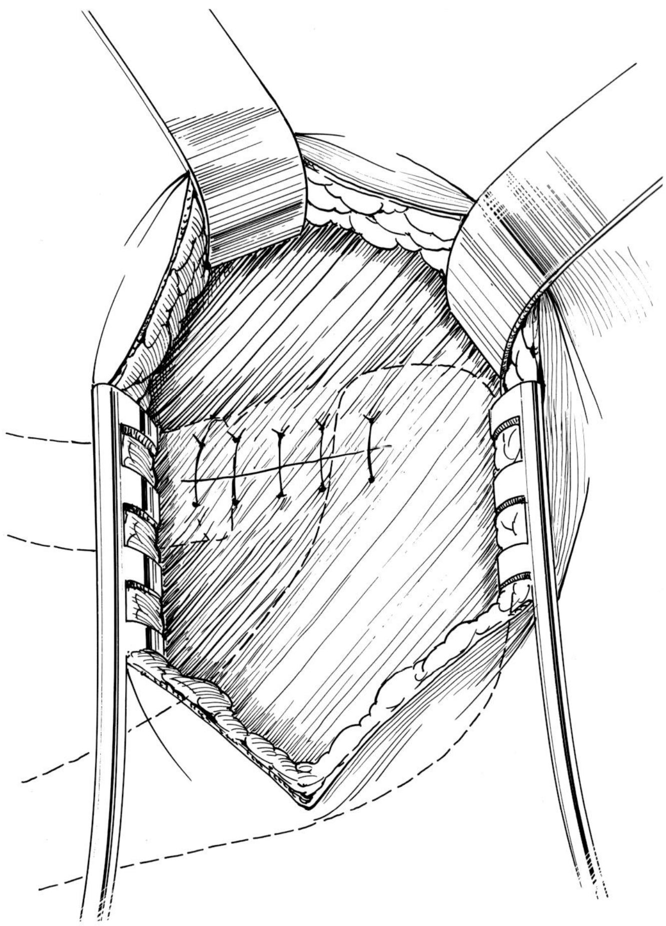

Abb. 6. Periostschlauch und Faszie werden über dem distalen Klavikulastumpf und Akromioklavikulargelenk mit nichtresorbierbaren Nähten schichtweise verschlossen

nach der Operation beginnt der Patient mit aktiven Bewegungsübungen und isometrischen Kraftübungen. Das Muskeltraining wird unter Respektierung der Schmerzgrenze allmählich gesteigert. Nach ungefähr 3 Monaten ist der Patient in der Regel wiederhergestellt.

Literatur

Cahill BR (1982) Osteolysis of the distal part of the clavicle in male athletes. J Bone Joint Surg [Am] 644:1053–1058

Cook DA, Heiner JP (1990) Acromioclavicular joint injuries. Orthop Rev 19:510–516

Cook FF (1988) The Mumford procedure in athletes: an objective analysis of function. Am J Sports Med 16:97–100

Grimes DW, Garner RW (1980) The degeneration of the acromioclavicular joint: treatment by resection of distal clavicle. Orthop Rev 9:41–44

Gurd FB (1941) The treatment of complete dislocation of the outer end of the clavicle: a hitherto undescribed operation. Ann Surg 63:1094

Kessel L, Watson M (1977) The painful arc syndrome: clinical classification as a guide to management. J Bone Joint Surg [Br] 59:166–172
Mumford EB (1941) Acromioclavicular dislocation: a new operative treatment. J Bone Joint Surg 23:799–802
Murphy OB, Bellamy R, Wheeler W et al. (1975) Post-traumatic osteolysis of the distal clavicle. Clin Orthop 109:108–114
Novak PJ, Bach BR Jr, Romeo AA et al. (1995) Surgical resection of the distal clavicle. J Shoulder Elbow Surg 4:25–40
Petersson CJ (1983 a) Degeneration of the acromio-clavicular joint: a morphological study. Acta Orthop Scand 54:434–438
Petersson CJ (1983 b) Resection of the lateral end of the clavicle: a 3 to 30-year follow-up. Acta Orthop Scand 54:904–907
Weaver JK, Dunn HK (1972) Treatment of acromioclavicular injuries, especially complete acromioclavicular separation. J Bone Joint Surg [Am] 54:1187–1194
Worcester JN Jr, Green DP (1968) Osteoarthritis of the acromioclavicular joint. Clin Orthop 58:69–73

30

Frank A. Cordasco

Arthroskopische Resektion: AC-Gelenk und distale Klavikula

Pathologische Prozesse im Schulterbereich wie z.B. idiopathische Osteoarthrose, posttraumatische und atraumatische Osteolyse und entzündliche Arthritis betreffen häufig das Akromioklavikulargelenk. Eine posttraumatische Osteolyse kann sich z.B. nach Akromioklavikularluxationen II. Grades und distalen Klavikulafrakturen III. Grades, eine sogenannte atraumatische Osteolyse durch wiederholte Mikrotraumatisierung bei sportlichen Aktivitäten wie Gymnastik, Gewichtstraining und wettkampfmäßig betriebenem Schwimmen entwickeln. In den meisten dieser Fälle ist die konservative Behandlung ausreichend; bei persistierenden Schmerzen im Akromioklavikulargelenk hat sich die offene Resektion als recht erfolgreich erwiesen (Gurd 1941, Mumford 1941, Petersson 1983, Neer 1990, Rockwood und Young 1990). Erste arthroskopische Eingriffe am AC-Gelenk wurden zunächst als Teil größerer, häufig zusammen mit einer subakromialen Dekompression durchgeführten Operationen beschrieben (Ellman 1987, Esch et al. 1988, Snyder 1988, Meyers 1991, Gartsman 1993). Der Zugang erfolgte hierbei von bursal in den Subakromialraum. Der Eingriff diente häufig lediglich der Entfernung von Osteophyten von der Unterfläche der distalen Klavikula beim Impingement-Syndrom und Erkrankungen der Rotatorenmanschette, die komplette Resektion der distalen Klavikula bei assoziierten Veränderungen im Akromioklavikulargelenk war jedoch ebenfalls möglich. Bei einer isolierten Erkrankung des Akromioklavikulargelenks, z.B. Osteolyse der distalen Klavikula, ist auch der arthroskopische Zugang direkt von superior in der Literatur dokumentiert (Johnson 1986). Von der Technik her betrachtet bietet das arthroskopische Vorgehen sowohl bei bursalem als auch superiorem Zugang die gleichen Voraussetzungen zur Entfernung des distalen Klavikularknochens wie der offene Eingriff (Flatow et al. 1992, Gartsman 1993).

Bei der offenen Resektion der distalen Klavikula wird in der Literatur die Entfernung von mindestens 2 cm Knochen empfohlen (Gurd 1941, Mumford 1941, Neer 1990, Rockwood und Young 1990). Es wird angenommen, dass die Verlagerung der distalen Klavikula nach hinten zu ihrem direkten Kontakt mit dem Akromion führt und persistierende Schmerzen verursacht (Rockwood und Young 1990). In biomechanischen Studien (Fukuda et al. 1986) wurde nachgewiesen, dass Kapsel und Bandapparat des Akromioklavikulargelenks die wichtigste Rolle bei der Vermeidung dieser Verlagerung spielen. Bei der offenen Resektion können diese Strukturen während der Präparation beschädigt werden. Der arthroskopische Eingriff bietet hier einen Vorteil, da der Bandapparat unversehrt erhalten werden kann (Abb. 1). Neue Studien zeigen außerdem, dass beim arthroskopischen Verfahren bereits 5–7 mm Knochenentfernung ausreichen, um zufriedenstellende Ergebnisse zu erzielen (Flatow et al. 1992, Flatow et al. 1995). Vorsicht ist jedoch geboten bei vorbestehender chronischer Akromioklavikularluxation II. Grades oder generalisierter Bandlaxizität (Flatow et al. 1995). In diesen Fällen sollte eine gleichzeitige Bandrekonstruktion und/oder ausgedehntere Knochenentfernung erwogen werden.

Im Folgenden werden die Techniken der arthroskopischen Resektion des Akromioklavikulargelenks von bursal und von superior beschrieben. Eine Indikation für diese Verfahren besteht bei Erkrankungen des Akromioklavikulargelenks wie Osteoarthrose, posttraumatische und atraumatische Osteolyse und entzündliche Arthritis, wenn konservative Maßnahmen keinen Erfolg brachten.

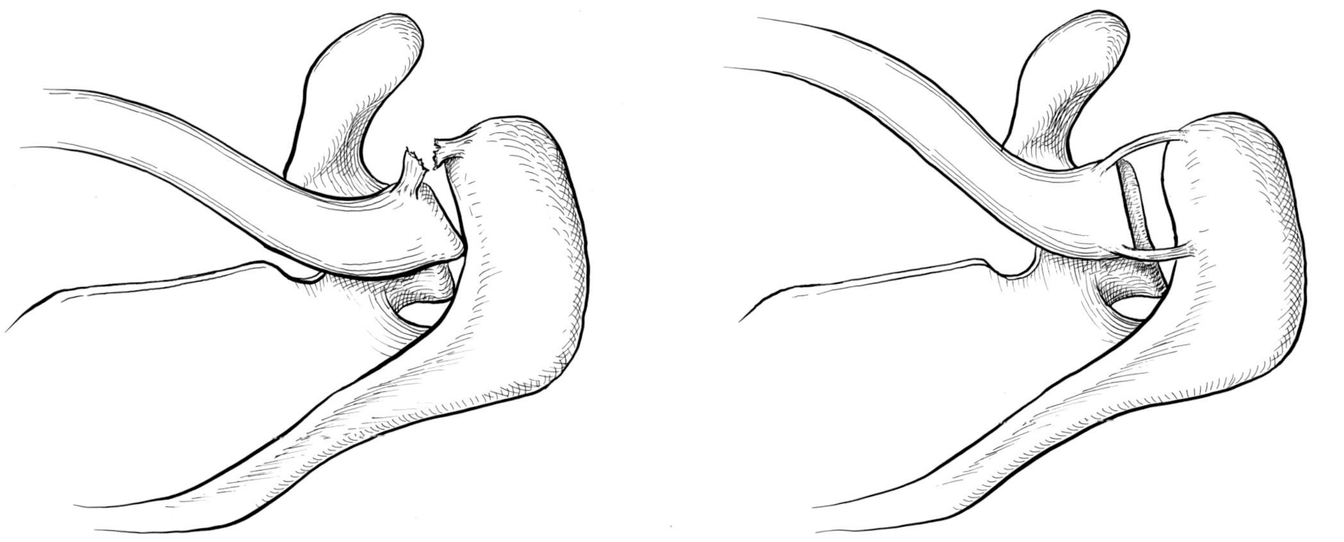

A

B

Abb. 1. (**A**) Insuffizienz des akromioklavikulären Bandapparats kann zu einer starken Verlagerung des Klavikulastumpfes nach posterior und dadurch zu dessen schmerzhaftem Kontakt mit dem Akromion führen. (**B**) Bei der arthroskopischen Resektion der distalen Klavikula bleibt der akromioklavikuläre Bandapparat erhalten, ein Kontakt zwischen Klavikulastumpf und Akromion wird vermieden

Es muss betont werden, dass die arthroskopische Resektion des Akromioklavikulargelenks kein Ersatz für eine korrekt durchgeführte konservative Behandlung ist. Bei symptomatischen Veränderungen des Akromioklavikulargelenks kann unabhängig von der Ätiologie durch konservative Maßnahmen wie nichtsteroidale Antiphlogistika, Umstellung der Lebensweise und ein- oder zweimalige Kortikosteroidinjektion in der großen Mehrzahl der Fälle eine Besserung erzielt werden. Bei entsprechender Patientenauswahl sind die Ergebnisse der arthroskopischen Akromioklavikulargelenkresektion, ob nun ein indirekter Zugang von bursal oder ein direkter von superior gewählt wird, bisher recht zufriedenstellend.

Operative Grundlagen

Der direkte Zugang von superior wird bei Vorliegen einer isolierten Erkrankung des Akromioklavikulargelenks ohne zusätzliche Schädigung des Glenohumeralgelenks oder der Bursa subacromialis gewählt. Der Zugang von bursal empfiehlt sich bei einer gleichzeitig bestehenden Veränderung des Subakromialraums wie z.B. beim Impingement-Syndrom. Dieser Zugang erfordert die Entfernung des Fettgewebes und der Kapsel an der Gelenkunterfläche, was zu Blutungen und Entzündungen führen kann. Aus diesem Grund wird dem direkten Zugang von superior bei isolierten Erkrankungen des Akromioklavikulargelenks der Vorzug gegeben. Die folgenden Überlegungen sollen bestimmte Aspekte des Verfahrens näher beleuchten und potenzielle Fehler und Komplikationen vermeiden helfen.

DePalma hat gezeigt, dass das Akromioklavikulargelenk unterschiedlich geneigt sowie altersabhängig unterschiedlich eng sein kann (DePalma 1983). Mit Hilfe von Nadeln kann die Lage und Ausrichtung des Gelenks bestimmt werden, da eine geringfügig abweichende Gelenkneigung ansonsten nur schwer festzustellen ist (Abb. 2). An Spezialinstrumenten sind zunächst das 2,7-mm-Arthroskop sowie Shaver in unterschiedlichen Größen zur leichteren Resektion insbesondere beim arthritischen Gelenk erforderlich. Doppelendige modifizierte Rhinoplastik-Raspatorien werden zum abschließenden Abschrägen der Flächen eingesetzt (Abb. 3). Mit dem Elektrokauter wird die distale Klavikula „ausgeschält“, wobei zur Vermeidung komplikationsträchtiger peripherer Knochenreste die Gelenkkapsel und Bänder subperiostal vom Knochen abgelöst werden. Bei der Resektion ist auf eine stufenweise Abtragung der distalen Klavikulaoberfläche zu achten, um eine „Aushöhlung“ zu vermeiden. Zur abschließenden Beurteilung der Resektion und zum Ausschluss peripher zurückgebliebener Knochenkämme empfiehlt sich das Umstecken des Arthroskops.

Beim direkten Zugang von superior wird das Arthroskop in das antero-superiore und postero-superiore Portal, beim Zugang von bursal in das anterosuperiore und antero-laterale Portal eingeführt.

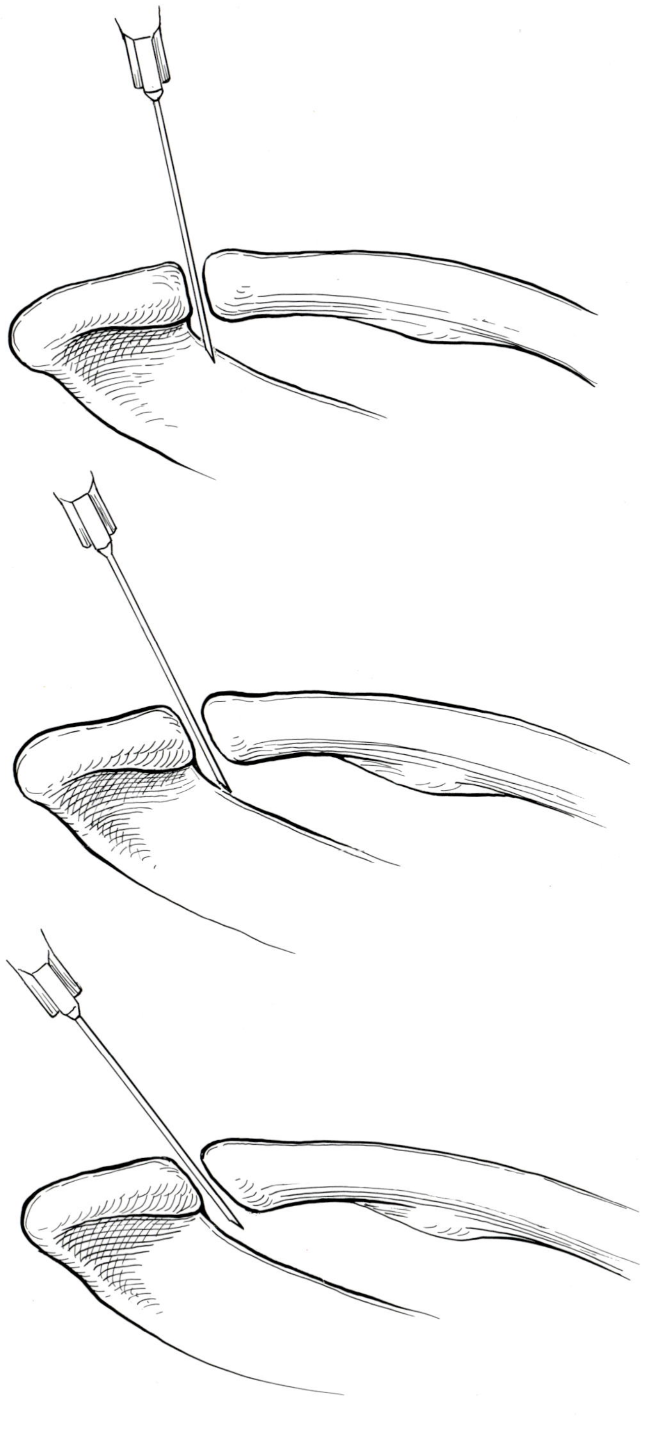

Abb. 2. Unterschiedliche Neigungswinkel des Akromioklavikulargelenks

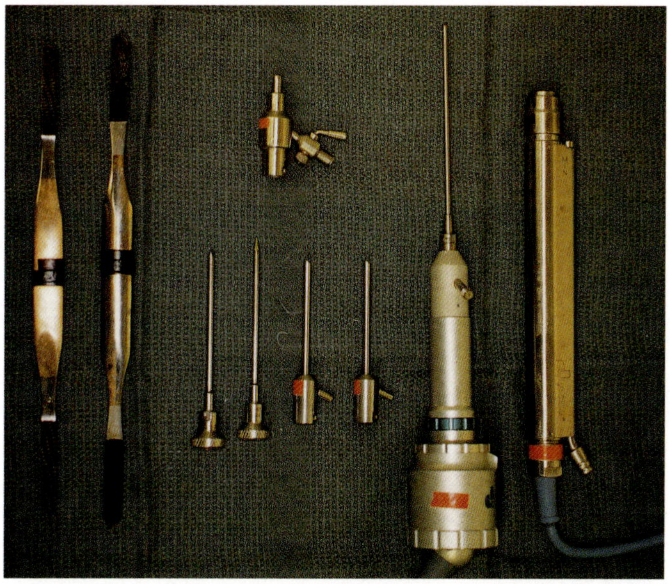

Abb. 3. Spezialinstrumente: 2,7-mm-Arthroskop mit entsprechenden Trokaren und Shavern; doppelendige modifizierte Rhinoplastik-Raspatorien

Operationstechnik

Routinemäßig erfolgt eine Regionalanästhesie durch Interskalenusblock. Der Patient wird in Rückenlagerung mit angehobenem Oberkörper in der „beach-chair" Position positioniert; alle Knochenvorsprünge werden zur Vermeidung kutaner und neurovaskulärer Lagerungsschäden gut abgepolstert. Auf Wunsch kann der Patient den Eingriff auf dem Monitor mitverfolgen. Präoperativ wird eine intravenöse Antibiotikaprophylaxe durchgeführt. Abb. 4 zeigt die vier Portale. In der Regel wird unabhängig vom gewählten Zugang eine diagnostische Arthroskopie des Glenohumeralgelenks unter Verwendung der posterioren Standardportal (siehe Abb. 4) durchgeführt.

Direkter Zugang von superior. Die Neigung des Akromioklavikulargelenks wird mit Hilfe von Nadeln bestimmt (Abb. 2). Das Gelenklumen wird mit einigen Millilitern physiologischer Kochsalzlösung unter Verwendung einer 18-Gauge-Nadel aufgefüllt. Der Zugang erfolgt über zwei Portale, antero-superior und postero-superior (siehe Abb. 4), die sich genau in der Verlängerung des Akromioklavikulargelenks befinden, und zwar jeweils 0,75–1,0 cm anterior und posterior des Gelenks. Zur Verminderung der Haut- und Subkutanblutung wird Lidocain 1% mit Adrenalin in die geplanten Portale injiziert. Hautinzision und Perforation der Gelenkkapsel erfolgen mit einem Skalpell Nr. 11. Das 2,7-mm-Arthroskop (Abb. 3) wird in der

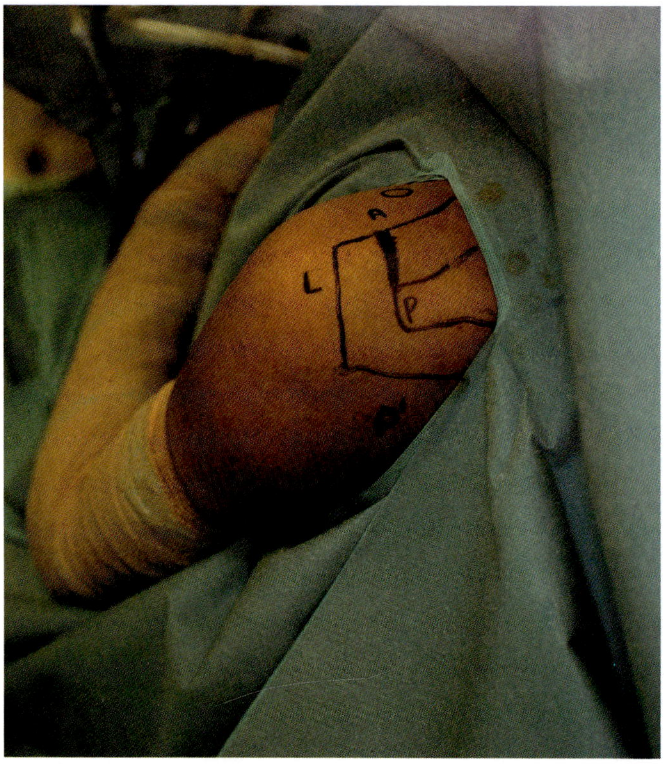

Abb. 4. Zugänge: A – anterosuperior, P – posterosuperior, L – anterolateral, p^1 – posterior

Regel durch das postero-superiore Portal (Abb. 4) vorgeschoben. Beginnend mit einem 2-mm-Resektor werden Instrumente zunehmender Größe in das antero-superiore Portal eingeführt. In einigen Fällen, insbesondere bei vorliegender Osteolyse, kann von Beginn an bereits ein 4-mm-Resektor eingesetzt werden. Gespült wird mit physiologischer Kochsalzlösung mit Adrenalin (Verdünnung 1:300 000).

Zunächst werden eventuell vorhandene Meniskus- und Weichgewebereste mittels Debridement aus dem Gelenk entfernt, um die Gelenkflächen freizulegen. Insbesondere bei Vorliegen einer Osteoarthrose wird nun der Gelenkspalt erweitert, indem, beginnend mit einer 2-mm-Fräse, der Knochen im Bereich des distalen Klavikulaendes abgetragen wird. Zu diesem Zeitpunkt kann in der Regel das 4,0-mm-Standardarthroskop zum Einsatz kommen. Das distale Klavikulaende wird nun mit dem Elektrokauter „ausgeschält“ (Abb. 5). Zur Freilegung der distalen Klavikula und Sicherstellung einer exakten Resektion werden Gelenkkapsel und Bandapparat subperiostal vom Knochen abgelöst. Dadurch lässt sich vermeiden, dass zu wenig Knochen entfernt wird oder periphere Knochenreste zurückbleiben. Die Resektion wird nun mit immer größeren Fräsen fortgeführt (Abb. 6). Im Nor-

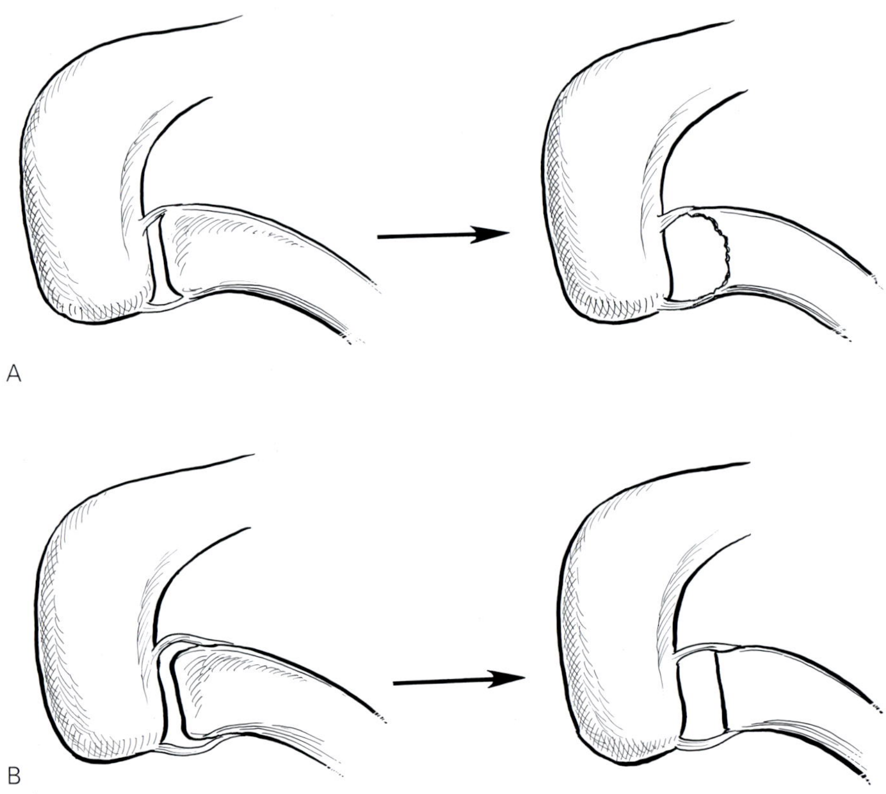

Abb. 5. (**A**) Beim „Aushöhlen“ der distalen Klavikula bleiben periphere Knochenreste zurück, die chronische Schmerzen verursachen können. (**B**) Diese Komplikation läßt sich vermeiden, wenn das distale Klavikulaende mit dem Elektrokauter „ausgeschält“ wird und Kapsel und Bandapparat des Akromioklavikulargelenks vor der Resektion subperiostal vom Knochen abgelöst werden

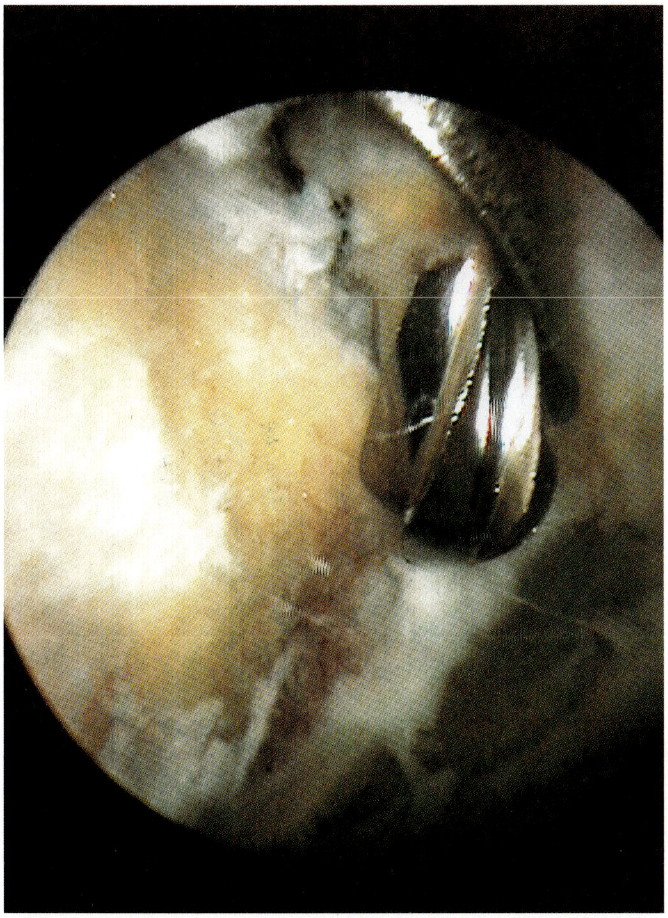

Abb. 6. Unter Sicht durch das postero-superiore Portal wird die Resektion mit einer antero-superior eingeführten Fräse fortgesetzt

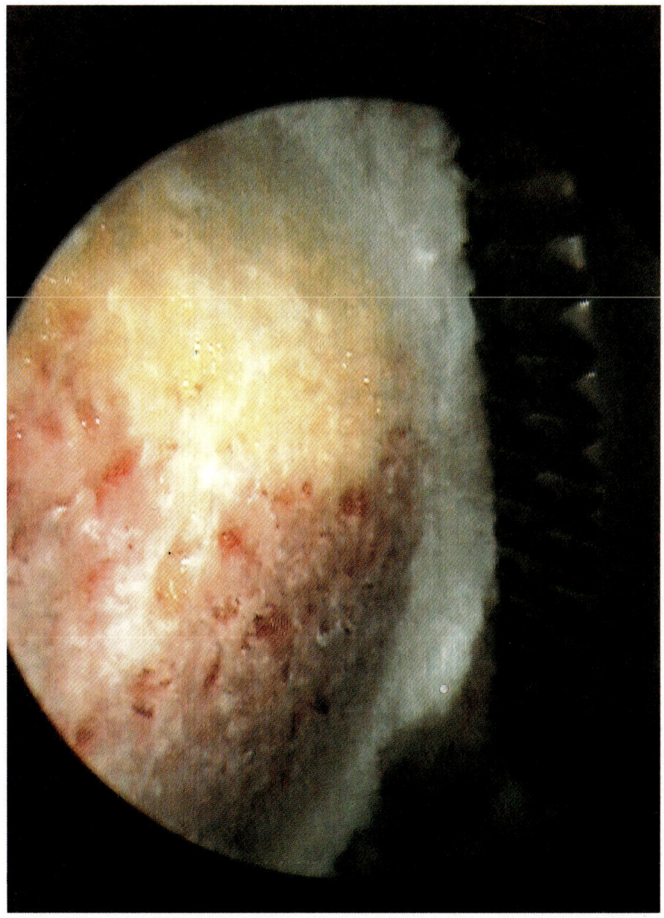

Abb. 7. Abschließende Abschrägung und Konturierung der Resektionsstelle mit einem Raspatorium. Hier wurde das Arthroskop antero-superior, das Raspatorium postero-superior eingeführt

malfall werden 5–7 mm Knochen entfernt, bei generalisierter Bandlaxizität oder chronischer Akromioklavikularluxation II. Grades in der Anamnese wurden auch schon bis zu 1 cm Knochen reseziert. In diesen Fällen empfiehlt es sich, den Arm des Patienten unter direkter Sicht horizontal zu adduzieren, um den erforderlichen Resektionsumfang bestimmen zu können und direkten Kontakt des distalen Klavikulaendes posterior auszuschließen. Zur Beurteilung einer ausreichenden Resektion wird das Arthroskop nun in das antero-superiore Portal umgesteckt. Dadurch wird eine gleichmäßige Resektion ermöglicht, insbesondere posterior liegende periphere Knochenreste werden sicher ausgeschlossen. Zum Schluss können die resezierten Oberflächen mit einem doppelendigen modifizierten Rhinoplastik-Raspatorium abgeschrägt werden.

Indirekter Zugang von bursal. Bei diesem Verfahren werden zunächst zwei Portale genutzt, das posteriore Standardportal für die Einführung des 4-mm-Arthroskops und das antero-laterale Portal als Arbeitszugang für die Instrumentierung (Abb. 4). Nach Durchführung einer arthroskopischen subakromialen Dekompression wird die Unterfläche des Akromioklavikulargelenks erreicht. Das hier in der Regel vorhandene Fettpolster sowie das inferior gelegene kapsuläre Weichgewebe werden reseziert. Zur Blutstillung kann in diesem vaskularisierten Gebiet der Elektrokauter verwendet werden. Nach Entfernung des Weichgewebes liegen die Gelenkunterflächen frei. Nun wird eine Fräse in das laterale Portal eingeführt und mit der Resektion begonnen. Diese ist einfacher, wenn die distale Klavikula nach unten in den Subakromialraum gedrückt wird. Zur Vermeidung peripherer Knochenreste ist auf eine stufenweise Knochenabtragung zu achten. Bei diesem Zugang ist die genaue Bestimmung, wie viel Knochen superior entfernt werden muss, unter Umständen schwierig und der direkte Zugang von antero-superior hat sich in dieser Operationsphase als recht hilfreich erwiesen. Das Arthroskop wird in das laterale Portal umgesteckt und Shaver und Fräsen in zunehmender Größe können vom antero-superioren Portal aus direkt in den Subakromialraum eingeführt werden. Der restliche Teil der Resektion kann dann durch dieses Portal vorgenommen werden. Die abschließende Konturierung erfolgt mittels arthroskopischer Raspatorien, das Endergebnis lässt sich durch Umstecken des Arthroskops in das direkte antero-superiore Portal beurteilen.

Zum Schluss wird bei beiden Verfahren der Subakromialraum mit reichlich Spülflüssigkeit gespült, die Zugänge werden in der Regel mit je einer einfachen Naht geschlossen. Als Nahtmaterial dient entweder 3/0 Prolene™ oder in einigen Fällen eine Subkutannaht mit Vicryl™ 4/0 und Steristrips. Dann wird ein Verband angelegt, der Arm in eine Schlinge gelegt und der Patient in den Aufwachraum gebracht. Ellbogen und Achsel werden sorgfältig abgepolstert, um eine Schädigung von Haut oder neurovaskulären Geweben während der Wirkdauer des Anästhetikums zu vermeiden.

Nachbehandlung

Ist der Patient stabil, wird er entlassen. In der Regel wird die Armschlinge aus Gründen der Bequemlichkeit nur bis zum zweiten oder dritten Tag nach der Operation getragen. Die Frühmobilisierung erfolgt durch passive und aktive assistierte Übungen. Mit isometrischen Übungen wird in der ersten Woche nach der Operation, mit intensiverem Krafttraining nach zwei oder drei Wochen begonnen.

Literatur

DePalma AF (1983) Dislocations of the Shoulder Girdle. In: Surgery of the Shoulder, 3rd edn. JB Lippincott, Philadelphia, pp 428–429

Ellman H (1987) Arthroscopic subacromial decompression analysis of one to three year results. Arthroscopy 3:173–181

Esch JC, Ozerkis LR, Helgager JA et al. (1988) Arthroscopic subacromial decompression: results according to the degree of rotator cuff tear. Arthroscopy 4:241–249

Flatow EL, Cordasco FA, Bigliani LU (1992) Arthroscopic resection of the outer end of the clavicle from a superior approach: a critical quantitative, radiographic assessment of bone removal. Arthroscopy 8:55–64

Flatow EL, Duralde XA, Nicholson GP et al. (1995) Arthroscopic resection of the distal clavicle with a superior approach. J Shoulder Elbow Surg 4:41–50

Fukuda K, Craig EV, An K et al. (1986) Biomechanical study of the ligamentous system of the acromioclavicular joint. J Bone Joint Surg [Am] 68:434–439

Gartsman GM (1993) Arthroscopic resection of the acromioclavicular joint. Am J Sports Med 21:71–77

Gurd FB (1941) The treatment of complete dislocation of the outer end of the clavicle: a hitherto undescribed operation. Ann Surg 63:1094–1098

Johnson LL (1986) Shoulder Arthroscopy. In: Arthroscopic Surgery: Principles and Practice, 3rd edn. CV Mosby, Lt. Louis, pp 1356–1359

Meyers JF (1991) Arthroscopic debridement of the acromioclavicular joint and distal clavicle resection. In: McGinty JB, Caspari RB, Jackson RW et al. (eds) Operative Arthroscopy. Raven, New York, pp 557–560

Mumford EB (1941) Acromioclavicular dislocation: a new operative treatment. J Bone Joint Surg 23:799–801

Neer CS II (1990) Less frequent procedures. In: Shoulder Reconstruction. WB Saunders, Philadelphia, pp 434–436

Petersson CJ (1983) Resection of the lateral end of the clavicle: a 3 to 30 year follow-up. Acta Orthop Scand 54:904–907

Rockwood CA Jr, Young DC (1990) Disorders of the acromioclavicular joint. In: Rockwood CA Jr., Matsen FA III (eds) The Shoulder, 1st edn. WB Saunders, Philadelphia, pp 413–476

Snyder SJ (1988) Arthroscopic acromioclavicular joint debridement and distal clavicle resection. Tech Orthop 3:41–45

31

Andrew S. Rokito, Joseph D. Zuckerman, Frances Cuomo

Akromioklavikulargelenk-Luxation

Verletzungen im Akromioklavikulargelenk treten typischerweise bei jüngeren Patienten bei der Ausübung körperkontaktbetonter Sportarten auf. Ursache ist in der Regel ein direkter Schlag auf die Schulter (Rockwood 1978, Rowe 1988), der zur akromioklavikulären und/oder korakoklavikulären Bandinsuffizienz führt.

Die Klassifikation nach Rockwood, die sechs Schweregrade unterscheidet, hat sich im Hinblick auf Prognose und Therapieplanung als hilfreich erwiesen (Rockwood 1978). Verletzungen I. Grades sind Überdehnungen der akromioklavikulären Bänder bei intakt gebliebenem Gelenk. Bei Verletzungen II. Grades besteht eine komplette Ruptur der akromioklavikulären sowie Überdehnung der korakoklavikulären Bänder, wodurch es zu einer leichten Luxation kommt. Verletzungen III. Grades sind komplette Rupturen sowohl der akromioklavikulären als auch der korakoklavikulären Bänder mit Ablösung des M. deltoideus und M. trapezius vom distalen Klavikulaende, wodurch eine vollständige Luxation mit relativer Dislokation der Klavikula um 25 bis 100% nach oben herbeigeführt wird. Bei Verletzungen IV. Grades liegt ebenfalls eine vollständige Luxation des Akromioklavikulargelenks vor, die Klavikula ist jedoch nach posterior in den M. trapezius disloziert. Verletzungen V. Grades sind schwere Verletzungen III. Grades, bei denen eine ausgedehnte Ablösung des M. deltoideus und M. trapezius vom distalen Klavikulaende und daraus resultierend eine Dislokation der Klavikula um 100 bis 300% nach oben besteht. Verletzungen VI. Grades schließlich sind extrem selten und beinhalten Luxationen des Akromioklavikulargelenks nach unten, bei denen die Klavikula in den Subkorakoidal- oder Subakromialraum disloziert ist.

In der Literatur besteht breite Übereinstimmung darin, dass unvollständige Luxationen (I. und II. Grades) nicht operativ, sondern zunächst mit Eis und Ruhigstellung mittels Armschlinge, später durch Frühmobilisation therapiert werden (Bjerneld et al. 1983). Bei Verletzungen IV., V. oder VI. Grades wird in der Regel aufgrund der stark dislozierten distalen Klavikula und damit einhergehenden ausgedehnter Weichgeweberuptur eine chirurgische Intervention empfohlen (Rockwood 1978, Bannister et al. 1989).

Die Behandlung von Verletzungen III. Grades wird nach wie vor kontrovers diskutiert, jedoch besteht eine erkennbare Tendenz, in den meisten Fällen zunächst konservativ vorzugehen (Glick et al. 1977, Rockwood 1978, Rowe 1988, Jobe und Bradley 1989). Diese Diskussion ist teilweise auf die in der älteren Literatur übliche Klassifikation nach Tossy zurückzuführen, nach der nur drei Schweregrade unterschieden und den Verletzungen III. Grades auch die Schweregrade IV, V und VI der Klassifikation nach Rockwood zugerechnet werden. Im Rahmen dieser Klassifikation fielen die Ergebnisse einer konservativen Therapie bei Verletzungen III. Grades sehr viel unterschiedlicher aus, da eben auch schwere Luxationen (IV. oder V. Grades nach Rockwood) eingeschlossen waren. Nach der neueren Klassifikation werden Verletzungen III. Grades in der Regel konservativ behandelt, insbesondere bei Patienten, die körperkontaktbetonte Sportarten betreiben (z.B. American Football, Hockey, Fußball, Rugby) und bei denen dadurch eine hohe Reluxationsgefahr besteht (Rockwood 1978). In einigen Fällen persistieren jedoch Schmerzen und mechanische Symptome trotz konservativer Therapie und machen die gewohnten sportlichen oder beruflichen Aktivitäten unmöglich. Hier kann durch chirurgische Intervention eine Schmerzreduktion und Funktionsverbesserung erreicht werden.

Im Hinblick auf Probleme mit Wanderung von eingebrachtem Metall wie Pins, Drähte etc. und Verlust

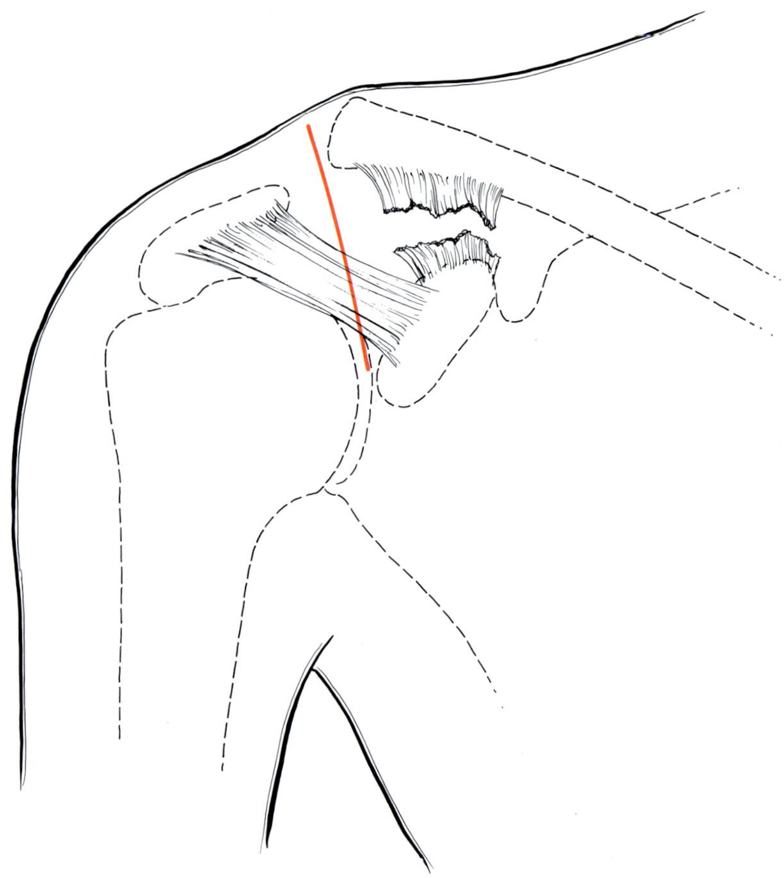

Abb. 1. „Hosenträger"-Inzision, die von der Korakoidspitze ausgeht, das dem normalen Akromioklavikulargelenk entsprechende Areal überquert und darüber hinaus ungefähr 2 cm nach posterior reicht

der Fixation empfehlen die meisten Autoren eher „korakoklavikuläre" Rekonstruktionstechniken (Fixation zwischen Processus coracoideus und Klavikula) als die „akromioklavikuläre" Rekonstruktion (Fixation durch das Akromioklavikulargelenk) (Fleming et al. 1978, Galpin et al. 1985, Taft et al. 1987). Die isolierte distale Klavikularesektion ist bei vollständiger Ruptur des Akromioklavikulargelenks nicht ausreichend, da hierbei keine Stabilisierung des Gelenks erreicht wird (Mumford 1941). Zur Anwendung kommen verschiedene Methoden der korakoklavikulären Fixation, z.B. durch Nähte, Nahtbänder, Edelstahldrähte (Beardon et al. 1973), Zugschrauben (Bosworth 1941), Dacron™-Implantate (Deknatel, Fale River, Massachusetts, USA) (Fleming et al. 1978, Kappakas und McMaster 1978, Nelson 1979, Park et al. 1980, Goldberg et al. 1987), Transfer von Fascia lata (Bunell 1928) und dynamischem Muskeltransfer (Bailey 1965, Dewar und Barrington 1965, Brunelli und Brunelli 1988, Skjedal et al. 1988). Korakoklavikuläre Rekonstruktionen können als isolierte Maßnahme durchgeführt werden, häufig werden sie jedoch mit einem korakoakrominalen Bandtransfer verbunden, ein Verfahren, das durch Weaver und Dunn (1972) bekannt wurde. Bei symptomatischen chronischen vollständigen Akromioklavikularluxationen sowie bei akuten Luxationen mit signifikantem Gelenkschaden erfolgt zusätzlich eine Resektion der distalen Klavikula.

Operative Grundlagen

Wir bevorzugen ein modifiziertes Verfahren nach Weaver-Dunn mit Resektion der lateralen Klavikula, Reposition der dislozierten Klavikula, korakoklavikulärer Fixation mit schweren nichtresorbierbaren Nähten oder chirurgischem Band sowie Einpflanzung des korakoakromialen Bandes in die laterale Klavikula.

1–1,5 cm der distalen Klavikula werden mit einer oszillierenden Säge entfernt. Eine ausgedehntere Knochenentfernung kann die Stabilität der korakoklavikulären Fixation beeinträchtigen. Das distale Ende der Klavikula wird geglättet und mit drei kleinen Bohrlöchern durch die obere Kortikalis versehen. Durch diese Löcher werden später die am korakoakromialen Band befestigten Nähte gezogen. Dabei ist auf eine

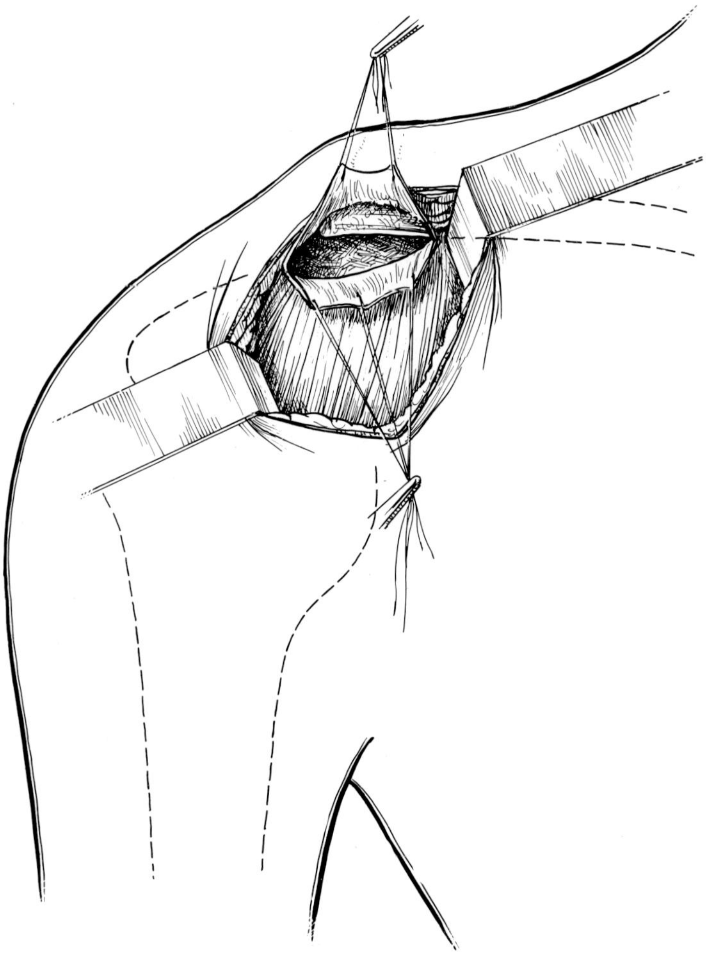

Abb. 2. Das die Klavikula bedeckende Weichteilgewebe wird längs durchtrennt. Anterior und posterior werden Vollhautlappen geschaffen, um später genügend Gewebe für einen sicheren Verschluss zur Verfügung zu haben. Anteriorer und posteriorer Gewebelappen werden mit einer Mersilene-Naht Nr. 1 angeschlungen und die laterale Klavikula vollständig dargestellt

ausreichende Kortikalisbrücke zwischen den Bohrlöchern zu achten, um ein Ausbrechen der Löcher zu vermeiden. Mit einer Knochenzange wird eine flache Rinne in die Spongiosa der lateralen Klavikula präpariert, die später als Ansatzstelle für das verpflanzte korakoakromiale Band dient.

Mit einem gebogenen Nadelhalter wird das eine Ende des chirurgischen Bandes möglichst dicht am Knochen um die Korakoidunterfläche herumgeführt. Mit Hilfe dieses ersten Bandes wird ein weiteres sowie zusätzlich zwei nichtresorbierbare Nähte durchgezogen. Diese werden dann um die Hinterfläche der Klavikula herumgeführt und bei reponierter Position der Klavikula verknüpft. Das gesamte korakoakromiale Band, das freigelegt und an seinem akromialen Ansatz abgelöst wurde, wird nun in die Spongiosa-Rinne in der distalen Klavikula verpflanzt. Falls notwendig, kann durch teilweise Ablösung des Bandes im lateralen Bereich seines korakoidalen Ansatzes zusätzliche Länge gewonnen werden. Die Ablösung vom Korakoid sollte jedoch unbedingt sparsam erfolgen, um die Abrissgefahr nach dem Transfer möglichst gering zu halten.

Operationstechnik

Der Patient wird in Rückenlagerung mit angehobenem Oberkörper in der „beachchair"-Position oder halbsitzender Position auf dem Operationstisch positioniert. Zur besseren Übersicht wird in der Regel eine Beugung des Oberkörpers in der Taille um mindestens 60–70 Grad bevorzugt. Der Eingriff kann unter Allgemein- oder Regionalanästhesie (z. B. Interskalenusblock) durchgeführt werden. Um den Schultergürtel zur besseren Übersicht anzuheben, werden zusammengefaltete Tücher hinter das Schulterblatt gelegt. Die betroffene Schulter und der gesamte Arm werden frei ausgelagert und in die Abdeckung miteinbezogen, um eine uneingeschränkte Positionierung des Armes während der Operation zu ermöglichen. Die Inzision erfolgt unter Berücksichtigung relevanter anatomischer Landmarken wie Vorderfläche des Akromion, laterale Klavikula und Processus coracoideus. Nun erfolgt eine „Hosenträger"-Inzision, die von der Spitze des Processus coracoideus ausgeht, das dem normalen Akromioklavikulargelenk entsprechende Areal überquert und darüber hinaus 2 cm nach

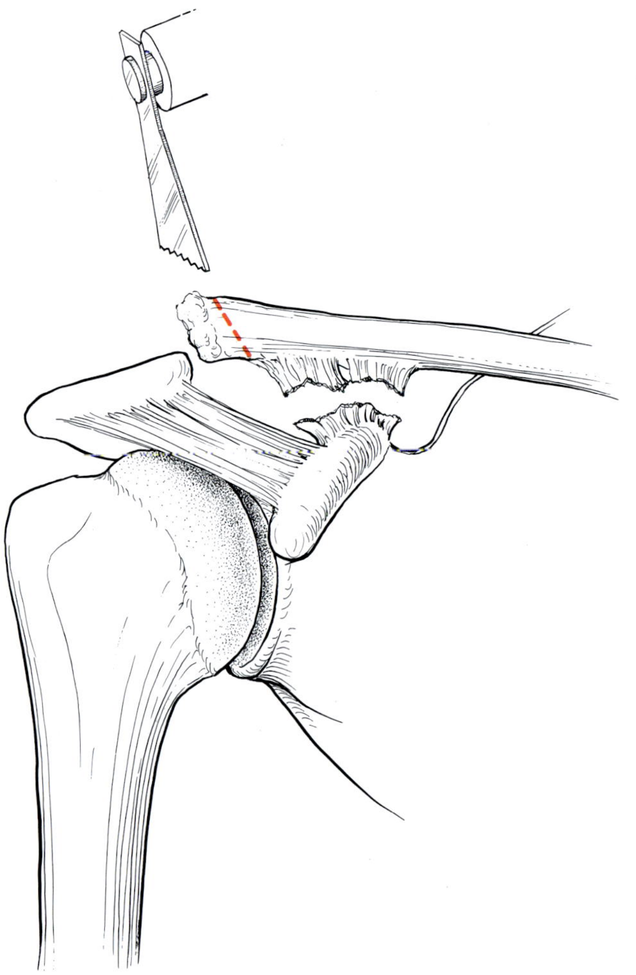

Abb. 3. Die Resektion der lateralen Klavikula erfolgt mittels oszillierender Säge. Ein 1–1,5 cm breiter Knochenabschnitt wird mit leicht schräg verlaufender Resektionslinie entfernt

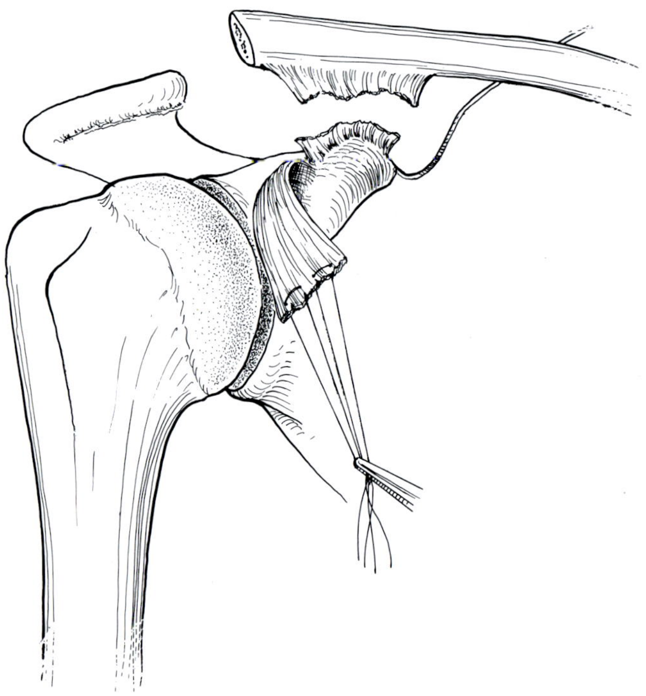

Abb. 4. Das korakoakromiale Band wird an seinem akromialen Ansatz durchtrennt und das freie Bandende mit einer Naht angeschlungen

posterior reicht (Abb. 1). Nach Inzision von Haut und Subkutangewebe werden nach medial, lateral, posterior und anterior Weichgewebelappen geschaffen, um die tieferliegenden Gewebeschichten einschließlich M. deltoideus und M. trapezius darzustellen. Normalerweise setzen diese Muskeln an der Vorder- bzw. Hinterfläche der distalen Klavikula an. Bei einer vollständigen Luxation des Akromioklavikulargelenks kann ein Abriss dieser Muskeln im Bereich ihrer Ansätze vorliegen und die Klavikula dadurch ins Subkutangewebe disloziert sein. Die „Hosenträger"-Inzision bietet nicht nur kosmetische Vorteile, sondern ermöglicht auch eine gute Übersicht über das Operationsgebiet und Darstellung aller wichtigen anatomischen Strukturen.

Auch wenn M. deltoideus und M. trapezius abgerissen sind, bleibt in der Regel Weichteilgewebe an der lateralen Klavikula zurück. Dieses die laterale Klavikula bedeckende Weichteilgewebe wird längs durchtrennt (Abb. 2) und die anterioren und posterioren Gewebe mit dem Elektrokauter von der lateralen Klavikula abgelöst. Dabei sollten Vollhaut-Weichgewebelappen geschaffen werden, um genügend Gewebe für den späteren Verschluss zur Verfügung zu haben. Diese Gewebelappen werden mit einer Mersilene™-Naht Nr. 1 angeschlungen. Dadurch lässt sich die laterale Klavikula vollständig darstellen. Die Inzision wird nun nach lateral zur medialen Akromionfläche hin ausgedehnt. Die anterioren und posterioren Weichgewebelappen werden ebenfalls präpariert und das Akromioklavikulargelenk sparsam freigelegt. Bei akuten Luxationen wird bei der Präparation der Gelenkregion eventuell ein Rest des Discus articularis freige-

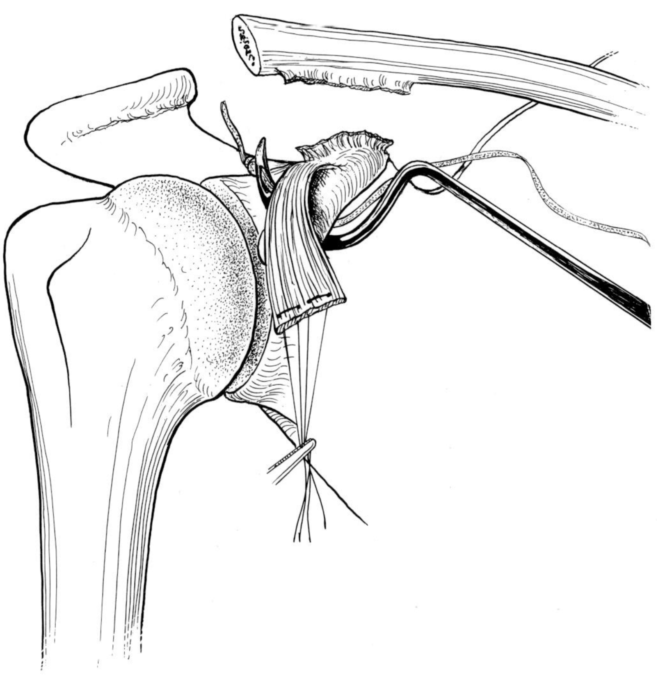

Abb. 5. Das Mersilene-Band wird an einem Ende verknotet, um es beim Herumführen um die Korakoidunterfläche besser fassen zu können. Dieses Band dient nun zum Durchziehen eines weiteren und sowie zweier nichtresorbierbarer Nähte Nr. 5, die für den korakoakromialen Teil der Rekonstruktion gebraucht werden

legt, bei chronischen Luxationen ist diese Region in der Regel jedoch mit fibrösem Gewebe angefüllt, das entfernt werden sollte.

Die Resektion der lateralen Klavikula erfolgt mittels pneumatisch betriebener oszillierender Säge (Abb. 3). Die Entfernung von 1–1,5 cm Knochen ist in der Regel ausreichend. Wir bevorzugen eine leicht schräg von supero-lateral nach infero-medial verlaufende Resektionslinie. Die Abschrägung sollte jedoch nicht zu stark sein und lediglich den Ansatz des korakoakromialen Bandes erleichtern.

Zur Freilegung von Korakoid und korakoakromialem Band wird nun der vordere M. deltoideus in Muskelfaserrichtung ungefähr 3 cm distal in Richtung Korakoidspitze gespalten. Bei Mobilisierung dieses Muskelanteils lässt sich das korakoakromiale Band darstellen. Es verläuft von der Korakoidspitze zur Vorderfläche des Akromion. Nach seiner Isolierung wird das Band von seinem sich bis auf die Akromionunterfläche erstreckenden akromialen Ansatz abgelöst. Dabei ist darauf zu achten, dass die maximale Bandlänge erreicht wird. Das freie Bandende wird mit einer Mersilene-Naht Nr. 1 angeschlungen (Abb. 4) und zur Darstellung des Processus coracoideus nach anterior und distal abgehalten.

Nun wird das Weichteilgewebe an der oberen Korakoidfläche mit dem Elektrokauter durchtrennt. Das Gewebe medial und lateral der Korakoidunterfläche wird mit einem gebogenen Elevatorium abpräpariert. Dadurch lassen sich die Nähte um den Processus coracoideus herumlegen. Anschließend wird ein Mersilene-Band Nr. 5 mit einem gebogenen Nadelhalter (Unterbindungsnadel nach Deschamps, Miltex Instrument Co., Lake Success, New York, USA) um den Processus coracoideus herumgeführt. Es gibt sowohl rechte als auch linke Ausführungen dieser Nadelhalter, so dass die Nähte von medial nach lateral geführt werden können und sich das Verletzungsrisiko der in unmittelbarer Nähe verlaufenden neurovaskulären Strukturen verringern lässt. Um das Mersilene-Band beim Umfahren des Korakoid besser mit einer Klemme fassen zu können, wird es am einen Ende verknotet (Abb. 5). Nachdem es mit der Klemme gefasst ist, kann der Nadelhalter zurückgezogen werden. Das Band liegt nun in korrekter Position um den Processus coracoideus herum. Mit Hilfe dieses Mersilene-Bandes werden nun ein weiteres Mersilene-Band Nr. 5 sowie zwei Ethibond^{TM}-Nähte Nr. 5 (Ethicon, Somerville, New Jersey, USA) unter dem Korakoid durchgezogen. Diese drei Nähte werden für den korakoklavikulären Teil der Rekonstruktion benötigt. Die beiden unterschiedlichen Nahtmaterialien werden verwendet, weil das Mersilene-Band stabiler und die Gefahr einer postoperativen Zerreißung damit geringer ist, während die Ethibond-Naht Nr. 5 zwar weniger reißfest, dafür jedoch leichter knüpfbar, zierlicher und dadurch einfacher mit Weichteilgewebe abzudecken ist. Die Nähte werden von der lateralen Korakoidfläche um die Hinterfläche der lateralen Klavikula geführt. Wenn möglich, werden sie dabei durch das verbliebene Weichteilgewebe an der Klavikula gelegt, wodurch sie besseren Halt haben und ein Abrutschen nach lateral und damit der Verlust der Fixation verhindert wird.

Nun wird das laterale Klavikulaende für den Transfer des korakoakromialen Bandes vorbereitet. Drei kleine Bohrlöcher werden durch die obere Kortikalis der lateralen Klavikula gebohrt, vorzugsweise mit einer 2-mm-Bohrspitze. Dabei ist auf gleichmäßige Ab-

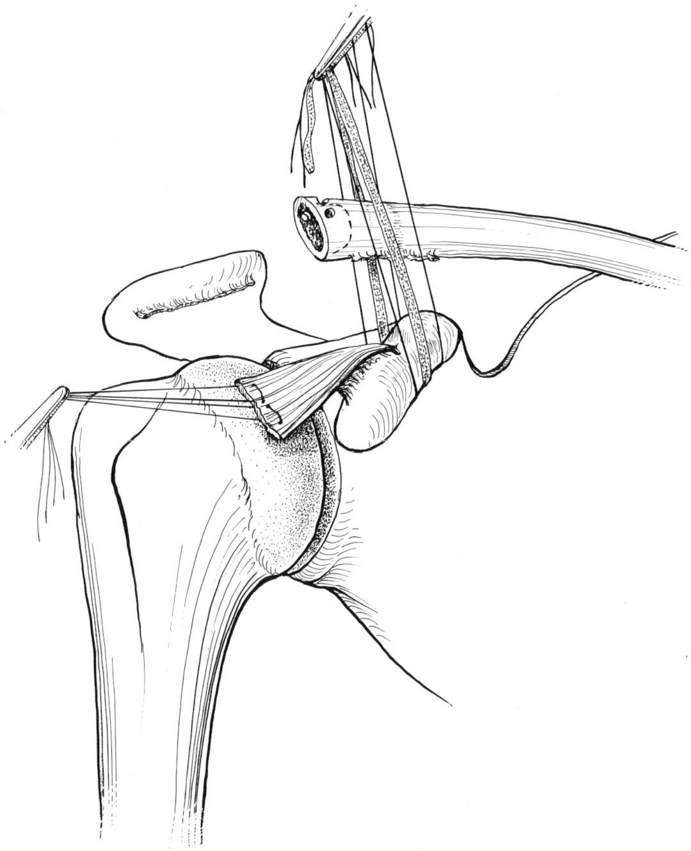

Abb. 6. In die obere Kortikalis der lateralen Klavikula werden drei kleine Löcher gebohrt und durch das korakoakromiale Band horizontale Matratzennähte gelegt

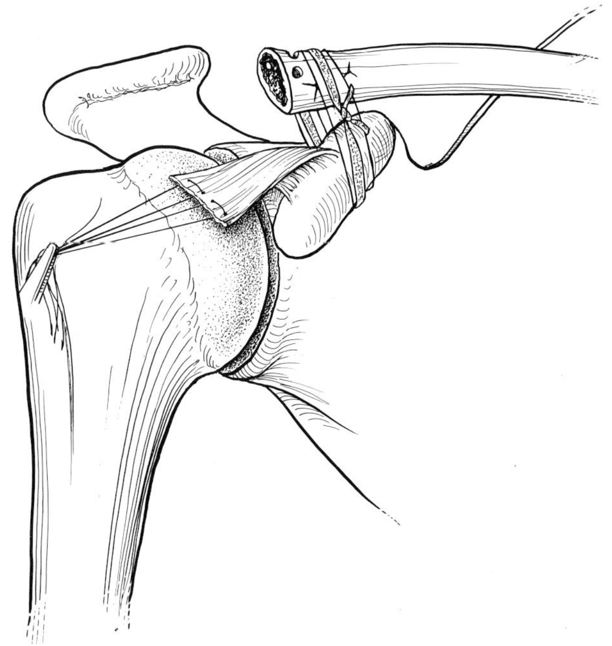

Abb. 7. Die Klavikula wird reponiert, Mersilene-Band und nichtresorbierbare Nähte Nr. 5 werden verknüpft

stände zwischen den Bohrlöchern zu achten, um ein Ausbrechen der Löcher und den damit einhergehenden Stabilitätsverlust zu vermeiden. In die Spongiosa der lateralen Klavikula wird nun mit einer Knochenzange eine flache Rinne präpariert, die als Ansatz für das verpflanzte korakoakromiale Band dient. Mit zwei Mersilene-Nähten Nr. 2 wird nun durch den proximalen Anteil dieses Bandes eine horizontale Matratzennaht gelegt (Abb. 6).

An diesem Punkt der Operation ist das korakoakromiale Band für den Transfer präpariert und chirurgisches Band sowie nichtresorbierbare Nähte sind vorgelegt und für die korakoklavikuläre Fixation bereit. Die Klavikula wird nun reponiert und das Mersilene-Band verknüpft. Wichtig ist, dass die Klavikula bei der Verknüpfung in einer etwas überkorrigierend reponierten Position gehalten wird. Anschließend wird die korrekte Lage der reponierten Klavikula überprüft und bei eventuellen Zweifeln das Mersilene-Band entfernt und durch ein neues ersetzt. Im Anschluss daran werden die Ethibond-Nähte Nr. 5 in gleicher Weise verknüpft, wobei eine Naht medial, die andere lateral des Mersilene-Bandes plaziert wird, um das Risiko einer Nahtwanderung nach lateral und des damit einhergehenden Verlustes der Fixation zu reduzieren (Abb. 7). Beachtenswert ist, dass die laterale Klavikula danach aufgrund der Zugrichtung der Nähte nach anterior disloziert ist. Diese Situation stellt jedoch kein signifikantes Problem dar, da die Kongruenz des Akromioklavikulargelenks nach Resektion der lateralen Klavikula unerheblich ist.

Die durch das korakoakromiale Band gelegten Nähte werden nun so durch die Bohrlöcher in der lateralen Klavikula geführt, dass zwei horizontale Matratzennähte entstehen (Abb. 8). In der Regel ist das korakoakromiale Band lang genug, um direkten Kontakt mit der Spongiosa der lateralen Klavikula zu erhalten. Falls das Band zu kurz sein sollte, kann durch seine sparsame Ablösung vom Korakoid zusätzliche Länge gewonnen werden. Sehr viel häufiger ist das Band jedoch zu lang. In diesem Fall werden die horizontalen Matratzennähte weiter nach medial gelegt, die Teilre-

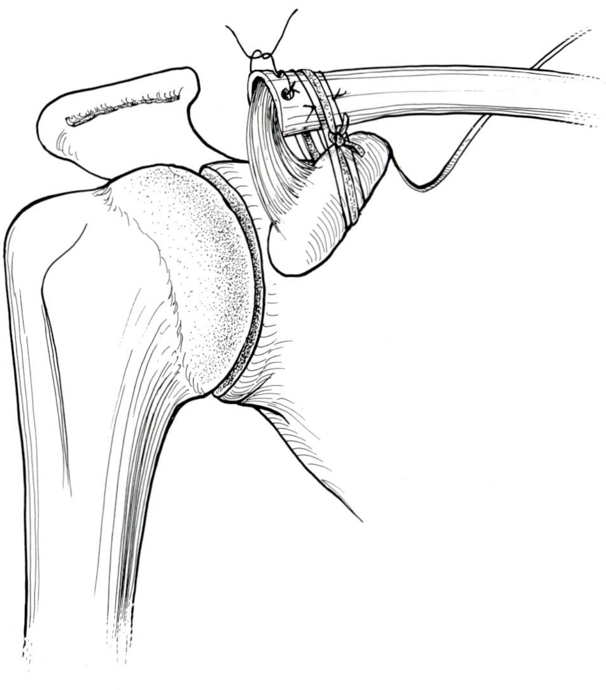

Abb. 8. Das korakoakromiale Band wird in die Markhöhle der Klavikula, die Nähte durch Bohrlöcher in der oberen Fläche der Klavikula gezogen

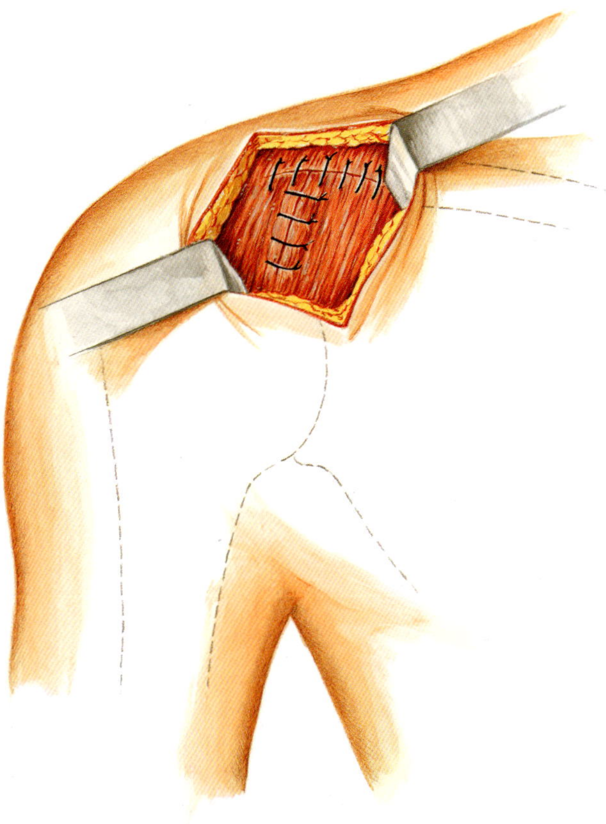

Abb. 9. Sicherer Nahtverschluss des anterioren Muskellappens des M. deltoideus- und posterioren Lappens des M. trapezius sowie des vorderen Spaltes im M. deltoideus

sektion eines Bandabschnitts ist jedoch nicht indiziert. Nach dem Transfer des korakoakromialen Bandes wird dessen Spannung geprüft. Das Band sollte gut in der lateralen Klavikula plaziert sein, um das Einheilen in die Spongiosa zu erleichtern.

Die Beweglichkeit des Schultergelenks wird nun durch vollständiges Durchbewegen in allen Ebenen geprüft und die Stabilität der Rekonstruktion genau beurteilt. Falls Zweifel bestehen, empfiehlt sich eine Refixation, die eine höhere Sicherheit bietet. Der Nahtverschluss sollte mit größter Sorgfalt erfolgen und im Einzelfall kann bei starker intraoperativer Blutung das Einlegen einer Drainage erwogen werden. Der vordere Muskellappen des M. deltoideus- und hintere Lappen des M. trapezius werden über der Oberkante der lateralen Klavikula adaptiert, wobei auf vollständige Deckung der darunterliegenden Nähte zu achten ist. Ein sicherer Nahtverschluss ist hier für den Erhalt der Muskelfunktion unerlässlich. Als Nahtmaterial bevorzugen wir nichtresorbierbare Nähte Nr. 2. Der Spalt im vorderen M. deltoideus wird mit resorbierbaren Nähten Nr. 0 (Abb. 9), das Subkutangewebe mit resorbierbarem Nahtmaterial Nr. 2-0 und Einzelknopfnähten geschlossen. Die Hautränder werden mittels fortlaufender Subkutannaht mit Prolene™ Nr. 3-0 (Ethicon Inc., Somerville, New Jersey, USA) adaptiert. Der Arm wird in eine Schlinge gelegt und mit zwei 15 cm breiten, überkreuz gewickelten elastischen Binden – eine um Oberarm und Brust, die andere um Ellbogen und gegenüberliegende Schulter – an der Brustwand fixiert.

Nachbehandlung

Elastische Binden und eventuell vorhandene Saugdrainage werden am Morgen nach der Operation entfernt. Bereits am ersten postoperativen Tag beginnt der Patient mit dem Rehabilitationsprogramm. Dies besteht in aktiven Bewegungsübungen zur Mobilisation von Ellbogen-, Handgelenk und Hand. Greifübungen mit einem Gummiball oder mit Knetmaterial sind ebenfalls sinnvoll. Die Entlassung erfolgt in der Regel am Tag nach der Operation.

Bewegungsübungen zur Mobilisation der Schulter empfehlen wir frühestens zwei Wochen nach der Operation, wenn der Patient zur Kontrolle und Nahtentfernung einbestellt wird. Das nun beginnende Übungsprogramm umfasst assistierte Bewegungsübungen mit Elevation nach vorne bis maximal 90 Grad (um eine den Operationserfolg gefährdende Klavikularotation minimal zu halten) und Außenrotation bis maximal 30 Grad. Innenrotation darf nur bis zur Brustwand erfolgen.

Nach vier Wochen ist assistierte Elevation nach vorne über 90 Grad und Außenrotation über 30 Grad hinaus erlaubt. Der Arm wird 6 Wochen in einer Schlinge getragen. Nach Ablegen der Armschlinge kann mit aktiven Bewegungsübungen für die Schulter begonnen werden, zunächst in Rückenlage, später im Sitzen. Der Patient darf nicht mehr als 0,5 bis 1,0 kg heben, was auch für die täglichen Verrichtungen gilt. Wenn der aktive Bewegungsspielraum wieder vollständig hergestellt ist, wird mit Muskeltraining begonnen, zunächst mit isometrischen Übungen, später auch zunehmend mit Kraftübungen gegen Widerstand. Der Patient wird angewiesen, die ersten vier Monate nach der Operation schweres Heben oder starken Zug nach unten am betroffenen Arm zu vermeiden. Danach können die Aktivitäten allmählich gesteigert werden. Starke Belastung des Arms, z.B. beim Sport, sind nach sechs Monaten, Kontaktsport in der Regel erst nach neun Monaten erlaubt.

Literatur

Bailey RW (1965) A dynamic repair for complete acromioclavicular joint dislocation (proceedings). J Bone Joint Surg [Am] 47:858

Bannister GC, Wallace WA, Stableforth PG et al. (1989) The management of acute acromioclavicular dislocation. J Bone Joint Surg [Br] 71:848–850

Bearden JM, Hughston JC, Whatley GS (1973) Acromioclavicular dislocation: method of treatment. J Sports Med 1:5–17

Bjerneld H, Hovelius L, Thorling J (1983) Acromioclavicular separations treated conservatively. Acta Orthop Scand 54: 743–745

Bosworth BM (1941) Acromioclavicular separation: new method of repair. Surg Gynecol Obstet 73:866–871

Brunelli G, Brunelli F (1988) The treatment of acromioclavicular dislocation by transfer of the short head of biceps. Int Orthop 12:105–108

Bunnell S (1928) Fascial graft for dislocation of the acromioclavicular joint. Surg Gynecol Obstet 46:563–564

Dewar FP, Barrington TW (1965) The treatment of chronic acromioclavicular dislocation. J Bone Joint Surg [Br] 47:32–35

Fleming REJ, Tornberg DN, Kiernan HA (1978) An operative repair of acromioclavicular separation. J Trauma 18:709–712

Galpin RD, Hawkins RJ, Grainger RW (1985) A comparative analysis of operative versus nonoperative treatment of grade III acromioclavicular separations. Clin Orthop 193:150–155

Glick JM, Milbum LJ, Haggerty JF et al. (1977) Dislocated acromioclavicular joint: follow-up study of 35 unreduced acromioclavicular dislocations. Am J Sports Med 5:264–270

Goldberg JA, Viglione W, Cumming WJ et al. (1987) Review of coracoclavicular ligament reconstruction using. Dacron graft material. Aust NZ J Surg 57:441–445

Jobe FW, Bradley JP (1989) The diagnosis and nonoperative treatment of shoulder injuries in athletes. Clin Sports Med 8:419–438

Kappakas GS, McMaster JH (1978) Repair of acromioclavicular separation using a Dacron prosthesis graft. Clin Orthop 131:247–251

Mumford EB (1941) Acromioclavicular dislocation. J Bone Joint Surg 23:799–802

Nelson CL (1979) Repair of acromioclavicular separations with knitted Dacron graft. Clin Orthop 143:289

Park JP, Arnold JA, Coker TP et al. (1980) Treatment of acromioclavicular separations: a retrospective study. Am J Sports Med 8:251–256

Rockwood CA Jr (1978) Fractures and dislocations of the shoulder. In: Rockwood CA Jr, Green DP (eds) Fractures in Adults, 2nd edn. JP Lippincott, Philadelphia, pp 860–910

Rowe CR (1988) Acromioclavicular and sternoclavicular joints. In: Rowe CR (ed) The Shoulder. Churchill, Livingstone, New York, pp 293–327

Skjeldal S, Lunblad R, Dullerud R (1988) Coracoid process transfer for acromioclavicular dislocation. Acta Orthop Scand 59:180–182

Taft TN, Wilson FC, Oglesby JW (1987) Dislocation of the acromioclavicular joint: an end-result study. J Bone Joint Surg [Am] 69:1045–1051

Weaver JK, Dunn HK (1972) Treatment of acromioclavicular injuries, especially complete acromioclavicular separation. J Bone Joint Surg [Am] 54:1187–1194

32

Kirk L. Jensen, Michael A. Wirth, Charles A. Rockwood, Jr.

Sternoklavikulargelenk-Resektion und Stabilisierung

Sternoklavikulargelenk-Resektion

In der Literatur ist die Resektion der medialen Klavikula bei einem nach posterior luxierten Sternoklavikulargelenk erstmals 1832 durch Sir Astley Cooper dokumentiert. Seither wurden zahlreiche Beschreibungen verschiedener Operationsverfahren zur Behandlung des instabilen oder degenerierten Sternoklavikulargelenks veröffentlicht (Lowman 1928, Bankart 1938, Burrows 1951, Brown 1961, Omer 1967, Booth und Roper 1979, Grassi et al. 1993). Am häufigsten treten symptomatische Veränderungen des Sternoklavikulargelenks im Rahmen von Erkrankungen wie posttraumatische Arthrose, postmenopausale Arthrose, rheumatoide Arthritis, rheumatoide Spondylitis, Sklerodermie, Morbus Reiter, Psoriasis, Polymyalgia rheumatica, Gicht, metastasierendes Karzinom, sklerosierende Osteomyelitis und sternoklavikuläre Hyperostose (Rockwood 1990, Wirth und Rockwood 1992) auf.

In der Regel können die Symptome erfolgreich mit konservativen Maßnahmen wie feuchte Wärme, Umstellung der Aktivitäten und entzündungshemmende Medikamente behandelt werden (Rockwood 1990). Gelegentlich persistieren die Symptome jedoch trotz 8–12-monatiger konservativer Therapie. Liegen in diesem Fall starke Schmerzen oder Funktionseinschränkung vor, empfehlen wir eine Resektion mit Arthroplastik, wenn folgende drei Kriterien erfüllt sind: (1) bei der körperlichen Untersuchung lassen sich spezifische Schmerzen im Sternoklavikulargelenk lokalisieren, (2) bildgebende Verfahren (CT oder Knochenszintigraphie) zeigen einen pathologischen Befund im Sternoklavikulargelenk (Baker et al. 1985) und (3) die Injektion eines Lokalanästhetikums in das Sternoklavikulargelenk führt zum vollständigen Verschwinden der Symptome.

Bei einer scheinbar harmlosen Überdehnung des Sternoklavikulargelenks kann es nach konservativer Behandlung in seltenen Fällen ebenfalls zu einem Persistieren der Symptome kommen. Typischerweise bestehen die Schmerzen auch noch fort, wenn bei Überdehnung eigentlich bereits ein Abklingen der Symptome zu erwarten gewesen wäre, und der Patient gibt außerdem ein schmerzhaftes Schnapp-Phänomen und Knarren im Sternoklavikulargelenk an. Falls die Diagnostik keinen signifikanten pathologischen Prozess ergibt, ist in dieser Situation ein explorativer Eingriff am Gelenk vertretbar, da in der Literatur die Möglichkeit einer Rissbildung im Discus articularis beschrieben ist und ein Gelenkdebridement mit anschließender Kapselrekonstruktion zur Besserung der Symptome führt (Duggan 1931).

Wenn die Entscheidung zur Operation anhand obiger Kriterien getroffen wurde, führt die Resektion der medialen Klavikula in der Mehrzahl der Fälle zu guten bis exzellenten Ergebnissen. Bei der Resektion mit anschließender Arthroplastik muss sorgfältig auf Schonung des Lig. costoclaviculare geachtet und die Stabilität des verbleibenden Klavikulaanteils genau beurteilt werden. Liegt aufgrund einer Schädigung eine funktionelle Bandinsuffizienz und Instabilität der medialen Klavikula vor, wird die Klavikula durch Bandrekonstruktion an der ersten Rippe fixiert. Eine analoge Situation besteht am distalen Klavikulaende, wenn aufgrund chronischer pathologischer Veränderungen des Akromioklavikulargelenks eine distale Klavikularesektion durchgeführt wurde. Sind die korakoklavikulären Bänder intakt, ist die Resektion eines entsprechenden distalen Klavikulaanteils indiziert und in der Regel auch erfolgreich. Sind sie jedoch

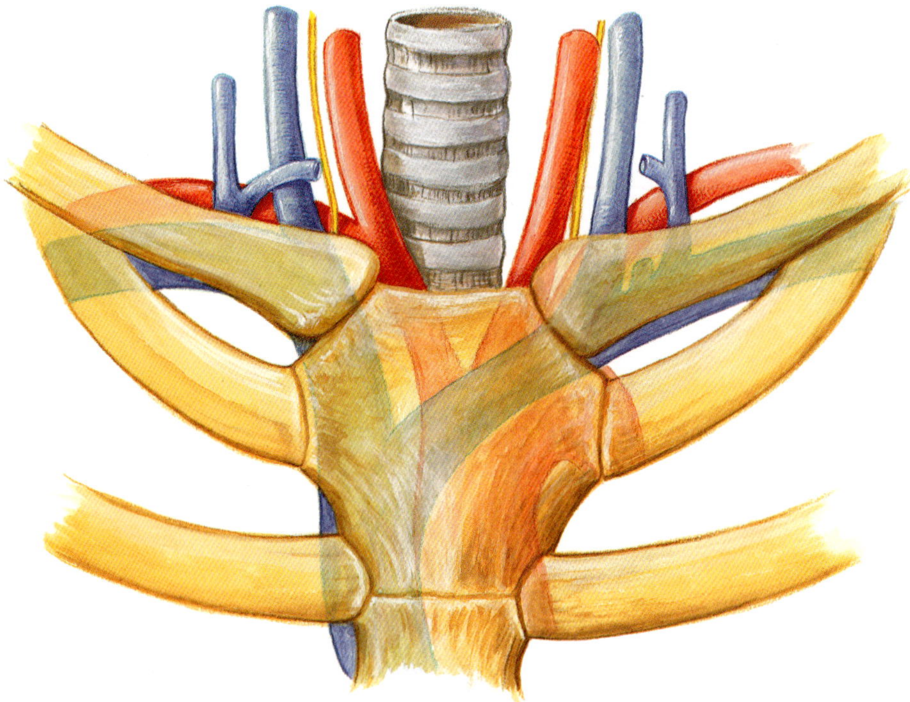

Abb. 1. Normale Anatomie des Sternoklavikulargelenks und der dahinterliegenden Gefäßstrukturen

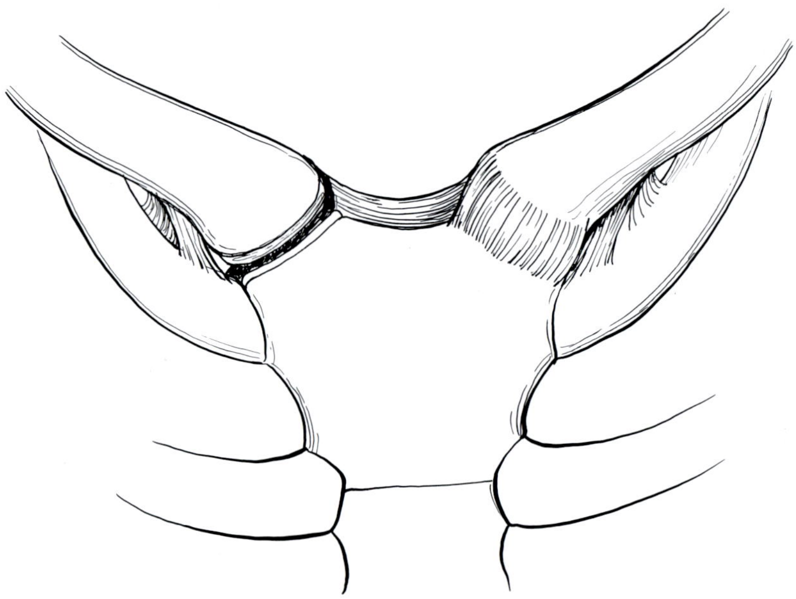

Abb. 2. Normale Anatomie des Sternoklavikulargelenks mit erkennbarer Lage der Ligg. costoclavicularia und Schrägstellung des Gelenks

nicht mehr vorhanden, muss zusätzlich eine Rekonstruktion dieser Bänder erfolgen.

Der Operateur, der einen chirurgischen Eingriff im Bereich des Sternoklavikulargelenks plant, muss mit den hinter dem Gelenk liegenden anatomischen Strukturen vollständig vertraut sein. Hinter dem Sternoklavikulargelenk und dem medialen Klavikuladrittel liegt eine aus den M. sternohyoideus und sternothyroideus sowie den Mm. scaleni gebildete Muskelplatte, die die Sicht auf dahinterliegende vitale Strukturen versperrt. Dazu gehören unter anderem Truncus brachiocephalicus, Vena brachiocephalica, Nervus vagus, Nervus phrenicus, Vena jugularis interna, Trachea und Ösophagus (Abb. 1). Wenn die Stabilisierung des Sternoklavikulargelenks mittels eines von der Klavikula in das Sternum getriebenen Stifts erwogen wird, muss unbedingt daran gedacht werden, dass Aortenbogen, Vena cava superior und rechte Lungenarterie in unmittelbarer Nähe verlaufen (Lyons und Rockwood 1990). Es empfiehlt sich, bei jedem arthroplastischen Eingriff am Sternoklavikulargelenk einen Herz-Lungen-Chirurgen hinzuziehen, um die sofortige Behandlung einer eventuellen Gefäßkomplikation sicherzustellen. Ohne diese Vorkehrungen kann eine Gefäßverletzung in dieser vitalen Region rasch tödlich verlaufen (Wirth und Rockwood, 1993).

Operative Grundlagen

Sorgfältige Operationsplanung, chirurgische Detailgenauigkeit und geeignete Vorsichtsmaßnahmen sind für den Erfolg des Eingriffs ausschlaggebend. Die exakte Beurteilung der Gelenkstabilität nach einer Resektion mit anschließender Arthroplastik ist entscheidend, um eine postoperative Instabilität zu vermeiden. Eine zu ausgedehnte Knochenentfernung im Bereich der medialen Klavikula gefährdet die strukturelle Unversehrtheit der kostoklavikulären Bänder (Abb. 2). Fehlschläge können jedoch auch durch eine zu geringe Knochenentfernung verursacht werden, bei der ein Teil der hinteren Kortikalis der medialen Klavikula belassen wird und später zu Beschwerden führt. Dies lässt sich vermeiden, wenn der klavikuläre Kopf des M. sternocleidomastoideus zur ausreichenden Darstellung des Operationsgebiets abgeklappt, genügend Knochen reseziert, an der Osteotomiestelle Knochenwachs verwendet und das proximale Periost entfernt wird. Eine potentielle Komplikation der einfachen Diskusresektion ist schließlich, dass degenerative Veränderungen am unteren Pol der medialen Klavikula nicht erkannt werden, dort, wo die eigentliche Gelenkfläche mit dem oberen Sternumwinkel gebildet wird. Die einfache Entfernung des Diskus führt in dieser Situation zu persistierenden Symptomen.

Operationstechnik

Der Patient wird in Rückenlagerung auf dem Operationstisch positioniert, zwischen den Schulterblättern wird mit drei oder vier Tüchern oder einem Sandsack unterlegt. Der Eingriff erfolgt vorzugsweise unter Intubationsnarkose. Die Haut wird parallel zum oberen Rand eines 7–8 cm umfassenden medialen Klavikulaanteils und dann über dem Sternum genau medial des betroffenen Sternoklavikulargelenks nach unten verlaufend inzidiert (Abb. 3). Faszie und Periost der medialen Klavikula werden in Richtung des Hautschnitts eröffnet. Der Kopf des M. sternocleidomastoideus sowie der Ursprung des M. pectoralis major an der medialen Klavikula werden subperiostal nach hinten abgeklappt und das Sternoklavikulargelenk damit freigelegt.

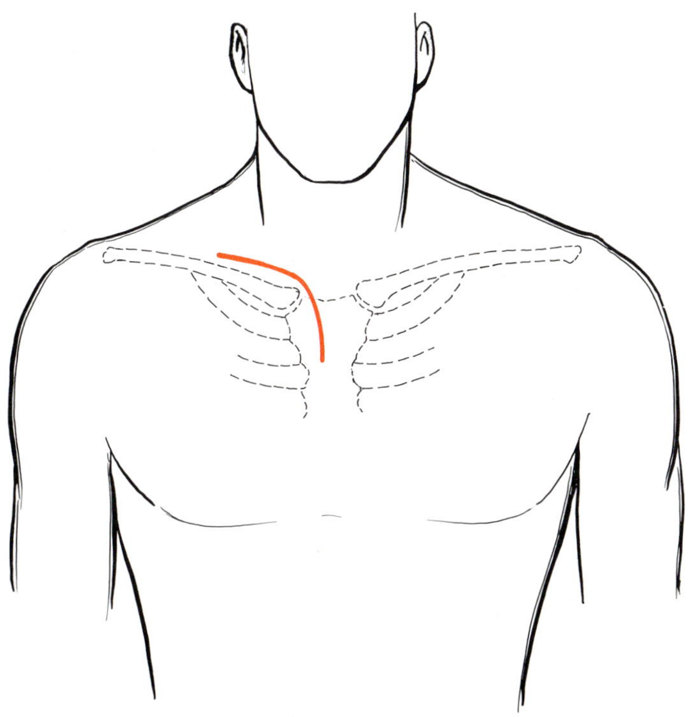

Abb. 3. Parallel zum oberen Klavikularand verlaufender und sich dann nach unten erstreckender Hautschnitt

Nun wird die anteriore Kapsel eröffnet und das Gelenk inspiziert (Abb. 4 und 5), ein Debridement des Diskus sorgt für bessere Übersicht. In der Regel ist dieses Band eine sehr dichte, fibröse Struktur, die sich von der Knorpel-Knochen-Grenze der ersten Rippe zum Sternum erstreckt und das Gelenk in zwei Räume unterteilt (siehe Abb. 2). Ist das Lig. costoclaviculare intakt und noch mit der ersten Rippe verbunden, wird es belassen und kann später zur Stabilisierung des Sternoklavikulargelenks genutzt werden (siehe Abb. 9 und 10). Ergibt die Inspektion des Gelenks degenerative Veränderungen an den Gelenkflächen, werden 1,5–2,0 cm des medialen Klavikulaendes reseziert. Dabei ist sorgfältig auf Schonung des unterhalb liegenden Lig. costoclaviculare oder der unmittelbar hinter medialer Klavikula und Sternoklavikulargelenk gelegenen Gefäßstrukturen zu achten. Zum Schutz dieser Strukturen wird ein gebogener Haken um die Hinterfläche der medialen Klavikula gelegt.

Zur Vorbereitung der nun folgenden Resektion können an der geplanten Osteotomiestelle beidseitig der Klavikula Bohrlöcher in die Kortikalis gesetzt werden (Abb. 6). Die Osteotomie wird mittels einer Fräse oder Osteotom ausgestatteten luftbetriebenen Bohrer zu Ende geführt. Aus kosmetischen Gründen werden die vorderen und oberen Klavikulakanten mit einer luftbetriebenen Fräse oder Raspel abgeschrägt. Anschließend wird die Stabilität des Klavikulastumpfes beurteilt. Wenn die Ligg. costoclavicularia intakt und stabil sind, werden Periostschlauch der Klavikula und vorderer Kapselanteil des Sternoklavikulargelenks mit nichtresorbierbarem baumwollhaltigem Dacron™ Nr. 1 (Deknatel, Fall River, Massachusetts, USA) geschlossen (Abb. 7). Zum Schluss wird eine Penrose-Drainage gelegt und die Hautränder mittels fortlaufender Subkutannaht mit Prolene™ 3-0 (Ethicon Inc., Somerville, New Jersey, USA) adaptiert. Bei mangelnder Stabilität des Klavikulastumpfes ist eine operative Stabilisierung (siehe unten) zur Rekonstruktion einer Verbindung zwischen medialer Klavikula und erster Rippe erforderlich.

Nachbehandlung

Dem Patient wird noch im OP-Saal ein Rucksackverband angelegt. Am ersten postoperativen Tag beginnt er unter Anleitung mit vorsichtigen Pendelübungen, die mehrmals am Tag zusammen mit Bewegungsübungen zur Mobilisation von Ellbogen-, Handgelenk und Hand ausgeführt werden. Der Arm wird über sechs bis acht Wochen bei Aktivitäten außer Haus in einer Schlinge getragen. Zu Hause sollte der Patient jedoch die Armschlinge ablegen und einfache Tätigkeiten selbst verrichten. Danach wird die Armschlinge ganz weggelassen und unter ärztlicher Anleitung ein Rehabilitationsprogramm begonnen, um durch passive und aktive assistierte Dehnungsübungen die volle Beweglichkeit zurückzuerlangen. Ist dies erreicht, folgen Übungen zur Kräftigung der Schulterblattmuskulatur und Rotatorenmanschette. Nach drei bis vier Monaten kann der Patient seine gewohnten Tätigkeiten einschließlich beruflicher und sportlicher Aktivitäten wiederaufnehmen.

Stabilisierungsverfahren

Zur Instabilität des Sternoklavikulargelenks kommt es in der Regel nur durch direkte oder indirekte Gewalteinwirkung auf die Schulter. Am häufigsten treten Sternoklavikularluxationen bei Verkehrsunfällen auf, am zweithäufigsten beim Sport. Bei der kompletten Luxation sind Kapsel- und Diskusbänder vollständig zerrissen, das kostoklavikuläre Band kann jedoch intakt und lediglich stark überdehnt sein. Luxationen nach anterior sind am häufigsten und werden in der Mehrzahl der Fälle mit geschlossener Reposition, Stützverband und anschließender Rehabilitation therapiert oder bleiben der Selbstheilung überlassen. Selbst bei fehlender Reposition sind diese Luxationen nur selten symptomatisch oder erfordern einen operativen Eingriff.

Akute Sternoklavikularluxationen nach posterior erfordern zum Ausschluss einer Lungen- oder Gefäßverletzung eine sorgfältige Abklärung mit gründlicher Anamnese und körperlicher Untersuchung. Das Sternoklavikulargelenk muss unter Einsatz aller zur Verfügung stehenden technischen Möglichkeiten radiologisch untersucht werden, einschließlich, bei entsprechender Indikation, eines kombinierten Aortogramm-CT, um potentielle Gefäßverletzungen auszuschließen (Rockwood 1990). Die geschlossene Reposition erfolgt unter Intubationsnarkose, da der Patient in der Regel unter heftigen Schmerzen und Verkrampfung der Muskulatur leidet.

Die offene Reposition und Stabilisierung eines nach hinten luxierten Sternoklavikulargelenks ist bei erwachsenen Patienten indiziert, wenn die geschlossene Reposition keinen Erfolg brachte. Dies empfiehlt sich vor allem zur Vermeidung von Spätkomplikationen, die sich durch Druck auf das Mediastinum ergeben könnten. Außerdem erleben die meisten Patienten eine akut ins Mediastinum dislozierte Klavikula als

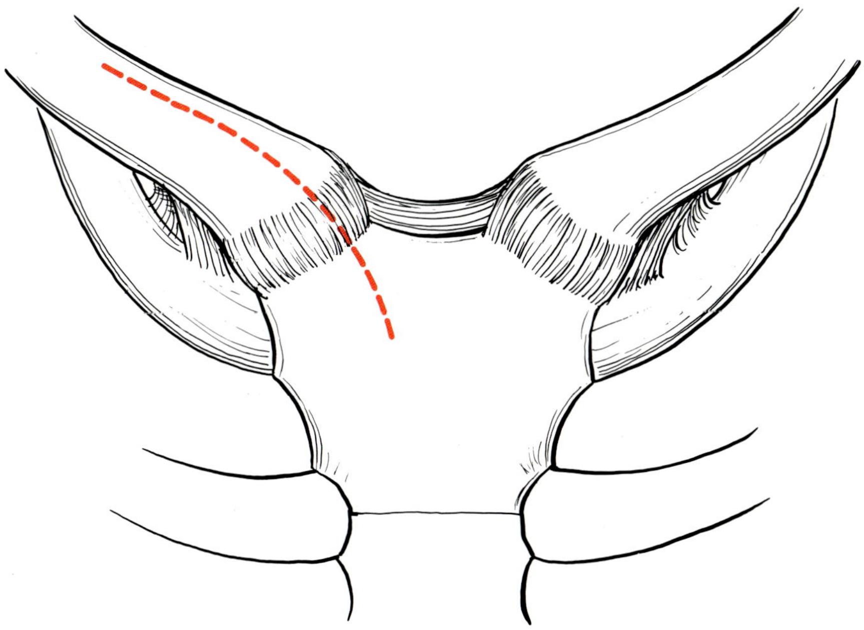

Abb. 4. Parallel zur Längsachse der medialen Klavikula verlaufende und zur Gelenkinzision nach medial weitergeführte anteriore Inzision

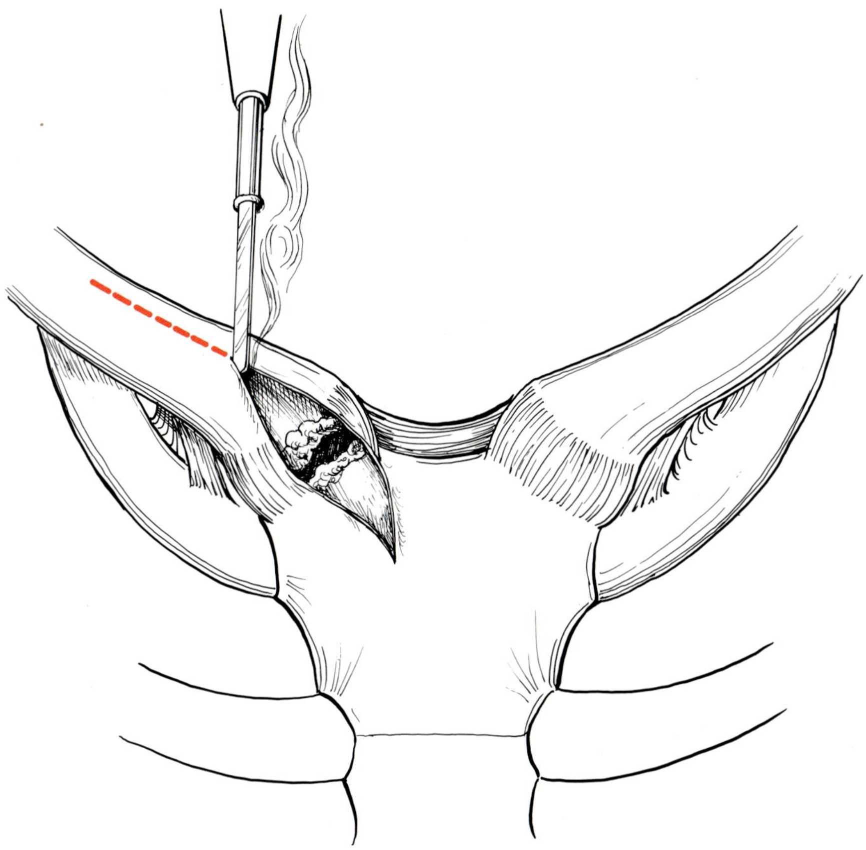

Abb. 5. Zur Freilegung des Sternoklavikulargelenks werden superior und inferior Periostlappen gebildet

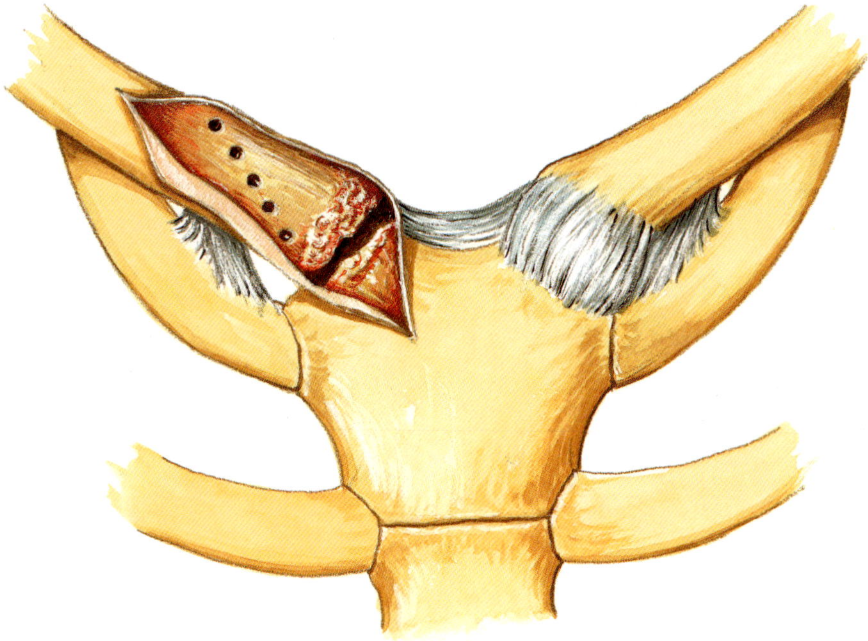

Abb. 6. Bohrlöcher entlang der geplanten Resektionslinie erleichtern die folgende Osteotomie

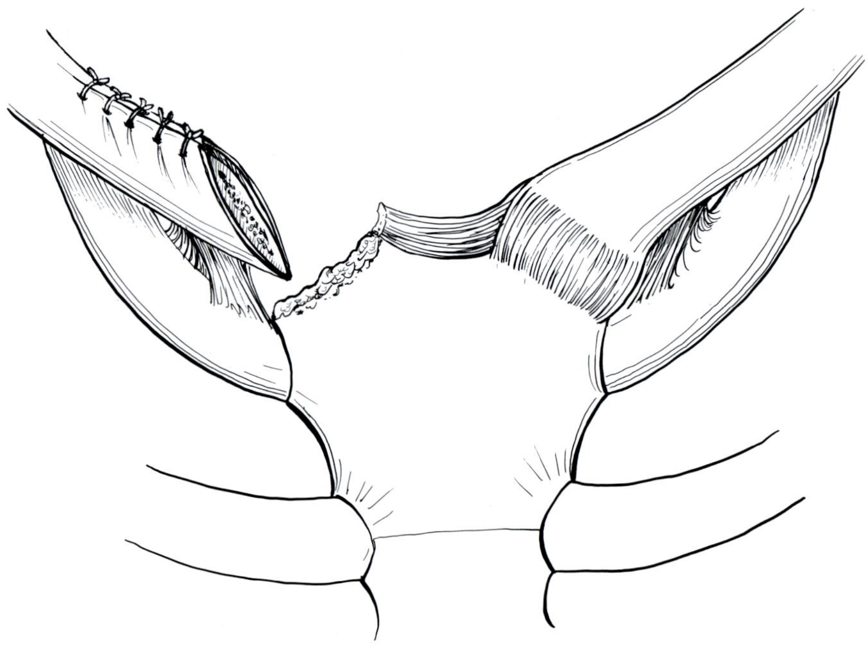

Abb. 7. Zustand nach medialer Klavikularesektion bei intakten kostoklavikulären Bändern

unerträglich schmerzhaft. Das chronisch nach hinten luxierte, nicht reponierte Sternoklavikulargelenk ist ein komplizierter Fall und erfordert im allgemeinen eine Resektion der medialen Klavikula und anschließende Stabilisierungsmaßnahmen, zum einen zur Schmerzlinderung, zum anderen um eine Erosion in vitale mediastinale Strukturen zu vermeiden (Borrero 1987).

Die spontane Subluxation oder Dislokation im Sternoklavikulargelenk ist selbstlimitierend, der Versuch einer Stabilisierung wird daher nicht empfohlen, da eine unschöne Narbe, schmerzhafte Bewegungseinschränkung und rekurrierende Gelenkinstabilität zurückbleiben (Rockwood und Odor 1989).

Operative Grundlagen

Verschiedene Verfahren wurden beschrieben, um das mediale Klavikulaende in seiner normalen Artikulation mit dem Sternum stabil zu halten. Unabhängig vom gewählten Operationsverfahren ist auf maximale Schonung der anterior liegenden Bandstrukturen zu achten. Kann ein akut nach hinten luxiertes Gelenk unter Schonung der anterioren Bänder reponiert werden, so wird die Reposition möglicherweise bereits durch Anlegen eines Rucksackverbands stabil gehalten. Liegt eine komplette Ruptur aller Bänder vor, empfiehlt sich die Resektion des medialen Klavikulaendes und nachfolgende Fixierung des Klavikulastumpfes an der ersten Rippe. Dadurch ist sichergestellt, dass mediastinale Strukturen ausreichend von der nach hinten dislozierten Klavikula entlastet werden und kein Rezidiv auftritt. Der Versuch, das reponierte Sternoklavikulargelenk mit Stiften oder Nähten zu stabilisieren, ist aufgrund der schwerwiegenden Komplikationen und geringen Erfolgsrate nicht empfehlenswert (Lyons und Rockwood 1990, Wirth und Rockwood 1993). Um Gewalteinwirkung auf das Sternoklavikulargelenk zu vermeiden, wird in der Regel nach einer Gelenkrekonstruktion und -stabilisierung davon abgeraten, schwere körperliche Arbeit uneingeschränkt wieder aufzunehmen.

Operationstechnik

Lagerung, Schnittführung und Zugang sind gleich wie beim oben beschriebenen Resektion- und Arthroplastikverfahren beim stabilem, degenerativ veränderten Sternoklavikulargelenk. Die kostoklavikulären Bandreste an der ersten Rippe, die zur Verankerung des Klavikulastumpfes dienen sollen, werden belassen. Das gleiche gilt für alle identifizierbaren Kapsel- und Diskusreste, die ebenfalls für die Stabilisierung der medialen Klavikula herangezogen werden können. Das Kapselband imponiert als Verdickungen der Gelenkkapsel und bedeckt die antero-superioren und posterioren Gelenkflächen. Es setzt in erster Linie an der Epiphyse der medialen Klavikula an und ist bei einer hinteren Luxation in diesem Bereich meist abgerissen. Der Diskus ist in der Regel im Bereich seiner Ansatzstelle an der medialen Klavikula abgerissen, an seinem Ursprung an der Knochen-Knorpel-Grenze der ersten Rippe und des Sternum jedoch intakt.

Das mediale Klavikulaende wird wie oben beschrieben reseziert. Der Periostschlauch der medialen Klavikula wird mit einer baumwollhaltigen Dacronnaht Nr. 2 geschlossen. Mehrere baumwollhaltige Dacronnähte Nr. 1 werden nun durch die belassenen kostoklavikulären Bandreste im Bereich des Ursprungs dieses Bandes an der ersten Rippe gelegt. Da diese möglicherweise nicht ausreichen, sollte versucht werden, das Periost der ersten Rippe mit der Nadel mitzufassen. Die Nähte werden nun um den gesamten medialen Klavikulastumpf und Periostschlauch geführt und verknüpft. Somit ist eine sichere Fixierung der medialen Klavikula an der ersten Rippe erreicht (Abb. 8).

Bei ausreichender Festigkeit und Länge der sternalen Bandreste bietet sich auch ein anderes Stabilisationsverfahren an. Hierbei werden die sternalen Kapsel- und/oder Dikusreste mit einer nichtresorbierbaren baumwollhaltigen Dacronnaht Nr. 1 fortlaufend umstochen, sodass die Nahtenden am freien Ende des abgerissenen Gewebes austreten. Ist der Ansatz des Meniskusbandes an der ersten Rippe intakt geblieben, wird die Markhöhle ausgebohrt und kürettiert, um das transferierte Kapsel- und/oder Diskusband aufzunehmen.

Nun werden ungefähr 1 cm lateral der Resektionslinie zwei kleine Bohrlöcher (1 mm) in die obere Kortikalis der medialen Klavikula gesetzt. Diese Löcher sollten bis in die Markhöhle reichen. Die freien Enden der in die abgerissenen Bandreste gelegten Nähte werden in die Markhöhle der medialen Klavikula gezogen und durch die zwei kleinen Bohrlöcher in der oberen Kortikalis wieder herausgeführt. Während die Klavikula in reponierter Position in Bezug auf erste Rippe und Sternum gehalten wird, werden die Bandreste mit Hilfe der Nähte straff in die Markhöhle der Klavikula gezogen und die Nähte verknüpft. Das transferierte Band ist nun sicher in der Markhöhle der medialen Klavikula fixiert (Abb. 9). Zum Abschluss des Stabilisationsverfahrens werden einige

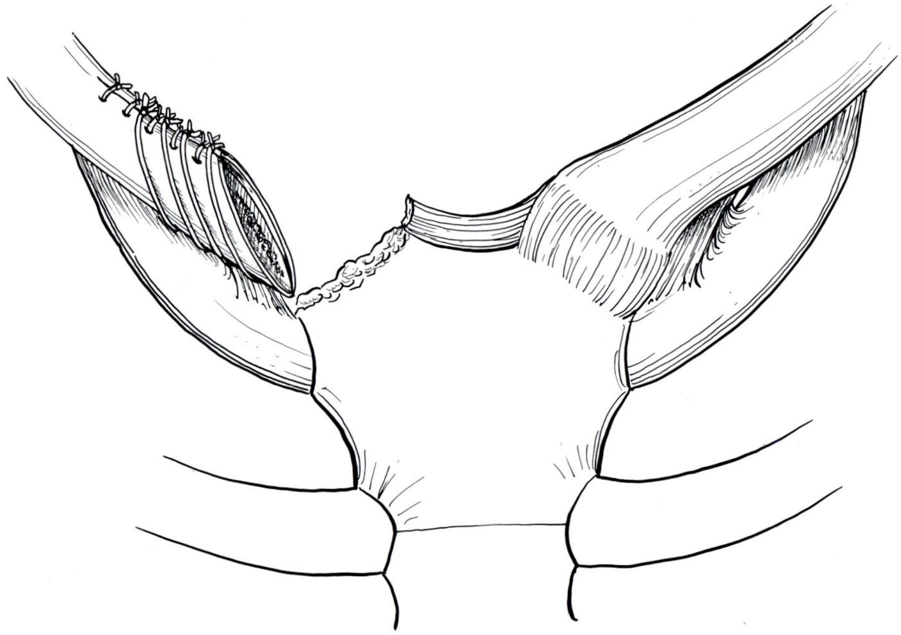

Abb. 8. Zustand nach medialer Klavikularesektion und durch die kostoklavikulären Bandreste gelegten Dacronnähten

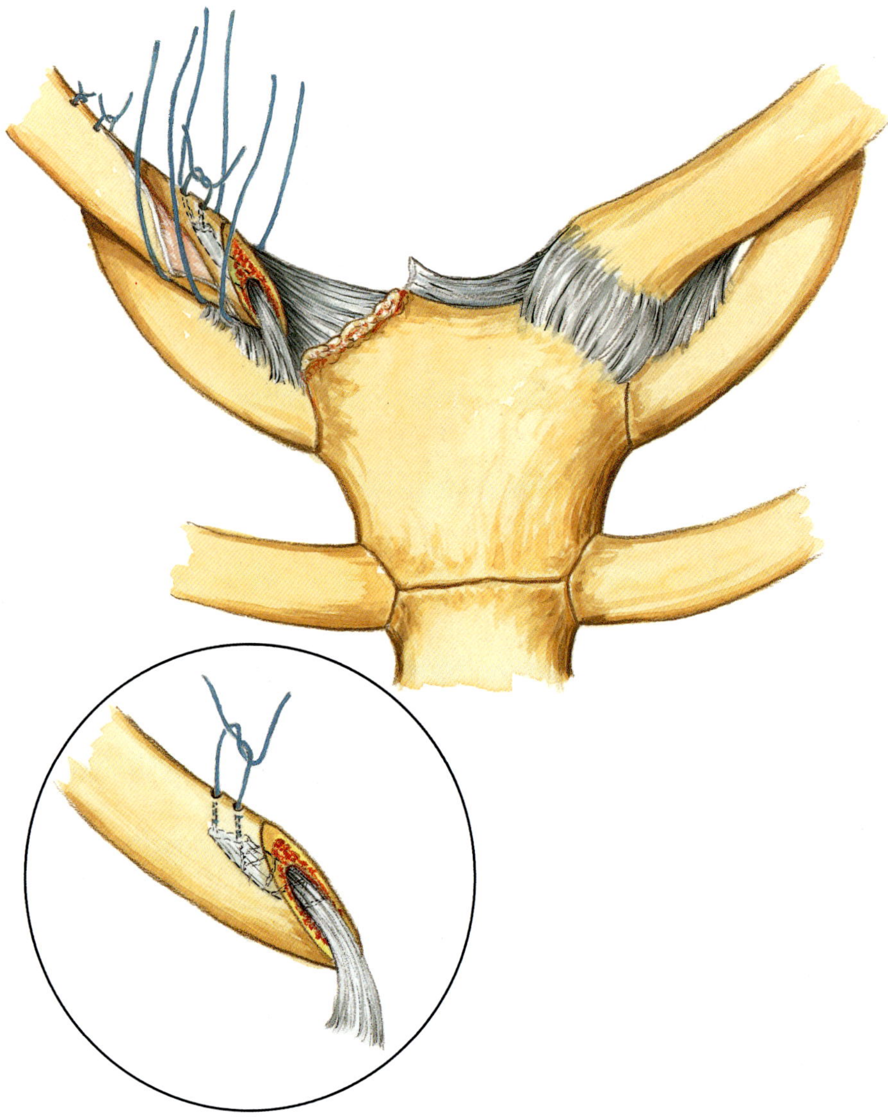

Abb. 9. Sternale Bandreste werden durch die Markhöhle gezogen, nichtresorbierbare Nähte bei reponierter Position der Klavikula verknüpft

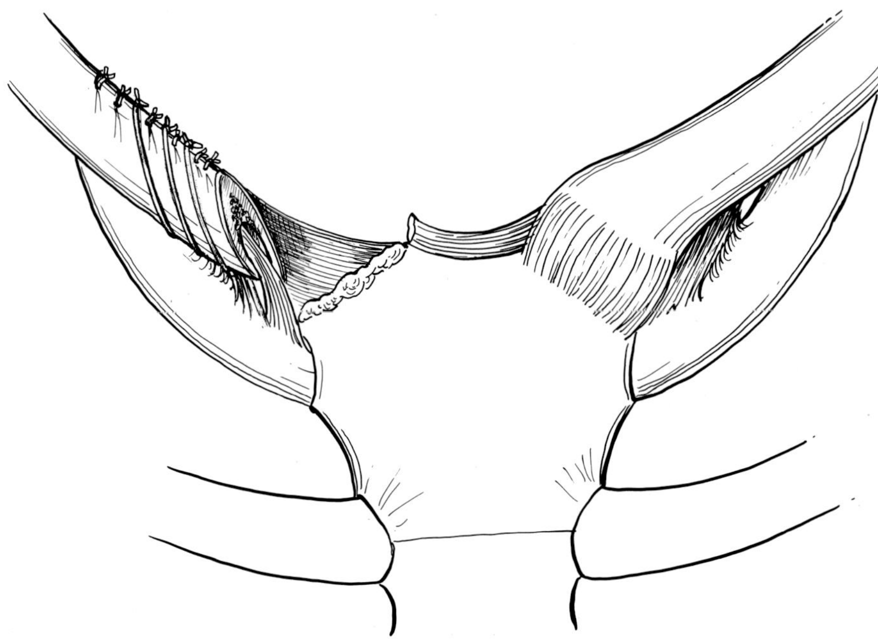

Abb. 10. Zustand nach Resektion der medialen Klavikula und Stabilisierung mit transferierten sternalen Bändern, verstärkt durch in die kostoklavikulären Bandreste gelegte Nähte

nichtresorbierbare baumwollhaltige Dacronnähte Nr. 1 durch die kostoklavikulären Bandreste an der ersten Rippe gelegt, um den medialen Klavikulastumpf geführt und dann zum Verschließen der Periosthülle im Bereich der am kostoklavikulären Band befestigten medialen Klavikula verwendet (Abb. 10). Schließlich erfolgt ein sorgfältiger Verschluss der vorderen Kapsel mit einer resorbierbaren Naht, die Hautränder werden mittels fortlaufender Subkutannaht mit Prolene 3-0 adaptiert. Für die ersten 24 Stunden nach der Operation wird eine kleine Penrose-Drainage eingesetzt.

Nachbehandlung

Der Patient trägt sechs bis acht Wochen einen Rucksackverband, um das Einheilen des rekonstruierten, transferierten Gewebes zu ermöglichen. Danach beginnt er unter Anleitung mit vorsichtigen Pendelübungen, aktive Flexion oder Abduktion der Schulter über 90 Grad sind jedoch untersagt. Kräftiges Schieben, Ziehen oder Heben ist in den ersten drei Monaten zu vermeiden. Jetzt wird unter ärztlicher Leitung eine systematische Rehabilitation mit Dehn- und Kraftübungen begonnen. Zur Kräftigung von M. deltoideus und Rotatorenmanschette werden Therabänder (The Hygenic Corporation, Akron, Ohio, USA) unterschiedlicher Stärke eingesetzt. Die Schulterblattmuskulatur wird durch Liegestützen, und Hochziehen der Schultern gegen Widerstand wieder aufgebaut. Nach diesem rekonstruktiven Eingriff sollte der Patient auf körperkontaktbetonten Sport und schwere körperliche Arbeit verzichten.

Literatur

Baker ME, Martinez S, Kier R et al (1985) Computed tomography of the cadaveric sternoclavicular joint: technique, findings, and significance in degenerative disease. Presented at the 33rd Annual Meeting of the AUR, Nashville, Tennessee

Bankart ASB (1938) An operation for recurrent dislocation (subluxation) of the sternoclavicular joint. Br J Surg 26:320–323

Booth CM, Roper BA (1979) Chronic dislocation of the sternoclavicular joint: an operative repair. Clin Orthop 140:17–20

Borrero E (1987) Traumatic posterior displacement of the left clavicular head causing chronic compression of the subclavian artery. Physician Sports Med 15:87–89

Brown JE (1961) Anterior sternoclavicular dislocation: a method of repair. Am J Orthop 31:184–189

Burrows HJ (1951) Tenodesis of subclavius in the treatment of recurrent dislocation of the sternoclavicular joint. J Bone Joint Surg [Br] 33:240–243

Duggan N (1931) Recurrent dislocation of sternoclavicular cartilage. J Bone Joint Surg 13:365

Grassi F, Groh GI, Chun JM et al (1993) Arthroplasty of the sternoclavicular joint. Presented at the Ninth Open Meeting of the American Shoulder and Elbow Surgeons, San Francisco

Lowman CL (1928) Operative correction of old sternoclavicular dislocation. J Bone Joint Surg 10:740–741

Lyons FA, Rockwood CA Jr (1990) Current concepts review: migration of pins used in operations on the shoulder. J Bone Joint Surg [Am] 72:1262–1267

Omer GE Jr (1967) Osteotomy of the clavicle in surgical reduction of anterior sternoclavicular dislocation. J Trauma 7:584–590

Rockwood CA Jr (1990) Disorders of the sternoclavicular joint. In: Rockwood CA Jr, Matsen FA III (eds) The Shoulder, 1st edn. WB Saunders, Philadelphia, pp 477–525

Rockwood CA Jr, Odor JM (1989) Spontaneous atraumatic anterior subluxations of the sternoclavicular joint. J Bone Joint Surg [Am] 71:1280–1288

Wirth MA, Rockwood CA Jr (1992) Chronic conditions of the acromioclavicular and sternoclavicular joints. In: Chapman MW (ed) Operative Orthopaedics, Part XI, 2nd edn. JP Lippincott, Philadelphia, pp 1683–1693

Wirth MA, Rockwood CA Jr (1993) Complications following repair of the sternoclavicular joint. In: Bigliani LU (ed) Complications of the Shoulder. Williams & Wilkins, Baltimore, pp 139–153

33

Gerald R. Williams Jr., Matthew L. Ramsey

Klavikulafrakturen und Pseudarthrosen

Klavikulafrakturen können nach ihrer Lokalisation in drei Gruppen unterteilt werden (Allman 1967). Frakturen im mittleren Klavikuladrittel gehören der Gruppe 1, Frakturen im distalen Drittel der Gruppe 2 und jene im proximalen Schaftdrittel der Gruppe 3 an. 80% aller Klavikulafrakturen und die überwiegende Mehrzahl klavikulärer Pseudarthrosen sind der Gruppe 1 zuzurechnen (Craig 1991). Im Folgenden werden die Indikationen für eine offene Reposition und Fixation bei Frakturen und Pseudarthrosen im mittleren Klavikuladrittel, die Operationstechnik sowie die postoperativen Rehabilitationsmaßnahmen besprochen.

Die geschlossene Reposition einer Klavikulafraktur im mittleren Schaftdrittel führt in der Mehrzahl der Fälle zur komplikationslosen Ausheilung (Neer 1960, Post 1989, Craig 1991) und die Schulterfunktion ist danach meist hervorragend, trotz einer häufig durch Verkürzung und Hervorstehen der Frakturstelle bedingten Fehlstellung. Es gibt daher nur wenige Indikationen für eine offene Reposition und Fixation (Craig 1991). Die einzige absolute Operationsindikation ist das Vorliegen einer vollständigen oder fortschreitenden neurovaskulären Beeinträchtigung. Relative Operationsindikationen sind offene Fraktur, erhebliches Hervorstehen der Klavikula mit drohender Durchspießung der Haut von innen, irreponible Dislokation, Polytraumatisierung mit gleichzeitig vorhandener Fraktur langer Röhrenknochen, die eine Mobilisierung des Patienten erforderlich machen, sowie ipsilaterale instabile Schulterblattfrakturen (floating shoulder).

Unter einer klavikulären Pseudarthrose versteht man das vier- bis sechsmonatige Ausbleiben einer klinisch oder röntgenologisch nachweisbaren knöchernen Heilung nach einer Klavikulafraktur (Craig 1991). Hochgradig prädisponierende Faktoren für die Entwicklung einer klavikulären Pseudarthrose sind erhebliche primäre Dislokation, ungenügende primäre offene Reposition und Fixation (Neer 1960, Jupiter und Eskola et al. 1986, Leffert 1987, Craig 1991). Für 10–15% der Patienten mit diagnostizierter klavikulärer Pseudarthrose ist die chirurgische Lösung nicht geeignet, weil internistische Erkrankungen vorliegen, die einen Eingriff verbieten, oder das Beschwerdebild einen Eingriff nicht rechtfertigt (Boehme et al. 1991). Indikationen für die chirurgische Therapie einer Pseudarthrose im mittleren Klavikuladrittel sind neurovaskuläre Kompression (d.h. Thoracic-outlet-Syndrom) durch hypertrophe Kallusbildung im Frakturbereich sowie Symptome, die sich auf den Verlust der Stützfunktionen der Klavikula zurückführen lassen, wie z.B. schnelle Ermüdbarkeit des M. trapezius, eingeschränkte Armextension durch Störungen im Bereich des Brachialplexus, Schmerzen und Muskelschwäche.

Die chirurgische Stabilisierung der Klavikula lässt sich durch externe, extramedulläre (d.h. durch Platten und Schrauben) und intramedulläre Fixation erreichen. Die externe Fixation ist nur in seltenen Fällen, vorwiegend zur Stabilisierung der Klavikula bei Komplexverletzungen, indiziert (Schuind et al. 1988). Die extramedulläre Fixation weist eine hohe Ausheilungsrate auf (Eskola et al. 1986, Jupiter und Leffert 1987, Manske und Szabo 1985, Mullaji und Jupiter 1994). Sie bietet eine starre Fixierung und Kontrolle der Rotation. Nachteile sind die Notwendigkeit einer ausgedehnten Weichgewebepräparation, deutlich sichtbares Metall und Abschirmung gegen Belastung („stress protection") und damit Gefahr einer Refraktur. Die intramedulläre Fixation weist ebenfalls eine hohe Ausheilungsrate auf (Neer 1960, Neviaser 1963, Neviaser et al. 1975, Boehme et al. 1991). Die Fixierung ist hier weniger starr als bei extramedullären Implantaten, insbesondere kann die Rotation nicht kontrolliert werden. Der Einsatz eines intramedullären Implantats erfordert außerdem nur eine kleine Inzision und weniger Weichgewebepräparation im Fraktur- oder Pseudarthrosebereich, lässt mehr Belastung zu und vermeidet Beschwerden aufgrund hervorstehenden Metalls. Wir bevorzugen bei akuten Frakturen und Pseudarthrosen im mittleren Klavikuladrittel die intramedulläre Fixation, außer in Fällen mit segmentalem Knochenverlust, bei dem wir eine Fixierung mittels Platte und Schrauben wählen.

Operative Grundlagen

Die wichtigen Operationsprinzipien der offenen Reposition und Fixation mit Knochentransplantation zur Versorgung von Frakturen und Pseudarthrosen im mittleren Klavikuladrittel fallen in drei große Kategorien: (1) Wahl der Fixationsmethode, (2) Wahl des Knochentransplantats und (3) technische Fallstricke.

Bei der Wahl des intramedullären Implantats ist auf die Möglichkeit der interfragmentären Kompression, Verfügbarkeit in unterschiedlichen Größen, geringe Wanderungstendenz und, bei Bedarf, leichte Entfernbarkeit zu achten. Glatte Steinmann-Nägel oder Kirschner-Drähte bieten keine Kompressionsmöglichkeit und neigen zur Implantatwanderung, die mit entsprechend schweren Nebenwirkungen assoziiert ist. Steinmann-Nägel mit durchgehendem Gewinde haben zwar eine geringere Wanderungstendenz, jedoch den potentiellen Nachteil der Frakturdistraktion, da das Gewinde auch den Frakturbereich überquert. Knowles-Nägel (Neviaser 1963, Neviaser et al. 1975), modifizierte Hagie-Nägel (Boehme et al. 1991) und kanülierte Schrauben wurden von verschiedenen Autoren beschrieben. Bis vor kurzem verwendeten wir routinemäßig modifizierte Hagie-Nägel. Der Durchmesser der im proximalen Fragment zu verankernden Nagelspitze ist jedoch erheblich größer als der Schaftdurchmesser. Dadurch kann hinter der vergrößerten Spitze Knochenwachstum erfolgen und die spätere Entfernung dieses Nagels erschweren. Falls der Klavikuladurchmesser groß genug ist, bevorzugen wir gegenwärtig kanülierte 6,5-mm-Schrauben. Sie sind in vielen Größen erhältlich und sind mit einem umgekehrt schneidenden Gewinde ausgestattet, das ihre spätere Entfernung erleichtert. Falls der Klavikuladurchmesser für diese Schrauben zu gering ist, verwenden wir Knowles-Nägel oder modifizierte Hagie-Nägel.

Extramedulläre Implantate sollten ein niedriges Profil haben, leicht an die Klavikulaoberfläche konturierbar und so starr sein, dass eine frühzeitige Mobilisierung möglich ist. Halbrohrplatten sind schwierig zu konturieren, bieten keine interfragmentäre Kompression und wurden mit einer hohen Rate des Implantatversagens assoziiert. DC-Platten (dynamic compression plates) ermöglichen interfragmentäre Kompression, sind jedoch schwierig zu konturieren und bei superiorer Lage häufig deutlich sichtbar (Eskola et al. 1986, Jupiter und Leffert 1987). Die 3,5-mm-Platte ist hier aufgrund der geringeren „stress protection“ und Refrakturrate der 4,5-mm-Platte vorzuziehen. Seit kurzem sind auch neuartige 3,5-mm-LC-DC-Platten (low-contact dynamic compression plates) erhältlich (Synthes USA, Paoli, PA), die eine gleichmäßige Konturierung an die Klavikula, interfragmentäre Kompression, potentiell weniger „stress protection“ und gute Widerstandsfestigkeit gegen Verdrehung (Mullaji und Jupiter 1994) bieten. Als Alternative steht die 3,5-mm-Beckenrekonstruktionsplatte zur Verfügung, die als Zuggurtung auf der superioren Klavikulafläche verwendet werden kann. Sowohl bei der 3,5-mm-LC-DC-Platte als auch bei der Beckenrekonstruktionsplatte sollte die Fraktur mit mindestens 3–4 Schrauben pro Frakturseite stabilisiert werden.

In der Literatur ist die Fixation klavikulärer Pseudarthrosen zwar auch ohne Knochentransplantation beschrieben, jedoch bestehen bei Fixation in Kombination mit Anlagerung eines Knochentransplantats die besten Aussichten, eine knöcherne Heilung zu erreichen. Bei hypertrophen Pseudarthrosen ist genügend lokaler Knochen vorhanden, sodass die Transplantatentnahme an weiter entfernt liegenden Körperstellen unnötig ist. Bei atrophischen Pseudarthrosen bevorzugen wir kortikospongiose Rippentransplantate aus dem ipsilateralen Thoraxbereich (Dineen und Gresham 1962). Die Transplantatentnahme ist hier weniger schmerzhaft als am Beckenkamm, da nur die äußere Kortikalis der Rippe entnommen wird. Mindestens zwei Rippen sind durch eine Inzision zu erreichen.

Genaue Kenntnis der regionalen Anatomie tragen dazu bei, einige der häufigeren technischen Fallstricke der offenen Reposition und Fixation der Klavikula zu vermeiden. Plexus brachialis sowie Vena und Arteria subclavia verlaufen in unmittelbarere Nähe zur Unterfläche der Klavikula (Abb. 1). Bei starker Dislokation oder hypertropher Kallusbildung sollte die Präparation in diesem Bereich streng subperiostal erfolgen, um eine Gefäßperforation oder Nervenverletzung zu vermeiden. Von oben betrachtet ist die Klavikula s-förmig. Im medialen Anteil ist die Vorderfläche konvex, im lateralen Anteil jedoch die Hinterfläche. Daher sollte ein richtig plaziertes intramedulläres Implantat genau posterior und medial des Akromioklavikulargelenks in den Markkanal eindringen, den Frakturbereich überqueren und durch das mediale Fragment bis an die anteriore Kortikalis reichen.

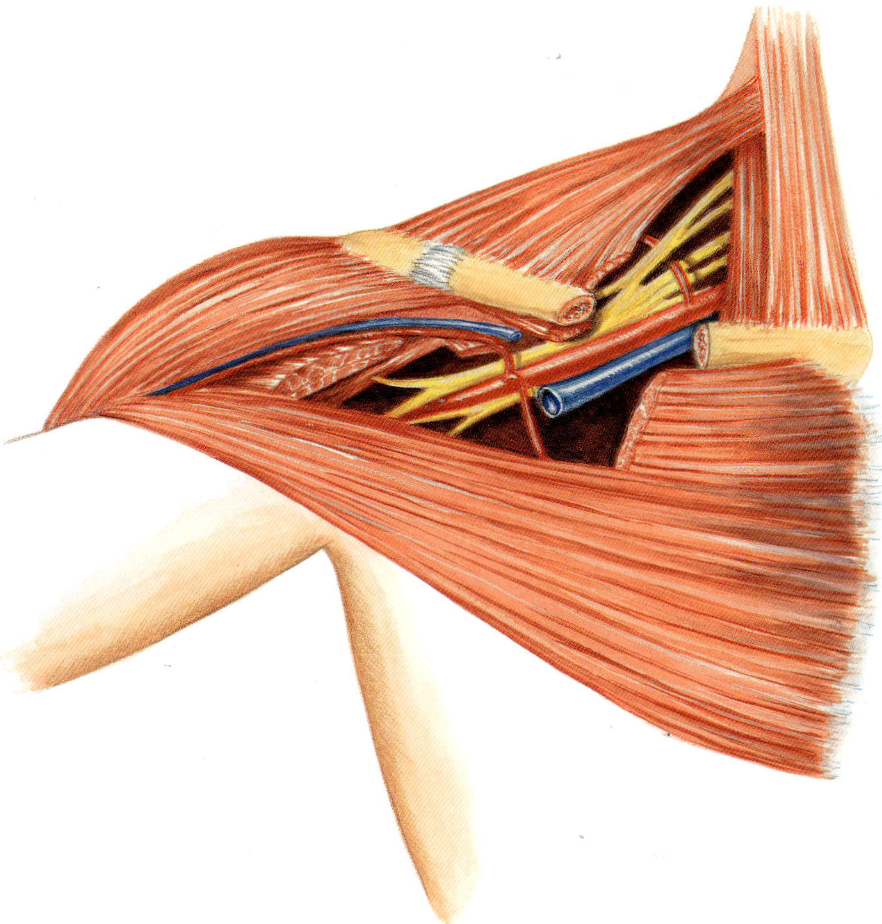

Abb. 1. Präparation im Bereich der Pseudarthrose muss streng subperiostal erfolgen, um eine Verletzung des inferior gelegenen Plexus brachialis sowie Arteria und Vena subclavia zu vermeiden

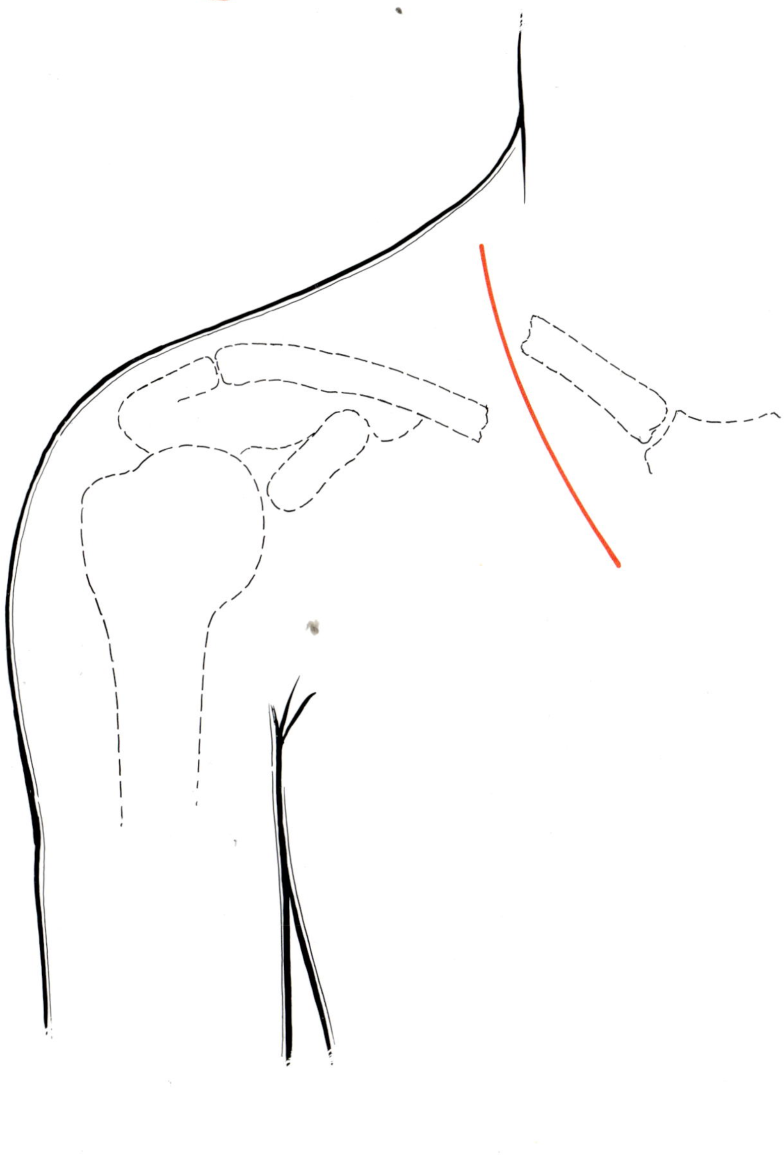

Abb. 2. Hautinzision in Richtung der Hautspaltlinien, schräg zur Klavikulalängsachse verlaufend und direkt über der Pseudarthrose

Operationstechnik

Im folgenden ist die offene Reposition und intramedulläre Fixation mit Knochentransplantation zur operativen Versorgung einer Pseudarthrose im mittleren Klavikuladrittel beschrieben. Wir empfehlen das gleiche Verfahren, jedoch ohne Resektion der Pseudarthrose und Knochentransplantation, bei nicht zersplitterten akuten Frakturen, die die oben beschriebenen Kriterien für offene Reposition und Fixation erfüllen. Akute Frakturen mit Knochenverlust oder Trümmerbruch werden durch extramedulläre Fixation, wie am Ende dieses Kapitels beschrieben, versorgt.

Aufgrund der notwendigen Knochenentnahme und proximalen Lage der Klavikula erscheint eine Regionalanästhesie wenig sinnvoll, und der Eingriff erfolgt am besten unter Allgemeinanästhesie. Jedoch kann durch einen während der Narkose zusätzlich durchgeführten Interskalenus- und Interkostalblock eine Begrenzung der postoperativen Schmerzen erreicht werden.

Der Patient wird in Rückenlagerung in halbliegender oder „beachchair"-Position auf dem Operationstisch platziert. Dabei sollte er am äußersten Rand des Operationstisches liegen, der Kopf in einem hufeisenförmigen Kopfhalter gesichert und das Schulterblatt mit einer gepolsterten Rolle unterlegt sein. Dies ermöglicht den ungehinderten Zugang zu den oberen und hinteren Schulterbereichen sowie – zur Entnahme des osteoperiostalen Transplantats – auch zur ipsilateralen Thoraxhälfte. Die präoperativ vorgenommene Abdeckung ist von größter Bedeutung. Das Operationsfeld sollte die gesamte ipsilaterale Thoraxhälfte, die gesamte Klavikula einschließlich Sternoklavikulargelenk, den Halsansatz, den hinteren Schulterbereich und den gesamten Arm umfassen.

Die für die klavikuläre Inzision wichtigen anatomischen Landmarken sind Sternoklavikulargelenk, Akromioklavikulargelenk, Pseudarthrosebereich, Spina scapulae und Akromion. Die Hautinzision erfolgt direkt über dem Pseudarthrosebereich leicht schräg zur Längsachse der Klavikula in Richtung der Hautspaltlinien (Abb. 2). Die Länge der Inzision beträgt etwa 5–6 cm. Nach medial und lateral werden kleine Vollhautlappen gebildet, um die angrenzenden medialen und lateralen Fragmente freizulegen.

Die Faszie der Mm. trapezius und deltoideus wird nun mit dem Elektrokauter über dem Pseudarthrosebereich eröffnet. Die Inzision sollte jeweils etwa 1,5 cm auf das laterale und mediale Fragment ausgedehnt werden. Auf dem medialen Fragment umfasst die Faszie auch Fasern des Platysma. Die Inzision durchtrennt alle Schichten einschließlich des Periosts bis

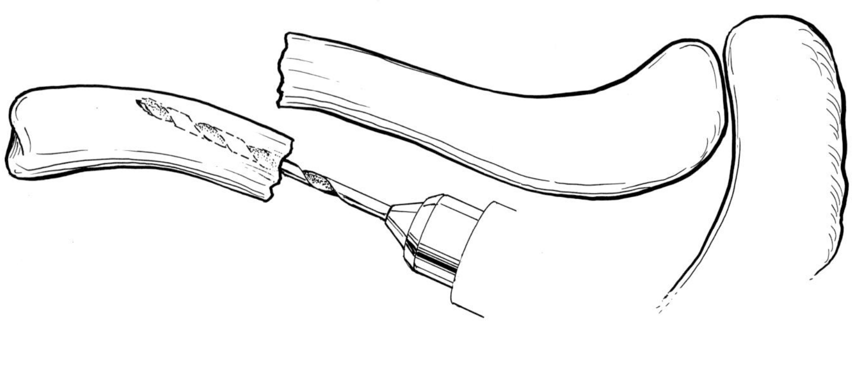

Abb. 3. Mit einer kleinen Bohrerspitze (3,5 mm) wird der Markkanal des proximalen Fragments aufgebohrt. Eine Penetration der vorderen Kortikalis ist sorgsam zu vermeiden

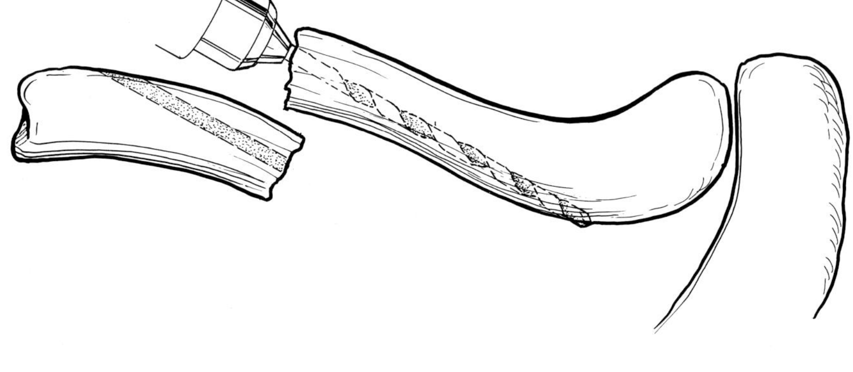

Abb. 4. Der Bohrer wird durch den Bereich der Pseudarthrose in das laterale Fragment und durch die hintere Kortikalis geführt. Er tritt genau posterior und medial des Akromioklavikulargelenks wieder aus

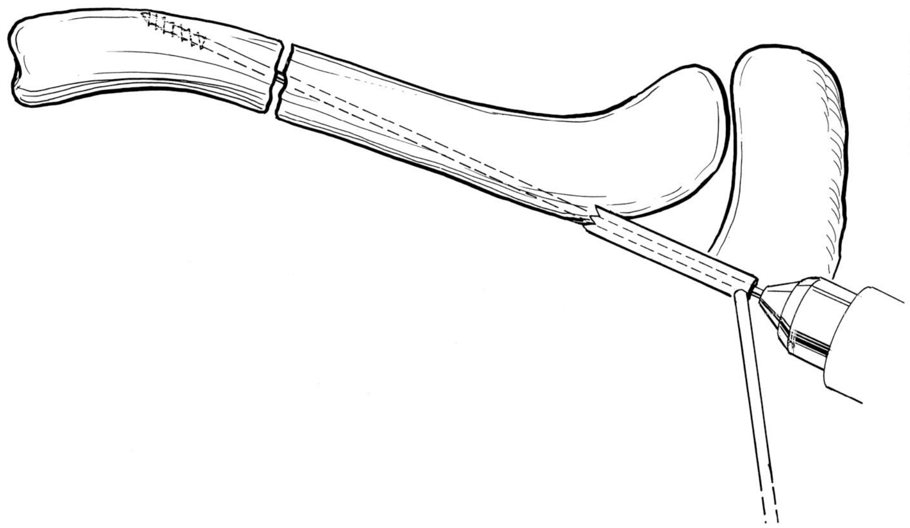

Abb. 5. Der Führungsdraht wird durch die posteriore Hautinzision in den Markkanal des lateralen Fragments eingeführt, überquert den Frakturspalt und wird bis zur vorderen Kortikalis des proximalen Fragments vorgeschoben

auf den Klavikulaschaft hinunter. Periost und darüberliegende Faszie werden in einer Schicht nach anterior und posterior abgeklappt, um den Bereich der Pseudarthrose darzustellen. Dabei ist sorgfältig auf minimale Periostpräparation der medialen und lateralen Fragmente zu achten. Das gesamte Fasergewebe im Bereich der Pseudarthrose wird reseziert, um die Oberfläche der Knochenenden freizulegen.

Die genaue Lokalisierung von Markkanal und Klavikulalängsachse des medialen und lateralen Fragments ist unverzichtbar, kann sich jedoch unerwartet schwierig gestalten, da die Frakturlinie in der Regel schräg verläuft, die Ränder leicht resorbiert sind und der Markkanal häufig mit sklerotischem Knochen bedeckt ist. Der sklerotische Knochen kann mit einer Fräse entfernt und der Markkanal mit einer Kürette in beiden Fragmenten lokalisiert werden. Mit einer kleinen Bohrerspitze (3,5 mm) wird nun der Markkanal des proximalen Fragments bis zur vorderen Kortikalis aufgebohrt, diese jedoch nicht durchstoßen (Abb. 3). Der Bohrer wird dann anterograd in das distale Fragment geführt, und zwar durch die gesamte hintere Kortikalis der Klavikula. Er tritt genau posterior und medial des Akromioklavikulargelenks aus und geht oberhalb an der Spina scapulae vorbei (Abb. 4).

Das stumpfe, nicht mit einem Gewinde versehende Ende des Führungsdrahts einer kanülierten Schraube (6,5 mm) wird in den Markkanal des lateralen Fragments eingeführt. Der Führungsdraht wird anterograd durch das laterale Fragment vorgeschoben und tritt am zuvor gebohrten Loch in der hinteren Kortikalis der Klavikula wieder aus. Er wird weiter vorangeschoben, bis die Haut über dem posterioren Schulterbereich durch das stumpfe Drahtende angehoben wird. Genau an dieser Stelle erfolgt eine kleine Hautinzision. Durch diese Inzision wird nun der Führungsdraht aus dem lateralen Fragment manuell herausgezogen, bis sich das scharfe, mit einem Gewinde versehene Ende auf einer Höhe mit dem Fraktur- oder Pseudarthrosespalt befindet. Die Fraktur wird reponiert und der Führungsdraht manuell über

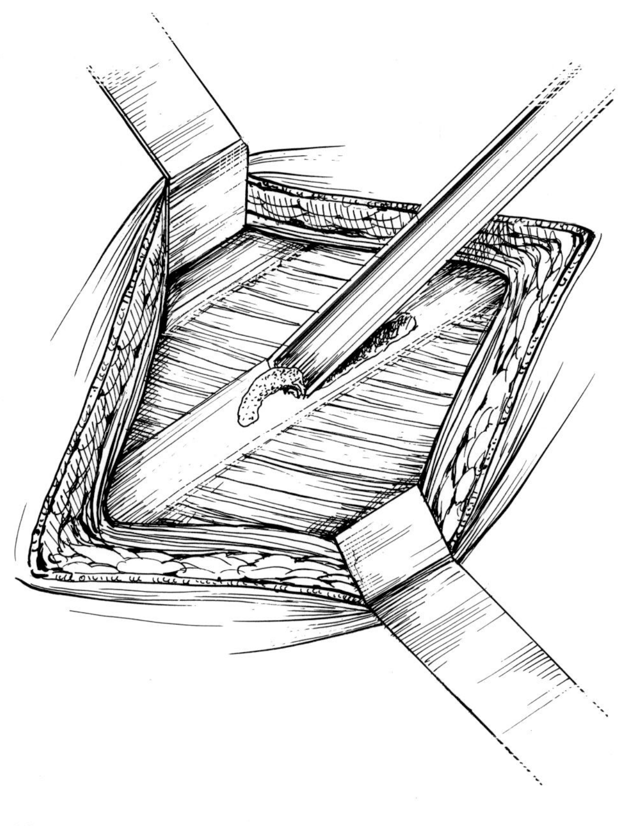

Abb. 6. Mit einem Hohlmeisel werden kortikospongiose Späne aus der äußeren Kortikalis der siebten oder achten Rippe entnommen

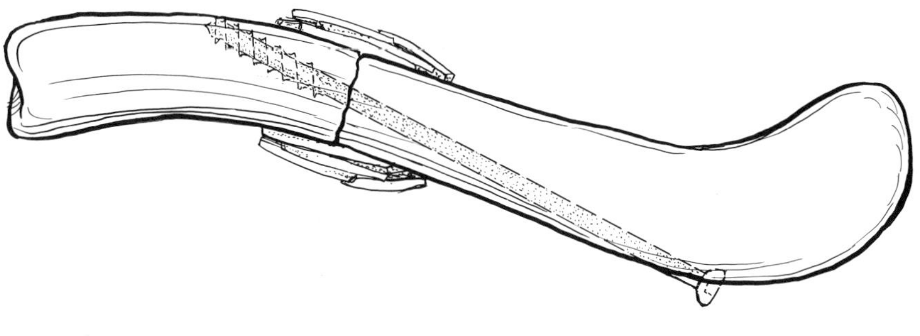

Abb. 7. Die kanülierte Schraube wird über den Führungsdraht eingeführt, in den Markkanal und über den Frakturspalt vorgeschoben und fixiert. Die Knochenspäne aus der Rippe werden subperiostal angelagert

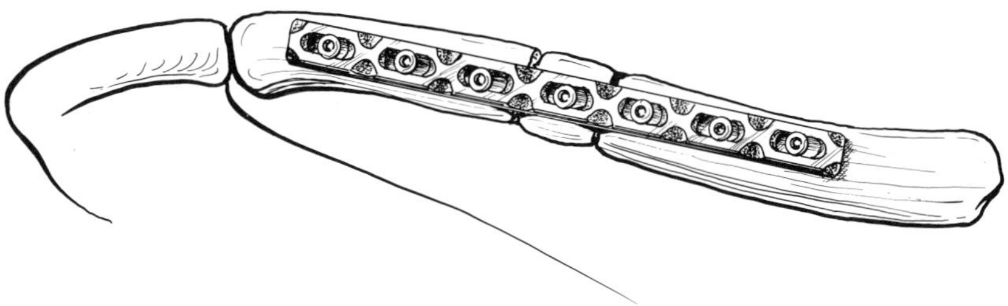

Abb. 8. Schematische Zeichnung einer frischen Fraktur mit segmentalem Knochenverlust, stabilisiert durch ein eingeschobenes Knochentransplantat aus dem Beckenkamm und eine 3,5-mm-LC-DC-Platte

den Frakturspalt hinweg in das mediale Fragment hineingeschoben (Abb. 5). Mit einem Hammer wird der Führungsdraht anschließend vorsichtig eingeklopft, bis er mit der vorderen Kortikalis bündig abschließt.

Nun wird die Länge des Führungsdrahts gemessen und eine um 5 mm kürzere Schraube gewählt. Dadurch wird vermieden, dass die Schraube gegen die vordere Kortikalis stößt, bevor der Schraubenkopf die hintere Kortikalis des lateralen Fragments berührt, was eine Kompression der Fraktur verhindern würde. Die Klavikula wird bis zur vorderen Kortikalis, diese jedoch nicht durchbohrend, nachgebohrt und die Schraube positioniert.

Nun wird die siebte oder achte Rippe auf der ipsilateralen Thoraxseite palpiert und parallel dazu eine in der mittleren Axillarlinie zentrierte, 10 cm lange Inzision vorgenommen. Nach Durchtrennung des Subkutangewebes werden siebte und achte Rippe dargestellt. Der von der antero-lateralen Rippenfläche ausstrahlende Ursprung des M. serratus anterior wird ebenfalls dargestellt. Etwas dichter unter der Oberfläche wird außerdem die vorderste Muskelbauchausdehnung des M. latissimus dorsi identifiziert und nach posterior abgehalten. Mit einem Skalpell wird nun das Periost entlang der äußeren Rippenkortikalis inzidiert. Dann wird mit einem gebogenen Hohlmeisel die äußere Kortikalis zusammen mit dem darüberliegenden Periost entnommen (Abb. 6). Eventuell mitentnommene Spongiosa aus dem Inneren des Markkanals der Rippe wird mit einer großen Kürette entfernt. In der Regel kann von einer oder zwei Rippen genügend Knochen gewonnen werden.

Das gewonnene Knochentransplantat wird subperiostal um den Pseudarthrosespalt herum angelagert (Abb. 7). Die vorderen und hinteren Faszien-/Periostlappen werden mit fortlaufender nichtresorbierbarer Naht und die restliche Wunde auf übliche Weise geschlossen. Die Lage des Implantats wird durch Röntgenaufnahmen im Operationsraum kontrolliert.

Bei einer akuten Klavikulafraktur im mittleren Drittel mit signifikanter Zertrümmerung oder segmentalem Knochenverlust sollte man der extramedullären Fixation (Platten und Schrauben) den Vorzug zu geben, um eine übermäßige Kompression im Bereich des zertrümmerten Segments zu vermeiden und größere Rotationsstabilität zu erreichen. Die Schnittführung ist bis auf die Schnittlänge (9–10 cm) gleich wie bei der oben beschriebenen intramedullären Fixation. Medial werden Vollhautlappen und lateral Hautlappen angehoben, um eine Präparation auf der oberen Klavikulafläche zu ermöglichen. Durch subperiostale Präparation anterior und posterior der Fraktur wird diese freigelegt. Die nachfolgende Präparation ist minimal zu halten.

Nun wird der Versuch unternommen, die zertrümmerten Segmente interfragmentär zu fixieren, um die normale Länge der Klavikula vor dem Einsatz der Platte wiederherzustellen. Falls ausreichender Knochenkontakt wiederhergestellt werden kann, verwenden wir eine 3,5-mm-Beckenrekonstruktionsplatte.

Falls dies durch interfragmentäre Fixation nicht möglich ist, empfehlen wir die Verwendung einer 3,5-mm-LC-DC-Platte in Kombination mit einem eingeschobenen Knochentransplantat. Da dieses strukturell unversehrt sein muss, verwenden wir ein trikortikales Transplantat aus dem Beckenkamm (Abb. 8). Unabhängig vom verwendeten Plattentyp sollte jedes Fragment durch mindestens 3 Schrauben besetzt sein. Die Faszien-/Periostlappen werden durch fortlaufende nichtresorbierbare Naht, die übrige Wunde auf übliche Weise geschlossen.

Nachbehandlung

Nach der intramedullären Fixation wird der Arm zwei Wochen in einer Schlinge getragen. In dieser Zeit sind Pendelübungen erlaubt, wobei der Arm weiterhin in der Schlinge bleibt, damit das Gewicht des Armes vom Nacken getragen und der Frakturspalt nicht belastet wird. Nach zwei Wochen wird mit Pendelübungen ohne Armschlinge begonnen, und dem Patienten wird empfohlen, den Arm bei täglichen Verrichtungen unterstützend bis zur Höhe der Taille einzusetzen. Das Heben von Lasten über 1 kg ist zu vermeiden.

Bei der Elevation des Armes über den Kopf rotiert die Klavikula ungefähr um 45 Grad um ihre Längsachse. Am stärksten ist diese Rotation bei einer Elevation von insgesamt über 90 Grad. Da intramedulläre Implantate die Rotation nur schlecht kontrollieren, sollte eine aktive Elevation des Arms über 90 Grad in den ersten sechs bis acht Wochen nach der Operation vermieden werden. Passive Elevation in Rückenlage und Übungen mit einem Überkopf-Rollenzug können nach sechs Wochen begonnen werden. Krafttraining gegen Widerstand kommt nach röntgenologisch nachweisbarer knöcherner Heilung (10–12 Wochen) hinzu. Nach einer extramedullären Fixation ist die mit der Elevation einhergehende Rotation aufgrund der starren Konstruktion weniger bedenklich. In diesen Fällen wird nach zwei bis drei Wochen mit passiver Elevation in Rückenlage begonnen, nach vier Wochen wird zusätzlich ein Überkopf-Rollenzug eingesetzt.

Bei der intramedullären Fixation werden die Kräfte durch das Implantat eher verteilt als vollständig getragen. Da die oberen Extremitäten außerdem kein Gewicht tragen, sind die auf die Klavikula einwirkenden Kräfte gering. Die Entfernung des intramedullären Implantats ist daher nicht obligatorisch. Falls dieses jedoch vorsteht oder Schmerzen verursacht, kann es kurz nach Eintreten einer im Röntgenbild nachweisbaren knöchernen Heilung entfernt werden. Im Allgemeinen ist dies ungefähr drei bis sechs Monate nach der Operation der Fall. Die meisten extramedullären Implantate sind deutlich sichtbar, weshalb viele Patienten ihre Entfernung wünschen. Das Risiko einer Refraktur lässt sich durch Verwendung von 3,5-mm-LC-DC-Platten und Vermeiden von Heben in den ersten sechs bis acht Wochen nach der Plattenentfernung minimal halten.

Literatur

Allman FL (1967) Fractures and ligamentous injuries of the clavicle and its articulation. J Bone Joint Surg [Am] 49:774–784

Boehme D, Curtis RJ, Dehaan TJ et al (1991) Non union of fractures of the mid-shaft of the clavicle treatment with a modified Hagie intramedullary pin and autogenous bone grafting. J Bone Joint Surg [Am] 73:1219–1226

Craig EV (1991) Fractures of the clavicle. In: Rockwood CA, Green DP, Buchholz R (eds) Fractures in Adults, 3rd edn. WB Saunders, Philadelphia, pp 928–990

Dineen JR, Gresham RB (1962) Rib osteoperiosteal grafts. J Bone Joint Surg [Am] 44:1653–1658

Eskola A, Vainiopaa S, Myllynen P et al (1986) Surgery for ununited clavicular fracture. Acta Orthop Scand 57:366–367

Jupiter JB, Leffert RD (1987) Non-union of the clavicle: associated complications and surgical management. J Bone Joint Surg [Am] 69:753–760

Manske DJ, Szabo RM (1985) The operative treatment of midshaft clavicular non-unions. J. Bone Joint Surg [Am] 67: 1367–1371

Mullaji AB, Jupiter JB (1994) Low-contact dynamic compression plating of the clavicle. Injury 25:41–45

Neer CS II (1960) Non-union of the clavicle. JAMA 172:1006–1111

Neviaser JS (1963) The treatment of fractures of the clavicle. Surg Clin North Am 43:1555–1563

Neviaser RJ, Neviaser JS, Neviaser TJ et al (1975) A simple technique for internal fixation of the clavicle: a long term evaluation. Clin Orthop 109:103–107

Post M (1989) Current concepts in the treatment of fractures of the clavicle. Clin Orthop 245:89–101

Schuind F, Pay-Pay E, Andrianne Y et al (1988) External fixation of the clavicle for fracture or non-union in adults. J Bone Joint Surg [Am] 76:692–695

Sachverzeichnis

B

C

D

L

M

N

O

P

R

S

T

U

V

W

Z